中国建筑业
施工技术发展报告
(2017)

中国建筑集团有限公司技术中心
中国土木工程学会总工程师工作委员会　组织编写
中国建筑学会建筑施工分会

毛志兵　主　编

段秀斌　冯　跃　蒋立红　张晋勋
龚　剑　薛永武　杨健康　副主编

中国建筑工业出版社

图书在版编目(CIP)数据

中国建筑业施工技术发展报告（2017）/中国建筑集团有限公司技术中心，中国土木工程学会总工程师工作委员会，中国建筑学会建筑施工分会组织编写. —北京：中国建筑工业出版社，2018.3

ISBN 978-7-112-21974-2

Ⅰ.①中… Ⅱ.①中… ②中… ③中… Ⅲ.①建筑工程-工程施工-研究报告-中国-2017 Ⅳ.①TU74

中国版本图书馆CIP数据核字(2018)第050120号

本书由中国建筑集团有限公司技术中心、中国土木工程学会总工程师工作委员会、中国建筑学会建筑施工分会组织编写，结合重大工程实践，总结了中国建筑业施工技术的发展现状、展望了施工技术未来的发展趋势。本书共分25篇，主要内容包括：综合报告；地基与基础工程施工技术；基坑工程施工技术；地下空间工程施工技术；钢筋工程施工技术；模板与脚手架工程施工技术；混凝土工程施工技术；钢结构工程施工技术；砌筑工程施工技术；预应力工程施工技术；建筑结构装配式施工技术；装饰装修工程施工技术；幕墙工程施工技术；屋面与防水工程施工技术；防腐工程施工技术；给水排水工程施工技术；电气工程施工技术；暖通工程施工技术；建筑智能工程施工技术；季节性施工技术；建筑施工机械技术；特殊工程施工技术；城市地下综合管廊施工技术；绿色施工技术；信息化施工技术。

本书可供建筑施工工程技术人员、管理人员使用，也可供大专院校相关专业师生参考。

*　*　*

责任编辑：范业庶　万　李　张　磊
责任校对：党　蕾

中国建筑业施工技术发展报告（2017）

中国建筑集团有限公司技术中心
中国土木工程学会总工程师工作委员会　组织编写
中国建筑学会建筑施工分会

毛志兵　主编

段秀斌　冯　跃　蒋立红　张晋勋
龚　剑　薛永武　杨健康　副主编

*

中国建筑工业出版社出版、发行（北京海淀三里河路9号）
各地新华书店、建筑书店经销
北京红光制版公司制版
廊坊市海涛印刷有限公司印刷

*

开本：787×1092毫米　1/16　印张：31¼　字数：780千字
2018年4月第一版　2018年4月第一次印刷
定价：**70.00**元
ISBN 978-7-112-21974-2
(31870)

本 书 编 委 会

专 家 组：许溶烈　叶可明　肖绪文　杨嗣信　吴之乃　吴　涛　王有为
孙振声　王清训　路克宽　叶浩文

主　　编：毛志兵

副 主 编：段秀斌　冯　跃　蒋立红　张晋勋　龚　剑　薛永武　杨健康

编委委员（按姓氏笔画排列）

王　军　王存贵　邓明胜　令狐延　刘子金　杨　煜　李景芳
张　涛　张　琨　张太清　张志明　陈　浩　陈德刚　周　冲
庞　涛　油新华　徐义明　高秋利　高俊岳　梁冬梅　焦安亮
谭立新　薛　刚　戴立先

秘 书 组：韩建聪　孟筱恒　高　毅　关　双　朱小改

编写组人员（按姓氏笔画排列）

王　伟　王　军　王　晖　王　淑　王　琴　王巧莉　王建永
王建光　王建纯　王彦辉　王瑞良　石亚明　叶　林　叶思伟
申国奎　田成勇　付　伟　付长春　冯大阔　吉明军　朱晓锋
任　静　刘　军　刘　凯　刘明生　刘凌峰　齐广华　关　双
汤明雷　孙永民　苏　章　苏建华　李　青　李大宁　李文建
李玉屏　李刚毅　李河玉　李春爽　李俊毅　杨　丹　杨少林
杨亚静　杨春生　杨春英　连春明　肖　飞　肖玉麒　吴小建
吴学军　吴学松　吴晓兵　吴媛媛　邱德隆　何　平　何　萌
汪　超　汪小东　汪晓阳　张　军　张　鹏　张　磊　张中善
张阿晋　张昌绪　张明明　张显来　张磊庆　陈　蕾　陈兴华
陈振明　陈晓东　陈维熙　陈朝静　武福美　苑立彬　林志明
周俊龙　周鹏熙　庞　涛　郑　春　孟书灵　赵　鹏　赵日煦
胡成佑　段　恺　贺雄英　勇跃山　秦　瑜　耿冬青　贾泽辉
徐芬莲　高　杰　高　峰　高　毅　高　璞　郭　景　郭传新
唐红兵　黄玉林　崔玉章　彭中要　董　成　蒋承红　韩建聪
程小剑　傅致勇　童乃志　谢　婧　蓝戊己　雷亚军　廖　勇
霍瑞琴　魏西川

序

最近五年来，《中国建筑业施工技术发展报告》已两次出版，这次是继 2013 版、2015 版的第三次组织编写出版工作。我浏览了以前出版的两个报告，参与了 2017 年度的报告的初稿审查，深感内容全面，详略有度，是一部不可多得的系列丛书，对于管窥行业发展趋势，促进行业发展，具有重要意义。

我亲身经历了中国建筑业由弱到强的非凡历程，目睹了中国建筑业快速发展的四十年。应该说，建筑业在我们国家是最早先走向市场的行业之一，经历了艰难的转型过程。至此，中国建筑施工技术已经取得了巨大进步，特别是以工程为载体，研发形成的诸多施工技术在世界范围内有许多已经处在“并跑”或“领跑”水平，用于指导工程实践，创建完成了许许多多要求严格、结构复杂、科技含量高、施工难度大，令世界为之震撼的重大工程。我作为中国“建筑人”的一员，深为我国创造的举世瞩目的伟大成就而自豪，同时也深深体会到，中国建筑业当下所面临的巨大挑战。

建筑业作为国民经济的支柱产业，新形势下如何在我国新一轮经济发展过程中发挥更大作用，是我们必须面对的重大课题。唯有加速与国际管理模式接轨，推动科技创新，实现产业转型升级，加快推进以绿色化、精益化、专业化、智能化、机械化和装配化为特征的建筑产业现代化，才能在未来更大范围的工程建设领域，更广阔的市场竞争领地把握主动，赢得更大市场空间，具有更大作为。

党的十九大报告指出，中国特色社会主义进入新时代，我国经济已由高速增长阶段转向高质量发展阶段，正处在转变发展方式、优化经济结构、转换增长动能的攻关期。2017 年 2 月，国务院办公厅印发《关于促进建筑业持续健康发展的意见》，明确提出“推进建筑产业现代化”“推广智能和装配式建筑”“加强技术研发应用”，明确用科技手段促进建筑产业发展已是大势所趋。如何用科技创新再创建筑业辉煌，实现建筑产业现代化，是我们必须面对的重大课题。《中国建筑业施工技术发展报告》研编，立足于对“过去时”创新施工技术的发掘和“将来时”技术发展走向判断和趋势研究，提出的实现建筑产业现代化技术创新的重点方向，应该引起行业和主管部门的重视：

“绿色化”强调“科技含量高、资源消耗低、环境污染少”的建造方式，事关全局，意义重大，是技术创新的目的所在；

“精益化”是技术创新的时代发展要求，随着物质文明水平的提高，公众对建筑产品的品质有了更高要求，技术创新必须秉承持续改进的思路，提供综合性能更优异的工程产品；

“专业化”是建筑业发展的基本策略，推进“专业化”要求社会分工更细，是工艺质量提升，进而促使建筑产品品质提升的重要举措。

“智能化”建造是信息化建造发展的较高阶段，强调与工程建造紧密结合，建造过程必须实现系统化设计，集成化平台驱动，机器人施工操作，智能建造技术是推动建筑业转型升级所依赖的基本技术。

机械化是建筑业改善作业条件，减轻劳动强度的基本方法，是绿色建造发展的基本技术要求。

“装配化”可以大量减少现场工作量，可以改现场“工作量”为工厂“制造量”，持续推进装配化技术的创新研究，是实现建筑装配化的必要和充分条件，是建筑业实现“绿色化”发展的重要途径，也是绿色建造发展的重要举措。

把建筑业发展的重点集中在“六化”上，与国家经济发展的方针政策吻合，符合建筑业施工技术发展的大趋势，无疑会推动建筑产业转型升级，加速实现我国建筑产业现代化，实现建筑业持续发展

早在十多年前我们行业提出的绿色施工，与党中央提出的绿色化发展要求完全契合，是建筑业面对国家经济发展新常态，勇于承担社会责任，主动转变生产方式，实现绿色发展的一种新型施工模式，现在已经广泛开展；建筑装配化是建筑产业从传统产业向现代产业转型升级的重大举措，现在“三件（构件、部件、配件）生产工厂化、现场施工装配化”的方式方法，已经在全国相继展开；“智能化”建造以“大智云物移”等信息技术与工程建造技术深度融合为特征，在工程建设中已经和正在日益产生重要影响；“精益化”、“专业化”和“机械化”水平均在同步推动。可以预见，有国家产业政策的坚定支持，有中国“建筑人”对技术创新的执着追求，中国建筑业施工技术的进步必将迎来更加辉煌的明天。

最后，我要特别感谢中国建筑集团有限公司毛志兵总工程师、中国土木工程学会总工委员会段秀斌理事长、中国建筑学会建筑施工分会以及行业专家所付出的辛勤工作，为行业施工技术发展和进步做出的贡献。

中国工程院院士
中国建筑首席专家
中国建筑技术中心顾问总工

2018年3月15日 于北京

前　言

近年来，随着我国科学技术水平的不断进步，中国建筑业正以前所未有的规模和速度发展，建成了一大批规模宏大、结构新颖、技术难度大的超高层、大跨结构等建筑物，取得了显著的成绩和突破性进展，充分显示了我国建筑施工技术的实力，有不少施工技术达到国际先进水平。建筑施工技术是建筑质量和建筑效率的根本保证，它的发展与进步，不仅对我国建筑行业发展有着十分重要的意义，同时对推动我国国民经济的发展具有深远影响。

《中国建筑业施工技术发展报告》是由中国建筑集团有限公司技术中心、中国土木工程学会总工程师工作委员会和中国建筑学会建筑施工分会联合组织发布的行业技术发展报告，其宗旨是促进我国建筑业发展，推动施工技术创新，以更好地为建筑业技术创新服务。

在中国建筑集团有限公司技术中心、中国土木工程学会总工程师工作委员会和中国建筑学会建筑施工分会的共同组织下，在中国建筑行业内领导、专家学者的大力支持下，国内众多大型建筑企业和技术工作者艰苦奋斗，积极参与，经过四年共同努力，《中国建筑业施工技术发展报告（2013）》、《中国建筑业施工技术发展报告（2015）》分别于2014年4月、2016年4月在国内正式出版发行，为中国建筑业施工技术发展做出了贡献。

《中国建筑业施工技术发展报告（2017）》在前两版的基础上，调研、参考大量国内外资料，结合一些重大工程实践，总结了中国建筑业施工技术发展现状，展望了施工技术未来发展趋势。本书包括地基与基础施工技术、混凝土施工技术、模板与脚手架施工技术等24个单项技术报告。每个单项技术报告分别包含有概述、主要技术介绍、最新进展（1～2年）、技术前沿研究、技术指标记录、典型工程案例等内容。

感谢油新华、韦永斌、张涛、刘康、韩建聪、张卫东、宋福渊、陈晓东、段进、罗兰、齐虎、马庆松、卢海陆、高毅等对文稿进行编辑、统稿；感谢李久林、赵玉章、冯大斌、田春雨、王清训、黄久松、傅志斌、高文生、汪道金、安兰慧等专家对文稿进行的审查工作。

本书统筹策划为韩建聪、高毅、关双。由于对建筑业施工技术资料的收集和研究不够全面，加上编者的水平所限，报告存在不足之处在所难免，希望同行专家和广大读者给予批评指正。

在编写过程中，参考了众多建筑施工技术文献，不便一一列出，在此谨向各位编著者致谢。

编写委员会

2018年4月

目　　录

第一篇　综　合　报　告

主编单位： 中国建筑集团有限公司技术中心　中国建筑股份有限公司技术中心　韩建聪　高　毅　关　双

摘要

近几年来，《中国建筑业施工技术发展报告》在业内已形成品牌效应，覆盖面不断扩大，在提高工程质量、降低能耗、加快新技术普及应用等方面发挥了显著作用，已经成为建筑业技术进步的重要助推力量。本篇回顾了近几年来本报告的发展情况，主要技术内容的简要介绍，并针对其发展情况，结合国内大型建筑企业进行相关调研，列出了当前国内最新的指标记录数据；通过在报告编写过程中的经验与总结，分析得出建筑业未来发展的总体趋势："绿色化、工业化、信息化"，即以节能环保为核心的绿色建造改变传统的建造方式，以信息化融合工业化形成智慧建造是未来发展的基本方向；以此为基础，形成了相关政策建议，希冀为我国建筑业施工技术发展提供一定的参考，更好地推进技术进步。

Abstract

In recent years, the Chinese construction industry development report, has formed a brand effect in the industry, and expanded coverage. This report has played a significant role in improving the quality of construction, reducing energy consumption, and speed up the popularization of new technology application, at the same time, it has become an important booster power to the construction technology progress. This paper reviewed in recent years' development of this report, briefly introduced the main technical contents, and with its development situation, combined with the domestic large construction enterprises to carry out related research, and listed the current domestic latest index records data; Through the process of report writing experience and summary, the overall development trend of construction in the future was analyzed: "green, industrialization, and informatization," that is, according to the green building energy conservation and environmental protection as the core to change traditional way of construction, the use of wisdom to fusion the realization of industrialization by information engineering construction is the basic developing trend of the future; Based on this, relevant policy suggestions are formed to provide a certain reference for China's construction technology development and push the technological progress forward.

一、发展回顾

党的十九大报告提出，加快建设创新型国家，加强应用基础研究，突出关键共性技术、前沿引领技术、现代工程技术、颠覆性技术创新，为建设科技强国、质量强国提供有力支撑。近年来，我国工程技术领域发展日新月异、成果丰硕，一些重大工程技术领域取得突破性飞跃，一批重大工程建设和科技创新中涌现出很多趋向成熟的新技术、新成果。当前，建筑业面临新时代发展任务和深化改革的关键时期，《中国建筑业施工技术发展报告 2017》工作契合了建筑业施工技术创新发展、优化建筑业转型升级的需要。

增强施工技术创新能力，既是建筑业转变发展方式、推进工程技术领域进入并跑、领跑阶段的关键，也是推动工程建设领域向高质量发展的重要支撑。

《中国建筑业施工技术发展报告 2017》是由中国建筑集团有限公司技术中心、中国土木工程学会总工程师工作委员会与中国建筑学会建筑施工分会共同组织发起并联合发布的行业性技术发展报告，汇总分析研究了近两年来建筑施工中相关专业的主要技术、最新技术以及相应技术指标，通过结合目前工程中存在的问题与需求展望了未来技术发展方向，系统展示了一个时期以来国内各项专业施工技术发展情况，服务对象主要为施工企业领导及各级总工程师。作为我国施工技术人员的智慧结晶，全报告内容浩瀚，深入浅出，不仅有益于广大从业人员对施工技术的全面了解和对重点技术的掌握，而且有利于最新技术的推广普及。

本报告由中国建筑集团有限公司、北京建工集团、上海建工集团、中铁建工集团、陕西建工集团等大型央企、地方省市大型建筑企业在内的近 30 家国内主流的建筑企业作为编写责任单位。各责任单位根据专业特长精心挑选专业技术人员，结合工程实际和专项技术发展情况，编写本报告。

2013 年，我们首次启动《中国建筑业施工技术发展报告 2013》的编写工作，并先后于 2015 年、2017 年又连续进行了两次编写，适时总结提炼了最具代表性的共性技术和最新技术，使技术内涵不断更新、提升、发展。

5 年来，《中国建筑业施工技术发展报告》在业内已形成品牌效应，覆盖面不断扩大，在提高工程质量、降低能耗、加快新技术普及应用等方面发挥了显著作用，已经成为建筑业技术进步的重要助推力量。

通过在报告编写过程中的经验与总结，我们可以看到，近年来，施工技术发展主要有以下趋势：

一是建造技术趋向绿色化。绿色建造理念进一步融入建造技术各方面发展，将更加注重建筑全寿命周期，加强技术研发和创新，注重新技术、新材料、新设备、新工艺的推广和应用，最大限度地节约资源减少了能耗。

二是生产方式趋向工业化。坚持标准化设计、工厂化生产、装配化施工、一体化装修、信息化管理、智能化应用，推动建造方式创新，装配式混凝土和钢结构建筑已经成为行业热点。

三是施工方法趋向智慧化。“智慧工地”的推广应用使施工现场的生产效率、管理效率和决策能力逐步提高。BIM 技术在施工过程的集成应用快速推进，实现工程建设项目全生命周期数据共享和信息化管理，为项目方案优化和科学决策提供依据，促进了提质增效。

精益化、专业化、机械化在施工技术中的发展应用，也是建筑业施工技术发展的大趋势，将进一步推动科技创新，促进建筑产业转型升级。

此次2017版的编写，既是贯彻实施《国务院办公厅关于促进建筑业持续健康发展的意见》的具体举措，也是增强建筑业科技创新力、加快产业技术进步的重要推动力。

《中国建筑业施工技术发展报告》经过几年应用实践的积累，亟须吸纳最新技术创新内容，以保持报告先进性、稳定性、前瞻性。工程技术在高端领域迅速发展的同时，各地区技术发展水平很不均衡、中小建筑企业技术能力差距明显、量大面广工程的整体技术含量偏低等诸多发展不平衡、不充分的状况，在一定程度上制约了建筑产业整体竞争力。报告坚持先进、适用、可靠的原则，定位于适用范围较广、应用前景好，符合发展方向的新技术，整合资源，带动技术发展。

二、主要技术内容

报告根据24个专业施工技术发展情况进行编写。内容几乎涵盖了工程中的主要分支领域，这24个子项专业技术，具体分别是：地基与基础工程、基坑工程、地下空间工程、钢筋工程、模板与脚手架工程、混凝土工程、钢结构工程、砌筑工程、预应力工程、建筑结构装配式工程、装饰装修工程、幕墙工程、屋面与防水工程、防腐工程、给排水工程、电气工程、暖通工程、建筑智能化工程、季节性施工、建筑施工机械、特殊工程、地下综合管廊工程、绿色施工技术、信息化施工等。

地基与基础工程主要围绕地基处理技术与基础工程技术介绍了近两年的技术进展及研究案例，随着我国工程建设项目的不断增多，地基处理在应用上已从解决一般工程地基加固逐渐向解决各类超软、深厚、深挖、超大面积等大型工程地基加固方向发展，如复杂地质条件下的超高填方地基处理技术、深厚超软地基上高速公路、大型油罐和深基坑施工技术等；从以提高地基承载力与稳定性为目的向以解决基础过大沉降和不均匀沉降为目的方向发展，如高速公路的工后沉降、基坑开挖的侧向位移以及大型油罐的不均匀沉降等；在加固技术方面，各类施工方法不断以新技术新材料充实和改进施工工艺，向实用有效、随土质和加固要求而定、可控、可靠方向发展。

基坑工程主要从常见支护形式、土方施工技术、地下水控制技术、基坑监测技术等方面进行了阐述。我国在桩基工程施工装备及其配套技术的创新研发领域发展迅猛，如在旋挖钻机嵌岩桩施工技术、植桩技术及异型预制桩施工技术领域发展成效显著。随着预制装配式工程的发展，不仅大大提升了工程建设效率，降低了传统灌注桩施工过程经常会遇到的泥浆排放及回收处理问题，同时随着免共振施工工艺的研发，大大减少了沉桩施工对周边环境的扰动影响。该项技术处在刚刚起步阶段，桩基垂直度控制、破岩能力、信息化及智能化施工管控水平均须进一步的研究与开发，如一体化桩架研制（提升桩基施工垂直度）等。同时，随着预制桩基在基坑围护施工中的大规模应用，研发具有可重复注浆止水功能的预制桩基施工工艺正逐渐受到工程界的高度重视。

地下空间施工技术介绍了明挖法、暗挖法、盾构法及逆作法、顶管施工近两年的进展及前沿研究。目前深基坑施工技术不断朝超大、超深、超复杂方向发展，不但基坑支护形式多样化，而且施工机械也更加高端、自动化，施工效率和效果不断提高。为了解决传统内支撑对基坑土方开挖及地下结构施工的影响，对双排 PCMW 工法桩+预应力机械式钉锚支护技术、旋喷搅拌加劲桩及筋体回收技术的研究与应用取得了较好的效果。随着支护形式的变化，相应的施工机械也不断创新发展，例如双轮铣、六轴水泥搅拌桩机、TRD 工法桩机等机械的发明应用极大的提高了施工效率与质量。

钢筋工程从钢筋加工与配送、钢筋连接等方面作了相关介绍。未来大型高层建筑和大跨度公共建筑，将优先采用 HRB500 级螺纹钢筋，逐年提高 HRB500 级钢筋的生产和应用比例；逐步采用 HRB600 级钢筋；对于地震多发地区，重点应用高强屈比、均匀伸长率高的高强抗震钢筋。成型钢筋制品加工与配送技术应用得到大力发展。未来成型钢筋应用量占钢筋总用量的比例将达到 50 %左右；逐步将建立结构设计标准化体系，提高钢筋部品的标准化。未来钢筋连接技术将逐步淘汰大直径钢筋搭接绑扎，减少现场钢筋焊接，钢筋机械连接方式占钢筋连接方式的 80%以上。钢筋灌浆接头将成为一种重要的预制构件连接形式广泛应用。

模板与脚手架工程主要从模板和脚手架两个大方面，并结合 BIM，3D 打印等前沿研究进行阐述。我国模板脚手架行业的研发逐步从单一产品（如组合钢模板、扣件式脚手架）向多种材质和类型的模板脚手架体系发展，同时模板脚手架技术向着轻质高强、环保安全、可再生利用的方向发展。比如塑料模板在建筑模板中的应用、复合材料在建筑模板中的应用、特别是 3D 打印装饰造型模板的应用，通过有装饰造型的模板给混凝土表面做出不同的纹理和肌理，可形成多种多样的装饰图案和线条，利用不同的肌理显示颜色的深浅不同，实现材料的真实质感，具有很好的仿真效果。

混凝土工程从原材料的发展应用、配合比设计。预拌混凝土生产及施工方面作主要介绍。预拌混凝土行业增速放缓；预拌混凝土行业绿色度提高；混凝土产品趋向功能化、特色化发展；预拌向预制转型时机来临。在近 1～2 年，在混凝土原材料选用（新型矿物掺合料、机制砂、新型外加剂）、固体废弃物资源综合利用、超高/超远距离泵送技术、高强高性能及特种混凝土、混凝土行业绿色度等方面都体现出了新的变化；在未来，混凝土技术将会在建筑工业化、互联网技术与混凝土领域的结合、特种混凝土技术、混凝土 3D 打印技术、海洋环境下高耐久性混凝土技术、外加剂创新发展技术、绿色混凝土技术等方向取得快速的发展。

钢结构工程在高性能钢的应用、钢结构制造、施工、监测等方面介绍了相关进展。随着钢结构工程的逐渐兴起，钢结构制造技术从最初的手工放样、手工切割演变成采用数控、自动化制造设备加工钢构件。随着信息化的应用，钢结构制作已渐渐步入智能化制造时代。随着我国超高层建筑的不断发展，对高强度结构钢、建筑用钢板的性能要求不断提高，高强度、厚规格、高性能（低屈强比、窄屈服波动、抗层状撕裂、低屈服点、大线能量焊接和耐火等）钢板的需求将大大增加。智能车间成为未来工厂的发展方向。

建筑结构装配式施工技术从构件设计、生产、安装等方面进行了介绍，涵盖了装配式施工的各种结构体系。装配式建筑将从项目全寿命周期来统筹考虑。设计按照建筑、结构、设备和内装一体化设计为原则，并充分研究建筑构配件应用技术的经济性和工业化住宅可建造性。SI 住宅体系，实现结构主体与填充体完全分离、共用部分和私有部分区分明确，并有利于使用中更新维护。长跨预应力空心板、T形板、大型预应力墙板等必将逐步兴起，预制梁板现浇柱，或预制梁、板、柱与现浇节点相结合各种装配整体式建筑结构体系预期会迅速发展。单层大空间建筑的装配化有良好前景。通过预应力和装配式技术的结合可在满足使用功能前提下实现快速安装施工，大幅提高施工效率，减少施工垃圾，实现更大空间。

装饰装修工程主要介绍了在新材料、新工具、新技术的应用方面。在未来5～10年内，应用的完全无毒无害的绿色材料的应用将超过80%，绿色装饰环保机具、绿色环保工业化技术、装饰数字智能化技术，基于互联网平台技术、BIM技术等将会在装饰的设计、施工中体现越来越多。装饰工程信息化发展将进一步提升项目精益化管理能力，提高资源整合与配置能力，提升项目决策分析水平，增强项目投融资能力。大部分将实现工业化加工现场安装的目标。对装饰业智能化，一是实现生产过程智能化，即智能制造；二是形成的产品智能化，如智能家居。

幕墙工程从设计、加工、测量、监测等多方面进行了综合阐述。将越来越多采用具有节能环保、保温隔热性能的原材料，合理设计幕墙构造，选用智能化、现代化的幕墙形式（如增加遮阳构造、采用呼吸式幕墙、光电一体幕墙等）。随着幕墙工业化进程的深化，幕墙将向着单元化幕墙的方向发展，单元化幕墙是指不光是单元体幕墙，如构件式幕墙等，在设计中也是按标准的单元设计思路，工厂化生产后，运至现场吊装。据初步统计，既有建筑幕墙在荷载的长期作用下材料性能会出现不同程度的退化、功能衰减，而且使用过程中大多缺乏必要的维护保养，存在一定的安全隐患，直接影响到城市公共安全。因此对现有建筑幕墙的安全检测及维修也是今后幕墙行业的发展重点。

建筑智能工程施工技术从计算机技术、网络通信技术、设备、控制、传感、系统集成等方面进行了介绍。未来，基于物联网技术的智能建筑综合管理系统，能够将建筑内部信息全面感知、可靠传送和智能处理，从而实现物与物、人与物的连接，实现以“人”为核心的智能化，向机器智能和自动决策方向发展。在建筑领域中人工智能已经开始应用，智能计划部署、智能决策支撑、智能质量管控、智能资源管理、智能设计施工协同、智能互联互通。云计算和大数据应用在建筑上应用也越来越广泛，将来完全可以实现从一个灯泡，到整栋建筑的安全、质量、环境，甚至到人的行为都可以通过楼宇大数据系统来预测。智慧工地的应用也会越来越广泛和普遍。

城市地下综合管廊结合实例从明挖法和暗挖法等方面进行综合介绍。三位一体（地下综合管廊＋地下空间开发＋地下环行车道）将会得到进一步发展与研究。超大地下构筑物是以综合管廊作为载体，将地下空间开发与地下环行车道融为一体的地下构筑物。快速绿色预制拼装技术将大面积推广应用与研究。大断面下穿重要建构筑物的顶管技术将得到迅猛发展。长距离暗挖掘进施工盾构技术将得到更多研究与应用。随着城市综合管廊建设数量的不断增加，新旧地下综合管廊连接技术将会得到快速的发展。

绿色施工技术主要从四节一环保方面进行相关介绍。从粗放管理向精细化管理转变，全生命周期、循环利用、清洁施工、5S管理、精益施工等理念不断转化为多种形式的探索与实践活动。从外延式发展向内涵式发展转变，技术创新在绿色施工中发挥重要的支撑作用，呈现工业化、智能化、整合化的三大态势。施工现场作业条件和现场生活临时设施得到较大程度的改善，施工人员素质不断提高，职业形象较大幅度提升。绿色施工的范围横向进一步延伸、影响进一步加深，并渗透到工程项目的各个专业领域。全社会绿色施工生产体系和生产要素市场不断完善。

信息化施工技术则主要介绍了BIM技术、物联网技术、数字化加工、测绘及项目施工信息综合管理技术等。国家BIM标准体系将逐步健全，助力产业链选择适合的解决方式推广和应用BIM。随着BIM单项技术应用逐渐成熟，业务流程不断规范化、标准化，必将实现集成化应用，进而形成工程项目管理系统。随着物联网技术的成熟和普及，应用门槛的降低，施工领域对物联网技术的应用也会扩大范围应用。数字化加工将实现制造设备数字化、生产过程数字化、管理数字化、并通过集成实现整个数控车间规范化、信息化，对于设备控制层的数字化越来越多地采取嵌入式系统。测量测绘技术得到飞速发展，工程测量测绘控制仪器和软件将会不断创新和提高水平，结合GPS应用GIS技术将会进一步推进测量技术的提升。

与2015版相比，《中国建筑业施工技术发展报告（2017）》简化浓缩并增加了新技术内容，删除了消防工程技术，将水电工程细化为给排水工程和电气工程，主要变化表现在以下方面：

部分专业更新了近1～2年以来施工技术进展深度；增加了施工技术前沿研发内容；更新了相关技术最新指标记录；采纳了最新典型工程案例。如中国尊大厦等技术水平高、施工方法难的具备国内外影响力的示范性工程。继续重点关注建筑业热点技术，如BIM技术、建筑装配式技术、绿色施工技术及城市地下综合管廊技术等。总体描述了我国建筑工程近期施工技术发展情况，为中国建筑施工企业领导层决策提供依据，为专业技术人员提供技术发展方向和趋势发展思考素材。

三、技术指标记录

本发展报告针对主要专业技术的发展情况列出了当前国内最新的指标记录数据，此指标记录数据是根据对国内大型建筑企业进行相关调查后汇总、整理和分析得出的，具有广泛的代表性。主要施工技术发展指标记录如下：

主要施工技术发展指标记录表 **表1-1**

序号	专项技术发展报告名称		重要指标名称	最大指标数据及工程名称
1	地基基础工程	1	最大压桩力	静压桩：新瑞基础工程有限公司；富基世纪公园三期项目；最大静压桩力：1200t
		2	最大冲击能量（kN·m）	液压冲击锤：中铁大桥局；平潭海峡大桥；最大冲击能量：750kN·m
		3	最大激振力（kN）	液压免共振锤：上海建工集团股份有限公司；天目路立交；最大激振力：3070kN
2	基坑工程	1	最大基坑深度	中建二局；九龙仓长沙国际金融中心；－42.45m
		2	最大单体基坑面积	中铁建设集团；海口日月广场；16.24万m^2

续表

序号	专项技术发展报告名称		重要指标名称	最大指标数据及工程名称
3	地下空间	1	明挖法	长沙国金中心基坑深度达地下42.45m，面积约7.5万m^2，土方开挖量约169万m^3，为全国面积最大、复杂程度最高、房建类最深基坑工程
		2	矿山法	重庆轨道交通红旗河沟车站隧道，最大开挖断面宽24.4m、高32.8m、最大开挖断面面积达760m^2，亚洲最大断面城市地下暗挖车站
		3	盾构法	上海长江隧道，最大直径15.43m泥水平衡盾构
		4	逆作法	上海世博500kV输变电工程，最大开挖深度35.25m
4	钢筋工程	1	最大直径钢筋	中建总公司；央视新址大楼；50mm
		2	最大钢筋强度等级	普通钢筋：中建八局 昆明新机场航站楼HRB500
5	模架工程	1	最大支模高度	中建八局；天津火箭厂房；89m
6	混凝土工程	1	大体积混凝土一次浇筑体积/一次最大浇筑厚度	中建三局；天津117大厦；6.5万m^3 中建西部建设；武汉永清商务综合区；11.7m
		2	最大混凝土强度等级	中建西部建设；常规预拌混凝土生产线；C150
		3	一次泵送最大高度	中建三局、中建西部建设；天津117大厦C60泵送至621m，创混凝土实际泵送高度吉尼斯世界纪录 中建一局；深圳平安金融中心；全球首次混凝土千米泵送试验C100； 中建西部建设；LC40轻集料混凝土泵送至武汉中心大厦垂直泵送高度达到402.150m，刷新国内外轻集料混凝土泵送高度新纪录
7	钢结构工程	1	板材焊接最大板厚	中建钢构；深圳平安金融中心304mm铸钢件焊接； 央视新址主楼钢柱所用钢板最大焊接板厚135mm，为目前全国房建工程领域之最
		2	最大单体工程钢结构总重	中建八局；杭州国际博览中心钢结构；总量15万t
		3	钢结构最大提升重量	中铁建工集团；国家数字图书馆工程；单次提升重量10388t
		4	钢结构建筑悬挑长度	中建钢构；中央电视台新址主楼；悬挑长度75m
8	砌筑工程	1	最大砌体建筑高度	哈尔滨工业大学、黑龙江建设集团；哈尔滨市国家工程研究中心基地工程项目；檐口高度98.80m

续表

序号	专项技术发展报告名称		重要指标名称	最大指标数据及工程名称
9	屋面与防水工程	1	金属屋面最大面积	中航三鑫；昆明长水国际机场航站楼；约 19 万 m^2
		2	柔性屋面最大面积	北京奔驰 MRAⅡ项目 TPO 屋面系统；约 40 万 m^2
		3	地下防水工程最大面积	上海迪士尼乐园；地下基础底板防水面积约 17 万 m^2
10	幕墙工程	1	建筑幕墙最大高度	上海建工、江河、远大；上海中心；632m
11	建筑结构装配式施工技术	1	最大建筑高度	装配式框架剪力墙结构：龙信集团龙馨家园小区老年公寓项目最高建筑 88m，装配率 80%（抗震设防烈度 6 度） 装配式剪力墙结构：海门中南世纪城 96 号楼共 32 层，总高度 101m，预制率超 90%（抗震设防烈度 6 度地区）
12	特殊工程	1	最大单块膜面积	今腾盛膜结构技术有限公司；中国死海漂浮运动中心水上乐园；3000m^2
		2	最大顶升高度	河北省建筑科学研究院；武当山遇真宫原地“抬升”15m
		3	最大平移距离	河北省建筑科学研究院；河南慈源寺 400m
13	建筑机械	1	最大塔机（吨．米）	中联重科生产水平臂回转自升塔式起重机 D5200－240 塔机，最大起重能力为 240.5t，起升高度 210m，标定力矩为 5200t·m 。马鞍山长江大桥主塔工程
		2	最高施工电梯（米）	上海建工集团；上海中心；472m SCD200/200V
14	季节性施工	1	混凝土浇筑最低环境温度	中铁建设集团，哈尔滨西站；－20℃
15	综合管廊	1	断面最大	北京市城市规划设计研究院；北京通州新城运河核心区复合型公共地下空间；整体结构横断面 16.55m×12.9m
		2	已建里程最长	广州城市规划设计院；广州大学城综合管廊；17.4km
		3	功能最完备	上海市政工程设计研究总院；上海世博会园区综合管廊

四、技术发展趋势

当前，我国建筑业面临着诸多挑战，主要表现为行业的高速发展尚未实现产业规模与产业模式齐头并进，建筑业总体上仍然是一个劳动密集型的传统产业。建筑业仍然大而不强，监管体制机制不健全、工程建设组织方式落后、建筑设计施工水平有待提高、质量安全事故时有发生、市场违法违规行为较多、企业核心竞争力不强、工人技能素质偏低等问题较为突出。

通过对《中国建筑业施工技术发展报告2017》各项专业报告的汇总分析可以看出，建筑业未来发展的总体趋势是“绿色化、工业化、信息化”。以节能环保为核心的绿色建造改变传统的建造方式，以信息化融合工业化形成智慧建造是未来发展的基本方向。

（一）绿色建造

党的十九大最重要理论成就，就是确立了习近平新时代中国特色社会主义思想。习总书记在十九大报告中专门论述“加快生态文明体制改革，建设美丽中国”、“必须树立和践行绿水青山就是金山银山的理念，坚持节约资源和保护环境的基本国策，像对待生命一样对待生态环境”。同时十九大报告提出：“建立健全绿色低碳循环的经济体系，形成绿色发展方式和生活方式”。

这是我国“十三五”时期甚至更长远未来的科学发展理念与行动指南，同时表明深入推进和加快发展绿色建造相关技术正值难得的历史机遇。特别是在施工方面，推进绿色建造是建筑业降低资源消耗、减少建筑垃圾排放、消除环境污染，实现节能减排的重要举措。

绿色施工的基本理念近几年已在行业内得到了更为广泛接受，施工过程注重融入“四节一环保”技术措施。一批有实力和超前意识的建筑企业在工程项目中重视绿色施工策划与推进，研究开发绿色施工新技术，初步形成成套的绿色施工技术和较为完备的绿色施工工艺技术和专项技术体系：

（1）结合施工现场实际扩大现场预制材料、构配件的应用，如预制楼梯、非标准砌块工厂化集中加工、压型钢板、钢筋集中加工配送、钢筋焊接网、预制混凝土薄板地模、长效防腐钢结构无污染涂装得到更多推广应用。

（2）推进了临时设施标准化程度。推广使用工具式加工车间、集装箱式标准养护室、可移动整体式样板、可周转装配式围墙、可周转建筑垃圾站等。

（3）施工工艺新技术创新与推广，提高了绿色施工水平。如混凝土固化剂面层施工技术、轻质隔墙免抹灰技术、隔墙管线先安后砌技术、管线综合布置等技术等。在污水控制方面，推广使用电缆融雪技术；在土壤与生态保护技术方面，采用现场速生植物绿化等技术。

（4）信息化施工与绿色施工技术措施融合度增强。在深化设计方面，更多利用BIM技术进行钢筋节点深化设计、二次结构深化、机电管线综合排布及管线附件的统计计算，并控制复杂构配件的加工；在施工现场管理方面，采用BIM技术和无人机航拍技术，合理调配资源、动态布置场地；在节水与降尘方面，现场塔吊喷淋系统水源采自雨水回收系统及基坑降水回收利用系统，采用高压雾化喷头，加压泵电源安装智能遥控开关，使用手机、iPad等终端设备通过APP远程遥控开关，控制现场扬尘污染。

（5）绿色施工标准体系建立并逐步完善。新版国家标准《建设项目工程总承包管理规范》GB/T 50358—2017单设章节规定绿色建造有关内容。《绿色建材评价技术导则》（建科〈2015〉162号），对砌体材料、预拌混凝土、预拌砂浆中的固体废弃物综合利用比例做出了评分规则。

(二) 智慧建造

近几年，建筑业在智慧工地研究与应用方面，充分利用BIM、物联网、大数据、人工智能、移动通讯、云计算和虚拟现实等信息技术和相关设备，通过人机交互、感知、决策、执行和反馈，实现信息技术与建造技术的深度融合与集成，实现工程项目的设计、施工和企业管理的智慧化。其将施工技术全面智能、工作互通互联、信息协同共享、决策科学分析、风险智慧预控的新型施工手段。施工管理以后将逐步可感知、可决策、可预测，施工现场的生产效率、管理效率和决策能力逐步提高。

(1) 智慧工地已逐渐成为企业信息化的重要组成部分。自动采集、产生的数据将提供给企业级项目管理系统，为企业管理提供真实、基础的第一手数据，为企业管理服好务。

(2) 智慧工地包含智慧管理、智慧生产、智慧监控和智慧服务等4个方面。智慧管理包括进度计划管理、任务自动分配、资源组织、知识积累与传承等，重点在项目生产管理工作。智慧生产，是指智能化的生产设备，包括焊接机器人、抹灰机器人等，这方面还相对滞后，需要重点突破。智慧监控则是运用各种传感器、摄像头智能分析等技术，对项目质量、安全进行监控。智慧服务是整合现场及社会资源，为项目部管理人员、建筑工人提供专属、个性化的工作、生活服务。

(3) BIM技术逐渐普及应用，也成了“智慧工地”建设的基础。近几年来，很多项目在不同程度上应用了BIM技术，也通过了系统的BIM培训，成为具有BIM应用技能的专业人才，为全面推进“智慧工地”建设奠定了坚实基础。

(三) 工业化建造

从建筑业施工技术这几年的发展可以看到，实施建筑工业化生产方式，在提升工程技术水平、质量品质和安全水平、提高劳动生产率、节约资源和能源消耗、减少环境污染、减少建筑业对日益紧张的劳动力资源依赖等方面具有明显的优势。

工业化建造是我国建筑业的未来发展方向。它是一个涉及面广、政策性强的系统工作，需要社会共识和政府支持。目前，大力推广装配式建筑，是实现建筑工业化的有效手段。现阶段装配式建筑主要集中在住宅方面，以预制装配式剪力墙体系为主，设计仍按传统模式设计，在结构施工图上做预制混凝土构件分解，未完全达到设计、施工全过程的装配式建筑。建造成本高，室内空间受限，不能灵活变动。应朝大空间方向发展，发展装配式框架、框架剪力墙及叠合剪力墙体系，适应产业化技术。大力发展钢结构和新型木结构建筑是装配式未来发展的方向之一。

(1) 在标准化设计方面，标准体系建设将逐渐加强，统一模数和模块，定型化、标准化、建筑施工部件化、集约化，构配件、部品和建筑体系形成统一标准，实现全专业设计。

(2) 在工厂化生产方面，通过BIM平台实现设计、加工、装配全产业链数据信息交互和共享。新一代智能技术与建造技术融合发展趋势加快，加快发展工业化、自动化建造装备和产品，推进生产过程自动化。智能工厂、数字化车间，工业机器人、智能物流管理、增材制造（3D打印）等技术和装备在生产过程中已得到初步应用。

(3) 在机械化施工方面，通过智能机具实现了构件进场、质量检验、堆放、定位和安装等工序的机械化和自动化，减少现场作业人员。

（4）在智能化管理方面，深化互联网在建造领域的应用，通过云平台发展基于互联网的生产组织方式，实现生产过程、现场质量和现场安全全过程、全方位的信息化、智能化管理。

（5）在专业化队伍方面，培养和造就了一批具有高技术水平的专家级人才，还将逐渐打造出具有高技术、高知识、高能力的产业工人队伍。

五、政策建议

创新是推动一个国家和民族向前发展的重要力量，也是推动整个人类社会向前发展的重要保障。“十三五”是科技创新工作与未来改革发展由初步融合向深度融合过渡的关键阶段，面临前所未有的机遇挑战。随着新一轮世界科技革命、产业革命的加速发展，国家战略竞争力、社会生产力，企业竞争力的综合关联越来越紧，迫切需要更好发挥科技创新对经济建设的拉动作用，挖掘发展的潜力和增长点，拓展发展新空间，培育发展新动能。从建筑业施工技术发展的趋势思考，建议从以下方面考虑采取相关措施。

（一）加快绿色建造工艺革新，提升建造过程绿色化管理水平。

（1）严格控制施工过程水、土、声、光、气污染，推动建筑废弃物的高效处理与再利用，实现工程建设全过程低碳环保、节能减排，推进绿色施工技术与装备的研发和应用。提升建造过程的管理水平，进一步开展绿色施工工程示范。完善绿色施工监督管理体系，建立以项目经理为主的绿色施工绩效考核制度。完善绿色施工认证制度和评价体系，加强绿色施工相关标准规范的执行力度，逐步提高建筑工程绿色施工比率。

（2）采用新型建造方式，现场施工装配化，有效控制施工过程水、土、声、光、气污染，减少施工现场垃圾产生量，增强施工现场的雨水、废水、建筑垃圾的处理与再利用，实现工程建设全过程低碳环保、节能减排。积极推进与新型建造方式相适应的绿色施工机械装备的研发和应用。加强装配式路面、箱式活动房、装配式金属围挡、绿色基坑支护体系、模块化铝膜板等可重复利用的临时设施的应用，减少一次性临时设施的应用，降低建造过程建筑垃圾产生量。采用信息化手段，提升建造过程的绿色化管理水平。完善绿色施工监督管理体系，建立以项目经理为主的绿色施工绩效考核制度，进一步开展绿色施工工程示范。完善绿色施工认证制度和评价体系，加强绿色施工相关标准规范的执行力度，逐步提高建筑工程绿色施工比率。

（3）积极推进地级以上城市全面开展建筑垃圾资源化利用。各级财政、住房城乡建设部门要系统推行垃圾收集、运输、处理、再利用等各项工作，加快建筑垃圾资源化利用技术、装备研发推广，实行建筑垃圾集中处理和分级利用，建立专门的建筑垃圾集中处理基地。

（二）大力研究和推广智慧工地建设，实现工程项目施工的智慧化建造。

（1）大力推广智慧工地建设，紧紧围绕人、机、料、法、环、策等关键要素，综合运用BIM、大数据、智能化、物联网、移动计算、云计算等信息技术与机器人等相关设备，实现工程项目施工的智能化。通过人机交互、感知、决策、执行和反馈，与施工过程相融合，对工程质量、安全等生产过程及商务、技术等管理过程加以改造升级，构建互联协同、智能生产、科学管理的无纸化施工环境，使施工管理可感知、可决策、可预测，提高施工现场的生成效率、管理效率和决策能力，实现数字化、精细化、绿色化和智慧化的生产和管理。

(2) 加大智慧企业建设，建立基于大数据、智能技术、移动互联网、云计算的企业决策分析系统、智能化客户关系管理系统、资源一体化建筑供应链管理系统和企业安全集成管理系统，提高企业管理的能力、方法和技术，促进企业管理的创新。帮助企业做好市场需求预测分析、投资规划和成本预测；为客户提供个性化服务，提供更具价值的建筑产品和服务；紧密关联客户、供应商和合作伙伴等企业外部资源，支持建筑企业的全球化运作和优化；从管理制度、流程、技术手段的多层次协作，确保企业安全战略目标的实现。

(3) 推广基于BIM的项目管理信息系统和项目大数据系统，实现BIM技术的普及应用。以BIM、物联网、云计算、大数据、移动互联网技术为基础，研究、推动智慧施工技术，建立互联协同、智能生产、科学管理的无纸化施工环境，建立基于BIM的施工协同管理模式和工作机制，实现施工过程的全面感知、泛在互联、普适计算和集成应用，基于建筑大数据和虚拟现实技术实现施工现场质量安全管理的预判和智能管理，提升施工生产效率。

(4) 推广以BIM、测控、数控等技术为核心的智能施工装备应用。通过BIM与物联网、云计算、3S等技术集成，创新施工管理模式和手段，实现施工装备的集成、过程可视化、标准化。大量减少现场人工作业，推动焊接机器人、外墙喷涂一体化、砌墙机器人、复杂幕墙安装等建筑机器人为代表的智能施工装备应用。

(三) 大力开展建筑工业化建造技术研究与应用，促进建筑业转型升级。

(1) 在房屋建筑中普及工业化建造技术及设备，实现设计标准化、构配件生产自动化、施工安装机械化和组织管理智能化，通过现代化的制造、运输、安装和科学管理的大工业的生产方式，来代替传统建筑业中分散的、低水平的、低效率的手工业生产方式，逐步采用现代科学技术的新成果，以提高劳动生产率。加快建设速度，降低工程成本，提高工程质量，使建筑业走上质量、效益型道路，实现健康持续发展。

(2) 研究标准化设计和协同设计的关键技术，从加工、装配和使用的角度，研究构件部品的标准化、多样化和模数模块化，建立完善工业化建筑设计体系；形成混凝土结构、模块化钢结构、预应力装配式结构、竹木结构、钢混结构等高性能、全装配的结构体系及连接节点设计关键技术；研究高强混凝土预制构件、高变形能力装配式节点及高效能构件等装配式高性能结构体系及其连接节点设计技术，形成全新的装配式高性能结构体系；研究工业化建筑围护系统、构配件及部品的高效连接节点设计技术，形成高适应性、全装配高性能建筑围护系统及设计技术。

(3) 研发优化装配建筑的产业化技术体系，重点研发预制率50%以上的高层住宅装配式混凝土结构体系、全装配的低多层住宅装配式混凝土结构体系和预制率70%以上的公共建筑装配式混凝土结构体系，并形成与之配套的设计—加工—装配全产业链专用集成技术体系。研发优化全产业链的关键技术和集成技术，研究从部品件设计、生产、装配施工、装饰装修、质量验收全产业链的关键技术及技术集成（全产业链相关智能化技术、机械化技术等等）。形成部品件在设计—加工—装配过程中的模数协同、接口统一的系列技术及标准。

（4）加强标准体系建设，统一模数。所有构件、部品和结构在设计中均采用统一确定模数，形成便于组合与加工的模数标准；加强集成式模块化设计，形成多种具有特定功能的子系统模块，建立可供选用的特定功能模块数据库。

（5）加快推动新一代智能技术与建造技术融合发展，加快发展工业化、自动化建造装备和产品，推进生产过程自动化，实现钢筋加工配送自动化加工；构件工业化生产机器人；质量智能化控制装备。建设智能工厂/数字化车间，加快工业机器人、智能物流管理、增材制造（3D打印）等技术和装备在生产过程中的应用，促进加工工艺的仿真优化、数字化控制、状态信息实时监测和自适应控制，实现从数据管理、计划排期、可视化、优化、机器人系统、生产控制、物料供应等整体生产线智能化。

科技支撑发展，创新引领未来。建筑业改革发展在不断创新，但施工核心业务没有变，那就是项目。围绕项目开展生产经营、技术研发和管理活动是建筑业的业态特点，工地现场是项目成功交付的重要环节，也是施工技术落地的载体。要以绿色建筑、智慧工地、建筑工业化为重点，开展产学研联合攻关，增强企业的核心技术储备，在工程建设中积极应用先进技术，提高工程科技含量，在推进建筑技术更新和创新的同时，努力提升企业的核心竞争力。坚持建造技术升级、生产方式转变和管理模式变革，才能为实现中国建筑转型升级和持续健康发展做出积极贡献。

六、组织编写历程

1. 编写组织体系

编写分工表 **表1-2**

序号	专业子报告名称 专业编写组名称	主要编写单位
1	综 述	中建技术中心
2	地基与基础工程施工技术	上海建工
3	基坑工程施工技术	中铁建工
4	地下空间施工技术	北京城建
5	钢筋工程施工技术	北京建工
6	模板与脚手架工程施工技术	中建技术中心/中建六局
7	混凝土工程施工技术	中建西部建设
8	钢结构工程施工技术	中建钢构
9	砌筑工程施工技术	陕西建总
10	预应力工程施工技术	广州建总
11	建筑结构装配式施工技术	中建科技/南京大地

续表

序号	专业子报告名称 专业编写组名称	主要编写单位
12	装饰装修工程施工技术	中建装饰
13	幕墙工程施工技术	中建五局
14	屋面与防水工程施工技术	山西建总
15	防腐工程施工技术	青建集团
16	给排水工程施工技术	河北建设
17	电气工程施工技术	湖南建工
18	暖通工程施工技术	中建四局
19	建筑智能工程施工技术	中建七局/中建安装
20	季节性施工技术	北京住总
21	建筑施工机械技术	建研院机械分院/中建二局
22	特殊工程施工技术	中建一局
23	城市地下综合管廊施工技术	中建技术中心
24	绿色施工技术	中建八局
25	信息化施工技术	中建三局

根据发展报告编写工作需要，编委会下设若干编写组。每项专业技术报告编写组由编写单位负责统筹组成，每个专业技术报告编写组由3—6人组成，负责某一项专业技术发展报告的编写工作。

专业技术报告编写组相关工作由编写单位负责牵头组织建立，负责《发展报告》中某个子报告的全部专业技术发展报告内容撰写、编辑与修订。专业技术报告编写组定期向《发展报告》编委会秘书处报送工作计划与重要事项。专业技术报告编写组定期或不定期组织了编写人员召开编写工作相关会议，共同商量、讨论和确定该专业技术发展报告编写的内容等有关事宜。

通过查询网络、图书、技术杂志、文献资料等查询方式进行收集；与某些专业技术水平比较领先和先进企业、研究机构、高等院校等联系沟通，打电话、发邮件、发函件、上门咨询方式获取了调研信息资料；参加各种技术服务推介会、展览会、产品展示会等方式，获取了先进技术信息资料。

应用获取的各种专业技术信息资料，各专业技术编写组定期召开了内部的专业技术编写会议，对其具体章节内容进行研究讨论，对编写内容进行过程把关和审核，保证了报告内容的针对性、实用性和准确性。秘书组邀请相关顾问专家对初稿进行讨论和审核，对报告内容提出进一步修改意见建议，编制小组根据专家意见进行修改完善，完成本专业技术发展报告编写任务，秘书组对经过专家评审提出的意见建议及时组织人员进行修改完善，直至最终稿件的完成。

2. 编写历程

2017年初，经过前期研究讨论，充分征求多方意见建议，中国建筑集团有限公司技术中心、中国土木工程学会总工程师工作委员会与中国建筑学会建筑施工分会精心布置，周密安排，多轮策划了施工技术发展报告的编写、评审和出版等工作。

2017年4月，编写组启动工作会在北京召开，各单位主要编写人员代表30余人参加，会议确定了各编写组编写人员、编写工作计划、报告编写内容和原则要求，为报告编写工作顺利开展奠定了基础。

会议成立了编写委员会，发布了《中国建筑业施工技术发展报告（2017）》实施方案。编委会由32人组成，设主任委员1人，副主任委员7人，由中国建筑集团有限公司总工程师毛志兵担任主任委员；编委会设专家组、秘书处和编写组。24家国内一流的建筑施工企业作为编写责任单位参与发展报告的编写组织工作。各编写责任单位委员对积极组织各专业技术报告的编写工作取得了共识，对报告编写工作的顺利推进发挥了积极作用。

2017年9月，经过5个月的调研，分析，整理，研究及内部审核，各编写组提交初稿至编委会秘书处，秘书处在过程中给予积极协调与配合。

2017年9月底，编委会秘书处组织了报告初稿编辑、统稿工作，经由专业人员认真核实，查漏补缺，形成编委会第一稿。

2017年10月，编委会秘书处组织建筑行业专家学者对整个施工技术发展报告进行第一次评审工作；各编写单位根据评审意见，对报告第一稿进行了修改后，形成了送审稿。

2017年11月，编委会秘书处组织行业专家，编委会顾问专家以及编委会委员专家对送审稿进行审阅，并将审查意见汇总，由各编写专业组人员对报告送审稿进行修改。

2017年12月，形成了报批稿。

2018年3月5日，编委会在北京召开《中国建筑业施工技术发展报告（2017）》审批会议，对《中国建筑业施工技术发展报告（2017）》进行了评审，并批准发布。

在建筑行业各位专家的大力支持下，经过各编写单位近一年时间的努力工作，并经多次专家审定，形成了本次报告。

第二篇　地基与基础工程施工技术

主编单位：上海建工集团股份有限公司　张阿晋　吴小建　黄玉林

摘要

本篇主要介绍了近两年来我国地基处理技术与基础工程施工技术两方面的发展概况。地基处理技术主要介绍了在复合地基领域发展较快的桩—网复合地基和桩—板复合地基，分别阐述了这两种工法的加固原理、施工工艺特点、国内外发展现状及技术优势等。基础工程施工技术主要介绍了三种预制桩施工技术：静压法施工、锤击法施工及振动法施工工艺。并在大量前期调研的基础上，详细介绍、分析了我国在地基基础施工领域的最新进展、技术前沿研究及未来发展方向。最后结合工程实际案例，介绍了几种地基与基础工程施工技术的工程应用情况，希冀为我国地基基础施工领域技术发展提供一定的参考，更好地推进我国在该领域的技术进步。

Abstract

This report mainly introduces the development of the ground improvement and foundation engineering construction technology in recent years. The ground improvement technology mainly describes the rapid development of pile-net composite foundation and pile-slab composite foundation, respectively, introduces the two methods of reinforcement mechanism, process characteristics, domestic and international development status and related technical advantages etc. Foundation engineering construction technology mainly introduces the construction technology of three kinds of precast piles: static pressure construction、hammer construction and vibration construction technology. And on the basis of a large number of preliminary research, the report introduces the latest progress of our country in the field of the ground improvement and foundation engineering construction technology, the forefront of technology research and the future development direction. Finally, combined with the actual project case, this report introduces several kinds of ground improvement and foundation engineering application, with the purpose to provide some reference for China's technology development and to better promote the technological progress in this field of our country.

一、地基与基础工程施工技术概述

1. 地基处理技术

传统地基处理技术如强夯法、预压法、换填法及振冲法等由于施工速度慢、噪声大及环境扰动严重、工后沉降控制难度高等多方面的原因，技术革新相对缓慢；经过多年的工程实践及前沿技术探索研究，复合地基加固技术正逐渐成为地基处理领域极富特色的发展方向。自1962年国际上首次开始使用“复合地基（composite foundation）”一词以来，伴随着各种地基处理技术的发展，复合地基被越来越广泛地应用于各种工业与民用建筑，也用于一些水利工程如大坝等的地基处理。传统的复合地基主要指由柔性桩或水泥土桩形成的复合地基，近年来复合地基处理技术发展较快，随着刚性桩（如各类混凝土桩、劲性复合桩、水泥土复合管桩等），特别是不同材料形成的且具有多种功能的复合桩体的引入，使复合地基处理技术有了较大的发展，复合地基的加固体不但具有承担荷载的功能，还可作为排水通道等，使加载时桩间土的固结、桩端以下土体的固结速度显著加快，桩间土得到改善，使复合地基的加载过程本身也成为复合地基桩间土及桩端以下土体的预压过程。尤其是土工合成材料的引入，大大拓宽了复合地基处理技术的应用边界，通过土工合成材料的排水、隔离、加筋、防渗、防护等作用，可实现土体应力的有效扩散、增加土体模量、传递应力、限制侧向变形等，为复合地基处理技术衍生发展提供了极大的可能性。

近年来我国高速铁路建设如火如荼地开展，其中大量铁路线穿越东部沿海软土地区，滨海软土具有高压缩性、高灵敏性、高含水量、大孔隙比、低强度和低渗透性等特点。为保证高速铁路的高速度、高舒适性、高安全性、高密度运营，高速铁路线对于下部基础的沉降要求非常严格，特别是不均匀沉降，如果工后沉降得不到有效控制，势必造成非常严重的安全事故。对于深厚软土路基，为了控制过大的工后沉降，传统排水固结法（如超载预压法、真空联合堆载预压法等）、浆喷桩法、挤密桩法等由于加固周期长、工后沉降不易控制、加固深度浅等原因受到较多应用限制，桩-网复合地基、桩-板复合地基及由两种或多种加固技术综合而成的新型复合地基加固技术得到了很大的发展，在我国高速公路、高速铁路及城际轨道工程建设中得到了广泛实践应用，取得了很好的加固效果。

2. 基础工程施工技术

相对于传统的扩展基础、筏形基础及箱形基础等浅基础施工而言，我国基础工程领域的蓬勃发展主要体现在深基础工程施工技术，尤其是在桩基础施工领域。按照施工方法分类，桩基础可分为非挤土桩、部分挤土桩和挤土桩三大类。非挤土桩包括螺旋钻孔灌注桩、人工挖孔（扩）灌注桩、贝诺特灌注桩、反循环钻成孔灌注桩等。部分挤土桩包括冲击钻成孔灌注桩、爆扩灌注桩、钻孔挤扩灌注桩、中掘施工法桩、预钻孔埋入式预制桩及多数组合桩等。挤土桩主要包括挤土灌注桩和挤土预制桩两类，挤土灌注桩又分为沉管灌注桩、沉管扩底桩、长螺旋挤压式灌注桩及复合载体夯扩桩等；挤土预制桩包括冲击施工法桩、振动施工法桩及静压桩等。在进行桩型和成桩工艺选择时，应对建筑物的特征（建筑结构类型、荷载性质、桩的使用功能、建筑物的安全等级等）、地形、工程地质条件

（穿越土层、桩端持力层岩土特性）、水文地质条件（地下水类别、地下水位标高等）、施工机械设备、施工环境、施工经验、各种桩施工工法特征、制桩材料供应条件、造价以及工期等进行综合性研究分析后，选择经济合理、安全适用的桩型和成桩工艺。

近年来随着绿色化、信息化及工业化施工理念不断深入人心，传统桩基施工工艺如人工挖孔灌注桩及预制桩锤击法施工等，因具有施工效率低、工程废弃物多、处理难度大且信息化手段应用缺失等缺点，正逐渐被各类新型绿色化、高效化、信息化桩基施工技术所取代，如长螺旋压灌桩后插钢筋笼技术、大扭矩旋挖钻机嵌岩灌注桩施工技术、新型（或异型）预制桩施工技术及预制桩免共振沉桩施工工艺等。以预制桩免共振沉桩施工工艺为例，该工艺通过信息化技术、智能化技术及一系列配套技术（如导向桩架）的研发与应用，可实现工程施工的智能化控制，大幅度提高施工效率，提高桩基施工垂直度，降低工程施工对周边环境的扰动影响，在充分保证成桩质量的同时，提高了桩基施工的整体水平。

二、地基与基础工程施工主要技术介绍

1. 地基处理主要技术介绍

1.1　桩-网复合地基

桩-网复合地基，是指在地基处理过程中，下部土体得到竖向增强体——“桩”的加强从而形成桩土复合地基加固区，并在该区顶部铺设水平向增强体——“网”从而形成加筋土复合地基加固区，使网-桩-土协同作用、共同承担荷载的人工地基。桩-网复合地基一般由五部分组成：上部填土、网、砂石垫层、桩土复合地基加固区、桩底下部土体。这种复合地基又被称为“双向增强体复合地基”或者“双向增强复合地基”。其中水平向增强体主要包括各类土工合成材料，如土工织物、土工格栅和土工格室等；竖向增强体则主要包括各类散体材料桩、柔性桩和刚性桩等。在工程应用中，水平向增强体可以单向铺设，也可以双向铺设以全面提高其受力性能，同时，可以根据上部荷载情况及下部桩体刚度，采用单层铺设或者间隔多层铺设的方法。竖向增强体可以采用正方形、梅花形或者矩形布置，并视工况考虑是否设置桩帽。

桩-网复合地基在国外的应用历史已经超过三十年，目前在国内外，桩-网复合地基的应用范围和频率都在不断扩大，其应用范围涵盖铁路及公路工程中软土路基处理、原有路基拓宽工程、桥头软基处理及各类软土地区建筑地基加固处理工程等。相比较来说，国外桩-网复合地基应用起步较早，而且应用范围也较为广泛。早在1975年，日本北海道石狩河堤岸改造工程中，因存在软土地基及雨季防汛急需赶工期等原因，施工单位创造性地采用了桩承土工织物加筋复合地基，其桩采用混凝土预制桩或经防腐处理的木桩，加筋为土工织物和钢筋网。这是世界上较早应用该工法的工程实例，随后在日本这种复合地基被推广应用于铁路、公路及建筑等领域。20世纪80年代英国扩建伦敦第三大国际机场——Stansted机场，作为扩建的关键工程之一就是修建一条连接已有干线的新铁路，路基所经之处有一片地下水位高、承载力很低的深厚软土，为使新路基与已有的路基间保持较小的差异沉降及考虑工期等原因，就采用了本工法，取得了非常好的技术经济效果。另外还有

巴西圣保罗北部的公路拓宽工程、荷兰的部分高速公路等。现在这种软土地基加固方法已经成功地在美国、德国、英国、瑞典、巴西、日本等国家得以应用。相较于国外，国内将土工合成材料用于岩土工程起步较晚，但我国土木工程界对于土工合成材料极为重视，受益于我国近年来的高速公路、高铁和各类建设工程的飞速发展，桩-网复合地基也得了快速的研究和推广，并已经大规模地应用于实际工程中。

桩-网复合地基具有如下优点：（1）软土地基承载性能提升较大；竖向增强体可实现上部荷载的有效传递及深层扩散；水平增强体的设置可以降低软土地基的侧向变形，提升地基整体稳定性。（2）在减少不均匀沉降的同时，有效降低工后沉降；水平增强体降低了上部压力向下传递过程中的应力集中现象，有效减轻了不均匀沉降，同时由于压力传导有效，主固结完成较为充分，降低了软土地基的工后沉降量，应用于公路工程时有效降低了桥台跳车及基础脱空等工程问题的出现。（3）节约软基处理成本；相较于传统换填、强夯及排水固结方式而言，桩-网复合地基加固效果明显，可减少后期二次加固或辅助加固费用，且随着土工合成材料供应的市场化竞争及标准化施工机械的逐渐成熟，软基综合处理成本相对较低。

1.2 桩-板复合地基

桩-板复合地基结构是采用刚性桩体、梁、板（或筏板）来处理低填挖方且地基软弱的一种结构形式。它是指在竖向增强体的上部填筑碎石垫层后再铺设或现浇一定厚度的钢筋混凝土板，以使桩-垫层-钢筋混凝土板（或筏板）-土更好地协调上部荷载、降低不均匀沉降的一种复合地基。桩-板复合地基中承载板、刚性桩及土形成一个共同的工作体系，其承载特性受共同工作体系的影响和制约。钢筋混凝土板通过锚接等形式与下部桩体连接在一起，承担上部附加荷载。其作用主要体现在荷载均化和应力扩散两个方面：一是将原来的柔性路基附加荷载通过钢筋混凝土板转化成刚性路基附加荷载，通过荷载均化有效减少了路基底部的差异沉降，使其沉降较为均匀。二是钢筋混凝土板类似筏形基础或扩展基础，可通过适当改变钢筋混凝土板的面积，扩大其下土体应力扩散范围，实现地基沉降变形的有效控制。桩-板复合地基主要由钢筋混凝土板和下部不同类型的桩体两部分组成，桩顶部与钢筋混凝土板之间进行有效连接，并铺设碎石垫层。常见的竖向加固体有 CFG 桩、PHC 桩及钻孔灌注桩、长短桩等。国外应用桩-板复合地基相对较早，包括英国海底隧道连接线线路穿越沼泽地段；纽伦堡-英戈尔施塔特高速铁路；荷兰阿姆斯特丹至比利时布鲁塞尔高速线等。

相比较国外，国内桩-板复合地基发展起步较晚，但得益于我国客运专线高速化发展，桩-板复合地基发展速度较快。相对于传统铁路来说，客运专线的运行速度快、技术标准高，轨道结构多采用无砟形式，轨下基础受力十分复杂，对设计、施工、养护维修等各方面都提出了更高的要求，其中在松软地基和软土地基上修建客运专线遇到的问题尤为突出，尤其是路基工后沉降控制技术难度较大。作为从建筑工程中“嫁接”而来的一种新型地基处理方式，桩-板复合地基在控制路基工后沉降方面具有显著作用。通过调整竖向增强体桩长、桩距、垫层厚度和模量、钢筋混凝土板厚度和模量等，既可较好地满足承载力要求，降低路基工后沉降，也较容易调整天然地基和复合地基之间的差异沉降。与此同时，桩-板复合地基具有沉降小、施工快、工期短、强度高、刚度大、稳定性好和耐久性好、建筑成本适当、施工工艺简单、环保效果显著等特点，正逐渐成为高速铁路穿越深厚软土或松散土层的首要选择，但是因其共同作用的工作机理较为复杂，研究工作对其沉降特性的认识和计算尚不太成熟，系统的理论体系建设尚待完善，工程实践尚处于摸索和积累经验阶段。

2. 基础工程施工主要技术介绍

2.1　静压法施工

静压法施工是通过静力压桩机的自重和桩架上的配重作为反力将预制桩压入土层中的一种成桩工艺，既可施压预制方桩，也可施压预应力管桩等。静压法沉桩主要应用于软土地基，在预制桩压入过程中，以桩机本身的自重（包括配重）作为反力，克服压桩过程中的桩侧摩阻力和桩端阻力，当预制桩在竖向静压力的作用下沉入土中时，桩周土体发生急剧的挤压，土中孔隙水压力急剧上升，土的抗剪强度降低，桩身可在压力下下沉。

静压桩通常用于高压缩性黏土层或砂性较轻的软黏土地层。当桩需要贯穿含有一定厚度的砂性土夹层时，必须根据桩机的压桩力与终压力，土层的性质、厚度、密度等特点，上下土层的力学指标、桩型、桩的构造、强度、桩截面规格大小和布桩方式，地下水位高低，以及终压前的稳压时间与稳压次数等综合考虑其适用性。压桩力大于 4000kN 的压桩机，可穿越 5～6m 厚的中密-密实砂层。中型压桩机（压桩力小于 2400kN），可穿越砂层的能力有限。小型压桩机（压桩力小于 600kN）用于压入预制小桩，适用于在 10m 以内存在硬土的持力层（硬塑粉质黏土层、粉土层及中密粉细砂层等）。

静压法沉桩具有如下优点：(1) 施工时无噪声、无振动，施工速度相对较快；(2) 桩顶不易被破坏且在施工中桩身不会出现拉应力，与锤击法相比，在同等条件下，桩的断面可以适当减小，配筋率可以减少，混凝土强度也可以适当降低；(3) 压桩力可自动显示，可预估和验证单桩承载力；(4) 沉桩精度高，不易产生偏心；(5) 成桩与沉桩质量均有保障；(6) 施工文明，无泥浆排放，场地整洁；(7) 适合在上软下硬和软硬突变的地层中施工；(8) 工程造价相对较低。与此同时，静压法沉桩也有一些缺点，如压桩设备庞大、笨重，转场施工较为不易；要求边桩中心到已有建筑物有一定的距离；压桩能力受到一定限制；穿透中间硬夹层有一定困难；存在明显的挤土效应；等。

2.2　锤击法施工

目前，我国预应力管桩施工大多采用柴油锤锤击法，因为预应力管桩桩身强度高、耐打性好、穿透力强，而柴油锤爆发力强、锤击能量大、工作效率高，所以比较适合预应力管桩的施工，同时锤击沉桩设备与工艺均较为简单，施工速度快。在预应力管桩施工过程中，柴油锤的选择非常重要。柴油锤的选择要综合考虑工程特点、地质条件、施工环境等因素，其选择的合理性主要判别依据为：能顺利将管桩沉到设计深度；能将桩破损率控制在不超过 1%；控制桩的总锤击数在合理范围之内。根据上海和广东等地的经验，柴油锤的最大成桩能力（单桩极限承载能力）约为其型号数的 100 倍，具体型号的选择可以根据经验，按照锤与桩的质量比来进行筛选，一般土质情况下，柴油锤的冲击的质量与成桩质量之比可以取 0.5，对于软土层较厚的地基可以取 0.4。锤击法施工收锤标准对打桩的工程质量起着至关重要的作用，收锤标准定的恰当可以在满足承载力设计要求的同时减少打桩破损率，保证桩身完整。除设计明确规定以桩端标高作为控制条件的桩应保证桩长达到设计要求外，还应综合考虑场地的工程地质条件、桩的种类规格和长短、单桩承载力设计值、柴油锤的冲击能量等多方面的因素，收锤标准应包括桩体入土深度、每米锤击数、最后1m锤击数、总锤击数、最后贯入度以及桩端持力层进入深度等指标。由于锤击法施工具有较为明显的挤土效应，因此应合理安排沉桩顺序和沉桩速度。尤其是在软土地基进行施工时，饱和淤泥层受到桩体挤压时土内水不易排出，土体较难被挤密实，从而导致沉桩时容易产生土体隆起现象并降低桩周土的摩擦力，同时导致桩位偏移、桩身倾斜。一般情况下，沉桩应遵循“先中间后两边、先深后浅”的原则，且沉桩过程中应严格控制沉桩速度，沉桩速度过快会导致土体隆起，对桩产生浮力，同时桩周土对于桩的水平挤压力也会大大增加，从而导致桩身倾斜变位。同时，单根桩打入时应连续沉桩，避免中途停歇，一旦中途停止，土中超孔隙水压力逐渐消散，桩周土体固结，停歇时间越久固结程度越高，再次施打的难度会大幅度提高，甚至无法继续沉桩。

2.3 振动法施工

振动法沉桩即采用振动锤进行沉桩的施工方法，该方法在桩上设置以电、气、水或液压驱动的振动锤，使振动锤中的偏心重锤相互逆旋转，其横向偏心力相互抵消，而垂直离心力则相互叠加，使桩产生垂直的上下振动，造成桩及桩周土体处于强迫振动状态，从而使桩周土体强度显著降低和桩尖处土体被挤开，破坏了桩与土体间的粘结力和弹性力，桩周土体对桩的摩阻力和桩尖处抗力大大减小，桩在自重和振动力的作用下克服惯性阻力而逐渐沉入土中。该方法主要适用于各类钢板桩和钢管桩的沉拔作业，也可用于混凝土桩施工。电动振动锤由电机通过皮带驱动振动轴，机械性能较低，除电机要求抗振外，其他各零部件都是常规的，造价低，既可沉桩，也可拔桩，具有很高的工效，沉桩时桩的横向位移和变形均较小，不易损坏桩体，在软弱地基中沉桩迅速。但这种振动锤存在多方面的缺点：(1) 由于振动频率接近土壤颗粒固有频率，使桩周边的土壤产生谐振，加上低频振动在土壤中衰减慢，使振动波及周围区域，可能影响人们的日常生活及工作，并危及周围建筑物的安全；(2) 当需要产生较大的激振力时，必须使用大功率电机，而这种振动锤在作业时电机需频繁启动，影响周围电网的稳定；(3) 难以对激振力、频率进行调节，遇到硬夹层时穿透困难，仍有沉桩挤土危害；(4) 振动锤构造复杂，维修困难。为了充分发挥振动沉桩的优势，并进一步降低振动与噪声污染，国外主要向液压振动锤方向发展。液压振动锤几乎具有其他各种沉桩设备的优点，如无振感或低振感、低噪声、无水汽污染、高效、自重轻、机动性强、造价低等。同时，它还具备其他设备所不具备的特点：(1) 振动频率及振幅可在较大范围内进行调节，对不同的施工地质地段、不同的桩型，可以选择最佳的振动频率及振幅，保证动力系统始终满载输出，以获取最佳功效；(2) 因为振动锤频率较高（30Hz以上），所以该振动锤具有更强的地基穿透性；(3) 振动锤的振幅可在工作中进行调节，从而实现无负荷启动，因此可以保证桩身在作业过程中不受损坏，并且对周围土体的影响范围极小；(4) 适用地质范围广；(5) 可以进行水下沉拔桩作业；(6) 采用单独的动力站，无需其他配套能源供应，可向大功率方向发展；(7) 液压振动锤还可以进行振动沉管灌注桩作业，其高频振动对混凝土的振实效果较好，对成桩质量更有保证；(8) 与其他桩工机械相比，高频液压振动锤还特别适用于对江、河、海堤打防护桩，防止堤岸崩塌，与旋挖桩机结合进行跨江、海大桥桥墩桩的施工等。

三、地基与基础工程施工技术最新进展（1～2年）

1. 地基处理技术最新进展

我国幅员辽阔，全国范围内分布着各种不同且复杂的地基土，尤其是最近几年随着大规模填海造陆工程的陆续上马，各种新型地基处理问题给岩土工程师们提出了新的挑战。近几年，随着我国工程建设项目的不断增多，地基处理在应用上已从解决一般工程地基加固逐渐向解决各类超软、深厚、深挖、超大面积等大型工程地基加固方向发展，如复杂地质条件下的超高填方地基处理技术、深厚超软地基上高速公路、大型油罐和深基坑施工技术等；从以提高地基承载力与稳定性为目的向以解决基础过大沉降和不均匀沉降为目的方向发展，如高速公路的工后沉降、基坑开挖的侧向位移以及大型油罐的不均匀沉降等；在加固技术方面，各类施工方法不断以新技术、新材料充实和改进施工工艺，向实用有效、随土质和加固要求而定、可控、可靠方向发展。地基处理新技术的发展动力来源于各类工程建设中遇到的新问题、新挑战，随着工程规模及建设领域的不断扩大，越来越多的新技术将应运而生；同时，现阶段众多地基处理新技术尚处于技术研发及推广阶段，未经过大量的工程实践检验，有待进一步的提高和完善。

最近几年，随着“绿色建造”理念逐渐深入人心，更多地基处理绿色施工技术及机械被应用于工程实践。如何有效地减少工程施工带来的二次污染、降低工程建设生态成本已成为工程质量评价的重要标准。随着国家绿色施工理念的不断推进，地基处理新技术、新材料、新设备的应用将在国家政策的大力支持下实现新的突破。

2. 基础工程施工技术最新进展

随着我国城市建设水平的不断提高，越来越多的新型建设问题不断涌现出来。城市规模的不断扩大，带来了不断集中的城市居民，同时，各类建筑及配套市政设施（如轨道交通、市政管线）的建设不断面临着施工场地狭小、周边环境复杂、环保要求较高等城市建设新问题。传统钻孔灌注桩施工，具有施工效率低、工程废弃物多且处理难度大等缺点，难以满足绿色化施工要求。PHC管桩及预制方桩采用静压法施工或锤击法施工，由于挤土效应较大、施工效率低、噪声污染严重等缺点，已不再适用于人口密度大、周边环境复杂的城市核心区施工。为了克服传统施工工艺的诸多缺点，新型绿色低污染沉桩工艺应运而生。钢管桩免共振沉桩工艺是利用高频振动锤的高频激振力使土体液化分节打设钢管桩；由于振动锤的振动频率避开了土体的振动频率，避免了因共振对周边土体造成的不良影响。采用高频液压免振动锤可以最大限度地减小沉桩施工对周边居民的扰动影响；由于其具有施工无振动及场地要求低等特点，可以在紧邻地铁线路、市政生命管线及保护建筑等城市敏感区域进行作业施工，减少工程作业对城市基础设施正常运行的不利影响。钢管桩免共振沉桩施工无传统柴油锤油烟排放量大的缺点，有效降低了工程施工的社会影响性，符合无污染的绿色施工建设理念。

四、地基与基础工程施工技术前沿研究

1. 地基处理技术前沿研究

随着工程建设触角的不断延伸，特殊性岩土（如大面积深厚软土、冻土、湿陷性土、盐渍土、膨胀土及下卧倾斜基岩或坚硬障碍物等）地基越来越多，为地基处理新技术的发展提供了机会和挑战。因此，为了保证地基强度、变形和稳定性等的要求，必须对特殊土等进行科学、安全及高效处理，这就需要根据具体工程情况不断改进、提高和开发新型地基处理技术，并在此基础上进行拓展研发，提高其工程适用范围，更好地实现市场化推广应用。如对于含水量极高或是处于流塑泥浆状态下的淤泥和黏土，若采用传统堆载预压、真空预压法处理，施工效率较低，不能达到预期效果，近年来饱和软黏土电渗排水技术、增压式真空预压技术、电化学法加固技术在软土地基处理中受到越来越多的重视，其科研投入及研发力量正在逐年增大。地基处理新技术的研发离不开地基处理材料的不断革新，同时新型地基处理材料的不断涌现也必将带来地基处理技术发展的新时代。近年来围绕土工合成材料衍生出众多新型地基处理技术，多功能、新型土工合成材料越来越多地应用于公路工程路基加固、土石坝防渗、围海堤坝固土及近年来发展较快的海绵城市建设，并通过与散体材料桩或其他地基处理技术联合应用来充分发挥其材料性能优势，弥补传统工艺不足。近年来，随着绿色化技术不断深入人心，高聚物灌浆及微生物灌浆技术越来越得到工程界的认可，传统的灌浆材料多采用水泥灌浆（如水泥浆、水泥黏土浆）或化学灌浆(水玻璃、丙烯酸盐、环氧树脂等)，均存在环境污染严重、后期处理难度大等问题，不符合我国工程建设绿色化发展理念。以微生物灌浆技术为例，在适宜的人为环境和营养条件下，某些天然微生物如产脲酶的微生物 Sporosarcina pasteurii 在自身新陈代谢过程中能显著析出多种矿物结晶，从而能将松散的砂土或粉土颗粒固化，经固化处理后，土体的无侧限抗压强度、抗剪强度、抗液化强度甚至抗侵蚀及抗冻性能都得以大大改善，相对于水泥灌浆或化学灌浆技术而言，微生物灌浆技术是真正的绿色化技术，对我国生态环境和可持续发展必将产生深远影响。

2. 基础工程施工技术前沿研究

我国桩基础工程施工技术发展研究主要体现在以下两个方面：桩基础工程施工装备研发及施工工艺研究。相比于欧美等发达国家，我国桩基础工程施工装备起步较晚，但得益于我国经济建设事业的蓬勃发展，我国在桩基础工程施工装备及其配套技术的创新研发领域发展迅猛，如在旋挖钻机嵌岩桩施工技术、植桩技术及异型预制桩施工技术领域发展成效显著。从我国桩工机械发展历史来说，早期国内桩工机械的研发主要依赖于国外先进技术的引进消化再吸收，其发展速度非常缓慢，整体水平落后。近 10 年来，随着我国国民经济的高速发展，固定资产投资增加，国家振兴装备制造业计划实施，我国桩工机械取得了长足发展。为了满足我国基础设施建设需要，不仅桩工机械产品，如正反循环钻机、长螺旋钻机、静力压桩机、桩架和桩锤等得到了快速发展，而且也相继开发出了许多新型产品，如旋挖钻机、液压抓斗、多轴钻机、大型柴油锤、大型振动锤、超大直径工程钻机等。以旋挖钻机为例，青藏铁路的建设为旋挖钻机的发展提供了较大契机，目前，我国旋挖钻机产品已经相当完善，部分产品质量已远超国外产品。随着我国“一带一路”全球化发展战略的进一步落实、高速铁路建设逐渐走出国门、新型城镇化大力推进、风电、海上工程、新能源开发等领域建设市场的不断发展，为开发新型具有自主知识产权的智能化桩基础工程施工装备，提高桩基础工程施工装备操作的便捷性、安全性，实现大型桩基础工程施工装备智能化、数字化和可视化，向强入岩、多工法、高集成、多元化的方向发展提供了强有力的技术支撑。

另外，在施工工艺开发方面，由于我国工程建设发展模式正处于由传统粗放式发展向科学化、精细化发展模式转变阶段，传统施工工艺因具有工程废弃物多、环境扰动影响严重、资源消耗量大等缺点，不再适用于新形势下的工程建设需求，尤其是在北京、上海等大中型城市工程建设对于绿色化、低扰动的新型施工工艺需求非常迫切。以预制桩施工工艺为例，随着我国预制装配式理念的不断深入，预制装配式工程不仅大大提升了工程建设效率，降低了传统灌注桩施工过程经常会遇到的泥浆排放及回收处理问题，同时随着免共振施工工艺的研发，大大减少了沉桩施工对周边环境的扰动影响。但由于该项技术处在刚刚起步阶段，桩基垂直度控制、破岩能力、信息化及智能化施工管控水平均须进一步的研究与开发，如一体化桩架研制（提高桩基垂直度）等。同时，随着预制桩在基坑围护施工中的大规模应用，研发具有可重复注浆止水功能的预制桩施工工艺正逐渐受到工程界的高度重视。

五、地基与基础工程施工技术指标记录

地基与基础工程施工技术指标记录见表 2-1。

地基与基础工程施工技术指标记录　　**表 2-1**

技术指标名称	工程名称及具体指标数据
最大静压桩力	富基世纪公园三期项目；1200t
最大冲击能量	平潭海峡大桥；750 kN·m
最大激振力	天目路立交；3070kN

六、地基与基础工程施工技术典型工程案例

1. 地基处理施工案例

1.1　桩-网复合地基

京沪高速铁路徐沪段某试验段，路堤填高 3.4～4.8m，边坡坡率 1∶1.5，软基处理采用 PHC 管桩桩-网复合地基加固。该区段地形平坦，地势开阔，河渠纵横，地基土层均为第四系覆盖层，系江河、湖泊、海相沉积深厚淤泥质软土。本工程桩采用 PHC500-100A 型，设计桩长 25～35m，桩直径 0.5m，间距 2.5m，正方形布置；桩帽直径 1m，厚 40cm；桩帽顶设置 30cm 厚级配碎石垫层，夹铺两层设计抗拉强度大于 120kN/m 的土工

格栅。工程总体施工工艺流程为：施工准备→PHC 管桩施工→桩帽施工→复合褥垫层施工。首先施工工程垫层，工程垫层宜采用 C 组以上填料，但粒径不宜太大，以免在沉桩过程中发生挤压偏桩或引起管桩断裂，垫层厚度约 0.5～1.0m，其中底层采用粒径稍大的碎石（粒径≤35mm），厚 30～40cm；中间层采用材质与褥垫层一样的碎石作过渡层，厚 20cm；顶层采用中粗砂，厚 40～50cm。其次施工竖向增强体，PHC 管桩采用全液压侧夹式静力压桩机沉桩可减少工程施工过程中的噪声污染，降低对周边环境的扰动影响；为了减少挤土效应、避免管桩偏位，按照先深后浅、先大后小的原则进行，并应尽量避免压桩机反复行走和保证送喂桩方便。桩帽施工应按照设计要求的尺寸和标高开挖到位后施工桩帽四周侧模，并绑扎钢筋及浇筑混凝土。复合褥垫层施工应在桩帽混凝土达到设计强度，并经检验符合设计要求后进行。褥垫层施工工艺流程如下：铺设级配碎石→铺设中粗砂→铺设网材→铺设中粗砂→铺设级配碎石→均匀压密。经低应变动力检测和静载试验检测证明 PHC 管桩-桩网复合地基是处理深厚软基的很好选择，再通过严格的质量控制和管理，PHC 管桩-桩网复合地基在高速铁路的软基加固中可以取得较好的效果。

1.2 桩-板复合地基

哈大高速铁路新营口车站位于里程段 DK217＋241.66-DK219＋500，车站路堤位于滨海相沉积地基上，地基厚度超过 55m，地基中地下水位较高。该深度范围内的土体具有高灵敏度、高压缩性、低渗透性等特点，且在此深度范围内没有较硬的土层可作为刚性长桩的持力层。由于该地基软土层深度深、承载特性差，同时，考虑到无砟轨道高速铁路对路基的工后沉降要求十分高（一般要求路基工后沉降不大于 15mm），因此本工程拟采用刚柔长短桩-板复合地基。具体方案如下：CFG 桩（长桩）＋水泥搅拌桩（短桩）＋褥垫层（含钢筋混凝土板和土工格栅），CFG 桩与水泥搅拌桩呈三角形交错布置，且隔排布置，CFG 桩桩径 50cm，桩长 30m，桩间距 1.5m；水泥搅拌桩桩径 50cm，桩长 12m，桩间距 1.5m；桩顶上方铺设 10cm 厚碎石垫层，碎石垫层上再铺设 50cm 厚钢筋混凝土板，板侧至坡脚 60cm 厚夹两层土工格栅的碎石垫层。该工程局部填土厚度约 6.9m，共分 15 次填筑碾压完成，并在上方填筑预压土体，预压时间约为 6 个月，在卸载结束后，进行路基表面混凝土封层施工及铺轨工作。本工程复合地基褥垫层刚度协调作用降低了桩体与土体的差异沉降，通过刚柔长短桩-板复合地基联合堆载预压加固深厚软土地基，消除了 96％以上的沉降量，工后沉降控制在了 2.1mm 以内，满足高速铁路运营期间的稳定性要求。

2. 基础工程施工案例

2.1 静压法施工

本工程为尚学苑商住小区工程，位于晋中市榆次区经纬南路 1 号。该场地类别为Ⅲ类，该场地土层分布自上而下分别为：素填土、粉砂、粉质黏土、细中砂、粉质黏土。该场地属于不均匀场地，地下水类型为孔隙潜水，地基土判别为严重液化。本工程采用 PHC 高强预应力管桩，桩型为 PHC-AB600-130 型，其中主楼 217 根，桩长 33m；裙楼 25 根，桩长 23m。以第②层粉砂层和第$②_1$层粉质黏土层共同作为持力层，工程压桩采用静力压桩。本工程 PHC 管桩除了要穿过最大厚度 13.8m 左右的②层粉砂层和③层粉砂层外，还要穿过 16m 左右的中密⑤层粉砂层，再进入密实的⑥层粉砂层一定深度，沉桩困难。尤其是④层和⑥层，粉砂的密实情况及液化程度均不容乐观。为了减少挤土效应，静压施工顺序设定为先中间后两侧；为了降低“浮桩”现象，增加配重使管桩终压值达到5900kN，然后充分发挥全液压静力压桩机的优势，采用高压缓进、三速沉桩方案，即采用快、中、慢三速，分层变速沉桩，加快沉桩速度。在穿过第①层土层时，桩侧摩阻力、桩端阻力小，可采用快速法；在穿过第②层土层时，可采用中速法；在穿过第③～⑥层土层时，采用慢速法，降低速度，但提高压入力，加强管桩对液化砂层的穿透，三种速度相辅相成，极大地提高了施工效率。沉桩过程中应力求连续施工，中途禁止人为停压时，确需停压时，应尽量缩短停止时间。本工程 PHC 管桩属于端承桩和摩擦桩复合受力桩体，为避免引孔造成管桩的承载能力下降，引孔直径及深度受到严格控制，主楼引孔深度为30m，引孔直径为 500mm，采用长螺旋钻机引孔，并优先进行压桩作业，终压完成后，若距离设计桩端底标高大于 2m，即进行引孔补桩，引孔作业和压桩作业应连续进行，间歇时间不得超过 4h。在应用引孔技术后，工程桩沉桩的速率也应进行控制，以免沉桩过快导致桩端的阻力超高，降低桩基引孔效果。经桩基检测单位检测，本工程桩身完整性全部合格，单桩承载力特征值符合设计要求，经第三方检测机构检测，本工程主体最大累计沉降量为 45.7mm，最小累计沉降量为 42.6mm，平均累计沉降量为 44.1mm，建筑物整体沉降较为均匀。

2.2　锤击法施工

本工程地处成都市成华区，地质状况如下：地面以下第一层为杂填土，第二层为黏土，第三层为粉质黏土，第四层为粉土，第五层为粉砂，第六层为细砂，第七层为卵石。场区地下水位在地表以下9.6m，属孔隙潜水。采用 PHC 先张法预应力混凝土管桩，桩径为 400mm，单桩承载力设计值为900kN，设计桩端持力层为中密卵石层，总根数2490 根。基础采用群桩承台锤击法施工方案。其具体施工工艺流程如图 2-1 所示。

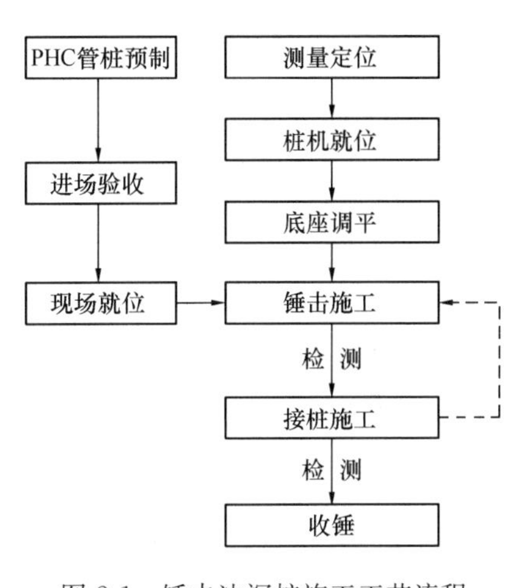

图 2-1　锤击法沉桩施工工艺流程

本工程在地下室基坑中打桩，桩距较大，桩径统一，打桩顺序确定为：根据地下室施工段划分分段打桩，各施工段内按先深后浅、先长后短、先打靠近基坑边的一侧桩的顺序施工。综合考虑，本工程采用 6t 柴油锤，落距 1.2m，收锤标准以贯入度控制为主，贯入度控制在 2.5cm/10 击。打桩前应通过轴线控制点逐个定出桩位，底桩就位前，应在桩身上划出单位长度标记，以便观察桩体入土深度及记录每米沉桩击数，采取措施保证桩身、桩帽和桩锤三者的中心线重合，保持桩身垂直度偏差不大于0.5%。桩垂直度观测包括打桩架导杆的垂直度，可用两台经纬仪在打桩影响范围外成正交方向进行观测，也可在正交方向上设置两根吊陀垂线进行观测校正。锤击法沉桩宜采取低锤轻击或重锤低打，以有效降低锤击应力，同时特别注意保持底桩垂直，在锤击法沉桩的全过程中都应使桩锤、桩帽和桩身的中心线重合，防止桩受到偏心锤打，以免桩受弯受扭。桩的接头采用在桩端头埋设端头板，四周用一圈坡口进行电焊连接。当底桩桩头（顶）露出地面 0.5～1.0m 时，暂停锤击进行管桩接桩施工。沉桩过程中应连续跟进并控制施工过程中停歇时间，尽量避免中途停歇，否则会造成摩阻力增大，特别是在较厚的黏土、粉质黏土层中施打多节管桩时，每根桩宜连续施打，一次完成。桩体锤击施工过程中应检查桩的贯入情况、桩顶完整状况、电焊接桩质量、桩体垂直度、电焊后的停歇时间等，桩基施工完成后应进行质量检测验收工作。

2.3　振动法施工

北虹路立交为北横通道与中环线互通立交，包括主线高架、7条匝道及人非桥。工程桩基主要采用ϕ1000钻孔桩和ϕ700钢管桩两种。该钢管桩壁厚12mm，桩顶50cm范围内壁厚加厚至24mm，设计桩长44～68m，钢管桩数量323根。本工程地处闹市区，毗邻现状中环线及北翟路立交，周边交通流量密集、居民区多，对安全、文明施工以及环境保护要求高，因此采用国内首创的免共振振动锤分节打设工程桩（见图2-2），由于本工艺无法像锤击法沉桩工艺那样采用送桩器进行送桩，因此本工程不设送桩环节，拟增加5m措施桩（见图2-3），在基坑开挖时割除。本工程采用50RF免共振振动锤分节打设钢管桩，其具体施工工艺流程如图2-4所示。

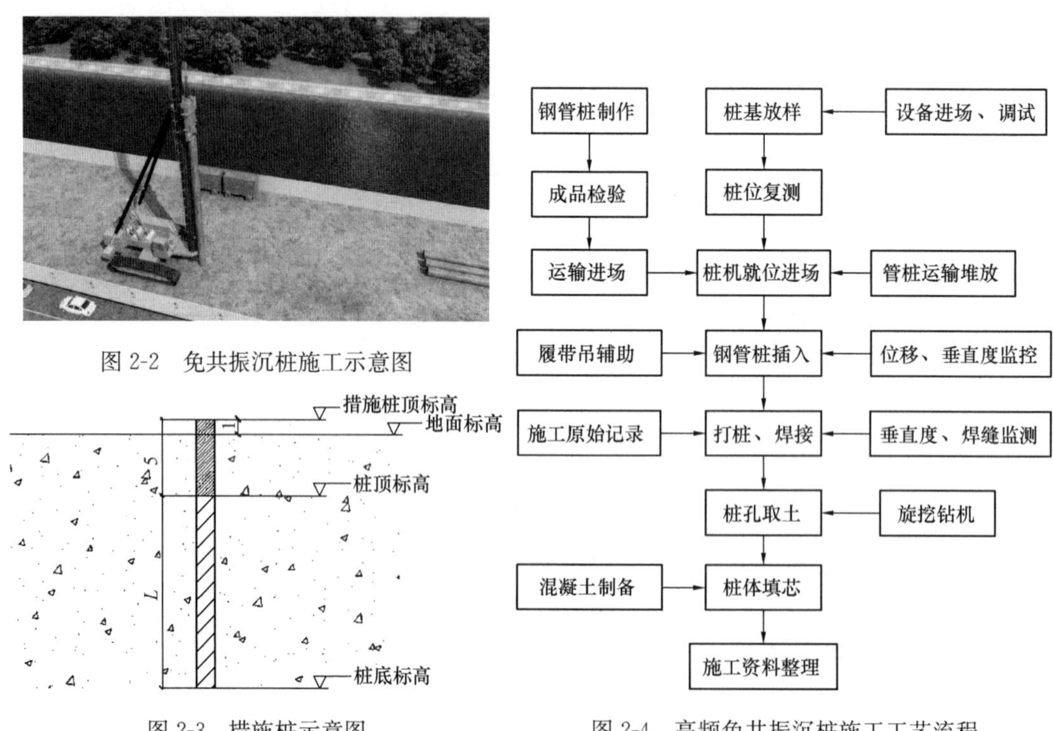

图2-2　免共振沉桩施工示意图

图2-3　措施桩示意图

图2-4　高频免共振沉桩施工工艺流程

为了提高钢管桩的垂直度，本工程选用DH508型桩架并配有导管架，在施工过程中通过两台经纬仪控制沉桩垂直度，1台精密水准仪控制标高，沉桩垂直度控制应保证第一节垂直度不得超过0.5%，其余节垂直度不得超过1%，第一节桩的垂直度要进行反复多次调整，严禁桩体入土3m后用桩机强行调整其垂直度。在地基加固处理后，进行桩位对中校正，并调整桩架位置，采用50t汽车起重机通过钢丝绳单点起吊方法将钢管桩进行喂桩，上下节钢管桩通过环向直焊缝全焊透连接，接桩时应保证上下节桩段保持对直，往复循环打设，直至完工。本工程钢管桩原理与常规锤击法沉桩原理不同，根据前期试桩结果，采用设计桩底标高控制为主，不设停打标准。为了保证钢管桩与上部承台的整体受力，本工程钢管桩填芯深度为桩顶下 10m，填芯混凝土等级为 C40。钢管桩内取土采用 SJB-1-1 干取土旋挖钻机，结合 GPS-10 型钻机钻头用清水在内壁向下多次清洗后安放钢筋笼，并进行混凝土浇筑施工，填芯混凝土坍落度控制在 8～10cm，粗骨料粒径小于 30mm，每根桩内填芯要求一次性连续灌注完成，桩顶标高下 2m 范围内填芯部分应以振捣器捣实。

参考文献

[1] 潘婷婷. 地基处理新技术及应用[J]. 岩土工程技术，2017(2)：91-96.

[2] 曾国熙，卢肇钧，蒋国澄，等. 地基处理手册[M]. 北京：中国建筑工业出版社，1988.

[3] 郑刚，龚晓南，谢永利，等. 地基处理技术发展综述[J]. 土木工程学报，2012(2)：127-146.

[4] 饶为国. 桩-网复合地基沉降机理及设计方法研究[J]. 岩石力学与工程学报，2004，23(5)：881.

[5] 赵伟. 客运专线桩-网复合地基现场试验研究与数值分析[D]. 长沙：中南大学，2008.

[6] 钱春香，王安辉，王欣. 微生物灌浆加固土体研究进展[J]. 岩土力学，2015，36(6)：1537-1548.

[7] 刘汉龙，赵明华. 地基处理研究进展[J]. 土木工程学报，2016，49(1)：96-115.

[8] 胡浩鹏. 短桩桩-网复合地基建设期沉降特性研究[J]. 低温建筑技术，2016，38(6)：116-118.

[9] 鲍树峰. 刚柔长短组合桩-网复合地基工作性状研究[J]. 铁道工程学报，2014(7)：22-27.

[10] 赵平，兰立江，谢立言，等. 桩-网复合地基技术在软土路基中的应用[J]. 施工技术，2005，34(9)：22-24.

[11] 张玲. 双向增强复合地基承载机理及其设计计算理论研究[D]. 长沙：湖南大学，2012.

[12] 谢大伟，陈利民. 某京沪高铁软土路基 PHC 管桩桩网结构施工技术[J]. 施工技术，2011，40(8)：93-95.

[13] 沈宇鹏，李小和，冯瑞玲，等. 客运专线桩板结构复合地基的沉降特性[J]. 交通运输工程学报，2009(6)：32-35.

[14] 姜龙. 京沪高速铁路凤阳路段桩板复合地基沉降时效特性研究[D]. 北京：北京交通大学，2009.

[15] 丁铭绩. 京津客运专线路基桩板复合地基沉降特性研究[D]. 北京：北京交通大学，2008.

[16] 龚晓南. 地基处理新技术[M]. 北京：中国水利水电出版社，2000.

[17] 陈麟. 深厚软土层 CFG 桩板复合地基加固效果评估[J]. 铁道标准设计，2011(2)：45-51.

[18] 涂文博，李远富. 桩板复合地基对高速铁路路基沉降影响分析[J]. 路基工程，2011(3)：172-175.

[19] 龚晓南. 复合地基理论及工程应用[M]. 北京：中国建筑工业出版社，2002.

[20] 中国建筑科学研究院.《建筑地基处理技术规范》JGJ 79—2012[S]. 北京：中国建筑工业出版社，2013.

[21] 刘文英. 谈 PHC 管桩静压法施工质量控制措施[J]. 山西建筑，2017，43(6)：79-80.

[22] 沈保汉. 桩基础施工技术现状及发展趋向浅谈[J]. 建设机械技术与管理，2005，18(3)：20-26.

[23] 袁聚云，李镜培，楼晓明. 基础工程设计原理[M]. 上海：同济大学出版社，2007.

[24] 史佩栋. 桩基工程手册(桩和桩基础手册)[M]. 北京：人民交通出版社，2008.

[25] 杨光强. 基于免共振液压振动锤系统沉桩施工对周围环境的影响分析[J]. 建筑施工，2017，39(6)：888-889.

[26] 徐军彪. 钢管桩高频免共振沉桩在桥基施工中的应用[J]. 建筑施工，2017，39(7)：1074-1076.

[27] 黎建波. 预应力混凝土管桩锤击法施工技术浅析[J]. 四川建材，2013，39(1)：174-175.

[28] 秦爱国，高强. 我国桩工机械产品发展趋势分析[J]. 工程机械，2013，44(12)：54-60.

[29] 代亚辉. PHC管桩锤击法施工质量控制[J]. 长沙铁道学院学报(社会科学版)，2010，11(2)：196-199.

[30] 矫军. 软黏土电渗排水固结试验与理论研究[D]. 沈阳：沈阳建筑大学，2012.

[31] 高文生.《建筑业10项新技术》(2010版)之地基基础和地下空间工程技术[J]. 施工技术，2011，40(5)：5-14.

[32] 霍晨琛. 地下水位上升对黄土高填方边坡稳定性的影响研究[D]. 西安：长安大学，2016.

第三篇　基坑工程施工技术

主编单位：中铁建工集团有限公司　吉明军　杨春生　勇跃山

摘要

随着建筑施工行业工程技术的发展，建筑施工场地与环境的要求日趋严格，而基坑又是建筑工程施工的第一步，因此，探析基坑工程中的施工技术与控制具有现实意义。本篇就基坑工程的施工技术发展进行了简要解析，着重介绍了基坑支护、开挖、降水的常用技术，对深基坑及其支护技术的最新进展和发展趋势进行了展望，并收集了典型深基坑案例和技术指标记录。

Abstract

With the development of construction industry, engineering technology, construction site and environment requirements increasingly stringent, but also is the first step of foundation pit construction, therefore, is of practical significance to the construction technology and control of foundation pit engineering. This paper gives a brief analysis on the development of construction technology of foundation pit engineering, emphatically introduces the common technology of foundation pit excavation, and precipitation, the deep foundation pit supporting technology and its latest progress and development trend, and collect the typical case of deep foundation pit and technical index record.

一、基坑工程施工技术概述

早期基坑工程开挖深度浅，规模小，场地周边环境简单。一般采用放坡开挖、简单护面，或采用钢板桩、木桩简单支挡，采用明排方式处理地下水。

随着高层建筑的发展，基坑越来越深，多种基坑支护形式出现，土钉墙、排桩、搅拌桩、重力式挡墙等各种新基坑支护技术纷纷得到应用。

随着各种基坑支护技术的逐步成熟，地下连续墙、旋喷桩止水帷幕、内支撑技术得到了较大发展，解决了复杂地质条件（高水位、流沙层、填海区）下的基坑工程施工难题，基坑开挖深度也超过了 30m。

在城市建设发展到一定程度后，建筑施工环境也越来越复杂，基坑周边布满已建建（构）筑物、地铁、道路、管线等，基坑工程向超大、超深发展，基坑的支护要求越来越高，支护难度也会越来越大。

二、基坑工程施工主要技术介绍

1. 常见支护形式

1.1 水泥土重力式挡墙支护

主要包括注浆、旋喷、深层搅拌水泥土挡墙（壁式、格栅式、拱式、扶壁式），如图 3-1所示。

图 3-1 水泥土重力式挡墙支护

适用范围：适用于包括软弱土层在内的多种土质，支护深度不宜超过 6m（加扶壁可加大支护深度），可兼作隔渗帷幕；基坑周边需有一定的施工场地。

优点：由于坑内无支撑，便于机械化快速挖土；具有挡土、止水的双重功能；一般情况下较经济；施工中无振动、无噪声、污染少、挤土轻微。

缺点：位移、厚度相对较大，对于长度大的基坑，需采取中间加墩、起拱等措施以限制过大的位移；施工时需注意防止影响周围环境。

1.2　土钉墙支护

主要包括土钉、注浆锚杆、钢筋网喷射混凝土面层，如图 3-2 所示。

适用范围：适用于除淤泥、淤泥质土外的多种土质，支护深度不宜超过 6m；坡底有软弱土层影响整体稳定时慎用；不适用于深厚淤泥、淤泥质土层、流塑状软黏土和地下水位以下的粉土、粉砂层。

优点：稳定可靠、施工简便且工期短、效果较好、经济性好，在土质较好地区应积极推广。

缺点：土质不好的地区难以运用。

图 3-2　土钉墙支护

1.3　复合土钉墙支护

主要包括钢筋网喷射混凝土面层、锚杆，另加水泥土桩或其他支护桩（见图 3-3），解决坑底隆起和整体滑动问题。

图 3-3　复合土钉墙支护

适用范围：当坑底以下有一定厚度的软弱土层，单纯喷锚支护不能满足要求时可考虑采用复合喷锚支护，可兼作隔渗帷幕；支护深度不宜超过 6m，坑底软弱土层厚度超过 4m

时慎用。

1.4 悬臂式排桩支护

主要包括钻孔灌注桩、人工挖孔桩、预制桩、板桩（钢板桩组合、异型钢组合、预制钢筋混凝土板组合）、冠梁（见图 3-4）。

适用范围：悬臂高度不宜超过 6m，深度对不同土层差异很大，软土地区达不到 6m，对于深度大于 6m 的基坑及坑底以下软土层厚度很大的基坑不宜采用；嵌入岩层、密实卵砾石、碎石层中的刚度较大的悬臂桩的悬臂高度可以适当加大。桩间易造成水土流失，特别是在高水位软黏土质地区，需根据工程条件采取注浆、水泥搅拌桩、旋喷桩等施工措施以解决止水问题。桩与桩之间主要通过桩顶冠梁和围檩连成整体，在重要地区、特殊工程及开挖深度很大的基坑中不建议使用。

图 3-4　悬壁式排桩支护

1.5 双排桩支护

两排钻孔灌注桩或双排预应力管桩，顶部采用钢筋混凝土连梁连结，必要时对桩间土进行加固处理（见图 3-5）。

图 3-5　双排桩支护

适用范围：当设置锚杆和内支撑有困难，或坑底以下有厚层软土，或单排悬臂桩不具备嵌固条件导致安全性不满足要求时，可考虑采用双排桩。使用双排桩可在一定程度上解决坑外施工场地无法占用或单排悬臂桩变形大、支护深度有限的缺点。两排桩桩顶连梁应根据稳定性控制要求经计算确定。

1.6　桩锚支护

支护桩加预应力灌浆锚杆、螺旋锚或灌浆螺旋锚、锚定板（或桩）、冠梁、围檩组合形成的支护体系（见图 3-6）。

适用范围：可用于不同深度的基坑，支护体系不占用基坑范围内的空间，但锚杆需伸入邻地，有障碍时不能设置，特别是当需要锚入毗邻建筑物地基内时应慎重；锚杆的锚固段不应设在灵敏度高的淤泥层内，在软土中也要慎用；在含承压水的粉土、粉细砂层中应采用跟管钻进锚杆或一次性锚杆。

图 3-6　桩锚支护

1.7　桩撑支护

支护桩加型钢或钢筋混凝土支撑（见图 3-7、图 3-8），包括各种水平撑（对顶撑、角撑、桁架式支撑）、竖向斜撑、能承受支撑点集中力的冠梁或围檩、能限制水平撑变位的立柱。

图 3-7　支护桩＋钢筋混凝土支撑

适用范围：可用于不同深度的基坑和不同土质条件，变形控制要求严格时宜选用；支护体系需占用基坑范围内的空间，其布置应考虑后续施工的方便。

图 3-8　支护桩+型钢支撑

1.8　地下连续墙支护

地下连续墙支护如图 3-9 所示。

适用范围：可用于地质条件差和复杂、基坑深度大、周边环境要求较高的基坑，宜配合逆作法施工使用，利用地下室梁板柱作为内支撑。

优点：刚度大，止水效果好，是支护结构中最强的支护形式。

缺点：造价较高，施工要求采用专用设备。

图 3-9　地下连续墙支护

1.9　SMW 工法桩支护

SMW 施工工法连续墙是利用多轴螺旋搅拌机械，用水泥作为固化剂与地基土进行原位强制搅拌，按一定间距插入 H 型钢后，待水泥土固化形成一定强度的桩墙（见图 3-10）。其抗渗效果较好、对场地要求低、适用性强、成本相对低、施工周期短、型钢可回收利用。

图 3-10　SMW 工法桩支护

1.10　钢板桩支护

钢板桩支护技术是采用定型钢板结构、机械振动打入土体形成的板桩式结构（见图 3-11），作为基坑支护的主体。其造价较低、施工效率较高、可回收利用。

图 3-11　钢板桩支护

1.11　咬合桩支护

咬合桩是指平面布置的排桩间相邻桩相互咬合（桩圆周相嵌）而形成的钢筋混凝土“桩墙”，用作构筑物的深基坑支护结构（见图 3-12、图 3-13）。经过大量的工程实践探

图 3-12　咬合桩导槽

索，咬合桩在国内已成为一项非常好的支护结构技术，在深井、地铁、道路下穿线、高层建筑物等深基坑工程中已得到广泛应用，特别适用于淤泥、流沙、地下水富集等止水困难地层和锚杆无法施工等特殊情况下的基坑支护。

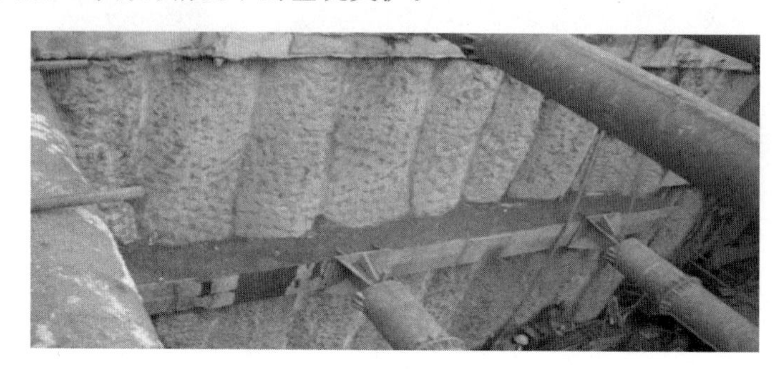

图 3-13　咬合桩

2. 土方施工技术

2.1　放坡开挖

放坡开挖（见图 3-14）适用于基坑周围场地开阔、邻近基坑边无重要建（构）筑物或地下管线的场地。其特点是造价低、施工速度快，放坡坡度一般根据地质情况和设计要求确定。

图 3-14　放坡开挖

2.2　分层、分段、接力开挖

将基坑分成不同区段分别进行开挖（见图 3-15），基坑较深时进行逐层开挖或接力开挖（见图 3-16、图 3-17）。

2.3　盆式开挖

盆式开挖是先开挖基坑中间部分的土方，周围预留反压土土坡，待中间位置土方开挖完成，并且垫层封底完成或底板完成后进行周边土坡开挖（见图 3-18）。其特点是周边预留的土坡对支护结构（如围护墙、钢板桩、管桩支护等）有内支撑反压作用，有利于支护

图 3-15　分段开挖

图 3-16　分层开挖

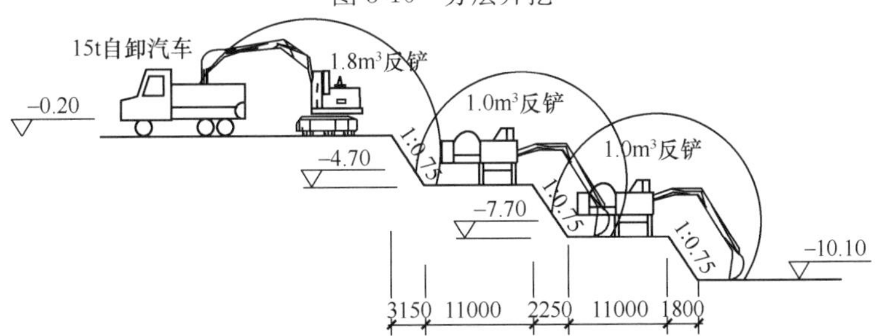

图 3-17　接力开挖示意图

图 3-18　盆式开挖

结构的安全性，减少变形。另外一个好处就是可以在支护结构不怎么完善的情况下提前进行中心部分土方开挖，可以确保中心塔楼部分先施工，从而提前进行主线路施工。

2.4 岛式开挖

先开挖基坑周边土方，在中间留土墩作为支点搭设栈桥（见图 3-19）。挖土机可利用栈桥下到基坑挖土，运土的汽车亦可利用栈桥进入基坑运土。一般先整体挖掉一层，然后在中间留土墩，周围部分分层开挖。

适用范围：宜用于大型基坑，支护结构的支撑形式为角撑、环梁式或边桁架式，中间具有较大空间的情况。

图 3-19 岛式开挖

2.5 爆破开挖

对坚硬岩层进行开挖时，一般采用钻孔爆破法先行松散硬土层，而后再使用机械进行基坑土石方的清运。如图 3-20 所示。

图 3-20 爆破开挖

2.6 采用内支撑支护的深基坑土方开挖

采用内支撑支护的深基坑土方开挖方式见图 3-21。

3. 地下水控制技术

3.1 轻型井点降水

轻型井点降水是沿基坑四周每隔一定距离埋入井点管（直径 38～51mm，长 5～7m

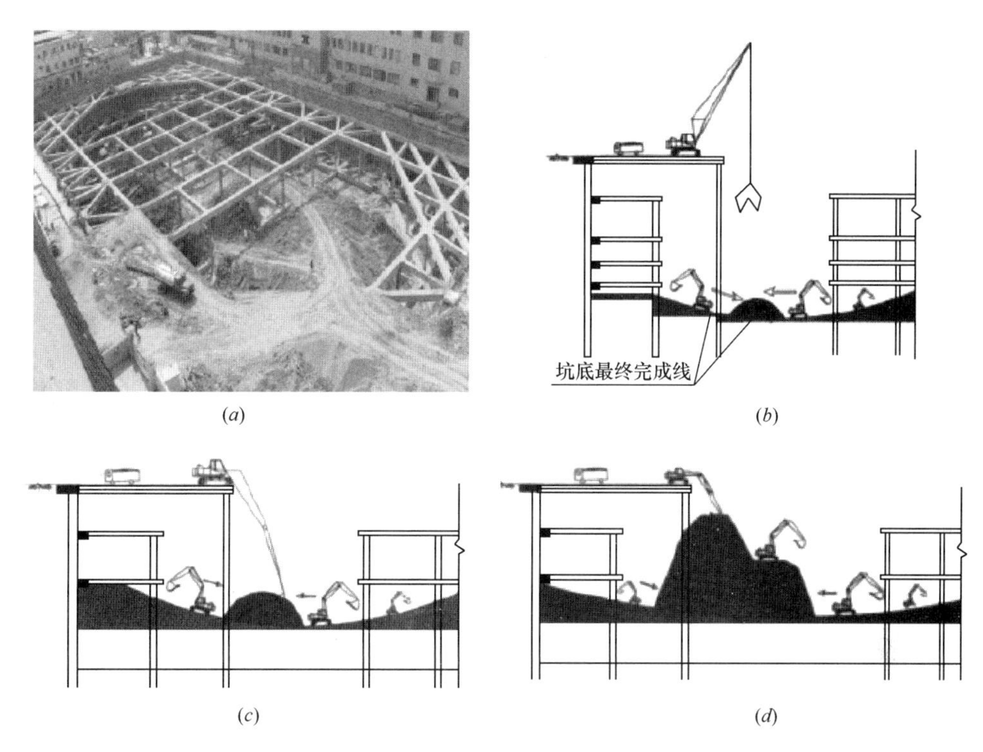

图 3-21　采用内支撑支护的深基坑土方开挖方式
（a）采用马道开挖；（b）栈桥＋抓斗土方开挖；
（c）加长臂挖掘机土方开挖；（d）栈桥 ＋ 中心岛式土方开挖

的钢管）至蓄水层内，各井点管之间用密封的管路相连，组成井群系统，在管路系统和井点管中形成真空，利用真空抽水设备将地下水从井点管内不停抽出，从而达到降水目的。如图 3-22 所示。

适用范围：轻型井点降水主要适用于渗透系数小的软土层。该方法降低水位深度一般在 3～6m 之间，若要求降水深度大于 6m，理论上可以采用多级井点系统，但要求基坑四周有足够的空间，以便于放坡或挖槽。

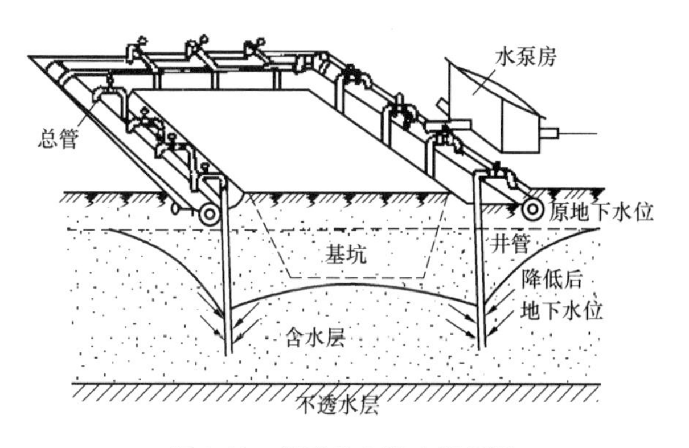

图 3-22　轻型井点降水原理图

优缺点：轻型井点降水，其井点间距小，能有效地拦截地下水流入基坑内，尽可能地减少残留滞水层厚度，降水效果较好。但不适用于深基坑降水，对供电、抽水设备的要求高，维护管理复杂。

图 3-23、图 3-24 为轻型井点实物图。

3.2　管井井点降水

管井井点降水是在工程场地内按一定的间距布置大口径管井，通过放置在管井内的潜水泵抽排降低地下水位，在管井内外水头差的作用下使管井外的地下水渗流到管井内，从

图 3-23　轻型井点实物图（一）

图 3-24　轻型井点实物图（二）

而使管井四周形成降落漏斗，随着抽水时间加长降落漏斗不断扩大、降深加大，从而降低基坑内的地下水位。当管井深度大于 15m 时，也称为深井井点降水。

适用范围：适用于中、强透水含水层，如砂砾、砂卵石、基岩裂隙等含水层，可满足大降深、大面积降水要求，每口管井出水流量可达到 50～100m^3/h，土的渗透系数在20～200m/d 范围内。

3.3　喷射井点降水

喷射井点降水是在井点管内部装设特制的喷射器，用高压水泵或空气压缩机通过井点管中的内管向喷射器输入高压水（喷水井点）或压缩空气（喷气井点），形成水气射流，将地下水经井点外管与内管之间的间隙抽出排走。

适用范围：该降水方法设备较简单，排水深度大，可达 8～20m，施工快，费用低。

适用于渗透系数 3～50m/d 的砂土或渗透系数 0.1～3m/d 的粉土、粉砂、淤泥质土、粉质黏土中的深基坑降水。

优缺点：喷射井点降水深度深，地面管网敷设复杂，工作效率低，成本高。

3.4　电渗井点降水

电渗井点降水是利用轻型井点和喷射井点的井点管作阴极，另埋设金属棒（钢筋或钢管）作阳极，在电动势作用下构成电渗井点抽水系统。接通直流电流，在电势的作用下，使带正电荷的孔隙水向阴极方向流动，带负电荷的黏土微粒向阳极方向移动，通过电渗和真空抽吸的双重作用，强制黏土中的水向井点管汇集，由井点管吸取排出，使地下水水位逐渐下降，达到疏干含水层的目的。如图 3-25 所示。

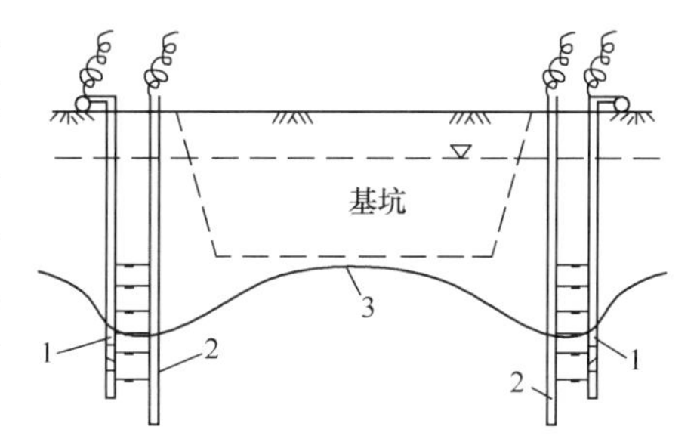

图 3-25　电渗井点降水原理图

1—井点管；2—金属棒；3—地下水降落曲线

适用范围：电渗井点降水适用于渗透系数很小的细颗粒土，如黏土、亚黏土、淤泥和淤泥质黏土等。这些土的渗透系数小于 0.1m/d，它需要与轻型井点或喷射井点结合应用，其降低水位深度决定于轻型井点或喷射井点。

优缺点：对渗透系数很小的土层（渗透系数小于 0.1m/d）降水效果好，但耗电量大，只在特殊情况下使用。

3.5　辐射井点降水

辐射井点降水是在降水场地设置集水竖井，于竖井中的不同深度和方向上打水平井点，使地下水通过水平井点流入集水竖井中，再用水泵将水抽出，以达到降低地下水位的目的。

适用范围：该降水方法一般适用于渗透性能较好的含水层（如粉土、砂土、卵石土等）中的降水，可以满足不同深度，特别是大面积的基坑降水。

3.6　自渗井点降水

自渗井点降水是指在一定深度内，存在两层以上的含水层，且下层的渗透能力大于上层，在下层水位（或水头）低于降水深度的条件下，人为地沟通上下含水层，在水位差的作用下，上层地下水就会通过井孔自然地流到下部含水层中，从而无需抽水即可达到降低地下水位的目的。

适用范围：降水范围内的地层结构为三层以上，含水层有两层以上，各含水层之间为相对隔水层（以粉质黏土为主）或隔水层（以黏土为主）。

优缺点：自渗井点降水施工简单，降水费用较低，较为经济。

3.7　深井井点降水

深井井点降水是在深基坑周围埋置深于基底的井管，依靠深井泵或深井潜水泵将地下水从深井内提升到地面排出，使地下水位降至坑底以下。

适用范围：深井井点降水适用的土层渗透系数为 10～250m/d、降低水位深度可大于 15m，常用于降低承压水，常布置在基坑四周外围，必要时也可布置在基坑内。

优缺点：排水量大、降水深度大、降水范围大，有助于降低承压水位消除发生突涌、流砂、坑底隆起，保证基坑的安全性。但会造成地下水位陡降，影响范围和影响程度大。

3.8 真空管井降水

真空管井降水技术是在常规管井降水的基础上，结合真空技术，使管井内形成一定的真空负压，在大气压的作用下，加快弱透水地层中的地下水向管井内渗透，达到增加对弱透水地层的疏干目的。如图 3-26、图 3-27 所示。

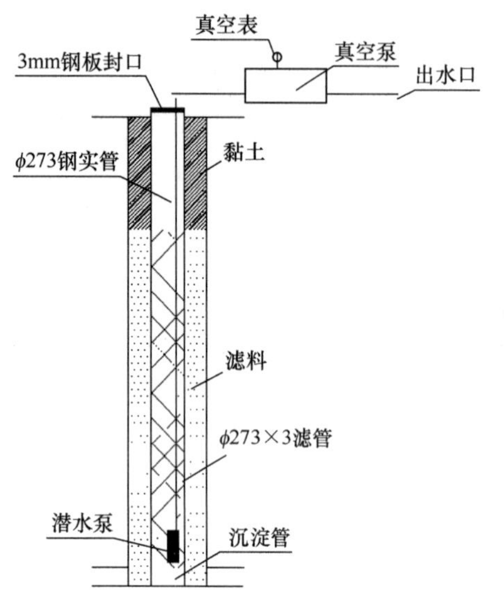

图 3-26 真空管井降水原理图

图 3-27 淤泥质粉质黏土真空管井降水效果

适用范围：主要适用于粉质黏土夹砂、淤泥质粉质黏土层等弱透水地层的疏干降水。

优缺点：真空管井降水不仅保留了管井重力释水的优点，而且可以根据地层条件和工程需要在任意井段增加负压汲取黏土、粉土等弱透水层中的地下水及地层界面残留水。

3.9 排水盲沟降水

排水盲沟是用来疏排地下水（或地表下渗水）的一种构筑物，具备结构简单、施工便利、成本低廉的特点。适用于吹填砂地或土质渗透性较好的土层。降水原理是在基坑四周开挖截水沟，基坑内利用渗沟将水排至集水井，再通过水泵排至基坑外，如图 3-28 所示。

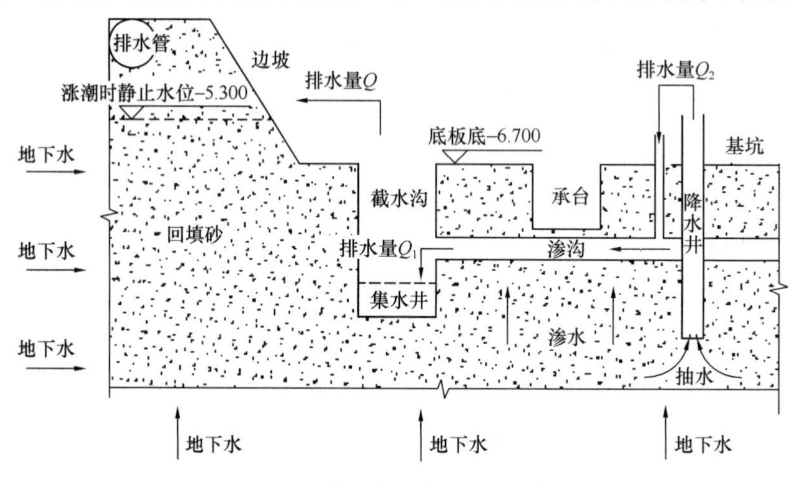

图 3-28 排水盲沟降水原理示意图

3.10　回灌法

回灌法的工作原理是在井点降水的同时，将抽出的地下水通过回灌井重新灌入含水层中，回灌水向井点周围渗透，形成一个和降水曲线相反的倒降落漏斗，使降落漏斗的影响半径不超过回灌井所在位置。这样，回灌井点就形成一道隔水帷幕，阻止回灌井点外侧地下水的流失，使含水层应力状态基本维持原状，有效地防止基坑降水对周围建筑物的影响。如图 3-29 所示。

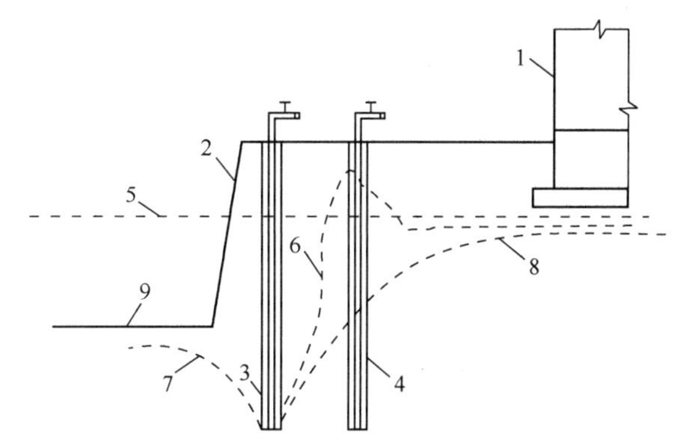

图 3-29　回灌法原理示意图

1—原有建筑物；2—开挖基坑；3—降水井点；4—回灌井点；5—原有地下水位；6—回灌井点回水位线；7—降低后地下水位线；8—仅降水时水位线；9—基坑底部

适用范围：适用于基坑一次性抽排地下水量超过 50 万 m^3 的工程和降水对周边建筑物有影响的工程。

优缺点：可有效减少地下水资源的浪费，减少基坑开挖对周边建筑物的影响。但在狭小场地，回灌管井的布设会受到制约。

4. 基坑监测技术

基坑监测主要针对基坑支护结构本体和周边环境，通常包括：地表垂直位移监测、基坑边坡土体变形监测、围护结构垂直及水平位移监测、围护墙侧土压力及测斜监测、墙外孔隙水压力及水位监测、地下水位监测、支撑轴力监测、围护结构钢筋应力监测、坑内土体分层沉降监测、主体结构内力监测以及周边建筑物、构筑物和地下管线变形监测等。

4.1　基坑在线自动监测系统

目前基坑监测以人工监测为主，监测工作量大，受天气、人员、现场条件等因素的影响，存在人为误差。各项技术参数不能实时监测，汇总分析滞后，难以及时掌握工程中存在的问题与风险，这些都影响到工程的安全生产和管理水平。结合云计算、大数据等新技术的在线自动监测系统能够不受恶劣天气的影响，提供不间断的数据，支持实时查看，避免了人为造成的误差，真正做到了数据稳定、可靠。基坑在线自动监测系统各监测项目的传感器与无线节点进行连接，数据通过云网关内置的无线传输模块，上传到云平台的控制中心。云平台能够提供实时显示、自动报警和数据存储等功能。客户通过手机或者 PC 访问服务器，获取短信报警、数据分析等相关服务。如图 3-30、图 3-31 所示。

4.2　钢支撑自动轴力补偿系统

钢支撑自动轴力补偿系统（见图 3-32、图 3-33）将传统支撑技术与现代高科技控制技术等有机结合起来，对钢支撑轴力实时补偿与监控，实现对钢支撑轴力 24h 不间断的监测和控制，使支撑系统始终处于可控和可知的状态。与传统钢支撑体系相比，自动轴力补偿系统能明显降低基坑围护结构的最大变化速率，控制基坑的变形，减小对邻近运营线路、建筑等周边环境的影响，有效解决常规施工方法无法控制的苛刻变形要求和技术难题。

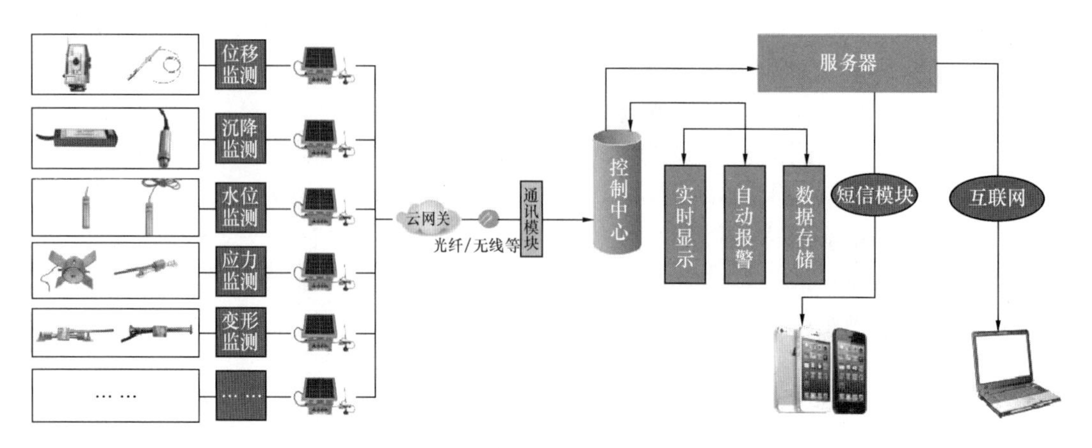

图 3-30　基坑在线自动监测系统架构图

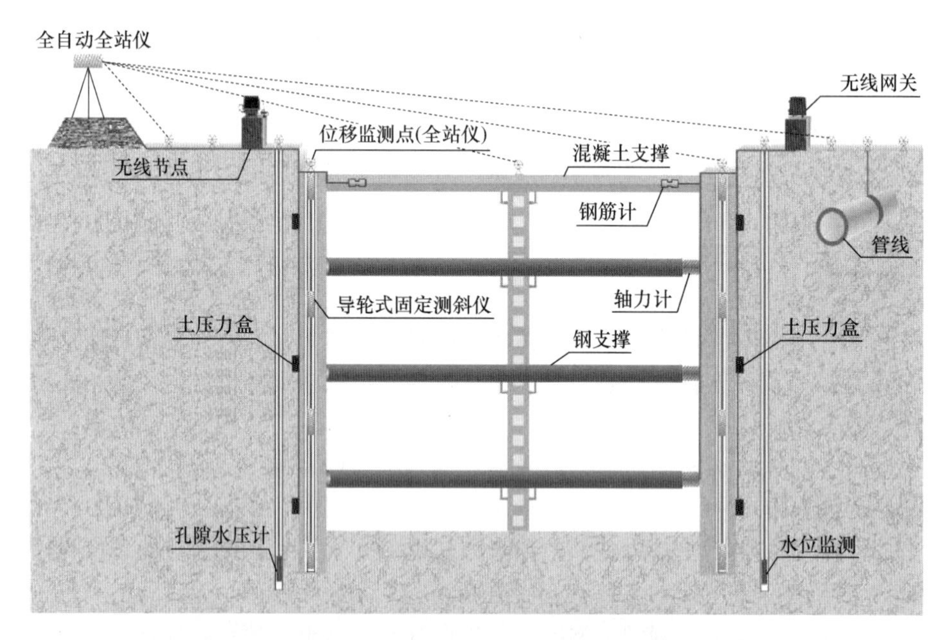

图 3-31　基坑在线自动监测布点图

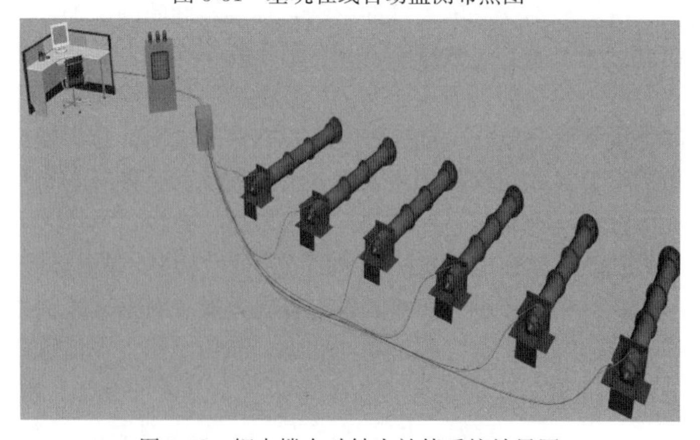

图 3-32　钢支撑自动轴力补偿系统效果图

图 3-33　钢支撑自动轴力补偿系统实物图

三、基坑工程施工技术最新进展（1～2 年）

1. 鱼腹梁支护技术

装配式预应力鱼腹梁钢结构支撑技术（IPS 工法），是基于预应力原理，针对传统混凝土内支撑、钢支撑的不足（见图 3-34），通过大量的工程研究和实践应用，开发出的一种新型深基坑支护内支撑结构体系（见图 3-35）。图 3-36、图 3-37 为鱼腹梁内支撑实例。

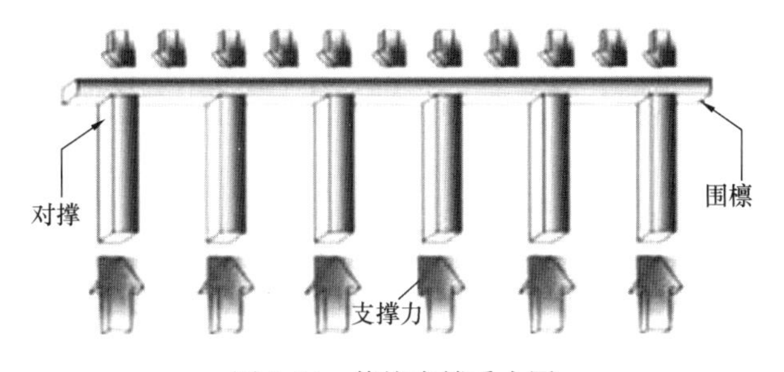

图 3-34　传统支撑受力图

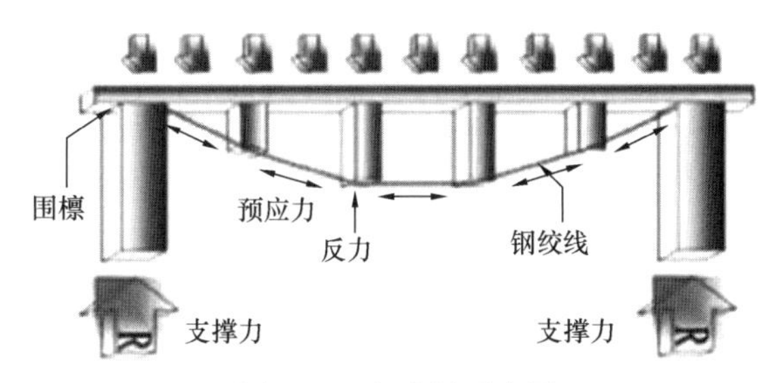

图 3-35　鱼腹梁受力图

图 3-36　鱼腹梁内支撑实例（一）

图 3-37　鱼腹梁内支撑实例（二）

它由鱼腹梁（高强低松弛的钢绞线作为上弦构件、H 型钢作为受力梁，与长短不一的 H 型钢撑梁等组成）、对撑、角撑、立柱、横梁、拉杆、三角形接点、预压顶紧装置等标准部件组合并施加预应力，形成平面预应力支撑系统与立体结构体系。

此支护形式可提供开阔的施工空间，使挖土、运土及地下结构施工便捷，不仅显著改善了地下工程的施工作业条件，而且大幅度减少了围护结构的安装、拆除、土方开挖及主体结构施工的工期和造价。与传统支撑相比，可降低造价 20%以上，安装、拆除、挖土及地下结构施工工期缩短 40%以上。鱼腹梁支撑与传统支撑的比较见图 3-38、图 3-39。

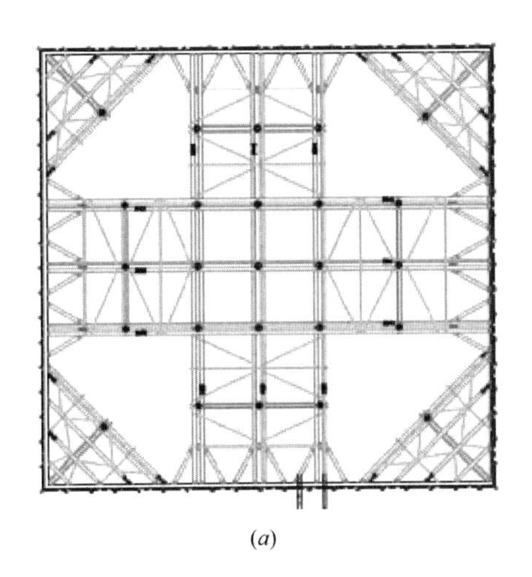

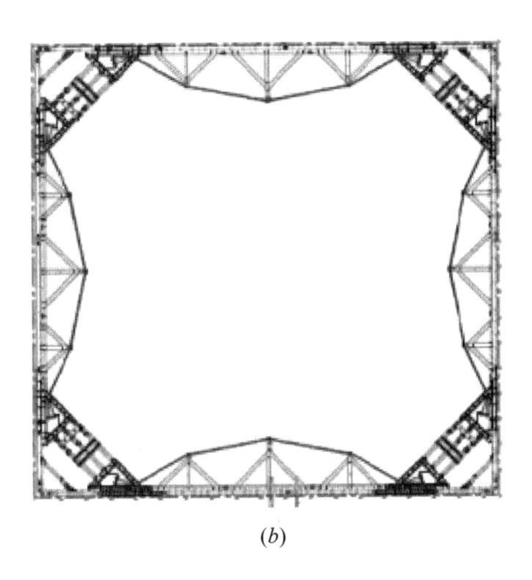

图 3-38　方形基坑混凝土支撑与鱼腹梁支撑平面布置比较
（*a*）混凝土支撑；（*b*）鱼腹梁支撑

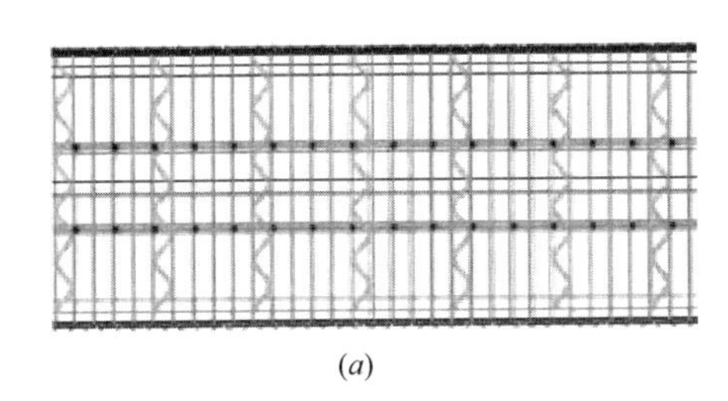

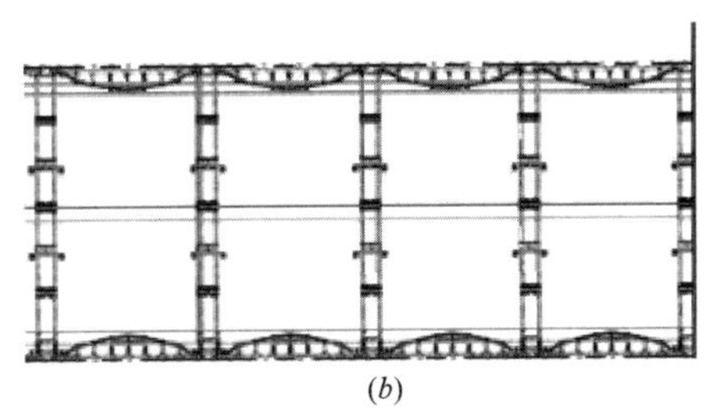

图 3-39　长形基坑混凝土支撑与鱼腹梁支撑平面布置比较
（*a*）混凝土支撑；（*b*）鱼腹梁支撑

2. TRD 工法支护技术

利用链锯式刀具箱竖直插入地层中，然后作水平横向运动，同时由链条带动刀具作上下的回转运动，搅拌混合原土并灌入水泥浆，形成一定厚度的墙。其主要特点是成墙连续、表面平整、厚度一致、墙体均匀性好。主要应用在各类建筑工程、地下工程、护岸工程、大坝、堤防的基础加固、防渗处理等方面。

与传统工法相比，TRD 工法机械的高度和施工深度没有关联（约为 10m），稳定性高、通过性好。施工过程中切割箱一直插在地下，绝对不会发生倾倒。搅拌更均匀，连续施工，不存在咬合不良，确保墙体高连续性和高止水性。可在任意间隔插入 H 型钢等芯材，可节省施工材料，提高施工效率。施工精度不受深度影响，可通过施工管理系统，实时监测切割箱体各深度 *X*、*Y* 方向数据，实时操纵调节，确保成墙精度。适应地层范围更广，可在砂、粉砂、黏土、砾石等一般土层及 *N* 值超过 50 的硬质地层（鹅卵石、黏性淤泥、砂岩、油母页岩、石灰岩、花岗岩等）施工。连续性刀锯向垂直方向一次性的挖掘，混合搅拌及横向推进，在复杂地层也可以保证均一质量的地下连续墙。（TROI 法施工步骤如图 3-40 所示；TRDI 法施工实况如图 3-41 所示。）

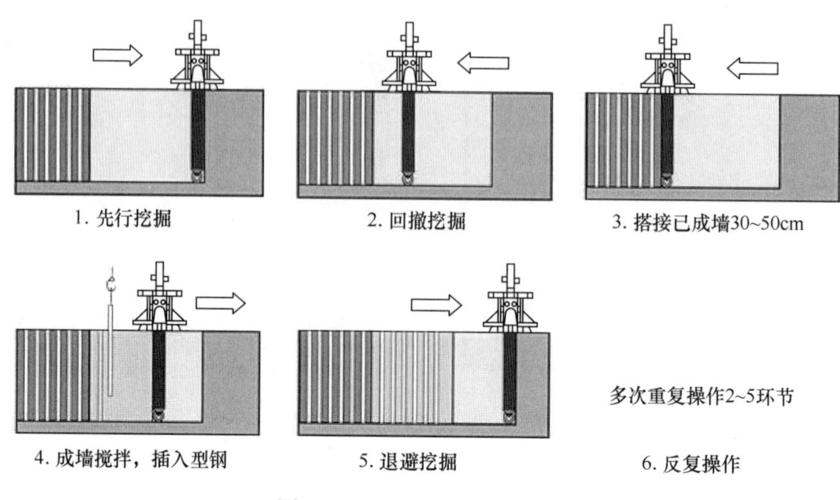

图 3-40　TRD 工法施工步骤

图 3-41　TRD 工法施工实况

3. 双轮铣等厚搅拌水泥土连续墙技术（CSM 工法）

该技术通过双轮旋转对施工现场的原状土体进行切削（见图 3-42），同时注入水泥浆液和气体形成等厚度水泥土地下连续墙，用于止水帷幕、挡土墙或地层改良，具有地层适应能力强、施工速度快、成墙质量高等特点，特别适合复杂地层使用。

该技术设备成墙尺寸、深度、注浆量、垂直度等参数控制精度高，可保证施工质量。没有“冷缝”概念，可实现无缝连接，形成无缝墙体。成墙厚度为 0.7～1m，幅宽 2.8m。履带式或步履式主机底盘，液压柴油驱动系统，可 360°旋转，便于转角施工。铣轮扭矩达 7.5t・m，可切削 20MPa 以内的岩层，桩长可达 60m 以上。

图 3-42　双旋轮施工图

4. 潜孔冲击高压旋喷桩止水帷幕技术

潜孔冲击高压旋喷桩是从设备、工艺和组织管理等多个角度进行综合研究，通过大量的理论研究和工程实践，形成的一套适用性广、能力强、效率高的新型高压旋喷桩施工技术，可解决传统工法在复杂地层中成孔难、存在注浆盲区、施工效率低、材料利用率低、污染严重等问题。

通过向冲击器提供高压空气，由高压泵向喷嘴提供高压水，水平喷射高压水流将土体冲碎，并通过潜孔锤的高频振动冲击和高压空气的联合作用在锤底空间内产生“气爆”效果，进一步加强对黏土、粉土和砂土的冲击破坏能力，对卵石、块石地层通过振动、气爆调整块石位置，打开通道，以利于后续水泥浆进入被加固区域。注浆时将高压水切换为高压水泥浆，由喷射器侧壁的喷嘴向周围土体进行高压喷射注浆，已呈流塑或液化状态的土体被喷射器四周喷射的高压浆充分搅拌、混合，同时，锤底喷射的高压空气可加大搅拌混合力度，并将浆液往四周挤压，沿着气爆打开的孔隙和通道注入被加固的土体，从而形成均匀的水泥土混合物。

潜孔冲击高压旋喷桩施工技术运用“潜孔锤高频振动冲击 ＋ 高压水、空气切割土体”成孔和“气爆”技术，破解了传统高压旋喷桩无法应用于复杂地层和场地条件的难题，拓展了止水帷幕桩的应用范围；同时，由于对原状土进行充分搅拌并混合水泥浆，与传统工法的水泥浆置换原状土机理不同，产生弃土和废浆非常少，可以显著节约水泥、减少废浆排放和提高施工效率，优化现场作业环境，实现文明施工。

5. 热熔锚可回收技术

热熔可回收锚索属于压力分散型锚索，有 2 索、4 索、6 索等多种型号，其构造与普通锚索基本相同，分为锚固段、自由段和张拉段三部分（见图 3-43、图 3-44）。每个承载板上布置两索钢绞线（见图 3-45），且根据锚索锚固段所在的土层、锚索设计的极限承载力确定承载板的个数。其回收原理是通过对热熔锚通电（36V 安全电压）进行拆芯，待通电到一定时间热熔锚拆芯结束后可拔出钢绞线回收。该技术适用于目前建筑工程支护中大量使用的压力型锚索（替代挤压锚）并达到可回收目的，其锚固段的旋喷体强度对锚索的抗拔力起决定性作用，故承载体要尽量选择在较好的土层以便提供更高的承载力，锚固体不宜太长且水泥全部用在锚头旋喷体有效长度上，可更好地发挥水泥的作用并减少不必要的浪费。

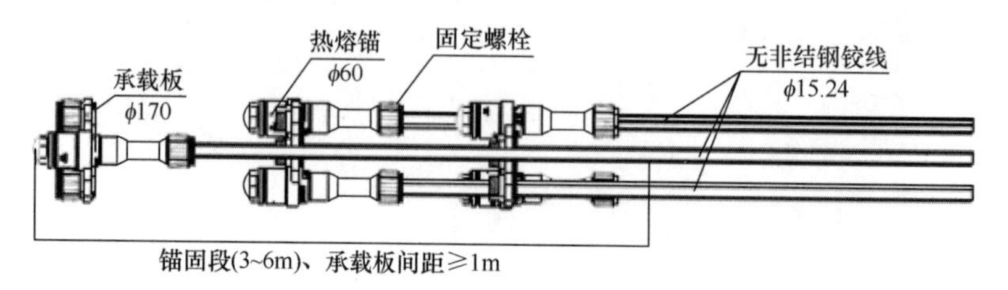

图 3-43　热熔可回收锚索构造示意图

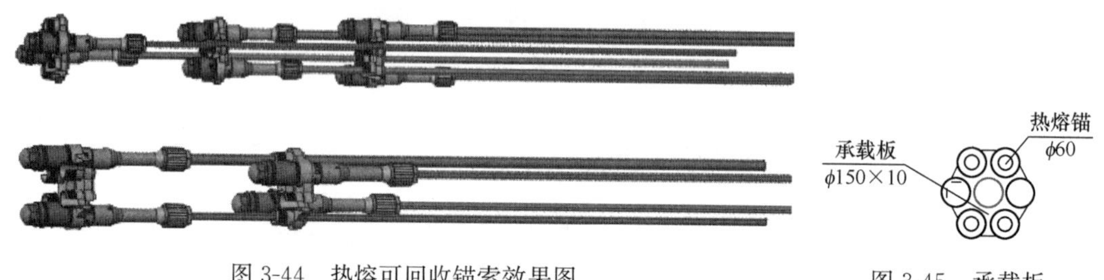

图 3-44　热熔可回收锚索效果图

图 3-45　承载板构造示意图

6. 软土场地分阶无内支撑支护技术

该技术适用于场地开阔、周边环境较好、无邻近建筑物的场地，一般采用围护桩＋锚杆的支护结构（见图 3-46）。由于场地土质较软，需在基坑周边一定范围内的土体中注入

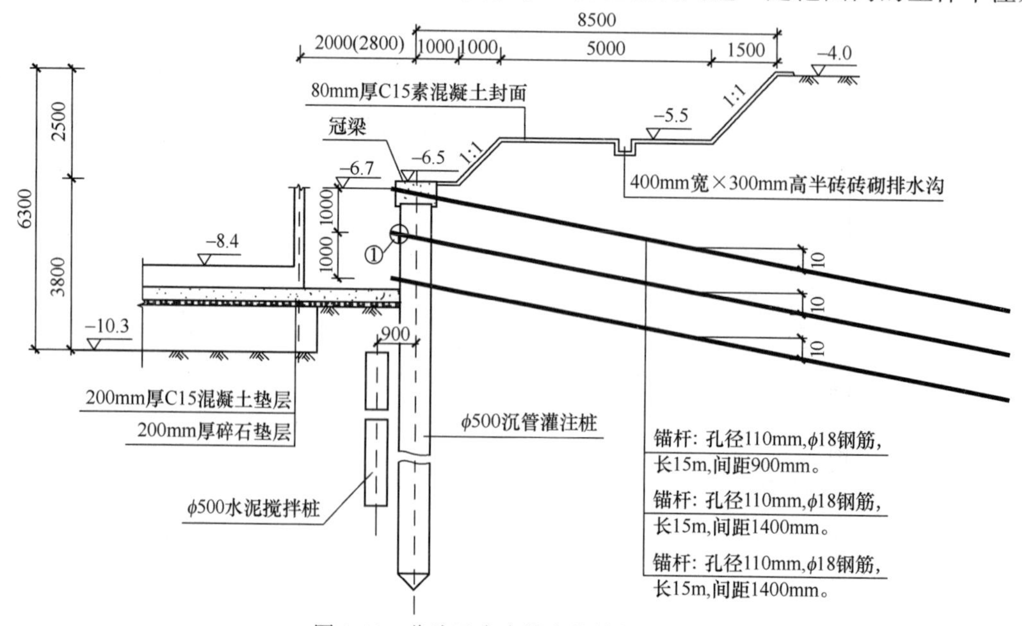

图 3-46　分阶无内支撑支护结构示意图

水泥浆以改善土体性质。施工分为三个阶段，第一阶段在基坑中心区域采用“盆式”开挖，周边土体暂时不动，同时在基坑四周进行围护桩施工；第二阶段结合围护桩施工，进行坑外边卸土，坑内挖沟分层挖土、分层施工锚杆；第三阶段待围护结构达到设计强度后进行剩余土方开挖。

四、基坑工程施工技术前沿研究

目前基坑工程施工技术不断朝超大、超深、超复杂方向发展，不但基坑支护形式多样化，而且施工机械也更加高端、自动化，施工效率和效果不断提高。

1. 支护形式的研究

为了解决传统内支撑对基坑土方开挖及地下结构施工的影响，对双排 PCMW 工法桩＋预应力机械式钉锚支护技术、旋喷搅拌加劲桩及筋体回收技术的研究与应用取得了较好的效果。

双排 PCMW 工法桩是“三轴深层搅拌桩内插预应力管桩的复合挡土与止水支护方式”的简称，是一种新型深基坑支护方法，是通过三轴深层搅拌机钻头将土体切散至设计深度，同时自钻头前端将水泥浆注入土体并与土体反复搅拌混合，为了使水泥土拌和更加均匀，在钻头处加以高压气流扫射土层。在制成的水泥土尚未硬化前插入预应力管桩，形成前后两排地下桩墙，通过制作冠梁和腰梁，将单排桩连成整体，并利用混凝土连续梁将前后两排管桩连接形成稳定的支挡结构。同时分层设置预应力机械式钉锚，通过预应力张拉将周边土体的拉力传递到围护桩体，以达到基坑支护的目的。如图 3-47 所示。这种支护体系具有三轴搅拌桩止水和管桩挡土的双重作用，同时取消了钢筋混凝土内支撑的设置，施工工艺简单，成本低，不占用基坑内部空间，不用后期进行破除，不影响正式结构施工。

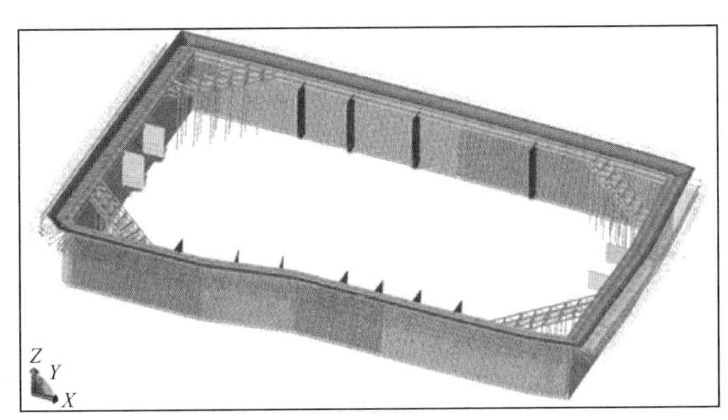

图 3-47　双排 PCMW 工法桩＋预应力机械式钉锚支护技术示意图

旋喷搅拌加劲桩，是将旋喷与搅拌水泥土技术结合，将预应力与土体加固技术结合形成的一种斜向水泥土加劲锚固体（见图 3-48、图 3-49），在成桩过程中对桩周土体进行切割、搅拌、渗透、挤压和置换，使边坡土体的强度得到较大提高；在预应力锚筋作用下，改善了边坡土体的应力状态，提高了边坡土体的承载力和稳定性。该支护形式适用于各类土层深基坑的支护，在安全性、经济性、施工方便性等方面都比传统桩锚、重力坝和土钉墙支护技术优越。旋喷搅拌加劲桩施工作业所需空间不大，适用于各种地形和场地，由旋喷搅拌加劲桩代替内支撑，可降低围护结构造价 35% 以上，改善挖运土和地下结构的施工作业条件，缩短工期 40% 左右。

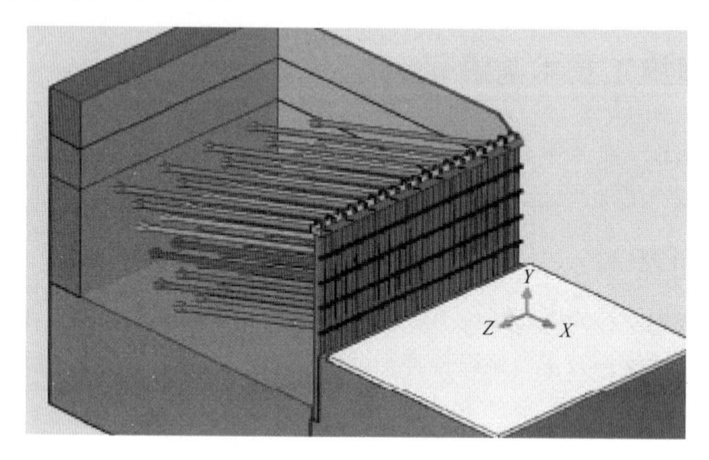

图 3-48　旋喷搅拌加劲桩支护结构形式示意图

图 3-49　旋喷搅拌加劲桩支护结构形式案例

预制连锁桩墙支护技术是采用连锁混凝土预制桩连排施工，邻桩的凹槽相对，在凹槽所形成的孔洞（连锁止水孔）中注浆，也可采用水泥土桩与连锁桩间隔布置或将连锁桩插入水泥土墙中的方式，形成可以止水、挡土的支挡式结构。预制连锁桩墙施工方便，效率高，污染少，造价低。其适用于无大颗粒砂砾石的松软土质，不宜用于孤石和障碍物多、有坚硬隔层的地质条件。

连锁桩墙施工顺序为先打Ⅰ号桩，再打Ⅱ号桩，再打Ⅲ号桩，并逐渐向外打。如图 3-50所示。

在一些大型桥墩、输电线塔、高桩码头、船坞、海上钻井平台上均有使用斜桩来抵抗水平力的，但斜桩用于基坑支护的案例还比较少。在斜桩用于基坑支护的理论研究中将其与竖向锚杆相结合（见图 3-51），利用竖向预应力锚杆与深部土层结合提供较高的锚固力。斜桩竖锚可有效减小桩顶变形，同时对桩实施轴向预应力，可提高其侧向抗力和悬臂

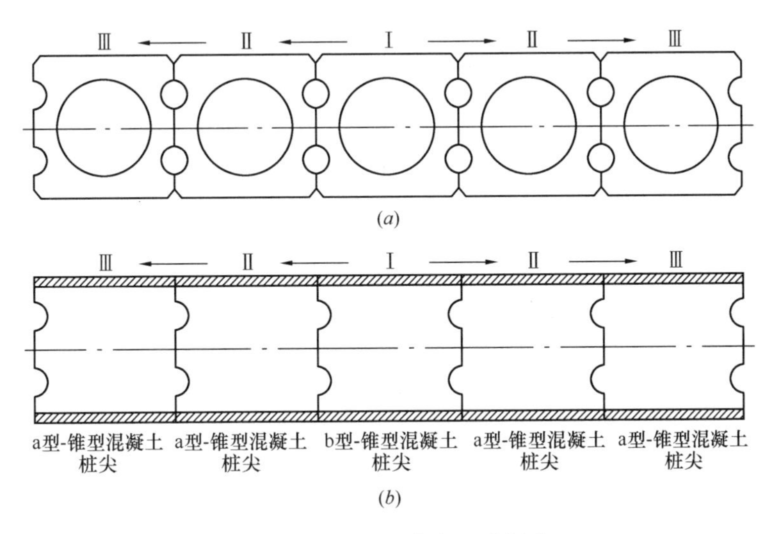

图 3-50　连锁桩墙施工顺序图

(a) 桩顶俯视图；(b) 桩尖排布图

高度，适用于更深的基坑。与传统支护结构相比，斜桩支护结构可完全不占用红线外空间，所有工序均在地面进行，避免了坑中的交叉施工，工序简单、操作安全、工期短、造价低。

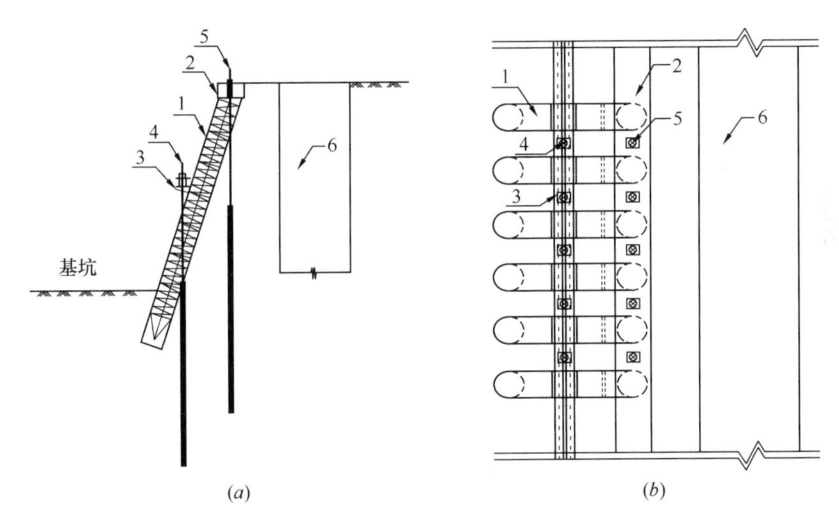

图 3-51　斜桩竖锚结构示意图

(a) 斜桩竖锚剖面图；(b) 斜桩竖锚剖面图

1—斜桩桩体；2—桩压顶；3—下锚杆压板；4—下锚杆；5—上锚杆；6—邻近基坑

2. 施工机械设备的研究

随着支护形式的变化，相应的施工机械设备也不断创新发展，例如双轮铣、六轴水泥搅拌桩机、TRD 工法桩机等机械的发明应用极大地提高了施工效率与质量。

五、基坑工程施工技术指标记录

（1）目前国内深度超过30m的深基坑，面积最小的236m^2，设19层地下室，开挖深度34.3m，采用排桩结合8道钢筋混凝土支撑和钢支撑的围护形式。

（2）目前国内无内支撑围护体系的深基坑最大开挖面积9.54万m^2，最大开挖深度16.75m，采用双排PCMW工法桩＋土钉/锚杆（6排）支护。

（3）目前国内基坑开挖深度最深的为长沙国金中心项目，基坑最深达42.45m。

（4）目前国内超大型及标志性建筑的深基坑开挖深度大多在32～40m之间，其支护形式多为地下连续墙＋钢筋混凝土内支撑。

六、基坑工程施工技术典型工程案例

1. 上海星港国际中心

上海星港国际中心项目位于虹口区海门路55号地块，包括2幢263m高的现代化超高层城市综合体，3层高24m的商业裙房，地下6层地下室，项目总建筑面积为41.61万m^2。地上建筑面积为24.38万m^2，地下建筑面积为17.23万m^2。

工程地下空间为6层，基坑最深处达36m，基坑深度大，基坑内外水压力差、土压力差悬殊。工程周边环境复杂，北侧与已运营的地铁12号线提篮桥站待建区共用地墙，无缝衔接，东、南、西三侧紧邻市政道路，道路下重要管线密集，管线最近距离仅4～5m。

基坑支护形式采用地下连续墙＋混凝土支撑，基坑监测运用了基坑远程自动监控系统，可实时监测基坑发生的任何细小变形。

2. 长沙国金中心

长沙国金中心总建筑面积约100万m^2，其中主楼高452m，共93层，是在建的湖南省第一高楼，副楼高315m，共65层。

该工程基坑最大开挖深度为42.45m，非塔楼区深度为34.25m，基坑面积约75000m^2，基坑西侧黄兴路路面下规划建设地铁1号线，地铁东界与基坑西侧壁距离约6～9m，地铁盾构作业深度范围约12.40～20.00m，该范围内严禁锚索穿入。东侧紧邻蔡锷路；北侧壁东侧既有1栋名为“青年公寓”的高层建筑（17F＋2），北侧壁西侧既有1栋名为“东港名巷”的高层建筑（24F＋2）；南侧壁西侧既有1栋名为“城市生活家”的高层建筑（34F＋2）。这3栋既有高层建筑物以“凸”字形嵌入基坑，其基础形式为人工挖孔桩，持力层为中风化泥质粉砂岩，桩端距离非塔楼区坑底约11m。工程平面图如图3-52所示。

场地埋藏的地层由人工填土层、第四系沼泽相沉积层、第四系冲积层、第四系残积层及白垩系泥质粉砂岩层组成。地下水分别为赋存于人工填土层及第四系黏性土层中的上层滞水，以及赋存于粉细砂、中粗砂、圆砾中的潜水。基坑侧壁支护段所涉及的土层主要有人工填土层、淤泥质粉质黏土层、粉质黏土层、粉细砂层、中粗砂层、圆砾层、强风化泥质粉砂岩层、中风化泥质粉砂岩层，其中基坑东南角位置中粗砂层厚度约17m。

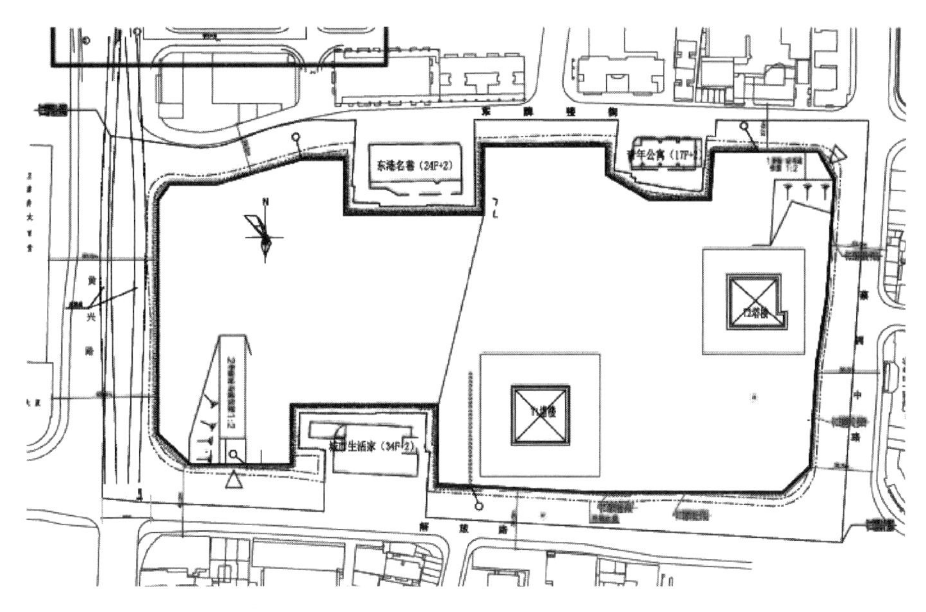

图 3-52　长沙国金中心工程平面图

因基坑坡顶范围支护空间仅有 3.0m，其中包含支护桩及止水帷幕占地空间，垂直开挖深度最小也有 34.25m，针对该基坑工程的岩土工程条件、水文地质资料和周边环境条件，对基坑四周采用双排三重管高压旋喷桩止水帷幕对基坑进行止水，基坑支护采用“支护桩＋锚索”支护方案，考虑成桩质量，桩型设计为人工挖孔桩。基坑南、北侧壁既有高层建筑物地段，采用分期支护、分期施工的方式，采用“内支撑”支护方式，避免锚索施工对周边建筑物基础的影响，并减少土体变形对周边建（构）筑物的影响。西侧两条地铁盾构线距离基坑边线 6～9m，在标高－12.6～20.0m 范围内严禁锚杆穿入，为控制基坑变形，该侧采用“矩形桩＋预应力锚索”支护方式。长沙国金中心基坑支护剖面如图3-53 所示；基坑实景如图 3-54 所示。

3. 天津周大福金融中心

天津周大福金融中心为地下室 4 层、地上裙楼 5 层和塔楼 100 层，建筑总高度 530m，基坑总面积 24679m²；基坑周边建（构）筑物较多，基坑南侧紧邻开发区第一大街，基坑边距滨海新城小区约 40m；西侧紧邻新城西路、鸿泰花园别墅区，距基坑边约 60m；北侧紧邻广达路，距基坑边约 40m 处为 MSD 高层办公写字楼；东侧紧邻广场西路，距基坑边约 40m 处为滨海新区法院和检察院。另外，在基坑南侧和西侧设有地下交通通道，外墙距本工程外墙 16m，沿场地四周道路有污水、供电电缆、通信、热力、中水等管线，其距基坑 6.4～13.4m。基坑整体分为 A、B 两个区，其中 B 区基坑面积为 13945m²，又分为主塔楼区（B1 区）和裙楼区（B2 区），B1 区开挖深度约 27m，最深处达到 32.3m；基坑范围内土质主要为素填土、粉质黏土、淤泥、淤泥质黏土，共有三个水文地质段，即上层滞水含水段、潜水含水段、微承压水含水段；基坑支护体系采用“支护桩＋5 道环梁支撑”。B2 区开挖深度为 23m，支护体系采用“地下连续墙围护＋4 道混凝土内支撑”，基坑安全等级为一级。基坑模型如图 3-55 所示。

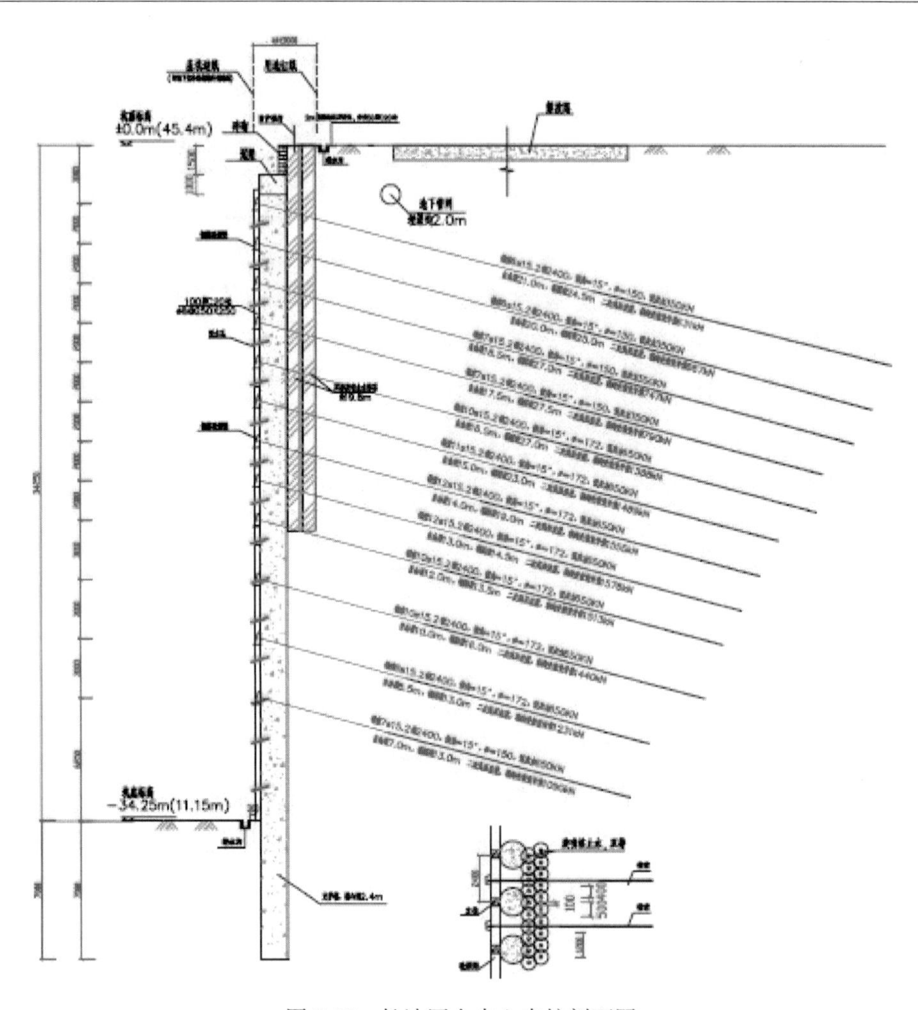

图 3-53　长沙国金中心支护剖面图

图 3-54　长沙国金中心基坑实景图

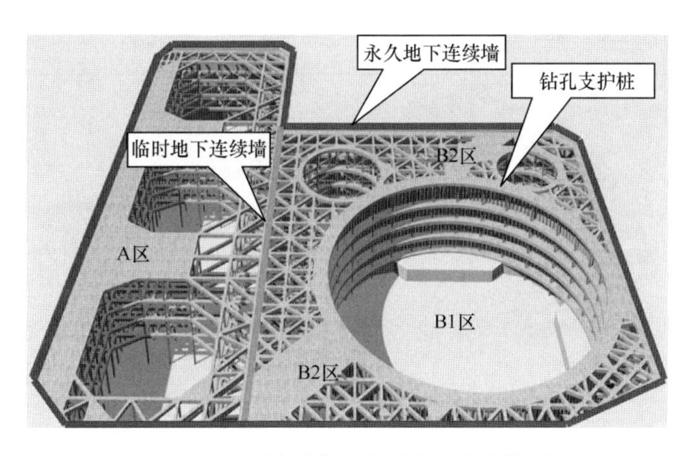

图 3-55　天津周大福金融中心基坑模型

4. 南京紫金（建邺）科技创业特别社区一期项目

南京紫金（建邺）科技创业特别社区一期项目位于江苏省南京市，距离 2014 年青奥会举办场地南京奥林匹克中心 2.5km，是南京市重点公建项目，是南京市在施大型复杂项目中最大群体建筑工程，总建筑面积约 110 万 m^2，地下三层，由 AB、CD 两个超大的独立基坑组成。地上 19 栋塔楼，1 栋 36 层 150m 高的超高层五星级酒店、2 栋 24 层 100m 高的办公塔楼、10 栋 19 层 80m 高的办公塔楼、2 栋 15 层 64m 高的办公塔楼、4 栋 27 层 85m 高的专家人才公寓楼。结构形式为筏板基础/框架-核心筒、框架-剪力墙。其中 AB 区基坑平面形状为矩形，基坑平面尺寸为 166m×358m，面积约 5.95 万 m^2，板底标高－14.25m，局部落深部位及电梯基坑开挖面标高为－15.85m、－19.90m，平均开挖深度为 13.25m，基坑土方开挖总量约为 84.2 万 m^3，开挖范围为淤泥质黏土和素填土。CD 区基坑平面形状也为矩形，开挖面积为 9.54 万 m^2，长向 369m，短向 262m，普遍挖深为 13.25m，局部电梯基坑挖深为 16.75m，开挖土方量约 120 万 m^3。两个区的基坑均为一级大型基坑，AB 区采用双排 PCMW 工法桩＋混凝土支撑支护体系，CD 区采用双排 PCMW 工法桩＋土钉/锚杆（6 排）支护体系，预应力管桩挡土，三轴深层搅拌桩止水，双排桩通过第一层梁和第二层水平连梁形成框架结构。如图 3-56、图 3-57 所示。此工程基

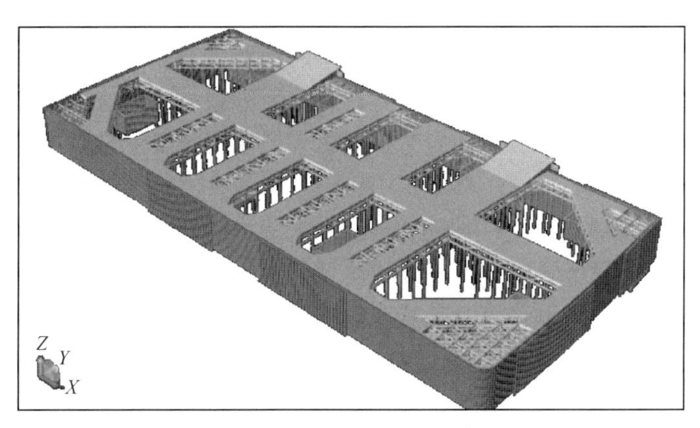

图 3-56　AB 区基坑支护模型

坑是目前江苏省最大的深基坑工程。

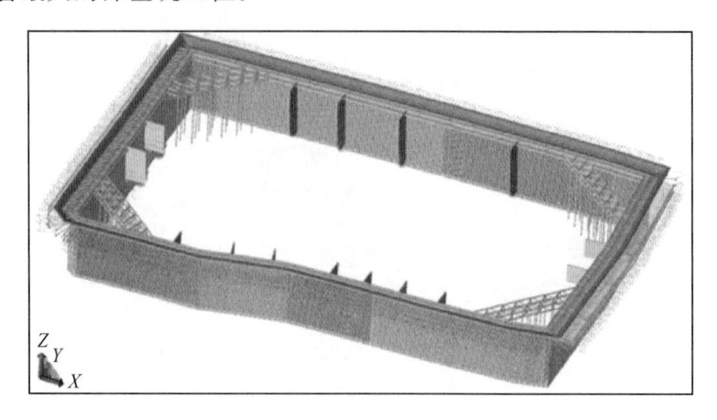

图 3-57　CD 区基坑支护模型

5. 杭州湖墅南路密渡桥地下停车库

杭州湖墅南路密渡桥地下停车库位于密度桥路与湖墅南路交叉口西北角，基坑面积 236m^2，设 19 层地下室，开挖深度 34.3m，采用排桩结合 8 道钢筋混凝土支撑和钢支撑的围护形式。现场实景如图 3-58 所示；车库模型如图 3-59 所示。

图 3-58　杭州湖墅南路密渡桥地下停车库现场实景

图 3-59　杭州湖墅南路密渡桥地下停车库模型

第四篇　地下空间工程施工技术

主编单位：北京城建集团有限责任公司　王建光　武福美　邱德隆

摘要

城市地下空间工程对于解决城市空间狭小、缓解城市交通压力、改善城市居住环境、建造宜居城市有着不可替代的作用。其施工技术已经广泛应用于地下铁道车站、地下停车场、地下交通枢纽、地下商业设施与地下调蓄水池等工程。

根据工程的施工特点，地下空间工程采用不同的施工方法，其中较为常见的施工方法主要有明挖法、暗挖法、逆作法、顶管法、盾构法等。对于较为复杂的地下空间工程，不同施工方法的组合也是解决难题的利器。城市地下空间的开发与利用是建设资源节约型与环境友好型社会的有效途径，其施工技术也必将在地下空间的开发建设中发挥重要作用。

Abstract

Urban underground space engineering plays an irreplaceable role in solving the narrow urban space, alleviating the urban traffic pressure, improving the urban living environment and building livable city. Its engineering technology has been widely used in metro stations, underground parking garage, underground transportation hubs, underground business facilities, underground storage tanks and other projects.

According to the construction characteristics of the projects, underground space engineering adopts different construction methods. Among them, the comparatively common construction methods mainly include open cut method, undermining method, reverse—cut method, pipe jacking method, shield method and so on. In comparatively complicated underground space projects, the combination of different construction methods is also a tool to solve problems. The development and utilization of urban underground space is an effective way to build the resource-saving and environment—friendly society, and its construction technology will also play an important role in the development and construction of underground space.

一、地下空间工程施工技术概述

1. 地下空间工程施工技术的发展

地下空间是指地表以下或地层内部开发利用地下空间向地表下延伸，将建筑物和构筑物全部或者部分建于地表以下。地下空间工程是随着社会的进步而兴起并不断发展的。近代地下空间工程的发展源于工业化程度较高的西方国家。第一次工业革命以后，由于城市人口的增长，城市既有的基础设施无法满足城市发展的需求，西方一些国家开始开发利用地下空间修建地下供排水系统、共同沟、地下仓库等。地下市政设施的修建，是现代城市地下空间开发、利用开始的标志。而1863年英国伦敦修建的第一条地铁的运营，为近代地下空间发展的纪元；第二次世界大战以后，随着城市人口的激增及城市建设的深化，城市的综合性基础设施趋向地下化，特别是地下铁路、地下停车场、地下大型综合体等的建设，形成了地下空间开发利用的高潮。

我国城市地下空间工程的发展源于新中国成立初期的国防、人防工程的修建。20世纪80年代提出了新建工程按“平战结合”的要求进行设计、建设，有力地推动了我国城市地下空间的开发利用。自进入21世纪以来，我国城市地下空间的开发数量快速增长，特大城市地下空间开发利用的总体规模和发展速度已居世界同类城市的先进行列，成为世界上城市地下空间开发利用的大国。以地铁、地下综合管廊、大型公用建筑的地下商场、停车场等地下空间工程开发为主导的地下空间产业，已成为经济和社会发展不可或缺的一部分。

地下空间工程的施工方法主要有明挖法、暗挖法、盾构法及逆作法和顶管法，其中明挖法、暗挖法、盾构法因其特有的技术工艺在城市建设中逐渐得到广泛应用。

2. 明挖法施工技术的发展

明挖法是指在无支护或支护体系的保护下开挖基坑或沟槽，然后在基坑或沟槽内施作地下空间工程主体结构的施工方法。最早的明挖法放坡开挖及简易木桩围护可追溯到远古时代。在20世纪30年代Terzaghi和Peck等人最早提出了明挖基坑的分析方法，该理论在之后的工程实践中得到了修正及改进，并一直沿用至今。

明挖法基坑工程在我国得到广泛的研究始于20世纪70年代末。早期的开挖常采用放坡形式，后来随着开挖深度的增加，放坡面空间受到了限制，产生了围护开挖。20世纪80年代以后，随着我国国民经济的发展，高层建筑、地下空间工程等基础设施建设规模不断扩大，深基坑逐渐出现，此时的围护结构主要采用人工挖孔桩及水泥土搅拌桩；20世纪90年代，我国开始出现超深、超大的深基坑，基坑面积达到2万～3万m^2，深度达到20m左右，复合式土钉、SMW工法、钻孔桩、地下连续墙及逆作法等开始推广使用；自进入21世纪以来，我国地下空间工程明挖法基坑快速发展，出现了面积达2万～3万m^2，深度超过30m，最深达50m的深基坑。

3. 暗挖法施工技术发展

1948年，奥地利专家Rabcewicz设计了建立在使用新建筑材料前提下的安全经济的隧道开挖方式及支护结构形式，并于1963年形成系统理论，定名为“新奥地利隧道建造法”，简称“新奥法”（NATM）。20世纪80年代军都山铁路双线隧道进口段在黄土地层首次应用新奥法（NATM）原理进行了浅埋暗挖施工技术的研究和试验；随后在1986年北京地铁复兴门折返段开发应用了这种新技术并获得成功；20世纪90年代北京地铁复八线（又称北京地铁1号线东段）全面推广浅埋暗挖法修建了约13.5 km的地铁区间段及西单、天安门西、王府井和东单4座地下暗挖车站。国家科学技术委员会于1987年8月25日鉴定并经过论证正式将该方法命名为“浅埋暗挖法”。

浅埋暗挖法施工技术经过20多年的工程经验，使该施工技术具有了灵活多变、不拆迁、不影响交通、不破坏环境、综合造价较低、隧道支护结构强度高等优点，特别适合中国国情。浅埋暗挖法的实践是一个不断发展和完善的进步过程，特别是大跨度暗挖技术得到了长足发展，使浅埋暗挖法成为一个成熟的技术，并逐步在地下空间工程中得到广泛的应用。近年来，随着我国城市轨道交通的快速发展，暗挖法越来越多地应用于城市轨道交通建设中，尤其是地铁车站、地铁区间不规则变断面等特殊断面段的施工中。

4. 盾构法施工技术的发展

盾构法是暗挖隧道的专用机械在地面以下建造隧道的一种施工方法。世界上第一台盾构机在1825年诞生于英国，1843年第一条盾构隧道建成。19世纪末到20世纪初盾构技术相继传入美国、法国、德国、日本、苏联，并得到了很大的发展。1931年苏联利用盾构机建造了莫斯科地铁隧道，并首次使用了化学注浆和冻结工法。20世纪60年代起，盾构法在日本得到了快速的发展，并在随后的几十年内研发了多种盾构机类型，使盾构机迈上了一个新的台阶。目前国外盾构机的主要制造厂家集中在欧美和日本，如美国的罗宾斯公司、德国的海瑞克公司、加拿大的Lovat公司以及日本的小松制作所、三菱重工、川崎重工等。

我国盾构法施工源于20世纪50年代初，在辽宁阜新煤矿使用手掘式盾构修建疏水巷道。1957年，在北京市下水道工程中进行了小口径盾构工法的尝试。20世纪60年代初，北京地铁研制了网格式压缩混凝土盾构施工技术，并成功地进行了试验。1966年，采用网格挤压式盾构修建了打浦路过江隧道工程。1980年，上海地铁1号线试验段施工，采用网格挤压型盾构机在淤泥质黏土地层中掘进隧道1230m。1987年，我国第一台加泥式土压平衡盾构机用于市南站过江电缆隧道工程。1990年，上海地铁1号线采用了7台土压平衡盾构机施工。1996年，上海地铁2号线再次使用原7台土压平衡盾构机，并从国外引进2台土压平衡盾构机施工。1996年，上海延安东路隧道南线工程采用从日本引进的ϕ11.22m泥水加压平衡盾构机施工。1996年，广州从日本引进1台土压平衡盾构机和2台泥水加压盾构机，进行了广州地铁1号线盾构隧道掘进施工。1999年，北京地铁5号线试验段采用盾构法设计施工。自进入21世纪以来，我国盾构技术不断向前发展。2001年，我国将盾构关键技术列入863计划。2015年，国内第一台铁路大直径盾构机成功下线。国内首台铁路大直径盾构机的下线，开创了国产自主研制的先河，国产大型盾构施工装备创新能力与技术水平得到了前所未有的增长。

5. 逆作法施工技术的发展

逆作法工艺的概念是由日本于1935年首次提出的，并试用于地下工程。经历了80余年的研究和工程实践，目前已在一定规模上应用于高层和超高层的多层地下室、大型地下商场、地下车库、地铁、隧道、大型污水处理池等结构的施工。国外典型的工程有：世界上最大的地下街是日本东京八重洲地下街，共三层，建筑面积7万m^2；最深的地下街是莫斯科切尔坦沃住宅小区地下商业街，深达70～100m；最高的地下综合体是德国慕尼黑卡尔斯广场综合体，共六层。

随着国内大中城市中心区用地越来越紧张，在城市中心区高层建筑与地下轨道、市政管线密集分布区域的旧楼改造或新建工程深基坑的安全性及其基坑工程施工对周围环境的影响成为这类建筑施工的瓶颈问题；而逆作法施工正是妥善解决这类问题的有效施工方法。目前，北京、上海、南京、广州、天津和杭州等许多大中型城市的多个大型工程都已经采用或正在采用逆作法施工。如上海基础工程科研楼的两层地下室、高116m上海电信大楼的3层地下室、上海延安东路黄浦江越江隧道1号风塔的地下室、上海合流污水治理主泵房地下直径63m的圆井、上海明天广场地上58层地下3层、广州新中国大厦地上43层地下5层、南京德基广场二期工程地上8层地下5层同步施工，等，都成功地应用了逆作法。逆作法施工技术经历了半个多世纪的应用与发展已经成为一种较为成熟的建筑施工技术。在我国城市化的高速发展中与城区的高层建筑施工中应用越来越重要。

6. 顶管法施工技术的发展

顶管法施工最早始于1896年美国的北太平洋铁路铺设工程施工中。日本的顶管法始于1948年。我国的顶管法始于1953年，为手掘式顶管；1964年前后，上海开始采用大口径机械式顶管。1967年，上海研制成功遥控土压式顶管机。1984年前后，我国在北京、上海、南京等地先后引进国外先进的顶管设备，使我国的顶管技术上了一个新台阶。随后，土压平衡理论、泥水平衡理论、管接口形式及制管新技术等慢慢发展起来。1999年4月，上海隧道工程股份有限公司研制的3.8m×3.8m矩形顶管机应用于上海地铁3号线5号出入口矩形通道，开创了国内矩形隧道研究和设备推广应用的先河。目前，国内宽度大于6m、高度大于3m的大断面矩形顶管施工已普及，矩形顶管机已发展成集光、机、电、液、传感和信息技术于一体，涵盖切削土体、输送渣土、测量导向和纠偏等多种功能的专用工程机械。

二、地下空间工程施工主要技术介绍

地下空间工程的施工方法主要有明挖法、浅埋暗挖法、盾构法及逆作法和顶管法，其中明挖法、浅埋暗挖法、盾构法因其特有的技术工艺在城市建设中逐渐得到广泛应用。

1. 明挖法施工技术介绍

明挖法是指在无支护或支护体系的保护下开挖基坑或沟槽，然后在基坑或沟槽内施作地下空间工程主体结构的施工方法。

明挖法根据主体结构的施工顺序，可分为放坡明挖法、垂直明挖法、盖挖顺作法、盖挖逆作法和盖挖半逆作法。

当场地空间允许且能保证基坑稳定时，可采用无支护的放坡明挖法开挖。当工程地质情况较好、地下水位较低时，基坑边坡可不进行护坡处理。当地下水位较高、基坑边坡暴露时间较长时，为防止边坡受雨水冲刷或地下水侵入，可采取必要的护坡措施。当基坑很深、地质条件较差、地下水位较高、基坑周边存在建（构）筑物，无法满足放坡开挖的要求时，采用有支护体系的垂直明挖法。垂直明挖法是在围护结构和支撑体系的保护下，自地面向下垂直开挖，挖至设计高程后，在基坑底部由下向上施作主体结构的施工方法。垂直明挖法根据基坑支护结构分为支挡式结构、土钉墙、重力式水泥土墙。其中支挡式结构又分为拉锚式结构、支撑式结构、悬臂式结构及双排桩；土钉墙又分为单一土钉墙、预应力锚杆复合土钉墙、水泥土桩复合土钉墙、微型桩复合土钉墙。

2. 浅埋暗挖法施工技术介绍

浅埋暗挖法原理是利用土层在开挖过程中短时间的自稳能力，采取适当的支护措施，使围岩或土层表面形成密贴型薄壁支护结构的不开槽施工方法，主要适用于黏性土层、砂层、砂卵层等地质。浅埋暗挖法的实质内涵是按照“十八字”方针，即管超前、严注浆、短开挖、强支护、快封闭、勤量测等，进行隧道的设计和施工。其关键与辅助施工技术主要有降水、土体加固、超前支护、土方开挖方法与初支支护、土方地下水平运输与垂直提升、地下结构防水施工、与周边建（构）筑物隔离技术、监测技术与信息化施工等。

浅埋暗挖法施工因掘进方式不同，可分为众多的具体施工方法，如全断面法、正台阶法、环形开挖预留核心土法、单侧壁导坑法、双侧壁导坑法、中隔壁法、交叉中隔壁法、中洞法、侧洞法、柱洞法等。浅埋暗挖法的核心技术指标主要为暗挖结构跨度与深度；此外，大管棚支护长度、土体加固技术以及降水等关键与辅助施工技术也形成了其各单项核心技术指标。

3. 盾构法施工技术介绍

盾构法是地下隧道工程施工中的一种全机械化施工方法。盾构法施工将盾构机械在地中推进，通过盾构外壳和管片支承四周围岩防止发生往隧道内的坍塌。同时在开挖面前方用切削装置进行土体开挖，通过出土机械将渣土运出洞外，靠千斤顶在后部加压顶进，并拼装预制混凝土管片，形成隧道结构的一种机械化施工方法。

盾构按开挖面是否封闭，划分为密闭式盾构及敞开式盾构两类。密闭式盾构按其稳定掌子面介质的不同，分为土压平衡盾构、泥水平衡盾构。敞开式盾构按开挖方式划分为手掘式、半机械挖掘式、机械挖掘式。

盾构法施工的优越性：（1）施工安全：在盾构设备的掩护下，于不稳定土层中，可安全进行土层开挖与支护工作；（2）暗挖方式：施工时与地面工程及交通互不影响，尤其是在城区建筑物密集和交通繁忙地段，该法更有优越性；（3）振动和噪声小：可严格控制地表沉降，对施工区域环境影响小，对施工区域附近的居民几乎没有干扰。盾构法施工作业的主要技术内容包括：（1）盾构法分类及选型；（2）盾构技术参数设置；（3）盾构施工技术；（4）盾构施工的地表沉降及地层移动控制技术。

4. 逆作法施工技术介绍

建筑深基坑逆作法施工工艺，是指地面以下各层地下室采用自上而下的施工顺序，借助地下室楼板结构的水平刚度和抗压强度对基坑产生支护作用，保证基坑的土方开挖。逆作法的工艺原理是：先沿建筑物地下室边轴线（地下连续墙也是地下室结构承重墙）或周围（地下连续墙等只用作支护结构）施工地下连续墙、支护桩或其他支护结构，同时在建筑物内部的相应位置设置中间支撑柱和桩，作为施工期间（地下室底板浇筑之前）承受上部结构自重和施工荷载的支撑。然后施工地面一层的梁板结构，作为基坑围护结构的第一道水平支撑体系，随后逐层向下开挖土方和施工地下各层结构，直至底板封底。同时，由于首层结构已完成，为上部结构施工创造了条件，因此在往下施工的同时可以向上逐层进行地上结构的施工。如此地上顺作、地下逆作同时进行施工，直至工程结束。

其关键与辅助施工技术主要有降水技术、竖向支撑桩柱施工技术、地下连续墙施工技术、逆作结构防水技术、土体加固技术、土方开挖方法、与周边建（构）筑物隔离技术、监测技术与信息化施工等。逆作法的核心技术指标主要为地下逆作层数与深度、竖向支撑桩柱垂直度；此外，地下连续墙埋深、土体加固技术以及降水等关键与辅助施工技术也形成了其各单项核心技术指标。

5. 顶管法施工技术介绍

顶管法施工的基本原理就是借助于主顶油缸及管道间中继站的推力，将工具管或掘进机从工作井内穿过土层一直推进到接收井内吊起。与此同时，把紧随工具管或掘进机后的管道埋设在两坑之间，形成一条地下管道，是一种非开挖施工的方法。顶管法施工是继盾构法施工之后而发展起来的一种地下管道施工方法，它不需要开挖面层，并且能够穿越公路、铁路、河川、地面建筑物、地下构筑物以及各种地下管线等。根据目前常用的施工工艺，顶管法划分为泥水平衡式顶管法、土压平衡式顶管法、气压式顶管法等。顶管法过去作为一种特殊的施工手段，在特殊的环境下使用，施工距离较短。现阶段顶管法已经作为一种常规的施工工艺在地下空间工程中广泛使用。特别是矩形顶管，在城市过街通道、综合管廊、地下停车场、地下商业街等地下空间开发方面使用普遍。

6. 主要关键与辅助施工技术介绍

为了保证各种施工方法安全、快速施工，限制结构的沉降，防止结构漏水所采用的各种方法统称为“辅助施工方法”。

6.1 降水与止水技术

基于施工需求的地下水控制不仅仅是满足地下空间工程干槽作业的降水或止水，更多是在综合考虑环境与施工友好协作的情况下的地下水控制，包括抽排疏干降水、抽排控制性降水、止水帷幕等。

当地下结构处于富水地层中，且地层的渗透性较好时，应首选降低地下水位法达到稳定围岩、提高支护安全的目的。暗挖法与逆作法地下空间工程降水主要有明沟加集水井、轻型井点、喷射井点、电渗井点、管井井点，等等。通常采用的方法是管井降水，其优点是排水量大、降水深度大、降水范围大等，对于砂砾层等渗透系数很大且透水层厚度大的场合最为适宜；其适用的土层渗透系数为10～250m/d，降低水位深度可大于15m，还可用于降低承压水。明沟加集水井等其他几种降水方法常作为辅助性手段用于逆作法与暗挖法地下空间工程施工中。

暗挖法施工中，大多沿暗挖结构外圈设置降水井，提前控制地下水位至暗挖作业面以下0.5m；对于跨度较大的暗挖结构，降水曲线无法将结构中间部位的地下水位控制在开挖面以下时，至少应将地下水位控制在开挖起拱线以下1m并结合明排措施进行降水；必要时也可在暗挖结构内设置降水井。逆作法施工中，多采取基坑外围降水、坑内疏干（减压）结合的方式控制地下水位。

当采用降水方案不能满足要求或地下水降水受政策限制时，应在开挖前进行帷幕止水等地下水截渗，主要方法有地下连续墙、高压旋喷桩止水、SMW工法桩止水、帷幕注浆止水等。帷幕注浆止水主要用于逆作法施工中，暗挖法施工中使用较少，尤其是地下连续墙在逆作法施工中可起到止水、围护、结构外墙等多重功能，使用较为广泛。高压喷射注浆法可分别采用单管法、二管法和三管法，加固体形状可分为圆柱状、扇形块状、壁状和板状，适用于处理淤泥、淤泥质土、流塑、软塑或可塑黏性土、粉土、砂土、黄土、素填土和碎石土等地基。“SMW”工法是在水泥土搅拌桩内插入H型钢或其他种类的劲性材料，从而增加水泥土桩抗弯、抗剪能力，并具备较好的抗渗能力的基坑围护施工方法；施工周期短、工程造价低、抗渗能力较强。

此外，近几年出现了类似沉井工法的带水基坑作业施工案例。也即在有地下连续墙围护的基坑内实施水下开挖作业，达到既定设计高程后进行水下混凝土灌注，并结合实际增加渗水、堵水与防水措施后再施作结构底板。

6.2　土体加固技术

土体加固技术主要用于提高土体自身强度与稳定性，增加土方开挖过程中的安全系数，是暗挖法与逆作法施工中经常采用的辅助施工技术。目前采用的土体加固技术主要有注浆法、旋喷注浆法、人工冻结法等。

注浆法一般从地面对土体进行垂直预注浆加固，主要有静压注浆、劈裂注浆以及化学注浆，分别适用于砂卵石、砂层以及淤泥质土层等不同孔隙率的地层；从注浆方式上分为深孔前进式和后退式注浆技术。在暗挖隧道施工中除可从地面注浆加固外，还可从暗挖掌子面及其拱顶外进行水平斜向或水平注浆加固。在注浆材料方面，除一般水泥浆、改性水玻璃浆液外，还有一些膨胀性的浆液，如TGRM浆液、无收缩浆液、WSS浆液以及超细水泥浆、MS浆液等。

旋喷注浆法就是利用钻机把带有喷嘴的注浆管钻入（或置入）至土层预定的深度后，以20～40MPa的压力把浆液或水从喷嘴中喷射出来，破坏土体原有结构并使之与浆液搅拌混合凝结成加固体的一种加固方法。高压旋喷注浆法根据施工方法分为：单管法、二重管法、三重管法和多重管法，其加固形状可分为柱状、壁状和块状。高压旋喷注浆法除能强化地基之外，还有防水防渗的作用，可用于深基坑地下工程的支挡和护底、筑造地下防水帷幕。

人工冻结法是利用人工制冷技术，将低温冷媒送入地层，把要开挖体周围的地层冻结成封闭的连续冻土墙，以抵抗地压并隔绝地下水开挖体之间的联系，然后在封闭的连续冻土墙的保护下进行开挖和做永久支护的一种特殊地层加固方法。

6.3 近接建（构）筑物隔离与保护技术

地下空间结构施工不可避免地与房屋、厂房及其基础等建筑物以及道路、管道、地铁、铁路等构筑物邻近、旁穿或下穿、上穿等，即近接建（构）筑物。近接建（构）筑物的施工措施主要有隔离、悬吊保护、基础加固、临时支顶等。隔离措施主要是在新建地下空间结构与既有结构净距的空间范围内进行土体注浆加固或设置隔离桩、旋喷桩等。悬吊保护主要是对逆作法基坑工程范围内或暗挖下穿的管线所采取的临时保护措施。基础加固主要用于暗挖法中暗挖下穿房屋、桥梁等建筑物基础时所采取的注浆加固、基础托换等措施。

6.4 监测技术

施工监测是地下空间工程施工的重要组成部分，通过施工监测随时修正设计与施工参数，以确保安全。监测的项目与内容一般包括地表沉降、周围建（构）筑物变形、管线沉降、基坑围护结构倾斜变形（逆作法）、隧道拱顶沉降与收敛变形、隆起变形、竖向支撑应力（逆作法）等；不同监测项目采用的仪器主要有轴力计、应力计、水准仪、全站仪、测斜仪等。监测实施过程中，不同监测点的原件安装、保护等做法也逐渐完善。施工过程中的监测主要有施工监测与第三方监测。近几年，各级管理非常重视施工过程的监控与管理以及作业面的控制，投入了大量的人力、物力，建立了系统的网络平台。

6.5 超前支护技术（暗挖法）

超前支护技术包括超前锚杆、超前小导管、超前大管棚等支护技术。超前锚杆是沿开挖轮廓线，以一定外插角，向开挖面前方安装锚杆，形成对前方围岩的预锚固（预支护），在提前形成的围岩锚固圈的保护下进行开挖、装渣、出渣和衬砌等作业。超前锚杆支护主要适用于围岩应力较小、地下水较少、岩体软弱破碎、开挖面有可能坍塌的隧道中，可分为悬吊式超前锚杆及格栅拱支撑超前锚杆。

当软弱、破碎地层中凿空后极易塌孔，且施作超前锚杆比较困难或者结构断面较大时，应采取超前小导管支护。

超前大管棚支护的结构及布置形式基本同超前小导管支护，就是把一组钢管沿开挖轮廓外已钻好的孔打入地层内，并与钢拱架组合形成强大的棚架预支护加固体系，支承来自于管棚上部的荷载，通过梅花形布置的钢管注浆孔加压向地层中注浆，以加固软弱破碎的地层，提高地层的自稳能力。管棚所用的钢管直径较大，为100～600mm，长度亦较长，一般都在20～40m左右，且其外插角不能过大（一般≤5°）。与小导管相比，其刚度更大，对地层的预加固效果也更理想。但存在的问题是，其施工时对地层的扰动过大，施工工艺、设备也较复杂。

三、地下空间工程施工技术最新进展（1～2年）

明挖法基坑一直向大深度、大面积、大长度发展。基坑周边既有建筑和环境条件也越来越复杂。深基坑工程的主要技术难点在于对基坑周围原状的保护，防止地表沉降，减少对既有建筑物的影响。近年来出现了鱼腹梁支护、无支撑多级支护、地下水加压回灌、双井组合回灌等多种技术。

浅埋暗挖法是我国隧道施工的主要方法，其施工技术处于世界领先水平，但随着我国人口红利的逐渐衰减，浅埋暗挖法机械化要求逐渐提高。近几年我国城市轨道交通浅埋暗挖法机械化有了一定进步，研制成功了暗挖台车，暗挖台车提高了施工效率和施工过程安全性。暗挖台车具有挖土、开槽、支护、出渣、湿喷等机械化功能，可有效改善施工作业环境，降低暗挖施工对劳动力的依赖程度，减少人员配备，具有保安全、保质量、保环境、高效率的优势。

盾构法施工在过去几年取得了长足的进步，盾构施工技术方面，在大粒径砂卵石地层、高度软硬不均地层、极软土地层中取得了技术上的突破；在地层沉降控制方面，能控制在毫米（mm）级水平上；最高月进度已达到700m以上；北京地下直径线自主研发了带压动火刀盘修复与刀具更换技术；在台山核电引水隧洞工程中，开发了基岩突起与孤石海底精确探测技术，创立了“海底地层定层位、定长度的碎裂爆破技术”；在广深港铁路狮子洋水下隧道施工中，采用了“相向掘进、地中对接、洞内解体”的特长水下隧道施工技术。

四、地下空间工程施工技术前沿研究

（1）统一规划、多功能集成、规模化建设。

我国传统的地下空间开发多是各自为政、单点建设、单一功能、单独运转，地下空间资源的开发利用受到很大限制。随着我国城市化建设的发展，个体的、分散的地下建筑已不能适应城市生活多方面的需要，统一规划、多功能集成、规模化建设，已成为地下空间开发建设的必然趋势，也是现阶段研究的热点及前沿。例如大型隧道与综合管廊的一体化建设，地铁车站、地下停车场和商业开发等地下空间的综合建设。

（2）统一分层规划，大深度开发。

我国现阶段地下空间的利用主要集中在地下20m左右，随着城市化进程的推进，我国大城市市中心现状及中浅层地下空间利用日趋饱和，大深度地下空间的开发利用已成为地下空间开发利用的发展趋势，也是现阶段的研究前沿。例如新加坡根据NTU校园的地质特点及学校的长期发展规划，将校园开发深度规划为3个层次，分别为：现有建筑下0～20m、地下46～70m及地下96～120m。日本学者在日本的地下空间开发中提出了分四层开发的设想，第一层为办公室、商业设施、娱乐空间；第二层为地下铁路、地下快速道路；第三层为动力设备、变电所、生产设施等；第四层为污水管道、煤气管道和电缆等公共管线。

（3）标准化、工厂化、机械化。

装配式结构体系是建筑业发展的热点，装配式结构具有节能、减排、低碳和环保等优势。国外在地下空间工程预制技术方面发展较早，苏联在明挖法施工的地铁车站、区间隧道以及车站附属建筑和辅助隧道工程中采用装配式钢筋混凝土结构。我国长春市地铁2号线袁家店站为预制装配式地铁车站工程，为我国首例装配式地铁车站。标准化、工厂化及机械化是现阶段我国地下空间发展的研究前沿。

（4）多学科交叉研究。

地下建筑的迅速发展，使越来越多的人以不同的方式生活在地下环境中，因此在满足基本使用要求的基础上，对地下建筑不断提出更高的质量要求。从医学、生理学、心理学等学科的角度，多方面研究改善地下环境的途径和措施，包括一些比较复杂的问题。例如，对于地下环境中放射性元素的剂量及其影响问题，已开始进行研究。

五、地下空间工程施工技术指标记录

（1）明挖法施工记录指标

目前有据可查的最深基坑为湖南省第一高楼——长沙国金中心的基坑，该基坑深度达地下 42.45m，面积约 7.5 万 m^2，土方开挖量约 169 万 m^3，为全国面积最大、复杂程度最高、房建类最深的基坑工程。

（2）矿山法施工记录指标

重庆轨道交通 3 号线与 6 号线的换乘车站——红旗河沟车站隧道采用了地下暗挖法施工，隧道开挖空间最大高度近 33m、跨度近 26m，总开挖面积最大约 760m^2，且埋深最浅处岩层厚度只有 8.6m，为典型的超浅埋、超大断面隧道，断面尺寸达一般双线公路隧道的约 10 倍，据查新，此断面大小为同类工程亚洲第一。

（3）盾构法施工记录指标

目前建成通车的最大直径隧道为上海长江隧道，该隧道采用直径为 15.43m 的泥水平衡盾构机掘进，盾构隧道长度为 1.50km×2。

（4）逆作法施工记录指标

目前有据可查的最深的逆作法施工的基坑为上海世博园 500kV 输变电工程，该工程基坑面积为 13300m^2，最大开挖深度 35.25m。

六、地下空间工程施工技术典型工程案例

1. 北京新机场旅客航站楼及综合换乘中心（核心区）超大规模基坑工程

1.1 工程概况

北京新机场航站楼是全球最大的航站楼，位于永定河北岸，北京大兴区礼贤镇、榆垡镇和河北省廊坊市广阳区之间，北距天安门 46km，西距京九铁路 4.3km，南距永定河北岸大堤 1km，与位于顺义区的首都国际机场相距 68km。新机场效果图见图 4-1。

北京新机场旅客航站楼及综合换乘中心（核心区）是整个航站楼的主要功能区，地下 2 层、地上 5 层。其中地下二层为高速铁路、地铁和轻轨通道的咽喉区段，地下一层为行李传送通道、机电管廊系统和预留的 APM 捷运通道，地上 1～5 层为进港、出港、票务、安检、行李提取等功能区。该工程建筑面积约 80 万 m^2，其中核心区约 60 万 m^2，核心区基坑占地面积超过 16 万 m^2，基坑最大开挖深度为 18.45m（见图 4-2），基坑开挖土方量为 240.4 万 m^3。基坑南北向长度为 435m，东西向宽度为 560m，分为中心深槽轨道区及轨道区两侧浅区。基坑支护形式有 7 种，分别为：放坡简易支护、土钉墙支护、复合土钉墙支护、护坡桩+预应力锚杆（局部锚拉桩）支护、悬臂桩支护、护坡桩+桩顶锚杆对拉支护、双排桩支护。

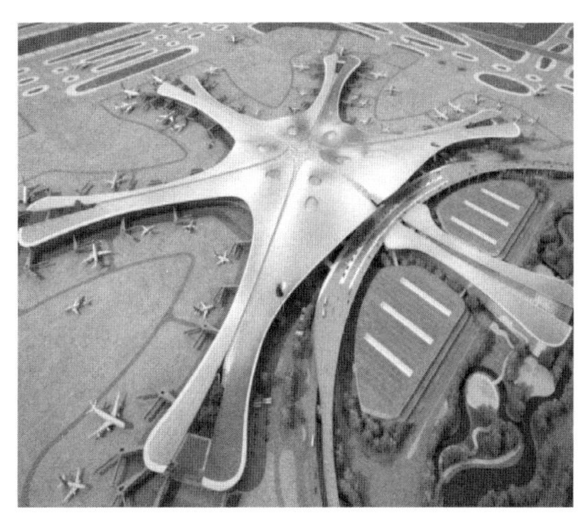

图 4-1　北京新机场效果图

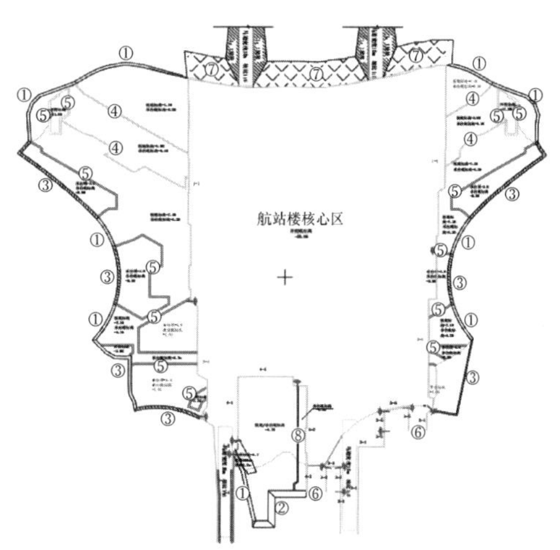

图 4-2　新机场旅客航站楼核心区基坑基底标高示意图

1.2　施工关键技术

(1) 多层含水层分级降水控制技术

新机场旅客航站楼核心区基坑占地面积超过 16 万 m^2，共有 3 层地下水：上层滞水（一)、层间潜水（二）和承压水（三)。工程场区属于永定河冲击扇扇缘地带，地层复杂，开挖深度范围有 2 层地下水。工程基础采用混凝土灌注桩基础，并进行桩端、桩侧复式注浆，同时基坑内仍存在局部 7.4m 的加深区域，在地下水控制方案上采取了有针对性的措施：将降水井布置在深槽轨道降水基坑区外 20～80m 的浅区外围，控制坑外水向坑内的渗排，规避基础桩后压浆影响；深槽轨道区内布置多排坑内第二级降水井，疏干坑内作业层范围的地下水；基坑内部的加深区域穿透了含水层，在加深区域周边进行注浆，形成止水帷幕。如图 4-3 所示。

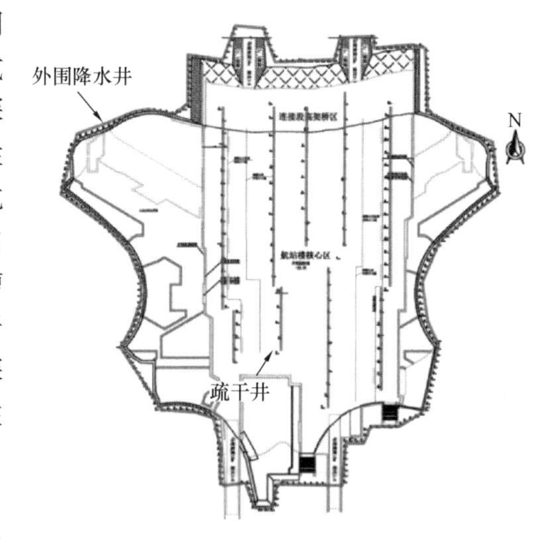

图 4-3　新机场旅客航站楼核心区基坑降水施工设计方案

(2) 泥炭质土层锚杆施工技术

新机场场区属于永定河冲击扇扇缘地带，场地属于中等复杂—复杂场地，轨道区的护坡桩锚杆处于泥炭质土层内，泥炭质土层分布连续且不均匀，该土层对锚杆的极限粘结强度差，现场通过多组试验确定锚杆采用二次压力注浆工艺，使锚杆的轴向拉力值满足设计要求，并确定了范围。

(3) 快速动态工程测量控制技术

新机场工程基础桩施工区域长约 500m、宽约 400m，面积较大，桩数量多。桩基施工过程中，机械众多，旋挖钻多达 200 余台，加之需要配合的履带起重机、汽车起重机、装载机、混凝土车，要实现全站仪的通视要求非常困难。采用基于卫星定位的 RTK 技术放样解决了全站仪通视困难的问题。RTK 技术具有作业效率高、定位精度高、没有误差积累、全天候作业、作业自动化、集成化程度高等特点。

（4）聚合物泥浆沉渣控制技术

泥浆护壁混凝土灌注桩施工的沉渣问题较难控制，一方面是泥浆密度超标，另一方面桩身灌注时较大的泥浆密度影响混凝土浇筑。新机场旅客航站楼核心区基础桩采用了聚合物泥浆造浆，并结合施工情况调整了成孔工艺，在成孔达到最后一钻前，将桩孔内泥浆沉淀约 1～2h，然后进行最后一钻钻孔，可解决桩底沉渣易超标、泥浆密度超标及浇筑过程中的泥浆密度超标问题；期间钻机可进行下一桩孔的成孔等工作，无需更换捞渣钻头，有效保证了施工质量，提高了工作效率。

（5）桩头快速处理技术

混凝土灌注桩施工完毕后需要进行桩体的静载检测，混凝土灌注桩的静载桩在检测前，需要对桩头进行加固处理，常规桩头加固方式为先按照设计标高剔凿桩头，安装加固护筒后使用高一标号的混凝土重新浇筑养护，加固混凝土达到设计强度后可进行桩体的静载检测。按照常规的施工工艺，从灌注桩桩体达到设计强度到具备检测条件需要一个较长的施工周期，为缩短检测周期，工程施工过程中采用了桩头加固护筒与桩体一体施工的工艺，在混凝土灌注桩施工阶段，将桩头加固钢护筒固定在钢筋笼的桩头位置，桩头检固与桩身同时施工，在满足静载检测的情况下，有效减少了工序、缩短了检测周期。

2. 长春市地铁 2 号线袁家店站预制装配式地铁车站工程

2.1 工程概况

长春市地铁 2 号线一期工程袁家店站为装配式地铁车站的试验站，为国内首例装配式地铁车站。该工程位于绿园区双丰乡袁家店，在西四环路与站前街交叉口的东北角。

袁家店站车站主体长度 310m，其中装配段长 188m，现浇段长 122m。装配段结构每环宽度 2m，由 7 块预制构件组成，共 94 环。预制构件环向与纵向的接触面均由榫槽连接，榫槽内设置定位抗剪销，拼装完成后填充改性环氧树脂。车站吊装如图 4-4 所示，车站内部如图 4-5 所示。

图 4-4　袁家店站车站吊装照片

图 4-5　袁家店站车站内部照片

2.2　关键技术

（1）大型装配式车站拼装技术

装配式结构段由多个单元装配环组成，每环宽 2m，混凝土约 $112m^3$，钢筋约 17t；其中每装配环由 7 块预制块组成，单块最重 55t，其中底板 3 块（2B＋1A）、边墙 2 块（2C）、顶板 2 块（1D＋1E），块与块、环与环之间均采用榫接的方式并用精轧螺纹钢拉紧，“公”、“母”榫间隙采用高强黏性材料填充。

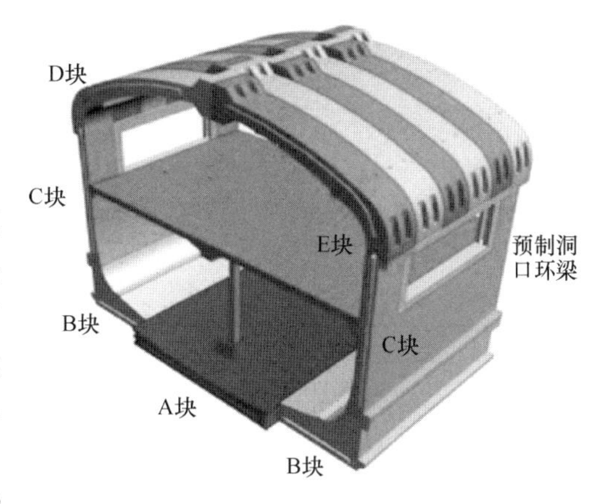

图 4-6　拼装示意图

拼装程序为：门式起重机安装 7 组 A、B 块，张拉、固定→轨道上组装拼装设备→拼装设备安装 C 块并定位、张拉→门式起重机拼装设备顶部拼装平台→门式起重机吊运 D、E 块并拼装，拼装设备顶部支撑。拼装速率可达到 1.5 环/d。拼装示意图如图 4-6 所示。

（2）基底及榫槽注浆技术

预制构件与基底、预制构件接头间采用后填充注浆技术，确保其紧密接触并形成整体。预制构件与基底间填充材料为高强无收缩水泥砂浆，注浆设备采用砂浆灌浆泵。榫槽与榫头间 5～10 mm 缝隙采用改性环氧树脂填充并将构件粘合在一起，预制结构每成环一次榫槽注浆一次。

采用预制装配式地铁车站，具有如下优势：1）工期短，可缩短工期 4～6 个月；2）施工中无建筑垃圾；3）施工中无噪声；4）减少施工用地；5）节约施工劳动力，安全风险较低。

参考文献

[1]　朱合华. 城市地下空间新技术应用工程示范精选[M]. 北京：中国建筑工业出版社，2011.

[2]　任建喜. 地下工程施工技术[M]. 西安：西北工业大学出版社，2012.

[3]　张智峰，刘宏，陈志龙. 2016 年中国城市地下空间发展概览[J]. 城乡建设，2017(3)：60-65.

[4]　洪开荣. 我国隧道及地下工程发展现状与展望[J]. 隧道建设，2015，35(2)：95-107.

[5]　王梦恕. 中国隧道及地下工程修建技术[M]. 北京：人民交通出版社，2010.

[6]　王梦恕. 地下工程浅埋暗挖技术通论[M]. 合肥：安徽教育出版社，2004.

[7]　全国一级建造师执业资格考试用书编写委员会. 2011 年全国一级建造师执业资格考试用书：市政公用工程管理与实务[M]. 第三版. 北京：中国建筑工业出版社，2011.

[8]　叶英. 隧道施工信息化预警[M]. 北京：人民交通出版社，2012.

[9]　陈久恒. 预制装配式地铁车站施工技术研究[J]. 铁道建筑技术，2015.（11）：62-65.

[10]　范剑才，赵坚，赵志业. 新加坡 NTU 深层地下空间规划探讨[J]. 地下空间与工程学报，2016，12(3)：600-606.

[11]　贾连辉. 矩形顶管在城市地下空间开发中的应用及前景[J]. 隧道建设，2016，36(10)：1269-1276.

第五篇　钢筋工程施工技术

主编单位：北京建工集团有限责任公司　张显来　李大宁　谢　婧

摘要

高强钢筋的应用将成为钢筋应用发展的趋势，钢筋机械、钢筋加工工艺的发展和建筑结构、施工技术的发展相辅相成。钢筋自动化加工设备已广泛应用于预制构件厂，成型钢筋制品加工与配送技术成为钢筋工程发展的重点，最终将和预拌混凝土行业一样实现商品化。钢筋焊接网技术和新型锚固板连接技术的大量应用是钢筋工程显著的技术进步，先进钢筋连接技术的应用对于提高工程质量、提高劳动生产率、降低成本具有十分重要的意义。连接大规格、高强度钢筋的新型灌浆接头研制成功，为建筑产业升级奠定了基础。

Abstract

High strength steel will be development trends in the future, steel bars machinery and construction technology development is mutually reinforcing. Automatic steel bar processing equipment in the precast plant has been widely used, processing and distribution of bars products technology became a focus of bars engineering development, will eventually be as commercialized as ready-mixed concrete industry. Welded steel mesh and application of new anchorage plate connection technology is significantly bars engineering technology, and advanced application of bars splicing technology, for improving project quality and improving productivity and reducing costs is of great significance. Splicing specifications and high strength steel, developed new grouting joints laid the foundation for the upgrading the architecture industry.

一、钢筋工程施工技术概述

1. 钢筋

在建筑工程中钢筋作为最重要与最主要的材料之一，用量极大。2011 年我国建筑用钢中钢筋消耗约 1.36 亿 t，是钢铁工业的第一大用户，钢筋用量约占全国钢产量的 22%～25%。

钢筋是钢筋混凝土结构的主要材料，在承受载荷方面起着十分重要的作用。我国从研制到大规模生产 HRB335 热轧带肋钢筋已有近 40 年历史，其化学成分几经调整，生产工艺稳定，产品质量得到用户肯定，是过去钢筋混凝土结构中的主导钢筋。现在 HRB400 热轧带肋钢筋经历近 20 年的研制和生产，产品质量为大家认同，已成为现在的主导钢筋。HRB500 高强钢筋的应用将成为钢筋应用发展的趋势。

目前国外钢筋混凝土结构所采用的钢筋基本上以 300MPa 级、400MPa 级、500MPa 级三个等级为主，工程中普遍采用 400 MPa 级及以上的高强钢筋，其用量一般达 70%～80%。日本的《钢筋混凝土用钢筋》JIS G 3112—2004 与我国目前的钢筋标准比较一致。美国的《钢筋混凝土房屋建筑规范》ACI 318—2014 中混凝土结构用钢筋的强度等级分别为 40 级（屈服强度 280 MPa）、60 级（屈服强度 420 MPa）、75 级（屈服强度 520 MPa）。俄罗斯规范《无预应力的钢筋混凝土和钢筋混凝土结构》СП 52-101—2003 中钢筋最高强度等级为 600 MPa，但保留了 300 MPa 钢筋。

2. 钢筋加工与配送

成型钢筋制品加工与配送技术成为钢筋工程发展的重点，20 世纪 70 年代，随着钢筋加工机械自动化程度的提高，成型钢筋制品加工与配送技术在西欧等发达国家开始逐步得到应用。目前，钢筋加工企业在欧美发达国家得到了较大发展，钢筋的综合深加工比例均达到了 30%～40%，差不多每隔 50～100km 就有一座现代化的商品化钢筋加工厂，已基本实现了集中化和专业化。

国内，21 世纪初期钢筋加工仍以现场人工或半自动加工为主，成型钢筋制品的应用范围主要局限于预制构件生产和市政工程所使用的焊接钢筋网片。2008 年前后部分地区出现了钢筋制品加工企业，但大多数企业生产方式仍以半自动加工为主。2015 年国家对《混凝土结构工程施工质量验收规范》GB 50204—2002 进行了修订。

3. 钢筋连接

随着各种钢筋混凝土建筑结构大量建造，促使钢筋连接技术得到很大发展。推广应用先进的钢筋连接技术，对于提高工程质量、提高劳动生产率、降低成本具有十分重要的意义。钢筋连接技术可分为三大类：钢筋搭接绑扎、钢筋焊接、钢筋机械连接。

3.1 钢筋搭接绑扎

钢筋搭接绑扎是最早的钢筋连接方法（见图 5-1），施工简便，性能可靠。但消耗钢材，恢复性能差。不得用于轴心受拉和小偏心受拉杆件的纵向受力钢筋，对于连接钢筋的直径也有限制，因此现今该种连接方法已逐渐被钢筋焊接、钢筋机械连接所代替。仅在小规格钢筋连接中采用。

3.2　钢筋焊接

钢筋焊接技术自20世纪50年代开始逐步推广应用。近十几年来，焊接新材料、新方法、新设备不断涌现，工艺参数和质量验收逐步完善和修正。钢筋焊接包括：钢筋电阻点焊、钢筋闪光对焊、钢筋手工电弧焊、钢筋电渣压力焊、钢筋气压焊、预埋件钢筋埋弧压力焊6种方法。2012年修订的行业标准《钢筋焊接及验收规程》JGJ 18—2012的发布实施，使得连接技术得到很大发展。自20世纪80年代以来，在国内外，钢筋焊接网不仅在房屋建筑工程中，而且在公路、桥梁、飞机场跑道、护坡等工程中也大量推广应用。

图5-1　钢筋搭接绑扎

3.3　钢筋机械连接

钢筋机械连接技术自20世纪80年代后期开始在我国发展，是继绑扎、电焊之后的“第三代钢筋接头”。套筒冷挤压连接接头始于1986年，1987年开始应用于工程建设，1987年10月405m高的中央电视塔率先采用套筒冷挤压连接。

1996年12月发布行业标准《钢筋机械连接通用技术规程》JGJ 107—1996和《带肋钢筋套筒挤压连接技术规程》JGJ 108—1996。锥螺纹套筒连接接头始于1990年，1996年12月发布行业标准《钢筋锥螺纹接头技术规程》JGJ 109—1996。镦粗直螺纹连接技术于1997年11月进入工程应用；1999年我国开创性地研制成功等强锥螺纹连接技术，又成功开发了滚轧直螺纹连接技术；2002年我国又成功推出剥肋滚轧直螺纹连接技术，极大地推动了钢筋机械连接技术的发展和应用。由于钢筋机械连接接头质量可靠性高，在现浇混凝土建筑工程中发挥着越来越大的作用。

灌浆套筒连接接头起源于美国，该技术和产品是美籍华裔余占疏博士的发明专利，借鉴余占疏博士的发明，2009年我国成功开发了直螺纹套筒灌浆连接技术。2015年9月发布行业标准《钢筋套筒灌浆连接应用技术规程》JGJ 355—2015，以钢筋连接技术为出发点，带动整个装配式混凝土结构行业施工技术向更成熟化发展。

4. 钢筋锚固板锚固

近年来一种垫板与螺帽合一的新型锚固板连接技术逐步发展，将锚固板与钢筋组装后形成的钢筋锚固板具有良好的锚固性能，螺纹连接可靠、方便，锚固板可工厂生产供应，用它代替传统的弯折钢筋锚固和直钢筋锚固可以节约钢材，方便施工，减少结构中钢筋拥挤，提高混凝土浇筑质量。

近年来，国内一些研究单位和高等学校对钢筋锚固板的基本性能和在框架节点中的应用开展了不少有价值的研究工作，取得了丰富的科研成果。《钢筋锚固板应用技术规程》JGJ 256—2011于2012年4月颁布实施。钢筋直筋、弯钩锚固的替代锚固板锚固已在国外广泛采用。目前国内混凝土预制构件也已大量采用钢筋锚固板锚固。

二、钢筋工程施工主要技术介绍

1. 钢筋

高强钢筋是指强度级别为屈服强度 400MPa 及以上的钢筋，目前在建筑工程的规范标准中为 400MPa 级、500MPa 级的热轧带肋钢筋。

高强钢筋在强度指标上有很大的优势，400MPa 级高强钢筋（标准屈服强度 400N/mm^2）其强度设计值为 HRB335 钢筋（标准屈服强度 335N/mm^2）的 1.2 倍，500MPa 级高强钢筋（标准屈服强度 500 N/mm^2）其强度设计值为 HRB335 钢筋的 1.45 倍。当混凝土结构构件中采用 400MPa 级、500MPa 级高强钢筋替代目前广泛应用的 HRB335 钢筋时，可以显著减少结构构件受力钢筋的配筋量，有很好的节材效果，即在确保与提高结构安全性能的同时，可有效减少单位建筑面积的钢筋用量。当采用 500MPa 级高强钢筋时，伴随钢筋强度的提高，其延性也相应降低，对构件与结构的延性将造成一定的影响。

2. 钢筋加工与配送

成型钢筋制品加工与配送指在专业加工厂，采用合理的工艺流程、专业化成套加工设备和工厂生产计算机信息化管理系统，按照工程施工流水作业实际需求，将原料钢筋加工成施工所需的钢筋单件制品或者组合件制品，通过物流方式配送到工地现场，实现在施工现场由专业分包进行绑扎施工的一种新型专业化生产模式。

主要技术内容包括：(1) 钢筋加工前的下料优化，任务分解与管理；(2) 线材专业化加工，如钢筋强化加工、带肋钢筋的开卷调直、箍筋加工成型等；(3) 棒材专业化加工，如定尺切割、弯曲成型、钢筋直螺纹加工成型等；(4) 钢筋组件专业化加工，如钢筋焊接网、钢筋笼、梁、柱、钢筋桁架等；(5) 钢筋制品的优化配送。

成型钢筋制品加工与配送技术的主要技术优势与特点如下：(1) 能有效降低工程成本。实行成型钢筋制品加工与配送可在较大生产规模下进行综合优化套裁，使钢筋的利用率保持最高，大量消化通尺钢材，减少材料浪费率和能源消耗。而且减少现场绑扎作业量，降低现场人工成本。(2) 能提高钢筋加工质量。成型钢筋制品是在专业化的生产线上进行加工生产的，加工精度高，受人为操作因素影响小，钢筋部品规格和尺寸准确，工程质量显著提高。(3) 节能环保。采用成型钢筋制品，可减少材料浪费、场地占用及电能消耗，有效降低现场产生的各种环境污染。(4) 能提高建筑专业化、信息化程度。采用成型钢筋制品，是施工项目组织管理模式的一种创新，有利于建筑企业逐步实行专业化施工、规模化经营，推动建筑企业提升项目管理水平，提高管理信息化程度。

3. 钢筋连接

3.1 钢筋焊接

钢筋的碳当量与钢筋的焊接性有直接关系，由此可推断，HPB 235 钢筋的焊接性良好；HRB 335、HRB 400、HRB 500 钢筋的焊接性较差，因此应采取合适的工艺参数和有效的工艺措施；HRB 600 钢筋的碳当量很高，属于较难焊接钢筋。

3.1.1　钢筋电阻点焊特点和适用范围

混凝土结构中的钢筋骨架和钢筋网，宜采用电阻点焊制作。在钢筋骨架和钢筋网中，以电阻点焊代替绑扎，可以提高劳动生产率，提高钢筋骨架和钢筋网的刚度及钢筋（丝）的设计计算强度，因此宜积极推广应用。电阻点焊适用于 Φ8～Φ16 HPB 235 热轧光圆钢筋、Φ6～Φ16 HRB 335 和 HRB 400 热轧带肋钢筋、Φ4～Φ12 CRB 550 冷轧带肋钢筋、Φ3～Φ5 冷拔低碳钢丝的焊接。

3.1.2　钢筋闪光对焊特点和适用范围

闪光对焊具有生产效率高、操作方便、节约钢材、接头受力性能好、焊接质量高等优点，故钢筋的对接焊接宜优先采用闪光对焊。

闪光对焊适用于 HPB 235、HRB 335、HRB 400、HRB 500、Q235 热轧钢筋以及 RRB 400 余热处理钢筋的焊接。

3.1.3　钢筋手工电弧焊特点和接头形式

手工电弧焊的特点是，轻便、灵活，可用于平、立、横、仰全位置焊接，适应性强、应用范围广。它适用于构件厂内，也适用于施工现场；可用于钢筋与钢筋以及钢筋与钢板、型钢的焊接。

钢筋手工电弧焊的接头形式较多，主要有帮条焊、搭接焊、熔槽帮条焊、坡口焊、窄间隙电弧焊 5 种。帮条焊、搭接焊有双面焊、单面焊之分；坡口焊有平焊、立焊两种。此外，还有钢筋与钢板的搭接焊、钢筋与钢板垂直的预埋件 T 型接头电弧焊。

3.1.4　钢筋电渣压力焊特点和适用范围

在钢筋电渣压力焊过程中，进行着一系列的冶金过程和热过程。电渣压力焊属熔化压力焊范畴，操作方便，效率高。

电渣压力焊适用于现浇混凝土结构中竖向或斜向（倾斜度在 4∶1 范围内）钢筋的连接，钢筋牌号为 HPB 235、HRB 335，直径为 14～32mm。电渣压力焊主要用于柱、墙、烟囱、水坝等现浇混凝土结构（建筑物、构筑物）中竖向受力钢筋的连接；但不得在竖向焊接之后，再横置于梁、板等构件中作水平钢筋使用。

3.1.5　钢筋气压焊特点和适用范围

钢筋气压焊设备轻便，可进行钢筋在水平位置、垂直位置、倾斜位置等全位置焊接。

气压焊可用于同直径钢筋或不同直径钢筋间的焊接。当两钢筋直径不同时，其径差不得大于 7mm。气压焊适用于 Φ14～Φ40 热轧 HPB 235、HRB 335、HRB 400 钢筋的焊接。在钢筋固态气压焊过程中，要防止在焊缝中出现“灰斑”。

3.1.6　预埋件钢筋埋弧压力焊特点和适用范围

预埋件钢筋埋弧压力焊具有生产效率高、质量好等优点，适用于各种预埋件 T 型接头钢筋与钢板的焊接，预制厂大批量生产时，经济效益尤为显著。

预埋件钢筋埋弧压力焊适用于 Φ6～Φ25 热轧 HPB 235、HRB 335、HRB 400 钢筋的焊接，亦可用于 Φ28、Φ32 钢筋的焊接。钢板为普通碳素钢 Q235A，厚度为 6～20mm，与钢筋直径相匹配。若钢筋直径大，而钢板薄，则容易将钢板过烧，甚至烧穿。

3.2 钢筋机械连接

钢筋机械连接技术的最大特点是依靠连接套筒将两根钢筋连接在一起，连接强度高，接头质量稳定，可实现钢筋施工前的预制或半预制，现场钢筋连接时占用工期少，节约能源，工人劳动强度低，克服了传统钢筋焊接技术中接头质量受环境因素、钢筋材质和人员素质影响的不足。国内外常用的钢筋机械连接类型见表 5-1。

国内外常用的钢筋机械连接类型 **表 5-1**

	类型	接头种类	概要	应用状况
钢筋机械连接接头	钢筋头部不加工	螺栓挤压接头	用垂直于套筒和钢筋的螺栓拧紧挤压钢筋的接头	国外有应用
		熔融金属充填套筒接头	由高热剂反应产生熔融金属充填在钢筋与连接件套筒间形成的接头	美国有应用国内偶有应用
		钢筋全灌浆接头	用特制的水泥浆充填在钢筋与连接件套筒间硬化后形成的接头	主要用于装配式住宅工程
		精轧螺纹钢筋接头	精轧螺纹钢筋上用带有内螺纹的连接器进行连接或拧上带螺纹的螺帽进行拧紧的接头	国外广泛应用于交通、工业和民用等建筑中
		套筒挤压接头	通过挤压力使连接件钢套筒发生塑性变形与带肋钢筋紧密咬合形成的接头	广泛应用于大型水利工程、工业和民用建筑、交通、高耸结构、核电站等工程
	钢筋头部加工	锥螺纹接头	通过钢筋端头特制的锥螺纹和连接件锥螺纹咬合形成的接头	广泛应用于工业和民用等建筑中
		镦粗直螺纹接头	通过钢筋端头镦粗后制作的直螺纹和连接件螺纹咬合形成的接头	广泛应用于交通、工业和民用、核电站等建筑中
		滚轧直螺纹接头	通过钢筋端头直接滚轧或剥肋后滚轧制作的直螺纹和连接件螺纹咬合形成的接头	广泛应用于交通、工业和民用、核电站等建筑中。应用量最多
		承压钢筋端面平接头	两钢筋头端面与钢筋轴线垂直，直接传递压力的接头	欧美用于地下工程，我国不用
	复合接头	钢筋螺纹半灌浆接头	钢筋灌浆接头连接件的一端是灌浆接头，另一端是螺纹接头	主要用于装配式住宅工程
		套筒挤压螺纹接头	一端是套筒挤压接头，另一端是螺纹接头	多用于旧结构续建工程
		摩擦焊螺纹接头	将车制的螺柱用摩擦焊焊接在钢筋头上，用连接件连接的接头。在工厂加工的螺纹精度高，接头的刚度也高，摩擦焊是可靠性最高的焊接方法，接头质量高	国外广泛应用于交通、工业和民用等建筑中

几种常见的钢筋机械连接接头形式如图 5-2～图 5-5 所示。

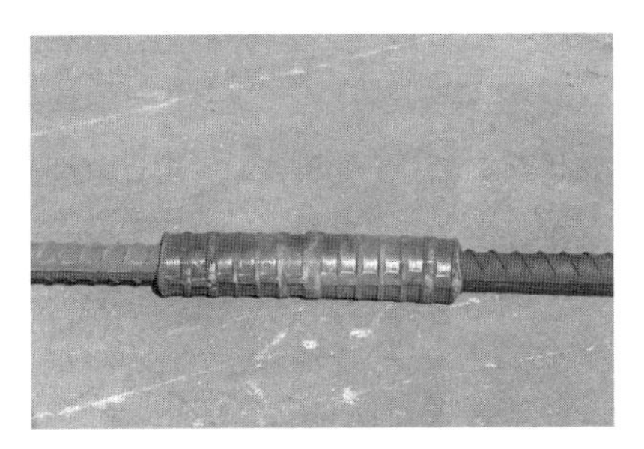

图 5-2　冷挤压接头

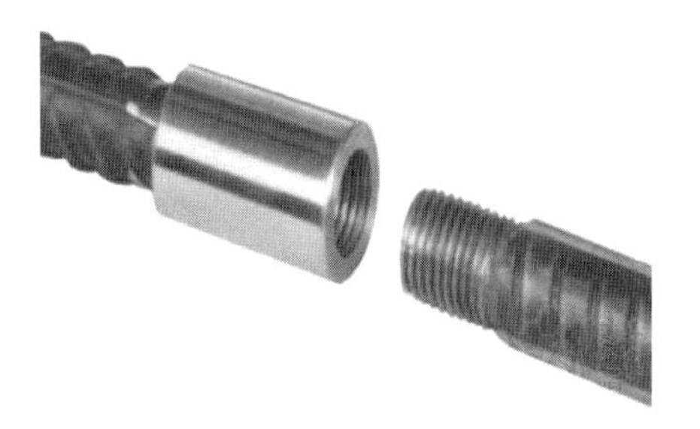

图 5-3　直螺纹接头

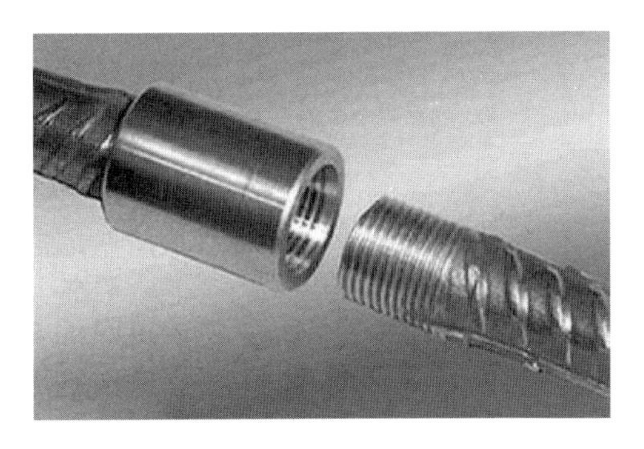

图 5-4　镦粗直螺纹接头

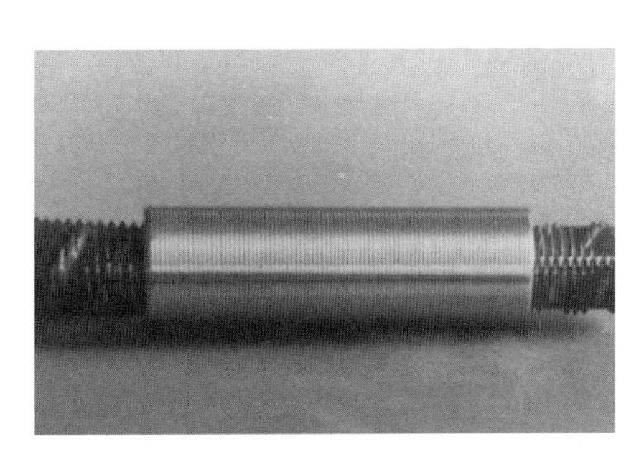

图 5-5　锥螺纹接头

钢筋机械连接有明显优势，与绑扎、焊接相比有如下优点：

(1) 连接强度和韧性高，连接质量稳定可靠。接头抗拉强度不小于被连接钢筋实际抗拉强度或钢筋抗拉强度标准值的 1.10 倍。(2) 钢筋对中性好，连接区段无钢筋重叠。(3) 适用范围广，对钢筋无可焊性要求，适用于直径 12～50mm HRB335、HRB400、HRB500 钢筋在任意方位的同、异径连接。(4) 施工方便、连接速度快。现场连接装配作业，占用时间短。(5) 连接作业简单。无需专门技艺，经过短时间培训即可。(6) 接头检验方便直观，无需探伤。(7) 环保施工。现场无噪声污染，安全可靠。(8) 节约能源设备。设备功率仅为焊接设备的 1/6～1/50，不需专用配电设施，不需架设专用电线。(9) 全天候施工。不受风、雨、雪等气候条件的影响，水下也能作业。

4. 钢筋锚固板锚固

钢筋锚固板是指设置于钢筋端部用于锚固钢筋的承压板。锚固板可按表 5-2 进行分类。

锚固板分类　　表 5-2

分类方法	类别
按材料分	球墨铸铁锚固板、钢板锚固板、锻钢锚固板、铸钢锚固板
按形状分	圆形锚固板、方形锚固板、长方形锚固板
按厚度分	等厚锚固板、不等厚锚固板
按连接方式分	螺纹连接锚固板、焊接连接锚固板
按受力性能分	部分锚固板、全锚固板

锚固板应符合下列规定：

(1) 全锚固板承压面积不应小于锚固钢筋公称面积的 9 倍；(2) 部分锚固板承压面积不应小于锚固钢筋公称面积的 4.5 倍；(3) 锚固板厚度不应小于锚固钢筋公称直径；(4) 当采用不等厚或长方形锚固板时，除应满足上述面积和厚度要求外，尚应通过省部级的产品鉴定；(5) 采用部分锚固板锚固的钢筋公称直径不宜大于 40mm；当公称直径大于 40mm 的钢筋采用部分锚固板锚固时，应通过试验验证确定其设计参数。

常规工程中钢筋在构件末端进行弯曲锚固以满足设计要求，但也会造成钢材浪费，锚固区钢筋拥挤，钢筋端头绑扎困难，施工难度大，而钢筋锚固板就很好地解决了这一问题。

三、钢筋工程施工技术最新进展（1～2 年）

1. 钢筋

通过对高强钢筋的研发与推广，截至 2015 年年底，经测算全国建筑行业应用 400 MPa 级以上高强钢筋已占到建筑用钢筋量的 80%，达到近 2 亿 t。高强钢筋推广应用工作已取得了初步的成效。最近两年，500MPa 级钢筋也在大量工程中得到应用，如郑州华林都市家园、京津城际铁路、京沪高铁等工程。

2. 钢筋加工与配送

在行业内外部需求的推动下，近两年成型钢筋制品加工与配送技术在我国已开始起步。体现在以下几个方面：

(1) 国内已研制开发出钢筋专业化加工的成套自动化设备（见图 5-6～图 5-9），并出现了专业加工的生产企业。

图 5-6　全自动调直切断机

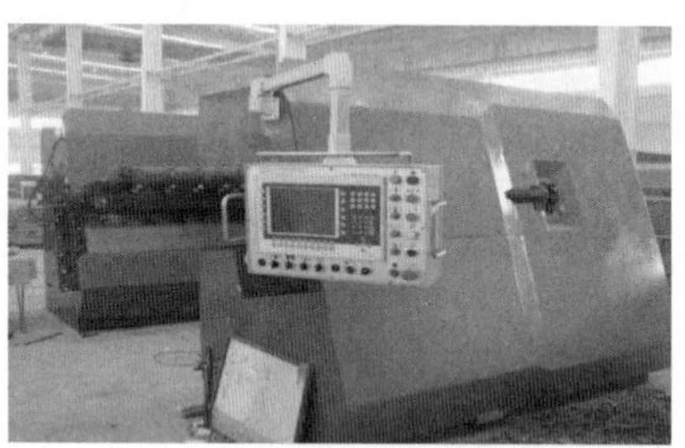

图 5-7　数控钢筋弯箍机

图 5-8　数控钢筋笼自动滚焊机

图 5-9　钢筋桁架焊接成型机

（2）钢筋专业化加工产品由零件向部件转化，成型钢筋笼、钢筋桁架等制品在部分项目中得到了应用。

（3）与成型钢筋制品加工与配送相关的配套规范正在编制或修编过程中。

随着国外设备的引进和国内钢筋加工机械的升级换代，国内部分大型钢筋制品生产企业已具备了成型钢筋加工技术，在一些大型工程中得到很好的应用。国内近年新建的预制构件厂广泛推广使用钢筋自动化加工设备，未来几年将会进一步发展。

3. 钢筋连接

3.1 钢筋焊接

近两年工程中钢筋焊接连接主要以钢筋闪光对焊、钢筋气压焊、钢筋手工电弧焊等为主。对于 HRB500 级钢筋闪光对焊较适用，钢筋气压焊、钢筋手工电弧焊较钢筋闪光对焊稍差，尤其对 Φ25 以上的大直径钢筋。常规钢筋电渣压力焊不适用。

3.2 钢筋机械连接

3.2.1 钢筋灌浆接头

混凝土结构作为应用规模最大的建筑结构类型，是建筑业的重要组成部分，而装配式混凝土结构将成为建筑工业化发展的主要方向。预制混凝土构件的连接，特别是构件间钢筋的连接，是装配式混凝土结构的关键技术。即采用钢筋灌浆接头，将两预制构件的主筋连接起来。随着国内建筑工业化的发展和高强钢筋应用的普及，目前我国预制装配式混凝土结构的发展方向是由现有的非承重构件预制向全结构预制发展，国内在此项技术上虽然起步较晚，但发展迅猛，我国新型灌浆接头同时向大规格、高强钢筋接头方向发展。

目前国内钢筋机械连接中钢筋灌浆接头发展已赶超国外，其中机械加工的新型分体式直螺纹半灌浆接头，不但在装配式住宅剪力墙构件中大量应用，而且在框架预制构件中也得到应用。

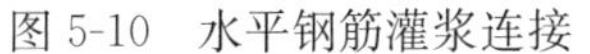
图 5-10 水平钢筋灌浆连接

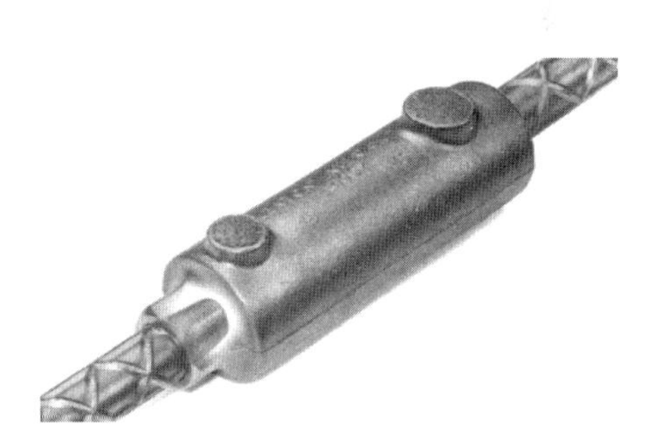

图 5-11 半灌浆接头

灌浆连接技术原理及连接工艺：

钢筋套筒灌浆接头是用灌浆料充填在钢筋与灌浆套筒间隙经硬化后形成的接头。接头组成：带肋钢筋、连接套筒和无收缩水泥砂浆（灌浆料）。接头通过硬化后的水泥灌浆料与钢筋外表面的横肋、连接套筒内表面的凸肋、凹槽紧密啮合，将一端钢筋所承受的荷载传递到另一端的钢筋，并使接头的连接强度达到和超过母材的拉伸极限强度。

连接工艺：构件预制时，钢筋插入套筒，将间隙密封好，把钢筋、套筒固定，浇筑成

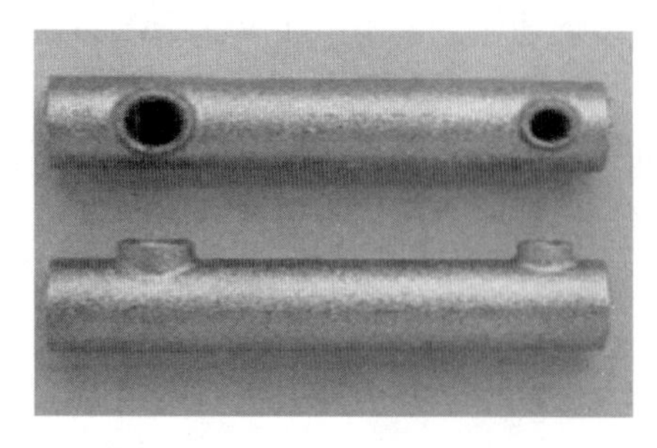

图 5-12　全灌浆套筒

混凝土构件；现场连接时，将另一构件的连接钢筋插入本构件套筒，再将灌浆料从预留灌浆孔注入套筒，充满套筒与钢筋的间隙，硬化后两构件的钢筋连接在一起。

传统的灌浆连接接头是以灌浆连接方式连接两端钢筋的接头，灌浆套筒两端均采用灌浆方式连接钢筋的接头，称之为全灌浆接头，一般连接套筒是采用球墨铸铁材料铸造生产的。随着近代钢筋机械连接技术的发展，出现了一端螺纹连接、一端灌浆连接的接头，我们把灌浆套筒一端采用灌浆方式连接钢筋，另一端采用其他机械方式连接钢筋的接头，称之为半灌浆接头，一般连接套筒是采用球墨铸铁材料铸造生产的或采用钢棒料或管料机械加工制成的。

全灌浆接头由连接套筒、钢筋、灌浆料、灌浆管、管堵、密封环、密封端盖及密封柱塞组成。

优点：

(1) 钢筋无需加工，节省工序；

(2) 连接水平钢筋方便快捷；

(3) 套筒加工工序少。

缺点：

(1) 接头长度长，刚度大，钢筋延性受影响大，不利于结构抗震；

(2) 钢材和灌浆料消耗大，浪费材料；

(3) 灌浆质量不易保证。

半灌浆接头由连接套筒、钢筋、灌浆料、灌浆管、管堵、密封端盖组成。

优点：

(1) 接头长度短，刚度小，钢筋延性受影响不大，利于结构抗震；

(2) 钢材和灌浆料消耗小，节省材料；

(3) 灌浆质量易保证。

缺点：

(1) 钢筋需加工，工序繁琐；

(2) 连接水平钢筋需特殊处理；

(3) 套筒加工工序多。

灌浆套筒可按表 5-3 进行分类。

灌浆套筒分类 **表 5-3**

分类方法	类别
按材料分	球墨铸铁套筒、铸钢套筒、钢套筒
按加工工艺分	铸造套筒、机加工套筒
按灌浆形式分	全灌浆套筒、半灌浆套筒
按结构形式分	整体型套筒、分体型套筒
按连接方式分	直螺纹灌浆套筒、锥螺纹灌浆套筒、镦粗直螺纹灌浆套筒
按灌浆时间分	先灌浆套筒、后灌浆套筒

常见套筒如图5-13～图5-16所示。

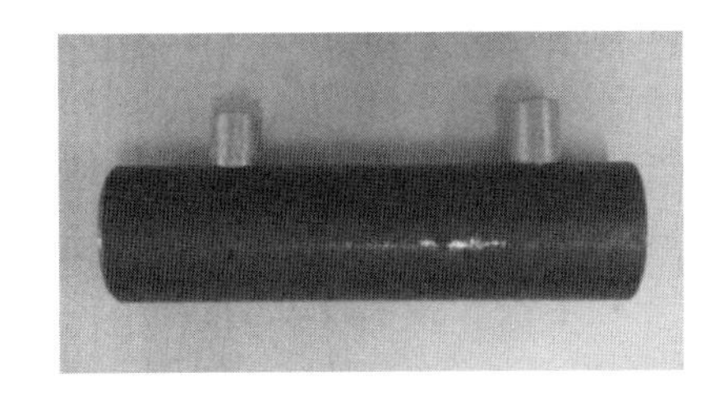

图5-13　机械加工半灌浆套筒

图5-14　铸造半灌浆套筒

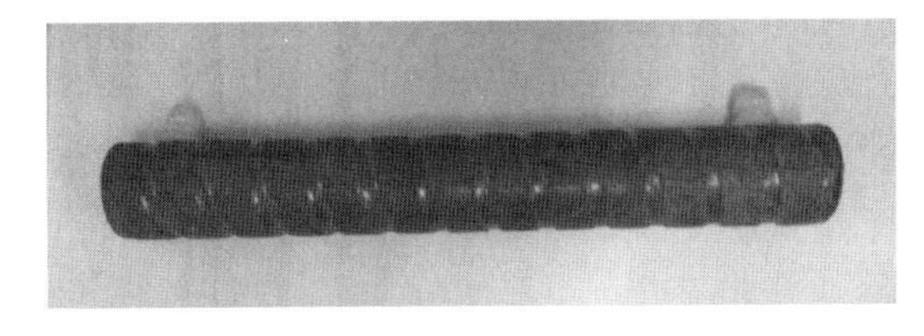

图5-15　分体型半灌浆套筒

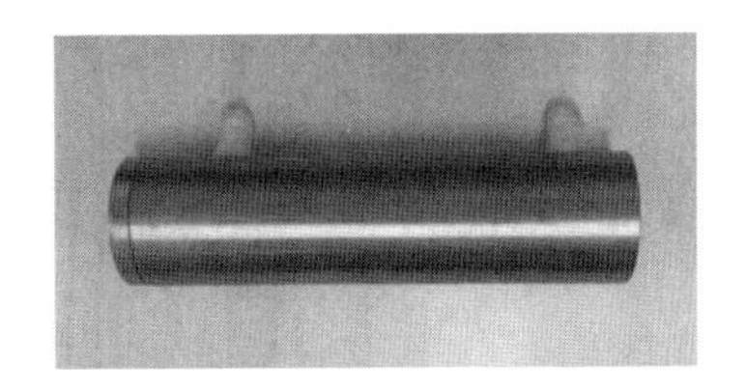

图5-16　滚轧全灌浆套筒

分体型半灌浆套筒，即钢筋直螺纹连接端与灌浆连接端分别用机加工制造再通过直螺纹将两部分连接起来，这样灌浆套筒部分可用无缝钢管加工，大大降低了材料成本，又能分别从管料两端加工套筒内的剪力槽。镗刀加工长细比降低二分之一，由于降低了机加工难度使得加工精度得以提高，因此灌浆套筒直径能做得更小。灌浆套筒采用数控机床加工套筒内梯形剪力槽，进一步提高了加工精度，在保证质量的同时，采用数控机床加工可使套筒直径进一步减小。

滚轧全灌浆套筒是一种新型灌浆套筒，采用专用机床加工，加工方式为常温机械滚压，其使用的钢材、模具、滚压力、内壁滚压肋高度以及单侧内肋（剪力槽）数量等关键指标均通过试验研究确定，并经过型式检验。其性能指标应满足《钢筋连接用灌浆套筒》JG/T 398—2012的相关要求。

近两年我国研发的新型钢筋灌浆接头技术快速发展，在北京马驹桥公租房、郭公庄公租房、假日风景、长阳半岛及沈阳春河里住宅小区等工程中得到应用，最高20层，达几百万只接头。

3.2.2　普通混凝土结构中采用精轧螺纹钢筋

我国的精轧螺纹钢筋都是强度在700MPa的热处理钢筋，只用于预应力混凝土结构。目前欧美、日本等国在普通混凝土结构中有采用精轧螺纹钢筋的，用螺纹套筒进行连接(见图5-17)，这些精轧螺纹钢筋的强度在300～500MPa之间。

图5-17　精轧螺纹钢筋套筒连接

精轧螺纹钢筋和连接用螺纹套筒一般都由钢厂大量生产供应。因此，在施工现场钢筋除了下料、连接之外，没有螺纹加工这一工序，这有利于节省施工场地、加快施工、确保质量。

3.2.3　多种多样的复合接头

由于工程的复杂性，钢筋复合接头在工程中得到应用，虽然数量不多，但解决了工程难题。如钢筋灌浆接头和螺纹接头广泛应用于预制构件安装工程中。套筒挤压螺纹接头常用于旧结构接续工程。

欧美、日本的建筑工程中，钢筋接头大多在工厂中加工，部分工厂采用可靠性最高的焊接方法——摩擦焊螺纹接头，即将车制的螺柱用摩擦焊焊接在钢筋头上。螺柱和连接件也在工厂加工，螺纹精度高，钢筋接头的刚度高，接头质量好。

3.2.4　可焊套筒连接

可焊套筒连接是将套筒直螺纹连接技术扩展应用到钢结构与混凝土结构之间的钢筋连接。其工艺原理是：接头主件内螺纹套筒，先将套筒与钢结构在工厂或施工现场实施焊接，然后把待连接钢筋与套筒按照螺纹连接要求连接成整体（见图 5-18）。钢筋与钢结构连接稳定可靠，连接强度高，施工效率高。可焊套筒与分体套筒组合应用可有效解决钢结构柱之间的梁板钢筋连接内力问题。

图 5-18　可焊套筒连接

3.2.5　直螺纹分体套筒连接

直螺纹分体套筒连接是套筒与被连接件利用螺纹副间的咬合，通过力矩扳手拧紧螺纹来达到连接要求。直螺纹分体套筒连接的工作原理是：由两个半圆套筒、两个锁套组成一个连接件，将两个半圆套筒与钢筋端头螺纹配合好后，通过锁套锥螺纹拧紧两个半圆套筒，以消除钢筋与两个半圆套筒的螺纹配合间隙，最终使连接件达到连接要求。如图5-19所示。

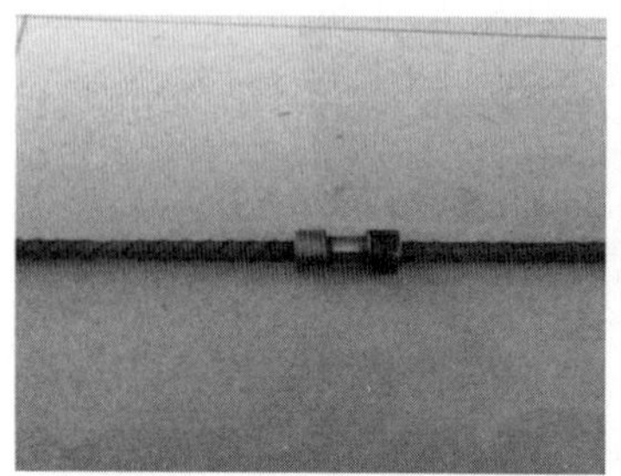

图 5-19　直螺纹分体套筒连接

直螺纹分体套筒连接的主要施工设备是剥肋滚压直螺纹机。该技术的特点是被连接钢筋既无法旋转也无法轴向移动，可实现钢筋等强度机械连接，可以解决成组钢筋的对接和钢结构柱间钢筋连接问题，直螺纹分体套筒连接不仅能方便地实现单个连接件无旋转运动对接，而且能够实现多个连接件同时连接的要求，如钢筋笼对接、后浇带钢筋连接、钢结构与混凝土结构间梁板钢筋连接等。

4. 钢筋锚固板锚固

近两年钢筋锚固板应用范围广泛，建筑工程均有大量钢筋需要钢筋锚固技术。钢筋锚固板锚固技术为这些工程提供了一种可靠、快速、经济的钢筋锚固手段，具有重大的经济和社会价值。

四、钢筋工程施工技术前沿研究

1. 钢筋

未来要加速淘汰 HRB335 级螺纹钢筋，优先使用 HRB400 级螺纹钢筋，积极推广 HRB500 级螺纹钢筋。未来 5 年，高强钢筋的产量占螺纹钢筋总产量的 80%，在建筑工程中高强钢筋使用量占建筑用钢筋总量的比例从目前的 35%提高到 65%以上。未来 5～10 年，对于大型高层建筑和大跨度公共建筑，优先采用 HRB500 级螺纹钢筋，逐年提高 HRB500 级螺纹钢筋的生产和应用比例；加大 HRB600 级钢筋的应用技术研发，逐步采用 HRB600 级钢筋；对于地震多发地区，重点应用高强屈比、高均匀伸长率的高强抗震钢筋。

2. 钢筋加工与配送

未来 5～10 年内，随着施工专业化程度逐步提高，节能环保要求不断强化，成型钢筋制品加工与配送技术应用将得到大力发展。

未来成型钢筋应用量占钢筋总用量的比例将达到 50 %左右；出台成型钢筋制品加工与配送相关配套规范、标准；逐步建立结构设计标准化体系，提高钢筋部品的标准化。

3. 钢筋连接

未来钢筋连接技术将逐步淘汰大直径钢筋搭接绑扎，减少现场钢筋焊接，全面推广钢筋机械连接，钢筋机械连接方式占钢筋连接方式的 80%以上。由最初在钢筋机械连接工程中只重视接头强度指标而忽视残余变形指标迈入到两个指标并重的新阶段，消除接头型式检验与见证取样检验脱节的现象。

钢筋灌浆接头将成为一种重要的预制构件连接形式，将得到广泛应用。

4. 钢筋锚固板锚固

随着钢筋机械连接的推广，钢筋锚固板也将全面推广使用。

五、钢筋工程施工技术指标记录

(1) 目前应用于建筑工程中最大直径的钢筋是 D=50mm 的粗钢筋。

(2) 目前应用于建筑工程中最大强度的钢筋是 HRB500 级钢筋。

(3) 目前应用于预制装配式建筑灌浆接头最大直径的钢筋是 D=40mm 的钢筋。

(4) 目前应用灌浆接头的预制装配式建筑（北京金域华府）最大高度达到 140m。

(5) 目前应用灌浆接头的预制装配式建筑——北京通州台湖保障房项目整体一次开工面积达到 40 万 m^2。

六、钢筋工程施工技术典型工程案例

1. HRB400-50mm 钢筋加工及连接

1.1 工程概况

CCTV 主楼工程位于北京 CBD 闹市区，基坑南北长 292.7m，东西宽 219.7m。塔楼区基底标高为－21.000～－27.400m，筏板厚度为 4.5m、6.0m 和 7.0m，最厚达 10.9m。塔楼筏板纵向受力筋全部为 HRB400 级 50mm 钢筋，约 2 万 t。中部设置 HRB335 级 25mm@200mm 温度钢筋。底铁 2～7 层网片，上铁 2～3 层网片。

1.2 钢筋加工及连接

经科技信息查新，CCTV 主楼底板中 HRB400-50mm 钢筋为国内首次使用。由于 HRB400-50mm 钢筋强度高、质量大，给钢筋的加工和安装都带来了极大的难度。

1.2.1 钢筋加工

HRB400-50mm 钢筋采用带锯机替代传统的无齿锯切割，速度快、机械损耗小、钢筋无损伤，并且采用经过技术革新的新型直螺纹加工机械，保证了接头加工质量。以 60d 内共需切削 50mm 钢筋断面 16 万个计算，采用两种设备的加工费对比见表 5-4。

采用两种设备的加工费对比　　表 5-4

设备名称	设备需求量（台）	设备单价（万元）	材料损耗（元/头）	人工费（万元/日）	总加工费（万元）
带锯机	4	1.5	0.125	0.032	9.92
无齿锯	133	0.12	7.5	1.06 万元	199.56

1.2.2 钢筋连接

连接钢筋前，将钢筋端头的塑料保护帽拧下来，露出丝扣。

连接钢筋时，将已拧套筒的上层钢筋拧到被连接的钢筋上，并用扭力扳手按表 5-5 规定的力矩值把钢筋接头拧紧，直至扭力扳手在调定的力矩值发出响声，并画上油漆标记，以防钢筋接头漏拧。

连接钢筋拧紧力矩值　　表 5-5

钢筋直径（mm）	50
拧紧力矩（N·m）	415

连接水平钢筋时，必须从一头往另一头依次连接，不得从两头往中间或从中间往两端连接，确保钢筋连接质量达到国家相关标准规范的要求。

2. 直螺纹半灌浆钢筋接头剪力墙结构体系工程应用

2.1　工程概况

马驹桥一期是北京保障房中心开发的生活社区之一，由北京市建筑设计研究院有限公司设计，由北京通州国际工程咨询有限公司监理，项目工程总面积 160000m^2，主体结构为地上 16 层，共 10 栋楼，楼高 31m，层高 2.9m，1～10 号楼 4～16 层结构设计为装配整体式剪力墙结构，预制构件量 2.5 万 m^3，预制化率超过 60%，竖向钢筋连接采用钢筋套筒水泥灌浆连接，共使用灌浆接头数万余只，混凝土预制构件由北京燕通建筑构件有限公司加工生产。

2.2　构件连接

钢筋直螺纹套筒灌浆连接包括预制构件厂钢筋连接和工程现场钢筋连接两个阶段：在预制构件厂，待连接钢筋一端采用剥肋滚轧工艺加工出直螺纹，与 GT 型灌浆套筒的直螺纹端连接；在工程现场，将拌制好的钢筋接头灌浆料从预制构件中的 GT 型灌浆套筒下部灌入套筒灌浆腔内，完成灌浆连接，接头连接质量按《钢筋机械连接技术规程》JGJ 107—2010 的要求进行验收。

北京市建筑工程研究院有限责任公司（以下简称建工院）的钢筋直螺纹套筒灌浆连接技术是在传统的钢筋灌浆连接基础上开发的一项新技术，建工院制定有该技术应用的施工工法。由于该连接技术工艺先进，接头性能好，性能、价格与进口产品相比有显著优势，并已在国内多项工程中成功应用，其得到应用单位的一致认可。经过比较，本项目预制构件竖向钢筋连接采用了建工院的直螺纹套筒灌浆连接技术及其产品。本项目于 2013 年 3 月开始进行预制剪力墙构件的生产。构件正式生产前，制作了构件中各个规格灌浆直螺纹连接接头的试件进行拉伸试验，试件合格后方正式进行构件加工。

构件中预埋的竖向钢筋与 GT 型灌浆套筒的连接按照《钢筋机械连接技术规程》JGJ 107—2010 和建工院企业标准、工法进行，监理公司驻厂检验，构件和连接接头各项指标均符合要求。

预制构件进入工程现场前，建工院工程师到现场与施工单位技术人员和监理单位监理人员进行灌浆连接与验收的技术交流，并对连接施工人员进行了严格的培训，对模拟构件进行了灌浆连接的操作，制作了工艺检验接头，进行了接头工艺检验。各项工作均达到要求，做好了正式构件连接和验收的各项准备。

2013 年 6 月，本项目开始构件安装作业。预制构件进场后进行外观检验，合格后才可吊装到工位进行安装作业，构件竖向钢筋的灌浆连接全部采用建工院的产品，并严格按照建工院的施工要求进行操作，灌浆工艺见表 5-6。至 2015 年 9 月底，装配式构件安装工程结束，完成了 10000 块预制剪力墙墙板安装及连接工作。在构件竖向钢筋灌浆连接过程中，对灌浆料和灌浆接头均按规定进行了检验，全部达到规定的性能指标；抽检的所有组钢筋灌浆接头拉伸试件，100%拉断于钢筋母材，达到了《钢筋机械连接技术规程》JGJ 107—2010 规定的Ⅰ级接头性能，保证了本项目按计划顺利完成。

灌浆施工工艺 **表 5-6**

工序	主要环节	控制要求
1 连接部位检查处理	1.1 连接钢筋检查	1. 检验下方结构伸出的连接钢筋的位置和长度，应符合设计要求。 2. 钢筋位置偏差不得大于±3mm；钢筋不正可用钢管套住掰正。 3. 长度偏差在0～15mm之间；钢筋表面干净，无严重锈蚀，无粘贴物
	1.2 构件连接面检查	1. 构件水平接缝（灌浆缝）基础面干净，无油污、浮灰等杂物。 2. 测试灌浆环境温度。高温环境下，如灌浆料接触的混凝土面温度超过35℃，应对构件与灌浆料接触的各个表面做润湿或降温处理，但不得形成积水。饱和面干为理想状态
2 分仓与接缝封堵	2.1 用密封带封堵	1. 在PC剪力墙构件靠保温板的一侧（外侧）封堵宜采用泡沫密封带封堵；泡沫密封带厚度宜为接缝高度的2.5倍；密封带采用憎水性材料。 2. 密封带在构件吊装前固定安装在底部基础的平整表面
	2.2 构件安装完毕后分仓	1. 预制构件安装就位后，应采取保证构件稳定的临时固定措施，并应根据水准点和轴线校正位。 2. 分仓后，单仓长度不应超过1m。分仓隔墙宽度应不小于2cm，为防止遮挡套筒孔口，距离连接钢筋外缘应不小于4cm。分仓时两侧须内衬模板（通常为便于抽出的PVC管），将拌好的封堵料填塞充满模板，保证与上下构件表面结合密实
	2.3 封堵通用要求	对构件接缝的外沿应进行封堵。根据构件特性可选择专用封缝料封堵、密封条封堵或两者结合封堵。保证封堵严密、牢固可靠
3 PC构件空腔注水浸润	注水、排水	1. 在连通腔采用封缝料的一侧，预埋4mm铁钉或铁丝，贯穿封缝料密封墙内外，设排水孔。 2. 在灌浆施工前4h，将干净的水从任意接头的灌浆孔或出浆孔注入连通腔，直至水从任意接头的注浆孔流出，静止10min后，抽出铁钉或铁丝，排水
4 灌浆料制备	4.1 施工准备	灌浆料、灌浆套筒检验合格，灌浆料包装不得有破损，不得使用余料
	4.2 制备灌浆料	1. 搅拌时先把准确计量后的水加入搅拌机内，然后再将砂浆干粉加入搅拌机中，边搅拌边加入，直到产生稠度均匀的砂浆为止（大约5～10min）。 2. 先将水倒入搅拌桶，然后加入约70%灌浆料，搅拌1～2min大致均匀后，再将剩余灌浆料全部加入，再搅拌3～4min至彻底均匀。 3. 搅拌均匀后，静置约2min后，测试其流动度
	4.3 灌浆料检测	1. 每班灌浆连接施工前进行灌浆料初始流动度检验，流动度满足规范要求后才可进行下一步灌浆工作。 2. 制作现场抗压强度检验试件，并做好养护

续表

工序	主要环节	控制要求
5　灌浆连接	5.1　灌浆	1. 用灌浆泵从接头下方的灌浆孔处向套筒内压力灌浆。正常灌浆操作时间为30min。 2. 同一仓只能从一个灌浆孔灌浆，其余均为出浆孔；同一仓应连续灌浆，不得中途停顿
	5.2　封堵灌浆孔、出浆孔，巡视构件接缝处有无漏浆	1. 接头灌浆时，待接头上方的出浆孔流出浆料后，及时用专用橡胶塞封堵。灌浆泵口撤离灌浆孔时，也应立即封堵。 2. 封堵时灌浆泵一直保持灌浆压力，直至所有出浆孔出浆并封堵牢固后再保持灌浆泵压力0.1MPa约60s后停止灌浆。在灌浆完成、浆料凝固前，应巡视检查已灌浆的接头，如有漏浆应及时处理。 3. 灌浆料凝固后，取下出浆孔封堵胶塞，检查孔内凝固的灌浆料，要求灌浆料上表面应高于出浆孔下缘5mm以上
	5.3　灌浆施工记录	1. 灌浆完成后，填写现场灌浆检验记录。 2. 要求从搅拌灌浆料开始至灌浆完毕全程进行视频影像拍摄

3. 大直径直螺纹半灌浆钢筋接头框剪结构体系工程应用

3.1　工程概况

该项目为正方利民工业化建筑集团装配式预应力混凝土框剪结构体系示范工程项目，位于北京市顺义区，地下1层、地上8层，面积约8000m²，剪力墙采用现浇，梁、柱、叠合板及外挂板均采用预制构件，节点区采用后浇混凝土浇筑完成，预应力采用后张拉有粘结预应力施工完成。标准层平面图如图5-20所示。

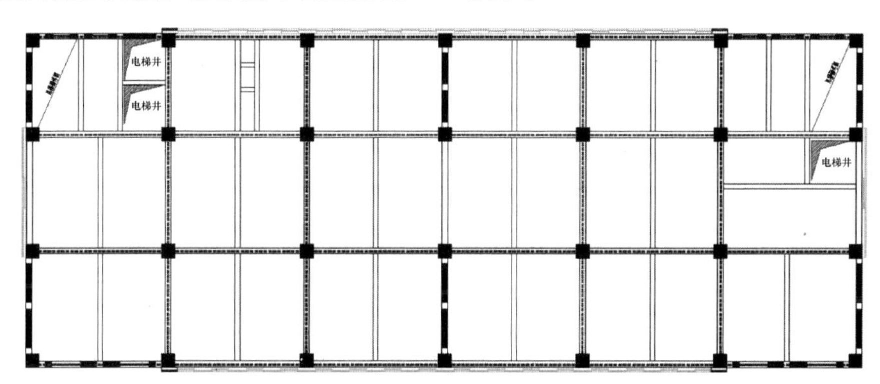

图5-20　标准层平面图

3.2　构件连接

竖向柱、横向梁钢筋连接均采用钢筋套筒水泥灌浆连接，混凝土预制构件由正方京港预制建筑科技有限公司加工生产。北京市建筑工程研究院有限责任公司（以下简称建工院）的钢筋直螺纹套筒灌浆连接技术是在传统的钢筋灌浆连接基础上开发的一项新技术，建工院制定有该技术应用的施工工法。

经过比较，本项目预制梁构件横向钢筋连接采用了建工院的GT32规格，预制柱构件竖向钢筋连接采用了建工院的GT25、GT28两种规格大直径直螺纹套筒灌浆连接技术及其产品。本项目于2014年3月开始进行预制梁、柱构件的生产。构件正式生产前，制作了构件中各个规格灌浆直螺纹连接接头的试件进行拉伸试验，试件合格后方进行正式构件加工。

钢筋直螺纹套筒灌浆连接包括预制构件厂钢筋连接和工程现场钢筋连接两个阶段：在预制构件厂，待连接钢筋一端采用剥肋滚轧工艺加工出直螺纹，与GT型灌浆套筒的直螺纹端连接；在工程现场，将拌制好的钢筋接头灌浆料从预制构件中的GT型灌浆套筒下部灌入套筒灌浆腔内，完成灌浆连接，接头连接质量按《钢筋机械连接技术规程》JGJ 107—2010的要求进行验收。

由于该连接技术工艺先进，接头性能好，性能、价格与进口产品相比有显著优势，并已在国内多项工程成功应用，得到应用单位的一致认可。

4. 滚轧套筒全灌浆钢筋接头剪力墙结构体系工程应用

4.1 工程概况

北京市通州区台湖B1、D1地块公租房项目。该项目为在施项目，两个地块总建筑面积40余万m^2，34栋14～28层住宅楼采用装配整体式剪力墙结构，构件总量约7.5万m^3。该项目预制夹心保温外墙板和内墙板的竖向钢筋均采用钢筋滚轧套筒全灌浆连接。夹心保温外墙板设计构造为“钢筋混凝土结构层（200mm）＋石墨挤塑板保温层（80～90mm）＋钢筋混凝土饰面保护层（60mm）”，拉结件采用不锈钢材质的板式拉结件和针式拉结件组合体系（哈芬）。这是北京市首次采用滚轧套筒全灌浆连接的装配式住宅项目，预计使用直径12～16mm的灌浆接头约40万个。

4.2 构件连接

钢筋滚轧套筒全灌浆连接包括预制构件厂钢筋连接和工程现场钢筋连接两个阶段：在预制构件厂，待连接钢筋一端按照规定锚固长度插入灌浆套筒预制端并用密封橡胶环固定；在工程现场，将拌制好的钢筋接头灌浆料从预制构件中的灌浆套筒下部注浆口灌入套筒灌浆腔内，完成灌浆连接，接头连接质量按《钢筋套筒灌浆连接应用技术规程》JGJ 355—2015的要求进行验收。

由于该连接技术工艺先进，接头性能好，性能、价格与其他产品相比有显著优势，经过比较，本项目预制构件竖向钢筋连接在国内首次采用了滚轧套筒全灌浆连接技术及其产品。本项目于2016年3月开始进行预制剪力墙构件的生产。构件正式生产前，制作了构件中各个规格滚轧套筒全灌浆连接接头的试件进行拉伸试验，试件合格后方进行正式构件加工。

构件中预埋的竖向钢筋与灌浆套筒的安装按照《钢筋套筒灌浆连接应用技术规程》JGJ 355—2015和相关企业标准、工法进行，监理公司驻厂检验，构件内灌浆套筒安装各项指标均符合要求。

预制构件进入工程现场前，接头技术工程师到现场与施工单位技术人员和监理单位监理人员进行灌浆连接与验收的技术交流，并对连接施工人员进行了严格的培训，对模拟构件进行了灌浆连接的操作，制作了工艺检验接头，进行了接头工艺检验。各项工作均达到要求，做好了正式构件连接和验收的各项准备。

2016 年 6 月，本项目开始构件安装作业。预制构件进场后进行外观检验，合格后才可吊装到工位进行安装作业，构件竖向钢筋的连接全部采用滚轧套筒全灌浆连接，并严格按照施工要求进行操作。截至 2017 年 9 月底，装配式构件安装工程仍在进行中，完成了 10000 块预制剪力墙墙板安装及连接工作。在构件竖向钢筋灌浆连接过程中，对灌浆料和灌浆接头均按规定进行了检验，全部达到规定的性能指标；抽检的所有组钢筋灌浆接头拉伸试件，100%拉断于钢筋母材，达到了《钢筋套筒灌浆连接应用技术规程》JGJ 355—2015 规定的接头性能等级，保证了本项目按计划顺利完成。

参考文献

[1] 陕西省建筑科学研究院，等.《钢筋焊接及验收规程》JGJ 18—2012[S]. 北京：中国建筑工业出版社，2012.

[2] 中国建筑科学研究院，等.《钢筋机械连接技术规程》JGJ 107—2010[S]. 北京：中国建筑工业出版社，2010.

[3] 中国建筑科学研究院，等.《钢筋锚固板应用技术规程》JGJ 256—2011[S]. 北京：中国建筑工业出版社，2012.

[4] 吴成材. 钢筋连接技术手册[M]. 第二版. 北京：中国建筑工业出版社，2014.

[5] 住房和城乡建设部标准定额司. 高强钢筋应用技术指南[M]. 北京：中国建筑工业出版社，2013.

第六篇　模板与脚手架工程施工技术

主编单位：中国建筑股份有限公司技术中心　杨少林　张　磊　陈晓东
参编单位：中国建筑第六工程局有限公司　高　璞　李河玉　周俊龙
中国模板脚手架协会　高　峰　石亚明　赵　鹏

摘要

本篇主要介绍了模板与脚手架工程施工技术的历史沿革以及在建筑施工中的应用，阐述了近几年模板与脚手架工程在材料、结构形式、施工技术等方面取得的进展，其中高支模最大支模高度达到160m。结合中国尊大厦、重庆万达城、广州地铁13号线官湖车辆段三个工程实例，分别详细讲述了智能顶升钢平台工程施工技术、铝合金模板工程施工技术、盘销式脚手架工程施工技术在施工中的应用。可以说，模板与脚手架工程施工技术正朝着智能化、绿色化方向发展。

Abstract

The historical evolution of formwork and scaffold engineering construction technology and its application in construction were introduced, and the progress made in material, structure, construction technology and other aspects of formwork and scaffold engineering in recent years were expounded. The maximum height of formwork and scaffold reached 160m. Combined with Zun mansion in China, city of Wanda in Chongqing, Guan Hu vehicle section of Guangzhou metro line thirteen, the construction technology of intelligent top lift steel platform, aluminum alloy template, disc pin scaffold engineering technology were presented in detail respectively. It can be said that the technology of formwork and scaffold engineering construction technology is moving towards intelligentization and greenization.

一、模板与脚手架工程施工技术概述

随着我国城市建设的迅猛发展，建筑规模和体量越来越大，为满足建筑的多功能性和造型美观的要求，各种超常规的混凝土结构日益增多，这些特殊的混凝土结构通常占地面积、空间跨度和自重都很大，使得在施工中作为模板支撑的脚手架搭设跨度大、高度高，这对模板脚手架技术提出了更高要求，同时也给模板脚手架行业带来了巨大的市场空间。在“可持续发展”、“绿色施工”等先进理念的引导下，国内施工企业、高校、研究机构、专业生产厂家结合工程项目实际需要进行了积极探索和实践，利用新技术、新材料集成创新，各种新型标准化、工具化、施工高效的模板脚手架技术和体系应运而生。

1. 模板技术

模板脚手架工程是工程建设中与混凝土工程、钢筋工程密不可分的三大系统工程之一。模板与脚手架是混凝土结构施工的重要组成部分，为钢筋工程提供基本条件是确保混凝土构件的位置、形状和外观以及工程质量和施工安全必不可少的周转使用的重要施工装备。从新中国成立初期到现在，我国建筑模板体系由木模板、组合钢模板、全钢大模板发展到竹、木胶合板模板、钢（铝）框胶合板模板、铝合金模板、塑料模板、台模、液压爬模、顶升模板等。值得一提的是近两年研发推广的铝合金模板体系，逐渐在国内建筑工程中大量应用，取得了良好的实施效果。模板的组装方式也由原来的散支散拆发展到整体吊装、整体移动、整体滑动、整体顶升，出现了各种滑模、爬模、移动模架造桥机等。多种模板体系在我国的不同地域、不同的建设工程中，以不同的方式得到应用。各种模板技术不断向前发展，有些技术已经达到国际领先水平。

2. 脚手架技术

脚手架是建筑施工过程中的重要施工工具，我国20世纪60年代以前，建筑施工中主要以竹、木脚手架“一统天下”；20世纪60年代到80年代中期，扣件式钢管脚手架得到了迅速发展，形成了与竹、木脚手架“两分天下”的局面。随着工程技术的发展，扣件式钢管脚手架安全性差、施工工效低、材料消耗量大的问题日益突出。

20世纪80年代至今，逐步引进并开发了碗扣式钢管脚手架、盘销式钢管脚手架、承插式钢管脚手架、门式脚手架、可调钢（铝）支撑、爬架、顶升平台等。随着建筑需求和全球化的技术交流，国内一些企业引进国外先进技术，研制和开发了多种脚手架，一批新型脚手架产品陆续进入国内市场，在提高脚手架产品质量、保障施工安全方面起到了促进作用。如工具式脚手架等，被广泛应用在国内高层建筑中，在安全与经济效益方面取得了良好的效果。

随着新型脚手架的发展，其市场份额也在不断提升，但由于扣件式钢管脚手架的适应性极强，目前所占市场份额仍然处于优势，约为70%。

二、模板与脚手架工程施工主要技术介绍

1. 模板技术

1.1　钢（铝）框胶合板模板技术

钢（铝）框胶合板模板是一种模数化、定型化的模板，框体为钢（铝）制框体，面板为胶合板/塑料模板，通用性强，模板总质量轻，强度高、刚度大，周转使用次数多、每次摊销费用少，装拆方便。钢（铝）框胶合板面板/塑料模板采用拉铆钉或自攻螺钉与框体连接，面板更换简单快捷。同时钢（铝）边框可以有效地保护胶合板面板，且相比于钢框胶合板模板，铝框胶合板模板质量更轻。

1.2　清水混凝土模板技术

清水混凝土是直接利用混凝土成型后的自然质感作为饰面效果的混凝土，清水混凝土模板技术是按照清水混凝土技术要求进行设计施工，满足清水混凝土质量要求和外观装饰效果要求的模板技术。根据结构外形尺寸要求及外观质量要求，清水混凝土模板可采用大钢模板、钢木模板、组合式带肋塑料模板、铝塑模板及聚氨酯内衬模板技术等。清水混凝土节省了人工、装修材料和施工费用，缩短了工期，特别是避免了因抹灰质量问题带来的开裂、空鼓等现象，防止了因抹灰脱落造成的安全隐患，因此，清水混凝土在国内得到了广泛应用。

1.3　组拼式全钢大模板技术

组拼式全钢大模板是一种单块面积大、刚度好、板面平整度高、强度大，以符合建筑模数的标准模板块为主、非标准模板块为辅，具有通用化、系列化、工具化的特征，能完整组拼成各种形状墙体和柱体的大型钢模板。其模板材料坚固耐用，整体平整度高，周转使用次数多达几百次，是一种可循环使用、可再生利用、可持续发展的绿色建材。组拼式全钢大模板作为一种施工工艺，施工操作简单、方便、快捷，混凝土表面平整光洁，不需抹灰或简单抹灰即可进行内外墙面装修。

1.4　早拆模板施工技术

早拆模板施工技术是指利用早拆支撑头、钢支撑或支架、主次梁等组成的支撑系统，底模拆除时的混凝土强度符合《混凝土结构工程施工质量验收规范》GB 50204—2015 的规定，保留一部分狭窄底模板，早拆支撑头和养护支撑后拆，使拆除部分的构件跨度在规范允许范围内，实现大部分底模和支撑系统早拆的模板施工技术。早拆模板施工技术可以减少模板置备量、降低模板施工费用，经济效益显著。

1.5　液压爬升模板技术

液压爬升模板简称为液压爬模，是通过承载体附着或支承在混凝土结构上，以液压油缸为动力，以导轨或支承杆为爬升轨道，将爬模装置向上爬升一层，反复循环作业的模架形式（见图 6-1）。液压爬模不需重复安装模板，除第一次安装外不需再使用塔式起重机。

液压爬模的基本组成为预埋件、导轨、爬升支架、模板及液压控制系统。

液压爬模适用于高层和超高层建筑物的外墙、粗大边柱、核心筒墙体、电梯井筒以及桥梁高墩、桥梁索塔等高耸结构现浇混凝土工程施工。

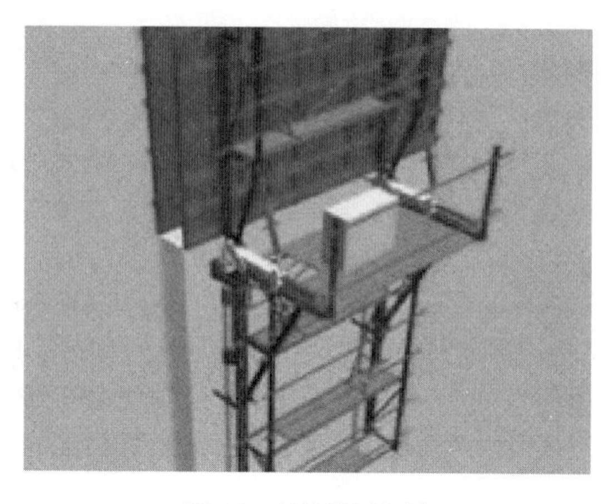

图 6-1 外墙液压爬模

整体智能爬模平台系统是在液压爬模的基础上研发出的智能控制爬升平台系统。平台不仅携带模板系统，同时还提供了施工操作平台和安全防护。平台爬升时，筒体内外主要的模板和操作平台等设施可整体一次爬升到位，提高了高层和超高层建筑的机械化施工水平，具有施工速度快、施工质量好、能耗低等优点。

1.6 整体提升钢平台模板工程技术

整体提升钢平台模板是采用长行程油缸和智能控制系统，提升模板和整个操作平台装置，具有操作平台在高位、支撑系统在低处的特点，适用于复杂多变的核心筒结构施工，施工速度快，保证全过程施工安全和施工质量，并形成整套综合施工技术。

整体提升钢平台模板工程技术基本原理是运用提升动力系统将悬挂在整体钢平台下的模板系统和操作脚手架系统反复提升。其特点是系统整体性强、施工作业条件好、施工速度快，适合工期要求非常高的超高层建筑施工。

1.7 塑料模板技术

塑料模板是以聚丙烯、聚氯乙烯等硬质塑料为基材，加入玻璃纤维、剑麻纤维、防老化助剂等增强材料，经过复合层压等工艺制成的一种工程塑料，具有可锯、可钉、可刨、可焊接、可修复等特点。其构造如图6-2所示。

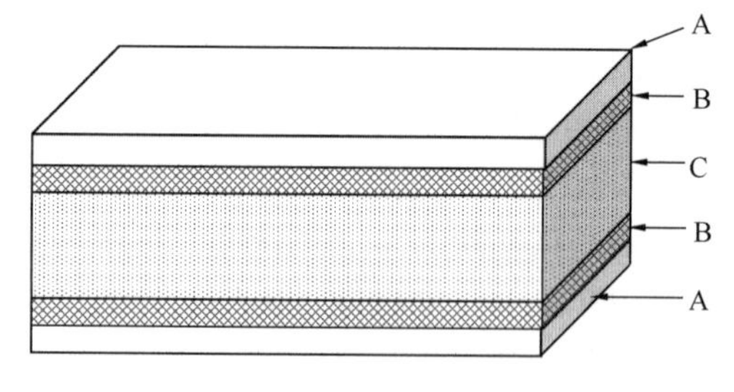

图 6-2 塑料模板构造

A—表皮层；B—增强层；C—中间芯层

塑料模板可代替木模板、钢模板，既环保节能，又能回收利用。塑料模板表面光滑、易于脱模、质量轻、耐腐蚀性好，模板周转次数多，对资源浪费小，有利于环境保护，符合国家节能环保要求。

2. 脚手架技术

脚手架一般分为支撑（架）和外脚手架两部分。

2.1 扣件式钢管脚手架

扣件式钢管脚手架是由 $\Phi48$ 钢管和扣件连接而成的防护架或支撑架。扣件式钢管脚手架广泛作为工业与民用建筑施工用单、双排脚手架；水平混凝土结构工程施工用模板支撑架；高耸建筑物，如烟囱、水塔等结构施工用脚手架；栈桥、公路高架桥施工用脚手架；其他临时建筑物的骨架等。扣件式钢管脚手架具有组拼简单、适应不同工程需要的特点。

2.2 碗扣式钢管脚手架

碗扣式钢管脚手架是我国专业技术人员在国外同类脚手架技术的基础上，结合我国需要研制而成的一种新型脚手架。适合于搭设曲面脚手架和重载支撑架。碗扣式钢管脚手架接头构造合理，整体稳定性好，并具有自锁性能，能更好地满足施工安全的需要，装拆功效高，维护简单，运输方便。

2.3　轮扣式钢管脚手架

轮扣式钢管脚手架是一种以斜楔为连接头，采用直插自锁方式，由立杆和横杆为主构件构成的脚手架，其广泛应用于各类房建工程支撑及外防护架上。

轮扣式钢管脚手架具有整体受力大的特点，根据使用要求，可组成不同尺寸、不同形状的组架；轮扣式钢管脚手架节点结构合理，立杆轴向传力，整体稳定性好，并具有可靠的自锁功能，能有效提高脚手架的整体稳定性和安全性；单位体积用钢量比传统脚手架少，极大地节约了施工成本；轮扣式钢管脚手架便于打包、装卸与运输，方便现场施工管理。

2.4　键槽式钢管脚手架

键槽式钢管脚手架的立杆上安有模数插座和连接套管，水平杆两端焊有与立杆插座配套的键式插头，连接时水平杆上的插头与立杆上的插座相配合，将其敲击锁紧，一般与可调底座、可调顶撑以及连墙件等多种辅助件配套使用，广泛应用于房建中的顶板模板及墙板模板所需的支撑结构。

键槽式钢管脚手架稳定性好，节点连接无间隙，有自锁能力，装拆灵活、简单、快捷；由于作顶板模板支撑体系时，可用横杆作为主龙骨，节省了一层木枋用量；与传统脚手架相比，具有立杆、横杆间距大，杆件用量少，效率高等优点。

2.5　盘销式钢管脚手架

盘销式钢管脚手架的连接方式为：立杆上每隔一定距离焊有圆盘，横杆、斜拉杆两端焊有插头，通过敲击楔型插销将焊接在横杆、斜拉杆上的插头与焊接在立杆上的圆盘锁紧。

盘销式钢管脚手架具有承载力高、不易失稳、搭拆快等优点，由于采用低合金结构钢为主要材料和表面热浸镀锌处理，节省钢材 1/3 左右，寿命可达 15 年。

2.6　门式脚手架

20 世纪 70 年代以来，我国先后从日本、美国等国家引进门式脚手架体系（见图6-3），因主架体与“门”字相似，因此得名。它不但能用作建筑施工的内外脚手架，还能用作楼板、梁模板支架和移动式脚手架等。

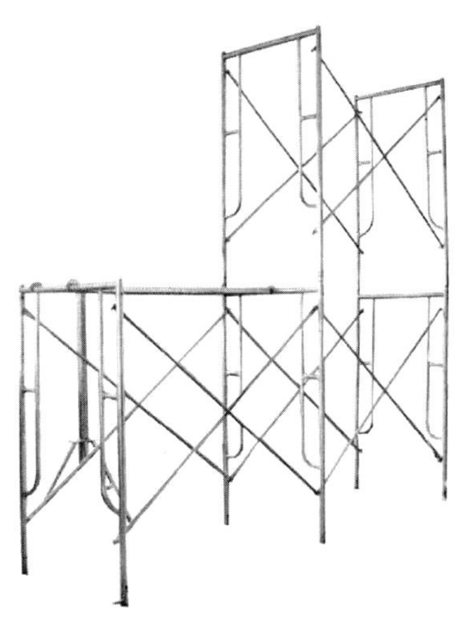
图 6-3　门式脚手架

到了 20 世纪 80 年代初期，国内一些生产厂家开始仿制门式脚手架，门式脚手架在部分地区的施工中开始大量推广应用，并且受到了广大施工单位的欢迎。但是，由于各厂生产的产品规格不同、质量标准不一，给施工单位的使用和管理工作带来一定困难。同时，由于有些厂家所采用的钢管材质和规格不符合设计要求，使得门式脚手架的刚度小、运输和使用中易变形、加工精度差、使用寿命短，以致影响了这项技术的推广。

2.7 附着升降脚手架

附着升降脚手架是一种在施工时仅需要搭设一定高度并附着于工程结构上，依靠自身的升降设备和装置，结构施工时可随结构施工逐层爬升，装修作业时再逐层下降，具有防倾覆、防坠落装置的外脚手架。附着升降脚手架具有节省大量钢材、可实现遥控控制的优点。附着升降脚手架升降原理如图 6-4 所示。

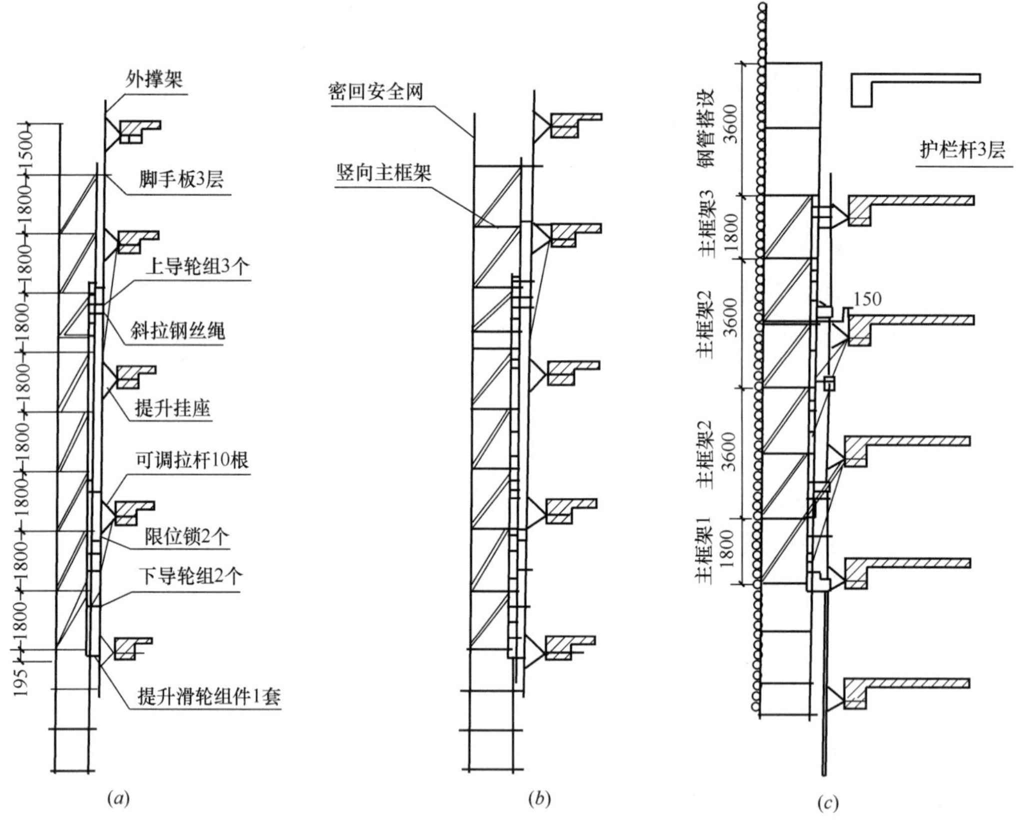

图 6-4 附着升降脚手架升降原理图

(a) 爬升前状态；(b) 爬升中状态；(c) 爬升后状态

2.8 附着式液压升降脚手架

附着式液压升降脚手架具有如下特点：同步功能，防止架体变形破断；超欠载保护功能，防止超限破断而发生坠落；提升设备无须每次拆装搬运，提升设备本身不易损坏，工人操作劳动强度低；提升设备承载能力大，具有自锁保护功能；有更高的安全性能、综合经济性能和社会效益。

附着式液压升降脚手架是在高层建筑、高耸筒塔建筑的外墙和内筒施工过程中使用的一种节材、省工、快捷、安全的操作防护脚手架。它还适用于剪力墙、框架剪力墙和框架结构的施工，可适应主体结构施工和外墙装修施工的不同作业要求，可根据施工需要布置成单片、分段、整体升降；可适应层高变化、外形变化、台阶收缩等各种部位施工。

2.9　电动桥式脚手架

电动桥式脚手架是一种导架爬升式工作平台，沿附着在建筑物上的三角立柱支架通过齿轮齿条传动方式实现平台升降。电动桥式脚手架可替代普通脚手架及电动吊篮，平台运行平稳，使用安全可靠，且可节省大量材料。适用于建筑工程施工，特别适合装修作业。

2.10　全集成升降脚手架

全集成升降脚手架是在附着升降脚手架的基础上，集防护钢丝网、型钢脚手板、架体折叠单元、导轨等于一体的新型脚手架，它具有工业化程度高、安装拆卸快捷的优点，能够减少劳动量，缩减工期。

2.11　悬挑脚手架

悬挑脚手架（见图 6-5）是在传统落地式脚手架的基础上加设了悬挑支撑结构，所以悬挑支撑结构必须具备充足的刚度、稳定性和强度，将脚手架的荷载可靠地传递给建筑结构。

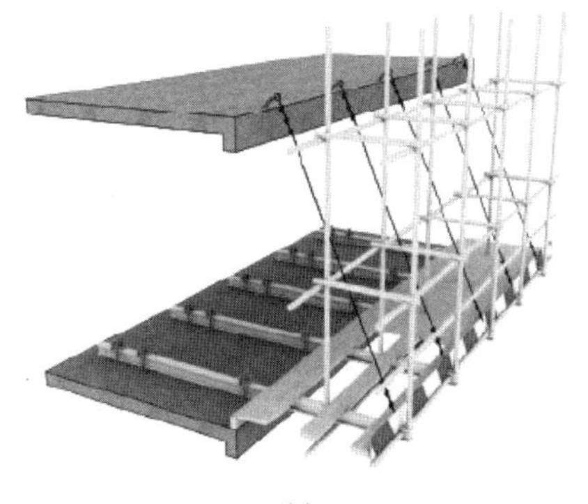

(a)

(b)

图 6-5　悬挑脚手架

(a) 示意图；(b) 实物图

目前，在建筑施工中使用的悬挑脚手架大体分为三大类：第一类是三角桁架悬挑脚手架，搭设在固定于墙体结构的三角形桁架之上，每次可搭设 2～6 层楼高，用于平直墙面（含阳台）；第二类是型钢悬挑脚手架，搭设在固定于楼板结构的型钢之上，每段可搭设4～8 层楼高，用于平直墙面（含阳台）；第三类是特殊悬挑脚手架，用于大跨度或特殊部位。

三、模板与脚手架工程施工技术最新进展（1～2 年）

1. 模板技术进展

我国的施工企业在引进和借鉴了国外施工方法的同时，结合我国的工程实践，研发出了多种新型模板，在模板施工技术领域取得了重大进展。

1.1　材料方面

我国建筑结构形式的不断变化以及节能高效与绿色施工的倡导，进一步推动了模板技术的发展。其中比较有影响的是铝合金模板等。

（1）铝合金模板

铝合金模板是指按模数设计制作，经专用设备挤压加工制造而成，具有完整配套使用的配件，能组合拼装成不同尺寸的整体模板。采用铝合金模板施工，工程混凝土结构表面平整，外观观感好，施工速度快、效率高，节省劳动力。铝合金模板体系虽然一次性投资较大，但在高层施工中分摊成本较其他模板有明显优势，经济效益、环境效益显著。

(2) 预制混凝土模板

预制混凝土模板是指以混凝土或钢筋混凝土制成的预制板安装在结构物表面，用以浇筑成型而不拆除的模板。其具有使建筑混凝土结构的施工工艺简化、缩短工期、工程后期可直接在光洁的模板外进行建筑装饰工程的特点。在大力提倡保护生态环境的今天，更是节省了木材，减少了对森林植被的破坏，保护了人类赖以生存的自然资源。

1.2 施工技术方面

近两年来一些新的模板施工技术被越来越广泛的应用。如微凸支点智能控制顶升模架、组合铝合金模板及早拆技术、组合式带肋塑料模板技术等。

(1) 微凸支点智能控制顶升模架

“微凸支点智能控制顶升模架”简称为“智能顶升钢平台”。该模架由支撑系统、钢框架系统、动力系统、模板系统及挂架系统组成。钢框架系统类似巨型“钢罩”扣在核心筒上部，通过支撑系统将模架的荷载传递至待浇混凝土楼层以下的结构上，动力系统配合支撑系统将模架整体向上顶升。用于核心筒施工的模板及挂架系统悬挂在钢框架顶升平台下部。

支撑系统包含若干个支撑点，主要分布在核心筒墙体上。各支撑点包括微凸支点、上支撑架、下支撑架及转接立柱。微凸支点占据一个标准层高度，主要由混凝土微凸、承力件、对拉杆以及固定件组成。该技术利用液压油缸和支撑架作为模架的顶升与支撑系统，实现了全新的顶撑组合模式。

智能顶升钢平台体系结构形式复杂、受力情况多变且使用周期长，贯穿整个核心筒施工始终，因此对模架使用全过程进行监测以掌握其使用阶段的安全状况显得尤为重要。智能监测系统通过各种类型的传感器对模架的运行状态数据进行采集，根据监测数据判断模架的运行是否安全。

承载力高、集成度高、适应性强、智能监控是该模架体系的四大特点。

(2) 组合铝合金模板及早拆技术

组合铝合金模板具有自重轻、强度高、加工精度高、单块幅面大、拼缝少、施工方便的特点；同时模板周转使用次数多、摊销费用低、回收价值高，有较好的综合经济效益；并具有应用范围广、成型混凝土表观质量好、建筑垃圾少的技术优势。铝合金模板（见图6-6）符合建筑工业化、绿色施工的要求，同时符合国家节能环保要求。采用铝合金模板早拆体系施工技术，使用铝合金模板作为楼板的梁模板，将早拆技术融入支撑体系，具有拆装方便、施工周期短、拆模后混凝土表观质量好、利于环保等优点。分两次拆除铝合金模板支撑体系，提高模板的周转频率，降低了工程的施工成本。

图 6-6 铝合金模板

(3) 组合式带肋塑料模板技术

组合式带肋塑料模板（见图 6-7）具有表面光滑、易于脱模、质量轻、耐腐蚀性好、模板周转次数多、可回收利用的特点，有利于环境保护，符合国家节能环保要求。带肋塑料模板在静曲强度、弹性模量等指标方面优于一般塑料模板。

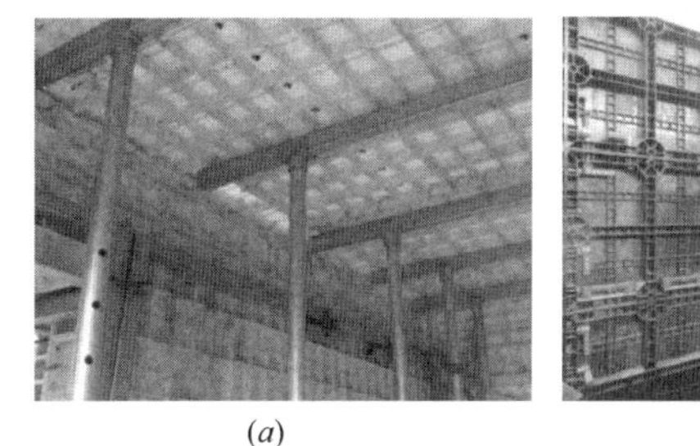
(a)

(b)

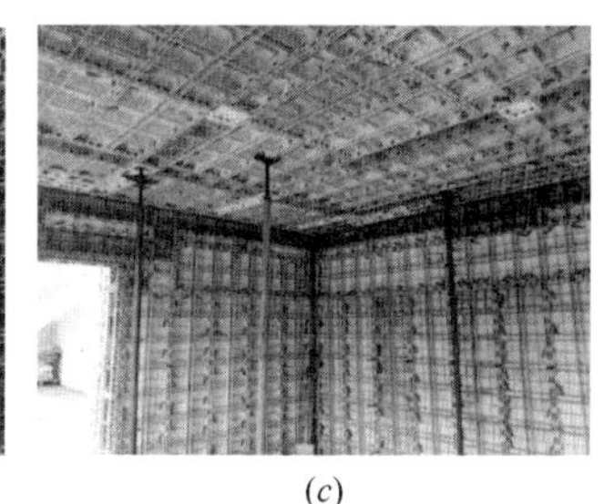
(c)

图 6-7　组合式带肋塑料模板
(a)、(b) 实腹型边肋；(c) 空腹型边肋

2. 脚手架技术进展

2.1　材料方面

近年来，铝合金脚手架因其良好的力学及质量轻等特性逐步受到重视，用以替代质量大、易锈蚀的钢脚手架。铝合金脚手架质量轻，易于安装、搬运和储存。铝合金脚手架的质量仅相当于传统钢脚手架的 1/3，铝合金脚手架的所有部件均可经过特殊防氧化处理，产品使用寿命可达 30 年以上。

脚手板踏板和防护栏可以做到以高分子及聚玻纤维材料制造，实现了产品环保、防火、抗老化、可回收、轻便、安全、经久耐用、减少火灾隐患等技术特点。

2.2　施工技术方面

近两年插接式钢管脚手架、盘销式钢管脚手架、附着升降脚手架及电动桥式脚手架技术得到了越来越多的应用。下面简要介绍近两年逐渐被推广应用的脚手架。

(1) 销键型钢管脚手架及支撑架

销键型钢管脚手架及支撑架是我国目前推广应用最多、效果最好的新型脚手架。其中包括：盘销式钢管脚手架、键槽式钢管支架、插接式钢管脚手架等（见图 6-8)。销键型钢管脚手架分为 Φ60 系列重型支撑架和 Φ48 系列轻型脚手架两大类。销键型钢管脚手架安全可靠、稳定性好、承载力高；全部杆件系列化、标准化，搭拆快、易管理、适应性强；除搭设常规脚手架及支撑架外，由于有斜拉杆的连接，销键型钢管脚手架还可搭设悬挑结构、跨空结构架体，可整体移动、整体吊装和拆卸。

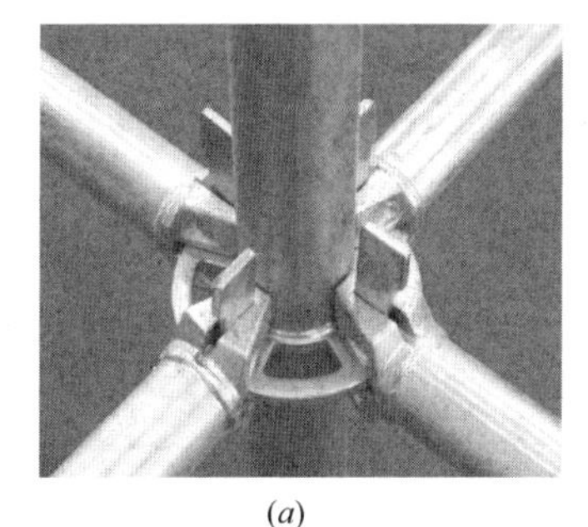
(a)

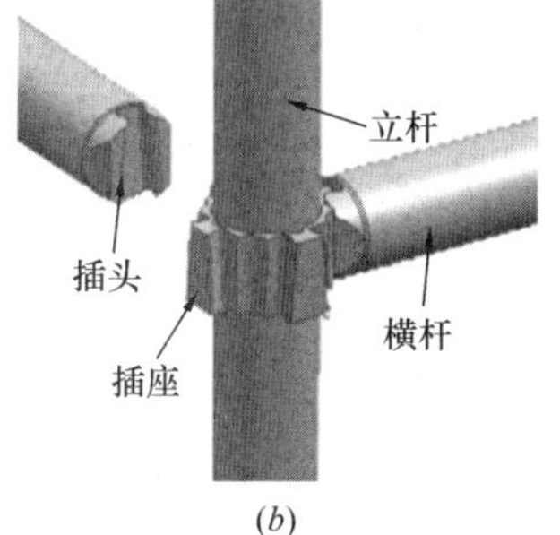

(b)

(c)

图 6-8　销键型钢管脚手架及支撑架
(a) 盘销式钢管脚手架节点；(b) 键槽式钢管支架节点；(c) 插接式钢管脚手架节点

(2) 集成附着升降脚手架

集成附着升降脚手架是指搭设一定高度并附着于工程结构上，依靠自身的升降设备和装置，可随工程结构逐层爬升或下降，具有防倾覆、防坠落装置的外脚手架。集成附着升降脚手架主要由集成化的附着升降脚手架架体结构、附着支座、防倾覆装置、防坠落装置、升降机构及控制装置等构成。

3. 模板与脚手架的计算软件

模板与脚手架配模和计算软件多是在CAD平台基础上进行二次开发而来，是针对不同种类、不同体系的模板和脚手架研发的专用软件。如铝模板配模设计软件针对铝合金模板生产企业设计生产使用，可根据施工平面图直接生成三维图，除一些特殊部位需要人工进行审核外，大部分可自动快速进行配模，生成模板加工图、加工明细及构配件数量等技术资料，用以满足设计、加工、现场使用各环节的需要，这类软件现在已经发展到智能化、精确化、可视化阶段。

近两年我国自主研发了多款计算软件，极大地方便了模板及脚手架等临时结构的计算。如图6-9所示。

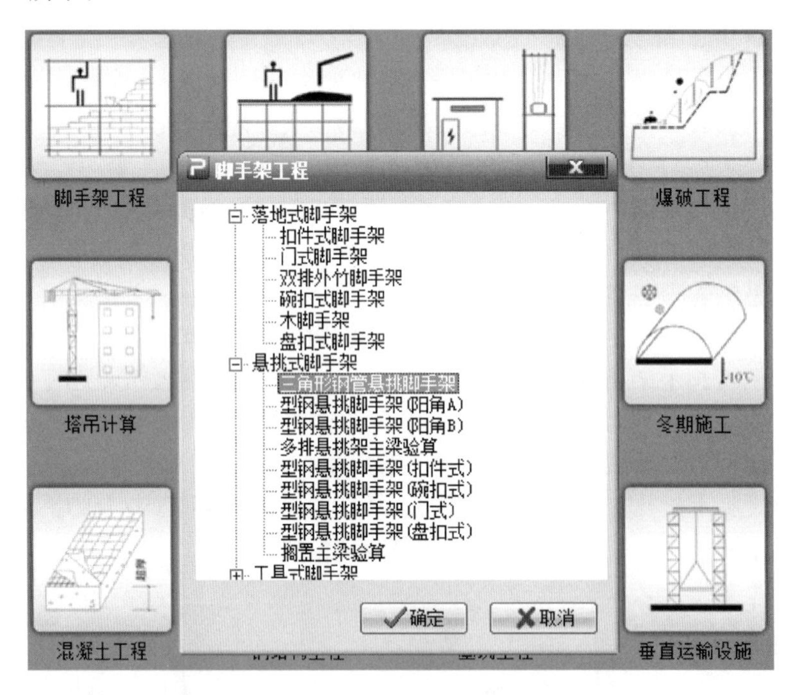

图6-9 整合了多种临时结构规范的计算软件

以某计算软件中的型钢悬挑脚手架为例，现场技术人员仅需要填写界面中的相关参数即可，软件会按照填写的参数生成节点详图，CAD图片动态显示，并进行脚手架计算。如图6-10所示。

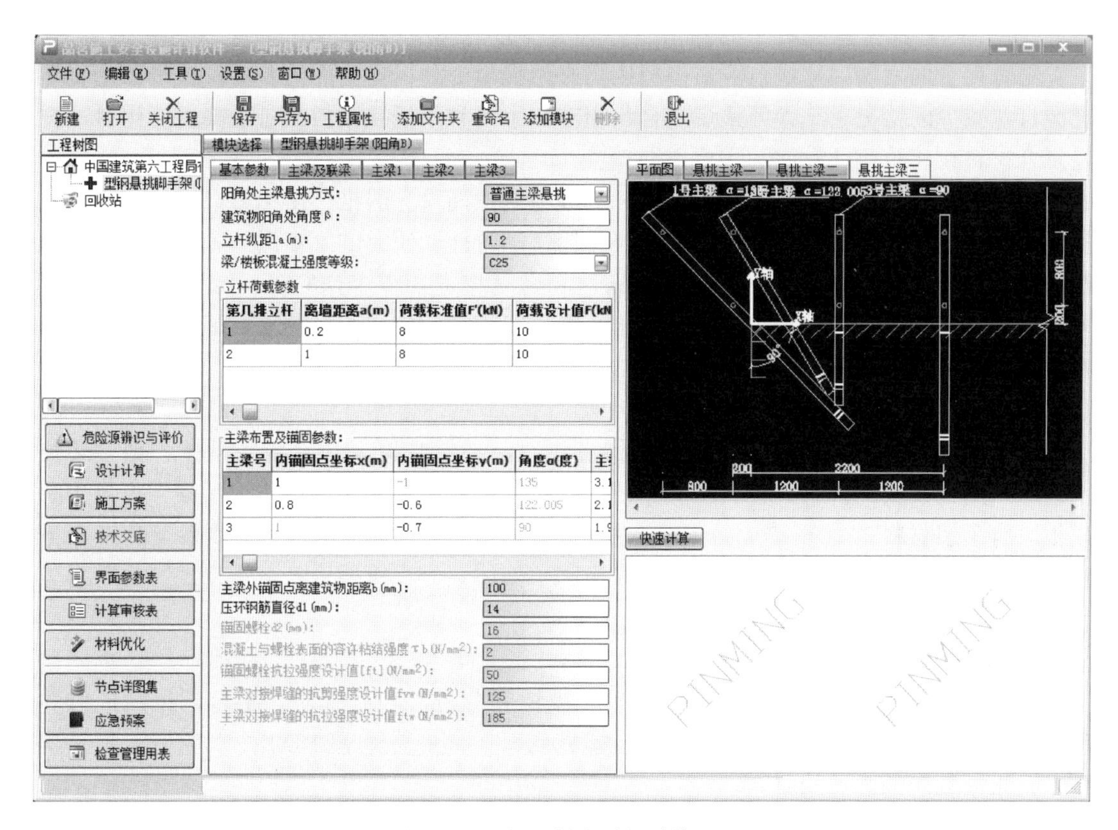

图 6-10　型钢悬挑脚手架计算界面

四、模板与脚手架工程施工技术前沿研究

目前，全国各地都在兴建大量的房建工程和基础设施工程，因此模板和脚手架技术在我国具有很大的发展空间和巨大的研究价值。

1. 模板脚手架行业的研发方向

我国模板脚手架行业的研发逐步从单一产品（如组合钢模板、扣件式钢管脚手架）向多种材质和类型的模板脚手架体系发展，同时模板脚手架技术向着轻质高强、环保安全、可再生利用的方向发展。

1.1　塑料模板在建筑模板中的应用

塑料模板具有耐水性好、不腐烂、不生锈、与水泥不亲和、不粘连等良好的物理特性，在施工中保证了混凝土表面的平整度，便于搬运与安装。废旧塑料可以回收利用，起到节约资源、减少能耗的积极作用。

塑料模板是节能型绿色环保产品，具有广阔的发展远景，且生产建筑塑料模板的能耗远低于其他材料，如 PVC 的生产能耗仅为钢材的 1/5，为铝材的 1/8。因此，推广应用塑料模板可节约资源、节约能耗。

1.2 复合材料在建筑模板中的应用

随着社会的发展，建筑行业对模板用材必然提出更高、更全面的要求。在可利用自然资源日益减少的情况下，如何采用复合与组合的手段利用低质原料制备出高性能用材，将是复合材料在建筑行业发展的重要方向。

木塑复合材料具有良好的环保性能和物理力学性能，它的推广使用可以缓解优质木材资源的耗用量，对保护木材资源具有重要作用。随着性能研究的不断深入和加工技术的不断进步，木塑复合材料的强度、刚度、韧性和密度将进一步得到完善，综合性能更加优异，能够很好地满足施工技术要求。在国家大力提倡节约使用木材的形式下，类似复合材料将会越来越多地应用到建筑模板领域中，具有良好的市场发展潜力。

1.3 积极开发新型模板脚手架技术

为了节约劳动量、缩短工期和提高经济效益，必须要积极开发新型模板、脚手架技术。(1) 加强模板、脚手架材料的应用研究，研发轻质、高强、环保、无污染、可再生的模板、脚手架材料。(2) 减少竹木胶合板的用量，积极开发模板脚手架体系及其施工方法，提高早拆模板技术水平。(3) 新型模板脚手架体系应积极探索产业化发展。

2. BIM 技术在模板脚手架中的应用

BIM 技术能为设计师、建筑师等提供“模拟和分析”的科学协作平台，帮助他们利用三维数字模型对项目进行设计、建造及运营管理。因此，结合 BIM 技术的模板脚手架技术是未来发展的必然趋势。

BIM 在模板脚手架设计时可直接导入施工图并自动转化为三维模型，依据结构模型智能设计模板与脚手架搭设。同时借助 BIM 的计算能力和内嵌相关规范，进行相关数据计算，形成模板脚手架施工方案及计算书。通过 BIM 模型浏览工具，还可随时观察现场模板与脚手架搭设情况，可对重点部位进行针对性检查。

BIM 技术在模板脚手架施工中的应用将进一步提升项目精细化管理水平，同时也会在模板施工降本增效及助推绿色施工中取得良好效果。

3. 模板脚手架材料的绿色化发展

绿色建筑是当今建筑世界涵盖深广的课题。绿色建筑为人们提供安全、健康、舒适的环境，同时在建筑的全生命周期中实现高效率地利用资源，最低限度地影响环境，已成为未来建筑的主导趋势。随着绿色建筑理念不断深入展开，如何发展适应我国建筑施工领域的新型模板脚手架产品，已成为模板脚手架行业发展的首要课题。在新的市场环境下，原有的产品也将在新的理念下逐步改进、升级以适应新的需求。从绿色化发展的角度讲，模板脚手架材料的发展方向必然为可回收再生的材料、可周转使用再利用的材料。

4. 3D 打印装饰造型模板技术

3D 打印装饰造型模板采用聚氨酯橡胶、硅胶等有机材料打印或浇筑而成，具有较好的抗拉强度、抗撕裂强度和粘结强度，且耐碱、耐油，可重复使用 50～100 次。通过有装饰造型的模板给混凝土表面做出不同的纹理和肌理，可形成多种多样的装饰图案和线条，利用不同的肌理显示颜色的深浅不同，实现材料的真实质感，具有很好的仿真效果。

五、模板与脚手架工程施工技术指标记录

目前高支模（扣件式钢管脚手架）搭设的高度记录是酒泉卫星发射中心火箭垂直总装测试厂房工程，其最大支模高度为 89m。

目前高支模（盘销式钢管脚手架）搭设的高度记录是江西九江东林大佛金装项目，其最大支模高度为 81m。

目前高支模（插接自锁式钢管支架）搭设的高度记录是中央电视台总部大楼，其最大支模高度为 160m。

六、模板与脚手架工程施工技术典型工程案例

1. 智能顶升钢平台在中国尊大厦工程中的应用

1.1　工程概况

中国尊大厦项目位于北京市 CBD 核心区 Z15 地块，总建筑高度 528m，地上 108 层，建筑面积 35 万 m^2，集甲级写字楼、会议、商业、办公以及多种配套服务功能于一体。工程结构体系为巨型框架柱＋型钢混凝土剪力墙核心筒。

1.2　智能顶升钢平台工程施工技术

智能顶升钢平台技术利用液压油缸和支撑架作为模板脚手架的顶升与支撑系统，实现了全新的顶撑组合模式（见图 6-11）。该平台是世界房建施工领域施工平面面积最大、承载力最高、首个自带两台大型塔式起重机的智能化超高层建筑施工集成平台。平台顶部面积超过 1800m^2，覆盖四个半竖向作业层，高度达到 22.5m，最大顶推力达 4800t，高峰时将有数百人同时在平台上作业，最高作业位置超过 500m。

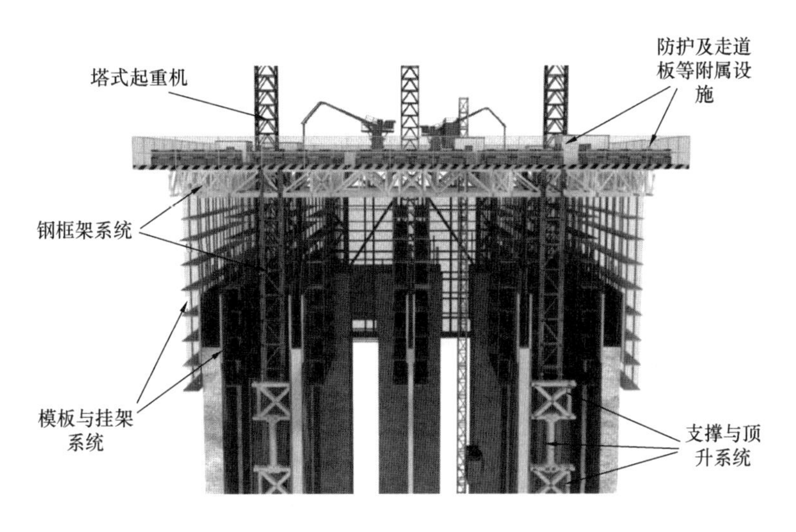

图 6-11　智能顶升钢平台模板体系系统图

(1) 设备集成：创造性地实现了两台 M900D 塔式起重机设备直接集成于平台上，随平台同步顶升，施工更加安全，塔式起重机有效作业时间大幅度提升，塔式起重机投入大幅度降低。集成平台覆盖钢板墙吊装、钢筋绑扎、模板支设和混凝土浇筑、混凝土养护四个作业层，可实现核心筒竖向墙体各工序同步流水施工，水平与竖向结构快速同步施工，单层施工工期缩短 40%。

(2) 承载力高：利用墙体表面素混凝土微凸支点构造，支点承载力高，传力可靠，单个支点承载力达 400t；利用核心筒外围墙体支承的集成平台巨型空间框架结构，使平台可承受上千吨荷载、抵抗 14 级大风作用。

(3) 适应性强：可以应对墙体内收、外扩、倾斜等复杂情况的自适应支撑系统；平台角部开合机构、伸缩机构等可变机构满足核心筒结构变化及劲性构件整体吊装需求。

(4) 智能监控：集成平台全方位实时智能综合监控系统，可实时监控平台的应力、应变、平整度、垂直度、风速、温度等内容，通过预警功能保证集成平台的施工安全。

智能顶升钢平台具有承载力高、集成度高、适应性强、智能监控等显著优势，提升工效 20%以上。该平台经济及社会效益显著，极大地提升了超高层建筑施工安全、绿色与工业化水平。

1.3 实施效果

中国尊大厦工程于 2015 年 3 月开始应用本系统，于 2017 年 7 月完成全部结构施工，加快了混凝土结构施工速度。并且可以适应各种形状和结构变化，应对结构变化非常灵活，尤其针对墙体混凝土核心筒为劲性结构，外墙厚度由 1200mm 梯度递减为 400mm，内墙厚度由 500mm 变为 400mm 效果尤为明显；系统适应性强、快捷、经济的特点使其具有非常广阔的应用前景。

2. 全铝模板在重庆万达城工程中的应用

2.1 工程概况

重庆万达城项目一期场地规划总用地面积 21.71hm^2，其中地上建筑面积 64 万 m^2，两层地下车库（局部一层）建筑面积 19 万 m^2，总计 83 万 m^2，结构形式为框架-剪力墙结构。

2.2 铝合金模板工程施工技术

铝合金模板在重庆万达城项目中的应用体现出了其质量轻、拆装灵活、刚度高、板面大、拼缝少、精度高、浇筑的混凝土表面平整光洁、施工过程中对机械依赖程度低、能降低人工和材料成本、应用范围广、维修费用低、施工效率高、回收价值高等优点。具体表现为：

(1) 施工便捷，强度高，质量轻，每平方米的质量仅为 21～25kg；施工方便，组装简单，模板可以全部由人工进行拆装，所有材料可以由人工竖向传递，不依赖塔式起重机和卸料平台；施工效率高。

(2) 混凝土观感好：配置 1.2m×0.6m 的标准顶板和 0.4m×楼层净高的专用大模板，板面幅面大，拼缝少，精度高，确保精准的结构几何尺寸。每块模板都编号，进行周转时直接对号入座，防止了人为造成的错误操作。施工质量好，混凝土表面平整光洁，达到了饰面及清水混凝土的要求。

（3）经济环保：使用寿命长，成本低，周转次数多，正常使用情况下周转次数可达100次以上，单位价格与传统木、竹模板接近且回收价值高。

重庆万达城项目施工现场铝合金模板拼装如图6-12所示；已成活墙体检查结果如图6-13所示。

图6-12　现场铝合金模板拼装图

图6-13　已成活墙体检查结果图

2.3　实施效果

铝合金模板作为一种新兴的施工工艺，在国外以及我国沿海发达城市已经广泛使用，并取得了可观的经济和社会效益。重庆万达城项目已有20栋高层住宅标准层采用铝合金模板体系，取得的社会及经济效益显著。

3. 盘销式脚手架在广州地铁13号线官湖车辆段工程中的应用

3.1 工程概况

官湖车辆段与综合基地位于13号线线路的东端，官湖站的南侧，段址位于新塘镇官湖村和石下村境内，总征地面积约41.48hm^2 官湖车辆段与综合基地BIM模型如图6-14所示。

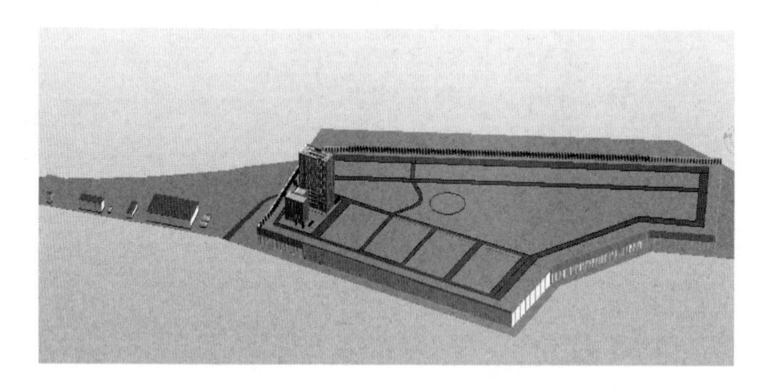

图6-14 官湖车辆段与综合基地BIM模型图

本工程涵盖A区、B区、C区、D区、E区盖体及物资总库高支模工程（见图6-15），其中B区结构顶标高为12.6m（B1-B4区）及13.2m（B5区），D区结构顶标高为8.5m；物资总库结构顶标高为13.62m。该项目属于超大体量重载高支模梁板支撑架。

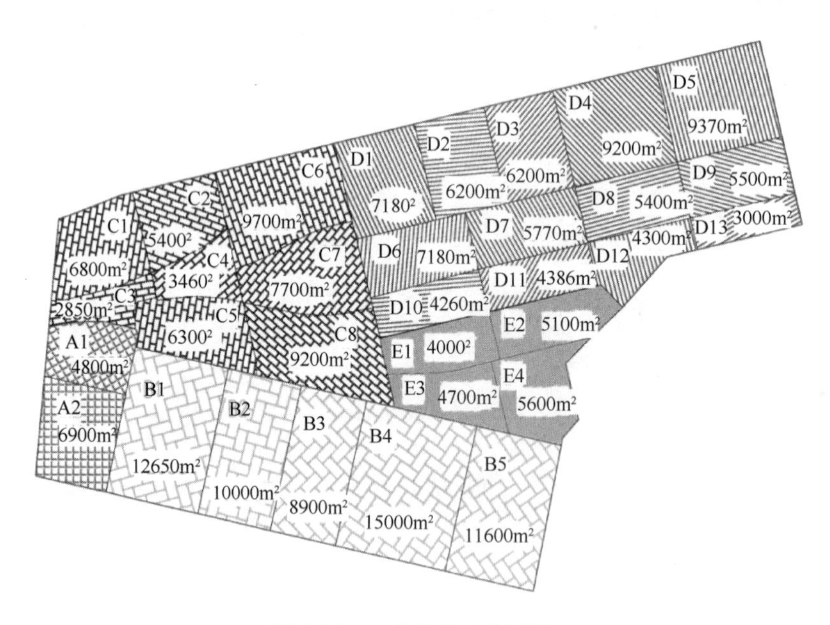

图6-15 上盖体结构分区图

3.2 盘销式脚手架工程施工技术

本工程梁板模板支架采用满堂支架搭设，所有梁板模板支架严禁独立搭设，局部不规则区域及间距不满足盘销架模数的立杆根据需要进行调整，采用钢管扣件将其与满堂支架相连。

根据架体荷载计算书以及架体搭建图，依据结构的不同，对施工过程分别做相应详细方案。个别位置，因施工现场结构的变化，依据支撑架的使用安全规范做适当调整，但架体的单位承载面积应遵循设计方案，不得擅自扩大架体间距，以免降低架体、龙骨及面板的承载力。

为保证施工过程中架体的稳定性，在进行支撑架体的结构设计时采取如下措施：

（1）根据荷载计算情况，施工架体主要采用立杆间距1.2m、1.5m、1.8m搭设。为保证荷载有效传递与施工安全，施工架体的主支撑梁采用了高强度铝合金梁。该主支撑梁具有高承载力、低挠度屈曲的特性。同时梁体轻便，便于在施工过程中搬移，大大提高了施工效率。

（2）支撑架体的稳定性

竖向斜杆：外立面满布斜杆；在施工荷载较大的位置，支撑架体四周外立面向内的第一跨每层均设置竖向斜杆；支撑结构周边应布置封闭水平斜杆；在梁体下部的支撑架体沿梁宽方向由下至上满布竖向斜杆。水平横杆的间距都是1.5m，同时，在梁体下方的支撑架体上设置上、中两层水平斜杆，以增加高支模的稳定性，更好地保证了架体的几何不变性。

连接形式：采用横杆和斜杆端头的铸钢接头上的自锁式楔形销，插入立杆上按500mm模数分布的花盘上的孔，用榔头由上至下垂直击打销子，销子的自锁部位与花盘上的孔型配合而锁死。

（3）架体的互连。在架体施工中，不形成过窄的独立结构架体，施工方案中采用互相拉结的方式，将部分施工结构的支撑架体（由于建筑结构的需要而独立搭建的支撑架体）连接起来，进一步提高了架体的整体性。架体的互连采用扣件钢管的方式进行拉结，连接方式为相邻立杆每步采用钢管扣件连接。

3.3　实施效果

盘销式脚手架产品全部经热镀锌处理，有效地保证了使用过程中不因产品生锈而造成承载力的不确定性，从而为施工设计方案提供了有效保证。

由于用量少、质量轻，操作人员可以更加方便地进行组装，功效可以提高3倍以上。连接之后每个架体的单元都近似于格构柱，结构稳定、安全可靠。在广州地铁13号线官湖车辆段项目中盘销式脚手架的使用，取得了良好效果。

参考文献

[1] 中国建筑金属结构协会建筑模板脚手架委员会. 建筑模板脚手架行业二十年发展与瞻望[C]. 中国建筑金属结构协会二十年资料汇编，2010.

[2] 聂亚辉，李娜，王明贤. 国内外扣件式脚手架安全性能分析研究进展[C]. 中国中西部地区土木建筑学术年会，2011.

[3] 易谦. 悬挑脚手架在高层建筑施工中的应用研究[D]. 长沙：中南大学，2017.

[4] 彭湘. 建筑工程中模板施工技术与质量控制探讨[J]. 中外建筑，2016(6)：173-175.

[5] 卢峥，苏鹤. 在建筑施工中模板施工要求[J]. 山西建筑，2016，36(35)：125-127.

[6] 周法献. 实用新型模板脚手架施工技术[J]. 建筑技术，2016，41(8)：690-693.

[7] 胡永新，李国志. 建筑工程脚手架施工浅析[J]. 科技与企业，2014(13)：217.
[8] 吴富斌. 探讨外脚手架施工技术与管理[J]. 工程施工技术，2016(7)：138-140.
[9] 于克红，蒙雄健. 浅谈建筑工程脚手架施工及拆除方案[J]. 华章，2011(25)：316.
[10] 黄校梅. 建筑工程脚手架施工要点分析[J]. 商业文化，2011(7)：189.
[11] 吴春凤，岳梁德. 桥梁施工脚手架倒塌事故分析及安全设计[J]. 城市道桥与防洪，2010(2)：67-70.
[12] 李钒. 浅谈附着式升降脚手架安全管理[J]. 建筑安全，2012(12)：52-54.
[13] 杨亚男. 提振信心、稳健经营、可持续发展——2016 年全国建筑模板脚手架行业年会工作报告[R]. 2016.
[14] 仇铭华. 从《绿色施工导则》展望我国模架技术的未来[J]. 建筑施工，2016，30(12)：1067-1070.
[15] 王绍民. 我国模板发展战略问题的研究与思考[J]. 建筑技术，2015，42(8)：678-682.
[16] 糜嘉平. 国外塑料模板的发展概况[J]. 施工技术，2007，36(11)：17-18.
[17] 糜嘉平. 我国塑料模板的发展概况及存在主要问题[J]. 施工技术，2016，43(8)：681-683.
[18] 刘雪红，程海寅，陆建飞，等. 铝合金模板体系施工技术及其效益分析[J]. 施工技术，2014，41(23)：79-82.
[19] 糜嘉平，杨军. 铝合金模板和支架——加拿大 Aluma 系统模板介绍[J]. 建筑施工，2012，34(4)：338-340.
[20] 郭建伟. 全铝合金模板在高层建筑施工中的应用[J]. 山西建筑，2016，39(12)：93-94.
[21] 王丽丽，季学宏，潘茜. 预制混凝土模板的研究[J]. 国外建材科技，2015，28(2)：48-50.
[22] 王丽丽. 预制混凝土模板的研究[D]. 武汉：武汉理工大学，2014.
[23] 陈艳艳. 三里坪电站中孔预制混凝土模板设计与应用体会[J]. 陕西水利. 2013(1)：71-73.
[24] 杜荣军. 脚手架、支架工程安全的设计计算和施工管理要点[J]. 施工技术，2016，45(21)：139-143.

第七篇　混凝土工程施工技术

主编单位：中建西部建设股份有限公司　王　军　齐广华　徐芬莲
参编单位：中建商品混凝土有限公司　赵日煦　王　淑　吴媛媛
中建西部建设新疆有限公司　刘　军　王　琴　孟书灵

摘要

在建筑工程中，混凝土施工是保障建筑工程质量的重要环节。现阶段，我国建筑业混凝土技术主要表现出以下几个特点：预拌混凝土行业增速放缓；预拌混凝土行业绿色度提高；混凝土产品趋向功能化、特色化发展；预拌向预制转型时机来临。在近 1～2 年，混凝土技术取得了较大进展，特别是在混凝土原材料选用（新型矿物掺合料、机制砂、新型外加剂）、固体废弃物资源综合利用、超高/超远距离泵送技术、高强高性能及特种混凝土、混凝土行业绿色度等方面都体现出了新的变化；在未来 5～10 年，混凝土技术将会在建筑工业化、互联网技术与混凝土领域的结合、特种混凝土技术、混凝土 3D 打印技术、海洋环境下高耐久性混凝土技术、外加剂创新发展技术、绿色混凝土技术等方向取得快速的发展。混凝土技术不断突破和刷新其强度、高度、体量等指标记录，并在武汉中心、昆明西山万达广场、济南轨道交通 R1 线工程、湘江欢乐城冰雪世界等工程中得到了良好应用。

Abstract

In construction engineering, the concrete construction is the key procedure to assure project quality. At present, the concrete technology in the building industry of China has the following features: slow growth of pre-mixing concrete industry; enhanced environmental friendliness of pre-mixing concrete industry; the functionalization and specialization of the concrete products; the approaching time of transforming pre-mixing to prefabrication. In recent years, there were great progresses in concrete technology, especially in the selection of concrete raw materials (new mineral mixtures, machine-made sand and new admixture), comprehensive utilization of solid waste, ultra-high/ultra-distant pumping technology, high-strength, high-performance, special concrete and environmental friendliness. In the forthcoming 5 to 10 years, it' s expected that greater progresses will be happened in concrete technology, such as building industrialization, the combination of internet technology and concrete, specialized concrete technology, 3D printing concrete technology, high-durability concrete using in ocean environment, admixture innovation development technology and eco-friendly concrete technology. With the emergence of more breakthroughs in the concrete technology, records on the concrete strength, height, volume and other index have been continuously refreshed. What' s more, these new technologies have been successfully used in Wuhan center, Kunming Xishan Wanda plaza, Ji' nan rail traffic R1 line and Xiangjiang Huanlecheng ice and snow world etc.

一、混凝土工程施工技术概述

1. 混凝土起源

近代波特兰水泥混凝土的发展是以1756年John Smeaton发明水硬性胶凝材料、1796年James Parker获得天然水硬性水泥的专利、1813年Louis Vicat生产人造水硬性水泥、1824年Joseph Aspdin发明波特兰水泥（Portland Cement）这一整个历史阶段为起点。在1850年和1928年分别出现了钢筋混凝土和预应力钢筋混凝土之后，混凝土开始得到广泛的应用，目前是世界上用量最大、使用最广泛的建筑材料。

2. 我国建筑业混凝土技术的现状

在建筑工程中，混凝土施工是保障建筑工程质量的重要环节。我国建筑业混凝土技术经历了从干硬性到流动性再到大流动性混凝土的发展过程；生产方式经历了从人工操作到全面机械化的转变；产品种类经历了从单一、低强度等级到多样化、高强高性能等形式的转变。现阶段，我国建筑业混凝土技术主要表现出以下几个特点：

（1）预拌混凝土行业增速放缓

预拌混凝土行业发展已有30余年，借助国家近年来的经济发展动力，经过快速增长和积累过程，目前已经成为超过水泥产业规模的基础建材行业。2005年至2014年的年均增速约为28.0%，由于经济转型与产能严重过剩，2015年和2016年的年均增速降至5%左右。如图7-1所示。

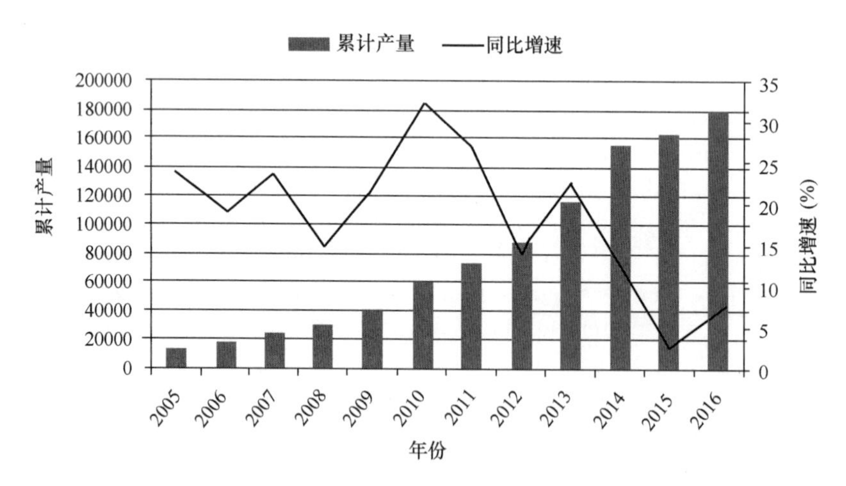

图7-1　2005—2016年全国预拌混凝土产量及增长情况

数据来源：国家统计局、中国混凝土与水泥制品协会。

目前，制约预拌混凝土行业发展的最大瓶颈是：创新乏力，大而不强，产能过剩，弱势难撼。尤其是近年来，在供求关系不断恶化、宏观经济运行持续向下等多重因素的影响下，全行业产销量、经济效益指标下滑，正面临新常态发展周期中的重要转型期。

在今后一个时期，混凝土行业需依靠创新驱动、实现转型升级、提质增效等方式解决产品结构老化、产业集中度不高、生产装备自动化水平不高、创新驱动乏力、行业竞争无序等问题；在传统产业转型升级、可持续、生态化发展中，面临着创新技术、创新产品、创新标准的更新和更高的挑战。

(2) 预拌混凝土行业绿色度提高

在国家全面推行绿色发展的大趋势下，提升混凝土行业绿色发展水平，推行供给侧结构性改革，已成为行业发展的重要方向。一方面，国务院及有关部委近年来相继发布了一系列政策，如2014年发布了《预拌混凝土绿色生产及管理技术规程》JGJ/T 328—2014，成为我国预拌混凝土行业绿色生产统一的标准；2016年发布了《预拌混凝土绿色生产评价标识管理办法（试行）》；北京市、江苏省、福建省等先后发布了省（市）级《预拌混凝土绿色生产管理办法》，经过第三方评价使一些绿色生产不达标的企业强制退出。另一方面，预拌混凝土企业华丽转身成为消纳城市固体废弃物的主力，通过技术创新消纳城市固体废弃物，如建筑垃圾、冶金废渣、矿山固体废弃物等。

(3) 混凝土产品趋向功能化、特色化发展

目前我国的混凝土结构强度等级普遍为C30～C40，C80级及以上的高强高性能混凝土已开始应用，少数超高层建筑也在探索应用C100级及以上高强高性能混凝土及自密实混凝土。

超高泵送混凝土技术的发展和进步是现代混凝土工程的主要标志之一。一方面，化学外加剂技术不断进步，新一代聚羧酸减水剂由于其优良的增强减水作用、坍落度保持效果在减水剂市场得到迅速推广及运用，在大批建设工程中得到广泛应用。另一方面，混凝土泵送理论、泵送设备和施工机械水平的不断提高，也进一步推进了混凝土泵送施工技术的发展和完善，使得大批特殊工程（如大体积、超高层、超远距离等）的施工得以实现，并不断刷新泵送高度和泵送距离的记录。

此外，自密实混凝土、轻骨料混凝土、纤维混凝土、清水混凝土、水下混凝土、抗渗混凝土、喷射混凝土、防辐射混凝土、泡沫混凝土、透水混凝土、装饰混凝土等，不同品种、不同特殊要求的混凝土在各种类型、各种要求的建筑物和环境中都得到了广泛应用。国内高强混凝土应用工程实例见表7-1。

国内高强混凝土应用工程实例　　表7-1

工程名称	混凝土强度等级	工程名称	混凝土强度等级
湖南图书城	C80	武汉中心	C70
沈阳远吉大厦	C100	成都群光广场	C80
北京国家大剧院	C100	天津117大厦	C70
广州新电视塔	C80	上海中心大厦	C70，C120（试验性施工）
广州珠江新城西塔	C80	武汉绿地中心	C80
深圳京基100	C80		

(4) 预拌向预制转型时机来临

发展装配式建筑将推动预拌混凝土向预制混凝土转型，随着国家大力推行装配式建筑、绿色建筑，以及高性能混凝土、地下综合管廊、海绵城市等政策法规的相继出台，预拌混凝土行业转型的时机已经来临。2013年国家发改委与住房和城乡建设部联合下发的

《绿色建筑行动方案》、2016年国务院发布的《关于进一步加强城市规划建设管理工作的若干意见》、2017年住房和城乡建设部发布的《建筑业发展“十三五”规划》等文件中都明确指出要大力发展和推动装配式建筑。2015年9月，由中国工程院土木、水利与建筑工程学部和中国建筑股份有限公司在深圳主办的绿色建造与可持续发展论坛上更指出：“中国建筑工业化程度只有3%～5%，而欧美发达国家的建筑工业化平均达到65%，中国建筑业未来的发展方向就是工业化和绿色建筑”。

截至2016年底，全国已有30多个省市出台了装配式建筑专门的指导意见和相关配套措施，不少地方更是对装配式建筑的发展提出了明确要求。越来越多的市场主体开始加入到装配式建筑的建设大军中。在各方共同推动下，2015年全国新开工的装配式建筑面积达到3500万～4500万m^2，近3年新建预制构件厂数量达到100个左右。

二、混凝土工程施工主要技术介绍

1. 混凝土原材料

1.1 胶凝材料

水泥是混凝土的主要胶凝材料，对混凝土的综合性能起主导作用。目前我国水泥行业完全处于供给结构性过剩的状态（2006—2016年水泥产量增长趋势见图7-2)，2016年5月国务院发布《国务院办公厅关于促进建材工业稳增长调结构增效益的指导意见》，指出停止生产32.5等级复合硅酸盐水泥，重点生产42.5及以上等级产品。针对取消32.5等级复合硅酸盐水泥带来的利弊在全国引起热议，新疆作为先导者，已于2017年5月1日取消全部32.5等级水泥，全面提升水泥产品质量。

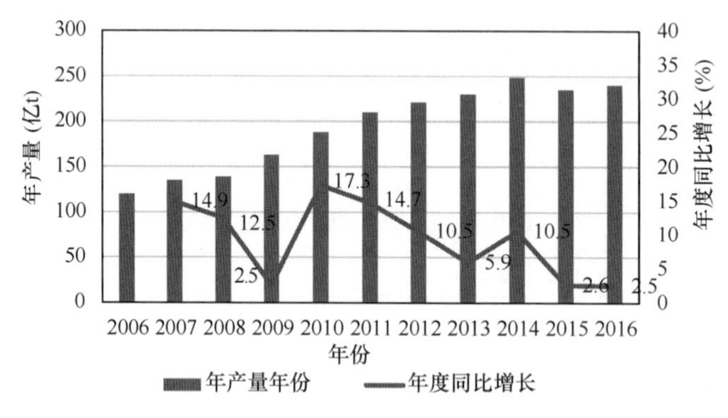

图7-2 2006—2016年水泥产量增长趋势

数据来源：国家统计局。

随着高性能混凝土在全国范围内的推广应用，对于矿物掺合料的积极作用逐渐得到正确认识。目前，粉煤灰和矿粉在混凝土中的应用已较为成熟，复合矿物掺合料以及石灰石粉、磷渣、锂渣、钢渣、建筑垃圾、磨细灰等掺合料在混凝土中应用也越来越广泛，相应的技术标准如《混凝土用复合掺合料》JG/T 486—2015、《钢渣应用技术要求》GB/T 32546—2016相继制定。

1.2　外加剂

现代混凝土技术的快速发展及混凝土种类的多样性，离不开混凝土外加剂的成功应用。目前我国混凝土外加剂品种很多（见图 7-3），其中第三代减水剂——聚羧酸减水剂的市场占有率 2013 年为 50%，2016 年为 73.8%，市场占有率进一步扩大（见图 7-4）。聚羧酸减水剂的发展和应用为混凝土向高强、高性能、高耐久性和多功能的方向发展提供了必要条件。但聚羧酸减水剂也存在对含泥敏感、与水泥适应性不稳定等技术劣势。

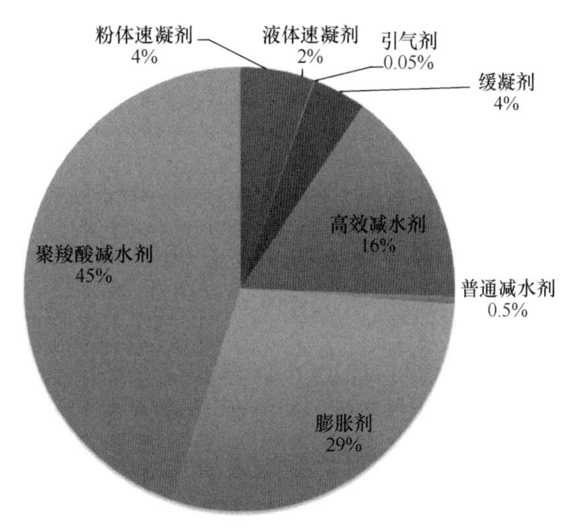

图 7-3　2015 年我国主要混凝土外加剂种类及产量比例

数据来源：混凝土与水泥制品网。

目前，常温合成聚羧酸减水剂技术已广泛推广应用，新型聚羧酸减水剂的研发成为行业关注的热点，例如超支化聚羧酸减水剂、超早强型聚羧酸减水剂等，此外，聚羧酸减水剂专用的复配用辅助性材料在实际工程中得到了一定的应用。

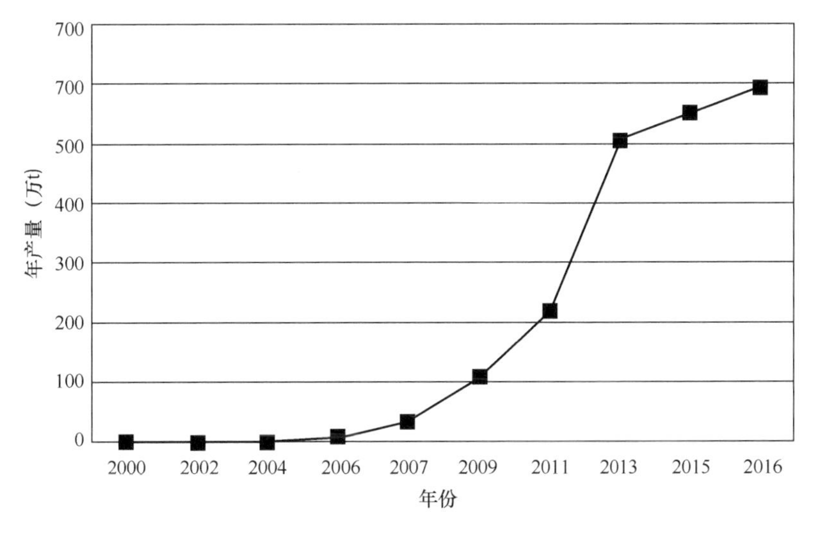

图 7-4　聚羧酸减水剂年度产量（折合 20%含固量）

数据来源：混凝土与水泥制品网、中国混凝土网。

1.3　骨料

2015 年、2016 年混凝土总方量有所下降，但砂石骨料的需求量仍超过 200 亿 t。传统的砂石开采方式对水源和生态环境造成了严重的破坏，混凝土骨料的可持续发展迫在眉睫。自 2015 年 1 月 1 日新版《中华人民共和国环境保护法》实施以来，砂石行业环保被提上日程，2016 年底，《砂石骨料工业“十三五”发展规划》正式发布实施，重点对创建国家级绿色矿山、提高资源综合利用和环境保护水平等进行了明确。

随着固体废弃物循环利用技术的逐步成熟，尾矿及建筑垃圾成为新的骨料来源，同时移动破碎筛分设备将促进建筑垃圾、固体废弃物处理行业的发展，固体废弃物资源化利用是必然趋势。

2. 配合比设计

随着混凝土原材料品质的下降、外加剂技术的飞速发展及混凝土组分的多元化，混凝土的特种化、高性能化、绿色化需求日益增长，混凝土工程施工的难度、复杂程度日益提高，配合比设计理念和方法都在发生着变化，主要体现在：

(1) 设计理念上，混凝土的高性能化、绿色化、高耐久性、高抗裂性及生产成本的经济性能等成为除满足混凝土强度以外，更加注重的设计目标。

(2) 设计方法上，有基于经验参数的设计方法（包括基于实践经验、紧密堆积理论、浆骨比的设计方法）和基于解析的计算方法（全计算法、智能化优化设计方法）两大类。

(3) 施工性能要求上，在满足强度、耐久性的基础上，对混凝土的大流动性、超高泵送性、表面装饰性、异型部件等提出更高的要求。

(4) 绿色与可持续发展理念的提出，再生骨料、掺合料和外加剂技术的发展，以及高性能耐久性的设计要求，给混凝土配合比设计提出了新的课题。

目前各种设计方法都有其针对性和侧重点，不具备普适性，因此，在进行混凝土配合比设计时还需根据工程需求、地域性材料等选择合适的设计方法。

3. 预拌混凝土生产及施工技术

3.1 预拌混凝土生产

(1) 新产品、新应用不断涌现。

随着建筑业的快速发展以及城市建设方式和基础设施建设方式的不断更新，对预拌混凝土性能提出了新要求，高性能混凝土、装饰混凝土得到大量应用，更多功能性的复合型产品在不断推出。

(2) 生产设备不断进步，自动化程度不断提高。

由智能物料输送存储系统、计量系统、搅拌系统、电气控制系统、摄像监视系统和钢结构等组成的具有高效率、环保、节能、模块化等特点的高效环保搅拌楼逐渐进入市场。搅拌楼整体封装，控制系统的逻辑控制、称重显示、数据管理、生产工艺流程、故障在线诊断以及坍落度在线监测等均由控制计算机完成。

(3) 生产过程绿色化程度不断提高。

2016 年 1 月 13 日，住房和城乡建设部、工信部联合发布《预拌混凝土绿色生产评价标识管理办法（试行）》，推广应用高性能混凝土，提高混凝土生产质量和水平，从而促进绿色建材生产和应用。以中建西部建设股份有限公司、中国建筑材料集团有限公司和上海建工集团股份有限公司为代表的一些混凝土企业积极推广预拌混凝土绿色生产技术，从选材、设计、生产、供应和产品等多个方面提出整套解决方案，实现了预拌混凝土生产过程的低污染和绿色化。

(4) 生产过程管理标准化、信息化、智能化程度不断提高。

国内预拌混凝土行业已全面实现生产过程ISO标准质量管理体系。GPS监控定位系统不断完善、ERP生产系统在混凝土企业中进一步推广。

随着制造业与信息技术的融合，“智能化”为实现“绿色化”的预拌混凝土工厂提供了契机，不仅能推动预拌混凝土行业由传统生产向智能生产转变，而且还能将高能耗、高人力成本的工厂向绿色环保的“无人”工厂转变。由中国混凝土与水泥制品协会预拌分会负责牵头起草，中建西部建设股份有限公司主编的《预拌混凝土绿色智能工厂评价技术要求》标准预计将于2019年完成编制，该标准将全面、系统地规范预拌混凝土“绿色化”、“智能化”工厂的建设要求，推进预拌混凝土工厂的转型升级，推动混凝土行业的可持续发展。

3.2 预拌混凝土施工

预拌混凝土施工技术包括混凝土运输、浇筑和养护等。近年来，在混凝土浇筑施工组织及质量控制等方面取得了长足进步。

(1) 传统的泵送方式向泵送能力商品化和泵送产品服务化逐步转变。混凝土设备生产企业为用户提供混凝土泵送解决方案，实现“技术+管理+服务”的全新运营模式，特别是在大体积、超长距离泵送和超高层泵送等特殊施工项目中得以成功运用。

(2) 混凝土性能的改善促进了施工方式的转变和质量控制水平的提高。高性能混凝土的自养护技术、超缓凝混凝土的抗裂缝抗收缩技术、超高层泵送混凝土的低强度等级增黏和高强度等级降黏技术等特殊混凝土的应用对于改善施工性能、提高生产效率具有重要意义。

(3) 混凝土性能检测方式的提高有利于减少质量隐患，保证混凝土的质量。通过对施工阶段的混凝土进行温度监控、利用有限元计算方法进行应力分析等手段，可有效检测和预判混凝土的温度变化，从而有效控制混凝土的开裂。目前，混凝土检测设备不断推陈出新，可依据实际检测需求设计制作专用仪器，有效推动了混凝土性能检测技术的进步。

(4) 预拌混凝土企业自身的管理提升和专业化程度提高，推动了预拌混凝土施工技术进步。一方面，在超大城市综合体混凝土保供、大体量筏板混凝土施工组织等方面愈发成熟；另一方面，冬期施工、夏季施工的经验更为丰富，混凝土质量控制水平进一步提高。

4. 预制混凝土构件生产及施工技术

4.1 预制混凝土构件生产

2016年2月，国务院印发《关于进一步加强城市规划建设管理工作的若干意见》，明确提出装配式建筑“用10年时间实现占新建建筑30%的发展目标”；2016年9月，国务院印发《关于大力发展装配式建筑的指导意见》；2017年3月，住房和城乡建设部印发《“十三五”装配式建筑行动方案》。在国家最高决策层明确要发展装配式建筑，推动新型建筑工业化的号召下，国家和行业陆续出台相关发展目标和方针政策，推进产业化基地和试点示范工程建设。

2017年6月起，由住房和城乡建设部组织编制的《装配式混凝土建筑技术标准》GB/T 51231—2016、《装配式钢结构建筑技术标准》GB/T 51232—2016、《装配式木结构建筑技术标准》GB/T 51233—2016正式实施，但还需继续开展技术体系和评估建设工作，推动相适应的设计、生产、施工、验收和招标投标等监管制度创新。同时，现阶段我国的PC构件企业也面临着诸多问题：设备运行质量不理想；难以实现集团管理信息现代化；缺乏装配式建筑产业配套能力。

近年来，预制混凝土构件生产技术的进步主要体现在两大方面：一是随着套筒灌浆连接技术、浆锚搭接连接技术等新型受力钢筋连接技术的出现，使得现代装配式混凝土结构具有与现浇混凝土结构等同的整体性能、抗震性能和耐久性能；二是随着吊装机具、施工用支撑系统、大型吊车和运输用车等施工设备和技术的长足进步，使得现代装配式混凝土结构进一步实现了工业化建筑提高质量、提高效率、降低成本的目标。

4.2 预制混凝土构件施工

预制装配式施工技术是用起重机及其他运载施工机械将工厂化生产的预制混凝土构件进行组合安装的一种施工技术，具有施工速度快、保证质量、节约人力物力、保护环境等特点。

目前我国预制装配式混凝土自动化生产加工技术应用性开发不足，装配现场缺乏协同使用的标准化吊装与支撑体系，且尚未有国家统一的施工规范和验收标准。只有形成以“装配”为核心的标准化装配工法，建筑、结构、机电、装修全专业协同的系统装配技术，系统化吊装、工装，全过程质量控制技术，将预制装配式施工技术标准化、工厂智能化、技术集成化、管理一体化，才能确保建筑工业化整体策划的效率和质量。

5. 混凝土实体检测技术

混凝土实体检测技术可分为强度非破损检测方法（回弹法、超声法等)、半破损检测方法（钻芯法、拔出法、超声法)、综合法（超声-回弹综合法、超声-钻芯综合法、回弹-钻芯综合法）以及缺陷无损检测方法（超声法、冲击回波法、雷达法、红外成像法、射线成像法等)。

目前，超声-回弹综合法是应用最为成功的综合法，可较全面地测定混凝土的质量，超声-钻芯综合法、回弹-钻芯综合法也开始发展起来。缺陷无损检测方法发展迅速，已普遍应用于工程实际检测中，例如检测混凝土结构内部裂缝、孔洞等缺陷，测定钢筋位置、直径及锈蚀状态，检测饰面剥离、受冻层深度及混凝土耐久性等。

三、混凝土工程施工技术最新进展（1～2年）

近1～2年，混凝土技术取得了较大进展，特别是在混凝土原材料选用、配制技术、施工及特种混凝土、绿色混凝土等方面都体现出了新的变化。

1. 胶凝材料体系的发展及新型矿物掺合料的应用

《建筑材料行业“十三五”科技发展规划》中明确提出了新型节能低碳水泥的发展要求。在“973”项目、“863”项目和自然科学基金等国家科技计划的支持下，低碳、低能耗水泥取得了较快发展。

环保型胶凝材料是在水泥产业逐渐转变发展模式的背景下，针对降低水泥工业资源和能源消耗，减轻并消除环境污染等问题提出的。环保型胶凝材料可消纳大量具有活性的工业废渣，如可作为混凝土掺合料的工业副产品和岩石粉，近年来取得了良好的技术、经济和社会效益，并在工程中得以应用。

2. 机制砂技术的研究进展及工程应用

受环保政策和压力的影响，机制砂的应用逐渐成为混凝土行业可持续发展的方向。《砂石骨料工业“十三五”发展规划》重点对创建国家级绿色矿山、提高资源综合利用和环境保护水平等方面进行了明确；目的是实现可持续发展的目标。近两年，在成都、贵阳、昆明、南宁等西南区域都应用了机制砂，且混凝土强度等级达到 C80 以上。中建西部建设股份有限公司在昆明西山万达项目实现了 C80 低黏自密实机制砂混凝土泵送高度达 305m，创造了 C80 机制砂高强混凝土在我国超高层建筑应用的泵送高度新纪录。

3. 固体废弃物资源综合利用技术的发展及工程应用

固体废弃物资源综合利用技术在国家政策和可持续发展方针的指导下取得了突破性的进步，特别是建筑垃圾资源化利用已列入“十三五”规划纲要（2016—2020 年）中。2016 年 7 月 6 日，住房和城乡建设部发布《住房城乡建设事业“十三五”规划纲要》，要求推广应用绿色建材。以建筑垃圾处理和再利用为重点，加强再生建材生产技术和工艺研发以及推广应用工作，提高固体废弃物消纳量和建材产品质量。固体废弃物资源综合利用代表性项目见表 7-2。

固体废弃物资源综合利用代表性项目统计表　　表 7-2

代表项目	投入（亿元）	产能（万 t/年）	概　况
北京元泰达	1	100	再生骨料、再生砂浆、再生微粉、再生土等
北京首钢	0.6	100	无机混合料，再生混凝土
深圳华威	1.3	100	再生骨料生产线 1 条，年生产再生骨料 30 万 m^3；建筑砌块生产线 6 条，年生产建筑砌块 35 万 m^3
北京丰台中建水务项目	7.96	100	总投资 7.96 亿元，其中土地 2.34 亿元，建筑垃圾资源化处理厂投资 5.62 亿元。包括无机混合料、预制构件、再生混凝土、再生砂浆、砖砌块等生产线

4. 新型外加剂的研究及应用

随着我国基础设施建设的推进，铁路、公路、机场、大坝等工程对混凝土外加剂需求旺盛，使混凝土外加剂行业一直处于高速发展阶段。高性能减水剂具有较高的减水率，是近几年来使用最广的外加剂，以聚羧酸盐类为主要成分的高性能减水剂研究最多。环保型外加剂的大量推广应用，如以六碳不饱和单体作为起始原料开发的新型聚羧酸减水剂具有微引气效应，使混凝土具有良好的松软度和包裹性，在特定条件下能大幅度提高混凝土的泵送性能；以高分子结构为主体的各类黏度调节剂，能有效调整浆体黏度，降低机制砂混凝土黏度，实现超高层泵送。

5. 高强高性能混凝土配制技术与应用

近年来，在高性能外加剂、粉体、骨料技术升级及混凝土行业领军企业的带动下，高强高性能混凝土配制及工业化生产技术越来越成熟，并在全国范围内推广实施。为促进高性能混凝土推广应用，住房和城乡建设部牵头发布了《关于开展高性能混凝土推广应用试点工作的通知》（建标实函［2016］25号）。通知要求在全国范围内，选择试点城市试点项目开展高性能混凝土示范应用工作。

在高性能混凝土试点工作推行的同时，国内针对高强高性能混凝土的收缩裂缝、耐火性能、配制技术、施工技术和结构力学性能等进行了一系列的科研工作。先后制定了《高强混凝土应用技术规程》JGJ/T 281—2012、《高性能混凝土评价标准》JGJ/T 385—2015等规范进行指标控制及配制指导。此外，《高强高性能混凝土用矿物外加剂》GB/T 18736—2017已于2018年2月1日起实施，行业标准《高性能混凝土用骨料》编制工作已启动。

6. 混凝土超高、超远距离泵送技术在理论和实践上的发展

近几年，国内许多城市兴建了地标性的超高层建筑，这些超高层建筑的兴建对混凝土泵送技术提出了更高的要求。2016年6月，天津金隅混凝土有限公司通过2160m水平盘管试验，将C130混凝土泵送到880m模拟垂直高度，使得超高强混凝土超高泵送技术又更进了一步。目前，在我国的实体工程中，混凝土垂直泵送高度已达到620m以上（见表7-3）。

中国高楼排行榜（以混凝土结构高度排名）　　表7-3

序号	大厦名称	所在区域	建筑高度（m）	结构高度（m）	状态
1	天津117大厦	天津	597	596.5	建成
2	绿地中心	武汉	666	590.0	在建
3	上海中心大厦	上海	632	580.0	建成
4	平安国际金融中心	深圳	600	555.5	建成
5	周大福中心	广州	539	477.0	建成
6	环球金融中心	上海	492	474.0	建成
7	环球贸易中心	香港	484	468.8	建成
8	周大福滨海中心	天津	530	443.0	封顶
9	中信大厦（中国尊）	北京	528	440.0	封顶
10	台北101大厦	台北	509	438.0	建成

混凝土工程机械行业在近几年取得了长足发展，许多混凝土泵送技术及设备也达到了世界领先水平，为混凝土超高泵送的实现提供了设备保障。同时，泵送理论的发展也有效地指导了泵送施工的顺利进行。

7. 特种混凝土新技术及工程应用

随着建筑新材料和新技术的不断涌现，混凝土种类也得到了不断细化，逐渐发展出了适应不同环境和需求的特种混凝土、智能混凝土等，并已在工程中得到越来越多的应用。

例如，自修复智能混凝土是模仿自然界生物的再生与恢复机理，使其能够对开裂部位进行自感知、自修复，最终提高混凝土的安全性和耐久性。天津市采用再生剂微胶囊实现

道路自修复（见图 7-5）。试验段已通过为期两年的实际应用验证（见图 7-6），且老化寿命可延长 60%～70%左右。

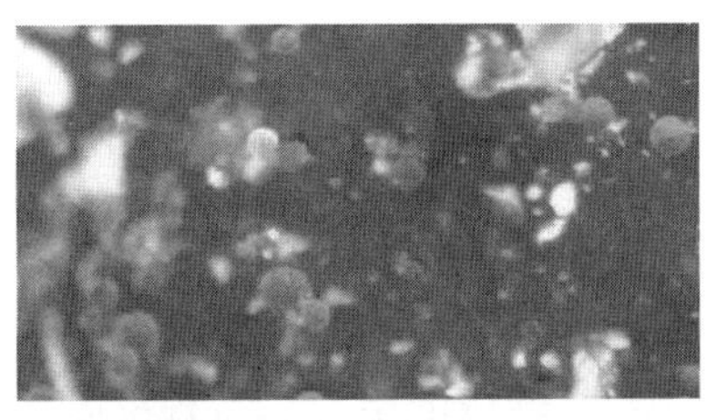

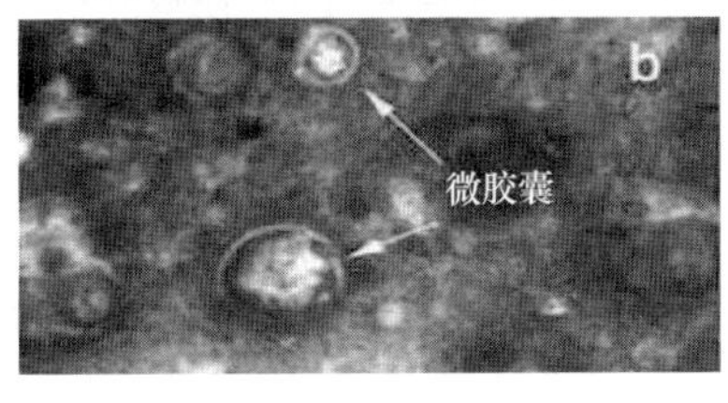

图 7-5　分布在混凝土内部的微胶囊　　图 7-6　天津经济技术开发区测试道路

导电混凝土既可以替代金属起到屏蔽无线电干扰、防御电磁波的作用，又能用作电工材料。采用导电混凝土是一种较为理想的冬季除冰融雪方法，已有案例将其应用在道路和机场工程中（见图 7-7）。

图 7-7　导电混凝土路面

8. 混凝土行业绿色度的提出及实践进展

最近几年，预拌混凝土企业也开始把混凝土与科技、环保理念相融合，发展新型混凝土产品。目前，混凝土材料按照科技含量和绿色环保的发展趋势大体可分为两大类：新材料技术的发展促使混凝土通过复合走向高性能化和高智能化；绿色技术的发展引导混凝土向节能减排和循环利用的方向发展。

为促进混凝土的绿色生产和应用，2016 年，住房和城乡建设部、工信部联合发布《预拌混凝土绿色生产评价标识管理办法（试行）》。截至目前，全国绿色建材评价标识管理平台公示显示，预拌混凝土产品通过评价标识的企业共 155 家，其中三星级企业共 133 家。

四、混凝土工程施工技术前沿研究

2016年8月和10月，中国混凝土与水泥制品协会和工信部分别发布了《混凝土与水泥制品行业“十三五”发展规划》和《建材工业发展规划（2016—2020年）》，提出了混凝土行业未来五年的发展方向。

未来，混凝土技术将会在结构材料领域、特殊混凝土新技术及新材料等方向取得快速发展，具体表现为：建筑工业化、互联网技术与混凝土领域的结合、特种混凝土技术、混凝土3D打印技术、海洋环境下高耐久性混凝土技术、外加剂创新发展技术、绿色混凝土技术。

1. 建筑工业化

目前我国的建筑方式总体上处于传统建造模式阶段，存在质量差、效率低、污染环境等问题。新中国成立以来，对建筑业生产建造方式的转型升级进行了探索，取得了一定的成果：（1）政策支撑体系逐步建立：2013年以来，国家出台了各项政策文件，从国家层面为建筑产业化发展奠定了坚实的基础；（2）技术标准体系逐步完善；（3）初步建立了装配式建筑结构体系、部品体系和技术保障体系；示范试点带动作用逐步显著：截至2016年，全国已批准成立59家住宅产业化基地，11个住宅产业化试点城市，320多个国家康居示范工程。

时至今日，建筑产业化在中国发展了近六十年，但与欧美和日本等发达国家相比，还有很大差距。因此，针对目前的发展瓶颈，应采取以下有效措施：第一，发挥政府推动和引导作用；第二，加大龙头企业、大型产业集团培育；第三，加强技术创新和管理创新；第四，建立健全人才培养储备机制。

2. 互联网技术与混凝土领域的结合

在互联网不断向传统行业渗透中，传统行业亦迫切需要互联网带来新的变革。互联网是技术平台、底层架构，将成为混凝土行业发展的有效支撑。

混凝土行业未来将通过物联网、互联网将地理位置上分散的制造资源全面连通，以灵活和可拓展的方式高效整合资源并共享，不断优化生产组织模式，实现制造过程的协同与资源配置优化，大幅度提升企业生产管理能力。对于互联网技术在混凝土生产过程及输送过程中的运用，可促进施工企业与商品混凝土企业的紧密联系；促进预拌混凝土生产的自动化、智能化，提高效率，降低人工及生产成本；利于品牌建设及提高用户忠诚度；提高服务效率和质量。未来能更好地应用“互联网＋”思维经营企业，能提供更好的用户体验就能获得用户，陈旧的经营思维管理模式将逐步被淘汰。

3. 特种混凝土技术

随着建设工程领域的不断扩大，各类建筑物必须满足不同的环境要求，因此以满足工程建设发展需要的具有不同性能的特种混凝土种类越来越多，如碳纤维混凝土、形状记忆合金混凝土、自愈合混凝土、净化空气混凝土、电磁屏蔽混凝土、温度自监控混凝土、调湿混凝土、抗菌混凝土等，发展越来越快。

特种混凝土具有某项或多项普通混凝土无法达到的技术指标。透光混凝土兼具功能性和装饰性，可降低能源消耗、装饰美化建筑物。目前，中建西部建设股份有限公司自主研发制作的透光混凝土排线机试用成功，突破了透光混凝土工业化生产的瓶颈，已具备工业化生产、广泛推向市场的能力。防辐射混凝土在医院建筑以及核电站工程中具有广泛的应用前景。植被混凝土能实现混凝土与绿色植物相互共存并能缓解生物隔离，符合建筑与生态环境相融合的理念，未来将得到大规模应用。

4. 混凝土 3D 打印技术

近年来，作为新型革命性产业技术的 3D 打印技术引领着时代潮流。混凝土 3D 打印技术是在 3D 打印技术的基础上，运用满足特殊性能要求的混凝土材料，通过逐层粘合堆积成三维物体。

混凝土 3D 打印技术可简化施工过程，减少施工作业人员的数量，提高施工速度，效率可提高 10 倍以上；可实现混凝土的充分利用，降低水泥的使用量，并省去建筑模板，降低生产成本；可实现各种复杂形状建筑的打印，给予设计师更为广阔的设计空间。毋庸置疑，混凝土 3D 打印技术具有广阔的发展前景，但现阶段对混凝土 3D 打印技术的研发还需解决材料、配套设施及规范标准不足等问题。如何实现混凝土 3D 打印关键技术的突破，如何实现规模化生产，如何从根本上颠覆建筑业和混凝土行业，这一系列问题表明混凝土 3D 打印技术还有很长的路要走。

5. 海洋环境下高耐久性混凝土技术

随着人类对海洋的开发，大型建设项目需要大量的混凝土来进行建设和施工，而苛刻的海洋环境下，混凝土面临着钢筋锈蚀、结构破坏的严重问题，每年需耗费巨资进行混凝土的补修。提高海洋环境下混凝土耐久性能的主要措施包括制备高耐久性混凝土、增加保护层厚度以及选用耐腐蚀筋等。其中，海洋环境下高耐久性混凝土制备技术是提高混凝土耐久性的首选。目前，主要通过采用低水胶比、大掺量优质掺合料、加入阻锈剂、优质外加剂及严格质量控制实现。

另外，对耐腐蚀筋材料，如玄武岩纤维筋、碳纤维筋、玻璃纤维筋在混凝土中的应用研究是现阶段的热门方向。混凝土与这些筋材结合，可明显提高混凝土的抗腐蚀能力。

6. 外加剂创新发展技术

现代混凝土技术的发展，离不开外加剂的成功应用。未来外加剂技术发展主要体现在以下几个方面：可发挥多重效果的复合型外加剂、可利用工业废料的环保型外加剂、不含氯的无腐蚀性外加剂的研制；品种更加齐全、性能不断提高，比如优质引气剂、新型高性能膨胀剂和内养护剂的开发；针对掺外加剂提高混凝土耐久性问题展开研究；外加剂自动化生产逐渐普及；外加剂生产逐渐步入清洁化、绿色化生产阶段。

7. 绿色混凝土技术

混凝土每年不仅消耗大量的矿产资源和能源，同时还排放大量的二氧化碳。混凝土能否长期作为最重要的建筑结构材料，关键在于能否成为低资源消耗、环境友好、高耐久性和可循环利用的绿色材料。未来绿色混凝土技术主要体现在：（1）能充分利用建筑垃圾、工业废弃物等固体废弃物的绿色混凝土技术的研发和推广；（2）高耐久、高性能混凝土的推广，延长结构寿命，减少维护成本；（3）预拌混凝土的绿色化生产；（4）混凝土原材料的绿色化生产。

五、混凝土工程施工技术指标记录

1. 混凝土强度指标记录

1.1 试验室配制

重庆大学的蒲心诚、王冲等采用常规原材料及普通制备工艺，制成了90d抗压强度达到175.8MPa、365d抗压强度达到182.9MPa的混凝土。

南京理工大学的崔崇、崔晓昱选用熔炼石英粉作为硅质原料，加入钢纤维、陶瓷微珠等材料，配制出了抗弯曲强度达到101.2MPa、抗压强度达到406.4MPa的超高性能RPC混凝土。

1.2 实体结构应用

北京交通大学与铁道部相关部门合作对RPC混凝土在铁路工程中的应用进行了多项专题研究，成功研制出200MPa级RPC混凝土，用于青藏铁路襄渝二线铁路桥梁（T梁）人行道板及迁曹线上低高度梁中。

1.3 预拌混凝土强度指标记录

2016年11月，中建西部建设股份有限公司利用预拌混凝土生产工艺采用常规原材料成功生产出了C150超高强泵送混凝土。

2. 大体积混凝土指标记录

2.1 高强大体积混凝土指标记录

2014年8月至2014年9月，中建西部建设股份有限公司完成了武汉永清商务综合区A1地块塔楼底板C60混凝土的浇筑（见图7-8），一次性连续浇筑方量2.5万m^3，底板平均厚度4.5m，最大厚度11.7m，就混凝土强度等级和一次性连续浇筑而言，在土木建筑

图7-8 武汉永清商务综合区A1地块塔楼底板施工

底板施工方面为首次。

2.2　普通大体积混凝土指标记录

天津 117 大厦工程主楼区域（D 区）大筏板历时 82h 连续浇筑（见图 7-9），顺利完成 6.5 万 m^3 超大体积底板混凝土浇筑，一次性浇筑厚度 10.9m，为国内外连续浇筑方量最大的筏板混凝土工程，采用无线跟踪测温结合动态养护方法保证混凝土浇筑质量，创下民用建筑大体积底板混凝土世界之最。

图 7-9　天津 117 大厦大筏板施工

3. 超高泵送指标记录

3.1　超高强混凝土泵送高度记录

2016 年 11 月 19 日，中建西部建设湖南有限公司利用常规预拌混凝土生产线生产出了 C150 超高强高性能混凝土，并在长沙国际金融中心项目一次性泵送至 452m 的高度（见图 7-10）。

图 7-10　长沙国际金融中心 140～160MPa 超高强高性能混凝土 452m 泵送中试

3.2　高强混凝土泵送高度记录

2015 年 9 月 8 日，由中国建筑所属中建三局承建、中建西部建设股份有限公司独家供应混凝土的天津 117 大厦主塔楼核心筒结构成功封顶，一举将 C60 高强混凝土泵送至 621m 高度，创下混凝土泵送高度吉尼斯世界纪录（见图 7-11）。

3.3　轻集料混凝土泵送高度记录

2015 年 11 月 13 日，中建商品混凝土有限公司成功将 LC40 轻集料混凝土泵送至武汉

图 7-11　天津 117 大厦创混凝土泵送高度之最

中心第 88 层楼顶，垂直泵送高度达到 402.150m，刷新了国内外轻集料混凝土泵送高度新纪录（见图 7-12）。

图 7-12　轻集料混凝土泵送高度新纪录

4. 再生骨料混凝土指标记录

4.1　试验室配制

重庆大学的宋瑞旭、万朝军等选用建筑垃圾再生骨料配制混凝土，制成的混凝土 28d 抗压强度可达到 54.9MPa，全部应用再生骨料配制的混凝土 3 年龄期抗压强度可达到 96.1MPa。

中国建筑材料科学研究总院的刘立、赵顺增等采用再生骨料部分取代或者全部取代粗骨料配制 C20～C60 强度等级的混凝土，配制出了 28d 抗压强度达到 71.6MPa、60d 抗压强度达到 80.2MPa 的再生骨料混凝土。

4.2　工程应用强度指标记录

浙江大学结构工程研究所的孟涛等利用经过纳米 SiO_2 改性处理的再生粗骨料配制混凝土，并应用在杭州某框架结构中，180d 实体监测强度达到 37.5MPa。

中建西部建设股份有限公司目前已应用建筑垃圾再生骨料成功制备了 C10～C50 混凝土。2015 年，中建西部建设股份有限公司应用再生骨料取代 40%天然骨料制备了 C20 再生混凝土，并应用于西安润景怡园项目地辐热工程，其 28d 强度达到了 24.1MPa。2016 年至 2017 年，用再生骨料替代 20%天然骨料制备了 C30 再生混凝土，并应用在绿地国际花都、恒大都市广场项目中，其 28d 强度达到了 37.2MPa。

新加坡于2011年开始允许在建筑结构中应用再生混凝土材料，但规定再生骨料用量不能超过20%。国内建筑中三和环保大厦、淡宾尼总汇、和合大厦均是采用再生混凝土的获奖建筑。

六、混凝土工程施工技术典型工程案例

1. 武汉中心

武汉中心工程（见图7-13）应用了强度等级C40、抗渗等级P8的超厚大体积低收缩底板混凝土、低热低收缩高强自密实大体积混凝土、高抛自密实混凝土、轻骨料混凝土等众多综合性能要求高、施工难度大的混凝土。施工关键技术主要体现在：

图7-13 武汉中心

（1）武汉中心大体积底板混凝土总方量为30000m^3，设计强度等级为C40、抗渗等级为P8，塔楼底板最厚处达10.5m，通过温升控制技术保证了底板混凝土未出现温度裂缝，确保了工程质量。

（2）承重结构部位大量采用了单片连续式钢板-外包混凝土组合剪力墙结构，混凝土同时受到温度变形、收缩变形等引起的内应力和外部钢筋、钢板栓钉的约束应力，极易出现开裂风险，通过采用低热低收缩混凝土技术有效解决了开裂难题，并取得了较好的效果。

（3）工程为塔楼，采用“混合结构的框-筒体系”，外框架柱采用圆形钢管柱，柱内混凝土采用高抛自密实方式浇筑，混凝土在输送过程中具备较好的工作性，并在柱内达到了自密实效果。

（4）工程使用的轻骨料混凝土干表观密度$<$1900kg/m^3，28d强度达50MPa，坍落度3h零损失，垂直泵送高度达402.15m。

2. 昆明西山万达广场

昆明西山万达广场为城市综合体项目（见图7-14），建筑结构形式为桩基础、筏板基础+框架核心筒+钢结构，设计使用年限为50年，结构安全等级为一级，抗震设防烈度为8度。

项目B区南北塔楼均为超高层建筑，采用的混凝土强度等级为C30～C60。9号楼67层洞口，设计高度为292m；停机坪设计高度为305m，两处实际浇筑采用C80低黏自密实机制砂混凝土。

基于此项目，中建西部建设股份有限公司研制了一种超长保坍性能的降黏型外加剂，保证混凝土0～6h工作性能无损失，和易性良好，满足自密实性能，可有效降低混凝土的黏度；运用模拟实验测算其理论泵送高度；浇筑过程中创造了C80低黏自密实机制砂混

图 7-14 昆明西山万达广场效果图

凝土泵送高度 305m 的纪录。

3. 济南轨道交通 R1 线工程

济南轨道交通 R1 线工程全长 26.1km，共有 11 座车站，是全国首条全清水混凝土轨道交通工程。

中建西部建设股份有限公司开展了清水混凝土原材料指标要求、清水混凝土专用配合比设计、表观质量评价、生产与施工技术研究等一系列关键技术研究，形成了清水混凝土制备与施工成套关键技术，为我国清水混凝土的大规模施工与应用奠定了坚实的技术基础。

截至目前，该工程墩柱、车站全部使用现浇清水混凝土，一次成型，无需任何装饰，实现了结构免抹灰、免装饰、光洁如镜、高质清水的效果（见图 7-15）。

图 7-15 济南轨道交通 R1 线工程

4. 湘江欢乐城冰雪世界

湘江欢乐城冰雪世界是迄今为止世界最大的室内冰雪乐园与水上乐园相结合的主题乐园（见图 7-16），总建筑面积为 9.7 万 m^2。项目利用废弃采石矿坑为基地进行建造，矿坑呈不规则形状，地形复杂。地块面积约为 18 万 m^2，地块最大高差达 100m，主体结构采用强度等级 C60、抗渗等级 P10 和强度等级 C40、抗渗等级 P10 的高性能混凝土。

矿坑主体结构混凝土采用“溜管溜送＋罐车转运＋泵送”方式进行运输、浇筑，混凝土输送总长度达800多m，其中混凝土溜送距离80m，高差50m，多种输送方式的转换要求混凝土保持优异的工作性能。中建西部建设股份有限公司借助混凝土超高泵送技术经验，结合工程特点，采取有效管控措施，确保了混凝土远距离高落差输送和浇筑施工的顺利进行。

图7-16　湘江欢乐城冰雪世界工程效果图

参考文献

[1] 戴显明．宏观经济增速放缓环境下，我国混凝土行业科学发展的策略分析——在中国建筑业协会混凝土分会2012年年会上的讲话[J]．混凝土，2012(11)：1-3.

[2] 徐永模．混凝土绿色发展战略与技术路线[M]//中国混凝土与水泥制品工业年鉴，2014：249-250.

[3] 冷发光，王永海，周永祥，等．高强混凝土的研究应用和发展趋势[J]．商品混凝土，2011(2)：25-29.

[4] 王骅，过培军．2011年中国聚羧酸系减水剂市场现状及发展前景[J]．混凝土世界，2011(9)：12-17.

[5] 孙振平，杨辉．国内聚羧酸系减水剂的研究进展与展望[M]//中国混凝土与水泥制品工业年鉴，2014：240-243.

[6] 混凝土机械企业发展现状简析[M]//中国混凝土与水泥制品工业年鉴，2014：348-352.

[7] 刘家宇．天津117大厦混凝土泵送高度刷新吉尼斯纪录[N]．中国新闻网，2015-09-09.

[8] 绿色建造与可持续发展论坛开幕——院士聚深圳领航未来[N]．中国新闻网，2015-09-24.

[9] 建筑工业化的现状与问题[N]．中国工程建设网，2015-08-27.

[10] 刘莎，伊蕾．混凝土配合比设计方法的研究进展[J]．山西建筑，2016，42(2)：96-98.

[11] 莫涛，李红．大体积混凝土温控措施[J]．施工技术，2013(7)：75-78.

[12] 严薇，曹永红，李国荣．装配式结构体系的发展与建筑工业化[J]．重庆建筑大学学报，2004，26(5)：131-136.

[13] 陈绍游．大跨度钢箱梁的制作与分段吊装技术研究与应用[D]．重庆：重庆大学，2005.

[14] 张小琼，王战军．混凝土无损检测方法发展及应用[J]．无损检测，2017，39(4)：1-5.

[15] 冷发光，何更新，周永祥，等．高强高性能混凝土——混凝土技术发展方向[C]．第十四届全国混凝土及预应力混凝土学术会议论文集，2007：69-76.

[16] 混凝土“爬楼”880米[N]．首都建设报，2015-06-20.

[17] 田媛．解读天津117大厦：中国结构第一高楼(图)[N]．天津日报，2015-09-09.

[18] 赵筠. 混凝土泵送性能的影响因素与试验评价方法[J]. 江西建材，2014(12)：6-32.
[19] 陈景，兰聪，甘戈金，等. 自修复混凝土材料的研究与发展[J]. 混凝土世界，2017(Z1)：65-67.
[20] 刘数华，汤婉. 导电混凝土及其在道路工程中的应用综述[J]. 混凝土世界，2017(4)：54-59.
[21] 胡宇锋. 我国住宅产业化发展现状及对策研究[D]. 荆州：长江大学，2016.
[22] 孙继成，莫春辉. 论商品混凝土实现"互联网＋"价值与意义[C]. "改变的力量"2016 全国商品混凝土可持续发展论，2016.
[23] 王磊恒. 特种混凝土的施工及特点[J]. 中国集体经济，2013(18)：45-46.
[24] 朱宏军. 特种混凝土和新型混凝土[M]. 北京：化学工业出版社，2004.
[25] 中建西部建设突破透光混凝土工业化生产瓶颈[N]. 中国经济导报，2014-12-17.
[26] 骆言. 重晶石防辐射混凝土施工技术概述[J]. 建筑工程技术与设计，2016(16)：156.
[27] 陶祥令，刘辉，程雷. 植被生态混凝土制备工艺研究进展[J]. 材料导报，2016，30(13)：152-158.
[28] 梁胜文. 城市综合管廊相关问题探讨[J]. 工程技术(全文版)，2017(2)：76.
[29] 李全民，颜成文，唐国华. 预制混凝土制品在城市综合管廊和海绵城市建设中的应用研究[J]. 江苏建材，2016(5)：57-63.
[30] 曹生龙. 开发研制用于市政综合管廊的新型混凝土涵管——为建设"美丽中国"助力[J]. 混凝土与水泥制品，2013(4)：21-28.
[31] 孙玲，李宪. 3D 打印技术的发展现状[J]. 科技经济市场，2017(4)：36-37.
[32] 苏有文，李超飞，杨婷惠，等. 3D 打印混凝土技术的建筑工程应用研究[J]. 建筑技术，2017，48(1)：98-100.
[33] 夏雄平. 3D 打印混凝土材料及混凝土建筑技术进展[J]. 工业 c，2016(1)：78.
[34] 王子明，刘玮. 3D 打印技术及其在建筑领域的应用[J]. 混凝土世界，2015(1)：50-57.
[35] 李福平，邓春林，万晶. 3D 打印建筑技术与商品混凝土行业展望[J]. 混凝土世界，2013(3)：28-29.
[36] 刘年平，肖博. 海洋环境中钢筋混凝土耐腐蚀性能研究[J]. 混凝土，2016(6)：9-11.
[37] 杨校宇，唐军务. 海洋环境下混凝土结构耐久性问题研究现状[C]. 全国预拌混凝土绿色生产和转型升级研讨会暨 2015 中国混凝土企业家高峰论坛，2015.
[38] 陈海燕，李明明，毛江鸿，等. 海水侵蚀环境对混凝土早期耐久性的影响及养护措施[J]. 混凝土，2016(4)：43-45.
[39] 李洁峰. 海洋环境下 FRP 筋混凝土梁的时变可靠度研究[D]. 大连：大连理工大学，2016.
[40] 胡森华. 纤维增强塑料筋在混凝土结构中的应用研究[J]. 城市建设理论研究(电子版)，2016(10).
[41] 李本秀. 我国混凝土外加剂存在问题及发展趋势[J]. 工程技术(文摘版)，2016(8)：288.
[42] 刘超. 我国混凝土外加剂现状和展望[J]. 工程技术(全文版)，2016(5)：4.
[43] 王冲. 特超强高性能混凝土的制备及其结构与性能研究[D]. 重庆：重庆大学，2005.
[44] 崔晓昱. 300MPa-400MPa 超高强混凝土结构与性能研究[D]. 南京：南京理工大学，2016.
[45] 朱卫东. 混凝土超高强化制备及机理研究[D]. 武汉：武汉理工大学，2010.
[46] 曾平. 大混合材掺量超高强混凝土配制技术研究[D]. 北京：中国矿业大学，2014.
[47] 一"泵"即达 452 米刷新国内超高性能混凝土泵送高度纪录[N]. 湖南日报，2016-11-20.
[48] 宋正林，葛志鹏，杨文. 永清 C60 底板高强大体积混凝土工程应用[J]. 广东建材，2005，44(1)：68-70.
[49] 刘玉亮，唐玉超，罗作球. 天津高银 117 大厦超大体积筏板混凝土浇筑施工组织创新及关键技术[J]. 广东建材，2004，43(18)：16-19.

［50］ 中建西部建设创造混凝土实际泵送高度吉尼斯世界纪录［N］. 凤凰网，2015-09-08.
［51］ 宋瑞旭，万朝均，王冲，等. 高强度再生骨料和再生高性能混凝土试验研究［J］. 混凝土，2003(2)：29-31.
［52］ 刘立，赵顺增，曹淑萍，等. 高性能再生骨料混凝土力学性能的研究［J］. 混凝土与水泥制品，2011(6)：1-4.
［53］ 朱勇年，张鸿儒，孟涛，等. 纳米 SiO_2 改性再生骨料混凝土工程应用研究及实体性能监测［J］. 混凝土，2014(7)：138-144.

第八篇　钢结构工程施工技术

主编单位：中建钢构有限公司　陈振明　周鹏熙　汪晓阳

摘要

近年来，钢结构因其具有质量轻、抗震性能好、绿色环保等特点，广泛应用于场馆、超高层、桥梁、住宅等建筑领域。随着钢结构工程的逐渐兴起，钢结构制造技术从最初的手工放样、手工切割演变成采用数控、自动化制造设备加工钢构件。随着信息化的应用，钢结构制作已渐渐步入智能化制造时代。与此同时，钢结构安装技术也取得了长足的发展，每年大量的安装技术得以挖掘，城市的天际线也不断被刷新。本篇将结合钢结构技术介绍和典型工程实例分析，全面细致地介绍钢结构工程施工技术的发展成就和未来趋势。

Abstract

In recent years, because of steel structure has low weight, seismic performance good, green environmental protection, etc, widely used in stadiums, super high rise building, bridge, residence and other construction fields. With the development of steel structure engineering gradually rise, steel structure manufacture technology from the original manual lofting, manual cutting to today's numerical control, automated manufacturing equipment to product steel structure members. With the popularization of information technology, steel components has been gradually into the era of intelligent manufacturing. In the meantime, steel structure installation technology has also made great progress. Every year a large number of installation technology to mining and the city's skyline has been refreshed constantly. This article introduces the development achievements and the future tendency of steel structure engineering technology with steel structure technology presentation and typical project examples analysis.

一、钢结构工程施工技术概述

1. 钢结构工程技术定义

钢结构是以钢材制作为主的结构，主要由型钢和钢板等制成的钢梁、钢柱、钢桁架等构件组成，各构件或部件之间通常采用焊缝、螺栓或铆钉连接，是主要的建筑结构类型之一。

钢结构工程技术是以钢结构工程为对象的实际应用的技术总称，包括钢结构材料、制造、施工、检测等技术。

2. 高性能钢应用技术概述

高性能钢有狭义和广义之分，狭义的高性能钢为集良好强度、延性、可焊性等力学性能于一体的钢种；而广义的高性能钢为具有某一种或多种特殊力学性能的钢材。我国的高性能钢可以分为高性能建筑结构用钢、耐候钢、耐火钢等。

近些年，大批形式复杂、使用功能要求高的钢结构工程逐步兴建，这对钢材性能提出了更高、更新的要求，促使结构用钢不断完善性能、研发新品种。

3. 钢结构制造技术概述

钢结构制造技术是指以钢材为主要材料，制造金属构件、金属零件、建筑用钢制品及类似品的生产活动，主要包括深化设计、加工制造两部分。

深化设计是钢结构制造的源头，目前深化设计工作采用虚拟建模的手段，应用计算机完成建模后，由详图软件自动生成构件的信息，极大地提高了钢结构深化设计水平和效率。

1952 年，美国麻省理工学院成功研制了第一台数控机床，推动了包括钢结构制造在内的自动化发展。此后，数控切割、自动焊接及流水线作业等钢结构制造工艺的不断创新，大幅度提高了生产效率。

4. 钢结构施工技术概述

钢结构施工技术是围绕着现场安装的顺利实施和质量控制的综合施工技术，主要包括构件安（吊）装、钢结构测量、钢结构焊接以及防腐涂装等。

钢结构安装设备应用及施工方法多样，1996 年建成的深圳地王大厦采用了“卷扬机、扁担和滑轮组自行提升”的塔式起重机支撑系统安装爬升技术和“大塔互拆、以小拆大、化大为小、化整为零”的大型塔式起重机拆除技术。广州白云机场维修库顶部桁架采用计算机控制整体提升施工方法，提升跨度达 237m，提升质量 3000 余 t。

同时现场焊接工艺、施工测量技术等的提升和改良也为钢结构工程的安装质量提供了保障。如在深圳发展中心大厦建设过程中，国内首次引进了 CO_2 气体保护焊焊接工艺；测量技术由单一的靠人工测量发展到后来的智能测控技术，大幅度提高了安装质量、精度和效率。

5. 钢结构检测技术概述

钢结构检测包括原材料、焊材、焊接件、紧固件、焊缝、螺栓球节点、涂料等材料和工程的全部规定的试验检测内容。

钢结构检测技术主要包括力学性能检测、钢结构金相检测分析、钢结构化学成分分析、钢结构无损检测、钢结构应力测试和监控、涂料检测、盐雾试验等。

二、钢结构工程施工主要技术介绍

1. 高性能钢应用技术

钢材与其他材料相比具有如下特点：强度高，结构质量轻；材质均匀，且塑性、韧性好；良好的加工性能和焊接性能；延性好，抗震性好；环境友好，施工垃圾少。正是由于钢材的优良特性，随着我国经济的不断发展和科学技术的进步，钢结构在我国的应用范围也在不断扩大。目前钢结构应用范围大致如下：大跨结构、工业厂房、受动力荷载影响的结构、多层和高层建筑、高耸结构、容器和其他构筑物、轻型钢结构、钢和混凝土的组合结构。

2. 钢结构制造技术

2.1　深化设计

钢结构深化设计，主要是针对设计总图中关于钢结构部分进行优化和细化。一般来说，原始设计图纸是从满足建筑物功能要求出发进行钢结构设计，主要考虑点是满足建筑外观、使用功能、结构强度要求。而深化设计，主要从实际施工角度出发，对于使用原始图纸进行钢结构施工过程中可能遇到的一系列问题作出细化调整，在实际开始施工前就解决了这一系列问题。

因此深化设计的内容也包括了对原图纸不合理之处作出调整，对原图纸不详细部分进行补充。

2.2　加工制造

待深化图出图、制作材料采购、技术准备等均完毕后，便可进行钢结构构件的加工制作。从材料到位到构件出厂，一般包含如下工序内容：（1）钢板矫平；（2）放样、号料；（3）钢材切割；（4）边缘、端部加工；（5）制孔；（6）摩擦面加工；（7）组装；（8）焊接；（9）钢构件除锈、防腐。

3. 钢结构施工技术

3.1　起重设备和安装技术

钢结构施工起重设备通常包括塔式起重机、汽车起重机、履带起重机、桅杆式起重设备、捯链、卷扬机、液压设备等类型。其中，塔式起重机、汽车起重机、履带起重机为最重要的起重设备。

采用这些设备进行安装的方法主要有：高空散装法、分条或分块安装法、整体吊装法、整体顶升法、整体滑移法、分单元累积滑移法、分条分块滑移法、折叠展开法等。

3.2 测量校正技术

钢结构施工常用测量仪器主要有：经纬仪、水准仪、测距仪、全站仪、激光铅直仪。测量时应遵循“先整体后局部、由高等级向低等级精度扩展”的原则。平面控制一般布设三级控制网，由高到低逐级控制。

3.3 焊接技术

焊接技术就是在高温或高压条件下，使用焊接材料（焊条或焊丝）将两块或两块以上的母材（待焊接的工件）连接成一个整体的操作方法。焊接技术主要应用在金属母材上，常用的有电弧焊、氩弧焊、CO_2 气体保护焊、氧气-乙炔焊、激光焊接、电渣压力焊等焊接技术。

焊接是一个局部迅速加热和冷却的过程，焊接区由于受到四周工件本体的拘束而不能自由膨胀和收缩，冷却后在焊件中便产生焊接应力和变形。重要产品焊后都需要消除焊接应力，矫正焊接变形。

4. 钢结构检测技术

力学性能检测主要包括钢材力学检测和紧固件力学检测。其中钢材力学检测包括拉伸、弯曲、冲击、硬度等；紧固件力学检测包括抗滑移系数、轴力等。

金相检测分析是对钢结构所使用的钢材进行金相分析，包括显微组织分析、显微硬度检测等。

化学成分分析是对钢结构所使用的钢材进行化学成分分析。

无损检测就是利用声、光、磁和电等特性，在不损害或不影响被检对象使用性能的前提下，检测被检对象中是否存在缺陷或不均匀性，给出缺陷的大小、位置、性质和数量等信息，进而判定被检对象所处技术状态（如合格与否、剩余寿命等）的技术手段。主要包括超声检测、射线检测、磁粉检测、渗透检测等。

应力测试和监控是对钢结构安装以及卸载过程中关键部位的应力变化进行测试与监控。

涂料检测是对钢结构表面涂装所用的涂料进行检测。

三、钢结构工程施工技术最新进展（1～2年）

1. 高性能钢应用技术的新进展

高性能钢由于具有强度高、延性好、可焊性强和耐候性强等优势，已逐渐在高层和大跨度建筑以及公路桥梁中推广使用。目前，我国已开始高性能钢的生产，但有关高性能钢的规范尚不完善。

我国的结构钢主要分为碳素结构钢和高强度低合金钢。在国家标准《低合金高强度结构钢》GB/T 1591—2008 中规定了 Q345、Q390、Q420、Q460、Q500、Q550、Q620、Q690 八个强度等级，新增加了 Q500、Q620、Q690 三个强度等级，但目前在建筑业工程中的应用基本为空白。

在桥梁结构用钢上，国家标准《桥梁用结构钢》GB/T 714—2015 中罗列了 Q345q、Q370q、Q420q、Q460q、Q500q、Q550q、Q620q、Q690q 八个强度等级，目前应用的最高强度级别为用于沪通长江大桥项目的 Q500q，为国内现有桥梁建设使用的最高强度级别。

2. 钢结构制造技术的新进展

2.1　深化设计

近些年，造型优美、形态各异的大跨度公共建筑的涌现，使得弯扭构件大规模出现。弯扭构件的造型特点为：构件的形心轴线为一条空间曲线，其横截面从曲线起点到终点，绕曲线的切向量连续转动。由于板件弯扭、构件形状各异，导致构件定型、定位困难且无法批量深化和加工，使得弯扭构件的深化设计和加工制作都非常复杂。针对空间弯扭结构三维造型特点、展开放样规律和加工工艺要求，国内许多公司在基于 Tekla Structures 和 Auto CAD 等软件的基础上进行了二次开发，如基于 Auto CAD 的专业深化软件包——CSDI，此软件已成功应用于北京新机场、昆明新机场、福州奥体中心等大型复杂工程中。

BIM 以其先进的理念及在工程中成功的应用也受到越来越多的关注，钢结构详图深化设计软件 STXT 基于其思想进行了开发，采用以三维模型数据为核心，参数化建模及读取 PKPM 结构设计模型来完成模型搭建，进行详图设计。通过三维模型自动生成全套施工图纸及进行工程量统计，极大地提高了深化设计的效率。

2.2　加工制造

现代钢结构制造发展的趋势是使用信息化、自动化、绿色化的制造装备和工艺来生产各类钢结构构件。

目前，国产数控加工装备产品系列已全面覆盖了机械、电力、通信、铁道、交通、石化、建筑等领域的钢结构产品的加工制造。通过智能设备的使用，如全自动等离子火焰切割机、自动拼板机、链式分拣工作台、数控钻锯铣床、程控行车、焊接机器人、走动导引运输车等，实现了钢结构全生产线智能化。

鉴于传统的清根焊接工艺存在环境污染、人工劳动强度大、材料浪费多等缺点，人们更倾向于探索节能环保的加工方法。目前通过借助双丝双弧埋弧焊设备，总结出了大钝边大坡口大电流的不清根焊接技术，最终获得了与传统清根全熔透工艺相同的焊接质量。

近两年钢结构智能制造在国内吹响号角，如中建钢构有限公司将在其华南制造基地二期的建设中探索引入工业机器人、AGV 无轨自动运输车、RFID 识别、智能仓储物流、MES 系统（制造企业生产过程执行管理系统）、ERP 系统（企业资源计划管理系统）、工业大数据分析等“工业 4.0”先进模块，寻求对行业传统加工模式的颠覆性突破，打造中国最先进的建筑钢结构制造旗舰。

3. 钢结构施工技术的新进展

3.1　超高层钢结构施工技术

3.1.1　塔式起重机应用技术

目前，超高 1100m 的迪拜塔项目正在建设中，随着超高层钢结构建筑高度的不断攀升，重型动臂式塔式起重机在超高层施工领域的应用越来越广泛。常用型号有法福克公司生产的M900D、M1280D型和中昇建机生产的ZSL1250和ZSL2700型等。附着方式也呈多样化趋势，如核心筒内爬、核心筒外爬和集成于钢平台型、廻转塔基型。

北京中国尊项目M900D塔式起重机与智能顶升钢平台系统通过一体化设计，使M900D塔式起重机集成于顶升钢平台系统，实现了塔式起重机与顶升钢平台同步顶升，大大提高了爬升效率。

成都绿地中心项目通过设计一种可整体自动顶升的回转式多吊机基座，回转平台可360°回转，并实现了4台塔式起重机的同步提升，在节省工期和措施费用上取得了良好成效。

3.1.2　顶部封闭条件下钢结构吊装技术

目前超高层核心筒施工越来越多采用顶模施工，这就导致了核心筒顶部与底部空间封闭，核心筒内钢梁等钢构件吊装困难的情况产生。

顶模下部核心筒钢构件的吊装放弃使用塔从上就位的传统方法。在顶模下部设置可以自行爬升的桁车吊系统，作为核心筒内钢构件吊装设备。桁车吊系统可以在核心筒内部水平移动原位提升构件。桁车吊系统四边与核心筒墙体附着，通过构附着件与轨道可以沿墙体爬升。目前，该方法已在天津117大厦、北京中国尊大厦两个项目使用。

3.1.3　焊接技术

随着建筑高度的增加和规模的增大，施工现场环境越来越复杂，出现了大型、复杂、超长超厚板工程的焊接，现场焊接难度大。近两年现场焊接技术在焊接自动化、铸钢件焊接、复杂截面焊接和机器人自动焊接等方面取得了一系列技术成果。

深圳平安金融中心项目八面体多棱角200mm厚铸钢件截面复杂、材料特殊、焊接厚度大，现场通过模拟试验创新施工工艺，实现了世界上首例200mm超厚铸钢件现场焊接。

广州东塔项目研发了自动埋弧横焊接技术，开发出了超高空超厚板材原位现场焊接自动化设备，该设备具有轻型化、一体化等特点。

机器人自动焊接技术在现场的应用能够有效提高焊接效率、减轻工人劳动强度，对于超高层巨型钢结构超大截面、超厚板的焊接，挂壁式焊接机器人能够有效克服人工作业连续性差、质量控制难等施工难点。

3.1.4　超长、超厚、超低温钢板剪力墙全过程变形控制技术

我国对钢板剪力墙结构的研究与应用仍处于起步阶段，值得注意的是，在复杂工程的背景下，钢板剪力墙的应用往往会遇到很多前所未见的新难题，这就更需要紧密结合理论和工程实际，总结经验，才能形成一套有效的解决方法，进而促进钢板剪力墙结构的发展。

国内施工研究团队通过工程研究与实践，提出了超长、超厚、超低温钢板剪力墙全过程变形控制技术：（1）创建了复杂环境（超低温－30℃）下钢板剪力墙的焊接工法；（2）研发出一套“约束板＋约束支撑”双重控制方法，建立了包括施工顺序、约束位置确定等在内的焊接变形控制技巧与残余应力消除技术；（3）提出了芯筒结构中组合钢板墙制作和安装单元划分原则，发明了钢板墙构件制作专利；（4）开发了钢板墙之间采用高强度螺栓与焊接混合连接方法及设计方法，得出了焊接温度对高强度螺栓预拉力影响的规律，建立了包括施工顺序、热影响范围、螺栓补拧方法、预拉力折减等在内的栓焊混合连接设

计与施工技术，解决了现场装配精度控制难及工地焊接量大的问题。超长、超厚、超低温钢板剪力墙全过程变形控制技术已成功应用于天津117大厦、北京中国尊大厦等超高层项目。

3.2　大跨度钢结构施工技术

3.2.1　整体滑移技术

整体滑移技术是采用"先行拼装、整体滑移"的方法，通过计算机控制的推动装置沿轨道滑移至设计位置，然后卸载、固定和就位，该技术可以有效解决钢结构施工场地有限、工期紧等难题。

整体滑移技术的关键在于计算机控制和滑移过程监测。计算机控制是通过数据反馈和控制指令传递，实现全自动同步动作、负载均衡、姿态矫正、应力控制、操作闭锁、过程显示和故障报警等。滑移过程监测则是对关键杆件的应力和变形状态、整体结构的变形以及滑移过程中的运动形态等进行监测，通过计算机及时进行数据分析与反馈，调整、修正施工路径，实现滑移过程的伺服控制，保证滑移施工过程的安全可靠。该技术已成功应用于武汉火车站、深圳宝安机场T3航站楼等代表性工程。

3.2.2　整体提升技术

大跨度结构整体提升技术的优点是可以充分利用现有的结构作为施工支承，有效降低安装措施量。网架整体提升成套技术已较为成熟，近年来除网架结构本身的形式以外，将网架与拱、悬索、桁架等结构结合，形成的变异结构提升技术取得了新进展。与此同时，随着计算机技术的发展，提升控制技术取得了突破。

沈阳飞机维修基地1号机库项目采用了网架与钢桁架组合形式，柔度大，重心偏移较为严重。通过采用区域组合法进行有限元模拟提升，最优化提升点位置与数量，有效解决了重心偏移严重的问题。并通过采用局部加固、低位提升等技术，降低了提升成本，增加了提升安全度。

液压同步提升施工技术采用传感监测和计算机集中控制，通过CAN总线控制，信号传输量更大、速度更快、稳定性更好；现场操作全部采用计算机控制系统人机界面进行液压提升过程及相关数据的观察和（或）控制指令的发布，与液压提升有关的主要数据和信号全部可视；液压提升器的行程传感器精度达到毫米级，且全行程显示，使得不管在手动或者自动操作过程中，均可以实现整体提升工艺中所需要的单点在5mm误差以内的控制。

3.2.3　大型索膜结构施工技术

近年来全张拉索膜结构得到了广泛应用，该结构体系主要受力单元均为只受拉的拉索，仅靠周边的刚性边界和少量压杆连接拉索。高预应力是全张拉索膜结构的一个特点，而施工技术的关键在于导入预张力，索的预张力直接决定了索膜结构的刚度，施工张拉阶段，索力可根据端部拉压力计或千斤顶测力表直接读取。

EM传感器技术已经开发成功并应用于索膜安装监测，但具备实时监测功能的EM系统仍在研发阶段，索力监测和检测的最理想方式是内置拉力传感器的智能拉索，具有索力实时监测、断丝实时报警等功能，这有待于将来的研发成果。

国内关于索膜结构的研发也取得了新成果，开发出了高钒索，其高强钢丝表面采用锌—5%铝-混合稀土合金镀层，不用PE护套，具有良好的防腐蚀性能，在工程中得到了广泛应用，如石家庄国际会展中心、苏州工业园体育中心、深圳宝安体育场、盘锦体育场等项目均应用了该技术。

3.3 桥梁钢结构施工技术

3.3.1 连续钢构桥梁施工监控技术

桥梁施工监控是对施工期间的桥梁结构应力状态、变形状态进行实时监测和控制，使结构在受力状态下处于理论计算的容许范围内，并及时发现并修正施工中出现的偏差，保证桥梁施工期间的安全并满足规范要求和设计质量。

无线传感器网络系统，融合了传感器技术、计算机技术、网络技术、无线通信技术、分布式信息处理技术等，通过网络将监测信息传输到用户终端。监测数据的无线传输技术，减少了监测数据缆线的用量，减轻了工作劳动量，避免了与施工的相互干扰，数据采集、传输更加高效和快捷，已在桥梁施工监测及运营健康监测中得到了应用。将无线传感器网络系统应用到桥梁结构的施工监测和运营健康监测，具有广阔的应用前景。

3.3.2 柔性钢梁大跨顶推关键技术

顶推法是指在桥台的后方设置施工场地，将梁体在桥头逐段浇筑或拼装，用千斤顶纵向顶推，使梁体借助滑道或滑块将梁逐段或整段向前顶推，就位后落梁的施工方法。

为节约措施投入量，改善导梁前端挠度和主梁应力水平，支撑体系通常采用拼装胎架及顶推平台分离式结构，导梁采用与背撑组合式结构。

以武汉江汉六桥钢筋混凝土结合梁安装为例，采用步履式多点连续顶推技术。针对顶推最大跨径 90m 的条件，配备 18 台顶升额定荷载 1600t 的顶推设备。累积顶推最大质量为 6500t，顶推最大跨度为 90m，采用计算机多点连续动态控制技术进行顶推作业。

3.4 钢结构住宅施工技术

2016 年住房和城乡建设部编制了《住房城乡建设部 2016 年科学技术项目计划——装配式建筑科技示范项目》，批准列入装配式建筑科技示范项目 119 项，其中钢结构 19 项。全国从事钢结构的企业突破 1 万家，其中涌现了一批施工总承包特级企业，如中建钢构有限公司等。

在传统钢结构建筑体系的基础上，为了满足住宅功能和高度要求，出现了新型结构体系，主要包括异形柱结构体系、钢管束结构体系、组合钢板剪力墙体系。

矩形钢管混凝土组合异形柱由天津大学经过试验研究提出，整体由单肢矩形钢管混凝土柱（内灌自密实混凝土）通过竖向钢板相互连接，并于一定间隔焊接横向加劲肋板而成。目前该结构体系已成功应用于沧州福康家园公租房住宅项目。

钢管束体系是一种用于工业化居住建筑的结构体系，由钢管束组合结构构件与 H 型钢梁或箱形梁或短钢管束组合结构构件连接而成。杭州钱江世纪城人才专项用房采用的该结构体系。

框架-组合钢板剪力墙结构是一种具有多道抗震防线的新型结构体系，利用钢材承载力大、抗剪性能好、质量轻等特性，在普通剪力墙中增设两道定型钢板，钢板内侧焊接栓钉，中间浇筑混凝土，与劲性钢结构柱一同浇筑混凝土。框架一组合钢板剪力墙结构已成功应用于丰台区成寿寺 B5 地块定向安置房项目。

3.5 海洋工程钢结构施工技术

随着经济的发展，海洋成为能源、原材料等的重要来源地，海洋工程钢结构领域的技术研究也越来越重要。目前，中建钢构有限公司针对海洋工程技术的研究主要集中在深海浮式钻井平台钢结构模块建造和海洋绿色人居系统开发两个方面。

深海浮式钻井平台钢结构主要由深海平台钻井模块、深海浮式生产平台以及其他辅助模块构成，钢结构施工技术涉及现场高强度钢厚板焊接、钢结构防腐处理、自升式钻井平台升降锁紧机构的设计与安装等方面。

海洋绿色人居系统的开发主要是通过对海洋绿色钢结构住宅关键技术、太阳能发电整体屋顶技术、可装配式墙板核心技术方面的研究实现光伏发电储能与海水淡化、污水处理在海洋人居系统的集成。该技术属于前沿海洋工程技术领域，有待将来的研发成果。

4. 钢结构检测技术的新进展

金属磁记忆法是俄罗斯最早提出的一种新的无损检测技术。该技术实际上是一种漏磁检测技术，其基本原理是记录和分析处于地磁场中的铁磁构件和设备的缺陷或应力集中部位表面的自有漏磁场的分布情况。它不仅能够用于铁磁构件缺陷（裂纹、气孔、夹杂等）的检测，还能对应力集中、早期失效等进行快速、准确的诊断，被誉为 21 世纪的 NDT 新技术。2007 年，国际标准化组织出台了《无损检测金属磁记忆》ISO 24497：2007（E)。

近年来，我国已经开始对这项技术进行研究和应用，目前主要集中在机械设备领域，在建筑领域的研究基本为空白，相信不久的将来就会出台相应的国家或行业标准。

此外，2009 年国家正式发布了《无损检测 超声检测 超声衍射声时技术检测和评价方法》GB/T 23902—2009。

四、钢结构工程施工技术前沿研究

1. 高性能钢技术

随着建筑高度的不断增加，普通抗拉强度为 400MPa 级和 490MPa 的高层建筑用钢已不能满足要求，在 20 层的建筑中，抗拉强度由 490MPa 提高到 590MPa 可节约钢材 20%，抗拉强度达到 590～780MPa 已成为高强度建筑用钢的新趋势。图 8-1 为高性能建筑用结构钢材的总体发展趋势。

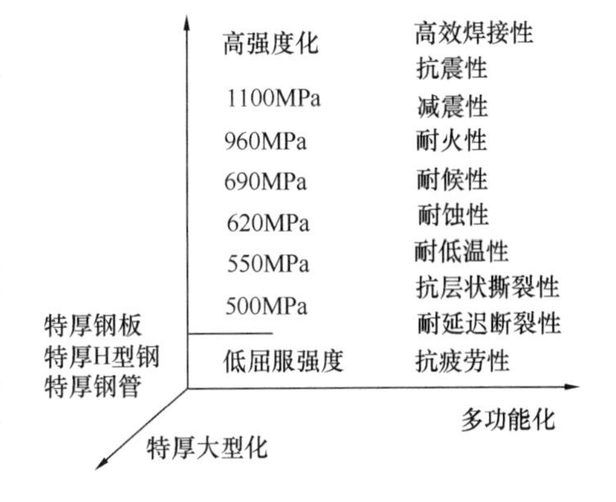

图 8-1 高性能建筑用结构钢材总体发展趋势

近几年，国内的高层钢结构建筑和大跨度空间结构的发展，对钢材的强度等指标提出了更高的要求，像国家体育场就使用了 Q460E-Z35 高强度钢，国家游泳馆（水立方）工程使用了 Q420C 高强度钢，中央电视台新址使用了 Q420D-Z25、Q460E-Z35 高强度钢。深圳会展中心的钢架梁下弦杆采用了国产 LG 460MPa 高强度钢，上海环球金融中心的三角空腹截面巨型柱采用了 SN490B 高强度钢。郑州绿地中央广场南塔楼项目将进行Q460GJ、Q550GJ、Q690GJ高性能结构钢的应用示范。高强度结构钢在一些工程中的应用，证明我国已经具备生产高强度结构钢的技术能力，但是与发达国家相比，我国的建筑用高性能钢尚有一定差距。

随着我国超高层建筑的不断发展，对建筑用钢板的性能要求不断提高，高强度、厚规格、高性能（低屈强比、窄屈服波动、抗层状撕裂、低屈服点、大线能量焊接和耐火等）钢板的需求将大大增加。但目前国内的特种钢生产比例仅占钢材总产量的5%左右，远低于世界平均15%～20%的水平。而一些高端产品还主要依赖进口。我国钢结构建筑的发展相对国外有些滞后，可供建筑结构选用的强度超过420MPa的高强度钢品种少。国产H型钢、方钢管、可搭接的斜卷边冷弯薄壁Z型钢等型材的品种、规格还不能完全满足建筑需要，厚板的可焊接性差是国产建筑钢材存在的普遍问题。目前我国高强度钢相关标准规范还不完善，推进高强度钢的结构设计和应用还存在一定的困难。我国的钢铁企业在开发生产高性能建筑用钢方面虽然取得了重要进展，但是与国外相比仍存在较大的差距。国内钢铁企业应借鉴国外钢铁企业的先进经验，进行产品开发和应用技术的研究，使我国高层建筑用钢达到世界先进水平。

2. 制造技术

BIM技术的进一步发展：先进企业已经从投标报价开始，通过BIM技术避免漏项少算，减少报价失误；在施工过程中通过短期的多算对比，将成本分解到构件级，为项目成本管理提供精确的数据支持；通过BIM将详图转化成生产需求和采购需求，在平台中通过对建筑模型3D效果的展示，可以清晰地分辨不同颜色分别代表着构件的不同状态，可以看到每根构件的所有属性，也可以查询每个车间每天的生产数据及汇总报表。通过平台公司可以实时管控和掌握工厂及所有项目的工作进展情况，还可以实现合同成本考核、仓库材料成本核算、构件成本核算、内控成本和实际成本的控制。

智能车间成为未来工厂的发展方向：目前，先进企业在制造基地的建设中已引入工业机器人、AGV无轨自动输送车、无线识别、智能仓储、工业大数据分析等先进模块，在全方位改进生产加工工艺的同时，通过先进的“工业4.0”理念和智能制造技术凸显三大优势：一是实现车间的去桁化，最大程度减少桁车的使用，形成整体的自动化物流，在提高效率的同时降低安全风险；二是实现无人化，最大幅度减少生产线对操作工人的依赖，以机器人代替工人，以稳定的生产周期生产高质量的产品；三是实现定制化，最大限度满足建筑设计要求，以高包容度的流水线制造规格各异的建筑构件，逐步实现对建筑的私人订制，同时还将通过工业互联网、云计算分析和大数据挖掘等信息化技术搭建起最优化的精益管理模式。

3. 施工技术

总体而言，我国的建筑钢结构施工技术已达到国际水平，但钢结构施工中仍存在大量亟待解决研究的问题，如大型复杂结构施工时变特性分析与控制研究，构件内力、变形随结构生长累积变化及控制，施工过程中结构的稳定性、安全性保障等。

未来的焊接工艺，一方面要研制新的焊接方法、焊接设备和焊接材料，以进一步提高焊接质量和安全可靠性，如改进现有的电弧、等离子弧、电子束、激光等焊接能源；运用电子技术和控制技术，改善电弧的工艺性能，研制可靠轻巧的电弧跟踪方法。另一方面要提高焊接机械化和自动化水平，如焊机实现程序控制、数字控制；研制从准备工序、焊接到质量监控全过程自动化的专用焊机；推广、扩大数控的焊接机械手和焊接机器人，从而提高焊接生产水平，改善焊接卫生安全条件。

未来中国的建筑将发生三个转变：由高大新尖建筑向普通大众建筑转变；由片面追求造型优美、工期短、成本低向追求坚固、实用、绿色转变；由粗放式的生产方式向精益化的生产方式转变。钢结构建筑易于实现工业化生产、标准化制作，同时与之相配套的墙体材料可以采用节能、环保的新型材料，绿色钢结构建筑和模块化工业建筑已经成为发展的主流，相应配套施工技术也会逐步走向成熟。

除此之外，还有海洋工程钢结构、桥梁钢结构、超高压输电、风力发电、核电领域等诸多领域，钢结构都有很好的发展和推广应用前景，相应的施工技术也需要不断创新。

4. 检测技术

更加准确、减少损伤、快捷方便无疑是已有检测技术改善和提高的发展目标。开发新的检验项目，使检测技术更加完善则是这项技术发展的方向。

检测仪器和设备在结构的检验与测试技术中扮演着重要的角色。没有仪器设备就无法进行检测，而质量好、操作方便的仪器设备是高质量检测工作的保障。与经济发达国家相比，我国的检测仪器设备在总体上存在着明显的差距，主要体现在性能不稳定、功能少、寿命短、体积大等方面。钢结构的检测是结构检测技术中最具有发展潜力的技术。在对钢结构进行鉴定时，钢构件材料物理力学性能的现场无损检测技术、钢构件应力的现场无损检测技术和结构关键部位应力及损伤现场检测技术等是目前亟待发展的前沿技术。

五、钢结构工程施工技术指标记录

1. 钢结构建筑高度

目前国内已建成最高的钢结构高耸构筑物为610m的广州电视塔，已建成并投入使用的最高钢结构建筑为632m的上海中心大厦，在建的第一高楼则为729m的苏州中南中心。

2. 钢结构建筑规模

目前，国内已建成的房建项目单体规模最大的是杭州国际博览中心，单体建筑面积85万m^2，钢结构总量达15万t。在建的单体规模最大的项目是深圳国际会展中心，单体建筑面积146万m^2，钢结构总量达19万t。

3. 钢结构建筑跨度

南京奥体中心项目与沈阳奥体中心项目是目前国内平面跨度最大的钢结构工程，两者采用平面拱式结构体系，跨度均为360m。国家大剧院是目前国内空间跨度最大的钢结构工程，屋盖采用网壳结构体系，跨度达212.2m。青岛北客站项目是目前国内跨度最大的预应力钢结构工程，采用预应力拱架结构体系，跨度达143.2m。

4. 钢结构建筑悬挑长度

无论是悬挑长度、悬挑高度，还是悬挑质量，中央电视台新址主楼无疑为世界第一，悬挑质量1.8万余t，悬挑长度达75m。考虑塔楼倾斜24m，结构最大悬挑长度为99m。

5. 钢结构钢材强度

近些年，钢结构的迅速发展伴随着钢结构用钢强度和耐候性等性能的不断增强，在房建及公共建筑领域，Q390、Q420、Q460E已经成功应用在鸟巢、中央电视台新址等工程，深圳平安金融中心用到了Q460GJC，深圳湾体育中心则用到了Q460GJD。郑州绿地中央广场南塔楼项目将进行Q460GJ、Q550GJ、Q690GJ高性能结构钢的应用示范。在桥梁工程领域，重庆朝天门长江大桥用到了Q420qENH，陕西眉县霸王河大桥则用到了Q345qDNH、Q500qDNH。

6. 钢结构焊接板厚

深圳平安金融中心通过24h不间断作业，于2013年8月12日完成304mm厚铸钢件焊接，创造了行业新纪录。据不完全统计，4个铸钢件对接焊所用焊丝总量高达5.8t。

中央电视台新址主楼钢柱所用钢板最大焊接板厚为135mm，焊接钢板的厚度为目前全国房建工程领域之最。

7. 钢结构最大提升量

北京A380飞机维修库工程，屋盖面积为352.6m×114.5m=40372.7m^2，是目前单次提升面积最大的钢结构建筑；世界单次提升质量最大的钢结构项目是国家数字图书馆工程，单次提升质量达10388t。

六、钢结构工程施工技术典型工程案例

1. 深圳平安金融中心钢结构关键施工技术

深圳平安金融中心设计主体结构高度为555.5m，塔顶高度为600m。地下室5层，地上塔楼118层，地上裙楼11层。外框钢结构由8根巨型柱和7道环桁架及巨柱斜撑、角部V形支撑、楼层钢梁构成，核心筒B5～12层采用钢板剪力墙，12层以上为含劲性钢柱的剪力墙，外框与核心筒间通过4道伸臂桁架相互连接共同作用，形成“巨型框架-核心筒-外伸臂”抗侧力体系。118层之上是塔冠结构，呈斜面收缩状。

本工程钢结构安装过程中，先后引进了多项新技术，并在工程施工中加以应用。

1.1 超厚Q460GJC钢材全位置焊接技术

深圳平安金融中心伸臂桁架材质为Q460GJC高强度钢，节点焊缝厚度为120mm，节点采用全位置焊接，包括平焊、立焊、仰焊，焊接难度极大。对Q460GJC的材质和焊接特点进行了分析，根据不同的焊接位置选择相应的焊接材料及焊接工艺，总结出能满足施

工现场进行 Q460GJC 超厚板全位置焊接的参数和方法。

主要控制要点包括：(1) 焊接条件和环境；(2) 焊接工艺流程（见图 8-2）；(3) 焊接顺序（见图 8-3）；(4) 焊前处理措施（见图 8-4）；(5) 焊后处理措施（见图 8-5）。

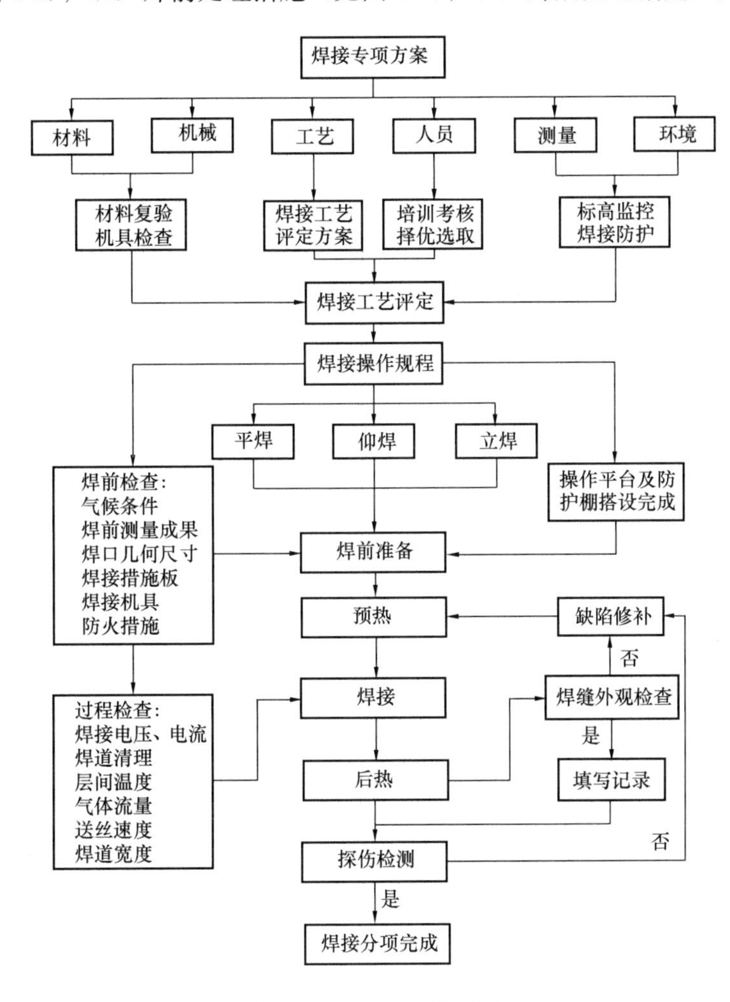

图 8-2　焊接工艺流程图

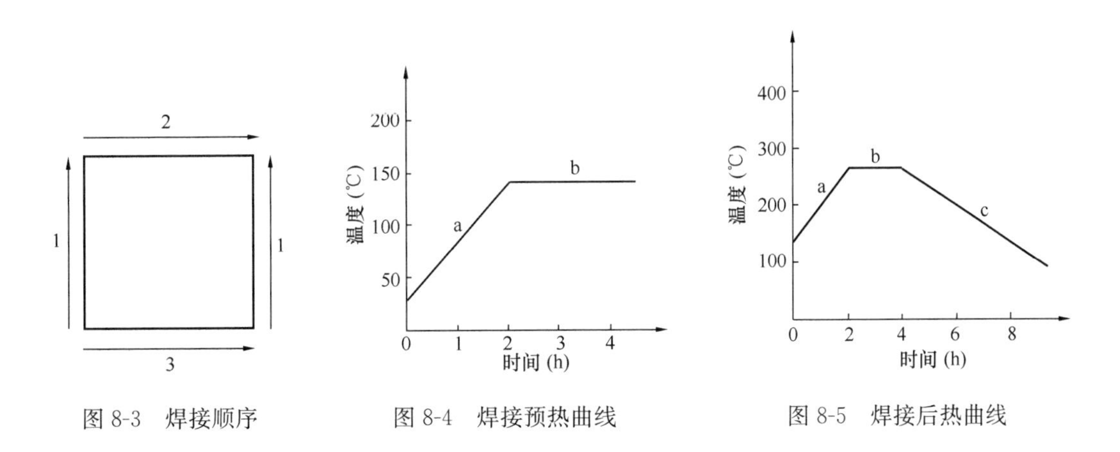

图 8-3　焊接顺序　　图 8-4　焊接预热曲线　　图 8-5　焊接后热曲线

1.2 大跨度双层带状桁架加工工艺及预拼装技术

超高层建筑多数在局部设置加强层桁架，桁架的结构形式多为箱形、H 形构件，本工程共设置了 7 道带状桁架，最大跨度达到 40 多 m，此类大跨度桁架的制作及预拼装的质量要求特别高，制作质量直接影响到现场的安装。在桁架预拼装方面可以优先采用实体预拼装加计算机模拟辅助预拼装，这样既能保证构件的拼装质量，又能节约大量的人力及设备的投入，取得降本增效的效果。如图 8-6～图 8-9 所示。

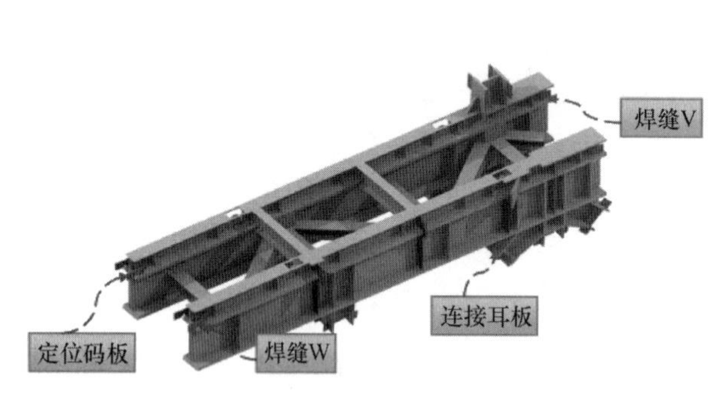

图 8-6　桁架某一单元组焊示意图

图 8-7　桁架各单元实体预拼装过程检查示意图

(*a*)

(*b*)

图 8-8　构件实测与拟合比较示意图

(*a*) 构件实测；(*b*) 构件拟合

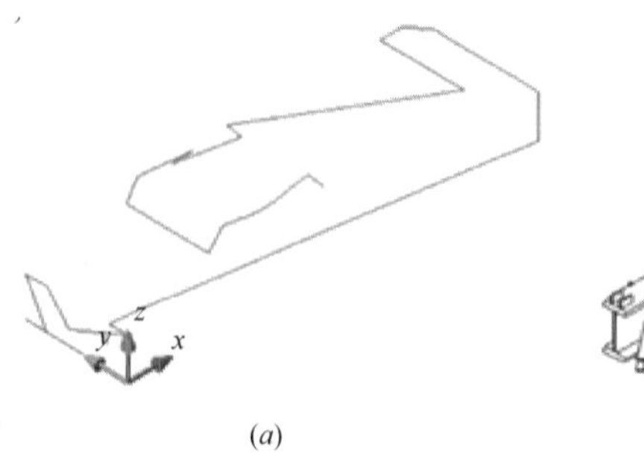

(*a*)

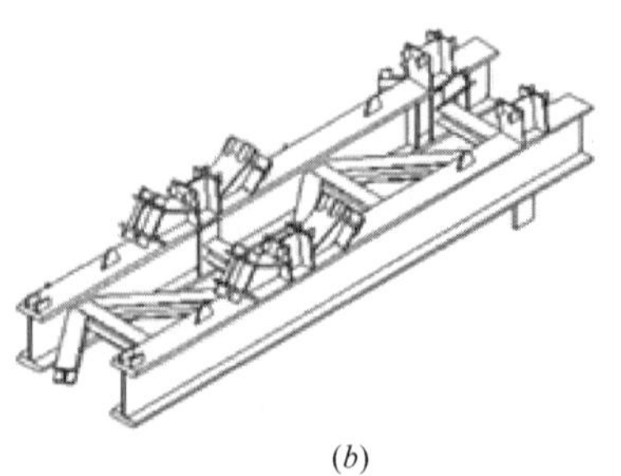

(*b*)

图 8-9　实测坐标值形成的轮廓与理论模型

(*a*) 实测坐标值形成的轮廓；(*b*) 理论模型

2. 武汉天河机场三期扩建工程钢结构关键施工技术

武汉天河机场 T3 航站楼总建筑面积达 49.5 万 m²，共有近机位 61 个，远机位 2 个，建成后预计年旅客吞吐量 2620 万人次。T3 航站楼东西方向长约 1218.5m，南北方向长约 747.0m，总建筑面积 49.5 万 m²，建筑高度 41.4m。T3 航站楼建筑分为主航站楼、东区指廊（东一、东二指廊）、西区指廊（西一、西二指廊）、T2-T3 连廊。总用钢量约 3 万 t。

2.1　指廊胎架滑移施工技术

每个指廊东西长度约 223m，南北宽度约 48.5～55.5m（见图 8-10）。混凝土结构地上 2 层，局部 2 层有夹层，2 层标高为 4.95m，夹层标高为 10.40m。各指廊共含钢柱 24 根，沿指廊两侧边缘以 18m 间距均匀布置；指廊钢屋盖为双向正交正放网架结构，属交叉桁架体系。屋盖网架采用圆钢管截面，采用带暗节点板的相贯焊连接节点。与支承钢柱连接采用刚接形式。钢屋盖顶标高约 22m，指廊端部钢屋盖悬挑长度为 12.9m。

工程特点：(1) 指廊结构从外形上属于狭长结构，吊装设备要么选用小型汽车吊上楼板进行作业，要么采用大型履带起重机在地面上两侧同时作业，各覆盖一侧的吊装区域。(2) 指廊二层楼板靠近两侧边缘的位置有大量的夹层结构，如果不调整施工顺序，对于整体提升法而言，无法利用二层楼板面作为拼装场地。(3) 指廊两侧的钢柱为外倾斜柱，屋盖相对楼板而言有 2.65m 的外挑宽度，这对于屋盖在楼面拼装也造成了困难。(4) 指廊结构宽度从 48.4m 变化到 41.4m，如果采用滑移胎架，需要考虑结构宽度的变化。综合以上因素，本项目的屋盖施工采用中间滑移胎架，配合两侧的点式胎架，屋盖桁架在地面分块拼装，履带起重机在两侧行走进行分块吊装的方式。综合分析了胎架滑移、点式胎架组合及原位分块吊装施工方案的关键要点。胎架整体设计如图 8-11 所示；轨道及滑轮设计如图 8-12 所示。

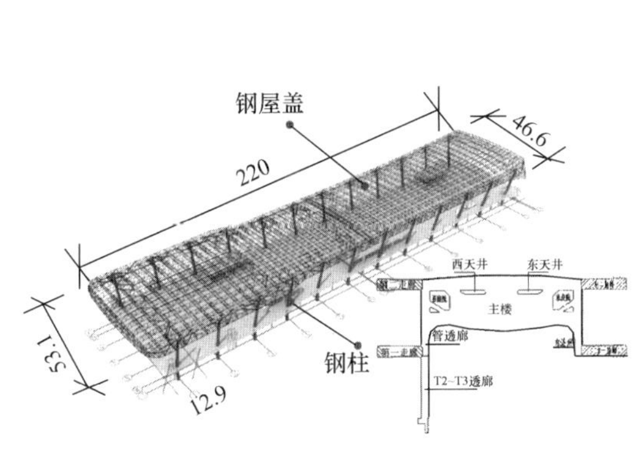

图 8-10　指廊示意图（m）

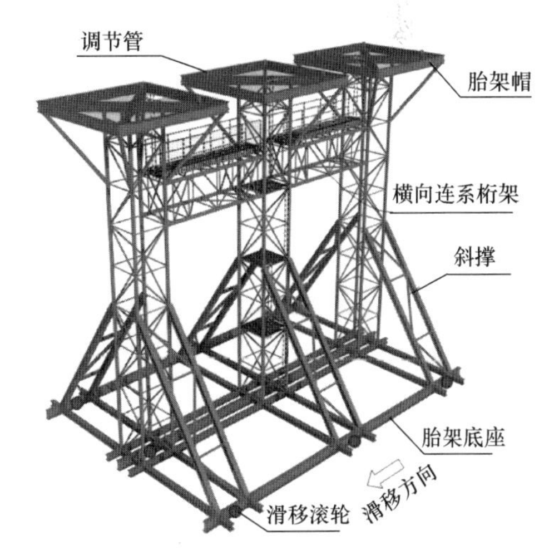

图 8-11　胎架整体设计图

2.2　大跨度钢管柱厚型防火涂料施工技术

大跨度结构往往采用圆管柱作为结构支撑体系，其特点是抗震能力强、可利用空间

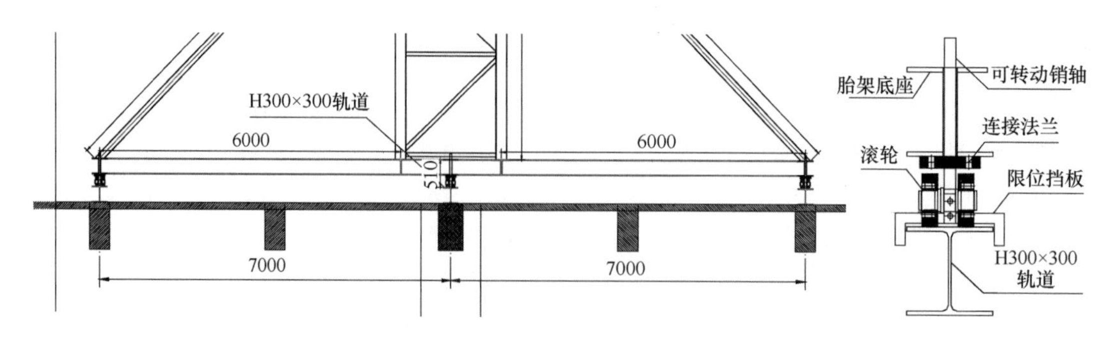

图 8-12　轨道及滑轮设计图

大、外形美观。钢管柱的防火涂料施工为钢结构的重要工序，施工质量直接决定了建筑今后使用的安全性。主要研究了厚型防火涂料施工技术，结合本工程特点，制定了关键工序施工方法，确保了厚型防火涂料的施工质量。

本工程航站楼结构支撑体系采用钢管柱，共包含 376 根直径 1.2～2.0m 的钢管柱，柱身高度最大约 31m。施工总面积约 80000m^2，选用 24mm 厚的厚型防火涂料（耐火极限 3h）。

结合本工程及厚型防火涂料的性能特点，钢管柱厚型防火涂料质量问题如下：(1) 防火涂料表面开裂、脱落；(2) 防火涂料空鼓；(3) 防火涂料表面不平整。

针对以上三种常见质量问题，结合厚型防火涂料技术特点，制定关键施工工序技术控制措施，从施工工艺、基层处理、底层施工、涂层施工等多个方面确保厚型防火涂料无空鼓、开裂、脱落现象，外观均匀、平整。

3. 港珠澳大桥钢结构制造安装关键技术

港珠澳大桥是连接粤、港、澳 3 地，集路、桥、岛、隧为一体的大型跨海陆路通道。其由 3 地口岸、3 地连接线和海中桥梁、隧道主体工程 3 部分组成，路线总长约 56km（见图 8-13）。港珠澳大桥主体工程中，22.9km 长桥梁上部结构绝大部分采用钢结构制造，其制造规模达 42.5 万 t，防腐涂装工程量约 580 万 m^2，涂料用量约 390 万 L，相当于 8 座苏通大桥、12 座香港昂船洲大桥钢结构工程量，工程难度大、质量标准高、接口众多、系统复杂。

图 8-13　港珠澳大桥

3.1　港珠澳大桥钢结构制造技术

港珠澳大桥钢结构制造单位研制了智能化的板单元组装、焊接机器人系统，打造了全新的生产线，对国内传统的桥梁钢结构制造技术进行了全面革新，取代了过去以手工作业为主的生产模式，大大提高了自动化水平，产品质量及其稳定性大幅度提升。板单元制造形成了如下新工艺：钢板矫平及预处理→数控精切下料→零件精加工（含 U 形肋制造）→自动化组装机床组装→焊接机器人自动化焊接（见图 8-14）＋机器人双向反变形胎焊接。

在传统总拼装工艺基础上，港珠澳大桥钢结构总拼装还采用了群控焊接数据管理系统，无马装配、无损吊运及无损支撑总拼装工艺，并首次将数字化焊接机器人、无盲区焊接小车应用于钢箱梁总拼装场地（见图 8-15），具有精度高、质量稳定可靠、适用性强的特点。

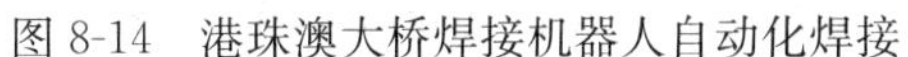

图 8-14　港珠澳大桥焊接机器人自动化焊接

图 8-15　港珠澳大桥钢箱梁总拼装梁段

3.2　钢箱梁大节段拼装、装船关键技术

港珠澳大桥钢箱梁大节段拼装亦同步实现了车间化，与传统露天施工相比，避免了恶劣天气和日照对大节段拼装质量、进度及线形的影响。由于大节段长细比大，故总体扭曲、旁弯、线形控制是重点。项目依靠数据采集监控网对大节段拼接过程进行全程监控，以确保拼接精度。在大节段拼装厂房内按照施工监控单位给定的吊装段长度和线形指令拼装大节段，并将其用大型运梁平车转运到存梁场地存放，等待发运。

项目采用大型龙门起重机将钢箱梁大节段装船，既安全又高效。以 CB01 合同段为例，介绍大型龙门起重机抬吊工艺。在 5000t 港池上配备了 2 台 2000t 的龙门起重机，其跨度为 62m，起升高度为 45m，为国内桥梁钢结构领域起重能力之最。钢箱梁装运时，只要船只吨位满足运输需要，则不必对其进行特殊改造。另外，吊装时机也不受潮汐制约，能够全天候安全、高效地作业，从而有效保证了港珠澳大桥的施工工期。

3.3　钢箱梁桥位连接技术

港珠澳大桥钢箱梁大节段采用 4000t 浮吊进行安装。以 CB01 合同段为例，需按照《港珠澳大桥专业技术标准和要求》和监控指令等，通过牛腿调位系统、墩顶纵横移调位系统等装置精确调位，等待桥位连接，桥位连接主要包括节段间环焊缝、嵌补件的焊接，顶板 U 形肋栓接，桥面附属件现场安装、焊接等。

在有日照的天气，选取整个钢箱梁截面温度场分布趋于均匀的时间进行节段间的桥位连接，即第 1 天的 22：00—第 2 天的 07：00。环焊缝从中间向两边对称施焊，顶板安排 6 个焊工，底板安排 4 个焊工，两侧锚腹板各安排 1 个焊工，做到对称同步焊接。焊接时，需搭设封闭型防风防雨棚，相对湿度不应大于 80%，以保证焊接质量。

参考文献

[1] 贾良玖，董洋. 高性能钢在结构工程中的研究和应用进展[J]. 工业建筑，2016，46(7)：1-9.

[2] 闫志刚，赵欣欣，徐向军. 沪通长江大桥 Q500qE 钢的适用性研究[J]. 中国铁道科学，2017，38(3)：40-46.

[3] 万升云，简虎，熊腊森. 磁记忆检测在寒风检测中的应用研究[J]. 电焊机，2017，37(11)：40-43.

[4] 陈振明. 空间弯扭型钢结构深化设计技术研究与应用[J]. 钢结构与金属屋面新技术应用，2015(4)：218-231.

[5] 陈振明，温小勇，戴立先. 钢结构摩天大楼高效施工新技术[J]. 钢结构，2015，30(3)：59-63.

[6] 蔺喜强，霍亮，张涛，等. 超高层建筑中高性能结构材料的应用进展[J]. 建筑科学，2015，31(7)：103-108.

[7] 李会志. "互联网＋钢结构"的实施路径[J]. 施工企业管理，2016(6)：93-95.

[8] 岳艳红. 对建筑钢结构焊接技术现状与发展趋势的探讨[J]. 绿色环保建材，2017(6)：166.

[9] 马汀，李元齐，罗永峰. 建筑钢结构健康检测与鉴定现状[J]. 建筑结构，2006(S1)：427-430.

[10] 陆建新，杨定国，王川，等. 深圳平安金融中心超厚 Q460GJC 钢材全位置焊接技术[J]. 施工技术，2015，44(8)：17-20.

[11] 刘长永，范道红，刘学峰，等. 大跨度双层带状桁架加工工艺及预拼装技术的研究与应用[J]. 钢结构，2015，30(2)：45-48.

[12] 戴立先，王汉章，彭安全，等. 武汉天河 T3 航站楼指廊胎架滑移施工技术[J]. 施工技术，2016，45(14)：34-38.

[13] 任小峰，王聪，周鑫，等. 大跨度圆管柱厚型防火涂料施工技术研究[J]. 施工技术，2017(S1)：1182-1183.

[14] 张鸣功，张劲文，王振龙，等. 港珠澳大桥钢结构制造关键技术介绍[J]. 公路交通技术，2015(3)：74-76.

第九篇　砌筑工程施工技术

主编单位：陕西建工集团有限公司　　刘明生　王巧莉　何　萌
参编单位：陕西省建筑科学研究院　　张昌绪　孙永民　刘　凯
陕西建工第七建设集团有限公司　　王瑞良　雷亚军　张　鹏

摘要

该篇在对我国砌体结构的历史发展过程及后期发展展望进行阐述的同时，以现代砌体结构的发展为重点，结合现代砌体结构发展中的材料特性、工艺特点、工程实例等内容，对我国现代砌体结构的施工建造技术做了较为全面、系统的描述与总结；同时结合当前我国节能环保和建设绿色建筑的需要，以我国砌体结构的发展现状为出发点，以有利于砌体结构施工技术的发展和实现建筑节能要求为目标，对砌体结构先进建造技术的发展应用进行了展望。

Abstract

This paper described the progress of the historical development and late outlook of masonry structure in our country, and focusing on the development of modern masonry structure, combining with material characteristics, process characteristics and engineering applications, a more comprehensive and systematic summary and description of the construction technology of our country's modern masonry building is made. At the same time, combining with the needs of the current energy conservation and environment protection and construction green building, taking masonry structure in our country development present situation as the starting point, in favor of the development of the construction technology of masonry structure and realize the requirements of building energy efficiency for the target. A perspective of development and application of advanced masonry structure construction technology is made.

一、砌筑工程施工技术概述

砌体结构是指由块体和砂浆砌筑而成的墙、柱作为建筑物主要受力构件的结构，是砖砌体、砌块砌体和石砌体结构的统称。

1. 古代砌体发展简史

砌体结构有悠久的历史，早在远古时代，人类自巢居、穴居进化到屋居以后，就用天然石块建造栖身之所和公用建筑，如陕西神木县石峁龙山文化遗址中的石砌房屋（见图9-1）和城址（见图9-2），距今已有4000多年，城址规模宏大，总面积超400万m^2，为目前国内史前最大城址。随后出现了土坯墙，它是用泥土柴草和水做成土坯搭造而成。

图9-1　石峁龙山文化遗址中的石砌墙

图9-2　石峁龙山文化遗址中的石砌城址

砌筑经历了干垒及粘结两个阶段，后一阶段的砌筑灰浆有一个发展过程，最早采用泥浆，后来出现了石灰浆及糯米灰浆。公元前7世纪的周朝出现了石灰，在汉代，石灰的应用已很普遍，其中糯米灰浆的出现和使用已有1500多年的历史。

2. 近代砌体发展简史

中国近代建筑主要有两方面的建筑：一批为国外在我国建造的各种新型建筑，如领事馆、工部局、洋行、银行、住宅、饭店等，大多是当时西方流行的砖木混合结构房屋，外观多呈欧洲古典式，也有一部分是券廊式。另一批是洋务派和民族资本家为创办新型企业所建造的房屋，这些房屋多数仍是类似手工业作坊那样的砖木结构，小部分引进了现代典型建筑，其代表建筑有庐山636栋老别墅、青岛提督府、哈尔滨圣索菲亚大教堂、鼓浪屿13座近代建筑等。

3. 现代砌体发展简史

现代砌体的发展阶段主要是在新中国成立以后，在这一时期砌体结构在块材、粘结材料、砌体工程的结构类型及建筑规模等方面发展十分迅速。

3.1　块材

烧结黏土实心砖在我国相当长的时间内为砌体结构的主导产品。20世纪60年代末，我国提出墙体材料革新之后，烧结黏土多孔砖、空心砖和混凝土小型空心砌块的生产及应用有了较大发展。

1965年我国建成第一家蒸压加气混凝土砌块生产企业后，蒸压加气混凝土砌块逐渐得以应用。

2003年国家实行禁实政策以后，由普通混凝土、轻骨料混凝土、加气混凝土所制成的混凝土砌块（砖），以及利用砂、页岩、工业废料（粉煤灰、煤矸石）等制成的蒸压灰砂砖、烧结页岩砖、蒸压粉煤灰砖、煤矸石砖等有了较大发展。

近年来，我国还采用页岩生产烧结保温隔热砌块（砖）、各色（红、白、黄、咖啡白、灰、青、花等）清水砖、多纹理（滚花、拉毛、喷砂、仿岩石）装饰砖等。

3.2　粘结材料

近年来，砌筑砂浆由传统的现场拌制砂浆向工厂化生产的预拌砂浆和专用砌筑砂浆发展。现场拌制砂浆有石灰砂浆、水泥砂浆、水泥石灰混合砂浆；预拌浆砂包括湿拌砂浆和干混砂浆；专用砌筑砂浆包括蒸压硅酸盐砖专用砌筑砂浆、混凝土小型空心砌块和混凝土砖专用砌筑砂浆、蒸压加气混凝土专用砌筑砂浆等。预拌砂浆和专用砌筑砂浆性能优良，绿色环保。

3.3　结构工程

根据砌体中是否配置钢筋和钢筋的配置量大小，砌体结构可分为无筋砌体结构、约束配筋砌体结构和均匀配筋砌体结构。

3.3.1　无筋砌体结构

20世纪70年代以前，我国的砌体建筑系无筋砌体结构，包括低层和多层住宅、办公楼、学校、医院以及中小型工业厂房等。

3.3.2　配筋砌体结构

20世纪70年代以后，尤其是1975年海城、营口地震和1976年唐山大地震之后，对设置构造柱和圈梁的约束配筋砌体结构进行了一系列的试验研究，其成果引入了我国抗震设计规范，并得以推广应用。

20世纪80年代我国着手进行中高层、高层配筋砌块建筑的工程试点，在国内多个城市成功建成10～18层砌块剪力墙配筋结构建筑。这些建筑展示了配筋砌体中高层建筑具有十分广阔的前景。

3.3.3　填充墙砌体

随着城镇化建设的发展，建筑规模和结构体系发生了很大变化，建筑结构以剪力墙和框架结构为主，填充墙砌体成为目前砌体结构的重要形式。

填充墙所使用的块材为轻质块材，如烧结空心砖（砌块）、蒸压加气混凝土砌块、轻骨料混凝土小型空心砌块等。

3.3.4　夹心复合墙砌体

夹心复合墙系指在预留连续空腔内填充保温或隔热材料，内、外叶墙之间用防锈金属拉结件连接而成的墙体。我国的夹心复合墙是在参照国外做法的基础上发展起来的。为推广其应用，国家编制了相应的图集和技术标准。据统计，1997—2001年，沈阳市夹心复合墙节能住宅面积为275万m^2；又据2000年对195万m^2节能住宅的统计，采用夹心复合墙的占85%。此外，夹心复合墙也在黑龙江、内蒙古、甘肃等地得到应用。

二、砌筑工程施工主要技术介绍

近年来涌现出诸多的新型建筑材料和与之相应的新型结构形式，从而在施工技术方面具有相应的重点和特点。

1. 传统砌体施工技术和使用范围

砌体由块材与砂浆组成，其主要施工技术仍为手工操作。具体砌筑方法有：瓦刀披灰法（满刀法、带刀灰法）、“三·一”砌筑法、“二三八一”砌筑法、铺浆法、坐浆法等。

2. 墙体薄层砂浆砌筑技术

目前，砌体结构施工中出现了采用蒸压加气混凝土砌块或烧结保温隔热砌块（砖），与其配套使用的专用砌筑砂浆进行薄层砂浆砌筑的施工技术。薄层砂浆砌筑是采用一种预拌高性能粘结砂浆砌筑块材，对块材外形尺寸要求高，允许误差不超过±1mm，在砌筑前和砌筑时无需浇水湿润，灰缝厚度和宽度为2～4mm。

3. 配筋砌体施工技术

配筋砌体是由配置钢筋的砌体作为主要受力构件的砌体。其构造柱、芯柱混凝土浇筑及墙体内钢筋布设为施工重点和难点。在小砌块施工前绘制排块图，确保搭砌合理、孔洞上下贯通，施工中宜采用专用砌筑砂浆和专用灌孔混凝土，铺灰器铺灰，小型振动棒振捣芯柱混凝土，可提高工效、降低劳动强度，保证施工质量。

4. 墙体裂缝控制技术

砌体墙体裂缝是砌体结构的一种质量通病，一般以温度、收缩、变形或地基不均匀沉降等引起的非受力裂缝较为常见。为了有效控制砌体墙体裂缝，除设计要求采取相应的技术措施外，在施工中对材料和工艺都有具体要求。

材料要求：块材及砂浆强度、非烧结砖（砌块）的生产龄期、推广采用预拌砂浆或与其配套的专用砌筑砂浆砌筑等。

工艺要求：砌筑前应根据块材规格进行预排，对有浇（喷）水湿润要求的块材按规定进行湿润；确定砌筑方式、日砌筑高度、施工工序；规范操作，控制质量等。

5. 既有建筑加固技术

随着砌体结构理论研究的不断进步和完善，砌体结构房屋的加固改造技术也日趋成熟。其常用加固技术有：钢丝网片-聚合物砂浆加固、钢筋网片-混凝土面层加固、纤维复合材料加固、外包型钢加固、外加预应力撑杆加固等。

6. 外墙自保温砌体施工技术

外墙自保温砌体包括砖（砌块）自保温结构体系及夹心复合墙保温结构体系两类。

砖（砌块）自保温结构体系是指以蒸压加气混凝土砌块、自保温混凝土复合砌块、泡沫混凝土砌块、陶粒增强加气混凝土砌块、硅藻土保温砖（砌块）和烧结自保温砖（砌块）等块材砌筑的墙体自保温结构体系。块材的种类及墙体厚度应符合墙体节能要求。

夹心复合墙保温结构体系是指在承重内叶墙与围护外叶墙之间的预留连续空腔内，粘贴板类或填充絮状散粒保温隔热材料，并采用防锈金属拉结件将内、外叶墙进行连接的结构体系。适用于严寒及寒冷地区地震设防烈度 8 度及以下建筑。

7. 填充墙施工技术

7.1　与主体结构连接技术

填充墙与主体结构之间的连接构造将影响主体结构及填充墙的受力状态，连接构造如不合理，将产生不良后果，甚至引起结构破坏。填充墙与框架的连接，可根据现行设计规范要求采用相应的连接方法。

7.2　后置拉结筋施工技术

填充墙的拉结筋采用后置化学植筋，可显著提高施工效率，但是由于化学植筋的施工技术不规范，往往存在后置拉结筋锚固不牢固或位置偏差较大的问题。

为确保植筋质量，工序中应重视的关键环节为：钻孔应保证孔深满足设计要求（参考表 9-1）；清孔应保证彻底清除孔壁粉尘；注胶应由孔内向孔外进行，并排出孔中空气，注胶量以植入钢筋后有少许胶液溢出为度；植筋应在注胶后，立即按单一方向边转边插，直至达到规定深度。当使用单组分无机植筋胶时，待钻孔、清孔后，将搅拌好的植筋胶捻成与孔大小相同的棒状后放入植筋孔内（是孔深的 2/3），插入钢筋后稍转动一下即可。

植筋深度及孔径（mm）　　**表 9-1**

钢筋直径	钻孔直径	钻孔深度
6.5	8	≥90
8	10	≥120

填充墙与承重墙、柱、梁的锚固钢筋拉拔试验的轴向受拉非破坏承载力检验值应为 6.0kN。抽检钢筋在检验值作用下应达到基材无裂缝、钢筋无滑移宏观裂损现象，持荷 2min 期间荷载值降低不大于 5%。

8. 砌体现场检测技术

砌体结构现场检测技术的不断发展和完善，为客观准确地评定砌体强度或砌筑砂浆抗压强度提供了有效手段，其中按照不同的检测内容，检测方法主要分为：（1）检测砌体抗压强度：原位轴压法、扁顶法、切制抗压试件法；（2）检测砌体抗剪强度：原位单剪法、原位单砖双剪法、钻芯法；（3）检测砌筑砂浆抗压强度：贯入法、推出法、筒压法、砂浆片剪切法、回弹法、点荷法、砂浆片局压法、钻芯法。

不同的检测方法具有其相应的特点、用途及适用性，因此在进行具体工程检测时，应根据检测目的及测试对象，选择合适的检测方法。

三、砌筑工程施工技术最新进展（1～2年）

1. 渣土砖（砌块）的应用

渣土砖（砌块）是使用新建、改建、扩建和拆除各类建筑物、构筑物、管网等产生的弃土、弃料及其他废弃物所生产的砖（砌块）。随着城市化进程的不断提速，基础设施更替速度也在不断加快，渣土堆起来是垃圾，利用起来就成了资源。由于绿色及环保的要求，在国家及地方大力推广下，渣土砖（砌块）应运而生，并在全国多个地区得到了广泛应用。

2. 预拌砂浆推广应用

目前在我国砌体结构的施工中，砂浆仍以现场拌制为主，但随着科学发展观和节能减排基本方针的贯彻落实，2009年7月商务部、住房和城乡建设部发布的《关于进一步做好城市禁止现场搅拌砂浆工作的通知》（商商贸发［2009］361号）及随后一系列政策法规的出台，国外先进理念和先进技术的引进，以及各级政府、生产企业、用户的积极努力，预拌砂浆以具有质量稳定、品种多、施工效率高、现场劳动强度低和利于环境保护等优点在近年来取得快速发展。2014年我国预拌砂浆产量同比增长率超过30％，总产能达3亿t，其中产能不低于20万t的普通砂浆生产线达到830条，产能不低于2万t的特种砂浆生产线不低于70条，预拌砂浆仍有较大的发展空间，虽然产能成倍增加，但与发达国家相比仍有较大差距。特种砂浆也同样保持着增长趋势。

3. 装饰多孔砖（砌块）在夹心复合墙中的应用

烧结装饰多孔砖是以页岩、煤矸石或粉煤灰等为主要原料，经焙烧后，孔洞率不小于25％且具有装饰外表的砖；非烧结装饰空心砌块是以骨料和水泥为主要原料，经混料、成型等工序而制成的，空心率不小于35％且具有装饰外表的砌块。

以往，夹心复合墙的外墙面一般采用另加外饰面的设计，其施工工序多、费工、费料、耐久性较差。为此，近年来我国已成功生产并在吉林、辽宁、山东、河南、北京等省（市）应用烧结装饰多孔砖和非烧结装饰混凝土砌块作为夹心复合墙的外叶墙。其中，烧结装饰多孔砖不仅有红、咖啡、黄、白、灰、青等多种颜色，尚有表面滚花、麻面、喷砂、斑点、化妆土、色斑等不同处理。采用装饰多孔砖（砌块）砌筑夹心复合墙的外叶墙（清水墙），使建筑物更趋古朴典雅，且不需要再进行二次装修，无墙面开裂、饰面脱落等缺陷（见图9-3）。

图9-3　烧结装饰多孔砖砖混结构外墙

4. 烧结保温隔热（砖）砌块

烧结保温隔热（砖）砌块是以黏土、页岩或煤矸石、粉煤灰、淤泥等固体废弃物为主要原料制成（见图 9-4），或加入成孔材料的实心或多孔薄壁经焙烧而成的砖（砌块），主要用于有保温隔热要求的建筑围护结构。

图 9-4　烧结保温隔热砌块

同非烧结块材相比，烧结砖（砌块）具有耐久性高、透气性好、收缩率低、墙体不易开裂等特点。同传统外墙保温相比，烧结保温隔热（砖）砌块可作为墙体自保温材料，具有不易老化、耐久性和耐候性较好等特点。同时保温体系与承重体系自成一体，保证了建筑物主体构件与保温构件的同寿命，无需额外投资就可以满足节能标准的要求。

近年来，为了适应节能建筑发展的需要，我国主要通过自主研发和国外引进两种途径，推进烧结保温隔热（砖）砌块的研制和应用。

目前，国内一些机械设备制造厂家自发地进行着烧结保温隔热砌块的试制工作，并开发了在大孔空心砖中加填泡沫塑料（聚苯乙烯发泡板）的外墙保温隔热空心砖，并开始在建筑工程中使用。同时国内还有一些单位已从国外引进大型烧结保温隔热砌块生产设备及技术，生产出了导热系数为 0.12W/（m・K）的保温隔热砌块，如新疆城建集团股份有限公司下属新疆凯乐新材料有限公司引进德国技术，采用国际最先进的生产工艺，利用本地丰富的泥质页岩生产烧结保温隔热砌块，并已在工程中应用，显示出了明显的经济效益与绿色环保效果。

5. 高延性混凝土（砂浆）加固砌体结构技术

高延性混凝土（砂浆）是一种具有高韧性、高抗裂性和高耐损伤能力的新型结构材料。西安建筑科技大学已开展了高延性混凝土材料及构件的基本性能研究，并在高延性砂浆加固砌体结构方面取得了重要的研究成果。

高延性砂浆加固砌体结构具有以下优点：显著提高结构的整体性、改善砌体结构的脆性破坏模式；显著提高结构的抗震性能；施工速度快、方便，只需在墙面抹 15mm 厚的面层即可达到加固效果；经济效益好。

2013 年至 2015 年该技术已成功应用于西安市 200 余栋中小学房屋的抗震加固工程。此外，该技术还将在陕西、安徽、重庆、四川、新疆、北京、天津、河北、内蒙古、山西、山东等 10 余个省（市、自治区）的中小学校舍加固、危旧房屋改造和文物保护与修缮中推广应用。

6. 装配式砌体建筑技术

随着我国建筑工业化热潮的兴起，装配式砌体建筑重新引起人们的重视，一些单位相继开展了装配式配筋砌块砌体建筑和装配式承重蒸压加气混凝土砌块砌体建筑的应用研究和工程试点。

近年来，针对装配式配筋砌块砌体剪力墙结构应用中存在的芯柱钢筋连接仅能采用搭接连接、清扫孔内落地灰难于清扫干净、混凝土浇筑质量难于保证等问题，哈尔滨工业大学开展了装配式配筋砌块砌体剪力墙结构的研究与应用工作，并与哈尔滨达城绿色建筑技术开发股份有限公司联合实现了成果转化和产业化应用。

装配式配筋砌块砌体剪力墙结构不但克服了传统现场砌筑配筋砌块砌体剪力墙结构的上述技术和管理难题，而且获得了诸多技术和组织管理优势，主要表现在：(1) 彻底解决了装配式建筑钢筋连接受限的技术难题，实现了无障碍连接和各种连接方法的通用；(2) 破解了芯柱浇筑混凝土孔洞因砂浆和钢筋堵塞带来的浇筑质量难题；(3) 实现了砌筑作业由传统的串联作业改为并联作业，节省了工期；(4) 破解了预制三维多形状构件的难题，实现了安装和堆放的自稳定；(5) 破解了装配式建筑的运输难题和吊装难题。

目前，装配式配筋砌块砌体剪力墙结构已从单层房屋向多层房屋发展。2014 年哈尔滨工业大学在试验研究基础上建成了一幢单层装配式配筋砌块民居建筑，2015 年又成功建造了一幢三层装配式配筋砌块民居建筑。装配式墙体构件断面可制作成“Z”形（见图 9-5）。另外，装配式砌块砌体围墙也成功进行了工程试点。

图 9-5　预制装配式配筋砌块建筑施工中

2017 年正在建造的多层装配式配筋砌块砌体剪力墙结构——哈尔滨市铁路火车站运转车间工程（见图 9-6），进一步完善了专用的预制装配式叠合楼板和预制装配式夹心外叶墙成套技术的应用。

7. 太极金圆砌块建筑技术

太极金圆砌块是一种榫卯型装配式新型再生砌块，用于砌筑房屋建筑的承重墙体和填充墙体，它采用金属尾矿、荒沙、建筑废渣等作为主要原材料，可以实现 70%～85%的废渣消纳。其砌块块体壁薄内空，孔洞率约为 33%，呈双正方体阴阳状（见图 9-7）。太极金圆砌块有多种规格，通用规格（长×宽×高）为 480mm×240mm×120mm、240mm×240mm×120mm 等。

由于太极金圆砌块的强度、质量和化学成分都达到或优于国家相关标准，而且有利于节约资源、保护环境，近两年已在贵州、四川等地的工程中得到应用。为了更好地推广和应用太极金圆砌块，目前有关单位正在制订协会标准《榫卯型装配式砌块建筑结构技术规程》、国家标准图集《太极金圆混凝土空心砌块建筑构造》。

8. QX 高性能混凝土复合自保温砌块及生产应用

QX 高性能混凝土复合自保温砌块（以下简称自保温砌块）（见图 9-8）及生产线（见

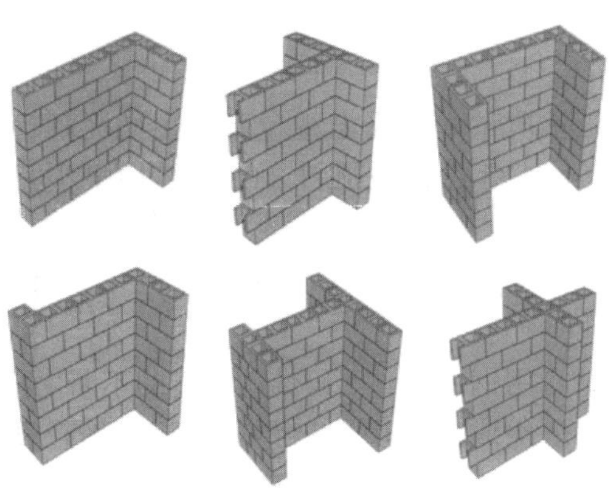

图 9-6　施工中的哈尔滨市铁路火车站运转车间工程

图 9-9)，是住房和城乡建设部、山东省住房和城乡建设厅《建筑节能与结构一体化应用体系》重点推广项目。该项目系新型墙体材料装备龙头企业——山东七星实业有限公司于 2010 年研发成功并推广应用，取得了良好的社会效益和经济效益。

图 9-7　太极金圆砌块顶部与底部图

自保温砌块生产线采用全自动闭环式设备，生产工艺为：模箱中定位整体保温芯→浇筑混凝土→静置预养→整体抽侧模→太阳能养护→堆放砌块→清理钢底模。

自保温砌块外观设计采用双排或多排“断桥”结构设计，可有效减小墙体的热量损失，满足建筑节能 75%以上的建筑节能要求，实现了建筑节能与结构一体化。

采用自保温砌块的保温体系具有以下特点：

(1) 墙体采用专用粘结砂浆薄缝砌筑，砌块沿厚度方向不形成“热桥”，240mm 厚墙体热阻≥2.1m^2·K/W，根据里面所填充节能材料的不同，可以满足节能 75%～80%的标准要求。

(2) 自重轻、强度高。密度≤600～800kg/m^3，抗压强度可达到 8～15MPa。

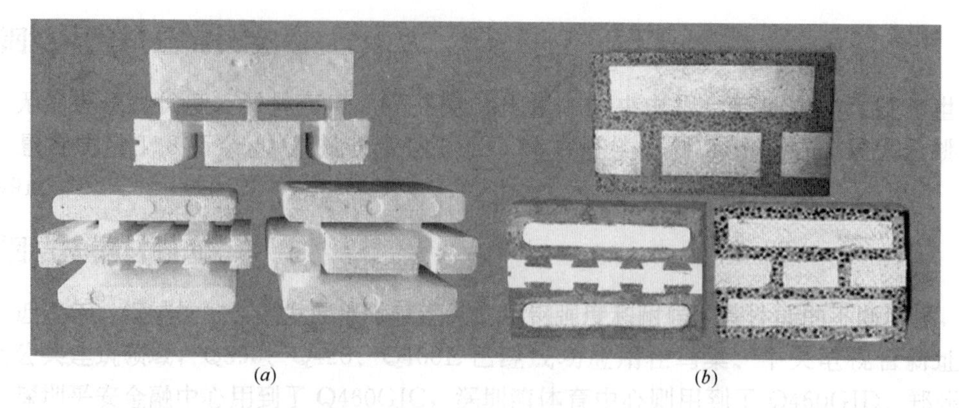

图 9-8　自保温砌块（主规格：390mm×240mm～290mm×190mm）

(*a*) 整体保温芯；(*b*) 自保温砌块横截面

图 9-9　自保温砌块生产线主要设备

(*a*) 砌块成型机械；(*b*) 整体抽提钢侧模机械

(3) 吸水率小、收缩小。砌块的含水率为 2.1%，吸水率为 7.8%，干燥收缩率为 0.2mm/m，可有效避免墙体空鼓、开裂、渗水等砌块墙体质量通病。

(4) 良好的耐冻融性能。砌块采用高性能混凝土作为砌块壳体材料，经 35 次冻融循环后质量损失为 2.1%，强度损失为 10%，极大地优于常见的加气混凝土砌块和轻集料混凝土保温砌块。

(5) 防火性能优良，无火灾隐患。

(6) 施工工艺简单，无需做辅助保温处理，易于推广应用。

(7) 外墙保温与建筑物使用寿命相同，避免了外墙外保温工程因使用寿命短所产生的维修维护难题和费用。

(8) 外墙不需要做其他保温处理，减少了工序，提高了施工效率，降低了工程造价。

自保温砌块的生产线具有自动化程度和生产效率高、组合性强等特点；自动配料系统对原材料计量精准，生产中采用注塑微振成型工艺，保证了产品的质量；太阳能养护降低了能耗，并避免了蒸养工艺对环境的污染；生产线配备不同规格的模具，能生产相应规格的砌块。

2011 年以来，该成果已在山东、河北、江苏、辽宁、内蒙古、陕西、山西、安徽等十几个省（自治区）建立工厂，并在当地多项工程中推广应用（见图 9-10、图 9-11）。其优良的产品性能有效保证了工程质量，实现了保温与建筑主体同步施工、同步验收，最大程度降低了火灾隐患，简化了施工工序，降低了整体工程综合造价成本，得到了各地使用单位的广泛认可和赞誉。

图 9-10　潍坊海泰绿洲工程

图 9-11　淄矿中心医院扩建工程

四、砌筑工程施工技术前沿研究

1. 绿色建筑材料方面

绿色建筑材料是指采用清洁生产技术、少用天然资源和能源、大量使用工业或城市固体废弃物生产的无毒害、无污染、无放射性、有利于环境保护和人体健康的建筑材料。

1.1　再生粗、细骨料推广应用

目前，随着建筑用砂的大量开采，天然砂资源日益匮乏，采用人工砂替代天然砂是未来建筑用砂的必然趋势。其中，建筑垃圾再生砂是将城区改造、旧建筑拆除、施工生产过程中产生的建筑垃圾进行破碎筛分，生产再生粗、细骨料，以满足砂浆生产所需的颗粒粒径及技术要求，不仅可以利废环保，而且完全符合循环发展的理念。人工砂主要是由矿山开采下来的下脚料、水泥厂尾矿废弃的石灰石等工业固体废弃物进行破碎筛分得到。

经过对建筑垃圾破碎筛分得到的细骨料进行试验表明，再生砂具有比天然砂更好的级配，完全能够满足砌筑及抹灰砂浆的需要；废砖渣再生细骨料虽然吸水率偏大，但级配可调，其微粉含有活性成分，还有微集料效应，配制的砂浆强度可达到 M15，保水性及和易性好。配制的砌筑砂浆与普通砂浆相比，水泥用量低且可达到相同强度。

近年来，还出现了利用建筑垃圾破碎筛分的粗骨料生产再生砖（砌块），也获得了良好的社会效益和经济效益。

1.2　因地制宜发展具有地域特色的墙体块材

我国地域广阔，因地制宜发展具有地域特色的墙体块材有很好的条件。例如，东北、东部及沿海地区宜发展以混凝土、工业废料为主的块材；江河流经地区可利用江（河）、湖淤泥生产块材；页岩资源丰富的地区应大力发展页岩烧结砖（砌块）；黏土资源丰富的西北地区，在不破坏耕地的前提下，可按照国发办［2005］33号《关于进一步推进墙体材料革新和推广节能建筑的通知》的要求推广发展黏土空心制品，限制生产和使用实心黏土砖。

1.3　石膏空心砌块

石膏空心砌块是以建筑石膏为主要原料，经加水搅拌、浇注成型和干燥而制成的块状轻质建筑石膏制品（见图9-12）。在生产中还可以加入各种轻集料、填充料、纤维增强材料、发泡剂等辅助材料。有时也可用高强石膏代替建筑石膏。实质上是一种石膏复合材料。常见的产品规格为666mm×500mm × 100mm、666mm × 500mm × 120mm、666mm×300mm×200mm等。

图9-12　石膏空心砌块

石膏空心砌块主要用作框架结构和其他结构建筑的非承重墙体，一般作为内隔墙用。若采用合适的固定及支撑结构，墙体还可以承受较重的荷载（如挂吊柜、热水器、厕所用具等）。掺入特殊添加剂的防潮砌块，可用于浴室、厕所等空气湿度较大的场合。

石膏空心砌块作为一种绿色建筑材料，具有以下特点：与混凝土相比，其耐火性能要高5倍；良好的保温隔声特性；自重较轻，抗震性好；砌块尺寸精度高，砌筑后墙体光洁、平整，榫槽配合精密；施工速度快；具有呼吸功能，提高了居住的舒适度。

1.4　植物纤维砌块

主要包含稻壳砖、稻壳绝热耐火砖、秸秆轻质保温砌块等。这类植物纤维绿色砌体材料一般为植物纤维与水泥、耐火黏土、树脂、改性异氰酸酯胶等材料混合，经搅拌、加压成型、脱模养护后制成的砌体材料。国内外利用稻壳等植物纤维生产绿色砌体材料，已经取得了一系列研究成果。

该类材料具有防火、防水、隔热保温、质量轻、不易碎裂等优点。可用于房屋的内、外墙等部位。

2. 建筑墙体节能措施方面

对于一个建筑而言，能量对外界的传热交换包括房顶、地面、门窗与外墙。外墙的节能性能一直是建筑节能的重要组成部分。

2.1　夹心复合墙砌体建筑推广应用

夹心复合墙是严寒和寒冷地区考虑墙体节能要求出现的一种新型结构体系，其保温节能效果显著，且墙体能够达到结构预期寿命是墙体节能的一种主要发展方向。

夹心复合墙除用于承重砌体结构建筑外，还可用于混凝土结构的外填充墙，如山东省泰安市泰川石膏股份公司的办公楼（七层框架结构）、沈阳市五里河大厦（高层建筑）等。

2.2　自保温砌块砌体建筑推广应用

自保温砌块包括复合自保温砌块和烧结空心自保温砌块。其中，复合自保温砌块是由混凝土外壳和其内部填塞的保温材料组成，或在烧结空心砌块孔洞内填塞保温材料组成；

烧结空心自保温砌块则依靠自身单一材料及众多小孔洞实现墙体保温隔热功能。

2.3　保温复合墙体

保温复合墙体包括外保温复合墙体和内保温复合墙体。

外保温复合墙体是在主体结构的外侧贴保温层，再做饰面层，它能发挥材料固有的特性。承重结构可采用强度高的材料，墙体厚度可以减薄，从而增加了建筑的使用面积，外保温复合墙体节能建筑的综合造价经济分析表明，其经济效益明显。

内保温复合墙体由主体结构与保温结构两部分组成。内保温复合墙体的主体结构一般为空心砖、砌块和混凝土墙体等。保温结构由保温板（或块）和空气间层组成。保温结构中空气间层的作用，一是防止保温材料吸湿受潮失效；二是提高外墙的热阻。

3. 工业化建筑施工技术方面

砌体建筑工程工业化的基本内容主要包括：采用先进、适用的技术、工艺和装备，科学合理地组织施工，发展施工专业化，提高机械化水平，减少繁重、复杂的手工劳动和湿作业等。

3.1　高层砌体结构推广应用

在我国，砌体结构虽然有着悠久的历史，但由于高层配筋砌块砌体剪力墙结构的抗震性能试验、理论研究及施工技术等方面有待进一步的研究与完善，我国现行砌体结构设计规范对配筋砌块砌体剪力墙结构的建筑高度限制较为严格，与钢筋混凝土剪力墙结构规定的高度相差甚远，这也成为制约砌体结构发展的主要瓶颈。随着高层砌体结构理论研究的不断完善和技术的不断创新，砌体结构的发展必将迎来良好的前景。

3.2　装饰砖（砌块）外墙砌体建筑推广应用

近年来，国内已出现具有装饰效果的清水砖（砌块）。在砌筑夹心复合墙时，外叶墙采用装饰砖（砌块）（见图 9-13）。这种块材的使用有以下优势：消除火灾隐患；保温与建筑物同寿命；提高施工效率，减少现场湿作业；绿色环保；外墙古朴典雅，且不需要再进行装修，节省维修费用。

图 9-13　不同颜色装饰砖搭配砌筑出的墙面

3.3　薄层砂浆砌筑技术推广应用

薄层砂浆砌筑技术因具有粘结性能好、减少墙体热桥效益、节省砂浆用量、现场湿作业少、施工速度快、节能环保等优点，是今后墙体块材砌筑技术的发展方向。

3.4　干混砂浆现场储存搅拌一体化技术推广应用

干混砂浆运至施工现场后，按照不同种类或专业队伍分别储存在不同的储存罐内，利用电子计量专用搅拌机进行现场加水量控制稠度，按需搅拌，节省用量，减少浪费，减少粉尘污染。

3.5　预应力砌体的进一步研究与工程试点

预应力砌体是指在混凝土柱（带）中或者在空心砌块的芯柱中配置预应力钢筋，通过施加预应力增强对砌体的约束作用，延缓砌体开裂，提高砌体的抗裂荷载和极限荷载，增强砌体的抗震性能。

3.6 混凝土空心砌块铺灰器推广应用

混凝土空心砌块铺灰器（见图 9-14）与标准混凝土空心砌块的几何尺寸相匹配（390mm×190mm）。砌筑时将铺灰器定位卡靠在砌块的外壁上，外边框与空心砌块外边缘相对应，内边框与空心孔洞相对应，操作者一只手持手柄，另一只手用灰刀将砂浆摊在铺灰器上并刮平，随即将铺灰器抬起，即可进行摆砌。使用铺灰器可将砂浆均匀饱满地摊铺在空心砌块的壁、肋上，有效地控制砂浆分布形态，在保证砌筑质量的同时可节省砂浆 30%～50%。

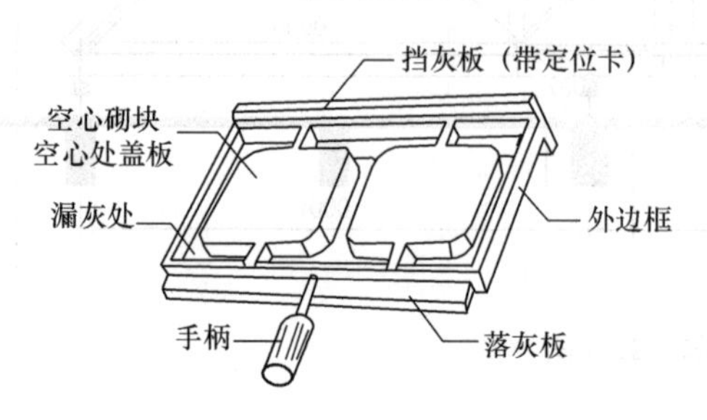

图 9-14 混凝土空心砌块铺灰器

3.7 砌筑铺浆机推广应用

目前，我国在砌体施工中均采用手工摊铺砂浆的操作方法，其缺点是工效差、铺灰不匀、工人劳动强度大。如使用砌筑铺浆机，将使砂浆摊铺速度快（工作效率提高 20%～60%）、厚度均匀、操作方便，且能降低工人的劳动强度。砌筑铺浆机在国外已有使用(见图 9-15)。砌筑铺浆机由储浆斗、转向轮、平滑轮、搅拌轴叶、出浆口闸板、铺浆槽板组成，通过调节出浆口闸板和调节铺浆尺度板，即可达到控制出浆数量和铺浆厚度的目的。

图 9-15 砌筑铺浆机

3.8 推进预制混凝土内墙板施工技术应用

目前，在我国的砌体建筑中，无论是承重的或是非承重的内墙基本上都是采用块材砌筑的砌体，这不利于建筑工业化施工。近年来我国大力提倡发展节能省地环保型住宅，在这个背景下预制装配式建筑再次受到了人们的关注。由于预制混凝土内墙板可以装配施工，减少砌筑砂浆使用和内墙抹灰，未来将是一种绿色环保、工业建造的砌体替代材料。

4. 高延性混凝土（砂浆）新型组合砌体结构体系应用

随着高延性砂浆加固砌体结构技术的成功推广应用，将出现一种新型的结构体系，即“高延性混凝土（砂浆）新型组合砌体结构体系”。该结构体系具有以下优点：显著提高结构的整体性，改善砌体结构的脆性破坏模式；显著提高结构的抗震性能；施工速度快、方便，只需在墙面抹 15mm 厚的面层即可达到加固效果；经济效益好。

鉴于高延性混凝土（砂浆）新型组合砌体结构体系的诸多特性及优点，其应用前景十分广阔。同时，这种新型组合砌体结构的出现和广泛应用，对促进砌体结构的发展，确保人民群众的生命财产安全，将具有十分重要的现实意义。

五、砌筑工程施工技术指标记录

1. 块体材料

1.1　烧结多孔砖（砌块）的孔洞率和最高强度等级

我国发布了国家标准《烧结多孔砖和多孔砌块》GB 13544—2011 替代《烧结多孔砖》GB 13544—2000，该标准增加了淤泥及其他固体废料作为制砖（砌块）原料的规定；改变砖的圆形孔和其他孔型，规定采用矩形孔或矩形条孔；将承重砖的最小孔洞率提高为 28%、将承重砌块的孔洞率规定为不小于 33%。近年来，国内已有多家生产企业引进国外最先进的真空硬塑挤压技术生产抗压强度达 60MPa 以上的烧结砖。

1.2　烧结空心砌块的最大孔洞率、体积密度、抗压强度和导热系数

我国在消化吸收国外技术的基础上，生产出了主规格尺寸 3650mm×248mm×248mm、孔洞率 52.7%、体积密度 860kg/m^3、抗压强度≥10MPa、导热系数 0.12W/(m·K) 的烧结保温空心砌块。

2. 砌筑砂浆的最高强度等级

目前，砌筑砂浆设计和应用的最高强度等级为 M30（预拌砂浆）。

3. 专用砌筑砂浆

蒸压硅酸盐砖专用砌筑砂浆砌筑的砌体试件沿灰缝抗剪强度平均值高出相同等级的普通砂浆砌筑的砌体试件 30%；混凝土小型空心砌块及蒸压加气混凝土砌块专用砌筑砂浆的工作性能应能保证竖缝面挂灰率大于 95%；蒸压加气混凝土砌块专用砌筑砂浆砌筑的砌体试件沿灰缝抗剪强度平均值高出相同等级的普通砂浆砌筑的砌体试件 20%。

4. 最高砌体建筑

位于哈尔滨市的国家工程研究中心基地工程项目，属于办公建筑，地上 28 层、地下 1 层，总高度 98.80m（檐口高度），是目前世界上和我国已建造的最高配筋砌块砌体建筑。

六、砌筑工程施工技术典型工程案例

1. 高层砌体工程——国家工程研究中心基地工程项目

本工程系哈尔滨工业大学、黑龙江省建设集团有限公司联办的国家工程研究中心基地

图 9-16 国家工程研究中心基地28 层配筋砌块砌体建筑

工程项目（见图 9-16）。该工程位于哈尔滨市，属于办公建筑，总建筑面积 16187m²，地上 28 层、地下 1 层，总高度 98.80m（檐口高度），裙房采用变形缝与主楼脱开。结构安全等级为二级，建筑抗震设防分类为丙类，6 度设防，场地土为三类，第一地震分组，设计基准期为 50 年，现已投入使用。

该工程是目前世界上采用“配筋砌块砌体结构”体系建设的最高建筑。墙体采用新型砌块，主规格砌块尺寸（长×高×厚）为 390mm×190mm×290mm，其孔洞率为 53%。墙体芯柱内放置双排钢筋，竖向钢筋接头采用螺纹钢筋连接技术，最后浇灌混凝土，形成配筋砌块砌体剪力墙结构。该工程于 2010 年起动，2013 年底建成。

据有关资料介绍，经测算，该工程与现浇钢筋混凝土结构相比，可节省 15.7%的用钢量、15.8%的混凝土量、53.4%的模板量和 12%的人工量，而且 3～3.5d 就可完成一层施工，单体工程主体结构能够减少碳排放 8.3%，每平方米可节省造价 70 元。

2. 装饰多孔砖（砌块）夹心复合墙工程——秦皇岛热电里小区项目

该项目位于秦皇岛市港城大街与晨砻路交叉口的东北侧，总建筑面积为 35164m²，共 7 栋住宅楼，其中 2 栋为 3＋1 框架结构，层高为 3.3m；5 栋为 6＋1 砌体结构，层高为 3.0m（见图 9-17）。

图 9-17 秦皇岛热电里小区建筑

该小区于 2005 年开始设计、施工，2006 年竣工，砖混结构外墙采用夹心复合墙，内叶墙为 240mm 厚普通页岩多孔砖墙，外叶墙为 115mm 厚清水装饰砖墙，中间填充 40～60mm 厚聚苯乙烯泡沫保温板。这几栋建筑，建成后外观完整、美观、无裂缝。

通过对设置 40mm 厚聚苯乙烯泡沫保温板的上述墙体进行热工性能检测得到，墙体传热系数满足节能 50%的要求。经住户反映，在冬季有一半多家庭关闭了暖气，其余家庭也只使用 1 组或 2 组暖气片；在夏季几乎没有开空调，或只短时间使用空调。这不仅节省了家庭开支，也给国家节省了能源，取得了较好的经济效益和社会效益。

3. 承重蒸压加气混凝土砌块建筑工程——南通市启秀花园 3 号楼

南通市启秀花园 3 号楼系 A7.5 B07 蒸压加气混凝土砌块节能试点示范工程，其实际的结构层数为 8 层，即底层自行车车库、6 个标准层和一层阁楼，建筑物总高度为 21.8m，平面尺寸为 42m×12.3m，建筑面积为 3696 m^2。该项目内外墙均采用 A7.5 B07 蒸压加气混凝土砌块，基本砌块尺寸为 600mm×240mm×300mm，±0.00m 以上部分的现浇混凝土梁、板、柱均采用陶粒混凝土。

该项目由南通市中置业有限公司开发建设，南通市建筑设计研究院有限公司设计，南通市宏华建筑安装工程公司施工，南通诚程城信工程建设监理有限公司监理。该工程于 2001 年 7 月 3 日开工，2001 年 10 月 10 日主体结构验收，2002 年 2 月 4 日竣工。2002 年 7 月 23 日—2002 年 8 月 1 日完成夏季节能测试，2003 年 1 月 1 日—2003 年 1 月 9 日完成冬季节能测试。

通过工程试点得出以下结论：

（1）A7.5 B07 蒸压加气混凝土砌块的研制与开发，为加气混凝土砌块用于承重结构奠定了基础，只要结构布置合理、构造措施得当，A7.5 B07 蒸压加气混凝土砌块能满足多层砌体住宅承载力要求。

（2）蒸压加气混凝土砌块与传统烧结普通砖相比，能较大幅度地减轻结构自重，提高建筑物抗震性能。

参考文献

[1] 戴应新. 陕西神木县石峁龙山文化遗址调查[J]. 考古，1977(3)：154-157.
[2] 周丽红，王竹茹. 夹心保温复合墙体研究与探讨[J]. 砖瓦，2008(9)：111-114.
[3] 苑振芳，苑磊，刘斌. 与框架柱脱开的砌体填充墙设计应用探讨[J]. 建筑结构，2010(5)：112-116.
[4] 张金龙. 预拌砂浆在工程中的推广和应用[J]. 中国产业，2011(4)：50.
[5] 西安墙体材料研究设计院，等.《装饰多孔砖夹心复合墙技术规程》JGJ/T 274—2012[S]. 北京：中国建筑工业出版社，2012.
[6] 西安墙体材料研究设计院，等.《烧结保温砖和保温砌块》GB 26538—2011[S]. 北京：中国标准出版社，2012.
[7] 王贯明，陈家珑，崔宁，等. 建筑垃圾资源化关键技术与应用的研究[J]. 建设科技，2012(1)：59.
[8] 湛轩业. 西欧烧结外墙保温隔热砌块的发展及应用(上)[J]. 墙材革新与建筑节能，2009(3)：32-36.
[9] 高俊果. 装配式配筋砌块砌体结构施工工艺与安装方法研究[D]. 哈尔滨：哈尔滨工业大学，2014.
[10] 王凤来，朱飞，刘伟. 哈尔滨 28 层配筋砌块砌体结构高层建筑的工程实践[J]. 混凝土砌块(砖)生产与应用，2014(1)：7-10.

第十篇　预应力工程施工技术

主编单位：广州市建筑集团有限公司　李俊毅　苏建华

摘要

近年来，我国预应力工程在理论设计、工程实践、施工工艺改进等方面都取得了很大的进步，主要体现在：工艺及设备的技术提升，大吨位多点同步张拉技术实现了36点72台千斤顶同步张拉，最大吨位达14400t；应用范围扩大，将直径500m的索网结构应用于世界最大的射电望远镜——贵州国家天文台射电望远镜中；预应力材料技术取得了较大发展，建筑工程用单根钢绞线直径从15.2mm发展到21.6mm、28.7mm等。

目前，使用后张有粘结预应力技术的建筑最大柱网达48m×32m，最大单体建筑面积达102万m^2，最长的环梁达781m（南京奥体中心）。对于预应力钢结构，钢-膜结构用钢量约45kg/m^2；索穹顶屋盖用钢量最少仅为20kg/m^2；张弦梁结构用钢量最少仅为31.7kg/m^2。

在国家大力倡导绿色建筑、可持续发展的今天，预应力作为结构高效、节材、耐久的技术必将得到更广泛的应用。

Abstract

In recent years, prestress engineering has made great progress in theory and design, construction and process improvement in our country. It is mainly seen in three fields: 1. Technique and equipment's promotion. Large tonnage multi-point synchronous tensioning technology has been achieved, and 36 points have been done with 72 jacks for synchronous tensioning, and the maximum tonnage has reached 14400 tons; 2. Application expansion. The cable-net structure with a diameter of 500m has been applied to the world's largest radio telescope-Five hundred meters Aperture Spherical Radio Telescope; 3. Prestress material technique's development, such as the diameter of single steel strand for construction works from 15.2 to 28.7 mm an so on.

Currently, the maximum column grid by post-prestress technique reaches to 48×32meter, the biggest single body building area reaches to 650, 000 square meters, the longest ring beam reaches to 781 meters. For prestress steel structure, per square meter's steel is about 45kg/m^2 for membrane structure; the least per square meter's steel is only 20kg/m^2 for cable-dome structure; the least per square meter's steel is only 31.7kg/m^2 for beam-string structure.

Today green building and sustainable development are strongly proposed in China, prestress structure must be widely used as efficiency, material saving and durability structure.

一、预应力工程施工技术概述

1. 预应力混凝土结构

1.1 国内外发展简史

1.1.1 国外发展简史

在1928年以前，预应力混凝土技术基本上处于探索阶段。预应力混凝土的发展应归功于法国工程师弗莱西奈特（Freyssinet）。弗莱西奈特指出，预应力混凝土必须采用高强钢筋和高强混凝土。这一结论是预应力混凝土在理论上的关键性突破。预应力混凝土结构在世界范围内得到蓬勃发展和广泛应用始于第二次世界大战后的1945年，预应力混凝土结构大量代替钢结构以修复被战争破坏的结构，其应用范围几乎包括了土木工程的所有领域。1950年成立的国际预应力混凝土协会（FIP）更是促进了世界各国预应力混凝土技术的发展，这是预应力混凝土技术进入推广和发展阶段的重要标志。

1.1.2 国内发展简史

预应力混凝土技术在我国应用和发展的时间相对较短，1956年以前基本处于学习试制阶段，1957年开始逐步推广应用。直到1994年，预应力混凝土技术被国家建设部选取为建筑业重点推广应用的10项新技术之一。从此，预应力混凝土技术在我国进入了快速发展阶段。时至今日，预应力混凝土技术已经广泛应用于土木工程当中。

1.2 发展现状

预应力混凝土技术在我国发展至今已经相当成熟，形成了包含设计、施工、材料等多个方面的技术规程，如《混凝土结构设计规范》GB 50010—2010（2015年版）、《无粘结预应力混凝土结构技术规程》JGJ 92—2016、《建筑工程预应力施工规程》CECS 180—2005等等。

在房屋建筑中，上部结构以现浇预应力混凝土为主，形成大跨、超长、大面积现浇楼盖；基础底板、地下室外墙、抗浮桩等部分使用预应力技术；预制预应力混凝土管桩在软土地区大量使用，预制预应力混凝土叠合板也重新得到推广应用。

在工程应用方面，北京首都机场新航站楼工程全面采用了预应力结构，基础为整体预应力平板片筏基础，上部结构采用了预应力框架、剪力墙体系和预应力板柱、剪力墙体系，仅无粘结预应力钢筋量就达4000余t，为国内最大的预应力工程之一。

2. 预应力钢结构

2.1 概念

在钢结构承重体系中引入预应力以抵消原荷载应力，增强结构的刚度及稳定性，改善结构其他属性及利用预应力技术创建的新型钢结构体系，都可称之为预应力钢结构（prestressed steel structure，简称PSS）。预应力钢结构的经济性与结构体系、布索方案及施工工艺、结构构造及节点等多种因素有关，正常情况下，采用单次张拉的预应力钢结构比非预应力钢结构可节约钢材10％～20％；多次张拉时可达20％～40％。

2.2　发展趋势

预应力钢结构（PSS）学科诞生于第二次世界大战后。直到20世纪末，在大量新材料、新技术、新理论的推动下，PSS领域中产生了一批新型的张拉结构体系，它们受力合理、形式多样、造型新颖、节约材料、应用广泛、成为建筑领域中的最新成就。进入21世纪后，PSS发展的特征是：出现了预应力技术与空间结构新体系结合而衍生出来的PSSS（prestressed space steel structure），它具有优秀的力学特性和良好的技术经济指标。从悬索体系延伸出来的吊索体系大大扩展了“零刚度”杆件的应用范围，而人工合成膜及玻璃等新材料与预应力钢索新体系相结合又衍生出以预应力钢承重结构为主的张力膜结构和拉索幕墙结构，极大地丰富了建筑造型和减轻了结构自重，与初期的PSS体系相比有了本质上的提高与突破。2002年世界杯足球赛由韩、日两国各自兴建了10座足球场地，而看台天蓬结构采用PSSS体系的就达13座。可以预见，PSSS结构体系的发展前景广阔。

二、预应力工程施工主要技术介绍

1. 预应力混凝土结构

预应力混凝土技术一般分为有粘结预应力技术和无粘结预应力技术两种。近年来，我国又研发出一种“缓粘结预应力技术”。

有粘结预应力技术主要内容为：（1）预应力筋线型和锚固区深化设计；（2）预应力筋孔道预留；（3）混凝土浇筑及孔道清理保护；（4）预应力筋穿入；（5）预应力筋张拉及锚固；（6）孔道灌浆及端部封堵。

无粘结预应力技术主要内容为：（1）预应力筋线形和锚固区深化设计；（2）无粘结筋下料制作；（3）布束；（4）混凝土浇筑；（5）张拉及封端。

缓粘结预应力技术是通过采用专用的缓粘结胶和塑料外包护套涂包的预应力钢绞线，在张拉初期预应力钢绞线与混凝土之间可相对滑动，之后随着粘结效果逐渐增强，钢绞线与混凝土达到粘合效果进而对混凝土产生预应力的技术。其主要内容为：（1）预应力筋线型和锚固区深化设计；（2）缓粘结筋下料制作；（3）布束；（4）混凝土浇筑；（5）张拉及封端。

2. 预应力钢结构

2.1　主要类型

（1）传统型

就是在传统的空间钢结构体系上采用预应力技术。例如，在平板网架或网壳中引入预应力以改善杆件内力峰值或提高其刚度，如1994年建成的攀枝花体育馆，是国内外首次采用多次预应力的钢网壳工程，穹顶直径60m，进行两次张拉预应力，用钢量仅45kg/m^2。

（2）吊挂型

以斜拉索或直索吊挂传统钢结构，以吊点代替支点，以扩大室内无阻挡的空间幅度

(见图 10-1)。例如，慕尼黑奥林匹克公园溜冰馆采用大拱吊挂索网，江西体育馆采用大拱吊挂网架。

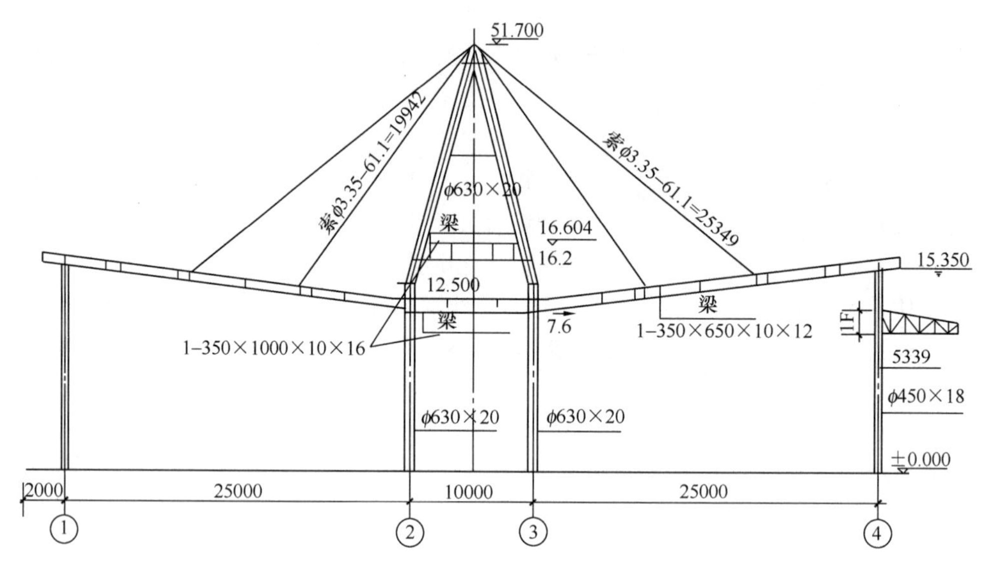

图 10-1 上海大众汽车公司某厂房的吊挂结构

(3) 整体张拉型

就是采用连续拉与断续压的构思形成的索柱结构。如 1988 年兴建的汉城奥运会主赛馆及击剑馆为整体张拉索穹顶屋盖，钢结构质量仅为 14.6kg/m²，是前所未有的优秀建筑结构设计。

(4) 张弦梁型

张弦梁是预应力索通过撑杆形成中间支点以支承上部刚性梁的结构（见图 10-2）。张弦梁也可组成正交布置覆盖矩形建筑平面的张弦梁空间体系，对圆形建筑平面可采用张弦穹顶。

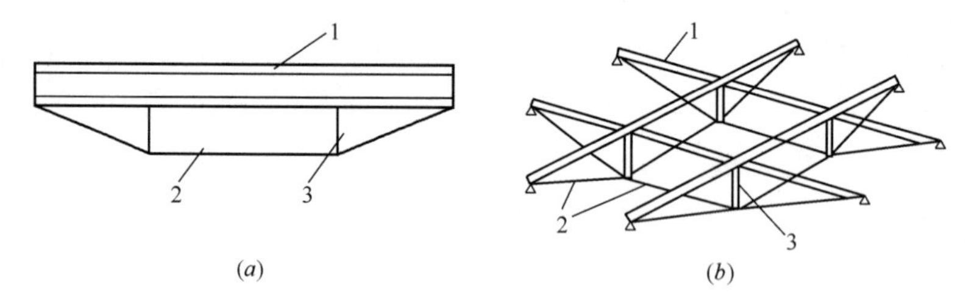

图 10-2 张弦体系结构形式图

(a) 平面形式；(b) 空间形式

1—刚性上弦；2—柔性下弦；3—撑杆

(5) 其他型

其他的预应力钢结构还包括索膜结构、点支式幕墙结构等。

2.2 施加预应力的主要方法

施加预应力的主要方法有拉索法、支座位移法及弹性变形法等，而其中用得最多的是拉索法。

（1）拉索法

拉索法即在钢结构的适当位置布置柔性拉索，通过张拉柔性拉索使钢结构内部产生预应力。拉索法的柔性拉索大多锚固于钢结构体系内的节点上，这种方法简便，施加的预应力明确。拉索法的柔性拉索张拉一般采用千斤顶或推顶，也有采用丝扣拧张或电热张拉产生预应力的。

（2）支座位移法

支座位移法是在超静定钢结构体系中通过人为手段强迫支座产生一定的位移，使钢结构体系产生预应力的方法。支座位移法的预应力钢结构在钢结构设计制造时预先考虑到强迫位移的尺寸，在现场安装后强迫结构产生设计的位移，并与支座锚固就位，强迫位移使结构产生预应力，或强迫使支座产生高差，使之建立预应力效应。

（3）弹性变形法

弹性变形法是强制钢结构的构件在弹性变形状态下，将若干构件或板件连成整体，当卸除强制外力后就在钢结构内部产生了预应力。这种方法多在钢结构制造厂的加工过程中完成，弹性变形法的原理类似于预应力混凝土的先张法施工。

三、预应力工程施工技术最新进展（1～2年）

1. 工艺及设备的完善与提高

目前已开发了大吨位多点同步张拉技术，用于深圳宝安体育场索结构屋盖，该工程为当前国内最大的环形空间索结构，具有索的数目多、成型过程结构刚度变化大、成型后索的张力大等特点，施工时采用了大型结构自动化整体移位系统，实现了36点72台千斤顶同步张拉，每点400t，最大吨位达14400t。

2. 应用范围进一步扩大

大吨位、大冲程千斤顶的应用及多种锚固体系的开发等，进一步扩大了预应力技术的应用范围，包括：房屋建筑中使用部位的扩展、房屋建筑中使用功能的增加、预制先张与现浇后张组合运用、预制先张与钢结构组合运用、其他工程领域的创新应用、与其他技术的综合应用，等等。如世界最大的射电望远镜——贵州国家天文台射电望远镜，其索网结构直径500m，采用短程线网格划分，并采用间断设计方式，即主索之间通过节点断开。此外，在大型低温钢筋混凝土储罐LNG（液化天然气）、LPG（液化石油气）中预应力技术也得到了广泛应用。

3. 新材料的应用

目前预应力材料技术取得了较大的发展，建筑工程用单根钢绞线直径从15.2mm发展到18.0mm、21.6mm、28.7mm，《预应力混凝土用钢绞线》GB/T 5224—2014中增加了1×7结构21.60mm规格钢绞线，单根钢绞线拉索直径已达到110～120mm。

近1～2年，替代传统预应力筋的新材料的研究与应用也有一定的发展。比如纤维加劲塑料（FRP）预应力筋，其特点是应力-应变曲线没有屈服点，抗腐蚀、耐疲劳性能好，热膨胀系数低，弹性模量仅为50～150GPa，而抗拉强度却与高强钢绞线接近。

四、预应力工程施工技术前沿研究

近年来国家大力倡导绿色建筑、可持续发展，预应力作为结构高效、节材、耐久的技术必将得到更广泛的应用。结合国家政策导向和工程建设需求，未来预应力技术将会有更大的进步和更为广泛的应用。

1. 新材料技术开发应用

预应力材料技术的发展是预应力技术革命的先驱。预应力筋除了目前使用的高强度钢材外，未来还应有耐久性好、强度高、自重轻的碳纤维和聚酯纤维类预应力筋。此外，现有预应力钢筋的耐久性能、防火性能也是未来应继续改进研究的方向。

2. 预应力工艺技术的发展

工艺技术是保证预应力短期、长期效应和耐久性的关键手段，一方面应积极发展预应力筋智能化张拉技术，减少人为因素对施工质量的影响；另一方面应改进灌浆技术和设备，提高灌浆质量，完善侵蚀性环境下无粘结束密封技术，尤其是锚固端封闭技术。

3. 标准规范、设计方法的改进

我国当前的预应力混凝土房屋建筑设计水平还有待完善与提高，主要表现在：结合预应力混凝土特点对结构的整体布局、概念设计、方案对比、综合技术经济效益的分析研究薄弱，设计理论上过分强调裂缝对耐久性的危害，对某些预应力结构的抗裂要求过严，造成用钢量明显增加。因此，要积极改进规范条文，精心设计，突出预应力结构的经济性和综合优势，充分体现预应力技术作为绿色结构技术的特点。

4. 预应力混凝土在多层大跨结构中的发展方向

现代建筑结构正在向大柱网、大开间、大跨度、多功能方向发展，力求在有限的建筑面积和空间内获得最好的使用功能和最佳的投资回报。预应力混凝土以其跨度大、自重轻、节约材料、节省层高、改善功能等突出优点，迎合了现代建筑结构的发展趋向。经验证明，8～18m柱网（或跨度）的房屋正处于预应力混凝土结构的经济跨度范围内，对于大多数多层工业厂房和各类大跨度公共建筑，预应力混凝土结构常常是最佳的选择。

5. 高层建筑结构中预应力混凝土技术的发展方向

预应力混凝土在高层建筑中的应用有很大前景，尤其是无粘结预应力混凝土平板和扁管、有粘结预应力平板和扁梁用于高层建筑的楼盖，可以降低结构层高、简化模板、加快施工等。

6. 预制现浇相结合的装配整体式结构将加速发展

先张法预制预应力混凝土构件具有工厂化规模生产的各种优点，如质量控制水平高、构件耐久性好、模板周转率高等；与现场浇筑的后张法预应力混凝土相比，省去了留管灌浆或注油挤塑工序，节约了锚具费用。在道路及运输吊装条件较好、运距不太长（200km以内）的情况下，预制构件常有良好的技术经济指标。如能将预制构件与建筑装饰、保温、隔热、水电管线等结合起来，将会显现出更大的优势。

7. 预应力钢结构技术将进一步发展

我国早在20世纪末已设计和建造了各种形式的预应力钢结构建筑，充分显示出这类结构的众多特点和优势，它是空间结构发展的一种趋势。展望未来，预应力钢结构将会更好地发挥其固有的特色和活力，获得更为广阔的应用与发展。

（1）未来10年，预应力钢结构的结构形式将更加丰富，如适应全天候和气候条件的开合结构、施工便捷的折叠结构、外观华丽的玻璃幕墙结构等。

（2）研究探索出预应力钢结构的各种新材料、新结构形式、新节点和新工艺。由于空间结构往往需要具备大跨度的特性，这就要求结构必须千方百计地降低结构自重，降低自重的途径一方面是研制运用轻质高强的新型建筑材料，另一方面就是研究开发受力最合理的结构形式。

（3）预应力钢结构一些尚未获得圆满解决的前沿课题，如抗风、抗震、结构控制、结构优化等，将得到较好地解决，并涌现出一系列实用的分析设计计算软件。

五、预应力工程施工技术指标记录

目前国内的预应力筋通常采用公称直径为15.2mm的高强低松弛钢绞线束，抗拉强度标准值$f=1860N/mm^2$，最大设计张拉控制应力限值$\sigma_{con}=0.75f_{ptk}$。单根预应力钢绞线设计张拉控制力$N=193.5kN$，预应力混凝土强度等级不宜低于C40。采用后张法施工时，现浇混凝土强度宜达90%后，方可张拉预应力筋。

后张有粘结预应力技术在我国建筑、桥梁、特种结构等工程中得到了广泛应用。根据可收集到的文献资料，目前使用该技术的建筑最大柱网达到48m×32m（广州南站），最大单体建筑面积达65万m^2，最长的环梁达781m，最高的塔式结构达450m，最大控制预应力混凝上箱梁跨度为70m。

对于预应力钢结构，能够量化的主要的技术指标就是结构的跨度和每平方米用钢量，而这些指标主要跟设计有关，包括屋盖的结构形式、屋盖所用的材料、钢构件设计强度的利用率等。

像一般的钢-膜结构，每平方米用钢量大约为45kg（45kg/m^2）。而预应力空间网格结构（包括网架与网壳），其跨度一般在30～60m，用钢量一般在20～50kg/m^2之间。于1993年建成的重庆南开体育馆，屋面采用预应力斜放四角锥网架结构，最大跨度为66m，其用钢量仅为19.8kg/m^2。还有1994年建成的攀枝花市体育馆，采用的是索穹顶网壳屋盖，是我国首次采用多次预应力张拉的钢网壳工程，穹顶直径为60m，用钢量仅为45kg/m^2。北京奥运羽毛球馆工程则是世界最大跨度的预应力索穹顶结构，最大跨度为 93m，用钢量为 62kg/m²；而内蒙古伊旗全民健身体育中心索穹顶屋盖的实际用钢量仅为 20kg/m²。还有张弦梁结构，如国家体育馆钢屋架采用的是双向张弦桁架预应力钢结构，最大跨度为 144.5m，用钢量约为 180kg/m²。其他的，如乌鲁木齐石化总厂游泳馆，跨度为 80m，用钢量为 43.5kg/m²；北京国展中心八号馆，跨度为 60m，用钢量为 31.7kg/m²；钓鱼台国宾馆网球馆，跨度为 40m，用钢量为 32.5kg/m²。

六、预应力工程施工技术典型工程案例

1. 苏州工业园区体育中心体育场

苏州工业园区体育中心体育场建筑面积约 8.1 万 m²，设计容量约 45000 个座位，建筑高度约 52m，挑篷结构采用轮辐式马鞍形单层索膜结构，最大跨度 260m，是目前国内最大跨度的轮辐式马鞍形单层索膜结构。

挑蓬结构包括结构柱、外压环、径向环及内索环。整个挑蓬结构的展开面积达到 31600m²。挑蓬外边缘压环几何尺寸为：长轴 260m，短轴 230m；马鞍形屋面的高差为，25m，其中压环梁低点标高为＋27m，压环梁高点标高为＋52m，体育场的立面高度在 27m 到 52m 之间变化，形成了轻微起伏变换的马鞍形内环。如图 10-3、图 10-4 所示。

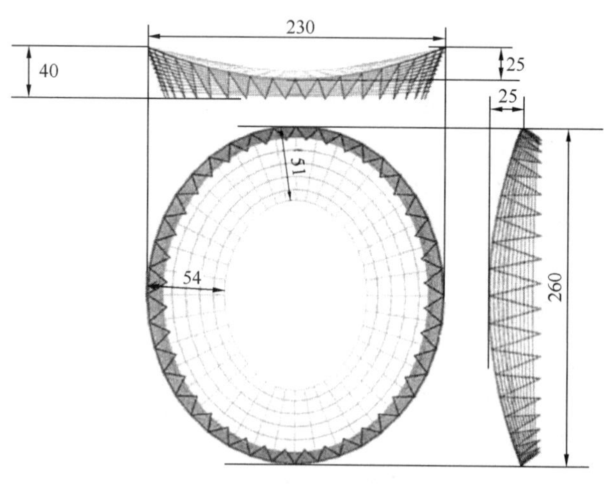

图 10-3　苏州工业园区体育中心体育场平立面尺寸示意图（m）

钢结构柱采用 V 形圆钢管柱，外径为 950～1100mm，壁厚为 16～35mm。受压钢环梁外径为 1500mm，壁厚为 45～60mm。结构拉索由 40 榀径向索和 1 圈环向索组成（见图 10-5），径向索根据不同的受力部位共有三种直径：100mm、110mm、120mm（内环曲率大的地方预应力大，故取大直径索）。环向索由 8 根直径为 100mm 的拉索构成，每根拉索均分为两段，用锥形索头和螺纹拉杆连接。所有拉索均采用 1670 级全封闭 Galfan 钢绞线（外三层为 Z 形钢丝，内部为圆钢丝），拉索防腐处理：内层采用热镀锌连同内部填充，外层采用锌-5%铝-混合稀土合金镀层。

体育场挑篷为单层索网结构，属于预应力自平衡的全张力结构体系。全张力结构体系必须通过张拉，在结构中建立必要的预应力，才具有结构刚度，以承受荷载和维持形状。体育场挑篷结构属于全封闭预应力体系，内部的受拉环及外侧的受压环通过对径向索施加预应力而形成预应力态。不同于双层索网（承重索和稳定索位于同一竖向平面或交替布

图 10-4　苏州工业园区体育中心体育场效果图

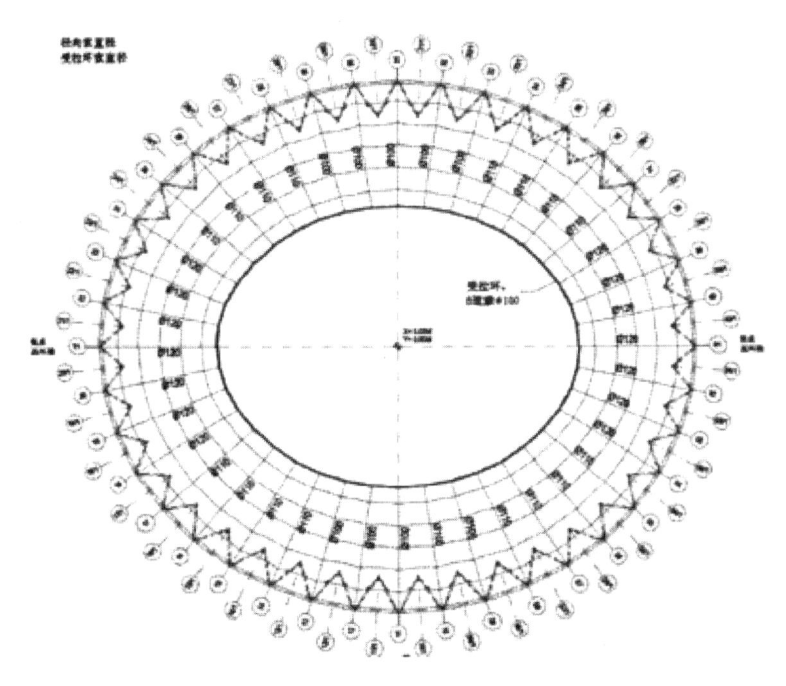

图 10-5　拉索规格布置示意图

置)，轮辐式单层索网的构形具有独特性（承重索和稳定索分别位于高区和低区)，所以索网安装和张拉过程中的几何位形和索力分布具有独特性。

体育场挑篷结构的总体施工方案为：首先进行外环钢构安装，在支撑架上拼装外环钢构，包括 V 形柱和环梁等；然后进行索网结构施工，索网结构施工顺序为：索网低空组装→索网空中牵引提升→索网张拉锚固（见图 10-6、图 10-7)；最后进行屋面膜结构施工。索网结构采用固定千斤顶斜向牵引整体提升、分批锚固的无支架施工方法，包括低空无应力组装、整体牵引提升、高空分批锚固三个阶段。

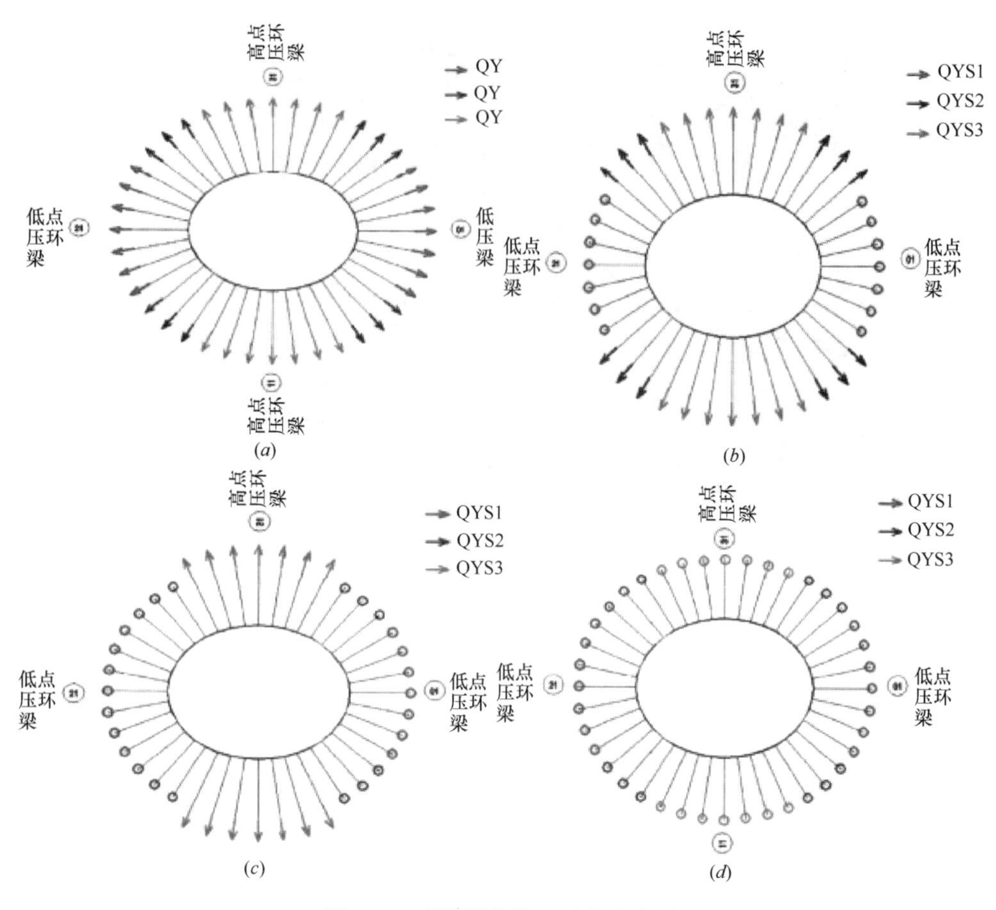

图 10-6 索网结构施工过程示意图

(*a*) 施工阶段一；(*b*) 施工阶段二；(*c*) 施工阶段三；(*d*) 施工阶段四

图 10-7 索网结构施工图

2. 天津理工大学体育馆

天津理工大学体育馆工程位于天津市西青区宾水西道 391 号天津理工大学校区内，是第十三届全运会比赛场馆之一。该工程为公建类建筑，项目总投资 19829 万元，项目建成后可满足手球、篮球、排球和羽毛球等项目比赛和训练的需求。本工程主体高度 27.5m，主体单层，局部三层，总建筑面积约 17100m²。主体结构采用全现浇钢筋混凝土框架结构体系，楼盖采用全现浇梁板结构承重，主馆屋面大空间部分采用索穹顶结构。

体育馆整体设计构思为"学海泛舟"。设计方案整体采用了简洁的手法，力求打造流畅、新颖的建筑造型，集轻盈、动感、灵性于一体的造型充满张力。屋顶结构为索穹顶结构，是我国目前第一个跨度百米级的索穹顶结构工程。如图 10-8 所示。

图 10-8　天津理工大学体育馆效果图

体育馆屋盖平面投影为椭圆形，投影面约为 6400m²，柱顶不等高，平均标高为 22.950m。屋盖结合建筑造型采用索穹顶结构形式，长轴 102m，短轴 82m，内设三圈环索及中心拉力环，最外圈脊索及斜索按照 Levy 式布置，共设 32 根，与柱顶混凝土环梁相连，内部脊索及斜索呈盖格式布置，每一圈设 16 根，拉索最小规格为 $D60$，最大规格为 $D133$，整个索网和内拉环、撑杆的总质量约 353t。如图 10-9、图 10-10 所示。

天津理工大学体育馆索穹顶结构是 Geiger 型和 Levy 型的结合体，内侧为 Geiger 型，最外圈为 Levy 型，最大跨度达到 102m，是国内首个跨度超过 100m 的索穹顶结构，环梁为高低不平的马鞍形，国内外都比较罕见。

本索穹顶结构只有两个对称轴，外环梁的高度不等，最高为 27.947m，最低为 22.215m，由于外环梁的形状高低起伏造成提升过程中的索力、提升用的工装钢绞线长度都不相同。成型态下脊索的内力差别比较大，短轴脊索的内力超过 500t，长轴脊索的内力为 75t。拉索最大规格为 $D133$ 的高钒拉索，拉索单位质量大，索体本身的刚度也不能忽略，整个索网和内拉环、撑杆的总质量达到 353t。

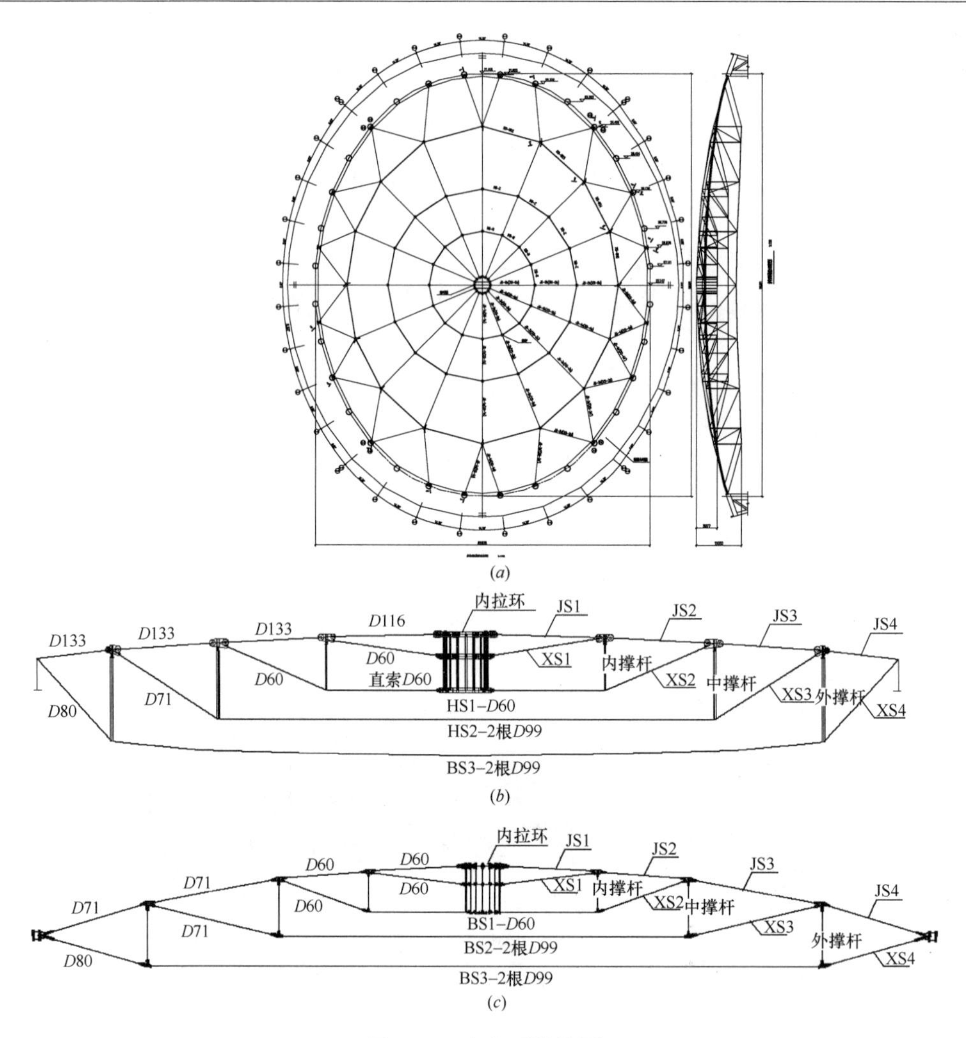

图 10-9　索穹顶结构图

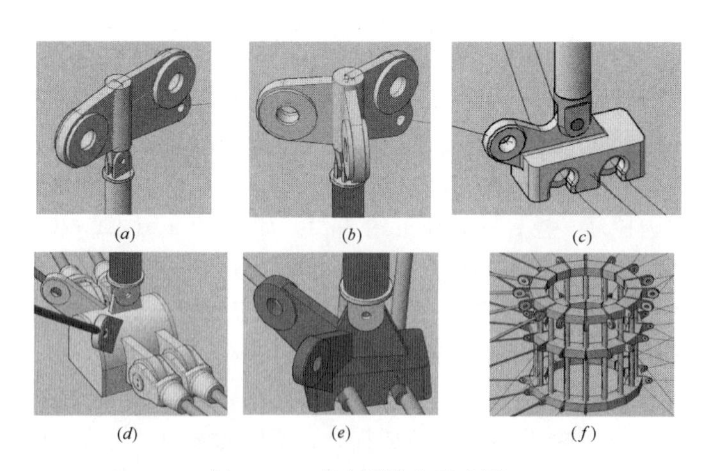

图 10-10　索穹顶节点示意图

(a) 中间撑杆上节点；(b) 外撑杆上节点；(c) 中间撑杆下节点；(d) 外撑杆下节点—叉耳连接；(e) 外撑杆下节点—盖板连接；(f) 内拉环三维示意图

天津理工大学体育馆索穹顶结构采用高空拼装法施工方案，首先利用中央塔架拼装内拉环，然后高空依次分批安装脊索、撑杆、环索、斜索，最后张拉 XS4 使结构成型。第 1 步：在场地中心搭设中央塔架，塔架高度以内拉环高度比成型态低 2.22m 控制，约 21.75m；第 2 步：在中央塔架上拼装内拉环，并用缆风绳加固；第 3 步：分 8 批对称安装脊索，为减小脊索安装的荷载，将部分脊索的调节量放松；第 4 步：在地面组装 HS3，然后利用提升装置提升外撑杆和 HS3 并和脊索索夹连接；第 5 步：利用工装索将斜索 4 和外环梁耳板连接并预紧；第 6 步：提升长轴看台的各 3 个外撑杆，将该位置的外撑杆和相应的索夹连接；第 7 步：在地面组装 HS1、HS2，然后利用提升装置提升撑杆和 HS1、HS2 并和脊索索夹连接；第 8 步：依次安装内环直索、XS1、XS3、XS2；第 9 步：张拉短轴方向的脊索；第 10 步：同步提升安装 32 根 XS4，使结构成型。如图 10-11～图 10-15 所示。

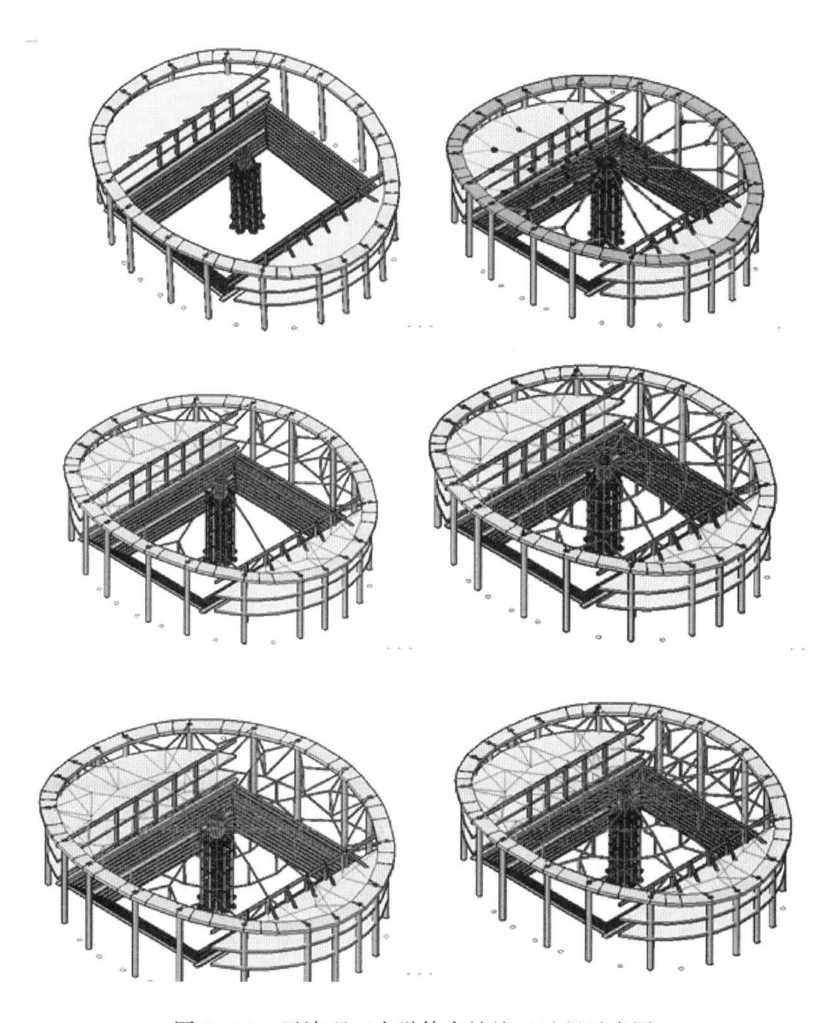

图 10-11　天津理工大学体育馆施工过程示意图

图 10-12　搭设中央塔架

图 10-13　安装脊索体系

图 10-14　拉索张拉

图 10-15　天津理工大学体育馆竣工效果图

参考文献

[1] 熊学玉．预应力工程设计施工手册[M]．北京：中国建筑工业出版社，2003.

[2] 王俊，冯大斌．预应力技术回顾与展望[C]．后张预应力学术交流会，2006.

[3] 冯大斌．我国预应力技术发展现状及趋势[C]．全国混凝土及预应力混凝土学术会议，2007.

[4] 冯健，吕志涛，吴志彬，等．超长混凝土结构的研究与应用[J]．预应力技术，2004，22(3)：33-37.

[5] 迟坤，田秀艳，冯大南．无粘结预应力混凝土结构综述[J]．森林工程，2002，18(4)：42-43.

[6] 党红卫．浅谈预应力技术在混凝土结构中的应用[J]．企业导报，2012(14)：265.

[7] 刘岩．预应力混凝土结构发展综述[J]．混凝土与水泥制品，2008(3)：52-55.

[8] 刘贝，姚文超，姚璐璐，等．浅析预应力混凝土[J]．商情，2010(12)：44.

[9] 胡志坚，郭友，谭金华．体外预应力混凝土结构研究现状与展望[J]．公路交通科技，2006，23(2)：94-97.

[10] 徐瑞龙，秦杰，张然，等．国家体育馆双向张弦结构预应力施工技术[J]．预应力技术，2007，36(11)：6-8.

[11] 刘岩，盛平，王轶．广州南站高架候车层大型预应力钢筋混凝土楼盖设计与施工[J]．建筑技术，2014，45(1)：46-48.

[12] 王永贵，魏永生．广州南站站房钢结构预应力索拱桁架施工[J]．建筑机械化，2011，32(1)：66-68.

[13] 盛平，柯长华，甄伟，等．一种新型预应力索拱结构设计及工程应用[J]．建筑结构，2008(1)：117-120.

[14] 盛平，柯长华，甄伟，等．广州新客站结构总体设计[J]．建筑结构，2009(12)：1-5.

[15] 秦凯，徐福江，柯长华，等．广州新客站屋顶钢结构整体稳定性分析[J]．建筑结构，2009(12)：33-35.

[16] 甄伟，盛平，柯长华，等．广州新客站主站房屋盖钢结构设计[J]．建筑结构，2009(12)：11-16.

[17] 吴小松．跳仓法在广州南站大截面预应力架空结构中的应用[J]．施工技术，2012，41(4)：34-36.

[18] 麦捷．武广高铁广州南站站房桥V构连续梁施工技术及质量控制[J]．长沙铁道学院学报(社会科学版)，2011，12(2)：205-207.

[19] 张爱林，刘学春，冯姗，等．大跨度索穹顶结构温度响应分析[J]．建筑结构学报，2012，33(4)：40-45.

[20] 张爱林，刘学春，李健，等．大跨度索穹顶结构模型静力试验研究[J]．建筑结构学报，2012，33(4)：54-59.

[21] 刘学春，张爱林，刘阳军，等．大跨度索穹顶新型索撑节点模型试验及性能分析[J]．建筑结构学报，2012，33(4)：46-53.

[22] 葛家琪，徐瑞龙，李国立，等．索穹顶结构整体张拉成形模型试验研究[J]．建筑结构学报，2012，33(4)：23-30.

[23] 葛家琪，张爱林，刘鑫刚，等．索穹顶结构张拉找形与承载全过程仿真分析[J]．建筑结构学报，2012，33(4)：1-11.

[24] 王泽强，程书华，尤德清，等．索穹顶结构施工技术研究[J]．建筑结构学报，2012，33(4)：67-76.

[25] 郭正兴，罗斌．大跨空间钢结构预应力施工技术研究与应用——大跨空间钢结构预应力技术发展与应用综述[J]．施工技术，2011，40(9)：101-108.

[26] 魏程峰．轮辐式马鞍形单层索网结构整体提升施工关键技术研究[D]．南京：东南大学，2016.

[27] 夏晨．轮辐式马鞍形单层索网结构性能分析和设计关键技术研究[D]．南京：东南大学，2016.

第十一篇　建筑结构装配式施工技术

主编单位：中 建 科 技 有 限 公 司　　叶浩文　周　冲　王　伟
参编单位：南京大地建设集团有限责任公司　　庞　涛　叶思伟　张明明

摘要

2016 年 9 月，《国务院办公厅关于大力发展装配式建筑的指导意见》（国办发〔2016〕71 号）中提出要坚持标准化设计、工厂化生产、装配化施工、一体化装修、信息化管理、智能化应用，大力发展装配式混凝土建筑和钢结构建筑，提高技术水平和工程质量，促进建筑业转型升级。本篇主要介绍了近两年装配式混凝土建筑的发展概况，从主要技术内容、最新进展、技术前沿等方面分别进行阐述，主要介绍了构件深化设计、构件生产制作、构件堆放与运输、施工安装等关键技术，最后结合工程案例介绍了装配式混凝土建筑的应用情况。

Abstract

In September 2016, the “guiding opinions of the State Council on the development of prefabricated building” proposed to adhere to the standardized design, factory production, construction, decoration, integration of information management and intelligent applications, vigorously develop the prefabricated concrete building and steel structure building, improve the technical level and the quality of the project, the construction industry to promote the transformation and upgrading. This paper mainly introduces the general development of nearly two years of prefabricated concrete building, the main content, the latest progress, technology etc. were discussed, mainly introduced the components of deepening of the design, component production, transportation, construction and installation of the key technology of piling up, finally introduces the application of prefabricated concrete building with engineering cases.

一、建筑结构装配式施工技术概述

装配式建筑在西方发达国家已有半个世纪以上的发展历史，形成了各具特色和比较成熟的产业与技术；其在国内虽然起步较早，但早期的预制混凝土结构仅限于装配式多层框架、装配式大板等结构体系，近期发展较快，但仍没有形成完整、配套的工业生产系统。

1. 国外装配式混凝土建筑施工技术的发展与现状

预制装配式混凝土施工技术最早起源于英国，Lascell进行了是否可以在结构承重的骨架上安装预制混凝土墙板的构想，装配式建筑技术开始发展。1875年英国的首项装配式技术专利，1920年美国的预制砖工法、混凝土“阿利制法”（Earley Process）等，都是早期的预制构件施工技术，这些预制装配式施工技术主要应用于建筑中的非结构构件，比如用人造石代替天然石材或者砖瓦陶瓷材料等。由于装配式建筑技术采用的是工业化的生产模式，受到现代工业社会的青睐。此后，受到第二次世界大战的影响，人力减少，且由于战时破坏急需快速大量修建房屋，这一工业化的生产结构更加受到欢迎，应用在了住宅、办公楼、公共建筑中。20世纪50年代，欧洲一些国家采用装配式方式建造了大量住宅，形成了一批完整的、标准的、系列化的住宅体系，并在标准设计的基础上生成了大量工法。日本于1955年设立了“日本住宅公团”，以它为主导，开始向社会大规模提供住宅。2000年以后，装配式住宅在日本得到大面积的推广和应用，施工技术也逐步得到优化和发展，并延续至今。目前德国推广装配式产品技术、推行环保节能的绿色装配技术已有较成熟的经验，建立了非常完善的绿色装配及其产品技术体系，其公共建筑、商业建筑、集合住宅项目大都因地制宜，采取现浇与预制构件混合建造体系，通过策划、设计、施工各个环节精细化优化寻求项目的个性化、经济性、功能性和生态环保性能的综合平衡。德国的装配式住宅与建筑目前主要采用双皮墙体系、T梁、双T板体系、预应力空心楼板体系、框架结构体系。在混凝土墙体中，双皮墙占70%左右，是一种抗震性能非常好的结构体系，在工业建筑和公共建筑用混凝土楼板中，主要采用叠合板和叠合空心板体系。

2. 国内装配式混凝土建筑施工技术的发展与现状

我国装配式建筑模式的应用始于20世纪50年代，借鉴苏联的经验，在全国建筑生产企业推行标准化、工厂化和机械化，发展预制构件和预制装配式建筑。从20世纪60年代初期到80年代中期，预制混凝土构件生产经历了研究、快速发展、使用、发展停滞等阶段。20世纪80年代初期，建筑业曾经开发了一系列新工艺，如大板体系、南斯拉夫体系、预制装配式框架体系等，但在实践之后未得到大规模的推广。20世纪90年代后期，建筑工业化迈向了一个新的阶段，国家相继出台了诸多重要的法规政策，并通过各种必要的机制和措施，推动建筑领域生产方式的转变。近年来，在国家政策的引导下，一大批装配式施工工法、质量验收体系陆续在工程中得到实践，装配式建筑的施工技术越来越成熟。

1998年，南京从法国引进了“预制预应力混凝土装配整体式框架结构体系（scope体系）”，通过消化、吸收和再创新，形成了新型结构体系设计、生产及施工成套技术。2005年，北京开始试点“装配整体式剪力墙结构体系”，其特点包括：外墙采用复合夹芯保温剪力墙；防渗漏体系；叠合楼板工艺；预制楼梯等。2005年，黑龙江研发了“预制装配整体式混凝土剪力墙结构体系”，其主要特点是：竖向连接采用预留孔插入式浆锚连接方式，水平连接采用钢筋插销方式和叠合楼板、梁节点现浇方式。上海在2007年首次采用日本和中国香港PC技术体系，其中外墙面砖采用了反打工艺。南通于2008年从澳大利亚引进“全预制装配整体式剪力墙结构（NPC）体系”，它采用“浆锚”节点及钢筋混凝土后浇叠合的方法，将预制钢筋混凝土墙和预制叠合梁板、预制楼梯、预制阳台等构件连接组合成整体结构体系。此外，合肥从德国引进的“叠合板装配整体式混凝土结构体系”、镇江的“模块建筑体系”等陆续在工程中示范和应用。

装配式混凝土建筑的建造方式符合国内建筑业的发展趋势，随着建筑工业化和产业化进程的推进，装配施工工艺越来越成熟，但是装配式混凝土建筑还应进一步提高生产技术、施工工艺、吊装技术、施工集成管理等，形成装配式混凝土建筑的成套技术措施和工艺，为装配式混凝土建筑的发展提供技术支撑。在施工实践中，装配式混凝土建筑的设计技术、构件拆分与模数协调、节点构造与连接处理、吊装与安装、灌浆工艺及质量评定、预制构件标准化及集成化技术、模具及构件生产、BIM技术的应用等还存在标准、规程不完善或技术实践空白，在这方面尚需要进一步加大产学研的合作，促进装配式混凝土建筑的发展。

二、建筑结构装配式施工主要技术介绍

建筑工业化是以构件预制化生产、装配式施工为生产方式，整合设计、生产、施工等整个产业链，实现建筑产品节能、环保、全生命周期价值最大化的可持续发展。其主要流程包括：构件深化设计→构件生产制作→构件堆放与运输→构件吊装。

1. 构件深化设计

工业化构件深化设计是在装配式建筑的方案和施工图设计基础上，结合生产安装的工艺需求进行的，涉及多专业交叉、多专业协同等问题。

深化设计由具有综合各专业能力、具有各专业施工经验的总承包方来承担，通过总承包方的收集、协调，把各专业的信息需求集中反映给构件厂，构件厂根据自身构件制作的工艺需求，将各方需求明确反映在深化图纸中，并与总承包方进行协调，尽可能实现一埋多用，将各专业需求统筹安排，并把各专业的需求在构件加工中实现。如图11-1所示。

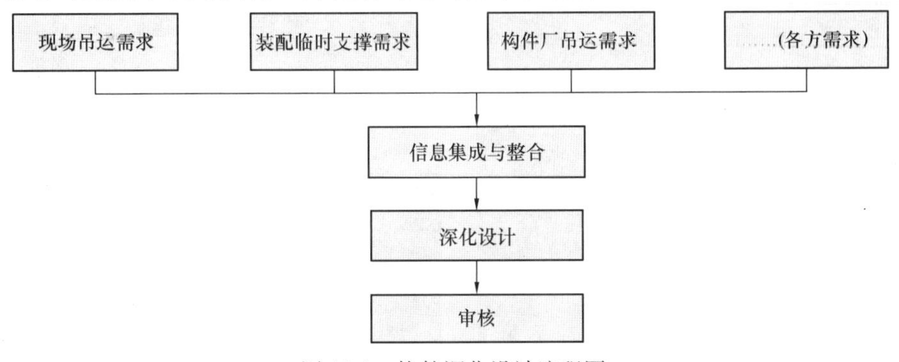

图11-1　构件深化设计流程图

2. 构件生产制作

2.1 预制构件生产工艺技术

2.1.1 板式构件平法生产流水线

平法生产流水线由模具托盘、托盘清洁涂油机、数控绘图仪、模具机器人、水平移动机构、布料机、振动台、表面处理机、热养护窑、液压翻转台、起重机具、转运平车等组成，适宜生产标准化、模数化的叠合楼板、叠合墙板、夹心保温墙板、实心墙板（见图11-2)，流水线自动化程度高、能耗低。

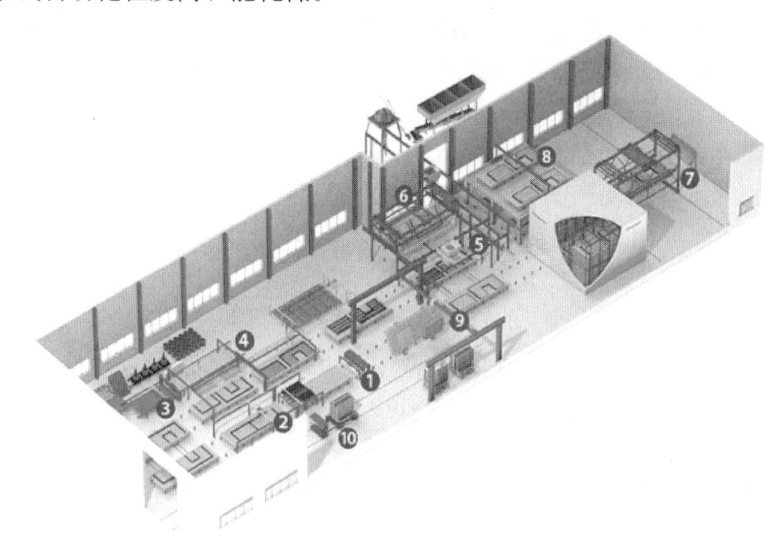

图 11-2 混凝土叠合板和实墙自动化生产流水线示意图

2.1.2 实心墙板成组立模生产

模具由多个可移动的侧模板叠合组成多个模槽，每个模槽内根据长度可浇筑一块或几块同样厚度的实心墙板，生产效率高。成组立模可用来生产80～150mm厚、结构简单的墙板（见图11-3)，墙板上可开口、开门窗洞、加装饰物等，墙板主要适用于大板结构建筑和建筑的内隔墙。

2.1.3 预应力空心板挤压生产工艺

空心板是由带有厚度模数150～400mm的挤压机生产的，挤压技术是在混凝土坍落

图 11-3 实心墙板成组立模生产示意图

度为零的条件下，在100m长的模台上注造空心预制板。通过挤压机内的给料螺旋和振动套筒给混凝土加压，挤压机向前移动成型，再用切割机按需要的长度切割，最大长度可达20m以上。如图11-4、图11-5所示。

图11-4　空心板挤压生产车间

图11-5　空心板预应力钢绞线张拉

2.1.4　长线法预应力台座式生产工艺

长线法预应力台座长度通常为80～120m，一端为预应力筋固定端台座，另一端为预应力筋张拉端台座，台座可承受的张拉力在2000～6000kN。生产时，将钢筋笼放进模具后进行预应力筋张拉，采用混凝土布料机进行混凝土浇筑，可一次生产多个构件。如图11-6、图11-7所示。

图11-6　预应力叠合板长线法生产线

图11-7　预应力叠合梁长线法生产线

3. 构件堆放与运输

3.1　构件堆放

堆放构件的场地应平整坚实，并应有排水措施，堆放构件时应使构件与地面之间留有一定的空隙；构件应根据其刚度及受力情况，选择平放或立放，并应保持其稳定；重叠堆放的构件，吊环应向上，标志应向外；堆垛的高度应根据构件与垫木的承载能力及堆垛的稳定性确定；各层垫木的位置应在一条垂直线上；采用靠放架立放的构件，应对称靠放和吊运，其倾斜角度应保持大于80°，构件上部宜用木块隔开。如图11-8、图11-9所示。

图 11-8　预制墙体堆放示意图

图 11-9　预制叠合板堆放示意图

3.2　构件运输

构件运输时的混凝土强度，当设计无具体规定时，不应低于混凝土设计强度等级值的75%；构件支承的位置和方法，应根据其受力情况确定，但不得超过构件承载力或引起构件损伤；构于件装运时应绑扎牢固，防止移动或倾倒；对于构件边部或与链索接触处的混凝土，应采用衬垫加以保护；在运输细长构件时，行车应平稳，并可根据需要对构件采取临时固定措施；构件出厂前，应将杂物清理干净，详见图 11-10。

图 11-10　预制混凝土构件运输

4. 施工安装关键技术

4.1　预制构件吊装

预制构件吊装应采用标准化通用吊梁，以提高吊装效率，节约时间。预制构件种类不同，则其吊运形式也不相同，其中预制墙板、预制楼梯、预制阳台板、预制 PCF 板等采用模数化专用吊梁进行吊运；预制叠合板、预制叠合式阳台板采用叠合构件专用自平衡吊架进行吊运。

4.2　预制构件临时固定及调整

预制墙板安装时，为保证墙体垂直度及稳定性要求，预制墙体侧面应设置临时固定支撑（见图 11-11），目前临时固定支撑形式有三种，即斜撑＋七字码、大斜撑＋小斜撑、三角支撑，其中斜撑＋七字码、大斜撑＋小斜撑较为常见。

4.3　钢筋连接

4.3.1　套筒灌浆连接

（1）基本原理

套筒灌浆连接是通过灌浆料的传力作用将钢筋与套筒连接形成整体，套筒灌浆连接分为全灌浆套筒连接和半灌浆套筒连接，套筒设计应符合《钢筋连接用灌浆套筒》JG/T 398—2012 的要求，接头性能应达到《钢筋机械连接技术规程》JGJ 107—2016 规定的最高级——Ⅰ级。钢筋套筒灌浆料应符合现行行业标准《钢筋连接用套筒灌浆料》JG/T 408—2013 的规定。

图 11-11　预制墙板斜支撑

半灌浆套筒连接是一端采用灌浆方式连接，另一端采用非灌浆方式连接（见图 11-12），通常另一端采用螺纹连接，半灌浆套筒连接可连接 HRB335 和 HRB400 带肋钢筋。全灌浆套筒连接是两端均采用灌浆方式连接（见图 11-13），全灌浆套筒连接接头性能可达到《钢筋机械连接技术规程》JGJ 107—2016 规定的最高级——Ⅰ级，目前可连接 HRB335 和 HRB400 带肋钢筋。

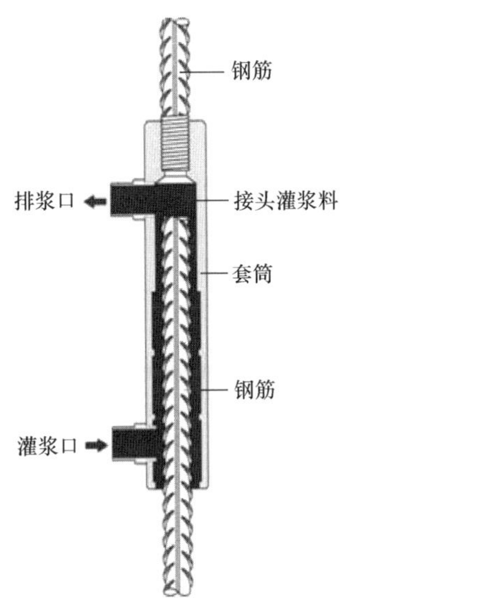

图 11-12　半灌浆套筒示意图

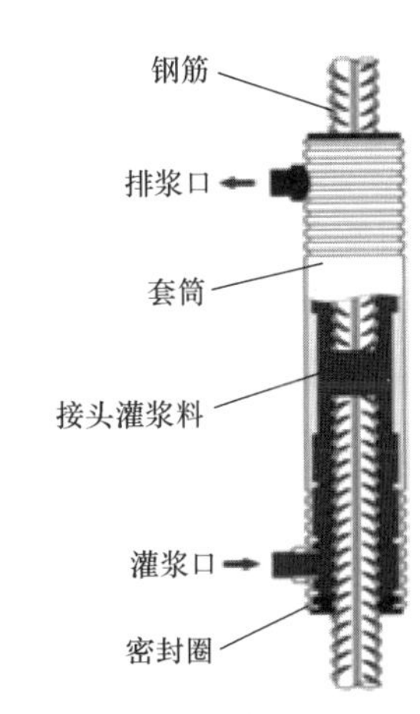

图 11-13　全灌浆套筒示意图

（2）技术要点

预制竖向承重构件采用全灌浆或半灌浆套筒连接方式的，所采用的灌浆工艺基本为分仓法和坐浆法。

1）分仓法：预制竖向构件安装前宜采用分仓法灌浆，分仓应采用坐浆料或封浆海绵条进行分仓，分仓长度不应大于规定的限值，分仓时应确保密闭空腔，不应漏浆。

2）坐浆法：预制竖向构件安装前可采用坐浆法灌浆，坐浆法是采用坐浆料将构件与楼板之间的缝隙填充密实，然后对预制竖向构件进行逐一灌浆，坐浆料强度应大于预制墙体混凝土强度。

采用套筒灌浆时，灌浆料使用温度不宜低于5℃，灌浆压力为1.2MPa，灌浆料从下排灌浆口开始灌浆，待灌浆料从排浆口流出时，封堵排浆口，直至封堵最后一个灌浆口后，持压30s，确保灌浆质量。

4.3.2 浆锚连接

(1) 基本原理

浆锚连接是一种安全可靠、施工方便、成本相对较低、可保证钢筋之间力的传递的有效连接方式。在预制柱内插入预埋专用螺旋棒，在混凝土初凝之后旋转取出，形成预留孔道，下部钢筋插入预留孔道，在孔道外侧钢筋连接范围外侧设置附加螺旋箍筋，下部预留钢筋插入预留孔道，然后在孔道内注入微膨胀高强灌浆料形成的连接方式（见图11-14）。

图11-14 浆锚连接节点

纵向钢筋采用浆锚搭接连接时，对预留孔成孔工艺、孔道形状和长度、构造要求、灌浆料和被连接的钢筋，应进行力学性能以及适用性的试验验证。直径大于20mm的钢筋不宜采用浆锚搭接连接，直接承受动力荷载的构件纵向钢筋不应采用浆锚搭接连接。

(2) 技术要点

1）因设计上对抗震等级和高度有一定的限制，所以该连接方式在预制剪力墙体系中使用较多，预制框架体系中的预制立柱的连接一般不宜采用该连接方法。浆锚连接的主要缺点是预埋螺旋棒必须在混凝土初凝后取出来，须对取出时间、操作规程掌握得非常好，时间早了易塌孔，时间晚了预埋螺旋棒取不出来。因此，成孔质量很难保证，如果孔壁出现局部混凝土损伤（微裂缝），对连接质量有影响。比较理想的做法是预埋螺旋棒刷缓凝剂，成型后冲洗预留孔，但应注意孔壁冲洗后是否满足浆锚连接的相关要求。

2）注浆时可在一个预留孔中插入连通管，可以防止由于孔壁吸水导致灌浆料的体积收缩，连通管内灌浆料回灌，保持注浆部位充满。此方法对于套筒灌浆连接同样适用。

4.3.3 挤压套筒连接

(1) 基本原理

通过外加压力使钢套筒发生塑性变形并与带肋钢筋表面紧密咬合，将两根带肋钢筋连接在一起。如图11-15所示。

挤压套筒连接属于干式连接，去掉技术间歇时间从而压缩安装工期，质量验收直观，接头成本低。连接时无明火作业，施工方便，工人经过简单培训即可上岗。凡是带肋钢筋即可连接，无需对钢筋进行特别加工，对钢筋材质无要求；接头性能可达到机械接头的最高级，可用于连接任何部位的接头，包括钢筋不能旋转的结构部位。

图 11-15　挤压套筒连接

（2）技术要点

钢筋应按标记要求插入钢套筒内，确保接头长度，以防压空。被连接钢筋的轴心与钢套筒的轴心应保持在同一轴线上，防止偏心和弯折。

在压接接头处挂好平衡器与压钳，接好进、回油油管，启动超高压泵，调节好压接力所需的油压力，然后将下模卡板打开，取出下模，把挤压机机架的开口插入被挤压的带肋钢筋的连接套中，插回下模，锁死卡板，压钳在平衡器的平衡力作用下，对准钢套筒所需压接的标记处，控制挤压机换向阀进行挤压。压接结束后将紧锁的卡板打开，取出下模，退出挤压机，完成挤压施工。

挤压时，压钳的压接应对准套筒压痕标志，并垂直于被压钢筋的横肋。挤压应从套筒中央逐道向端部压接。

为了减少高空作业并加快施工进度，可先在地面压接半个压接接头，在施工作业区把钢套筒另一端插入预留钢筋，按工艺要求挤压另一端。

4.4　构件连接

4.4.1　润泰连接

（1）基本原理

润泰连接节点由预制钢筋混凝土柱、叠合梁、非预应力叠合板、现浇剪力墙等组成，柱与柱之间的连接钢筋采用灌浆套筒连接，通过现浇钢筋混凝土节点将预制构件连接成整体。如图 11-16 所示。

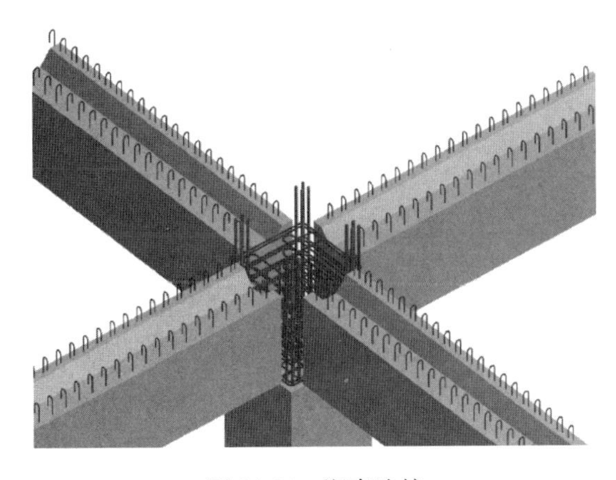

图 11-16　润泰连接

（2）技术要点

润泰连接节点实际上为预制梁下部纵筋锚入节点的连接方式，这种节点由于两侧梁底纵向钢筋需要交叉错开，锚入节点核心区比较困难，对预制加工精密度要求较高，不允许有制造施工误差，而且为了方便梁纵筋伸入节点，柱截面会偏大。因此润泰连接节点存在制造精度要求较高、施工难度大的问题。

4.4.2　鹿岛连接

（1）基本原理

鹿岛连接节点是由叠合梁、非预应力叠合板等水平构件及预制柱、预制外墙板、现浇剪力墙、现浇电梯井等竖向构件组成的连接节点。柱与柱之间采用套筒连接，预制柱底留设套筒；梁柱构件采用强连接的方式连接，即梁柱节点预制并预留套筒，在梁柱跨中或节点梁柱面处设置钢筋套筒连接后现浇混凝土连接。如图 11-17 所示。

图 11-17　鹿岛连接

(2) 技术要点

鹿岛连接节点属于强节点，其节点核心区与梁在工厂整体预制，可以根据需要在不同的方向预留伸出钢筋，待现场拼装时插入其他构件的预留孔，进行灌浆连接。

这种节点构件由于体积较大会造成节点运输与安装困难。

4.4.3　牛担板连接

(1) 基本原理

牛担板连接方式是采用整片钢板为主要连接件，通过栓钉与混凝土的连接构造来传递剪力，常用于预制次梁与预制主梁的连接。牛担板宜选用 Q235B 钢；次梁端部应伸出牛担板且伸出长度不小于 30mm；牛担板在次梁内的埋置长度不小于 100mm，埋置在次梁内的部分两侧应对称布置抗剪栓钉，栓钉直径及数量应根据计算确定；牛担板厚度不应小于栓钉直径的 0.6 倍；次梁端部 1.5 倍梁高范围内，箍筋间距不应大于 100mm。预制主梁与牛担板连接处应企口，企口下方应设置预埋件。安装完成后，企口内应采用灌浆料填实。如图 11-18 所示。

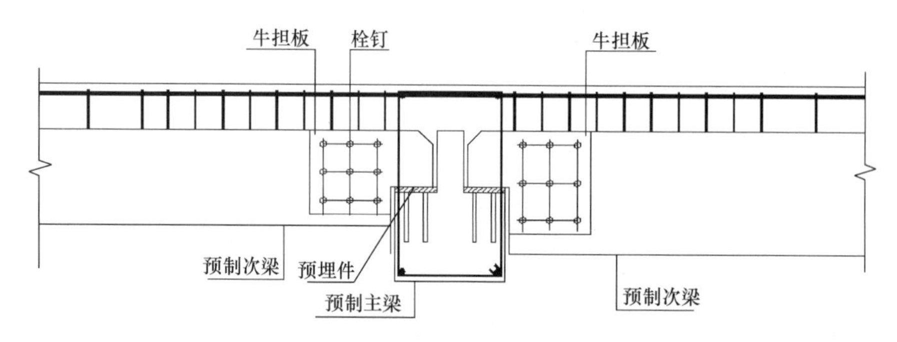

图 11-18　牛担板连接

(2) 技术要点

首先让合格的厂家按图纸加工牛担板以及牛担板支撑件，在梁模具组装完后吊入梁钢筋笼，在次梁两端装入牛担板，在主梁的相应位置装入牛担板支撑件，浇筑混凝土、养护、脱模、运输到堆场，梁运输到施工现场并安装到相应位置，最后主次梁的节点接缝内灌入灌浆料。

4.4.4　环筋扣合锚接结构体系

(1) 基本原理

装配式环筋扣合锚接混凝土剪力墙结构体系（见图 11-19），包括若干个预制剪力墙、预制叠合楼板，预制剪力墙的混凝土外四周凸出有封闭的钢筋环，使用时通过使用封闭箍筋或连接剪力墙凸出于混凝土外的封闭钢筋环，然后内穿钢筋进行固定后浇筑混凝土连接。预制叠合楼板与预制剪力墙之间通过现浇混凝土锚接。预制剪力墙内同时可以预制暗梁。这样大大减少了凸梁凸柱，外墙围护结构简单，通过预制与现浇相结合，大大加快了施工进度，降低了施工成本。

（2）技术要点

将预制剪力墙结构的竖向构件拆分为“一字形”预制构件，其中主要包括预制环扣内墙板、预制环扣外墙板、预制环扣叠合楼板、预制环扣楼梯、预制叠合梁等基本构件。楼层墙体采用“L形”、“T形”、“十字形”现浇节点连接，上下层墙体采用“一字形”现浇节点连接。水平构件采用叠合梁板形式，墙体水平连接通过构件端头留置的竖向环形钢筋在暗梁区域进行扣合，墙体竖向连接通过构件端头留置的水平环形钢筋在暗柱区域进行扣合，在暗梁（暗柱）中穿入水平（竖向）钢筋后，构件通过现浇节点连接形成整体。

图 11-19　装配式环筋扣合锚接

三、建筑结构装配式施工技术最新进展（1～2年）

自2015年以来，我国建筑工业化受到前所未有的关注，各地政府部门、设计单位、科研单位以及施工企业正在为此进行积极准备和尝试，其产品无论从技术体系、制造工艺还是商业模式上都与传统做法有所不同，因此被称为“新型建筑工业化”。新型建筑工业化背景下的预制混凝土行业的发展，必须贯彻研究、设计、制作及施工安装一体化的管理理念，需要依靠科技创新和产品标准化工作的推进；必须成立以专家队伍和骨干企业为主导的行业协会，长期致力于行业发展的竞争力研究，规范行业有序健康发展。

1. 装配整体式剪力墙结构体系

装配整体式剪力墙结构是由预制混凝土墙板构件和现浇混凝土剪力墙构成的竖向承重和水平抗侧力体系，通过整体连接形成的一种钢筋混凝土剪力墙结构形式，是基于结构整体性能基本等同现浇结构的概念建立的。如图11-20所示。

建筑的水平方向由预制内外墙板＋现浇剪力墙或现浇连接段形成整体，竖直方向剪力墙下端采用坐浆层＋浆锚或套筒连接方式与底层形成整体，上端与水平后浇带（圈梁）及楼面板叠浇层连接形成整体，其结构性能与现浇剪力墙基本相同。

图 11-20　装配整体式剪力墙结构

图 11-21　叠合板式混凝土剪力墙

2. 叠合板式混凝土剪力墙结构体系

叠合板式混凝土剪力墙结构体系（见图 11-21）是引进、吸收国外的新技术、新工艺，在我国建筑市场上已经开始有所应用，并在推广过程中。该体系施工便于工程的计划与组织，能够有效地保证工程的进度优化、质量控制和节约成本，符合我国节能环保的产业政策。

叠合板式混凝土剪力墙结构预制墙板安装施工，是采用工业化生产方式，将工厂生产的叠合式预制墙板构配件运到项目现场，使用起重机械将叠合式预制墙板构配件吊装到设计部位，然后浇筑叠合层及加强部位的混凝土，将叠合式预制墙板构配件及节点连为有机整体。对比传统结构体系施工，该施工工艺具有施工周期短、质量易控制、构件观感好、减少现场湿作业、节约材料、低碳环保等优点。

3. 装配整体式框架结构体系

装配整体式框架结构是指柱全部采用预制构件、梁采用叠合梁、楼板采用预制叠合楼板的结构体系（见图 11-22）。预制承重构件之间的节点、拼缝连接均按照等同现浇结构要求进行设计和施工。装配整体式混凝土框架结构一般由预制柱、预制梁、预制楼板、预制楼梯、外挂墙板等构件组成。

图 11-22　装配整体式多层框架结构

4. 装配式复合外墙板

建筑外墙是建筑的主要组成部分，其构造以及所使用的材料影响着建筑能耗指标和室内居住舒适度。在住宅建筑的围护结构能耗中：外墙可以占到 34%，楼梯间隔墙约占 11%。发展高质量外墙复合保温墙板是实现住宅产业化和推广节能建筑的重要捷径。

目前国内可作为装配式外墙板使用的主要墙板种类有：承重混凝土岩棉复合外墙板、薄壁混凝土岩棉复合外墙板、混凝土聚苯乙烯复合外墙板、混凝土膨胀珍珠岩复合外墙板、钢丝网水泥保温材料夹芯板、SP 预应力空心板、加气混凝土外墙板及真空挤压成型纤维水泥板。

4.1　混凝土膨胀珍珠岩复合外墙板

混凝土膨胀珍珠岩复合外墙板由钢筋混凝土结构承重层、膨胀珍珠岩保温层（见图 11-23）和饰面层复合而成。其厚度为 300mm，其中承重层厚度 150mm，保温层厚度 100mm，饰面层厚度 50mm。

该种复合外墙板除了具有适应承重要求的力学性能外，还能满足民用建筑节能设计标准对其的要求。混凝土膨胀珍珠岩复合外墙板的隔热、保温性能大大优于以往的轻混凝土外墙板，稍逊于混凝土岩棉复合外墙板，其冬季保温效果相当于厚度为490mm的砖墙。但面密度大，需要专用吊机安装，不利于当前建筑工业化的推广应用。

4.2　钢丝网水泥保温材料夹芯板

钢丝网水泥保温材料夹芯板是在工厂内将低碳冷拔钢丝焊成三维空间网架，中间填充轻质保温芯材（主要采用阻燃的聚苯乙烯泡沫板）而制成的半成品，在施工现场再在夹芯板的两侧喷抹水泥砂浆或直接在工厂内全部预制完成（见图11-24）。

图11-23　珍珠岩保温板

图11-24　钢丝网水泥保温材料夹芯板

该种夹芯板质量轻、强度高、防震、保温和隔热、隔声性能好、防火性能好、抗湿、抗冻融性好、运输方便、损耗极少、施工方便经济、提供建筑使用面积。能根据设计上的要求组装成各种形式的墙体，甚至可以在板内预先设置管道、电气设备、门窗框等，然后在生产厂内或施工现场，再于板的钢丝上铺抹水泥砂浆，施工简便、快速，可加快施工进度。但制作工艺复杂，质量参差不齐，不符合建筑工业化推广应用。

4.3　挤出成型水泥纤维墙板

挤出成型水泥纤维墙板是以硅质材料（如天然石粉、粉煤灰、尾矿等）、水泥、纤维等为主要原料，通过真空高压挤塑成型的中空型板材，然后通过高温高压蒸汽养护而成的新型建筑水泥墙板（见图11-25）。

图11-25　挤出成型水泥纤维墙板

通过挤出成型工艺制造出的新型水泥板材，相比一般的板材强度更高、表面吸水率更低、隔声效果更好。其优异的性能和丰富的表面，不仅可用作建筑外墙装饰，而且有助于提高外墙的耐久性及呈现出丰富多样的外墙效果。可直接用作建筑墙体，减少多道墙体的施工工序，使墙体的结构围护、装饰、保温、隔声功能集于一体。

挤出成型水泥纤维墙板完全满足钢结构住宅对围护墙板高强、轻质、具有良好的保温隔热、隔声、防水、防火、抗裂和耐候等综合性能的要求。

5. 叠合板

5.1 PK 预应力叠合板

PK 预应力叠合板是一种新型的板面带肋的叠合楼面板（见图 11-26），标准宽度以 1000mm 为主，配有 400mm 和 500mm 尺寸的调节用板，截面形式有单、双肋两种。使用跨度 2.1～6.6m。

PK 预应力叠合板是在预制的带肋预应力底板的肋上预留孔中布置垂直于预制底板的钢筋，再加现浇混凝土而形成的一种叠合整体式楼板，预制底板在施工阶段起到模板作用，在使用阶段形成双向配筋的整体楼板，在结构性能方面可等同现浇混凝土楼面，而抗裂性能则优于现浇混凝土楼面。

5.2 钢筋桁架叠合板

钢筋桁架叠合板是预制和现浇混凝土相结合的一种较好结构形式（见图 11-27）。预制板（厚 50～80mm）与上部现浇混凝土层结合成为一个整体，共同工作。钢筋桁架的主要作用有：增加刚度，由于楼板厚度较大，钢筋桁架可以明显提高楼板刚度；增加叠合面受剪，但这个并不明显，对于常规居住、办公荷载的叠合楼板，不配抗剪钢筋的叠合面仍可满足受剪计算要求；另外，钢筋桁架还可作为施工“马凳”、“吊钩”。叠合板作为现浇混凝土层的底模，不必为现浇层支撑模板。叠合板底面光滑平整，板缝经处理后，顶棚可以不再抹灰。这种叠合楼板具有现浇楼板的整体性、刚度大、抗裂性好、不增加钢筋消耗、节约模板等优点。

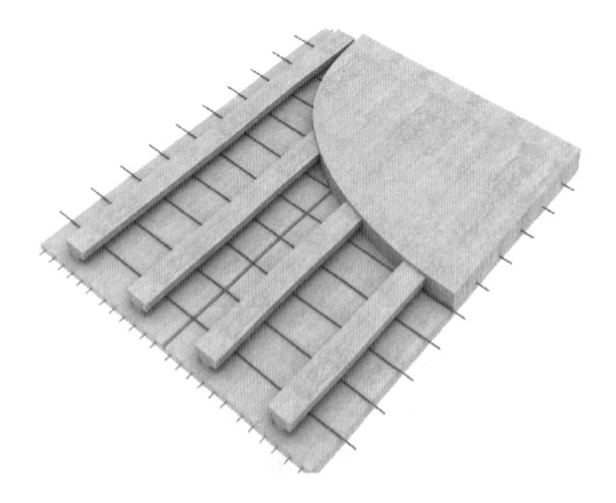

图 11-26　PK 预应力叠合板

图 11-27　钢筋桁架叠合板

6. SP 预应力空心板

图 11-28　SP 预应力空心板

SP 预应力空心板是采用美国 SPANCRETE 公司的生产技术与设备生产的一种新型预应力混凝土构件（见图 11-28）。

该板采用高强低松弛钢绞线作为预应力主筋，用特殊挤压成型机，在长线台座上将特殊配合比的干硬性混凝土进行冲压和挤压一次成型，可生产各种规格的预应力混凝土板材。该产品具有表面平整光滑、尺寸灵活、跨度大、可承受的荷载大、耐火极限高、抗震性能好等优点及生产效率高、节省模板、无需蒸汽养护、可叠合生产等特点，但价格较高。

四、建筑结构装配式施工技术前沿研究

1. 现状

现阶段装配式建筑主要集中在住宅方面，以预制装配式剪力墙体系为主，设计仍按传统模式设计，在结构施工图上做预制混凝土构件分解，未完全达到设计、施工全过程的装配式建筑。

现阶段传统装配式剪力墙体系建造成本高、室内空间受限、不能灵活变动，应朝大空间方向发展，发展装配式框架、框架剪力墙及叠合剪力墙体系，适应建筑产业化技术。

2. 发展趋势

（1）装配式建筑将从项目全寿命周期来统筹考虑。设计以建筑、结构、设备和内装一体化为原则，以完整的建筑体系和部品体系为基础，进行协调设计、密切配合，并充分研究建筑构配件应用技术的经济性和工业化住宅的可建造性。

（2）住宅体系发展趋势

传统住宅在使用上最大的问题在于，随着使用时间的增加，建筑内填充体部分逐渐老化，功能上不具备长久使用性。住宅品质得不到保障。

使用 SI 住宅体系，实现结构主体与填充体完全分离、共用部分和私有部分区分明确，并有利于使用中的更新和维护，实现百年住宅的目标。

（3）多层大柱网建筑装配化

随着大柱网、大开间多层建筑的迅猛发展，长跨预应力空心板、T 形板、大型预应力墙板等必将逐步兴起，预制梁板现浇柱，或预制梁、板、柱与现浇节点相结合的各种装配整体式建筑结构体系预期会迅速发展。

（4）单层大空间建筑装配化

对于一些大型的体育场馆以及单层的大型工业厂房，需要实现大空间以满足使用功能，通过预应力技术和装配式技术的结合可以在满足使用功能的前提下实现快速安装施

工，不仅能大幅度提高施工效率，减少现场施工垃圾的产生，而且可以实现更大的空间，因此单层大空间建筑的装配化在建筑工业化的进程中有良好的前景。

3. 前沿技术

3.1 绿色建造技术

(1) 绿色设计：模块化户型设计理念、3D模型节能分析和优化技术。

(2) 绿色制造：高质量构件工厂流水化制造，劳动生产率提高200%。

(3) 绿色材料：预制夹心保温墙板无毒、防火、与建筑物同寿命；再生混凝土节约资源、降低能耗，减少建筑垃圾堆放占用耕地，节约天然石材62.7万m^3，降低碳排放量1956.24t，节约生产成本。

(4) 绿色施工：将传统建筑工地转变成住宅产业工厂的“总装车间”，通过绿色高效的施工管理，可以降低劳动强度、提高施工效率，做到三楼结构体吊装、一楼进行管道、设备安装和内部装修，可有效缩短建设周期。

3.2 BIM信息化技术

贯穿PC建筑全生命周期的BIM技术应用。在EPC建造模式下，借助BIM信息化管理，可以促进同步设计、同步管理，共享资源、共享数据。通过BIM和ERP管理平台，实现工程建设的不同主体能在不同的空间全面协调工作，检查错、漏、碰、缺，极大地提高效率。借助这个平台，也可以把市场上不同的部品件模块标准化，便于采购，便于设备的选型。此外，我们还在EPC模式下，致力推进生产加工和装配设备也都能够直接提取相关信息，不需要二次录入，提高一体化建造效率。

图11-29 全产业链BIM信息化管理平台

3.3 3D打印技术

目前，国内外均已实现采用3D打印技术“打印出”一栋完整的建筑（见图11-30）。打印建筑的“油墨”原料除了水泥、钢筋，还包括建筑垃圾、工业垃圾等。数幢使用3D打印技术建造的建筑亮相苏州工业园区，迪拜未来博物馆的办公楼总部是3D技术打造的办公楼。3D打印建筑最大的好处是节能环保、节省材料，可节约建筑材料30%～60%，工

图11-30 3D打印的建筑构件

期缩短50%～70%，建筑成本至少可节省50%以上，可以将建筑垃圾减少30%～60%。

3.4　装配式结构构件自动化生产加工技术

以标准化的模数模块设计为前提，协同生产线中不同工位作业，协同钢筋与混凝土的生产、加工、运输，以及建筑、结构、水暖电不同专业，充分发挥工厂的自动化、规模化生产优势，提高生产加工精度、生产效率和效能。创新模具设计，适应我国设计体系，探索模具机械自动化组装。如图11-31所示。

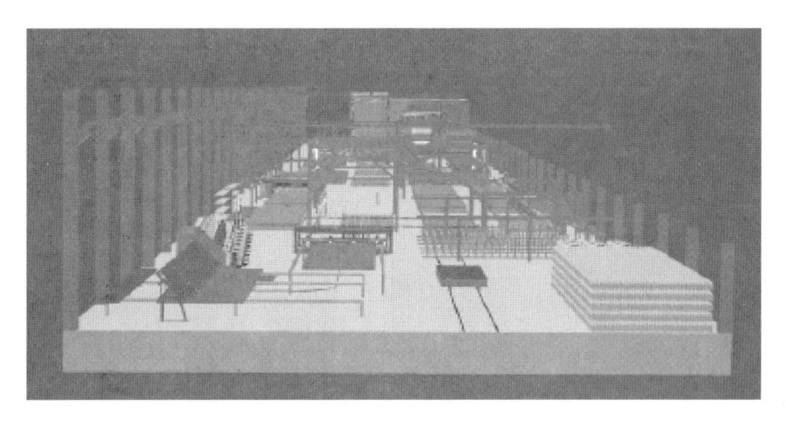

图11-31　装配式结构构件自动化生产加工

3.5　施工机器人

（1）智能建筑机器人

瑞士苏黎世国家能力中心的科学家们研究开发出一种智能建筑机器人（见图11-32），名为In-situ。它利用一个很大的手臂通过预定的模式进行搬砖和砌墙，并可以利用二维激光测距仪、两个板载计算机和传感器获取自己位置，在工地当中自由移动。不需要被人为地帮助指示去哪里，厉害之处就在于，它可以适应很多不同的施工现场和不可预见的情况。

图11-32　智能建筑机器人

(2) 混凝土地坪施工机器人

日本大成建设公司2016年4月18日宣布，他们开发出了混凝土地坪施工机器人“T-iROBO Slab Finisher”(见图11-33)。它的特点是，使用可以充电的可拆卸电池驱动，泥工可以无线方式远程操作。包括电池在内的机身质量约为90kg。包括模板和连廊在内，在建筑内的各种场所均可施工。施工效率方面，2台机器人的效率可达到6名泥工手工作业的3～4倍。

(3) 拆除机器人

拆迁机器人(见图11-34)通过高压水枪喷射混凝土的表面，使其内部产生许多细微的裂缝，随后瓦解。这样，混凝土中的砂石和水泥就可以与钢筋分离，拆迁机器人可以回收打包砂石、水泥以及钢筋，以供之后重复使用。

图11-33 混凝土地坪施工机器人

图11-34 拆迁机器人

五、建筑结构装配式施工技术指标记录

装配式框架剪力墙结构：龙信集团龙馨家园小区老年公寓项目最高建筑为88m，装配率80%(抗震设防烈度为6度)。

装配式剪力墙结构：海门中南世纪城96号楼共32层，总高度101m，预制率超90%(抗震设防烈度为6度)。

六、建筑结构装配式施工技术典型工程案例

1. 深圳裕璟幸福家园项目

1.1 工程概况

裕璟幸福家园项目位于深圳市坪山新区坪山街道田头社区上围路南侧，是深圳市首个EPC模式的装配式剪力墙结构体系的试点项目。本工程共3栋塔楼(1号、2号、3号)，建筑高度分别为92.8m(1号楼、2号楼)、95.9m(3号楼)，地下2层，是华南地区装配式剪力墙结构建筑高度最高的项目。本工程预制率达50%左右(1号、2号楼49.3%，3号楼47.2%)，装配率达70%左右(1号、2号楼71.5%，3号楼68.2%)，是深圳市装

配式剪力墙结构预制率、装配率最高的项目，也是采用深圳市标准化设计图集进行标准化设计的第一个项目。总占地面积为11164.76m²，总建筑面积为6.4万m²（地上5万m²，地下1.4万m²），建筑使用年限为50年，耐火等级为1级，建筑类别为1类，人防等级为6级。如图11-35所示。

图11-35　深圳裕璟幸福家园项目

1.2　技术介绍

1.2.1　全产业链标准化设计

本项目在设计、生产、施工全产业链中均采用标准化、模块模数化设计，减少了户型种类、构件类型、构件模具种类，优化了构件连接节点，通过全产业链标准化设计，减少了构件生产模具、方便了构件运输、降低了预制构件施工难度、提高了预制构件安装质量、加快了构件生产及现场安装速度。

1.2.2　BIM在全产业链中的应用

本项目在EPC工程总承包的发展模式下，建立了以BIM为基础的建筑+互联网的信息平台，通过BIM实现建筑在设计、生产、施工全产业链的信息交互和共享，提高了全产业链的效率和项目管理水平。

1.2.3　装配式工装系统的设计

本项目在预制构件运输、临时堆放、吊装、安装、验收等环节设计了相对应的工装系统，如预制构件运输架、临时堆放架、吊架、吊梁、钢筋定位框、套筒平行试验架、七字码、钢筋定位框等系列工装。本项目通过各类工装系统的使用，不仅提高了预制构件的安装速度，同时提高了预制构件的安装质量和安全系数。

1.2.4　信息化系统

本项目在建设过程中为了更好地对人员、大型设备、施工安全、环境等进行管制，项目部建立了人员实名制系统、人员定位系统、人员监控系统、大型机械设备监控系统、环境监测系统（Pm².5和扬尘噪声）等。本项目通过系列信息化系统的使用，极大地降低了项目管理难度，同时减少了项目管理成本。

2. 中建·深港新城项目

2.1　工程概况

中建·深港新城一期工程，总用地面积35125.02m²，总建筑面积80665.6m²，容积率为2.3，绿化率为30%。由2栋17层、4栋15层的住宅及3栋设备用房组成。其中住宅体系为装配式混凝土结构，采用工业化的建造方式进行施工，结构预制率约53%，装配率约78%。

本工程结构层高为2.9m，建筑高度为48.6m。

本工程抗震设防烈度为6度，设计基本地震加速度为0.05g，设计地震分组为第一组，特征周期为0.35s，场地土为Ⅱ类。

工程的主体结构设计为装配式混凝土剪力墙结构，预制构件之间通过现浇混凝土及套筒灌浆连接形成统一整体。

主体结构采用的预制构件有预制外墙、预制隔墙、预制内墙、预制叠合梁、预制叠合板、预制叠合阳台、全预制楼梯、PCF板、空调板共计9大类，内隔墙采用蒸压砂加气砌块，局部采用轻质条板隔墙。

室外工程采用的预制构件主要有预制轻载道路板、预制重载道路板、装配式围墙。

2.2 技术介绍

2.2.1 施工图标准化设计

施工图设计需考虑工业化建筑进行标准化设计（见图11-36）。工业化建筑的一个基本单位尺寸是模数，统一建筑模数可以简化构件与构件、构件与部品、部品与部品之间的连接关系，并可为设计组合创建更多方式。为使设计阶段简单、方便地应用模数，可以采用整模数来设计空间及构件尺寸，生产阶段则采用负尺寸来控制构件大小。通过标准化的模数、标准化的构配件之间合理的节点连接进行模块组装，最后形成多样化及个性化的建筑整体。

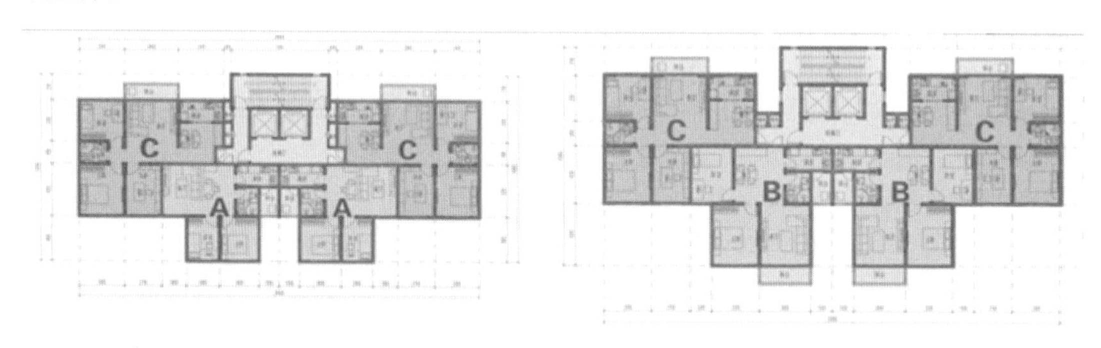

图11-36 标准化设计

2.2.2 构件拆分设计

构件厂根据设计图纸进行预制构件的拆分设计（见图11-37)，构件的拆分在保证结构安全的前提下，尽可能减少构件的种类，减少工厂模具的数量（见表11-1)。

构件类型总量及模具数量 **表11-1**

构件类型	构件总量	模具数量
外墙板	4018	13
内墙板	564	2
PCF板	1504	3
叠合梁	2914	10
叠合板	7568	15
叠合阳台	800	1
楼梯	188	2
空调板	500	2
合计	18056	48

2.2.3 独特的预制构件支撑体系

为了保证构件安装时的稳定性，对于不同的构件采用了不同的支撑体系。如预制墙体

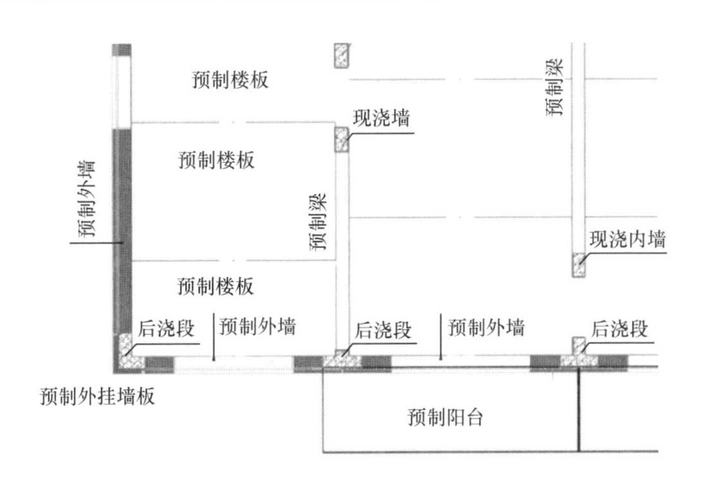

图 11-37　构件拆分

时支撑体系选用单根斜支撑与7形码相结合的形式，支撑体系的上口通过构件上预埋的螺栓进行固定，下口采用膨胀螺栓固定在楼板上；叠合板支撑采用可调独立支撑；楼梯板固定在预制梯梁上；等等。针对不同构件的结构特点，采用不用的支撑体系，通过这种方式有效地保证了安装的可靠性。

3. 巩固6号地块人才公寓项目

3.1　工程概况

巩固6号地块人才公寓项目位于浦口区江浦街道团结路以南，立新路以东，工程总造价1.27亿元，由两幢19层高层及地下车库、配电房组成（见图11-38），总建筑面积为35094.19m^2，11号及13号楼建筑高度为58.65m，外立面主要为外墙涂料和明框玻璃幕墙、穿孔铝板及GRC线条装饰，套内、公共区为一般精装修，精装修户型设计分为50户型与70户型两种，其中50户型共计144套，70户型共计252套。

图 11-38　巩固6号地块人才公寓项目

11号、13号楼主体结构除地下室～二层楼面及屋面部分采用现浇外，其余部分均采用预制混凝土构件装配施工，预制率为51.66%，装配率约71%。标准层预制构件由预制柱、预制阳台隔板及栏板、预制梁、预制板、预制阳台、预制楼梯共计206件组成，单根最重构件为2.41t，构件吊装总量为7290件。内外填充墙均采用ALC板施工。

3.2　技术介绍

3.2.1　整体装配式施工

工厂化生产的建筑预制构件运输至项目现场采用装配式施工方式。住宅塔楼中现浇结构部分采用铝模装配式施工方式，实现了较高的装配率。

3.2.2　土建装修一体化

采用精装一体化设计，为电气、给水排水、暖通、燃气各点位提供精准定位，不用现场剔槽、开洞，避免了错、漏、碰、缺，保证了安装及装修质量。一体化室内精装设计施工，大规模集中采购，装修材料更安全、环保，标准化的装修保障了装修质量，避免了二次装修对材料的浪费，最大程度地节约材料。本项目采用全装修设计，保证了装修品质，装修部品工厂化加工，选材优质绿色，杜绝了传统装修方式带来的噪声和空气污染。

3.2.3　BIM 在施工中的运用与管理

基于 BIM 设计的建筑工业化信息化管理体系，就是设计、施工全过程运用各专业 BIM 软件（ALLplan、Revit 等）致力于为项目各相关方提供设计、生产、建造、运营的全生命周期智能化服务。BIM 软件应用阶段，实现高效协同设计、碰撞检查、材料用量统计、预制率装配率计算、预制构件详图设计。CAM（BIM 借力数控加工）阶段，实现 BIM 基础上的钢筋数字化自动加工、混凝土自动化浇筑以及钢筋与 PC 构件生产的自动化融合。CAC（智能建造体系）阶段，模拟构件运输、存放、吊装各环节，实现基于 BIM 的施工组织设计，智能识别构件身份编码。信息化管理主线贯穿于整个项目建设全过程，实现全流程节点确认及可追溯信息记录，并基于互联网、移动终端的动态适时管理。建筑工业化智能建造体系的全过程集成数据还为项目建成后的智能化运营管理提供了极大便利。

项目住宅部分采用 BIM 技术进行工程设计与施工，实现了信息化技术的应用，提高了预制装配式建筑精细化设计程度，包括节点设计、连接方法、设备管线空间模拟安装等，通过 BIM 技术实现构件预装配、计算机模拟施工，从而指导现场精细化施工，实现项目后期运营管理的智能化。

第十二篇　装饰装修工程施工技术

主编单位：中国建筑装饰集团有限公司　刘凌峰　杨亚静　童乃志　彭中要　李刚毅

参编单位：中建深圳装饰有限公司　魏西川　郑　春　程小剑

中建东方装饰有限公司　郭　景　蒋承红　王　晖

摘要

建筑装饰工程施工技术经历了30年的快速发展后，逐渐成为独立新兴学科和行业。随着新型材料、建筑工业化及电子信息技术的发展，装饰装修工程开始从传统操作方法向生产工厂化、施工装配化、装修一体化和管理信息化的方向发展。目前，建筑装配一体化、绿色施工、BIM技术、三维扫描和3D打印等技术已成为中国建筑装饰装修工程施工技术的发展方向，并开始在装饰工程设计与施工中不断深化应用。

Abstract

With 30 years of rapid development, the construction technology in architectural decoration engineering area gradually becomes the emerging discipline and industry. With the development of new materials, building industrialization and electronic information, the decoration construction has been developing from the traditional operation method to the component industrialization, construction of the assembly, integration of decoration and IT application in management. At present, building and prefabrication integration, green building decoration technology, BIM technology, 3D scanning technology, and 3D printing technology has become the development direction of decoration construction technology in China, and has begun the deep application in decoration projects.

一、装饰装修工程施工技术概述

装饰装修工程施工指在建筑物主体结构所构成的空间内外，为满足使用功能需要而进行的装饰设计与修饰，是为了满足人们的视觉要求和对建筑主体结构的保护作用，美化建筑物和建筑空间所做的艺术处理和加工。

装饰装修工程施工主要包括门窗工程、隔墙隔断工程、涂饰工程、饰面板（砖）工程、吊顶工程、楼地面工程、涂料及裱糊工程、细部装饰工程，形成了抹灰、油漆、刷浆、玻璃、裱糊、饰面、罩面板和花饰等施工工艺技术。

我国装饰装修行业的发展经历了以下三个阶段：

（1）第一阶段（1989 年以前）

20 世纪 80 年代及以前，装饰工程从属于建筑工程，室内装饰工程处于分散的手工作坊式施工阶段，装饰设计的方式方法依赖于设计人员的手工制作和创造，施工的方式方法以传统的现场手工作业和操作为主，主要装饰材料基本是未经加工的材料直接运到现场进行加工制作，项目按照现场已有条件“量身裁衣”，利用小型加工机具进行加工安装，其生产效率较低、生产规模较小。

（2）第二阶段（1989—2003 年）

从 20 世纪 90 年代开始，在改革开放的推动下，随着 CAD、PS、3Dmax 计算机辅助技术及大量新产品和新材料、先进施工机具的发展和引进，推动了建筑装饰设计技术和施工技术的进步，促进了建筑装饰行业的发展，国内逐步涌现出一批专业化的装饰公司，推动装饰工程作为一个专业的建筑分部工程独立运作。

（3）第三阶段（2003 年—现在）

随着建筑业的迅速发展，人们对生活和工作环境要求越来越高，建筑设计的造型越来越复杂多样，空间艺术感越来越强。建筑市场规模的扩大，促使劳动力需求增大，传统生产力水平已不能满足市场的需求，这也给装饰施工带来了巨大挑战。经过不断地研发和创新，为适应建筑业发展的需求，各种新技术、新型机具、新型环保材料、复合材料应运而生，绿色建筑、BIM 技术、装配化施工、信息化管理等先进建筑装饰设计和施工管理技术逐步引进和发展，逐步取代了传统的手工作业和现场切割加工，有效解决了劳动力短缺的现状，推动建筑装饰行业朝着绿色化、智能化、工业化、信息化方向发展。

二、装饰装修工程施工主要技术介绍

1. 新型材料与施工技术

近年来，随着科技的发展，各种新型材料和新的施工工艺层出不穷，新型卡式龙骨、装配式不锈钢栏杆扶手、新型夹条软硬包等材料和技术，具有工厂化生产、现场装配化施工的特点，逐步替代了传统装饰施工，一定程度上为装饰工程施工提供了更加多变的材料和工艺选择，丰富了装饰效果，提高了施工质量和施工进度。

1.1　新型卡式龙骨施工技术

新型卡式龙骨（见图 12-1）是一种多功能龙骨，包括 V 形直卡式龙骨和造型卡式龙骨。其做法是利用其侧边的凹槽，在与覆面龙骨连接时，可以采用卡接；或用钢排钉或自攻钉将石膏板钉在副龙骨上，不易钉偏，更容易通过验收。异型吊顶的基层施工时，通过任意弯曲折叠卡式龙骨形成拱形、波浪形、折线形，再加以固定，可以方便地做成统一模数的异型基层构件，然后在上面做石膏罩面板。新型卡式龙骨方便做各种造型，可满足不同设计造型的吊顶，不仅综合成本低、施工简便、精密度高，而且稳定性高、装饰效果好。其干法作业，施工环保，能解决因吊顶造型复杂而施工难、施工效率低的问题，现有逐渐取代传统木板做吊顶造型的趋势。另外，新型卡式龙骨实现了工厂内加工、现场装配的装配式施工方法，省去了现场的材料加工工作，从而达到节约人工成本、标准化生产的目的。工艺流程如下：弹线→安装吊挂杆件（或基层固定装置）→安装卡式承载龙骨（或成型半成品龙骨构件）→安装副龙骨（如果有需要）→安装罩面板→安装压条。

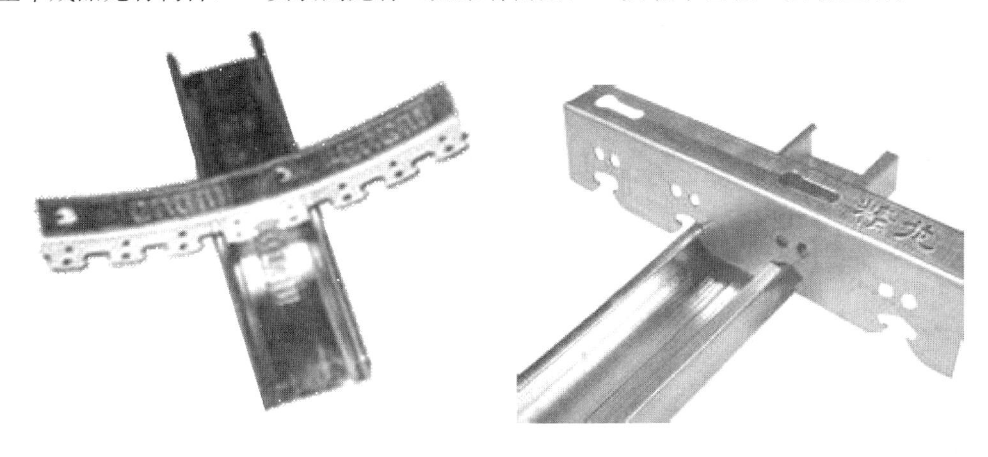

图 12-1　新型卡式龙骨

1.2　装配式不锈钢栏杆扶手安装施工技术

装配式不锈钢栏杆扶手（见图 12-2）由一系列按照标准生产的独立的不锈钢爪件、套管、法兰、弯管、螺钉等构件及固定件和连接件组成，整体为铰接结构。不同的栏杆扶手外形，材料构件不同。其安装工艺简单、精度高、质量稳定，保证了栏杆的装配效果。该产品安装施工可以进行批量化工厂集约生产，减少了现场加工安装的工作量，减轻了劳动强度，还可以非常方便地进行维护，同时能根据现场实际情况进行分段组装，满足交叉作业的需求。工艺流程如下：放线→安装预埋件→安装立柱→扶手与立柱连接→打磨抛光。

图 12-2　装配式不锈钢栏杆扶手

1.3 新型夹条软硬包施工技术

新型夹条软硬包施工技术将原来的活动板改为固定卡条，减少了制作工序，用卡条来保证软硬包的垂直度及平整度。此种做法软包布卡入固定卡条内，可以拆卸清洗和更换饰面及填充物，避免了传统做法缝隙大、有钉眼、分隔缝及棱角不直等缺陷，对现场的操作空间要求较小。其做法巧妙地利用了锯齿状夹口材料与型条的可塑性，采用现场施工方式，工艺简单易掌握，操作快捷高效，不仅简化了材料准备及施工工序，而且容易拆换，制作好的成品线条流畅笔直、层次感强，交叉处十字规整无错位（见图 12-3）。工艺流程如下：安装基层板→弹线→安装边条卡条→填充软硬包吸声层→软包布裁切→安装软包布→清理边条收口。

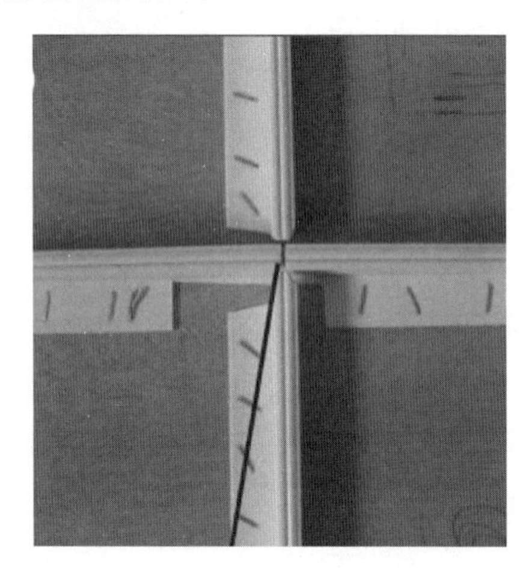

图 12-3 夹条处理

1.4 机喷粉刷石膏施工技术

机喷粉刷石膏工艺是为了解决传统混凝土内墙和顶棚抹灰工艺采用的混合砂浆和石灰砂浆粉刷问题：材料干缩性大、粘结力差，工序复杂、效率低；另外还有抹灰层空鼓、开裂、墙面起泡、开花、析白等质量通病。机喷粉刷石膏工艺做法如下：将石膏加入搅拌机，然后打开注水阀门加水量 22%～25%，使浆料达到合适程度，打开主机开始喷涂，一次投入量应在规定时间内用完，严禁在浆料初凝后再次搅拌，每次搅拌完的石膏在 1h 内喷涂完；每次喷涂厚度在 15mm 以内，喷涂完成以后再用面层石膏找平收光。该工艺能对室内外墙面喷涂，对阴阳角、顶棚施工不受限，有施工操作方便、一次成型、工期短、效率高、省工省力等优点。采用该工艺取得的效果：面层平整光滑凝结快、防火、不空鼓、不开裂、与基层粘结牢固、表面光滑细腻。工艺流程如下：清理墙面→拉线找规矩→贴灰饼→充筋→浇水湿润→搅拌机内加石膏→加水→机喷粉刷石膏→大板托平→大杠刮平→压光。

2. 新型机具、器具与设备

近年来，随着制造业的发展，装饰施工行业各种新型小型电动施工机具、测量器具、新型设备层出不穷，特别是吊顶射钉器、链带螺钉枪、三维扫描仪、3D 打印机等新设备的引进，给装饰施工带来了革新。其功能和性能越来越接近现场实际使用要求，具有省力、便携、高效的特点，可有效减少施工现场用工、提高施工效率，逐步替代了传统施工工具，为装饰工程施工提供了更加便捷、高效的措施，大幅度提高了施工质量和施工进度。

2.1　吊顶射钉器

吊顶射钉器人称“吊顶神器”（见图 12-4），是近两年出现的可用于装饰和机电专业吊挂件安装的小型机具。该设备具有独特的产品结构和性能，外形美观大方，握持舒适，质量轻，携带方便。在吊顶低吊件安装施工中，该机具取代了冲击钻、人字梯、电源线等传统工具设备，一改过去施工效率低、占面大、噪声大、需登高作业等弊端，其简单实用易操作，由单人在 8m 以内的施工空间操作，无需登高、无需打孔、无持续噪声、无粉尘污染，平均只需要 15s 即可以完成组装一支支杆的紧固件与丝杆，且单颗配件的最大承重可达到 550kg 以上。同时显著提高了安全性，在常温中不自燃、不自爆，锤击、摩擦不引爆，遇明火只燃烧不爆炸。使用吊顶射钉器，工效可提高 10 倍，质量也有了更加明显的保障。

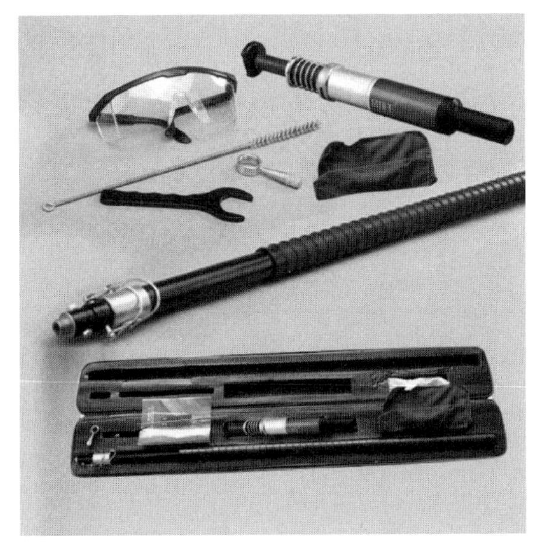
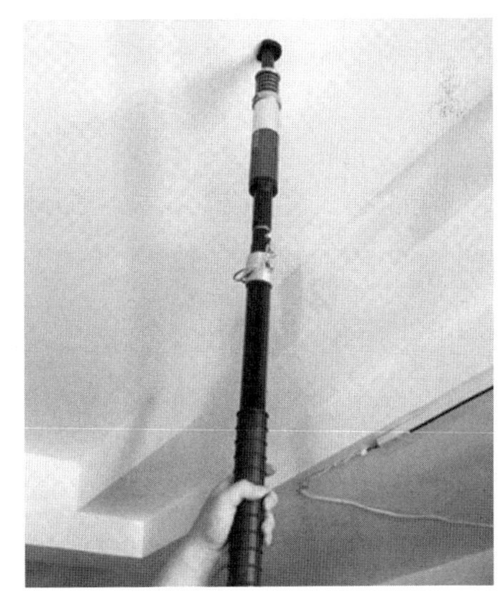

图 12-4　吊顶射钉器

2.2　链带螺丝钉枪

链带螺丝钉枪（连发螺钉枪、连发自攻钻、连发电钻，见图 12-5）是近几年从国外引进广泛用于装饰、家具、部分轻工行业及包装场所的小型机具。该工具适用于长度为 15～55mm 的自攻螺钉和钻尾螺钉，头部为十字槽，50 个螺钉用一条塑料制成的带子连接在一起。链带螺丝钉枪不需要像传统施工那样手工上钉和两三个人配合，使用时，将整条钉带安装在链带螺丝钉枪的送钉器中，能连续不间断工作，甚至可以单手打螺钉并大大缩短了施工时间，还能避免螺丝的浪费。使用链带螺丝钉枪一张石膏板上的螺钉最快仅用 1min 左右即可完成，实现了螺丝钉快速固定和安装的自动化，大幅度提高了工作效率，降低了劳动强度，并且提高了施工质量。

在装饰装修行业，链带配壁钉可用于石膏板与轻钢龙骨、木龙骨的连接；链带配纤维板钉可用于家具的组装；链带配钻尾螺钉可用于金属板的安装以及金属框架的搭建；链带配地板螺钉可用于户外地板的固定。

图 12-5 链带螺丝钉枪

2.3 智能全站仪

智能全站仪又名自动全站仪、BIM 放样机器人（见图 12-6），是一种能代替人进行自动搜索、跟踪、辨识和精确找准目标并获取角度、举例、三维坐标以及影像等信息的智能型电子全站仪，是现代多项高端技术集成应用于测量仪器产品的杰出代表。全站仪在过去较少用于装饰行业，由于 BIM 技术的推广，采用智能全站仪通过 CCD 影像传感器和其他传感器对现实测量世界中的目标点进行识别，能够迅速做出分析、判断和推理，实现自我控制，并自动完成对准、读取等操作，以完全代替人的手工操作，同时可以与制定测量计划、控制测量过程、进行测量数据处理与分析的软件系统相结合，足以代替人完成测量任务。另外，利用智能全站仪，可以利用装饰 BIM 模型辅助装饰放线，放线效果质量好、工效高，比如能很好地解决装饰工程中顶棚吊杆定位的难题。

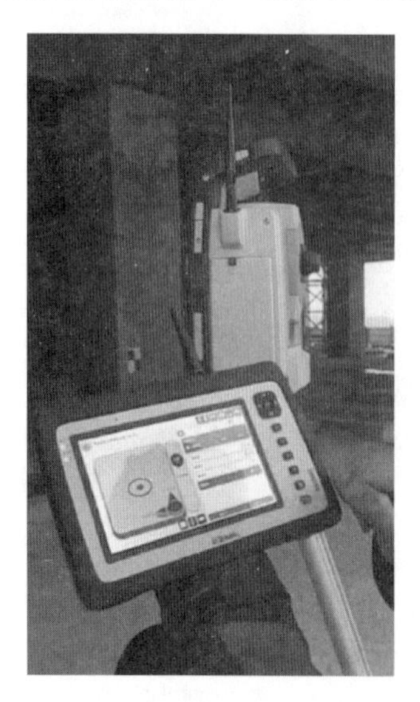

图 12-6 智能全站仪

2.4 三维扫描仪

三维扫描仪能够重建被扫描实物的数据，用来侦测并分析现实世界中物体或环境的形状（几何构造）与外观信息（如颜色、表面反照率等性质），其最大特点就是精度高、速度快、接近原形。采用三维扫描仪收集到的数据常被用来进行三维重建计算，在虚拟世界中创建实际物体的数字模型。在装饰行业传统的测量工作方法是运用传统测量仪器核对现场尺寸，装饰施工测量现场主要工作有长度、角度、建筑物细部点平面位置的测设，建筑物细部点高程位置的测设及侧斜线的测设等，采用传统测量方式较为繁复，记录数据量大，且测量工作耗时长，容易产生误差。装饰行业近几年开始在工程中使用三维扫描仪，用于施工现场尺寸复核，同时可以利用测得的点云模型逆向建模还原现场情况，可为项目提供精准的测量数据和设计依据，大大提高测量效率，节省原始数据获取的时间、人力及物力。图 12-7 为三维扫描仪基本构成。

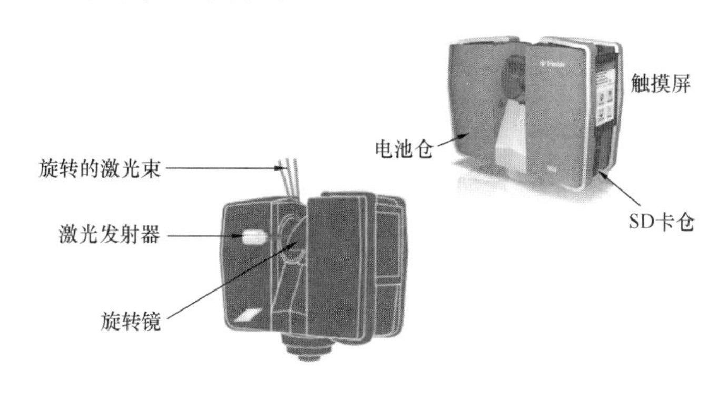

图 12-7　三维扫描仪基本构成

2.5　虚拟现实设备

虚拟现实设备指的是与虚拟现实技术领域相关的硬件产品，是虚拟现实解决方案中用到的设备。虚拟现实技术是仿真技术与计算机图形学、人机接口技术、多媒体技术、传感技术、网络技术等多种技术的集合。虚拟现实技术（VR）主要包括模拟环境、感知、自然技能和传感设备等方面。虚拟现实设备大致可以分为四类，分别是：建模设备（如 3D 扫描仪）；三维视觉显示设备（如 3D 展示系统、大型投影系统、头戴式立体显示器）；声音设备（如三维的声音系统）；交互设备（如位置追踪仪、数据手套、三维鼠标、动作捕捉设备、眼动仪、力反馈设备以及其他交互设备）。当前，采用虚拟现实设备展示装饰方案设计成为新的设计表达方式。如图 12-8、图 12-9 所示。

图 12-8　室内漫游模拟

图 12-9　VR 眼镜视角

3. 绿色装饰技术

绿色的建筑装饰装修是在装饰装修项目全寿命期内，最大限度地节约资源（节能、节水、节材、室内空间高效利用），保护环境，减少室内环境污染和排放，为人们提供安全、健康、舒适和高效的使用空间的过程和活动。绿色装饰技术主要包括绿色装饰设计、绿色装饰材料和绿色装饰施工三方面。

3.1　绿色装饰设计

首先，从设计阶段应体现绿色要求，主要体现在：

（1）室内设计结合自然

在室内装饰装修设计中，应将室内环境与自然环境结合起来。设计师通过运用自然元素处理室内环境，把自然引进室内，改善室内空间狭小、封闭的感觉。具体表现为：在建筑设计或改造建筑设计中，使室内、外空间环境有机结合，使室内、外环境一体化，创造出开敞的流动空间，让居住者获得更多的阳光、新鲜空气和自然景色；运用室内造园手法，通过设计营造田园般的舒适环境；在室内设计中运用自然造型艺术，即有生命的造型艺术，室内更多运用立体绿化、盆栽、盆景、水景、插花等艺术手法；另外，用绘画手段在室内创造绿化景观，在室内设计中强调自然色彩和自然材质的应用，让使用者感知自然材质，回归原始和自然；还有，在室内环境创造中采用模拟大自然的声音效果、气味效果的手法。这些设计手法生动地模拟自然，让人们仿佛生活在自然之中。

（2）运用生态学原理处理环境

在装饰设计阶段运用生态学原理进行设计，推广自然采光、自然通风、遮阳、高效空调、热泵、雨水收集、规模化中水利用、隔声、室内立体绿化等成熟技术，加快普及高效节能照明产品、风机、水泵、热水器、办公设备、家用电器及节水器具等；对室内外色彩进行合理的搭配和组合，可以起到健康和装饰的双重功效，如为了降低室内环境全生命周期中的过度清洁和洗涤，应选择适合室内物品的色彩；另外，在设计阶段选用绿色环保建材，包括选择环保装饰材料、减少现场湿作业、减少胶接，确保室内环境的健康，通过设计延长装饰部品和材料的使用寿命。

3.2　绿色装饰材料

为了保证室内环境质量、减少资源浪费和环境污染，在装饰工程中一般都会应用一些环保材料。绿色装饰材料发展日新月异，复合保温板材料、硅藻泥、3D打印材料等新型装饰材料的出现和发展，为装饰工程提供了更加丰富多彩的表现手段和更加安全实用的产品选择。如利用自然原材料的传统绿色材料以及一些新兴的E0级别夹板、环保地板、可再生装饰材料、光触媒空气净化涂料、免漆饰面板等。

（1）绿色墙饰

草墙纸、麻墙纸、纱绸墙布等产品，材质自然，还具有保湿、驱虫、保健等多种功能。防霉墙纸经过化学处理，排除了墙纸在空气潮湿或室内外温差大时出现的发霉、发泡、滋生霉菌等现象，而且表面柔和、透气性好、色彩自然，具有油画般的效果，透出古朴典雅的艺术气息。

（2）环保地板

环保地板以原材料及加工用材料为出发点，目前已经出现了“无甲醛添加”地板、秸秆地板、石化木地板等环保地板。

（3）免漆饰面工艺与环保油漆

免漆饰面工艺现场全部取消油漆工的作业，改变了现场油漆作业所带来的化学污染状况，不但使施工人员的健康得到了保障，同时也为业主的健康提供了保证。

（4）绿色涂料

生物乳胶漆，如光触媒空气净化涂料，除施工简便外还有各种颜色，能给家居带来缤纷色彩。涂刷后会散发阵阵清香，还可以冲刷或用清洁剂进行处理，能抑制墙体内的霉菌。

（5）绿色地毯

新兴的环保地毯具有防腐、防蛀、防静电、阻燃等多种功能。款式上出现了拼块工艺地毯，可以根据块面图案随意拼铺。

（6）绿色照明

绿色照明是以节约电能、保护环境为目的的照明系统。通过科学的照明设计，利用高效、安全、优质的照明电器产品创造出一个舒适、经济、有益的照明环境。

3.3　绿色装饰施工

随着大量环保材料的使用、各种小型机器具的推广、工厂化加工现场组装施工技术的普及，以及BIM技术在施工管理方面的应用，促使装饰工程在绿色施工方面取得了较大的发展，尤其在降低材料损耗、减少现场湿作业、节水节电、降尘降噪方面取得了较好的效果。

（1）干拌砂浆、水泥胶粘剂等新型环保材料的推广，有效减少了现场湿作业，达到了装配化施工的效果，减少了施工现场临时用水、用电量，减少了施工现场二次加工带来的扬尘以及建筑垃圾，实现了“四节一环保”的目标。

（2）装配式装饰施工技术的推广与应用，减少了现场湿作业，通过工厂化加工、现场组装的方式，减少了施工现场材料的二次加工，避免了现场焊接、切割等作业，降低了施工扬尘和噪声，同时也减少了现场加工机具的使用，达到了节约用电的效果；另外，装配式装饰施工技术的材料均为成品或半成品，材料进场后可直接搬运到作业区，减少了现场的二次转运和临时加工场地使用，达到了节约用地和减少建筑垃圾的目的。

（3）BIM 技术在装饰施工与管理中的应用，带动了三维扫描技术、智能放线技术、二维码等技术的应用，通过精准测量和精细排版，实现了异型空间准确定位，减少了施工现场的材料损耗和建筑垃圾的产生，提高了材料的使用率，达到了降本增效和环境保护的效果。

4. 装配一体化技术

装配一体化是一种将工厂化生产的部品部件通过可靠的装配方式，由产业工人按照标准程序采用干法施工的装修过程。装配一体化装饰装修的特点有：标准化设计、工厂化生产、装配化施工、信息化协同。能够提高装饰工程质量 、缩短装饰施工工期、改善现场施工环境、提高装饰施工技术水平、提升行业及企业社会形象。

4.1 装配式装饰设计

预制装配建筑装饰要求部品件的配套、通用、小型，因此需采用模数化协调原则和方法，去制定各种部品件的规格尺寸，以满足各类设计需求，使其能准确无误地安装到指定的部位，且不同企业生产的部品件可互换。使之形成产品的标准化及装饰的多样化。装饰行业通过参与建筑与装修的一体化设计，针对预制装配建筑装修设计与施工的特点，在安全、环保、节能等要求满足的前提下，结合生态设计理念，充分体现对人的关怀，改善住宅的功能与质量，创造良好的居住条件，且能适应老龄化、残疾人要求，实现了建筑菜单式全装修。

4.2 装配式装饰施工

当前，通过预制装配建筑装修部品的构造节点、安装工艺及施工技术研究，形成了部分可现场装配的装修施工技术，并建立了一部分预制装配建筑装修的现场检测验收标准，把控全装修项目的质量验收；同时，产生了一些成熟的预制装配建筑装修体系维护与更新技术，对装配式装饰施工成品进行有效地维护，保证满足使用要求和安全性。装配式装饰施工的主要构件均在工厂内加工完成，构件质量稳定，能保证装饰施工质量的稳定性。预制装配对精确测量、深化设计、工厂化定尺加工、运输、现场安装等都提出了较高的要求，现场安装工作量小，不会产生施工垃圾，改善了现场施工环境，安装时间较短，能缩短工程工期，大大提高了装饰施工技术水平。

4.3 装配式整体卫生间

当前，装配式产品越来越多，装配式整体卫生间（见图 12-10）已经成为装饰业装配式施工的典型产品。“整体卫生间”是将构成卫浴空间的各组件、零件、附件及安装工艺，综合考研人体工程学、复合材料学、空间设计学、美学、结构力学等学科原理及技术，采用大型数控压机、内导热精密模具和 SMC（Sheet molding compound，片状模塑料）原材料在大工厂整体制造，为酒店套房和办公室量身订做的卫生间整体设备。

4.4 装配式钢龙骨施工技术

装配式钢龙骨系统一般按施工图纸下单后由工厂按标准型材尺寸生产（见图 12-11），并进行热镀锌处理，锌层厚度达 70μm 以上，防腐性能优，使用寿命长，适用于地铁等通风条件差、湿度较大的环境。在施工现场，普通工人即可安装施工，施工安全性强，实现

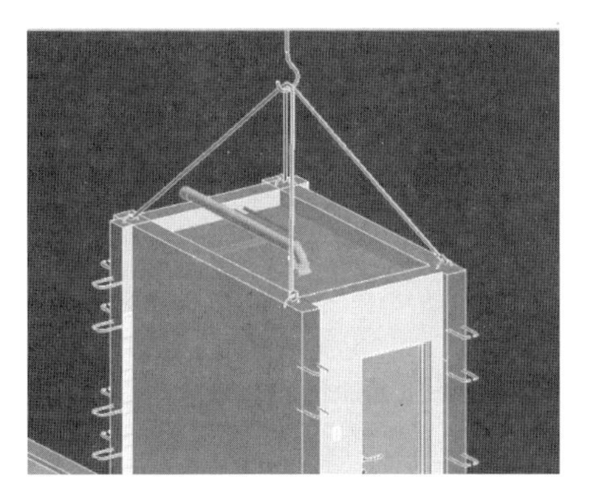
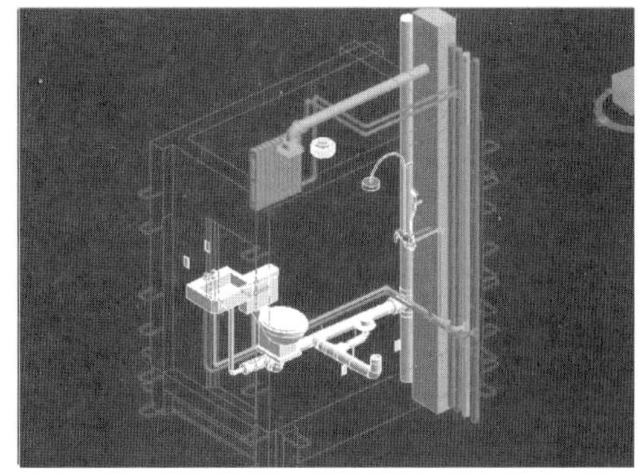

图 12-10　装配式整体卫生间安装

图 12-11　龙骨加工及包装运输

了全螺栓连接，现场清洁，噪声低、无废料，避免了焊接工艺的火灾隐患；同时，拆卸方便，材料可重复使用。另外，还解决了传统焊接工艺使得主、次龙骨的相对位移能力丧失的问题。该工艺流程如下：准备工作→排版定位→后置埋件→埋件角码连接→组合件连接→检查连接部位垫片→隐蔽验收→面层石材。

4.5　装配式技术与 BIM 技术

当前，BIM 技术和装配式技术的结合，能优化装配式建筑的过程，提前将设计过程中出现的问题集中反映并解决；同时能辅助验算设计方案的合理性及经济性，在提高设计效率的同时保证设计质量；通过可视化交底还能提高一线产业工人对构件的理解，从而降低加工出错，提高 PC（装配式）构件的加工效率；对施工过程的模拟能保证施工过程全程可视化；对复杂节点的模拟能保证施工的准确性和高效性，降低生产周期，提高工程质量；开发自有 PC 构件管理平台集成项目各参与方关注的 PC 构件数据，做到 PC 构件全程信息追踪、全程管理，辅助提供相关报表数据进行分析。

5. 信息化技术

5.1 BIM 技术

BIM 在建设工程及设施全生命周期内，对其物理和功能特性进行数字化表达，并依此进行设计、施工、运营。BIM 是产品、过程、数据定义、管理、信息交换的应用，是传统的二维设计建造方式向三维数字化设计建造方式转变的革命性技术，其最大的价值是信息流动。BIM 技术将 3D 可视化，4D 加入工期，5D 加入造价，将进一步增加建设工程信息的透明度和可追溯性，对规范市场秩序具有重要作用。推行 BIM 技术应用，发挥其可视化、虚拟化、协同管理、成本和进度控制等优势，将极大地提升工程决策、规划、设计、施工和运营管理的水平，减少返工浪费，有效缩短工期，提高工程质量和投资效益。BIM 技术改变了传统的信息交换方式，是促进绿色建筑发展、提高建筑产业信息化水平、推进智慧城市建设和实现建筑业转型升级的基础性技术。

当前，以工程项目投资商、承发包商、部品材料制造商为主体的产业链，组成了 BIM 的市场需求。BIM 给装饰行业发展带来了 4 大转变：一是设计施工一体化；二是建筑工业化、住宅产业化；三是基于 BIM 的信息化管理；四是形成了装饰企业新的核心竞争力、经营管理方式和商业模式。

5.2 3D 打印技术

3D 打印技术是一种以数字模型文件为基础，运用粉末状金属或塑料等可粘合材料，通过逐层打印的方式来构造物体的技术。可以快速实现复杂物体成型，目前在航天、医疗、食品、制造、建筑等各个领域被认为有广泛的应用前景。

目前在装饰行业将 3D 打印技术与 BIM 技术相结合，主要用于批量造型复杂的异型构件、模具加工。如：利用 BIM 模型，导出 3D 打印机可识别的 STL 格式，利用专业软件进行参数设置，可打印出建筑模型或者设计方案中造型复杂的装饰面，辅助方案讲解与论证以及最终的实现。

三、装饰装修工程施工技术最新进展（1～2 年）

1. BIM 技术的研究与应用

随着建筑行业一系列信息化政策的出台，建筑信息化及 BIM 技术在装饰装修工程中的研究与应用从摸索开始推进，取得了不小的进步。装饰行业协会标准《建筑装饰装修工程 BIM 实施标准》T/CBDA-3—2016 已于 2016 年 12 月 1 日正式实施，促进了 BIM 技术的落地。

近两年，BIM 技术在装饰行业已从试点应用逐步开始推广，从项目可视化展示应用逐步推广到装饰项目全生命周期的 BIM 应用。应用点也从最初常规的可视化、方案模拟，向与装饰工程紧密相关的现场精确测量放线、3D 打印异型材料下单与工程量统计等方面深入，结合三维激光扫描、智能放线、虚拟现实等技术，辅助项目设计、施工与管理。

从应用的广度来看，为了更好地推动 BIM 技术的深度应用，已有装饰施工企业将 BIM 与互联网、物联网、大数据、云计算、三维扫描等技术结合应用，促进了装饰工程可持续、工业化、信息化、智能化共同发展。

2. 绿色施工技术

随着《绿色建筑评价标准》GB/T 50378—2014、《绿色建筑室内装饰装修评价标准》T/CBDA-2—2016 等国家及协会标准的发布，研究集约、绿色、低碳的绿色装饰施工技术将成为装饰行业未来的方向。

室内装修污染预控及预评估技术是在建筑装修之前，根据室内装饰装修设计方案的内容，结合 VOC 材料散发特性及数据库，通过合理简化，模拟预测实际建筑在不同阶段可能出现的污染物负荷及浓度水平，评估装修设计方案，优化设计阶段的材料选择，指导工程施工，大大降低建筑装修后超标的风险。室内装修污染预控及预评估技术原理如图 12-12 所示。

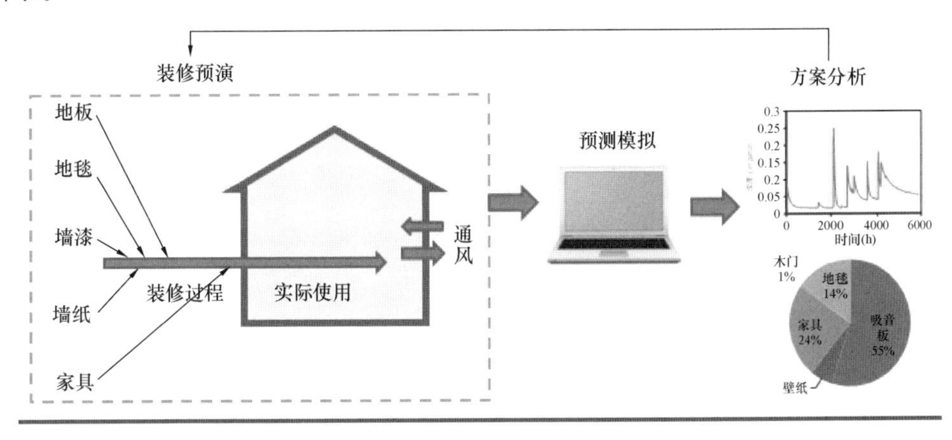

图 12-12　室内装修污染预控及预评估技术原理

以前的做法是通过限定室内空气污染物限值及材料限值来达到污染控制的目标，忽视了设计阶段的作用。目前国内外实践都重“治理”轻“预防”。合理的室内环境设计是“预防”污染的重要手段。

3. 装配式施工技术

随着我国建筑行业装配式系列国家政策标准的陆续出台，装饰行业也对装配式施工技术空前关注。当前国内在室内装饰工程中采用装配式施工技术比较成熟的分项工程有：OA 网络地板、部分饰面板工程、吊顶工程、门窗工程、轻质隔墙等均采用工厂制作、现场安装的方式，有效提高了劳动力水平；随着建筑工业化的发展，集成式卫生间、集成式厨房、集成吊顶、单元板块整体吊装等技术在装饰装修工程中得以应用和发展，促进了装配式内装工程的进一步发展。

4. 信息化技术

装饰行业信息化技术的迅猛发展首先体现在住宅装饰业。

DIM+是东易日盛家居公司内部上线应用的，面向住宅装饰业态的BIM协同管理平台。DIM+系统包含网页平台和操作平台，基于BIM建模软件Revit集成了族库、项目管理、知识管理、模型绘制等功能，具有丰富的素材资源、高效的建模工具，可实现：订单快速报价、在线签约；材料下单、劳务派单、自动拆单、预制加工；在线监理、实景对比验收交付等住宅装饰全生命周期的业务流程。

酷家乐是面向住宅装饰业、陈设业等的云设计平台，包含多种户型库、多种部品素材，集成了自动布置家居、渲染功能、全屋漫游、装饰设计（自由设计吊顶造型、墙面定制）、定制橱柜衣柜、一键替换材质、施工图一键生成等功能。户型库、部品库方便住宅装饰行业选用户型和部品，能实现全家居布置，渲染速度极快，施工图、吊顶设计、部品定制极为方便，能极大地提升工作效率。

另外，新出现的智能家居装饰一体化工程，把住宅装饰提升到了生活应用智能化的一个新层次。智能家居是以住宅为平台，利用综合布线技术、网络通信技术、安全防范技术、自动控制技术、音视频技术将与家居生活有关的设施集成，构建高效的住宅设施与家庭日常事务的管理系统，提升家居安全性、便利性、舒适性、艺术性，并实现环保节能的居住环境。如广田装饰的图灵猫产品。

四、装饰装修工程施工技术前沿研究

未来5～10年，可以预见建筑装饰行业新出现的装饰材料、机具设备、设计技术、施工技术、一体化工艺等将促进建筑装饰行业实现由手工作业、劳动密集型行业向智力密集型行业的转变，都将紧紧围绕着可持续、工业化、信息化、智能化的方向发展。

1. 绿色健康发展

可持续发展装饰装修工程很容易造成高能耗和高污染，其设计、施工中涉及的各种可持续发展技术需要深入研究和普及推广。因此，行业需要加大投入，加强研究和应用，为构建绿色健康的人居环境，需坚持绿色理念、绿色设计、绿色选材、绿色施工，推动全产业链的绿色发展。

首先，发展无毒、无污染、节能、环保的绿色建材，普及绿色建筑知识，而且也能借此来激发住宅需求者和拥有者的节能行为；其次，开发绿色建筑装饰云设计平台，将生产厂家的产品与设计、施工紧密联系起来，在新型绿色建材、新工艺、管理新模式等方面大量应用已有数据，整个过程由互联网进行严格监管；最后，通过智能手机方便地实现建筑的节能、节水或家电的遥控，对住宅进行监测和操控，通过综合利用可再生能源、促进水循环利用，建造更加生态友好的建筑。

在未来5～10年内，装饰项目上应用的完全无毒无害的绿色材料的应用量将超过80%，绿色装饰环保机具、绿色环保工业化技术、装饰数字智能化技术、基于互联网平台技术、BIM技术等将会在装饰的设计、施工中得到越来越多的体现。

2. 信息化发展

未来BIM技术的发展将呈现“BIM+”特点，发挥更大的综合作用，体现其巨大价值。具体表现为五个方面：一是从聚焦设计阶段向施工和运维阶段深化应用转变；二是从单业务应用向多业务集成应用转变；三是从单纯技术应用向与项目管理集成应用转变；四是从单机应用向基于网络的多方协同应用转变；五是从标志性项目应用向一般项目应用延伸。未来，单纯的BIM应用将越来越少，更多的是将BIM技术与其他专业技术、通用信息化技术、管理系统等集成应用。如：BIM与项目管理信息系统、云计算、物联网、数字化加工、智能型全站仪、地理信息系统、3D扫描、3D打印、虚拟现实技术等的集成应用，以及在装配式施工中的应用。未来，装饰工程信息化发展将进一步提升项目精益化管理能力，提高资源整合与配置能力，提升项目决策分析水平，增强项目投融资能力。

3. 工业化发展

装配式建筑装修将设计、施工、检测验收、维护等贯穿于整个装饰环节，不仅可以提高装修的工业化程度，更能减少现场工作量，提高施工效率，保证工程质量，彻底改变传统建筑业的施工过程，创造高质量的施工和居住环境。装饰装修工程的工业化、集成化是装饰行业的大趋势。随着装配式装饰施工技术日益成熟，各施工企业将充分发挥建筑装饰工业化生产优势，研制出适合各种新型装配式部品构件、装修部品生产的机械设备和安装方法，在未来5～10年内，主要装饰分项工程将实现工业化加工现场安装的目标。

4. 智能化发展

对于装饰业智能化，一是实现生产过程智能化，即智能制造；二是形成的产品智能化，如智能家居。当前，机器人已经取代了一些重复度很高的工作以及一些危险性高的动作。新一代人工智能相关学科发展、理论建模、技术创新、软硬件升级等整体推进，正在引发链式突破，推动经济社会各领域从数字化、网络化向智能化加速跃升。建筑业受人工智能发展的影响，也在快速智能化。对于装饰行业，人工智能将作为新一轮产业变革的核心驱动力，创造新的强大引擎，重构装饰业生产、分配、交换、消费等各环节，形成从宏观到微观的智能化新需求，催生装饰业新技术、新产品、新业态、新模式，引发经济结构重大变革，深刻改变生产生活方式和思维模式，实现生产力的整体跃升。

五、装饰装修工程施工技术典型工程案例

1. 江苏大剧院室内装饰施工三标段项目

江苏大剧院室内装饰施工三标段项目，主要为音乐厅部分，由观众厅、前厅、辅助用房三个区域组成，装饰面积57000m^2。该项目工期紧（合同工期为2015年10月1日到2016年4月28日，共7个月），深化设计任务重，智能化涉及专业多，协调配合工作量大，质量标准高，特别是观众厅、前厅等区域工艺造型复杂，空间曲面定位施工难度大，放线精度要求高，不同材质之间交界面处理难。按传统的施工管理方法，难以满足深化设计、施工部署、工期保障、技术支撑、质量控制等要求。

该项目BIM应用特围绕复杂曲面造型，在模型建立后，实现了现场数据获取、模型对比与修改、饰面排版提料、工厂数控加工、现场放线、工程量统计、材料管理等装饰设

计与施工全生命周期的深度应用。

(1) 辅助深化设计

该项目工艺造型复杂，传统的二维图纸表达的信息量有限，尤其在异形及复杂节点方面，无法完整、清晰地表达构件之间的关系，不能满足施工需求。而三维模型具有一致性与完整性，在模型更新的同时，由于参数化存在，任何一处修改，均可同步于平面、立面、剖面、节点各个视图及明细表上，真正实现了同步设计与模型的高度统一，最大程度地提高了工作效率。

如：前厅弧形楼梯，原扶栏石材方案方方正正模型效果并不理想，经多次研究后，深化设计方案调整，将原方案中不锈钢扶手从短粗单环变成双环，将楼梯栏杆石材从竖直调整为折线形。如图 12-13、图 12-14 所示。

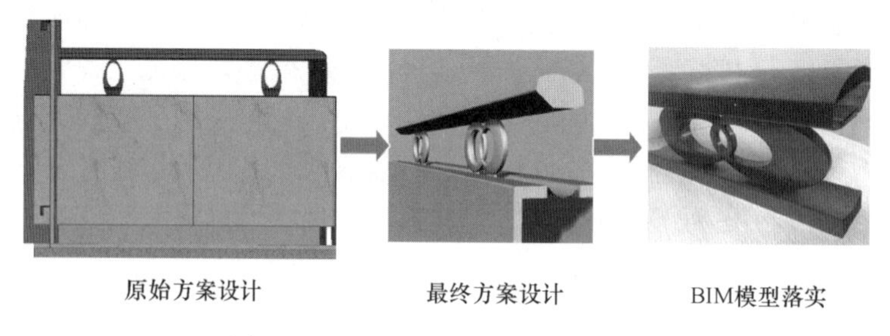

图 12-13 弧形楼梯扶手的深化设计

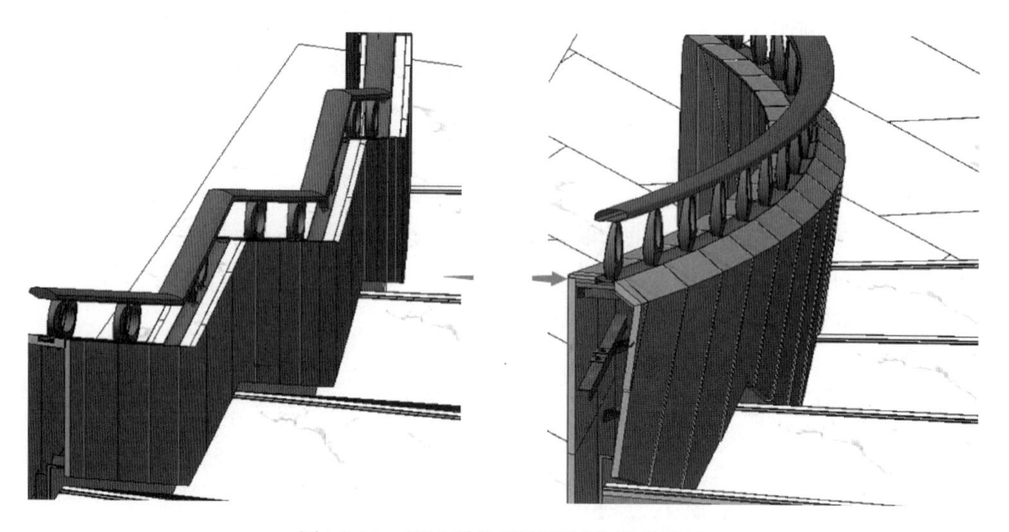

图 12-14 弧形楼梯侧面石材的深化设计

(2) 现场测量(三维扫描)

该项目在进场后对土建结构做了三维扫描，然后将后期去除干扰数据的三维扫描点云和依据图纸建立的 Revit 模型进行对比分析，找出现场结构与方案模型出入较大的区域，进行专项方案调整，修改模型或者整改现场，保证模型与现场的一致性。如图 12-15～图 12-17 所示。本案例中在异形 GRG 定位及异形石材安装阶段采用全站仪结合模型进行定位，在速度与精度方面均比传统方法有很大优势，经济效益较为明显，是在异形放线中值得推广的技术。

图 12-15　现场三维扫描

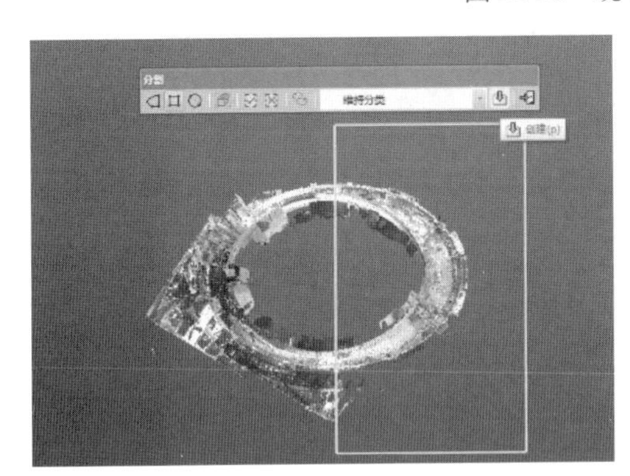

图 12-16　点云模型拼合分割

图 12-17　土建模型与现场点云对比分析

(3) 智能放样

放样时，可以在智能型全站仪的平板电脑中直接选择待测点，然后智能型全站仪即会自动转到正确的位置发射激光。依据图纸或者BIM模型可以增强放样的可参照性，同时，可直接触摸操作，临时手动选取放样点坐标，增强现场放样的灵活性。平板电脑可保存点位实测数据，经数据处理后可生成实测点位分布图，便于对比分析现场竣工点位和设计点位之间的偏差（见图12-18）。

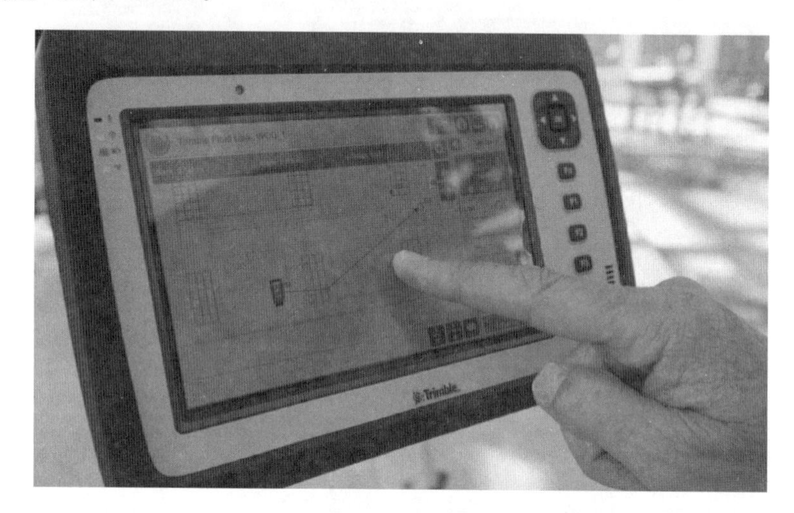

图12-18　放样操作

(4) 饰面排版提料

该项目在用现场尺寸数据复核好的模型中直接进行排版，导出明细表，经过简单调整之后提交厂家进行生产加工，尤其是在异形材料的下单中，BIM技术的应用可提高预制构件的加工精度，有利于降低施工成本，提高工作效率，保证工程质量和施工安全。

如：观众厅吊顶GRG的下单，即在三维扫描后，在调整完还原现场实际尺寸的土建模型的基础上进行三维建模，并进行分块排版，将相关模型数据交付厂家加工，并指导现场的放线工作。如图12-19～图12-22所示。

(5) 工程量统计

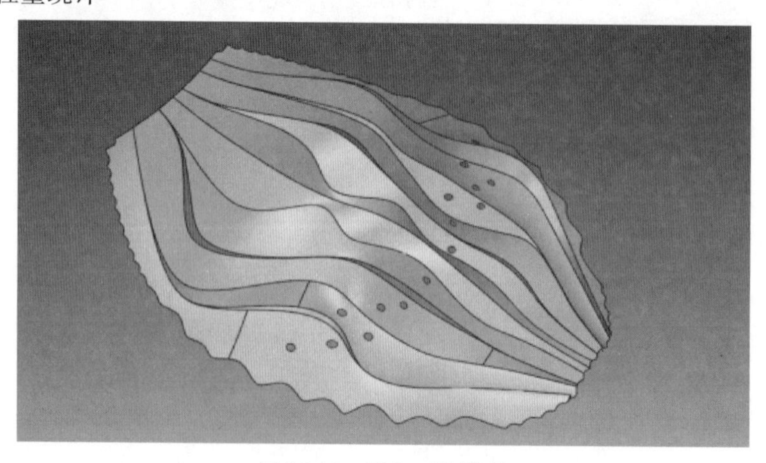

图12-19　建立三维模型

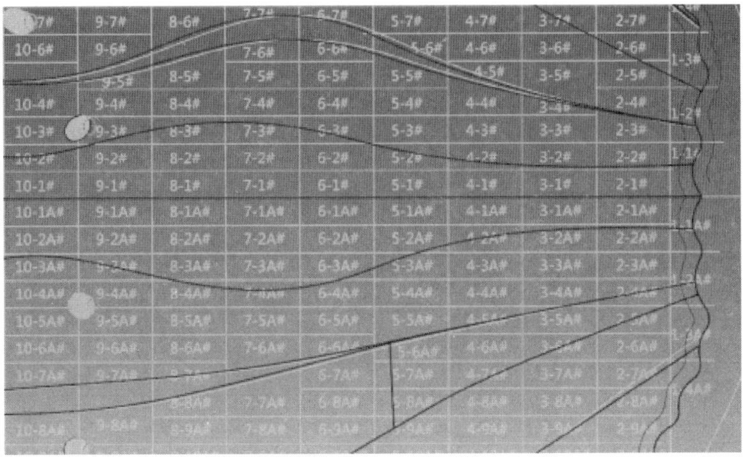

图 12-20 板块分格

图 12-21 模具加工

图 12-22 现场定位安装

传统工程量提取即造价员根据深化图纸预估，或由工程师凭借个人经验进行预估，经常导致物料浪费、成本严重超支、后期更改频繁。BIM 是一个完善的数据库，可实时提取所需任何信息，利用 BIM 生成采购清单等能够保证采购数量的准确性，有效地控制、校对材料的总数量，以及指导、控制并合理规划各工程阶段所需材料进场的数量，提高了大剧院施工质量与现场工作效率，对控制成本具有重要的现实意义见图 12-23。

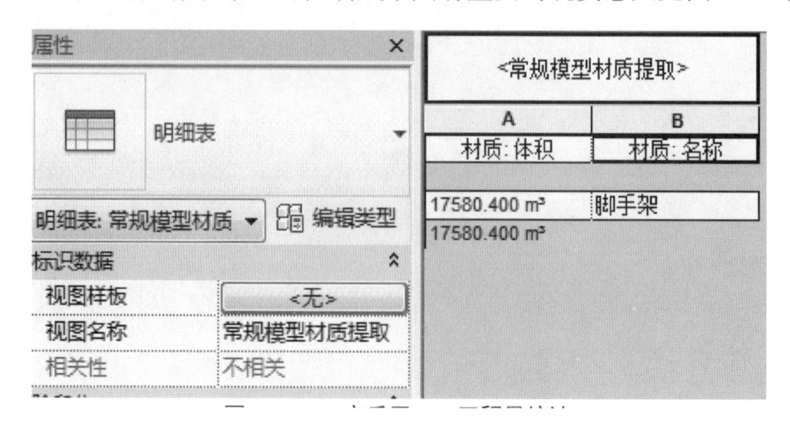

图 12-23　音乐厅 GRG 工程量统计

(6) 材料管理

通过云平台实现专项模型轻量化、移动化、多端协同、二维码应用，以二维码为纽带（见图 12-24），将深化设计、加工制作、构件运输、现场安装等各个环节的动态信息储存于云端，可实现 BIM 构件及材料的实时跟踪管理，便于项目部及管理公司随时监控材料运输及仓储状况。

图 12-24　GRG 构件二维码打印

(7) 方案模拟（结合 3D 打印）

利用三维模型进行方案模拟，可缩短方案验证的时间，并可节约样板成本。通过 Naviswoks 软件集成装饰三维模型进行碰撞检测，解决各种冲突之后，制定进度计划和施工方案，结合模型进行分析以及优化，提前发现问题、解决问题，直至获得最佳的施工方案。然后制作视频动画对复杂部位或工艺进行展示（见图 12-25），显示并完善各分项工程的参数、工艺要求、质量安全及安全防护设施的设置，指导现场实际施工，协调各专业工序，减少施工作业面干扰，减少人、机待料现象，防止各种危险，保障施工的顺利进行。另外还可将BIM技术与3D打印技术相结合，通过打印实体构件模型（见图12-26），从而更加直观、快速地表达设计方案与复杂造型，丰富和优化表达方式。

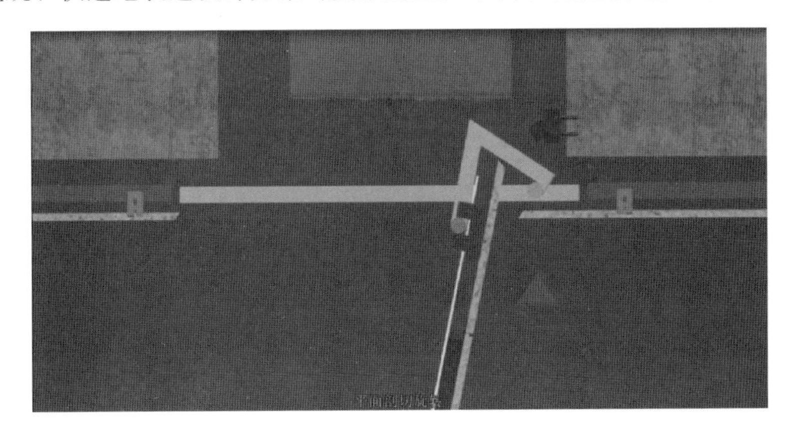

图12-25 工艺视频展示

图12-26 3D打印实体模型方案模拟

在该剧院项目施工中，消火栓安装处土建预留洞口深约300mm，消火栓外口距离石材完成面约250mm；考虑施工位置为剧院公共走道区域，走道宽度必须满足消火栓暗门160°开启要求，但无法通过外移石材完成面达到增加暗门开启空间的目的，而采用常规暗门做法受空间限制。后采用“二次转换”的办法，利用BIM技术与3D打印技术模拟解决了开启角度、力度等问题。

第十三篇　幕墙工程施工技术

主编单位：中国建筑第五工程局有限公司　　谭立新　贺雄英　林志明

摘要

本篇在《中国建筑业施工技术发展报告（2015）》的基础上，结合近两年来幕墙行业的发展状况，从幕墙设计技术、幕墙材料技术、幕墙加工及施工工艺技术、幕墙防火构造技术、幕墙安全性检测技术、幕墙行业标准最新进展几个方面进行更新完善。结合两个典型工程案例，对BIM技术的应用进行介绍。今后的5～10年，幕墙技术发展的主要趋势是：幕墙技术规范的更新及完善；BIM技术结合VR技术在设计施工中大范围推广及深层次应用；装配式建筑大力发展的前提下，幕墙技术的研发及应用；新型节能材料的应用；现有幕墙的安全检测及维修。

Abstract

Based on the "Development Report 2015 of China Construction Technology", and combined with the development of curtain-wall industry in the past two years, this paper updates from the aspects of the latest progress of the curtain-wall design technology, curtain-wall material technology, curtain-wall processing and construction technology, curtain-wall fire protection construction technology, curtain-wall safety detection technology and the curtain-wall industry standard. Combined with two typical engineering cases, the application of BIM technology is introduced. In the next 5 to 10 years, the main trend of curtain-wall technology development is: to update and improve the technical specifications of curtain-wall; BIM technology combined with VR technology is widely used in design and construction; the development and application of curtain-wall technology under the premise of great development of prefabricated building; application of new energy-saving materials; safety inspection and maintenance of existing curtain-wall.

一、幕墙工程施工技术概述

建筑幕墙通常是指由面板与支承结构体系（支承装置与支承结构）组成，相对主体结构有一定位移能力或自身有一定变形能力，不承担主体结构所受荷载与作用的建筑外围护系统。建筑幕墙除了具有一般的建筑功能，体现建筑艺术，具有通透、宜居、美观功能外，更重要的是具有节能和安全功能。1984年，以北京长城饭店为标志，中国建筑幕墙行业开始起步。30余年以来，伴随着我国国民经济的持续快速增长和城市化进程的加快，我国建筑幕墙行业实现了从无到有、从外资一统天下到国内企业主导、从模仿引进到自主创新的跨越式发展，21世纪初期我国已经发展成为幕墙行业世界第一生产大国和使用大国。我国幕墙行业的发展经历了以下三个阶段：

（1）第一阶段：诞生与成长阶段（1981—1991年）

幕墙最初在美国得到了大量的应用，美国于1931年建成了高381m的摩天大楼——纽约帝国大厦，采用了石材幕墙。1981年广州广交会展馆正面的玻璃外墙是我国幕墙时代开始的标志，1984年建成的北京长城饭店是我国具有代表性的幕墙工程。1988—1991年，采用玻璃和铝板幕墙的高层建筑在各地出现，1988年建成的深圳发展中心是国内第一个隐框玻璃幕墙，建筑高度达到146m。

（2）第二阶段：稳步发展阶段（1991—2001年）

20世纪90年代，我国进入全面改革开放时期，城市建设迅速发展，办公楼、酒店、大型公共建筑大量兴建，给幕墙行业带来了空前广阔的机遇，幕墙工程进入高速发展的新十年。1995年深圳地王大厦的玻璃幕墙突破了300m高度；1997年深圳新时代广场的石材幕墙高度为175m，达到了空前的高度；上海东方明珠电视塔则将双曲铝板和玻璃幕墙应用于超高特种构筑物；1998年上海金茂大厦将玻璃幕墙高度提升到420m。

（3）第三阶段：快速发展阶段（2001年—现在）

这期间，我国建筑幕墙年产量已超过5000万m^2，而且逐年增长，目前占世界幕墙年产量的80%以上，成为世界幕墙大国。632m的上海中心，636m的武汉绿地中心，660m的深圳平安金融中心，729m的苏州中南中心，上海大剧院中的索桁架幕墙，中国航海博物馆单层曲面索网幕墙；北京水立方的ETFE薄膜气枕式幕墙，北京奥运会国家体育场的ETFE和PVC薄膜屋面；苏州中心的大薄壳整体式自由曲面采光顶，长沙梅溪湖国际文化艺术中心的曲面GRC幕墙等，都体现着中国的幕墙技术水平世界一流。

二、幕墙工程施工主要技术介绍

1. 幕墙设计技术

设计是建筑的灵魂，幕墙设计技术包含节点构造设计技术和施工组织设计技术两方面。节点构造设计是指幕墙产品建筑细部的处理，在保证幕墙结构安全的前提下，满足建筑幕墙的外立面视觉效果；不仅需要满足建筑幕墙的节能等各项物理性能要求，而且需要综合考虑幕墙板块的可安装操作性。施工组织设计技术是指针对不同项目的独特性，根据幕墙材料的供货周期、加工周期、现场临时堆放、现场转运、吊装上墙等施工前期准备工作进行合理安排布置，综合考虑，达到满足施工进度的要求。

2. 幕墙材料技术

幕墙材料已形成了具有中国特色的产品结构体系，技术创新、科技进步推动了我国建筑幕墙工程市场的发展；随着三银 LOW-E 玻璃、真空玻璃、节能玻璃膜、GRC 板、钛锌板、防火保温材料、铝木复合材料、新型建筑材料在建筑幕墙上的使用，加速了建筑幕墙产品质量的升级，同时也提高了建筑幕墙的美观性。

3. 幕墙加工及施工工艺技术

随着幕墙行业产品化、工业化的发展，建筑幕墙企业的生产加工工艺与设备不断创新，实现了从单件手工加工的传统工艺到数控机床、加工中心生产线的现代化高效率加工工艺的转变，极大地推动了幕墙行业的发展。

目前，幕墙系统按照构造形式和施工方法主要分为：框架式幕墙、单元式幕墙、全玻璃幕墙、点式玻璃幕墙、拉索幕墙等，其中框架式幕墙和单元式幕墙是应用最广泛的幕墙系统。

3.1　框架式幕墙

框架式幕墙是指将车间内加工完成的幕墙构件运到工地后，按照施工工艺在现场依次逐个将竖料、横料、玻璃等构件安装到建筑结构上，最终完成的幕墙系统。其适应性强，应用范围广，造价相对较低；从幕墙构件材料采购至工厂到开始现场安装，幕墙构件的加工周期较短；装配组件一般较小，不需要很大的储存场所；对现场主体结构偏差、加工偏差和施工误差要求较低，系统安装方式灵活。

3.2　单元式幕墙

单元式幕墙是指将各种幕墙构件和饰面材料在车间内加工组装成单个独立板块，运至工地整体吊装，与建筑主体结构上预设的挂接件精确连接，并根据主体结构的偏差进行微调以完成幕墙整体安装的幕墙系统。其对设计人员的技术水平、加工设备的配制和精度、注胶条件以及板块组装质量的要求较高；系统构造相对复杂，主要的技术问题需在设计阶段解决。

4. 幕墙测量技术

幕墙施工中的测量主要分为施工前测量和施工过程测量，施工前测量主要是为了测量结构偏差和幕墙预埋件的偏差，为幕墙结构设计校核和材料下单提供依据；施工过程测量主要是为了控制施工过程的精度，保证施工质量。测量常用的工具有米尺、水平仪、经纬仪、铅垂仪等，对于一些造型特殊或复杂的异形幕墙，则需要使用全站仪或激光扫描仪。三维激光扫描技术是目前国内比较先进的测量技术，已经在一些异形幕墙中得到了广泛的应用。

5. 幕墙试验检测技术

试验检测技术是幕墙技术的重要组成部分，也是推动幕墙行业发展的重要因素，目前我国已经建立了较为完整的建筑幕墙物理性能技术参数标准，形成了中国建筑科学研究院国家试验室和地方检测站（中心）两级检测体系，并建立了风洞模拟试验、地震振动台试验、传热隔热试验、隔声性能试验、结构密封胶试验等专业试验室以及平板玻璃、中空玻璃、金属复合板材、防火材料检测试验室，为我国建筑幕墙科研试验、产品开发、质量论证提供了科学依据。此外，还有幕墙防爆试验、建筑幕墙防火性能试验、幕墙材料暴晒试验等。

三、幕墙工程施工技术最新进展（1～2年）

1. 幕墙设计技术

随着信息技术的发展，BIM在建筑工程中的应用越来越广泛。BIM技术已成为推动建筑行业信息化发展、实现创新项目管理的重要工具。在设计阶段，运用三维软件建立全信息三维建筑模型，对幕墙表皮进行参数化设计，对龙骨进行碰撞检测，优化结构设计，简化材料数据提取，指导材料加工。参数化建模已经在各种大型复杂的幕墙项目中得到广泛应用（见图13-1、图13-2），与传统建模工具相比，参数化可以向计算机下达更加高级复杂的逻辑建模指令，使计算机根据拟定的算法自动生成模型结果。通过编写建模逻辑算法，机械性的重复操作可被计算机的循环运算取代；同时设计师可以向计算机植入更加丰富的生成逻辑。无论在建模速度还是建模水平上较传统的工作模式都有较大幅度的提升，参数化的高效性、精确性、全面性等优势已经在诸多造型复杂的项目中得到广泛的应用。

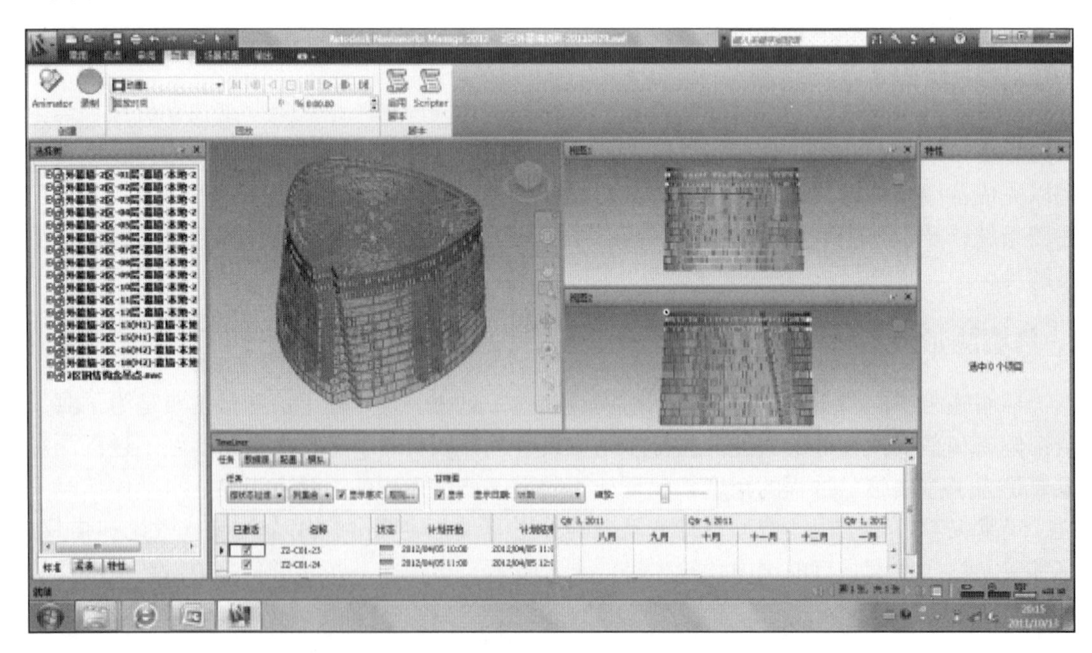

图13-1　BIM技术在上海中心幕墙工程的应用

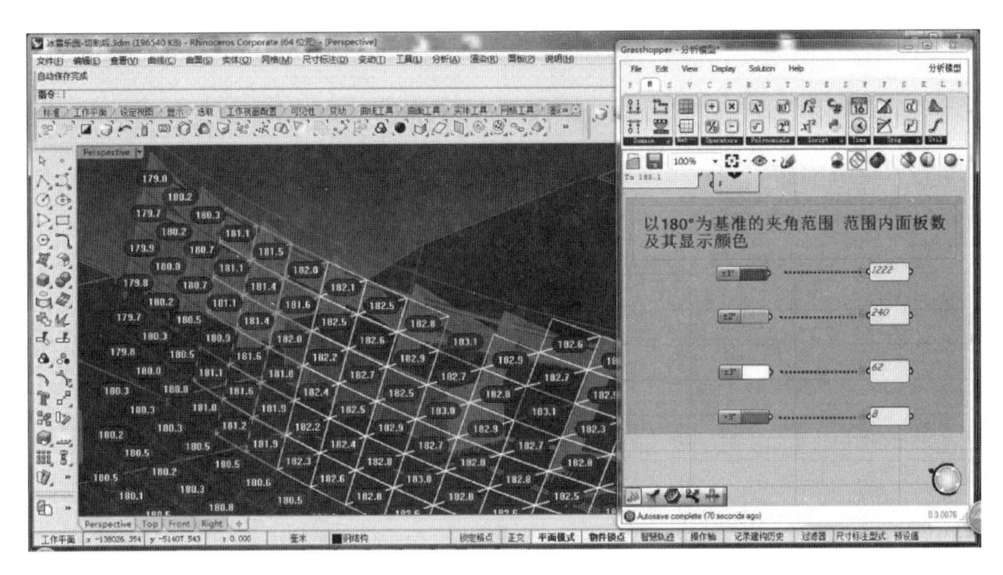

图 13-2　BIM 技术在长沙冰雪世界幕墙工程的应用

2. 幕墙材料技术

2.1　节能玻璃

近年来出现的气凝胶节能玻璃，通常采用 SiO_2 气凝胶作为原材料，由于其具有很高的孔隙率，且其基本构成颗粒和孔洞尺寸都在纳米级，使得其具有非常独特的性能，随着其孔隙率的增加，其热导率和声音传播速度都非常低，可有效提高外围护结构的保温和隔声效果，同时可见光透过率也显著提高，如 25mm 厚气凝胶节能玻璃的传热系数只有相同厚度双层玻璃的 2/5，同时保持透光率为 45%，太阳光总透射率为 43%。气凝胶节能玻璃通过两片玻璃，中间夹填气凝胶，形成"三明治"结构。与普通节能玻璃相比，气凝胶节能玻璃除了具有良好的节能效果外，还具有其他多方面的优异特性，如隔热、隔声降噪、抗风压、无冷热自爆隐患、防爆炸、防火、透光性能好、防结露等（见图 13-3）。气凝胶节能玻璃的主要性能参数见表 13-1。

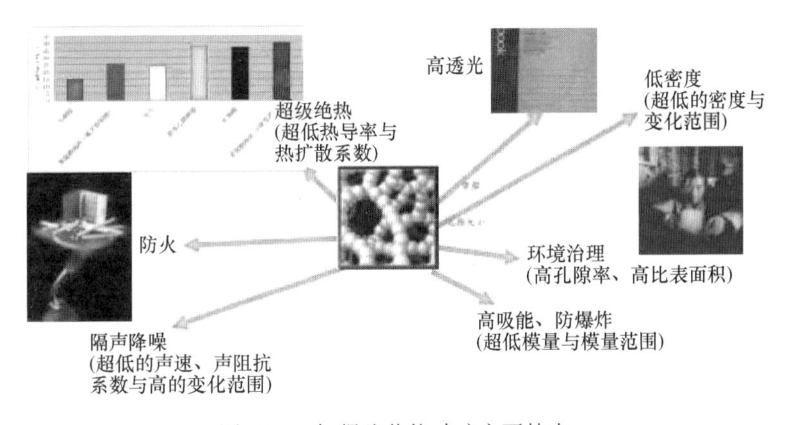

图 13-3　气凝胶节能玻璃主要特点

气凝胶节能玻璃主要性能参数　　表 13-1

指标	数值
热导率	在 25℃、1atm 下仅为 0.02W/（m·K），比空气还低
密度	0.07～0.25g/cm³
孔径尺寸	1～100nm
声音传播速度	100～120m/s
耐热性	1300℃
防火性	A1 级防火（最高防火级别）
折射率	1.015～1.055
气孔尺寸	10～20nm
二氧化硅含量	99.99%

2.2　LED 玻璃

LED 玻璃又称通电发光玻璃、电控发光玻璃，最早由德国发明。LED 玻璃是一种具有多重扩展性的高科技玻璃。其核心技术是在 LOW-E 玻璃上集成定制的 LED 贴片，通过电路控制来呈现光电效果，完全透明的玻璃与多彩的光元素组合。LED 本身拥有出色的亮度及节能特性，而与玻璃结合后的 LED 玻璃，在玻璃表面看不到线路，省去繁杂布线的麻烦并极大地增加了产品本身的美观性。LED 玻璃本身即是一款安全玻璃，又为建筑夹胶玻璃，具有通透、防爆、防水、防紫外线、防部分红外线、可设计等特点。可用于室外玻璃幕墙、阳光房等领域（见图 13-4）。LED 玻璃所使用的电压为安全电压，电压范围不高于 24V。玻璃面板可选择范围广，客户可自由选择普通浮法玻璃、超白玻璃、防火玻璃、中空玻璃、钢化玻璃、半钢化玻璃、镀膜玻璃等各种产品。

图 13-4　某建筑玻璃幕墙上 LED 玻璃应用案例

2.3　GRC 产品

GRC 板材是玻璃纤维增强水泥，它是一种以耐碱玻璃纤维为增强材料、水泥砂浆为基体材料的纤维水泥复合材料。GRC 通过造型、纹理、质感与色彩可以完美表达设计师的想象力，其优异的材料性能在非线性幕墙中表达得尤为淋漓尽致。GRC 板材具有强度高、韧性好、吸水率低、绿色环保、不易褪色、造价低和质量轻等优点，与主体建筑具有同等使用寿命。对于大型双曲面幕墙板材可采用大地模制作工艺，最大程度地保证相衔接曲面板块拼接的准确度；对于复杂造型的双曲面部分，可采用数码雕刻工艺保证造价的精确度。近年来 GRC 广泛应用于别墅排屋外立面的仿石材线条造型以及大曲面造型的建筑（见图 13-5、图 13-6）。

图 13-5　某别墅外墙的 GRC 线条造型应用

图 13-6　长沙梅溪湖国际文化艺术中心幕墙 GRC 大板块

2.4　U 型玻璃

U 型玻璃亦称槽型玻璃，是以玻璃配合料的连续烙化、压延、成形、退火为主要工艺生产的玻璃。目前在我国还是一种新型建筑玻璃。因其截面呈 U 形，使之比平板普通玻璃有更高的机械强度，并具有理想的透光性、较好的隔声性和保温隔热性、施工简便快捷等优点，已被广泛应该于建筑幕墙（见图 13-7）。U 型玻璃可进一步加工成钢化玻璃、夹丝玻璃，能够比较方便地组装成节能玻璃幕墙。U 型玻璃的传热系数较低（双层 U 型玻璃 $K=2.39\mathrm{W/(m^2 \cdot K)}$），有良好的隔热保温性能，优于现有幕墙上常用的普通中空玻璃。U 型玻璃是采用连续压延法成型的玻璃型材，使建筑玻璃由板材发展到型材，所以其综合成本相对较低，采用 U 型玻璃组合幕墙可节省大量钢或铝型材。U 型玻璃可以作为幕墙的主受力构件，相对于普通玻璃幕墙，省去了大量龙骨等附件，制作安装简便快捷，大大缩短了工期。

图 13-7　某工程外墙 U 型玻璃的应用

2.5　铜板

铜广泛应用于工业、运输、电子行业以及消费品市场中的工艺首饰；由于它具有高抗腐蚀、易于加工、使用安全、环保的特性和独特、自然的外观效果，使得铜板非常适合作为屋面和幕墙材料（见图 13-8）。

图 13-8　首都博物馆青铜幕墙

2.6　无机防火保温装饰一体板

无机防火保温装饰一体板是以珍珠岩、炉渣等无机材料经 1200℃高温烧结膨胀而成，装饰面层和保温层经一次烧结而成。板材防火等级能达到 A1 级，耐水性好，吸水率在 0.5%以下，面材使用导热系数可达 $0.07\mathrm{W/(m^2 \cdot K)}$，材料稳定性好，能达到面板与建筑物同寿命。饰面层效果丰富（见图 13-9）。现场施工速度快，可有效解决传统外墙保温材料应用时施工工序复杂、湿作业多、工程质量控制难等问题，可作为层间不透光位置的幕墙面板以及其后为实体墙或主体结构的幕墙面板。

图 13-9　某工程外墙保温装饰一体板装饰效果

3. 幕墙加工及施工工艺技术

3.1　BIM 技术在幕墙施工过程中的应用

近几年，随着技术的发展，异形幕墙日益增加，传统的二维图纸已经无法清晰表述设计意图，BIM 技术应运而生，在许多大型场馆、造型复杂的项目中应用效果突出。从设计到施工，BIM 技术都给幕墙行业带来了第二次革命。图 13-10 为基于 BIM 的设计施工示意图。

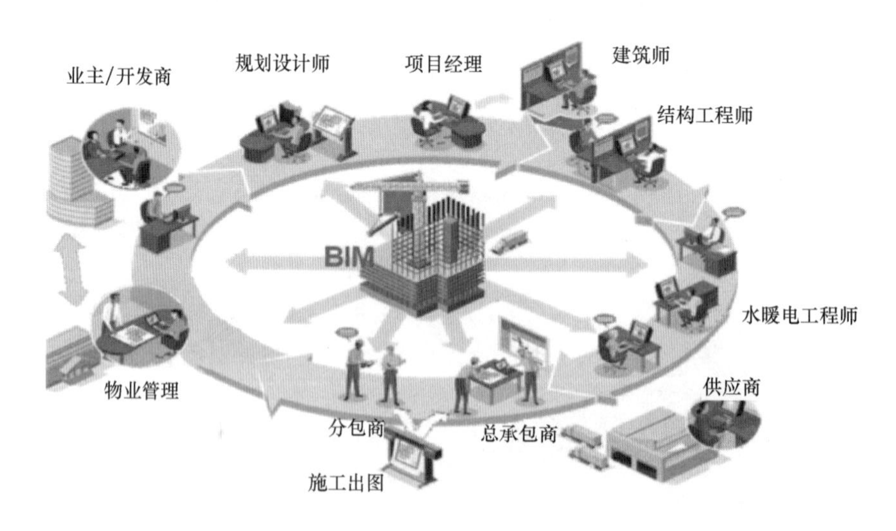

图 13-10　基于 BIM 的设计施工示意图

3.2　单元体吊装方法

超高层建筑普遍采用单元体幕墙结构形式，单元体吊装方法主要有地面直吊法和楼层内抽法，地面直吊法适用于幕墙高度小于150m的建筑。楼层起重机专用于解决超高层幕墙安装时遇到的一个垂直运输难题：即高区室外运输风险大，单元板块楼层存放空间紧张（含内幕墙板块），外幕墙单元板块尺寸大，无法采用室外室内电梯运输。而此时把楼层起重机放置于相应的楼层进行垂直运输，既节省了安装时间，又释放了存储空间。楼层起重机安装于楼层内（见图13-11），与楼面固定，适用于高层建筑幕墙单元板块的垂直运输，也可用作其他设备或货物的吊运工作。

图13-11　某工程起重机安装于楼层

4. 幕墙防火构造技术

随着超高层建筑的日益增多，我国建筑防火安全问题面临着日益严峻的考验，在火灾发生时，为减缓火灾的发展、降低火灾的伤害和损失，除了在保温系统和幕墙中选用耐火性能好的材料外，最有效的被动防火措施就是在建筑物中构建有效的排烟和防火构造等，减少人员伤亡和起到减缓和阻止火焰蔓延的作用。在上海中心项目中，采用了单片铯钾高强防火玻璃替代普通玻璃，且玻璃内侧设置了窗玻璃喷淋系统，窗玻璃喷头保护的玻璃最大高度约为3.9m，喷头间距一般为1.8～2.5m，能够保证由喷头喷射出的水流持续、均匀地洒布在整块玻璃上，没有盲区和死角，可避免因布水不均引起玻璃受热不均而爆裂，从而保护玻璃作为防火分隔的有效性。

5. 幕墙安全性检测技术

钢化玻璃自爆被称为玻璃的"癌症"。包亦望教授带领科研团队，发明了一整套玻璃幕墙测试方法、评价技术以及检测仪器设备，可推广至钢化玻璃安装前及生产线自爆源排查检测，还可用于建筑幕墙石材、金属面板及外墙饰面砖松动脱落风险检测。该技术已成功为北京中粮广场大厦等多家单位进行了玻璃幕墙检测。此外，国家也出台了幕墙相关检测标准，主要有《双层玻璃幕墙热性能检测 示踪气体法》GB/T 30594—2014、《建筑门窗、幕墙中空玻璃性能现场检测方法》JG/T 454—2014、《建筑幕墙工程检测方法标准》JGJ/T 324—2014。

6. 幕墙行业标准最新进展

近年来，在个别城市偶发的因幕墙玻璃自爆或脱落造成的损物、伤人事件，危害了人民的生命和财产安全，引发了社会关注。为进一步加强玻璃幕墙安全防护工作，保护人民的生命和财产安全。住房城乡建设部和国家安全监管总局联合发布了《关于进一步加强玻璃幕墙安全防护工作的通知》（建标［2015］38号）以确保玻璃幕墙质量和使用安全。为全面贯彻“创新、协调、绿色、开放、共享”的新发展理念，促进我国建筑幕墙行业健康发展，中国建筑装饰协会幕墙工程委员会制定了《关于淘汰建筑幕墙落后产品和技术的指导意见》。

四、幕墙工程施工技术前沿研究

1. 绿色节能大环境下幕墙发展方向

全球气候逐渐变暖、温室效应不断加强、生态平衡不断破坏，造成资源消耗大、能源日趋短缺，节能已经成为当今社会的主题，幕墙作为现代建筑的外围护结构，其设计不仅要满足建筑美学和功能的要求，更要着重考虑幕墙的节能环保。包括选择具有节能环保、保温隔热性能的原材料，合理设计幕墙构造，选用智能化、现代化的幕墙形式（比如增加遮阳构造、采用呼吸式幕墙、光电一体幕墙等）。

对于夏季炎热地区的建筑而言，空调能耗占据了建筑能耗中相当大的份额，因此，对夏季空调能耗进行控制，是实现整个建筑节能降耗的有效措施。通过合理的遮阳设计，能够减少太阳光对于建筑主体的直接照射，降低建筑能耗，提升室内居住舒适度。

呼吸式幕墙是一种双层幕墙，在内、外幕墙之间形成人为的空气夹层，配合外幕墙通风口随外界温度变化的开闭，利用夹层空间的热空气流动、传导能量，调节改善室、内外的温差；改善通风构造，提高室内舒适度，减少室内能耗。

光电玻璃幕墙是指将太阳能转换模板密封在双层钢化玻璃中，安全地实现将太阳能转换为电能的一种新型“绿色”能源，它利用太阳能发电技术，把以前被当作有害因素而屏蔽掉的太阳光转化成能被人们利用的电能，它集发电、隔声、隔热、安全、装饰功能于一体，充分体现了建筑的智能化与人性化特点。

2. 装配式建筑下的幕墙发展

为了改变建筑业传统落后的生产经营管理方式，调整产业结构，转变生产模式，加快转型升级，实现创新发展。国务院办公厅印发了《关于大力发展装配式建筑的指导意见》，其中提出：以京津冀、长三角、珠三角三大城市群为重点推进地区，常住人口超过300万人的其他城市为积极推进地区，其余城市为鼓励推进地区，因地制宜发展装配式混凝土结构、钢结构和现代木结构建筑。从全国而言，用10年左右的时间，使装配式建筑占新建建筑的比例达到30%。幕墙作为建筑的外表皮，形象地体现了建筑的特色，如何适应装配式建筑下的超大板块幕墙的设计与施工是未来发展的重要方向。

3. BIM技术与VR技术的结合

在不断革新的技术推动下，传统的建筑行业开始了翻天覆地的变化。作为促进建筑行业发展创新的重要技术手段，BIM＋VR技术的应用和推广正在为建筑业的进步与转型带来不可估量的影响。BIM——建筑信息模型，是以建筑工程项目的各项相关信息数据作为模型的基础，进行建筑模型的建立，通过数字信息仿真模拟建筑物所具有的真实信息。它具有可视化、协调性、模拟性、优化性和可出图性五大特点。

VR——虚拟现实，是利用电脑模拟产生一个三维空间的虚拟世界，提供使用者关于视觉、听觉、触觉等感官的模拟，让使用者如同身临其境一般，可以及时、没有限制地观察三维空间内的事物。

建筑设计行业目前最大的痛点在于“所见非所得”和“工程控制难”，难点在于统筹规划、资源整合、具象化联系和平台构建。BIM＋VR模式有望提供行业痛点的解决路径。系统化BIM设计平台将建筑设计过程信息化、三维化，同时加强项目管理能力。VR在BIM的三维模型基础上，加强了可视性和具象性。通过构建虚拟展示，为使用者提供交互性设计和可视化印象。BIM设计平台＋VR组合未来将成为设计企业核心竞争力之一。

在实际工程施工中，复杂结构施工方案设计和施工结构计算是一个难度较大的问题，前者的关键在于施工现场的结构构件及机械设备间的空间关系的表达；后者的关键在于施工结构在施工状态和荷载下的变形大于就位以后或结构成型以后的变形。在虚拟的环境中，建立周围场景、结构构件及机械设备等的三维CAD模型（虚拟模型），形成基于计算机的具有一定功能的仿真系统，让系统中的模型具有动态性能，并对系统中的模型进行虚拟装配，根据虚拟装配的结果，在人机交互的可视化环境中对施工方案进行修改。同时，利用虚拟现实技术可以对不同的方案，在短时间内做大量的分析，从而保证施工方案最优化。借助虚拟仿真系统，把不能预演的施工过程和方法表现出来，不仅节省了时间和建设投资，而且大大增加了施工企业的投标竞争能力。

4. 建筑工业化前提下的幕墙工业化

幕墙工业化是幕墙企业做大做强的必经之路，标准化设计、工厂化生产、装配化施工、信息化管理是实现幕墙工业化的要素，而现有幕墙形式，除单元式幕墙以外，其他如框架式幕墙、点式幕墙、拉索幕墙等均采用现场加工、安装的方式，存在较多的安全、质量隐患，现场施工对环境造成污染，还产生噪声，且人工消耗大。随着幕墙工业化进程的深化，幕墙将向着单元化幕墙的方向发展，单元化幕墙不光是单元体幕墙，其他如构件式幕墙等，在设计中也是按标准的单元的设计思路，工厂化生产后，运至现场吊装。相信随着建筑工业化的推进，将加快单元化幕墙的进程。

5. 既有建筑幕墙的安全检测及维修

自20世纪90年代起，我国开始大规模建设，由于建筑幕墙自身的优点，在高层建筑及高档建筑中得到大量应用。根据推算目前我国既有建筑幕墙存量超过16亿m^2，主要集中在人流比较密集的城市核心区域写字楼、商业中心、公共建筑及高档住宅。根据现行国家标准《建筑结构可靠度设计统一标准》GB 50068—2001的有关规定，设计使用年限一般为25年。据初步统计，既有建筑幕墙约20%已超过10年使用期（早期结构胶厂家的质保期只有10年），甚至一部分已超过设计使用年限。在荷载的长期作用下材料性能会出现不同程度的退化和衰减，而且使用过程中大多缺乏必要的维护保养，存在一定的安全隐患，直接影响到城市公共安全。因此，对现有建筑幕墙的安全检测及维修也是今后幕墙行业的发展重点。

五、幕墙工程施工技术指标记录

1. 幕墙之最

最高幕墙建筑是武汉绿地中心，636m；最大青花瓷幕墙建筑是南昌万达茂，8 万 m^2；最大面积石灰石幕墙工程是上海 SOHO 外滩，135m 高，5.5 万 m^2。

2. 玻璃最低传热系数

6（2 号）＋12Ar＋6（4 号）＋12Ar＋6（6 号）三银 LOW－E 中空（充氩气）玻璃的传热系数最低可达 0.68W/（m^2·K）。

3. 保温装饰一体板最低传热系数

保温装饰一体板中金属装饰保温板的传热系数最低，30mm 厚的金属装饰保温板的传热系数最低可达 0.021 W/（m^2·K）。

4. 单元体工程吊装速度

在天气状况良好的情况下，120m 以下的单元体幕墙板块，一个吊装点一组人（7～8 人）一天可以完成 30～40 块单元幕墙板块的安装。

六、幕墙工程施工技术典型工程案例

1. 武汉绿地中心

武汉绿地中心位于武昌滨江商务区核心区，由一栋超高层主楼、一栋办公辅楼、一栋公寓辅楼及裙房组成，工程总建筑面积 71 万 m^2。其中超高层主楼地下 6 层、地上 125 层，建筑高度为 636m，由 1 万 m^2 的摩天观光层、5 万 m^2 的服务式公寓、4 万 m^2 的超五星级写字楼和 20 万 m^2 的甲级写字楼 4 大部分组成，形成一体化武汉滨江 CBD 核心综合体，各项功能定位锁定“世界级别”，将来是世界第四、中国第一、华中第一高楼。主楼外观设计受武汉两江三镇这一独特地势的启发，从底座俯视呈“三瓣形”，是武汉三镇地势的抽象化体现；从正面看犹如扬帆远航的“帆都”，整个主塔线形流畅，下粗上细，顶部设计成光滑的穹体。充分考虑风荷载对大楼的影响，塔楼外部多处设有开槽，以便让风顺利通过，有效减小风压。

幕墙面积约为 13 万 m^2，相当于 19 个标准足球场的面积。幕墙于 2015 年 11 月 30 日开始安装，是国内同类超高层工程最早插入幕墙安装的项目。由于主楼造型独特，幕墙外立面为流线曲面体，截面呈三瓣弧线，造型不完全对称，空间关系复杂，精度要求高，主要为单元幕墙形式，单元体数量约 21000 块之多，且全为空间三维异形，整栋大楼中相同尺寸单元体数量极少，几乎每块单元体都有区别，因此对设计、生产、施工都提出了极高的要求。如图 13-12、图 13-13 所示。

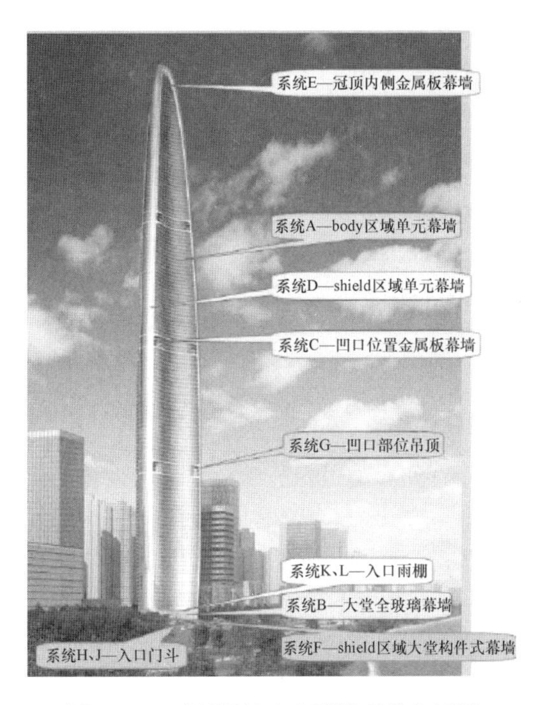

图 13-12　武汉绿地中心幕墙系统分区图

图 13-13　现场单元挂板图

2. 长沙冰雪世界幕墙

长沙冰雪世界是由世界建筑大师 Wolf D. Prix 设计的，是迄今为止世界最大的室内冰雪乐园，也是世界唯一悬浮于百米矿坑之上的冰雪游乐园（见图 13-14）。冰雪世界总占地面积 1.5hm^2，总建筑面积约 18 万 m^2，建成后将成为世界上最大的四季冰雪主题公园。工程由中国建筑第五工程局有限公司总承包，中建不二幕墙装饰有限公司完成幕墙施工。项目于 2013 年开始工程建设，并拟于 2019 年建成竣工。

建筑位于一个古老矿坑的顶部，与周边美景融为一体。冰雪世界雕塑般的贝壳状形体横跨在深坑顶部的悬崖边上，跨度达 170m，仅把深坑的东面与南面露出来，整个建筑就像在矿坑上盖了个盖子。冰雪世界项目主要位于相对标高－36.4m 平台上，平台近似一个 175m×220m 的椭圆。幕墙以干挂铝板、框架玻璃幕墙、FC 板为主。由于项目非常复杂，传统的软件根本无法满足这一要求。因此，从设计之初就采用了 BIM 技术，全程指导施工（见图 13-15）。

针对本工程的特点，幕墙外表皮为空间扭转体，幕墙板块空间定位关系复杂；幕墙板块全部为异形曲面板，完全相同的板块数量少。

深化设计阶段采用 Rgino 对幕墙进行全系统参数化建模，运用 Grasshopper 软件进行编程和数据提取，对主体钢架的折角角度、板块安装点与钢架之间的距离、板块与板块之间的安装夹角等数据进行分析。并提取各个安装点的三维坐标，施工中用全站仪复核冰雪世界岩土结构与主钢构现场误差，将结果反馈给 BIM 中心，进行碰撞检测，调整 BIM 模型。施工中通过 BIM 数据库，导出连接件的定位坐标，使用全站仪将所有控制安装点标记在主钢构上。根据已标记好的点位，将 100mm×100mm×5mm 方钢转接件点焊在主钢构相应位置，

图 13-14 长沙冰雪世界效果图

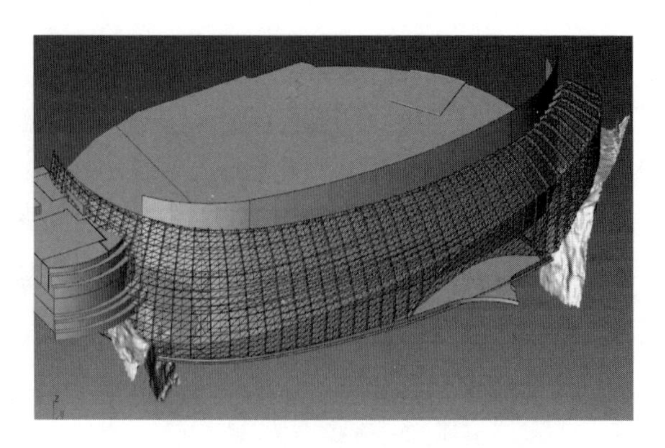

图 13-15 长沙冰雪世界 BIM 模型图

再使用全站仪对转接件的位置进行复核，确定位置后进行满焊并安装好角钢转接件。再依次安装好幕墙主次钢龙骨（幕墙钢龙骨定位数据见图 13-16）。依据 BIM 模型，将铝合金连接件的定位控制点标记在龙骨上，根据标记好的点位，将铝合金连接件初固定在龙骨上，复核后最终固定。再将面板从下往上依次安装好（面板编号及加工图见图 13-17）。

幕墙龙骨编号	长度(mm)	截面	定位点1	定位点2
G12-3	2213	80×60×5	{42225834, 87133609, 37985}	{42229408, 87136516, 39102}
F12-3	2377	80×60×5	{42226361, 87132616, 35953}	{42229675, 87134396, 36056}
G11-3	2000	80×60×5	{42225834, 87133609, 37985}	{42229408, 87136516, 39102}
F11-3	2122	80×60×5	{42228510, 87132770, 36020}	{42226959, 87132433, 35463}
G10	4015	80×60×5	{42229531, 87134800, 36438}	{42232167, 87137281, 38143}
F10	4189	80×60×5	{42226213, 87132898, 36309}	{42229048, 87135456, 38032}
G09	3799	80×60×5	{42225819, 87133634, 37972}	{42232159, 87137298, 38117}
F09	4040	80×60×5	{42225834, 87133609, 37985}	{42229408, 87136516, 39102}
FG08	7324	140×100×6	{42226361, 87132616, 35953}	{42229675, 87134396, 36056}
FG10	7402	140×100×6	{42226361, 87132616, 35953}	{42229675, 87134396, 36056}
FG09	7324	140×100×6	{42226361, 87132616, 35953}	{42229675, 87134396, 36056}
G12-2	3735	75×60×5	{42225834, 87133609, 37985}	{42229408, 87136516, 39102}
G12-1	3711	75×60×5	{42225834, 87133609, 37985}	{42229408, 87136516, 39102}
H12-4	1091	75×60×5	{42225834, 87133609, 37985}	{42229408, 87136516, 39102}
G12-4	1221	75×60×5	{42225834, 87133609, 37985}	{42229408, 87136516, 39102}
F12-4	1193	75×60×5	{42226361, 87132616, 35953}	{42229675, 87134396, 36056}
H11-4	1036	75×60×5	{42225834, 87133609, 37985}	{42229408, 87136516, 39102}
G11-4	1135	75×60×5	{42225834, 87133609, 37985}	{42229408, 87136516, 39102}
G11-2	3694	75×60×5	{42225834, 87133609, 37985}	{42229408, 87136516, 39102}
G11-1	3673	75×60×5	{42225834, 87133609, 37985}	{42229408, 87136516, 39102}
F12-2	3832	75×60×5	{42226963, 87131494, 33557}	{42230332, 87133306, 33772}
F12-1	3805	75×60×5	{42226734, 87131923, 34230}	{42230088, 87133713, 34356}
F11-4	1079	75×60×5	{42226594, 87132202, 35417}	{42226200, 87132910, 36004}
F11-2	3786	75×60×5	{42226572, 87132224, 35445}	{42229899, 87134024, 35605}
F11-1	3763	75×60×5	{42226361, 87132616, 35953}	{42229675, 87134396, 36056}
FG12	7474	Φ159	{42225819, 87133634, 37972}	{42232159, 87137298, 38117}
FG11	7390	Φ159	{42226163, 87132987, 36004}	{42232569, 87136666, 36213}

图 13-16 长沙冰雪世界幕墙钢龙骨定位数据

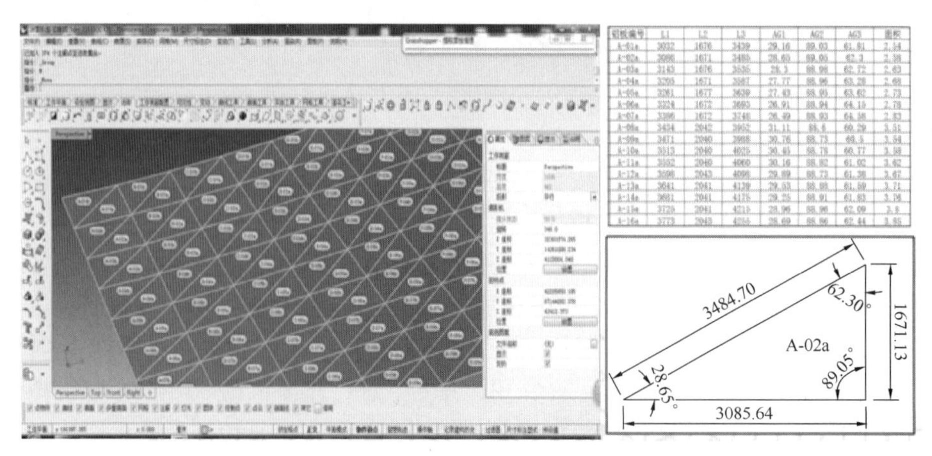

铝板编号	L1	L2	L3	AG1	AG2	AG3	面积
A-01a	3032	1676	3439	29.16	89.03	61.81	2.14
A-02a	3086	1671	3485	28.65	89.05	62.3	2.38
A-03a	3143	1676	3536	28.3	88.98	62.72	2.43
A-04a	3205	1671	3587	27.77	88.96	63.28	2.68
A-05a	3261	1677	3639	27.43	88.95	63.62	2.73
A-06a	3324	1672	3693	26.91	88.94	64.15	2.78
A-07a	3386	1672	3746	26.49	88.93	64.58	2.83
A-08a	3434	2042	3952	31.11	88.6	60.29	3.51
A-09a	3471	2040	3988	30.76	88.73	60.5	3.54
A-10a	3513	2040	4025	30.41	88.78	60.77	3.58
A-11a	3552	2040	4060	30.16	88.82	61.02	3.62
A-12a	3598	2043	4098	29.89	88.73	61.38	3.67
A-13a	3641	2041	4139	29.53	88.88	61.59	3.71
A-14a	3681	2041	4175	29.25	88.91	61.83	3.76
A-15a	3726	2041	4215	28.96	88.96	62.09	3.8
A-16a	3773	2043	4255	28.69	88.86	62.44	3.85

图 13-17 长沙冰雪世界面板编号及加工图

3. 苏州中心大鸟型屋面幕墙

苏州中心位于苏州市苏州工业园区，拥有世界上最大的薄壳整体式自由曲面幕墙支撑结构体系和世界上最大的无缝连接多栋建筑采光顶。屋面玻璃采用平板冷弯技术实现建筑曲面造型。这不仅需要综合考虑台风、地震、高低温等各种环境因素对幕墙变形及结构安全带来的影响，更需要面临薄壳整体钢结构变形、玻璃冷弯技术对屋面体系安全的影响和超大面积采光顶有组织排水等难题。

大鸟型屋面面积共35710m^2，由10190块不同规格的板块构成（见图13-18）。其中玻璃屋面面积22561m^2，板块6554块；铝百叶13149m^2，板块3636块。由于大鸟型屋面是异形屋面体系，每个板块所处标高位置均不相同，造成每个板块四个点均不在同一平面体系内，且每个板块尺寸均不相同。为确保项目独特的建筑造型和建筑设计理念的完美实现，针对大鸟型屋面幕墙结构体系运用BIM技术进行建模成型分析。以三点确定平面的方法对屋面板块进行拟合，可以分析出每个板块角点偏离原理论位置的尺寸，即阶差。由于板块材质不同，其节点构造对阶差的吸收能力不同，因此分别对玻璃及百叶进行阶差分析，可以很清晰直观地看出不同区域的阶差分布，并研究节点在不同区域的构造形式。根据现场对施工完成并已处静态稳定状态的大鸟钢结构进行测量放线所得关键控制点数据链，对大鸟型屋面BIM模型进行最终修正。并运用BIM技术对幕墙板块进行深化设计下料和全部加工图设计。图13-19为苏州中心大鸟型屋面幕墙现场玻璃安装图。

图13-18　苏州中心大鸟型屋面幕墙效果图

由于大鸟型屋面是异形屋面体系，屋面标高呈山丘状布置，标高从56m到46m形成

图13-19　苏州中心大鸟型屋面幕墙现场玻璃安装图

不规律性变化。在屋面防水设计过程中依据《建筑给水排水设计规范》GB 50015—2003（2009年版）和《室外排水设计规范》GB 50014—2006进行设计，屋面排水采用有组织内排水系统，屋面最大排水坡度为24%，最小排水坡度为3%。雨水经过屋面上按排水路径设置的300mm高不锈钢挡水堰实现有组织排水，雨水经挡水堰挡水后排入深500mm、宽1000mm的截水沟，并汇集至2000mm×1500mm×1000mm的集水坑，最后通过虹吸雨水系统排出。

参考文献

[1] 黄小坤，赵西安，刘军进，等．我国建筑幕墙技术30年发展[J]．建筑科学，2013，29(11)：80-88.

[2] 刘晓烽，闭思廉．BIM技术在幕墙工业化中的应用[DB/OL]．(2016-04-06)[2018-01-28]．http：//www.alwindoor.com/info/2016-4-6/41044-1.htm.

[3] 陈峻．金属铜在文化建筑外立面上的应用[DB/OL]．(2016-03-29)[2018-01-28]．http：//www.alwindoor.com/info/2016-3-29/41008-1.htm.

[4] 刘忠伟．U型玻璃幕墙设计与施工技术要点[DB/OL]．(2016-03-23)[2018-01-28]．http：//www.alwindoor.com/info/2016-3-23/40949-1.htm.

[5] 牟永来，潘元元．苏州中心大鸟型采光顶幕墙设计概述[DB/OL]．(2017-04-20)[2018-01-28]．http：//www.alwindoor.com/info/2017-4-20/42896-1.htm.

[6] 马明山．论建筑幕墙的节能设计策略[J]．门窗，2016(6)：13.

[7] 黄飞．节能技术在建筑幕墙施工中的应用[J]．门窗，2016(6)：23-24.

[8] 闵艳婷．建筑立面设计中的遮阳设计分析[J]．门窗，2016(6)：54.

[9] 周白霞．防火玻璃在高层建筑幕墙中应用的思考[J]．四川建筑科学研究，2014，40(4)：264-266.

[10] 甘荭煜，全贞花，赵耀华，等．新型光伏光热幕墙组件性能特性研究[J]．建筑科学，2015，31(8)：127-132.

[11] 曾晓武．浅析建筑幕墙工业化[J]．住宅产业，2015(5)：45-49.

[12] 王珊．透光隔热气凝胶玻璃与建筑节能应用研究[D]．广州：广州大学，2016.

[13] 蔡京哲．LED智能玻璃概述及应用领域简介[J]．工业c，2016(1)：267-268.

[14] 张伟．外墙保温装饰一体板施工技术的研究与应用[J]．城市建筑，2015(30)：112-113.

[15] 中投顾问产业研究中心．2017—2021年中国装配式建筑行业深度调研及投资前景预测报告[R]．2017.

[16] 覃健．浅谈BIM与VR的联系与未来[J]．建筑工程技术与设计，2016(32)：1653.

[17] 姚攀．BIM技术在武汉绿地中心外幕墙工程中的应用术[J]．江西建材，2016(15)：60-61.

第十四篇　屋面与防水工程施工技术

主编单位：山西建设投资集团有限公司　霍瑞琴　李玉屏　吴晓兵

摘要

本篇介绍了屋面与防水工程涉及的技术内容，包括防水材料、屋面保温材料、屋面工程施工技术、地下防水工程施工技术、外墙防水工程、室内防水工程。未来1～2年屋面工程用防水卷材、涂料和密封材料及与其配套的辅助材料将逐步完善，形成屋面防水系统。用于厂房、仓库和体育场馆等低坡大跨度及轻钢屋面、混凝土屋面工程的防水卷材无穿孔机械固定技术将是防水卷材固定的发展方向。地下工程在强调混凝土结构自防水的同时，应对底板、侧墙、顶板及变形缝、后浇带和施工缝细部等工程部位，结合防水材料施工工艺，进行专项防水设计。未来5～10年屋面工程继续提倡发展系统技术，发展种植屋面系统、太阳能光伏屋面系统、膜结构和开合屋顶系统；我国建筑防水发展跨入产品品种和应用领域多元化的时期，是一门跨学科、跨领域、多专业的交叉学科，是具有综合技术特点的系统工程。

Abstract

This paper describes the roof and waterproofing works involved in the technical content, including waterproof material, roof insulation materials, roofing construction technology, underground waterproofing construction technology, external wall waterproofing works, indoor waterproofing works. The next 1 to 2 years roofing works with waterproofing membrane, paint and sealing materials and supporting materials are gradually improved, the roof waterproofing system Will form. For the plant, warehouse and sports venues and other low-slope large span and light steel roof, concrete roofing works waterproofing membrane without perforation mechanical fixation technology will be waterproof membrane fixed development direction. Underground engineering in the emphasis on concrete structure from the same time, should be against the floor, side walls, roof and deformation joints, after pouring and construction joints and other parts of the project, combined with waterproof material construction technology, special waterproof design. The next 5 to 10 years roof engineering continues to promote the development of system technology, the development of planting roof systems, solar photovoltaic integrated roofing system, membrane structure and opening and closing roof system; China's building waterproof development into the product variety and application areas of diversification period, is an interdisciplinary, cross-domain, multi-disciplinary interdisciplinary, is a comprehensive technical characteristics of the system engineering.

一、屋面与防水工程施工技术概述

1. 屋面工程

屋顶是建筑物外围护结构的主要组成部分，用以抵抗雨雪、风吹、日晒等自然界环境变化对建筑物的影响，同时亦起着保温、隔热和稳定墙身等作用。自人类主动进行建筑以来，可以说建筑始于居所，居所始于屋盖，屋盖始于防水。自西周起，人们已开始使用瓦，屋面开始采用多层叠合的瓦，以大坡度排水，这种屋面构造和材料相结合的防水做法，延续了近三千年。随着柔性防水材料的发明，对构造防水的瓦屋面进行了彻底的革命，使屋顶不再因为构造防水而成为坡屋顶，促进了平屋顶的诞生，进而可以产生多功能的屋面。现代建筑如剧院、体育场馆、机场等工业与民用建筑，跨度大、功能多、形状复杂、技术要求高，传统屋顶及传统屋顶技术很难适应，由此高品质的现代屋顶和现代屋顶新技术应运而生。

2. 防水工程

建筑防水对保证建筑物正常使用功能和结构使用寿命具有重要作用，关乎百姓民生、安康和社会和谐。提高建筑防水工程质量，大幅度降低工程渗漏水率，对提高建筑能效和建筑品质，节能减排，降低建筑全寿命周期成本，保障民众正常生活和工作，提升民众对生活的获得感、满意度和幸福感，具有重要意义。

防水工程是一门综合性、实用性很强的技术，不仅受到外界气候和环境的影响，还与建筑物地基不均匀沉降和结构变形密切相关，涉及建筑物的屋面、地下室、外墙、厕浴间等。防水工程应遵循“材料是基础，设计是前提，施工是关键，维护是保证”的原则，这是防水工程多年来保证质量的经验总结。

二、屋面与防水工程施工主要技术介绍

1. 防水材料

防水材料的发展推动了防水工程应用技术的进步，使用什么性能和特点的防水材料是由防水主体的功能决定的，防水主体的功能要求，指导防水材料的生产和改进，推动防水材料的发展。根据材质属性将防水材料分为柔性防水材料、刚性防水材料和瓦片防水材料三大系列，再按类别、品种、物性类型和品名来划分不同的防水材料，具体分类见表14-1。

2016 年建筑防水材料产品结构见图 14-1。从图中可以看出，防水卷材占比最大，为 61.18%；防水涂料居第二，为 27.18%。2016 年防水卷材产品结构见图 14-2。从图中可以看出，SBS/APP 改性沥青防水卷材占比最大，自粘防水卷材第二。SBS 改性沥青防水卷材仍是最主要的建筑防水材料，在政府投资项目、基本项目投资、公共建筑和大型房地产战略合作等主流市场中占主导地位。2016 年其产量和销售收入基本保持中速增长。

防水材料分类　　　　表 14-1

<table>
<tr><th>材质属性</th><th>类别</th><th>品种</th><th colspan="2">物性类型</th><th>品名</th></tr>
<tr><td rowspan="33">柔性防水材料</td><td rowspan="20">防水卷材</td><td rowspan="14">合成高分子卷材</td><td rowspan="7">橡胶类</td><td rowspan="4">硫化型</td><td>三元乙丙橡胶卷材</td></tr>
<tr><td>丁基橡胶卷材</td></tr>
<tr><td>氯化聚乙烯橡胶共混卷材</td></tr>
<tr><td>氯磺化聚乙烯卷材</td></tr>
<tr><td rowspan="2">非硫化型</td><td>氯化聚乙烯卷材</td></tr>
<tr><td>三元乙丙-丁基橡胶卷材</td></tr>
<tr><td>增强型</td><td>氯化聚乙烯 LYX-603 卷材</td></tr>
<tr><td colspan="2" rowspan="2">橡塑类</td><td>氯化聚乙烯橡塑共混卷材</td></tr>
<tr><td>三元乙丙-聚乙烯共混可焊接卷材</td></tr>
<tr><td colspan="2" rowspan="5">树脂类</td><td>聚氯乙烯卷材</td></tr>
<tr><td>低密度聚乙烯卷材</td></tr>
<tr><td>高密度聚乙烯卷材</td></tr>
<tr><td>聚乙烯丙纶卷材</td></tr>
<tr><td>EVA 卷材</td></tr>
<tr><td rowspan="5">聚合物改性沥青卷材</td><td colspan="2" rowspan="3">弹性体改性</td><td>丁苯橡胶改性沥青卷材</td></tr>
<tr><td>SBS 改性沥青卷材</td></tr>
<tr><td>再生胶粉改性沥青卷材</td></tr>
<tr><td colspan="2">塑性体改性</td><td>APP（APAO）改性沥青卷材</td></tr>
<tr><td colspan="2">自粘型卷材</td><td>自粘聚合物改性沥青卷材</td></tr>
<tr><td>沥青卷材</td><td colspan="2">氧化沥青</td><td>纸胎油毡</td></tr>
<tr><td rowspan="13">防水涂料</td><td rowspan="6">合成高分子涂料</td><td rowspan="3">橡胶型</td><td rowspan="2">反应型</td><td>聚氨酯涂料（PU）</td></tr>
<tr><td>聚甲基丙烯酸甲酯（PMMA）</td></tr>
<tr><td>水乳型（挥发型）</td><td>硅橡胶涂料</td></tr>
<tr><td colspan="2" rowspan="2">树脂型（挥发型）</td><td>丙烯酸涂料</td></tr>
<tr><td>EVA 涂料</td></tr>
<tr><td colspan="2">有机无机复合型</td><td>聚合物水泥基涂料</td></tr>
<tr><td rowspan="7">聚合物改性沥青涂料</td><td colspan="2" rowspan="2">热熔型</td><td>非固化橡胶沥青涂料</td></tr>
<tr><td>热熔橡胶沥青防水涂料</td></tr>
<tr><td colspan="2" rowspan="5">水乳型</td><td>水乳型氯丁橡胶改性沥青涂料</td></tr>
<tr><td>SBS 改性沥青涂料</td></tr>
<tr><td>水乳型再生橡胶改性沥青涂料</td></tr>
<tr><td>膨润土乳化沥青防水涂料</td></tr>
<tr><td>石棉乳化沥青防水涂料</td></tr>
</table>

续表

<table>
<tr><th>材质属性</th><th>类别</th><th>品种</th><th colspan="2">物性类型</th><th>品名</th></tr>
<tr><td rowspan="14">柔性防水材料</td><td rowspan="14">密封材料</td><td rowspan="11">合成高分子密封材料</td><td rowspan="7">不定型</td><td rowspan="6">橡胶型</td><td>硅酮密封胶</td></tr>
<tr><td>改性硅酮密封胶</td></tr>
<tr><td>聚硫密封胶</td></tr>
<tr><td>氯磺化聚乙烯密封胶</td></tr>
<tr><td>丁基密封胶</td></tr>
<tr><td>聚氨酯密封胶</td></tr>
<tr><td>树脂型</td><td>水性丙烯酸密封胶</td></tr>
<tr><td rowspan="4">定型</td><td rowspan="2">橡胶类</td><td>橡胶止水带</td></tr>
<tr><td>遇水膨胀橡胶止水带</td></tr>
<tr><td>树脂类</td><td>塑料止水带</td></tr>
<tr><td>金属类</td><td>金属止水带</td></tr>
<tr><td colspan="3" rowspan="3">高聚物改性沥青密封材料</td><td>丁基橡胶改性沥青密封胶</td></tr>
<tr><td>SBS 改性沥青密封胶</td></tr>
<tr><td>再生橡胶改性沥青密封胶</td></tr>
<tr><td rowspan="9">刚性防水材料</td><td colspan="4" rowspan="4">防水混凝土</td><td>普通防水混凝土</td></tr>
<tr><td>补偿收缩防水混凝土</td></tr>
<tr><td>减水剂防水混凝土</td></tr>
<tr><td>密实、纤维混凝土</td></tr>
<tr><td colspan="4" rowspan="4">防水砂浆</td><td>金属皂液防水砂浆</td></tr>
<tr><td>硫酸盐类防水砂浆（三乙醇胺）</td></tr>
<tr><td>聚合物防水砂浆（掺丙烯酸、氯丁胶、丁苯胶或 EVA 乳液）</td></tr>
<tr><td>纤维水泥砂浆（掺纤维）</td></tr>
<tr><td colspan="4">水泥基渗透结晶型</td><td>抗渗微晶</td></tr>
<tr><td rowspan="11">瓦片防水材料</td><td colspan="4" rowspan="3">黏土瓦片</td><td>黏土筒瓦</td></tr>
<tr><td>黏土平瓦、波形瓦</td></tr>
<tr><td>琉璃瓦</td></tr>
<tr><td colspan="4" rowspan="3">有机瓦片</td><td>沥青瓦</td></tr>
<tr><td>树脂瓦</td></tr>
<tr><td>橡胶瓦</td></tr>
<tr><td colspan="4" rowspan="2">波形瓦片</td><td>水泥石棉波形瓦</td></tr>
<tr><td>玻璃钢波形瓦</td></tr>
<tr><td colspan="4" rowspan="2">金属瓦片</td><td>金属波形瓦</td></tr>
<tr><td>压型金属复合板</td></tr>
<tr><td colspan="4">水泥瓦片</td><td>水泥瓦片</td></tr>
</table>

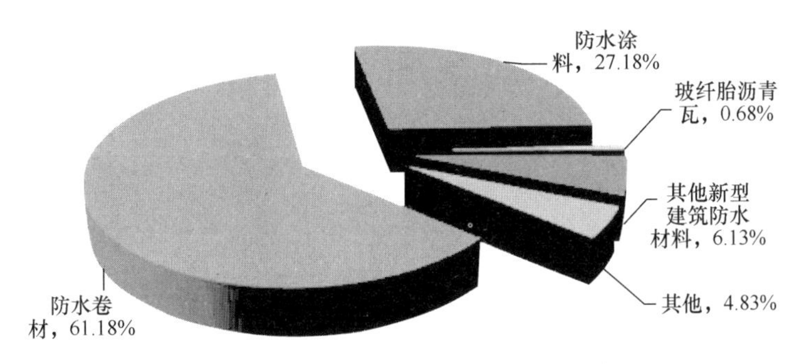

图 14-1　2016 年建筑防水材料产品结构

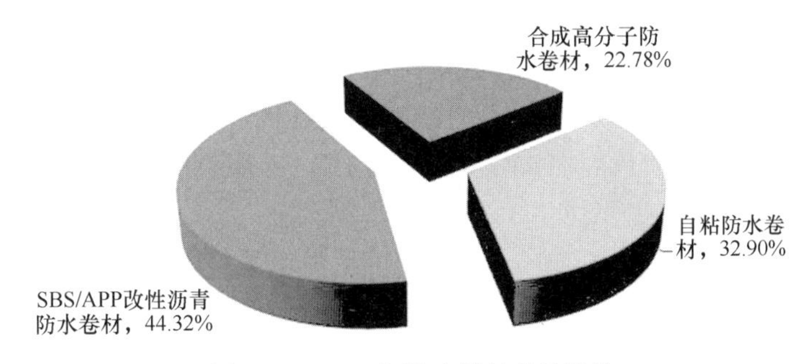

图 14-2　2016 年防水卷材产品结构

各类自粘防水卷材仍然是增速较快的防水材料，特别是高分子自粘胶膜预铺卷材受市场青睐，需求有较大增长；沥青自粘卷材与非固化沥青涂料复合新技术也得到了主流市场的肯定。2016 年各类自粘防水卷材产量比 2015 年同期增长了 9.3%。

2. 屋面保温材料

屋面保温层应根据屋面所需传热系数或热阻选择质轻、高效的保温材料，目前常用的保温材料可分为板状、纤维、整体三种类型，见表 14-2。

常用保温材料　　表 14-2

保温材料类型	保温材料品种
板状保温材料	聚苯乙烯泡沫塑料，硬质聚氨酯泡沫塑料，膨胀珍珠岩制品，泡沫玻璃制品，加气混凝土砌块，泡沫混凝土砌块
纤维保温材料	玻璃棉制品，岩棉、矿渣棉制品
整体保温材料	喷涂硬泡聚氨酯，现浇泡沫混凝土

3. 屋面工程施工技术

3.1　屋面保温

板状保温材料有干铺法、粘结法和机械固定法三种铺设方法。纤维保温材料分为板状和毡状两种。纤维板状保温材料多用于金属压型板的上面，常采用螺钉和垫片将保温板与压型板固定。喷涂硬泡聚氨酯泡沫塑料必须使用专用喷涂设备，喷涂前需进行调试，使喷涂试块满足材料性能要求。近年来泡沫混凝土（含砌块）的应用量不断增加，泡沫混凝土很好地解决了保温与防火的矛盾，并且通过改进配方，导热系数下降，保温性能得到了提高。

3.2 屋面隔热

屋面隔热层根据地域、气候、屋面形式、建筑环境、使用功能等条件，一般采取种植、架空和蓄水等隔热措施。

种植屋面作为绿色建筑节能、改善空气质量的有效措施而备受各界推崇。它不仅能够有效缓解城市热岛效应，而且可以增加城市空间景观、提升城市品位。近几年，国内各大城市在种植屋面的政策引导和技术推广方面均有重要举措。种植隔热层的构造层次一般包括植被层、种植土层、过滤层和排水层。

我国广东、广西、湖南、湖北、四川等地属夏热冬暖地区，为解决炎热季节室内温度过高的问题，常采取架空隔热措施。由于城市建筑密度不断加大，不少城市高层建筑林立，造成风力减弱、空气对流较差，或者女儿墙封闭了架空通风道，严重影响了架空隔热层的隔热效果。

蓄水隔热层主要在我国南方地区采用。我国多采用敞开式的蓄水屋面，蓄水深度一般为150～200mm。

3.3 屋面防水

屋面防水一般采用卷材防水层、涂膜防水层和复合防水层。复合防水层可以使卷材防水层和涂膜防水层的优势互补。

防水卷材铺贴方法见表14-3。

防水卷材铺贴方法 **表14-3**

铺贴方法	施工工艺	适用范围
冷粘法	在常温下采用高分子防水卷材胶粘剂将卷材与基层、卷材与卷材间粘牢	PVC、TPO、EPDM等防水卷材
热粘法	采用导热炉加热熔融的改性沥青胶结料把卷材粘贴在基层上	弹性体、塑性体改性沥青防水卷材
热熔法	将热熔型卷材底层用火焰加热熔化后，实现卷材与基层或卷材与卷材之间粘结	
自粘法	将卷材自粘胶底面的隔离纸撕干净，实现完全粘贴	自粘聚合物改性沥青防水卷材、带自粘层的防水卷材
焊接法	采用热风加热卷材的粘合面或采用溶剂进行卷材与卷材接缝粘结	热塑性高分子防水卷材
机械固定法	将合成高分子防水卷材，使用专用螺钉、垫片、压条以及其他配件，固定在基层（结构层）上	PVC、TPO、EPDM等防水卷材，5mm厚高聚物改性沥青防水卷材

防水涂膜施工方法见表14-4。

防水涂膜施工方法　　表 14-4

施工方法	施工工艺	适用范围
滚涂法	用圆滚刷蘸防水涂料进行涂刷	水乳型及溶剂型防水涂料
涂刮法	将防水涂料倒在基层上，用刮板来回涂刮，使其厚薄均匀	反应固化型防水涂料、热熔型防水涂料、聚合物水泥防水涂料
喷涂法	将防水涂料倒入设备内，通过喷枪将防水涂料均匀喷出	反应固化型防水涂料、水乳型及溶剂型防水涂料
刷涂法	用棕刷、长柄刷蘸防水涂料进行涂刷	关键部位涂膜防水层

复合防水层是指由彼此相容的卷材和涂料结合而成的防水层。复合防水层的技术要求见表 14-5。

复合防水层的技术要求　　表 14-5

项目	技术要求
相容性	防水卷材与涂料两者材性应相容，不产生有害物理和化学作用
整体性	防水涂膜宜设置在防水卷材的下面，反应固化型防水涂料可用作冷粘沥青卷材的胶粘剂
施工性	水乳型或合成高分子防水涂料上面，不得采用热熔型防水卷材；水乳型或水泥基防水涂料应待涂膜干燥后铺贴防水卷材
耐久性	复合防水层的总厚度包括卷材、胶粘剂和涂膜厚度。如果防水涂料单作卷材胶粘剂时，涂膜厚度应适当增加

3.4　瓦屋面

在我国应用最多的瓦材是烧结瓦、混凝土瓦和沥青瓦，根据瓦的不同类型和基层种类采取相应的构造做法。大风及地震设防地区或屋面坡度大于 100%时，瓦片要采取固定加强措施。烧结瓦、混凝土瓦一般采用干法挂瓦和搭接铺设，湿法施工将越来越少；沥青瓦的固定方式是以钉为主、粘结为辅。

由于块瓦和沥青瓦是不封闭连续铺设的，依靠搭接构造和重力排水来满足防水功能。按《屋面工程技术规范》GB 50345—2012 的有关规定，在瓦材的下面应设置防水层或防水垫层，防水层或防水垫层的搭接缝应满粘。持钉层是块瓦和沥青瓦的基层，为保证瓦屋面铺装和使用安全，在满足屋面荷载的前提下，持钉层需满足一定的厚度要求。

3.5　金属板屋面

金属板屋面的耐久年限与金属板的材质有密切的关系，目前较常用的面板材料为彩色涂层钢板、镀层钢板、不锈钢板、铝合金板、钛合金板和铜合金板，其铺装工艺主要有咬口锁边连接和紧固件连接。金属板屋面的排版设计将直接影响到金属板的合理使用、安装质量及结构安全等，所以在金属板安装施工之前，深化排版设计至关重要。

近年，由于金属板屋面抗风揭能力的不足，对建筑的安全性能影响很大，被大风掀掉的情况时有发生，造成的损失也非常严重。因此，无论国内还是国外对建筑的风荷载安全都很重视。《屋面工程技术规范》GB 50345—2012 规定：金属板屋面应按设计要求提供抗风揭试验验证报告。我国也与国际上屋面系统检测最权威的机构美国 FM 认证公司合作，引进了FM成熟的屋面抗风揭测试技术，中国建材检验认证集团苏州有限公司建成了我国首个屋面系统抗风揭试验室。

3.6　玻璃采光顶

玻璃采光顶是由直接承受屋面荷载和作用的玻璃透光面板与支承体系所组成的围护结构，玻璃采光顶的支承结构主要有钢结构、钢索杆结构、铝合金结构等，采光顶的支承形式包括桁架、网架、拱壳、圆穹等。玻璃采光顶是现代建筑不可缺少的采光与装饰并重的一种屋顶。近年来，玻璃采光顶在我国的使用面积越来越大，形状也越来越复杂，在建筑中的应用也越来越广泛，因此对采光顶的装饰性和艺术性要求越来越高。玻璃采光顶内侧结露问题越来越受到人们的重视，玻璃采光顶坡度一般不宜小于5%；另一方面，在玻璃采光顶的型材上设置集水槽，使结露水汇集并排放到室外或室内水落管内。玻璃采光顶的玻璃安全也不容忽视，均需采用夹层玻璃或夹层中空等安全玻璃。

4. 地下防水工程施工技术

地下工程是建造在地下或水底以下的工程建筑物和构筑物，包括各种工业、交通、民用和军事等地下建筑工程。地下工程的防水设计和施工，需根据使用功能、使用年限、水文地质、结构形式、环境条件、施工方法及材料性能等因素确定。

我国的地下防水工程共分为四个等级，其工程做法是以混凝土结构自防水为主，在混凝土结构的外部辅以防水卷材、防水涂料、塑料防水板、膨润土防水材料等防水措施，防水等级越高，拟采用的措施越多。《地下工程防水技术规范》GB 50108—2008规定：地下工程迎水面主体结构应采用防水混凝土，并应根据防水等级的要求采用其他防水措施。

优选用材是保证地下防水工程质量的基本条件。新型建筑材料不断涌现，设计人员应该熟悉材料的种类及其性能，并根据地下工程使用功能、工程造价、工程技术条件等因素，合理选择材料，提供符合适用、安全、经济、美观要求的构造方案。选材有以下标准：（1）根据不同的工程部位选材；（2）根据主体功能要求选材；（3）根据工程环境选材；（4）根据工程标准选材。

4.1　防水混凝土

防水混凝土应通过调整配合比、掺加外加剂、拌合料配制而成，其抗渗等级不得小于P6；防水混凝土的施工配合比应通过试验确定，试配混凝土的抗渗等级应比设计要求提高0.2MPa，防水混凝土应满足抗渗等级要求，并应根据地下工程所处的环境和工作条件，同时满足抗压、抗冻和抗侵蚀性等耐久性要求。防水混凝土结构的施工缝、变形缝、后浇带、穿墙套管、埋设件等构造必须符合设计要求。防水混凝土的搅拌、运输、浇筑、振捣、养护等工序，应符合现行国家标准《混凝土结构工程施工规范》GB 50666—2011的有关规定。

4.2　其他防水措施

《地下工程防水技术规范》GB 50108—2008规定：当工程的防水等级为一级时，应增设两道其他防水层；当工程的防水等级为二级时，应增设一道其他防水层。其他防水层主要有水泥砂浆防水层、卷材防水层、涂料防水层、金属防水层、膨润土材料防水层等。地下工程的防水应包括主体结构防水和细部构造防水，细部构造主要指施工缝、变形缝、后浇带等部位，其防水构造必须符合设计要求。外墙外防水按外防水层与外墙施工作业顺序，其施工方法可分为外防外贴（涂）和外防内贴（涂）。外防外贴（涂）多用于基坑空间较大，有施工操作空间的工程；外防内贴（涂）一般用于受场地限制，基坑空间狭窄的工程。

4.3　补偿收缩混凝土

补偿收缩混凝土是由膨胀剂或膨胀水泥配制的自应力为 0.2～1.0MPa 的混凝土。补偿收缩混凝土宜用于混凝土结构自防水、工程接缝填充、采取连续施工的超长混凝土结构及大体积混凝土等工程。以钙矾石作为膨胀剂的补偿收缩混凝土，不得用于长期处于环境温度高于 80℃的钢筋混凝土工程。

补偿收缩混凝土的设计强度应符合现行行业标准《补偿收缩混凝土应用技术规程》JGJ/T 178—2009 的有关规定，用于后浇带和膨胀加强带的补偿收缩混凝土的设计强度等级，应比两侧混凝土提高一个等级。膨胀加强带是通过在结构预设的后浇带部位浇筑补偿收缩混凝土，减少或取消后浇带和伸缩缝、延长构件连续浇筑长度的一种技术措施。膨胀加强带可分为连续式、间歇式和后浇式三种。

普通防水混凝土和补偿收缩混凝土的技术特点见表 14-6。

普通防水混凝土和补偿收缩混凝土的技术特点　　表 14-6

项　目	普通防水混凝土	补偿收缩混凝土
混凝土性能	强度等级、抗渗等级	强度等级、抗渗等级、限制膨胀率
结构分缝	30～40m 设一道后浇带	以膨胀加强带取代后浇带
结构迎水面	设柔性防水层	可不作柔性防水层
施工要求	混凝土振捣密实，重视养护	混凝土振捣密实，加强养护
施工工期	较长	大大缩短
建设成本	较高	降低
标准依据	《地下工程防水技术规范》GB 50108—2008	《补偿收缩混凝土应用技术规程》JGJ/T 178—2009

5. 外墙防水工程

按外墙围护结构的形式，饰面板块围护结构、钢结构、玻璃幕墙的外墙防水以构造防水为主，采用以导为主、排堵结合的防水方法；而砌体和混凝土结构的外墙防水，一般采用以防为主的方法。

目前，外墙防水工程主要采用两类方式进行设防，一类是墙面整体防水，主要应用于南方地区、沿海地区以及降雨量大、风压强的地区；另一类是对节点构造部位采取防水措施，主要应用于降雨量较小、风压较弱的地区和多层建筑以及未采用外保温墙体的建筑。各地采用外墙外保温的建筑均采取了墙面整体防水设防。

防水技术内容：面砖、涂料外墙在结构土体与保温层之间设置聚合物水泥防水砂浆防水层；幕墙结构除了使用防水砂浆外，可采用在保温层外侧涂刷有机防水涂料和设置防水透气膜的方案；窗框节点采用刚性防水材料与柔性防水密封相结合的防水方法。

6. 室内防水工程

厕浴间防水的最大特点是施工面积较小、管道及各种设备较多，多年的实践证明渗漏多发于地漏、穿墙管、墙体阴角等节点部位。鉴于防水涂料具有连续成膜、操作灵活、适用性强的优势，厕浴间防水需根据不同的设防部位，按防水涂料、防水卷材、刚性防水材料的顺序，选用适宜的防水材料。在防水涂料的施工中，控制涂膜厚度和均匀性是保证厕浴间防水质量的关键。鉴于厕浴间的空间往往不大，不利于溶剂挥发，若空气中溶剂浓度过大，在有明火的条件下，极有可能发生火灾；另一方面，也会给施工人员造成身体健康方面的伤害。所以厕浴间防水工程不得使用溶剂型防水涂料。

三、屋面与防水工程施工技术最新进展（1～2年）

1. 屋面工程

屋面工程用防水卷材、涂料和密封材料及与其配套的辅助材料将逐步完善，形成屋面防水系统。各种防水材料都有相应的施工工具，防水卷材粘结采用热粘法、冷粘法、自粘法、热焊接法，热粘法为传统粘结方法。聚氯乙烯（PVC）、热塑性聚烯烃（TPO）防水卷材机械固定施工技术以及三元乙丙（EPDM）、热塑性聚烯烃（TPO）、聚氯乙烯（PVC）防水卷材无穿孔机械固定技术，将是防水卷材固定的发展方向。

1.1　聚氯乙烯（PVC）、热塑性聚烯烃（TPO）防水卷材机械固定施工技术

机械固定即采用专用固定件，如金属垫片、螺钉、金属压条等，将聚氯乙烯（PVC）或热塑性聚烯烃（TPO）防水卷材以及其他屋面层次的材料机械固定在屋面基层或结构层上。机械固定包括点式固定方式和线性固定方式。固定件的布置与承载能力应根据试验结果和相关规定严格设计。

聚氯乙烯（PVC）或热塑性聚烯烃（TPO）防水卷材的搭接是由热风焊接形成连续整体的防水层。焊接缝是因分子链互相渗透、缠绕形成新的内聚焊接链，强度高于防水卷材且与防水卷材同寿命。

点式固定即使用专用垫片或套筒对防水卷材进行固定，防水卷材搭接时覆盖住固定件；线性固定即使用专用压条和螺钉对防水卷材进行固定，使用防水卷材覆盖条对压条进行覆盖。

1.2　三元乙丙（EPDM）、热塑性聚烯烃（TPO）、聚氯乙烯（PVC）防水卷材无穿孔机械固定技术

三元乙丙（EPDM）防水卷材无穿孔机械固定技术采用将增强型机械固定条带（RMA）用压条、垫片机械固定在轻钢结构屋面或混凝土结构屋面基面上，然后将宽幅三元乙丙（EPDM）防水卷材粘贴到增强型机械固定条带（RMA）上，相邻防水卷材用自粘接缝搭接带粘结而形成连续的防水层。

聚氯乙烯（PVC）、热塑性聚烯烃（TPO）防水卷材无穿孔机械固定技术采用将无穿孔垫片机械固定在轻钢结构屋面或混凝土结构屋面基面上，无穿孔垫片上附着与PVC/TPO焊接的特殊涂层，利用电感焊接技术将PVC/TPO焊接于无穿孔垫片上，防水卷材

的搭接是由热风焊接形成连续整体的防水层。

与常规机械固定系统相比，固定防水卷材的螺钉没有穿透防水卷材，因此称之为无穿孔机械固定。

2. 防水工程

根据地下工程的水设计理念，在强调混凝土结构自防水的同时，对底板、侧墙、顶板及变形缝、后浇带和施工缝细部等工程部位，结合防水材料施工工艺，进行有针对性的防水设计已得到普遍认同。地下室侧墙与顶板采用粘结性能较好的防水涂料或卷材，底板防水采用预铺反粘技术，使混凝土与防水卷材直接接触，以达到防止窜水的目的。另外，在施工缝中预埋注浆管，这是一种主动防水措施，形成主体结构不完全依赖于防水材料的防水体系，从而达到其耐久性与结构同寿命的要求。

2.1　地下工程预铺反粘防水技术

地下工程预铺反粘防水技术所采用的材料是高分子自粘胶膜防水卷材，该卷材系在一定厚度的高密度聚乙烯卷材基材上涂覆一层非沥青类高分子自粘胶层和耐候层复合制成的多层复合卷材；其特点是具有较高的断裂拉伸强度和撕裂强度，胶膜的耐水性好，一、二级的防水工程单层使用时也可达到防水要求。采用预铺反粘法施工时，在卷材表面的胶粘层上直接浇筑混凝土，混凝土固化后，与胶粘层形成完整连续的粘接。这种粘接是由混凝土浇筑时水泥浆体与防水卷材整体合成胶相互勾锁而形成。高密度聚乙烯主要提供高强度，自粘胶层提供良好的粘接性能，可以承受结构产生的裂纹影响。耐候层既可以使卷材在施工时可适当外露，又可以提供不粘的表面供工人行走，使得后道工序可以顺利进行。

2.2　预备注浆系统施工技术

预备注浆系统施工技术是地下建筑工程混凝土结构接缝防水施工技术。注浆管可采用硬质塑料或硬质橡胶骨架注浆管、不锈钢弹簧骨架注浆管。混凝土结构施工时，将具有单透性、不易变形的注浆管预埋在接缝中，当接缝渗漏时，向注浆管系统设定在构筑物外表面的导浆管端口中注入灌浆液，即可密封接缝区域的任何缝隙和孔洞，并终止渗漏。当采用普通水泥、超细水泥或者丙烯酸盐化学浆液时，系统可用于多次重复注浆。利用这种先进的预备注浆系统可以达到“零渗漏”效果。

预备注浆系统由注浆管系统、灌浆液和注浆泵组成。注浆管系统由注浆管、连接管及导浆管、固定夹、塞子、接线盒等组成。注浆管分为一次性注浆管和可重复注浆管两种。

2.3　装配式建筑密封防水应用技术

装配式建筑的密封防水主要指外墙、内墙防水，主要密封防水方式有材料防水、构造防水两种。

材料防水主要指各种密封胶及辅助材料的应用。装配式建筑密封胶主要用于混凝土外墙板之间板缝的密封，也可用于混凝土外墙板与混凝土结构、钢结构之间缝隙以及混凝土内墙板之间缝隙的密封。装配式建筑密封胶的主要技术性能如下：

（1）力学性能。装配式建筑密封胶必须具备一定的弹性且能随着接缝的变形而自由伸缩以保持密封，经反复循环变形后还能保持并恢复原有性能和形状，其主要的力学性能包括位移能力、弹性恢复率及拉伸模量。

(2) 耐久耐候性。装配式建筑密封胶用于装配式建筑外墙板，长期暴露于室外，因此对其耐久耐候性能就得格外关注，相关技术指标主要包括定伸粘结性、浸水后定伸粘结性和冷拉热压后定伸粘结性。

(3) 耐污性。传统硅酮胶中的硅油会渗透到墙体表面，在外界的水和表面张力的作用下，使得硅油在墙体载体上扩散，空气中的污染物质由于静电作用而吸附在硅油上，就会产生接缝周围的污染。对有美观要求的建筑外立面，密封胶的耐污性应满足目标要求。

(4) 相容性等其他要求。预制外墙板为混凝土材质，在其外表面还可能铺设保温材料、涂刷涂料及粘贴面砖等，须提前考虑装配式建筑密封胶与这几种材料的相容性。

除材料防水外，构造防水常作为装配式建筑外墙的第二道防线，在设计应用时主要做法是在接缝的背水面，根据外墙板构造功能的不同，采用密封条形成二次密封，两道密封之间形成空腔。垂直缝部位每隔 2～3 层设计排水口。所谓两道密封，即在外墙的室内侧与室外侧均设计涂覆密封胶做防水。外侧防水主要用于防止紫外线、雨雪等气候的影响，对耐候性能要求高；内侧防水主要是隔断突破外侧防水的外界水汽与内侧发生交换，同时也能阻止室内水流入接缝，避免造成漏水。预制构件端部的企口构造也是构造防水的一部分，可以与两道材料防水、空腔排水口组成的防水系统配合使用。

外墙产生漏水需要具备三个要素：水、空隙与压差，破坏任何一个要素，就可以阻止水的渗入。空腔与排水管使室内、外的压力平衡，即使外侧防水遭到破坏，水也可以排走而不进入室内。内外温差形成的冷凝水也可以通过空腔从排水口排出。漏水被限制在两个排水口之间，易于排查与修理。排水可以由密封材料直接形成开口，也可以在开口处插入排水管。

2.4 外墙防水技术

外墙防水应按外墙系统工程综合考虑，合并保温、防水和门窗安装等内容，形成相关技术整体统一技术标准。

2.4.1 建立整体外墙防水

所有建筑外墙均应设置防水层。根据不同墙体结构与外墙形式，采取不同的整体外墙防水方案，详见表 14-7。

整体外墙防水层设置 **表 14-7**

墙体结构形式	防水层设置部位	防水材料或做法	
混合结构 砌体结构 框架砌体填充墙结构	砌体墙找平层面	年降雨量 ≥800mm	聚合物水泥防水砂浆 厚度≥5mm，加玻纤网格布
		年降雨量 <800mm	聚合物水泥防水砂浆 厚度≥3mm
混凝土结构 混凝土装配结构	可不设置整体外墙防水层	混凝土外墙模板螺栓孔防水密封，接缝采用密封胶防水	

2.4.2 门窗框周边防水密封

设计中规定室内窗台应高于室外窗台；门窗框与结构墙的间隙，应采用水泥砂浆或发泡聚氨酯填实，并在迎水面采用专用丁基橡胶密封带进行密封防水。

2.4.3 不锈材质金属压顶

女儿墙顶、幕墙顶端，应采用不锈钢板、铝板或其他不锈金属盖板压顶，金属盖板厚度不应小于1.0mm。

四、屋面与防水工程施工技术前沿研究

1. 屋面工程

屋面工程的发展方向仍然是提倡发展系统技术。发展系统技术是许多发达国家的一项成功经验。今后一段时期种植屋面系统、太阳能光伏屋面系统、膜结构和开合屋顶将会有较大的发展。

1.1 种植屋面系统

种植屋面关系到建筑结构安全、屋面防水和植物生长及景观效果等方面，因此种植屋面是一个多学科工程技术的交汇和融合。积极开发种植屋面有着特别重要的意义。城市空间作为一种不可再生的资源，必须一点一滴地善加利用。种植屋面为人民提供了方便的绿地环境，除了改善屋面绝热、降低噪声、吸固降尘、收集雨水、储存水分外，还减轻了城市热岛效应。种植屋面的发展形式也更趋向于回归自然。种植屋面的雨水、灌溉水收集和再利用措施的研究，降低养护成本措施的研究，紧密结合节能建筑标准及城市生态环境建设发展方向的研究，是种植屋面未来的研究趋向。在今后一段时期种植屋面仍会有较大的发展。

1.2 太阳能光伏屋面系统

光伏应用技术作为一种新型的能源技术，使建筑物自身利用绿色、环保的太阳能资源生产电力，在建筑屋顶上已经成为一种可行的选择。面对日益增长的电力能源需求，今后一段时期，光伏建筑一体化产品将作为一种新型的建筑产品受到建筑师和广大开发商的青睐，光伏屋顶将在越来越多的建筑中体现。

1.3 现代屋顶新技术

现代屋顶主要指玻璃采光顶、点支承采光顶、薄板金属（钛锌板、钛板、铜板、不锈钢板、铝板、彩色钢板等）屋顶、膜结构屋顶、索结构屋顶、开合屋顶、光电屋顶等。这些新屋顶在设计、选材、结构、施工等方面，采用了与传统屋顶技术有较大区别的新技术。

膜结构屋顶突破了传统采光顶形式，对自然光有反射、吸收和透射能力，具有质地柔韧、厚度小、质量轻、透光性好的特点，具有良好的抗老化和自洁性能；自然形成各种色彩丰富的造型，给人以特有的现代美的享受。

开合屋顶又称移动天幕，是一种在短时间内（一般为20～25min）部分或全部屋顶可以移动或开合的结构形式，它使建筑物在屋顶开启、关闭和部分开闭等状态下都可以使用。根据气候的变化而开闭的屋顶，更好地满足了人们对阳光、空气的需要，改变了春、夏、秋、冬四季都要通过大型空调来维持对空气、湿度和温度的要求的方式，也节约了能源。开合屋顶建筑将成为体育建筑的一个重要发展趋势。

冷屋面技术的广泛应用将大大降低城市夏季的热负荷。美国自20世纪90年代末开始推选“冷屋面”计划。所谓冷屋面，即外表面材料对太阳光具有高反射率（尤其是近红外波段）以及长波波段高发射率的屋面系统，其表面温度比传统屋面大幅度降低。试验表明，热反射隔热技术应用于屋面，在夏季具有显著的节能效果，冷屋面技术的广泛应用将大大降低城市夏季的热负荷，尤其是峰值热负荷，这对于气候变暖以及城市热岛效应不断加剧的中心城区的建筑节能，将有十分重要的意义。

2. 防水工程

我国建筑防水发展跨入产品品种和应用领域多元化的时期。建筑防水是关系国计民生的重要产业，关乎建筑安全和寿命，关乎百姓民生和安康，行业发展理念为转型、创新、融合、绿色。防水工程是一门跨学科、跨领域、多专业的交叉学科，是具有综合技术特点的系统工程。我国防水工程的发展将呈现以下特点：

2.1 确立建筑防水工程为系统工程的理念

建筑防水是一项综合性技术很强的系统工程。它体现在防水设计、施工、材料、维护等主要环节。用一句话概括：材料是基础，设计是前提，施工是关键，维护是保证。

建筑防水工程有两层含义：一是不能孤立地就防水论防水，要与结构本体、节能构造及适用、安全、美观、施工维修等有关要求整合起来考虑防水设计；二是防水构造本身，除应考虑层间匹配、相容外，还应研究层间的相互支持。在我国的建筑工程管理中，屋面工程包括防水系统、保温系统以及各种设施；地下工程包括地下主体结构、防水层等；外墙工程包括保温层、防水层、外饰面层等。在建筑资质管理、招标投标、设计、施工、验收等各个环节，分别由不同的专业承包商负责投标和施工，各专业之间缺乏必要的衔接，工程构造层次的功能难以得到充分体现。

另外，防水工程是一个系统工程，如屋面工程的构造层次主要包括保护层、隔离层、防水层、找平层、保温层、找坡层等，目前我国尚未按系统工程综合考虑，大多是由不同专业的分包单位进行施工，造成职责不清、责任不明、相互衔接不到位。针对这一现状，实行防水工程质量责任由防水系统集成承包商全面负责制度，防水系统集成承包商应具有相应资质和具备设计、施工、维护、维修等综合能力。坚持以系统工程为理念，提高建筑防水的工程质量，应鼓励现有资质施工企业、大型产品生产企业等转型发展为防水系统集成承包商。

2.2 发展建筑防水工程成套技术

许多发达国家已有不少经验，在节约材料、节省人工、提高劳动生产率和加快工程进度等方面发挥作用。在我国许多材料生产商未能真正实现配套构配件和配套施工机具，欧美一些发达国家已实行 20 年以上的单层防水卷材机械固定屋面系统，实践证明，建立和采用系统技术并不复杂或不可学，系统中的配套构配件并不是高贵产品。防水材料生产商应提供与材料相配套的施工工艺、工具、节点构配件成品。配套产品与防水材料构成整体防水系统，能更好地发挥系统的防水效果。

2.3 建立防水工程施工图深化设计制度

现在虽然大多数设计院出的设计图提到了防水做法，但大多数只是泛泛而谈，在实际施工过程中操作性不强，有的设计师对防水专业知识知之甚少。现在防水材料有数百种，性能各异，用途不同，而且良莠不齐，如果因选材不当而造成先天缺陷，难免有些毫无必要。现代建筑的复杂化和形式多样性，使得防水设计较之以前的难度也有所增加，不能千篇一律地照搬一种防水模式。根据国外的先进经验，降低建筑渗漏率的一个重要环节就是进行二次深化设计，由设计师结合工程的特点，提出使用功能和防水等级要求。由防水系统集成承包商进行二次深化设计。

2.4　制定各类防水材料施工工法

防水材料施工工艺与防水施工质量有着密切的关系，往往同一种防水材料因由不同厂商生产，其性能也有许多差异，可能造成防水施工质量问题。掌握防水材料标准施工工艺是对防水工的基本要求，各种防水材料都应根据其工艺要求进行施工。防水材料生产商应对其生产的防水材料制定标准施工工法，供防水施工人员操作使用。在出售防水材料的同时，必须提供防水材料使用说明书及工艺指南或施工工法，大幅度提高施工工艺的针对性和可操作性。

2.5　重视气候对防水施工质量的影响

气温、风速、空气湿度等气候条件对防水施工质量会造成不同程度的影响。防水材料施工的气候条件，必须符合防水材料的使用作业要求，不利的气候条件可能会使防水层出现意想不到的质量问题。

2.6　建立防水产业工人培训机制

材料生产商与承包商之间应建立培训和受训机制，以确保防水材料的正确使用。对操作工人进行防水操作技能培训，同时经常进行质量意识教育，是以“人”为本的质量保证基础。主观上缺乏质量意识是无法创造出优质的防水工程产品的，只有同时具备操作技能和质量意识，才能在任何情况下，把握好质量关，保证防水施工质量。

2.7　推进防水行业建筑装备机械化

建筑防水是劳动密集型行业，我国正面临着越来越大的人工成本的压力，为降低施工强度、提高施工效率、保证工程质量，应大力发展建筑装备机械化、智能化、自动化。

五、屋面与防水工程施工技术指标记录

1. 全国金属屋面最大面积

金属屋面系统最大的是昆明长水国际机场航站楼，其单体建筑金属屋面面积约 19 万 m^2。

2. 全国柔性屋面最大面积

目前国内最大的单层防水卷材柔性屋面系统为北京奔驰 MRA Ⅱ 项目 TPO 屋面系统，屋面面积约 40 万 m^2。

3. 地下防水工程最大面积

上海迪士尼乐园位于上海浦东新区川沙新镇地区，是中国大陆第一座迪士尼童话主题游乐公园，总规模约为 3.9km^2，地下基础底板防水面积约为 17 万 m^2。

六、屋面与防水工程施工技术典型工程案例

1. 北京奔驰 MRAⅡ项目 TPO 屋面工程

北京奔驰 MRAⅡ项目位于首都东南的北京经济技术开发区。该项目包括总装车间、焊装车间、涂装车间及冲压车间，屋面面积约 40 万 m^2。采用 TPO 屋面防水系统。

系统构造为：防水层为 1.52mm 厚 TPO 防水卷材，采用机械固定法将 TPO 防水卷材与钢板基层连接；保温层为 100mm 厚岩棉，亦采用机械固定法将岩棉板与钢板基层连接。

该项目为单层防水卷材柔性屋面系统，防水卷材在屋面系统的最外层，暴露于大气环境中，直接受到风、雨、雪、冰、冰雹、紫外线等的作用以及白昼黑夜交替和冬夏季节变化所引起的温度变化而产生的温度应力。这就要求 TPO 防水卷材必须有很好的尺寸稳定性、耐久性及耐候性。TPO 防水卷材为聚酯纤维内增强 TPO 防水卷材，其力学性能较好，抗拉强度、延伸率等指标都远远超过国家标准《热塑性聚烯烃（TPO）防水卷材》GB 27789—2011 的要求。人工气候加速老化试验超过 6800h，该 TPO 防水卷材各项性能指标完全满足相关标准要求。TPO 防水卷材幅宽最大可达 3.05m，可有效减少卷材接缝，安装简便、快捷。采用热风焊接技术，热风使卷材熔化，凝固后上下两层卷材成为一体。该卷材具有耐久性长、使用寿命长、光反射率高等优点。

压型钢板厚度为 0.8mm，可为保温层和防水层的固定件提供足够的拉拔力来平衡风荷载对其的影响。0.3mm 厚的 PE 膜隔汽层铺设于压型钢板上，相邻 PE 膜之间用丁基胶带连接在一起，从而保证了屋面隔汽层的连续性。隔汽层之上是厚度为 100mm 的岩棉保温板，分两层错峰铺设，再采用带套筒的塑料垫片和金属螺钉固定到压型钢板基层上；每块 0.6m×1.2m 的岩棉保温板则用 2 套紧固件固定。TPO 防水卷材的安装需根据基于风荷载要求的卷材布置图进行，采用带套筒的塑料垫片和金属螺钉，沿 TPO 防水卷材纵向搭接位置将下层 TPO 防水卷材固定于屋面压型钢板基层上，再采用热风焊机将上层 TPO 防水卷材与下层 TPO 防水卷材焊接，从而形成完整连续的防水层。但屋面防水系统最容易出现渗漏的地方通常不是大面部位，而是细部节点。在本项目中对细部节点进行了精心设计和处理，防水效果良好。

2. 上海迪士尼乐园地下防水工程

上海迪士尼乐园位于上海浦东新区川沙新镇地区，总规模约为 3.9km^2，年降水量充沛（约 1200mm），曾同时出现大暴雨（台风过程最大降水量超过 400mm）和大风（9～11 级）的情况。上海迪士尼乐园是中国大陆第一座迪士尼童话主题游乐公园，包含米奇大街、奇想花园、探险岛、宝藏湾、明日世界和梦幻世界六个主题园区，六个主题园区的地下基础底板防水面积约为 17 万 m^2，全部使用了预铺高分子自粘胶膜防水卷材及其配套材料，该卷材对基层要求低、不需保护层，强度高，延伸率大，减少了构造层次，在保证防水质量的同时大大节省了工期和费用，具有良好的性价比。预铺高分子自粘胶膜防水卷材施工工艺为：基层处理（清理、除去明水）→基面弹线、定位→大面空铺 PV100 预铺

防水卷材→卷材搭接→细部节点处理→检查验收→绑扎钢筋→浇筑底板结构混凝土。

主题园区坐落于软土地基上，地下底板均设有桩基础、反梁、承台和平台等，宝藏湾和明日世界这 2 个主题园区还有大量穿透结构底板和侧墙的管群，防水构造非常复杂。加之软土地基承载力低、压缩性高和土壤含水量大等特点，该工程对地下建筑的防水要求极为严格，多家设计单位和施工单位参加了此项工作。根据现场实际情况，业主方选用了预铺高分子自粘胶膜防水卷材作为地下工程的底板和外防内贴侧墙防水层，形成了与建筑结构满粘结的防水屏障。高分子自粘胶膜防水卷材“使卷材防水层与结构混凝土形成了真正意义上的满粘，消除了二者之间的窜水通道”，为从根本上解决地下防水工程的窜水问题打下了良好基础。

3. 北京红桥市场种植屋面工程

北京红桥市场屋顶花园位于 4 层屋顶，总面积 2150m^2，其中绿地面积 1300m^2。该建筑于 1992 年建成，建造之初并未考虑作屋顶绿化，原防水为普通 SBS 改性沥青卷材防水，屋顶表面由广场砖铺装覆盖。后为实现该屋顶有可举行较大活动和小型集会的户外场地、构造一个能与西侧天坛公园景观相呼应的屋顶花园的需要，进行了屋顶绿化改造。为保证建筑结构安全、防水安全和植物成活，种植构造层设计以绿化中荷载要求最大的活体植物为依据进行计算。其施工工艺流程为：清扫屋顶表面→验收基层（蓄水试验和防水找平层质量检查）→铺设普通防水层→铺设耐根穿刺防水层→铺设排（蓄）水层→铺设过滤层→铺设喷灌系统→绿地种植池池壁施工→安装雨水观察口→铺设人工轻量种植基质层→植物固定支撑处理→种植植物→铺设绿地表面覆盖层。

图 14-3　北京红桥市场屋顶绿化前后景观对比

北京红桥市场屋顶通过绿化改造，整个工程实现了生态效益、景观效益和功能使用较完美的结合，是国内屋顶绿化最新技术成果的集成。建筑屋顶的绿化改造，完全可以通过生态效益、商业效益、景观效益的良好结合，提升建筑自身价值和景观质量，改善建筑屋顶的生态环境。该项目在屋顶绿化综合技术应用方面做了新的大胆尝试，成为城市既有建筑屋面进行花园式屋顶绿化改造的成功范例（见图 14-3）。

参考文献

［1］ 山西建筑工程（集团）总公司，等.《屋面工程技术规范》GB 50345—2012［S］. 北京：中国建筑工业出版社，2012.

[2] 中华人民共和国住房和城乡建设部.《屋面工程质量验收规范》GB 50207—2012 [S]. 北京：中国建筑工业出版社，2012.
[3] 总参工程兵科三研.《地下工程防水技术规范》GB 50108—2008 [S]. 北京：中国计划出版社，2009.
[4] 山西建筑工程（集团）总公司，等.《地下防水工程质量验收规范》GB 50208—2011 [S]. 北京：中国建筑工业出版社，2011.
[5] 吴明. 防水工程材料 [M]. 北京：中国建筑工业出版社，2010.
[6] 张道真. 防水工程设计 [M]. 北京：中国建筑工业出版社，2010.
[7] 杨杨. 防水工程施工 [M]. 北京：中国建筑工业出版社，2010.
[8] 中国建筑防水协会. 2016年度中国建筑防水行业发展报告 [R]. 2016.
[9] 陈玉山. UltraPly TPO屋面防水系统在北京奔驰MRAⅡ项目中的应用 [J]. 中国建筑防水，2014(15)：15-18.
[10] 韩丽莉，李连龙，单进. 屋顶绿化研究与示范——以北京红桥市场屋顶绿化为例解析屋顶绿化设计与施工技术要点 [C] //中国风景园林学会论文集“和谐薛共荣——传统的继承与可持续发展”. 北京：中国建筑工业出版社.

第十五篇　防腐工程施工技术

主编单位：青建集团股份公司　　叶　林　董　成
参编单位：青岛建设集团有限公司　　付长春

摘要

本篇介绍了混凝土结构与钢结构防腐蚀材料、主要技术、工艺研究，还重点介绍了防腐蚀新技术中石墨烯、聚苯胺、高性能聚合物、氧化聚合型包覆技术等的应用、工程实例与展望。未来我国防腐工程将聚焦于开发可用于换热器的常温固化耐热防腐涂料，开发可常温固化且施工便利的涂料，开发氯化橡胶系列防腐涂料的代替品，开发鳞片状防腐涂料，开发有机硅改性无机防腐材料，向着绿色化、厚膜化、高耐久性、低成本、易施工的方向发展，以更加环保的原料产品，达到产品节能减排、环境友好的目的。

Abstract

This paper introduces the concrete structure and steel structure anticorrosion materials, main technology, technology research, and focus on corrosion resistance of new technology of graphene, polyaniline, high-performance polymers, convergent oxide coated technology application and prospect, engineering instance. Anticorrosion engineering for the future of our country will focus on the development of room temperature curable heat-resistant anticorrosion coatings can be used in heat exchanger, develop a room temperature curing and construction convenient coating, a substitute for the development of chlorinated rubber series of anti corrosion coatings, development scales anticorrosive coatings, organic silicone modified inorganic anti corrosion materials development, toward green, thick film, high durability, low cost, easy construction direction, with a more environmental protection raw material products, achieve the goal of energy conservation and emissions reduction, environmental friendly products.

一、防腐工程施工技术概述

随着科学技术的发展，腐蚀成为新兴海洋工程、现代交通运输、能源工业、大型工业企业、岛礁工程等领域装备和设施安全性和服役寿命的重要影响因素之一，材料腐蚀破坏对人类造成的危害慢慢引起了人们的重视。经过 19、20 两个世纪的发展，腐蚀与防护科学已经成为一门独立的边缘学科。其中防腐涂料行业总的发展趋势是，在现有涂料成果的基础上，遵从无污染、无公害、节省能源、经济高效的“4E”原则。

我国建筑防腐蚀材料的发展大致经历了起步阶段（20 世纪 50 年代到 60 年代）、发展阶段（20 世纪 70 年代到 90 年代末）、提高发展阶段（21 世纪以后）3 个时期，从沥青类材料逐步发展到了新型环保的防腐蚀产品。目前，我国防腐蚀材料正沿着高性能、高效率、低能耗和低污染的方向前进，且有一部分水性防腐涂料生产企业采用了低污染的原材料进行生产，防腐涂料生产企业正淘汰禁止使用的各种涂料原材料，取而代之以更加环保的原材料产品，以达到产品节能减排、环境友好的目的。

建筑防腐蚀工程主要包括混凝土结构防腐蚀工程、钢结构防腐蚀工程、木结构防腐蚀工程。目前提高建筑耐久性的现有措施可分为两大类，第一类为基本措施，如提高混凝土密实度、采用耐候钢或合金钢、采用适当的保护层厚度，从材料本身改善其性能抵御外界腐蚀；第二类为附加措施，如面层防护、阴极防护技术、钢筋阻锈剂等。本篇所说的防腐工程主要是指针对混凝土结构防腐蚀工程和钢结构防腐蚀工程的第二类附加措施。

二、防腐工程施工主要技术介绍

1. 防腐蚀材料的分类及特点

建筑防腐蚀工程按使用的材料，根据《建筑施工手册》（第五版）以及《建筑防腐蚀工程施工规范》GB 50212—2014 划分为树脂类防腐蚀工程、涂料类防腐蚀工程、水玻璃类防腐蚀工程、聚合物水泥类防腐蚀工程、沥青类防腐蚀工程、塑料类防腐蚀工程、喷涂型聚脲防腐蚀工程、块材防腐蚀工程等。建筑防腐蚀工程由于使用部位、作用环境的不同，各有其严格的应用范围（见表 15-1）。有时为了达到更好的防腐蚀效果，或由于介质情况复杂，往往不能仅仅采用单一材料进行有效防护，这就需要实行联合保护或者采用复合做法。

部分防腐蚀工程应用范围一览表 **表 15-1**

种类	代表材料	特　点	适用场合		不宜使用场合	慎用场合
树脂类防腐蚀工程	环氧树脂、乙烯基酯树脂、不饱和聚酯树脂、呋喃树脂和酚醛树脂	1. 强度高，密实度高，几乎不吸水 2. 耐磨性好，抗冲击性好 3. 绝缘性能好，化学稳定性好 4. 价格相对较高	温度	液态介质≤140℃，气态介质≤180℃	介质或环境≥180℃	液态介质>120℃，气态介质>140℃
			介质	中低浓度酸溶液（含氧化性酸），各类碱盐和腐蚀性水溶液，烟道气、气态介质	高浓度氧化性酸，热碱液，高温醋酸、丙酮等有机溶剂	氢氟酸、常温强碱液、氨水、各类有机溶剂
			部位	楼面、地面、设备基础、沟槽、池和各类结构的表面防护、烟道衬里等	屋面等室外长期暴晒部位	室外工程、潮湿环境

续表

种类	代表材料	特　点	适用场合		不宜使用场合	慎用场合
涂料类防腐蚀工程	环氧类、丙烯酸酯类、高氯化乙烯、有机硅类、富锌类等	1. 与建筑物基层具有良好的粘结性，外用涂料还有良好的耐候性 2. 具有装饰性能 3. 施工方便 4. 种类繁多、性能多样	温度	液态介质≤120℃	液态介质>120℃	液态介质≥80℃
			介质	中、弱腐蚀性液态介质，气态介质，各类大气腐蚀	中高浓度液态介质经常作用	用于特殊环境或复杂介质作用
			部位	各类建筑结构配件表面防护，中等以下腐蚀的污水处理池衬里等	有机械冲击和磨损的部位，重要的池槽衬里	高温高湿环境
水玻璃类防腐蚀工程	钠(钾)水玻璃胶泥、钠(钾)水玻璃砂浆、钠(钾)水玻璃混凝土	1. 具有优良的耐酸性能和耐热性能 2. 具有良好的物理力学性能 3. 改性后的水玻璃类材料的密实度和抗酸渗透性好 4. 钠水玻璃材料来源广、价格较低	温度	液态介质≤300℃	液态介质>1000℃	液态介质≥300℃
			介质	中高浓度的酸、氧化性酸	氢氟酸、碱及呈碱性反应的介质、干湿交替的易结晶盐	盐类、经常有 pH>1 稀酸
			部位	室内地面、池槽衬里、设备基础、烟囱衬里、块材砌筑	室外工程、经常有水作用	地下工程
聚合物水泥类防腐蚀工程	丙烯酸酯共聚乳液砂浆、氯丁胶乳水泥砂浆	1. 抗冻融、抗冲刷、抗渗透性好 2. 固化快、强度高 3. 施工方便，适合潮湿面作业 4. 后期检修维护成本低 5. 受原材料价格及制备工艺的影响，价格偏高	温度	液态介质≤60℃，气态介质≤80℃	液态介质>60℃，气态介质>80℃	—
			介质	中等浓度以下的碱液、部分有机溶剂、中性盐；腐蚀性水(pH>1)	各类酸溶液、中等浓度以上的碱	稀酸、盐类
			部位	室内外地面、设备基础、结构表面防护、块材砌筑水工混凝土建筑物防护及修补工程	池槽衬里	污水池衬里
沥青类防腐蚀工程	SBS 改性沥青、沥青混凝土	1. 本身构造密实，防水性能优良 2. 弹性和延伸率较高 3. 耐热耐寒性差 4. 材料来源广、价格低廉、施工方便	温度	常温	经常>50℃介质或环境，≤0℃环境	常温以上介质经常作用
			介质	中低浓度非氧化性酸、各类盐、中等浓度碱、部分有机酸	浓酸、强氧化性酸、浓碱、有机溶剂	含氟介质、氧化性酸、非极性溶剂
			部位	地下工程的防水防腐蚀、隔离层、结构涂装（特别是潮湿环境）	室外暴露部位	有温度、有重物挤压部位

续表

种类	代表材料	特 点	适用场合		不宜使用场合	慎用场合
塑料类防腐蚀工程	硬（软）聚氯乙烯、聚丙烯、聚苯乙烯等制作的板材、管材等	1. 质量轻、密度小，耐磨性能好 2. 成型加工方便，维修成本低 3. 机械强度、硬度较低 4. 产量大，用途广，价格较便宜	温度	常温	液态介质>100℃，经常作用	常温以上介质经常作用的受力构件
			介质	酸、碱、盐、部分溶剂、氢氟酸	醚、芳烃、苯、卤代烃（二氯乙烷、氯仿、四氯化碳）	溶剂、含卤素化合物
			部位	水管、地漏、设备基础面层、门窗	软聚氯乙烯、聚丙烯不适用于室外暴露部位	有温度变化、变形可能的部位、地面面层
喷涂型聚脲防腐蚀工程	芳香族聚脲、脂肪族聚脲、聚天冬氨酸酯聚脲	1. 超长的耐老化性及耐腐蚀性 2. 便捷的施工性能 3. 出色的封闭性能及力学性能 4. 优良的环保性能	温度	常温	经常≥50℃介质或环境，≤0℃环境	—
			介质	盐溶液、乙酸（10%）、氢氟酸、KOH（20%）、氨水（20%）、苯、二甲苯、铬酸钾、柴油、液压油	硝酸（20%）、乳酸、丙酮、甲醇、二甲基酰胺	NaOH(50%)
			部位	碳钢、混凝土、水泥砂浆、玻璃钢等基面的防腐，化工设备及管道、钢制框架的内外表面防腐	强氧化性液态和固态腐蚀	—

2. 全面腐蚀控制

要使防腐蚀工程达到预期的效果，不仅要选择与合适的防腐蚀材料相匹配的施工工艺，还要控制好每一个环节，即对防腐蚀工程材料选择、方案设计、试验研究、工程施工、工程验收、日常使用和维护各个环节都必须把好关，这一控制好每一环节的过程称之为全面腐蚀控制。防腐蚀工程有其自身的特点和要求，在任一环节上发生问题，都可能导致全过程功亏一篑。

防腐蚀工程施工时，表面处理是保证防腐蚀工程效果的关键因素，同时施工工艺、施工环境、温度、湿度、风力等状况对防腐蚀工程的质量也具有较大影响，不同防腐蚀材料的施工适宜条件不尽相同，也需要予以重视。

3. 防腐蚀工程的基层处理

防腐蚀工程的基层主要包括混凝土基层、钢结构基层，处理后的基层必须符合设计规定才能进行后续施工。

混凝土基层表面处理常采用的处理工艺包括：手动或动力工具打磨、抛丸、喷砂或高压射流；常用机械包括：手持研磨机、铣刨机等；混凝土基层处理完成后应平整、干净、无附着物。

钢结构基层表面处理常采用的处理工艺包括：喷射或抛射、手动或动力工具、高压射流等处理工艺；常用机械包括：铣刨机、研磨机、抛丸机等；完成后的基层应符合《涂覆涂料前钢材表面处理　表面清洁度的目视评定　第1部分：未涂覆过的钢材表面和全面清洁原有涂层后的钢材表面的锈蚀等级和处理等级》GB/T 8923.1—2011的有关规定。

表15-2列出了部分防腐蚀工程的施工条件。

部分防腐蚀工程施工条件一览表　　表15-2

种类	代表材料	施工条件要求	
		温度要求	湿度要求
树脂类防腐蚀工程	环氧树脂、乙烯基酯树脂、不饱和聚酯树脂、呋喃树脂和酚醛树脂	施工环境温度宜为15～30℃，施工环境温度低于10℃时，应采取加热保温措施。原材料使用时的温度，不应低于允许的施工环境温度	相对湿度不宜大于80%
涂料类防腐蚀工程	环氧类、丙烯酸酯类、高氯化乙烯、有机硅类、富锌类等	被涂覆钢结构表面的温度应大于露点温度3℃，在大风、雨、雾、雪天或强烈阳光照射下，不宜进行室外施工	施工环境相对湿度宜小于85%
水玻璃类防腐蚀工程	钠（钾）水玻璃胶泥、钠（钾）水玻璃砂浆、钠（钾）水玻璃混凝土	施工环境温度宜为15～30℃，当钠水玻璃材料的施工温度低于环境温度10℃、钾水玻璃材料的施工温度低于环境温度15℃时，应采取加热保温措施；钠水玻璃的使用温度不应低于15℃，钾水玻璃的使用温度不应低于20℃	相对湿度不宜大于80%
聚合物水泥类防腐蚀工程	丙烯酸酯共聚乳液砂浆、氯丁胶乳水泥砂浆	施工环境温度宜为10～35℃，当施工环境温度低于5℃时，应采取加热保温措施。不宜在大风、雨天或阳光直射的高温环境中施工	施工前基层保持潮湿状态但不得有积水
沥青类防腐蚀工程	SBS改性沥青、沥青混凝土	施工环境温度不宜低于5℃	施工时的工作面应保持清洁干燥
塑料类防腐蚀工程	硬（软）聚氯乙烯、聚丙烯、聚苯乙烯等制作的板材、管材等	施工环境温度宜为15～30℃	相对湿度不宜大于70%
喷涂型聚脲防腐蚀工程	芳香族聚脲、脂肪族聚脲、聚天冬氨酸酯聚脲	施工环境温度宜大于3℃，不宜在风速大于5m/s、雨、雾、雪天环境下施工	相对湿度宜小于85%

4. 防腐蚀技术及工艺研究

4.1　混凝土结构防腐蚀技术

混凝土是一种非匀质、多孔隙，且具有微裂缝结构、表面较为粗糙的高渗透性材料。环境中的Cl^-、CO_2、O_2、H_2O、SO_4^{2-}等通过孔隙渗透到混凝土内部将引起钢筋锈蚀、冻融破坏等危害混凝土耐久性的行为。

高性能混凝土的应用是提高混凝土抗渗性的最根本方法，实践经验表明，仅仅依靠混凝土质量并不能保证结构的长期耐久性，即无法避免腐蚀破坏的发生，尤其在严酷条件下。因此，对严酷环境中的混凝土采取附加防护措施极为必要。目前可选用的附加防护措施主要有涂层钢筋、阴极保护、钢筋阻锈剂和混凝土涂层等，其中混凝土涂层最为简单有效。混凝土涂层防护是在混凝土表面涂装防护涂料，涂料或渗入混凝土内部形成憎水防护层，或封闭混凝土表面孔隙及缺陷，从而阻止或抑制外界水分及有害物质的侵入，具有施工便捷、经济高效等优点。

混凝土涂层按作用方式可分为渗透型（渗入混凝土内部形成憎水防护层）、成膜型（在混凝土表面形成封闭隔离层）和复合型（渗透型与成膜型复合），其作用机理及对混凝土抗渗性的改善效果各有差异。常用的防腐涂料主要有环氧涂料、聚氨酯涂料、氯化橡胶涂料、丙烯酸酯涂料、玻璃鳞片涂料、有机硅树脂涂料、氟树脂涂料、聚脲涂料。发展节能、环保型的高性能防腐涂料将会是海洋防腐涂料的研发趋势，主要致力于开发水性海洋混凝土防腐涂料、高固体分和无溶剂海洋混凝土防腐涂料以及超厚膜耐久性等高性能海洋混凝土防腐涂料。

4.2 钢结构防腐蚀技术

钢材腐蚀包括电化学腐蚀和化学腐蚀两种。电化学腐蚀是指钢材在保存与应用中与周围环境介质相互间发生氧化还原反应，从而形成了腐蚀。化学腐蚀是指钢材表层与周围介质直接发生化学反应而促成的腐蚀，此类腐蚀会随着时间与温度的提升而加深。钢结构腐蚀是一个尤为繁琐的物理化学过程，不仅表现在材料腐蚀方面，更加关键的则为减弱建筑结构的稳定性，因此会影响到建筑的安全以及运用。防腐涂料作为钢结构表面防护最常用的材料，具有成本低、工艺简单、对钢结构无形状要求等优点。

氧化聚合型包覆防腐蚀技术是针对大气环境下异型钢结构的新型防腐蚀技术，有效防腐蚀年限可达到25年以上。氧化聚合型包覆防腐系统由三层紧密相连的保护层组成，即氧化聚合型防蚀膏、氧化聚合型防蚀带和外防护剂。目前该技术已经应用于国内多个码头，跨海、江大桥，化工厂和电厂，取得了良好的防腐蚀效果。

4.3 防腐蚀材料技术及工艺研究

4.3.1 防腐涂料概述

防腐涂料种类繁多，是防腐蚀材料中发展速度最快、品种最多的品种，并且随着科技的进步，各种新产品不断涌现，据不完全统计，我国仅防腐涂料产品就有十七个大类千余个品种。高性能产品主要有以下几类：

（1）环氧树脂涂料：具有附着力强、强度高、固化方便以及防腐性能好的特点。主要用作混凝土表面的封闭底漆和中间漆。但涂膜的户外耐候性差、易失光和粉化、质脆易开裂，耐热性和耐冲击性能都不理想。

（2）丙烯酸酯涂料：主要有热塑型和热固型两大类，具有耐化学品性、耐碱性、耐候性和保光保色性、装饰性能优异的优点。主要用作铝镁等轻金属以及混凝土结构面漆。但耐水性较差、低温易变脆、耐污染性差，耐酸性不如环氧树脂及聚氨酯涂料。

（3）聚氨酯涂料：分为双组分和单组分两种涂料，具有耐腐蚀性、防水性能优异的优点。但涂膜易变黄、粉化褪色；固化反应慢，附着力相对较小。是目前常用的一类面漆涂料，也常用于水泥砂浆、混凝土的基层。

（4）树脂玻璃鳞片涂料：具有良好的渗透性和耐化学品性、具有优异的附着力和抗冲击性，适用于工业储罐、设备基础以及海洋构筑物上。但在低温条件下涂层固化慢，不能满足施工要求，且户外抗紫外线性能较差、价格较高。

（5）有机硅树脂涂料：具有良好的耐高低温性、很强的渗透性和憎水性，保色性能优异，适用于海浪飞溅区的混凝土表面。但不适用于水下结构，且价格昂贵。

（6）氟树脂涂料：是以氟烯烃聚合物或氟烯烃与其他单体为主要成膜物质的涂料，又称氟碳涂料，具有优异的耐候性、耐化学品性及良好的耐污染性能、装饰性能，较好的附着性使其可以广泛地应用于金属、混凝土、合成塑料、玻璃等表面，但价格昂贵。

（7）石墨烯防腐涂料：石墨烯是目前自然界最薄的材料，阻隔与屏蔽性能非常优异，即使是最小的气体原子（氦原子）也无法穿透，同时兼具高的强度、导电和导热性能。通过引入石墨烯能够大幅度减小传统环氧富锌涂料的锌粉含量，增强涂层的附着力和耐冲击等力学性能。同时石墨烯的二维薄层结构和优异的阻隔性能能够显著增强涂层对介质的屏蔽性能，在大幅度降低涂膜厚度的同时提高涂层的防腐寿命，从而能够解决传统玻璃鳞片重防腐涂料涂膜厚度大、韧性和导热性差的问题。

4.3.2　防腐涂料配套体系设计

防腐涂料配套体系是以多道涂层组成一个完整的防护体系来发挥防腐蚀功能的，它包括底漆、中间漆和面漆。防腐涂料配套体系的设计应按照腐蚀环境、涂料的防腐蚀性能和耐久性要求来进行。

（1）底漆

底漆的作用是防锈和提供涂层对底材的附着力。目前国内最普遍应用的重防腐底漆是富锌底漆。富锌底漆由于富含锌粉，对钢材基底有阴极保护作用，因此是优良的防锈底漆。目前，防腐用富锌底漆主要有三个重要类型：环氧富锌底漆、醇溶性无机富锌底漆和水性无机富锌底漆。

（2）中间漆

中间漆的作用是增加涂层的厚度以提高整个涂层系统的屏蔽性能，因此，在选择中间漆时，要求它对于底漆和面漆应具有较好的附着力。

（3）面漆

面漆的作用是赋予漆膜装饰性、耐候性和耐腐蚀性能。

（4）常用的配套方案案例

1）钢结构：环氧富锌类底层涂料＋环氧云铁类中间层涂料＋树脂玻璃鳞片涂料。

2）混凝土：与面层同品种的底层涂料＋面层涂料（如环氧树脂、聚氨酯、丙烯酸酯等）。

4.3.3　防腐涂装工艺

涂层厚度及涂层遍数是涂料防腐的重要指标，它们根据使用年限以及腐蚀性等级来确定，由于现阶段缺少全面的规范性文件，多数情况是靠设计师的经验来判断。在气态、固态粉尘介质作用下，混凝土结构与钢结构的表面涂层总厚度可参考表15-3确定，室外工程涂层厚度宜再增加20～40μm。

涂装工艺要与涂装材料相适应，常用的涂装工艺有：人工涂刷、滚涂、浸涂、喷涂等。

喷涂施工应按照自上而下、先喷垂直面后喷水平面的顺序进行。

混凝土结构与钢结构的表面涂层总厚度一览表　　表 15-3

防腐设计使用年限	混凝土结构		钢结构	
2～5 年	强腐蚀	≥120μm	强腐蚀	≥240μm
	中腐蚀	≥80μm 或普通涂料 2 遍	中腐蚀	≥200μm
	弱腐蚀	不做表面防护	弱腐蚀	≥160μm
5～10 年	强腐蚀	≥160μm	强腐蚀	≥280μm
	中腐蚀	≥120μm	中腐蚀	≥240μm
	弱腐蚀	≥80μm 或普通涂料 2 遍	弱腐蚀	≥200μm
10～15 年	强腐蚀	≥200μm	强腐蚀	≥320μm
	中腐蚀	≥160μm	中腐蚀	≥280μm
	弱腐蚀	≥120μm	弱腐蚀	≥240μm

刷涂施工随涂料品种而定，一般可先斜后直、纵横涂刷，从垂直面开始自上而下再到水平面。

溶剂型涂料的施工用具严禁接触水分，以免影响其附着力。

钢材表面温度必须高于露点温度 3℃方可施工。

三、防腐工程施工技术最新进展（1～2 年）

1. 石墨烯在防腐领域中的应用

石墨烯具有尺寸小、导电性能好、硬度高等优点，在防腐涂料中添加石墨烯可以显著提高防腐涂料的防腐蚀性能。对石墨烯防腐涂料研究进展及防腐性能进行分析，数据表明：石墨烯防腐涂料相比于其他防腐涂料耐盐雾性提高 20%左右，导电性提高 1～2 个数量级，抗菌性提高 50%左右，附着力和耐冲击性都有不同程度的提高。

1.1　石墨烯/聚合物防腐涂料

使用石墨烯及其衍生物对高分子聚合物进行改性，使得聚合物的机械性能、热性能都得到很好的提升，甚至带来其他特殊的功能，如导电、吸波等，是目前一个重要的研究方向。进一步将所得到的改性高分子聚合物运用到涂料当中，可获得性能优异、具有特殊功能的涂料产品。

1.2　聚苯胺/石墨烯复合物防腐涂料

聚苯胺是一种具有共轭结构的高分子聚合物，其独特的掺杂机理使其可以在绝缘、导电两种状态间转换。对聚苯胺研究初期，人们大多着眼于其导电性能，并将其用于半导体材料、电池电极等领域。然而，聚苯胺独特的共轭结构使其溶解性差且不熔融，这在很大程度上限制了聚苯胺的广泛应用。Deberry 发现聚苯胺对金属材料，尤其是铁基金属具有较好的保护功能，聚苯胺和石墨烯复合后，保持了石墨烯的基本形貌，聚苯胺颗粒均匀地分散在石墨烯表面和片层间，形成片状，可以在金属表面反应形成稳定的化合物，产生电场以阻碍电子向外界环境传递。再者，聚苯胺的成本低，制备步骤简单，能满足绿色环保的要求，可以替代剧毒的铬系、铅系重金属防腐蚀添加剂。

2. 高性能聚合物防腐

2.1　聚芳醚砜及涂料简介

聚芳醚砜类材料根据其主链结构可分为以下几类，第一类为聚砜（PSU），第二类为聚醚砜（PES），第三类为联苯型聚醚砜（又称聚苯基砜，PPSU，其结构式如图 15-1 所示）。目前在防腐涂料领域得以应用的主要是 PES，PES 与不同类型的氟树脂复合制得具有优异防腐和防粘效果的涂层，通过添加不同的无机填料赋予涂层诸如耐磨、导电、抗静电等多种不同功能。

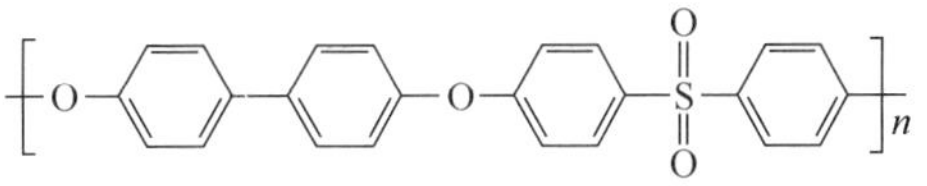

PPSU 与 PSU 和 PES 相比化学稳定性更高、抗水解能力和抗高热变形能力及抗冲击韧性更强，可经过长时间的高温使用仍保持极高的缺口冲击韧性，它的抗环境应力开裂性能、电绝缘性能以及抗 X 射线和红外线的能力也很强。PPSU 的长时间工作温度高达 180℃，综合性能相比 PES 更加优异，特别是其优异的韧性决定了 PPSU 在涂料领域必将具有不可估量的应用前景。

图 15-1　聚苯基砜（PPSU）结构式

2.2　聚醚醚酮（PEEK）及涂料简介

聚芳醚酮类材料是一种性能优异的特种工程塑料，其中 PEEK 是聚芳醚酮类材料中实现工业化应用的最广泛的材料之一。PEEK 的耐高温性能、机械性能及化学稳定性能都是十分优异的，正因为如此 PEEK 在制造工业的各个领域都得以广泛的应用，成为最具有吸引力的高性能材料之一。PEEK 的结构式如图 15-2 所示。

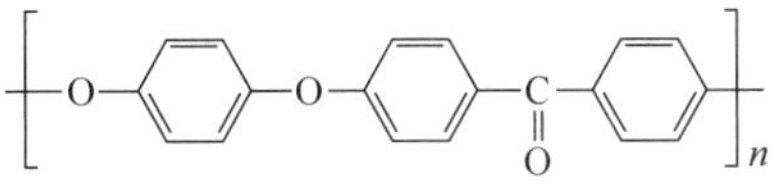

图 15-2　聚醚醚酮（PEEK）结构式

以 PEEK 为基体树脂辅以各种功能填料制得的 PEEK 涂料具有耐热、耐水、绝缘性强和耐腐蚀性能强的特性，很多研究人员通过静电喷涂熔融成膜的方法制备得到 PEEK 涂层，对其耐磨性能和防腐蚀性能进行研究，证明 PEEK 涂层具有优异的摩擦力学性能和防腐蚀性能。

3. 氧化聚合型包覆防腐蚀技术（OTC）

OTC 系列氧化聚合型室外防腐蚀材料是将聚酯无纺布浸渗到特殊调和的化合物中制成的。由三层紧密连接的保护层组成，由内到外依次为防蚀膏、防蚀带和外防护剂，此外还有用于异型部位塑型的防蚀胶泥。OTC 包覆技术具有防腐蚀效果好，密封性强，结构位移追随性好，耐久性好，适用于各种形状，环保、无毒、无污染等优点并且施工简单，适用于各类新建和修复钢结构物的防腐及防护。

该技术的国家标准《钢结构氧化聚合型包覆防腐蚀技术》GB/T 32120—2015 已于 2015 年 10 月 9 日发布，于 2016 年 5 月 1 日起实施。

四、防腐工程施工技术前沿研究

为提高涂层耐腐蚀性能，可以通过合成新的高性能的高分子材料制备出具有优异耐腐蚀性能的新型防腐涂料。未来我国防腐工业的发展方向为：开发可用于换热器的常温固化耐热防腐涂料，开发可常温固化且施工便利的涂料，开发氯化橡胶系列防腐涂料的代替品，开发鳞片状防腐涂料，开发有机硅改性无机防腐材料。此外，石墨烯薄膜覆盖防腐技术和石墨烯复合涂料防腐技术将得到工程应用。总之，防腐涂料将向着绿色化、厚膜化、高耐久性、低成本、易施工的方向发展。

1. 石墨烯防腐的重要发展

石墨烯一个重要应用领域就是在涂料涂层方面的应用，包括纯石墨烯涂料直接用作涂层以及石墨烯与其他物质复合得到新的材料并应用于涂料。纯石墨烯涂料，一般是指纯石墨烯薄膜沉积在金属表面并发挥防腐蚀作用的功能涂料。石墨烯复合涂料可分为无机复合涂料和有机-无机复合涂料。无机复合涂料主要指石墨烯掺杂某些（贵）金属或其氧化物的复合涂料，而有机-无机复合涂料主要指石墨烯与高分子聚合物树脂复合，并用于涂料产品当中。通常可以采用以下三种方法将石墨烯与聚合物树脂复合：(1) 溶剂混合法：将聚合物和石墨烯分散于合适的溶剂中，利用超声或搅拌等外力使其混合均匀后除去溶剂；(2) 熔融共混法：将聚合物熔融后，与石墨烯混合；(3) 原位聚合法：使石墨烯与聚合物单体混合均匀，在引发剂的作用下使石墨烯与聚合物单体之间发生共聚反应，因此石墨烯需要进行一定的功能化以提供共聚反应的位点。

2. 开发高固体和无溶剂防腐蚀材料

一般固体分在65%～85%的涂料均可称为高固体分涂料（HSC)。HSC通过合成低聚物或齐聚物可大幅度降低成膜物质的相对分子质量，降低树脂黏度，而每个低分子本身尚须含有均匀的官能团，使其在漆膜形成过程中靠交联作用获得优良的涂层，从而达到传统涂层的性能。高固体分涂料已有向固含量100%即无溶剂涂料推进的趋势，无溶剂涂料配方体系中的所有组分除少量挥发外，都参与固化反应成膜，对环境污染很小。

3. 水性防腐涂料的发展方向

以水为溶剂或稀释剂的涂料称为水性涂料，它克服了传统的溶剂型涂料高VOC、易燃的缺点，无毒无味，环保安全，使用方便。同时，用水代替常用的有机溶剂不仅节约了资源，也使生产成本得以降低。但是，水性涂料较溶剂型涂料的配方相对复杂，一般包含多种助剂，而这些助剂通常对涂膜的性能产生影响，导致涂膜的性能下降，尤其是耐腐蚀性与耐水性。防腐涂料对涂层的耐腐蚀性及耐水性都有较高要求，因此发展水性防腐涂料难度较大，其发展比其他水性涂料缓慢。

4. 开发无机防腐蚀材料

有机改性无机类材料主要是在水泥（水玻璃）胶泥、砂浆、混凝土中掺入一定比例的聚合物，通过搅拌使聚合物颗粒均匀分散于浆体中，伴随着胶凝材料水化反应的不断进行，浆体中水分逐渐减少，聚合物颗粒被限制在毛细孔隙中，并不断沉积在水化产物和未水化材料颗粒的表面，最终形成连续的薄膜而将硬化浆体与集料粘结在一起，从而改善材料的界面过渡区结构，改善混凝土的性能。有机改性混凝土（砂浆）仅处于初步发展阶段，但在较深的地下防水工程中，选用此类材料失败的案例很多，功能有限，但是未来重要的发展方向之一。

5. 特种防腐工程的高性能、多元化

不同行业领域对防腐的要求不尽相同，势必推动特种复合防腐技术（如：隔热降温、导热导静电、防霉防水、耐高温、耐候、耐冻融、阻燃等）的快速发展。随着基础科学的进步，更多的材料会被用于防腐工程中。将来防腐蚀材料必将更加的多元化，功能更复合，并且还要有再生利用能力，减少对环境的影响。这不仅对材料要求更加严格，同时要求对施工工艺和基层处理进行不断改进。

五、防腐工程施工技术典型工程案例

1. 大连国际会议中心钢结构防腐蚀技术

大连国际会议中心坐落在大连东港商务区、CBD 核心区，是 2015 年夏季达沃斯论坛中国区主会场，中国十大剧院之一，是展示大连现代形象的重要工程。会议中心从 2008 年 11 月 17 日始，开工建设 3 年半时间，尚未完工就发现钢网架结构已发生腐蚀，且焊接部位腐蚀尤其严重，成为会议中心主建筑钢网架亟需解决的安全隐患，引起了高度重视。

经论证后决定采用氧化聚合包覆防腐蚀技术进行防腐施工。氧化聚合包覆防腐蚀体系包括 3 层结构：防蚀膏、防蚀带、外防护剂，施工方便、防腐蚀效果持久。

涂抹防蚀膏：使其在金属表面均匀分布，不露出基材的原色。防蚀膏的用量在 200～300g/m^2，锈蚀严重或有凹坑部位用量稍微增加。缠绕防蚀带：根据构件形状选择合适宽度的防蚀带，剪裁缠绕在构件表面，搭接 55%，每个部位保证至少两层防蚀带。缠绕防蚀带后，用力抚平防蚀带，不留空气，特别是端口和搭接部位。涂刷外防护剂：涂刷前用力按揉包装袋，使外防护剂混合均匀。用毛刷在表面涂刷外防护剂，第一遍表干后涂刷第二遍，外防护剂的用量为 300～400g/m^2。

包覆过程的整体效果和施工情况见图 15-3；施工后效果见图 15-4。

图 15-3　包覆过程的整体效果（左）和施工情况（右）

图 15-4　施工后效果

2. 广西南方有色金属公司厂房钢结构防腐蚀技术

广西南方有色金属公司厂房为精炼纯锌车间，平常在高浓度硫化物及氯化物气体氛围下工作，属于重腐蚀环境。2016 年 9 月厂房腐蚀现象已非常严重，亟需对厂房钢结构桁架重新进行防腐蚀修复处理。

经论证后决定采用石墨烯改性重防腐涂料低表面处理技术进行防腐蚀施工。石墨烯改性重防腐涂料相较于传统修复用的环氧富锌涂料，对基体涂装环境要求低、能带锈涂装且漆膜与基材结合力高（达到 0 级）。涂装近一年后防护效果良好。如图 15-5 所示。

图 15-5　施工后精炼纯锌车间（左）、管道（右下）及施工前腐蚀细节（右上）

3. 日照港 30 万 t 油码头一期扩建工程防腐蚀技术

日照港新建混凝土结构 30 万 t 级原油码头是目前国内最大的非天然水深 30 万 t 级原油码头，由引桥和码头两部分组成。引桥总长度 791.4m，码头工程为沉箱重力墩式结构，泊位 486m。

为降低防腐成本、保证结构的安全运营和延长其使用寿命，该工程采用边建造边防腐防护的施工方式，使用钢筋混凝土结构四层配套防腐防护体系，具体包括纳米改性强附着力防水底漆、无溶剂环氧腻子、高延展性中间漆以及环氧改性氟碳面涂。按照表面处理→

底涂→腻子→中涂→面涂的施工顺序进行施工，并在施工过程中严格控制各工序质量，取得了良好的防护效果。如图 15-6 所示。

图 15-6　日照港 30 万 t 油码头一期扩建工程施工情况（左）及效果（右）

参考文献

[1] 余波. 防腐蚀胶泥的技术发展 [J]. 全面腐蚀控制，2013，27（5）：21-22.

[2] 芮龚. 防腐蚀涂料与涂装 [J]. 上海涂料，2012，50（5）：56-58.

[3] 康莉萍，孙丛涛，牛荻涛. 海洋环境混凝土防腐涂料研究及发展趋势 [J]. 混凝土，2013（4）：52-55.

[4] 张磊，朱颜，王渭，等. 水性防腐蚀涂料的研究现状与展望 [J]. 上海涂料，2012，50（1）：37-40.

[5] 朱晓薇，苏春辉，张洪波，等. 丙烯酸酯改性环氧树脂的研究进展 [J]. 化学工程与装备，2012（9）：136-139.

[6] 方健君，马胜军. 环境友好型防锈颜料的研究进展及发展展望 [J]. 涂料技术与文摘，2011（11）：18-23.

[7] 李应平，王献红，李季，等. 聚苯胺——新一代环境友好防腐材料 [J]. 中国材料进展，2011，30（8）：17-24.

[8] 张霞. 水性涂料在钢结构建筑防腐蚀控制技术中的应用 [J]. 四川建材，2011，37（6）：11-12.

[9] 赵金榜. 水性重防腐蚀涂料的品种及其研究进展 [J]. 上海涂料，2011，49（5）：37-41.

[10] 焦方方，陈效华，卢磊，等. 无机涂料的研究进展 [J]. 新材料产业，2010（6）：50-53.

[11] 王晓岗，张星，李原芃，等. 自修复功能防腐涂膜研究进展 [J]. 功能材料，2012，43（19）：2584-2587.

[12] 吕平，黄微波，胡晓. 采用喷涂纯聚脲技术提高海洋结构耐久性 [J]. 船海工程，2012，41（6）：94-96.

[13] 任振铎，董德岐. 打造大防腐格局，走绿色、科技防腐之路 [J]. 全面腐蚀控制，2011，25（1）：2-4.

[14] 崔虹，曹丹青. 绿色防腐涂料的研究与发展 [J]. 全面腐蚀控制，2012，26（7）：1-3.

[15] 杜安梅，陈红. FEVE 涂料的发展及应用前景 [J]. 涂料技术与文摘，2012，33（10）：3-5.

[16] 张贺，张连红，梁红玉，等. 氟硅改性丙烯酸酯树脂及涂料的研究进展 [J]. 化学与粘合，2011，33（5）：57-60.

[17] 徐磊. 有机硅氟丙烯酸酯共聚乳液的合成与性能研究 [D]. 苏州：苏州大学，2011.

[18] 郭建雷. 外掺料对水玻璃耐酸砂浆的改性作用 [D]. 合肥：合肥工业大学，2008.
[19] 董玲. 纳米粒子改性环氧树脂性能的研究 [D]. 北京：北京化工大学，2012.
[20] 侯保荣. 海洋钢结构浪花飞溅区腐蚀控制技术 [M]. 北京：科学出版社，2011.
[21] 张玲芝. 水性有机硅/环氧玻璃鳞片防腐涂料制备研究 [D]. 沈阳：沈阳理工大学，2013.
[22] 刘文杰. 水性带锈防锈涂料的制备与性能研究 [D]. 广州：华南理工大学，2014.
[23] 邓桂芳. 防腐涂料发展趋势分析 [J]. 化学工业，2015，33 (2/3)：28-37.
[24] 盛晔，朱晓英. 低表面处理低 VOC 通用型环氧底漆的面处理低 VOC 通用型环氧底漆的制备 [J]. 中国涂料，2012，27 (9)：54-57.
[25] 李丽珍. 浸盐钢筋混凝土构筑物的防腐分析及处治 [D]. 吉林：吉林大学，2013.
[26] 李战强. 海上风机钢管桩基础耐腐蚀性研究 [D]. 重庆：重庆交通大学，2014.
[27] 中华人民共和国住房和城乡建设部. 《建筑防腐蚀工程施工规范》GB 50212—2014 [S]. 北京：中国计划出版社，2015.
[28] 高宏飙，陈强，王静，等. PTC 复层矿脂包覆防腐技术在海上风电的应用 [J]. 中国涂料，2013，28 (12)：39-43.
[29] 孙丛涛，康莉萍，赵霞，等. 混凝土涂层的抗渗性能 [J]. 硫酸盐通报，2016，35 (6)：1378-1384.

第十六篇　给水排水工程施工技术

主编单位：河北建设集团股份有限公司　李　青　汤明雷　汪　超

摘要

本篇从建筑给水、排水两方面介绍了给水排水工程技术的工艺措施特点，同时通过薄壁金属管道新型连接、内衬不锈钢管的应用、中水处理发展、无负压供水、超高层建筑叠压供水等介绍了给水排水工程技术的最新进展；从BIM技术应用、节能节水技术的发展、同层排水、管线综合排布、中水回用与雨水收集等的发展应用，阐述了给水排水工程技术的发展展望；提出了节水型器具、消火栓系统最不利点压力、喷淋系统实验要求、生活用水卫生要求等一系列的技术指标。

Abstract

This paper analysed the process characteristics of the water supply and drainage engineering from building water supply and drainage, and introduced the latest progress of drainage technology through the thin wall metal pipe connection, lined stainless steel tube application, reclaimed water treatment development, no negative pressure water supply, and pressure-superposed water supply to high-rise building. Giving a description of the development outlook on the application of BIM technology, techniques on energy saving and water saving, the same floor drainage, pipeline comprehensive arrangement, water reuse, and rainwater collection. Put forward a series technical qualifications on the water-saving implement, the pressure of the most disadvantageous point of the fire hydrant system, test requirements of spray system, and health requirements on domestic water.

一、给水排水工程施工技术概述

1. 建筑给水专业安装技术概况

1.1 建筑给水

建筑给水从水塔、水箱发展到市政管网给水，以瓷片式水龙头取代普通旋启式水龙头，光电和红外感应控制从水龙头出水控制扩大到小便器和大便器的冲洗用水。

1.2 热水供应

热水供应技术是建筑给水排水技术的薄弱环节，但近年来热水供应技术也有了极具明显的发展。紊流加热理论的热水供应系统推翻了传统，改写了水加热的历史，提高了效率，电伴热技术的应用丰富了保温技术，改变了设置回水管和循环泵的传统模式，随着新型水加热器的涌现，高精度、高可靠性的温控阀和压力平衡阀在实际需要中改进并达到国家先进水平。

建筑热水的组成：

（1）加热。热水的加热有直接加热和间接加热两种，采用天然气、燃油热水锅炉基于一次换热从总体上其效率要高于两次换热的观点。太阳能直接加热设备的优点有很多，间接加热设备的优点也有很多。间接加热设备包括容积式水加热器和板式水加热器。

（2）节能。热水供应是建筑给水排水节能的重点，当前在热水供应方面已采用的节能措施主要有：提高给水温度，合理确定冷水加热温度，降低使用温度，减少热水耗量，减少热量损失，利用新热源，采用节能产品等。

（3）热水管材。在热水管材方面，铜管的应用范围进一步扩大，并形成我国独特的与专用钢管系列并列的建筑用铜管系列及其对应的铜管规格，塑料管在耐压、耐热、噪声、抗老化和抗冲击等方面已经符合要求，质量也在不断提高。

1.3 建筑消防

消防给水是建筑灭火的主要手段。我国已逐步采用自动喷水灭火系统。自动喷水喷头除了设置在容易起火部位、疏散通道和人员密集场所外，还扩大设置在火灾蔓延通道、不易发现火灾、不易扑救部位和需喷淋降温保护等场所，使火灾扑救更及时、更迅速，这也是我国消防给水系统的设置标准。

2. 建筑排水专业安装技术概况

2.1 我国建筑给水排水发展阶段

（1）房屋卫生技术设备阶段，即初创阶段，自 1949 年至 1964 年《室内给水排水和热水供应设计规范》BJG 15—1964 开始试行时为止。其主要标志是我国开始设置给水排水专业，房屋卫生技术设备被确定为一门独立的专业课程。第一代通过专业培养的建筑给水排水专业技术人员走上工作岗位，开始创建自己的专业施工队伍。

（2）室内排水阶段，即反思阶段，自 1964 年至 1986 年《建筑给水排水设计规范》GBJ 15—1988 被审批通过时为止。其主要标志是通过工程实践，对以往机械搬用国外经验并造成失误进行认真总结和反思，从而确定了具有中国特色的建筑给水排水体系。

（3）建筑给水排水阶段，即发展阶段，自1986年至今。1986年以来，随着建筑业的发展，建筑给水排水已成为给水排水中不可缺少而又独具特色的组成部分，在发展阶段，专业队伍和施工管理人员积累了一定的施工经验，近年来学术活动踊跃，并加强了国际的技术交流。

2.2　排水组成

（1）卫生器具：卫生器具直接反映了人们的生活水平和生活质量，而伴随着生活水平的提高，其发展更注重舒适、可靠、安静、节能。

（2）特制排水系统：特制排水系统可减少主管数量，改善排水系统通气条件，增加排水横管的连接数量。

（3）排水管材：排水管材一般包括塑料管、复合塑料管、钢铁排水管等。塑料管是化学材料的主力军，复合塑料管可减少排水水流噪声。

二、给水排水工程施工主要技术介绍

1. 管道安装

管道连接采用粘接口、熔接、焊接、法兰、焊纹、卡箍等方式，其接口深度、熔合缝高度、转角偏差、焊接的长度、外螺纹、结合间隙等均应符合规范要求。管道排列时气体管在上液体管在下、热介质管在上冷介质管在下、保温管在上不保温管在下、金属管在上非金属管在下，同时遵循分支管让主干管、小口径管让大口径管、有压管让无压管、常温管让高（低）温管的原则。

在环境温度较高、空气湿度较大的房间或管道内水温低于室内温度时，管道设备表面可能产生凝结水，从而引起管道和设备的腐蚀，影响使用和卫生，必须采取防结露措施，一般采用岩棉保温、防潮布（玻璃丝布）、橡塑保温或聚氨酯发泡保温。

2. 管道支、吊、托架安装

固定支架与管道接触应紧密、牢固可靠，滑动支架应灵活，滑托与滑槽两侧应留有3.5mm的间隙，纵向移动量应符合设计要求。固定在建筑结构上的管道支、吊架不得影响其安全，应牢固可靠。无热伸长管道的吊架应垂直安装，有热伸长管道的吊架应向热膨胀的反方向偏移，金属制作的管道支架应在管道与支架间加衬非金属垫或管套。

抗震支、吊架与钢筋混凝土结构应采用锚栓连接，与钢结构应采用焊接或螺栓连接。穿越隔震层的管道应采用柔性连接或其他方式连接，并应在隔震层两侧设置抗震支架。单管（杆）抗震支架的设置应符合下列规定：（1）连接立管的水平管道应在靠近立管0.5m范围内设置第一个抗震kg支架；（2）当立管长度大于1.8m时，应在其顶部及底部设置四向抗震支架；当立管长度大于7.5m时，应在中间加设抗震支架；（3）当立管通过套管穿越结构楼层时，可设置抗震支架；（4）当管道中安装的附件自身质量大于25kg时，应设置侧向及纵向抗震支架。门型抗震支架的设置应符合下列规定：（1）门型抗震支架至少应有一个侧向支撑或两个纵向支撑；（2）同一承重吊架悬挂多层门型吊架，应对承重吊架分别独立加固并设置抗震斜撑；（3）门型抗震支架侧向及纵向斜撑应安装在上层横梁或承重吊架连接处；（4）当管道上附件质量大于25kg且与管道采用刚性连接时，或附件质量为9～25kg且与管道采用柔性连接时，应设置侧向及横向抗震支撑。

3. 设备安装

设备就位前基础混凝土的强度、坐标、标高、尺寸和螺栓孔的位置必须符合设计规定。因弹簧减震器不利于立式水泵运行时保持稳定，故立式水泵不应采用弹簧减震器。

给水设备机组安装应根据水泵机组型号、大小、热量等，合理规划其在水泵房中的位置以及排列方式，使得布局更为合理，有利于今后的使用以及维修。

4. 试验

承压管道系统和设备应做水压试验，非承压管道系统和设备应做灌水试验。

三、给水排水工程施工技术最新进展（1～2年）

1. 薄壁金属管道新型连接

给水管道中薄壁不锈钢管和薄壁钢管的应用越来越广泛，连接方式也越来越多，除焊接和粘接外，机械密封连接方式的种类也很多。通常包括卡套式、插接式、压接式等机械密封连接方式，薄壁不锈钢管连接包括卡压式、卡凸式、环压式等机械密连接封方式。卡凸式管件安装时间仅为焊接或丝接件的0.25倍，不仅缩短了工期、降低了成本，而且耐腐蚀能优越，在长期使用过程中不会结垢，内壁光洁如故，输送能耗低，节约输送成本，是输送成本最低的水管材料。不同连接方式适用范围见表16-1。

不同连接方式适用范围　　表16-1

连接方式	国际上统称	连接原理	适用范围	性能简析	备注
卡凸式	压缩式	螺纹压缩连接	≤50明装、暗敷	可拆卸	传统管道连接
卡压式	压紧式	工具压紧	≤100明装、暗敷	安装便捷	管径越大，产生变形越困难
伸缩可挠式	推紧式	螺纹推紧连接	≤60明装、暗敷	防震	
焊接式	焊接式	氩弧焊接	≤200明装、暗敷	适用范围广	

2. 内衬不锈钢管的应用

内衬不锈钢管兼具其内外两层管道的优点，同时也克服了它们各自的缺点，是理想的给水管材，其主要优点体现在以下几个方面：

（1）具有良好的机械性能，结合强度高，由于内衬不锈钢管内外两层均为金属材料，所以其抗压、抗冲击性强，抗拉强度大，伸长率高，弹性模量值大，热膨胀系数小，不会产生内外层分离现象，对比起钢塑复合管，大大提高了供水的安全性。

（2）防锈耐腐蚀性能好，且耐热

内衬不锈钢管外层钢管可做成镀锌层，也可做成聚乙烯防腐层，安全可靠；内层不锈钢材质由于具有防锈和耐氧化、耐酸碱等良好的化学性能，其防锈和防腐性能比其他材质优越。

（3）安装便捷，工艺简单

内衬不锈钢管可采用焊接、焊纹连接、法兰和沟槽连接，工艺简单，操作方便，工人不需专门培训。

3. 中水处理发展

建筑中水系统由中水水源、中水处理设施和中水供水系统三部分组成，采用污废水分流制，以杂排水和优质杂排水为中水水源，选择合适的水处理设施获得被用户接受的中水，经过处理后的水通过中水供水系统送到各个用户。

中水主要用作建筑杂用水和城市杂用水，用于冲厕、绿化、消防等，其水质应符合《城市污水再生利用 城市杂用水水质》GB/T 18920—2002 的规定。

采用建筑中水系统，使污水处理后回用，既可减少水污染，又可增加可利用的水资源，具有显著的社会效益、环境效益和经济效益，因此在建筑逐步向绿色生态建筑发展的同时，建筑中水系统将成为建筑给水排水的一个发展方向

我们需要推广国民使用节能型卫生器具与配水管件。节能设备价格虽然比较高，但对资源的节约能产生巨大的作用。

4. 无负压供水

无负压供水系统（见图 16-1），自来水可通过直供管路直接到达用户管网对用户进行供水，节能效果好，无水质二次污染。

无负压供水完全不用设置生活水池和水箱，设计和使用都极其简便，直接采用一套一体化设备，大大简化了设计。

图 16-1　无负压供水

通常我们所说的无负压供水设备，一般指的是无负压变频供水设备，也叫变频无负压供水设备，是直接连接到供水管网上的增压设备。传统的供水方式离不开蓄水池，蓄水池中的水一般由自来水管供给，这样有压力的水进入水池后压力变成零，造成大量的能源白白浪费。而无负压供水设备是一种理想的节能供水设备，它是一种能直接与自来水管网连接，对自来水管网不会产生任何副作用的二次给水设备，在市政管网压力的基础上直接叠压供水，节约能源，并且还具有全封闭、无污染、占地量小、安装快捷、运行可靠、维护方便等诸多优点。

5. 超高层建筑叠压供水

叠压供水是指利用室外给水管网余压直接抽水再增压的二次供水方式，如图 16-2 所示。

一般来说，高层建筑只需采用并联分区供水，不存在叠压。但是 100m 以上的超高层

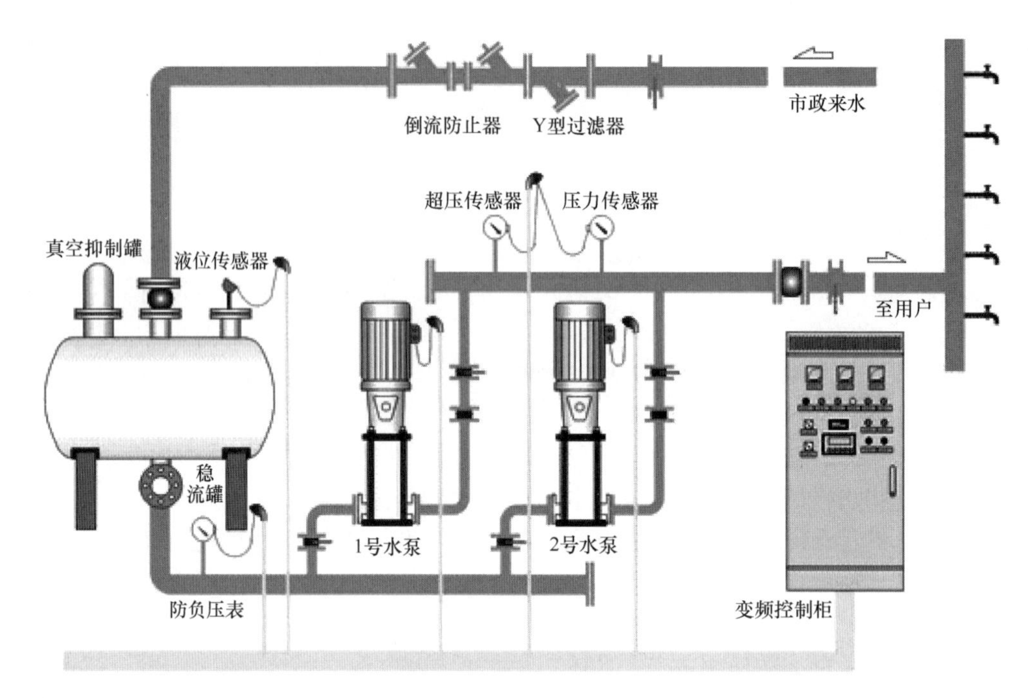

图 16-2　叠压供水示意图

建筑推荐使用串联供水。现在一般采用的是设备层设中间转输水池，占用空间不说，还给结构增加了负担。叠压供水，不设中间转输水池直接采用泵二次升压，但是要解决的问题是供水的可靠性以及系统的稳定性问题。

市政管网压力理论上只能供应到 4 层，但是现在楼宇层数都很高，原来都是在楼底有个水箱，市政管网的水自动流到水箱，然后再用水泵打上去，只不过这样不节能，市政管网的压力直接流失掉了，而且水箱不是全封闭的，容易有脏东西进入或是受到空气污染，需要定期清理，不卫生，维护也麻烦。

现在市面上有一种无负压供水设备，就是没有水箱，用个储水罐，加泵，叠加市政管网的压力，这样环保，也节能。

打个比方，如果 3 楼用水，市政管网压力供的到，水泵是不开的；如果 8 楼用水，市政管网压力只能供水到 4 层，那么水泵开启，但是提供的压力有 4～8 层，这样加起来，8 楼水龙头一开就有水了。

建筑给水排水技术人员必须重视建筑消防用水的设计与安装。重视灭火设置的发展方向是阀后控制，如不易发生堵塞的第三式减压稳压消火栓，可以调节水流状态、水量等。

四、给水排水工程施工技术前沿研究

1. 管道工厂化预制 BIM 技术的应用

现代化建筑机电安装正朝着工厂化和装配化方向发展，将整个安装工作分为预制和装配两个部分。

利用BIM建模检测碰撞完成后，拆分图纸，生成下料尺寸进行工厂加工预制，同时对每一管段生成二维码，在安装过程中工人只需进行扫码就可以知道此管段的全部信息用来指导安装。

应用BIM技术进行机电安装管线综合排布，使管线排布更快、更省力、更精确、更直观形象，提高了机电工程项目的精细化管理水平，有利于建筑物的运行、维护和设施管理，并可持续地节省费用。

2. 节能、节水技术发展

2.1　利用太阳能给住宅热水加热

太阳能热水器已发展到现在的全玻璃真空管和玻璃-金属真空管型，大大提高了太阳能的利用效率。但是，由于环境温度以及太阳辐照的不可控，使得单纯依靠太阳能供热的系统出水温度和热水量存在不稳定性，影响人们用热水的舒适性和质量。因此，太阳能热水系统的能源已经逐步从只利用太阳能发展为与辅助热源组合供热水，为建筑提供稳定的热水供应。

2.2　合理利用市政给水管网压力

充分合理地利用市政给水管网的供水压力，采用分区供水方式及无负压供水设备，可节约加压能源、减少二次加压能耗。

2.3　采用节水型卫生器具

卫生器具和配水器具的节水性能直接影响建筑节水工作的成效。目前的主要办法有：

（1）使用小容积水箱，减少马桶冲洗水量；

（2）厨房的洗涤盆、沐浴水嘴和盥洗室的面盆龙头采用充气水嘴、瓷芯节水龙头；

（3）公建卫生间中使用红外感应控制式和延时自闭式水龙头；

（4）家庭厨房、卫生间采用节水装置，此装置由洗涤盆、智能排水洗衣机、环保储水箱、马桶水箱、排水管组成，能做到分质排水，实现洗涤用水的分质排放和重复利用，取代自来水冲厕现状，使城市居民生活用水节约30%。

节水型卫生器具的用水量应符合《节水型卫生洁具》GB/T 31436—2015的规定。其中大便器分为节水型和高效节水型；节水型淋浴用花洒共分为三级，Ⅰ级节水性能最好，Ⅱ级次之，Ⅲ级为基本要求。

2.4　完善热水循环系统

大多数集中热水供应系统在开启热水装置后，需放掉部分冷水后才能正常使用。因此在热水系统设计中循环管道应尽量保证同程布置，冷热水分区应一致，当不能满足时，应采取保证系统冷、热水压力平衡的措施。

可采取以下节水节能措施：在允许范围内降低热水的使用温度；使用高隔热管道；合理配置热水循环系统，选用支管循环方式或立管循环方式；采用节水节能型产品；开发利用新能源，采用太阳能、空气源热泵以及太阳能和空气源热泵组合的热水供应系统等。

2.5　防止水池（水箱）二次污染

当采用二次加压供水时面临着水质污染的问题。防止水池二次污染，可采取以下措施：水池采用不锈钢、玻璃钢、加内衬的钢筋混凝土等材质，防止细菌、微生物滋生；使用通气管、溢流管时，采取如防虫网之类的有效措施防止生物进入水池内；生活水池和消防水池尽量分开设置；对停留时间超过24h的水池采取补氯或其他消毒方法，防止水质恶化。

2.6 推广使用新型管材及节水设备

推广使用新型管材，防止水资源在传送过程中受到二次污染，降低水资源的污染率，提高水资源的使用效益。常用的新型管材有：PVC-U管、PVC-C管、PE-X管、HDPE管、PP-R管、ABS管、PB管等。

推广使用新型节水设备，选用优质的管材与阀门，采用铝塑复合管、钢塑复合管、不锈钢管、铜管、PP-R管、PE管、PVC-U管等新型管材。

优先选用更节水的阀门或智能控制阀门，智能控制阀门是带有微处理器能够实现智能化控制功能的控制阀。

2.7 真空节水技术

将真空技术运用于排水工程保证卫生洁具及下水道的冲洗效果，其主要是用空气代替大部分水，依靠真空负压产生的高速气水混合物，快速将洁具内的污水、污物冲洗干净，达到节约用水、排走污浊空气的效果。

室外真空排水系统是传统重力排水系统的优化替换。传统重力排水系统如图16-3所示。

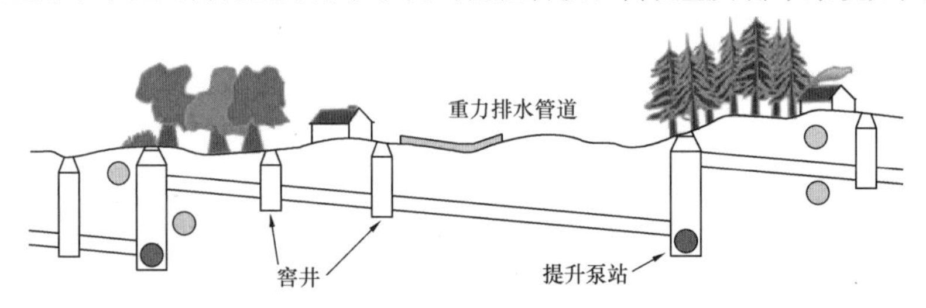

图16-3 传统重力排水系统

真空排水技术用得极少，不仅限于高层建筑。特点是可以随意上下弯曲管道，要是能够解决运行费用的问题，那么以后排水专业就可以完全不用管结构专业了。

真空管道内的排水速度可达到3～6m/s，而普通排水系统的排水速度顶多达到1m/s。假设一套使用面积$100m^2$、楼层高度为3m的住房完全被水淹没，用一排水能力为$2m^3/s$的真空高速排水系统仅需要2.5min就能将这$300m^3$的积水排走。而采用目前的城市排水系统，在毫无故障的理想状况下，同口径大小的排水管道一般也要6.5min才能将这些水排走。

目前普遍采用的重力排水系统大多只能顺利通过浓度较低、杂质很少的液体，一旦泔水、淤泥、塑料袋、碎石、砖块等杂物混为一体，极易堵塞管道。目前城市遭遇大雨时，排水系统经常瘫痪，很大原因就在于此。

2.8 采用燃气热水锅炉

燃气热水锅炉是热水锅炉的一种，属于常压锅炉范围，燃气热水锅炉以燃气为燃料，通过燃烧器对水加热，实现供暖和提供生活、洗浴用热水，锅炉智能化程度高、加热快、噪声小、无灰尘，是一种非常符合我国国情的经济型热销锅炉品种。

卧式燃气热水锅炉通常采用锅壳式三回程全湿背结构，采用大炉膛、粗烟管设计，可增大炉膛辐射吸收量，有利于扩容足够的辐射受热面，实现节能降耗。

3. 同层排水

同层排水是卫生间排水系统中的新颖技术，卫生间内卫生器具的排水管不穿越本层楼板进入下层空间，而是与卫生器具同程敷设，在本层套内接入排水立管的建筑排水方式。排水管道在本层内敷设，采用一个共用的水封管配件代替诸多的P管、S管，整体结构合理，系统主要由管材、管件、地漏、存水弯、隐蔽式水箱、冲水按板等组成。

相对于传统的隔层排水方式，同层排水通过本层内管道的合理布局，彻底摆脱了相邻楼层间的束缚，避免了由于排水横管侵占下层空间而造成的一系列麻烦和隐患，包括产权不明晰、噪声干扰、渗漏隐患、空间局限等。

4. 管线综合排布技术

管线综合排布技术是应用于机电安装工程的施工管理技术，涉及机电工程中给水排水、电气、消防、通风空调、建筑智能化等专业的管线安装。为确保工程工期和质量，避免因各专业设计不协调和设计变更产生的“返工”等造成经济损失，避免在选用各种支吊架时因选用规格过大造成浪费、选用规格过小造成事故隐患等现象，通过对设计图纸的综合考虑及深化设计，在未施工前根据图纸利用BIM技术进行图纸“预装配”，通过截面图及三维模拟直观地暴露设计图纸问题，解决施工中各专业间的位置冲突和标高“打架”问题，做到管线布置及共用支架设置合理、整齐美观，满足美观、净空、绿色施工等要求。

5. 中水回用与雨水收集系统

废水回用通常与中水回用混为一谈，但是有所不同，废水回用指工业废水经过UF+RO工艺处理后回用到生产线，回收率相对低于75%；中水主要用于绿化浇灌、车辆冲洗、道路冲洗、家庭坐便器冲洗等。

雨水收集，完整地说应该叫作“雨水收集与利用系统”，是指收集、利用建筑物屋顶及道路、广场等硬化地表汇集的降雨径流，经收集—输送—净化—储存等渠道积蓄雨水，用于绿化灌溉、补充景观水体、补充地下水，以达到综合利用雨水资源和节约用水的目的(见图16-4)。具有减缓城区雨水洪涝和地下水位下降、控制雨水径流污染、改善城市生态环境等广泛的意义。

图16-4　雨水收集与利用系统

五、给水排水工程施工技术指标记录

(1) 节水型坐便器的用水量应不大于5L，高效节水型坐便器单档或双档的大档用水量不大于4L；节水型蹲便器单档或双档的大档用水量不大于6L，节水型蹲便器双档的小档用水量不大于标准大档用水量的70%，高效节水型蹲便器单档或双档的大档用水量不大于5L；节水型小便器平均用水量不大于3L，高效节水型小便器平均用水量不大于1.9L。

(2) 当建筑物高度不超过100m时，一类高层民用建筑、公共建筑及工业建筑最不利点消火栓静水压力不低于0.1MPa；高层住宅、二类高层公共建筑、多层民用建筑最不利点消火栓静水压力不低于0.7MPa。当建筑物高度超过100m时，高层建筑最不利点消火栓静水压力不低于0.15MPa。

(3) 自动喷淋系统水压强度试验压力：当系统设计工作压力等于或小于1.0MPa时，水压强度试验压力应为设计工作压力的1.5倍，并不应低于1.4MPa；当系统设计工作压力大于1.0MPa时，水压强度试验压力应为该工作压力加0.4MPa。

(4) 凡与饮用水接触的输配水设备、水处理材料和防护材料不得污染水质，出水水质必须符合《生活饮用水卫生标准》GB 5749—2006的要求。

浸泡试验基本项目的卫生要求见表16-2。

浸泡试验基本项目的卫生要求 **表16-2**

项　目	卫　生　要　求	项　目	卫　生　要　求
色度	增加量≤5度	镉	增加量≤0.0005mg/L
浑浊度	增加量≤0.2度（NTU）	铬	增加量≤0.005mg/L
臭和味	浸泡后水无异臭、异味	铝	增加量≤0.02mg/L
肉眼可见物	浸泡后水不产生任何肉眼可见的碎片杂物等	铅	增加量≤0.001mg/L
pH	改变量≤0.5	汞	增加量≤0.0002mg/L
溶解性总固体	增加量≤10mg/L	三氯甲烷	增加量≤0.006mg/L
耗氧量	增加量≤1（以O_2计，mg/L）	挥发酚类	增加量≤0.002mg/L
砷	增加量≤0.005mg/L		

六、给水排水工程施工技术典型工程案例

1. 某三甲医院门诊综合楼

1.1 工程概述

某医院门诊综合楼是集门诊、手术、住院及后勤保障于一体的大型综合楼，总建筑面积101522.26m^2，建筑高度89.35m。大楼共分三个区：A区地下2层、地上21层，1～6层为普通门诊，7～21层为住院部（包括普通病房及高干病房）；B区地下2层、地上6层，地上部分为门诊及检验科室；C区地下2层、地上5层，地上部分是整个医院的后勤

保障。A、B、C区地下部分为机房、人防及地下车库。此工程给水排水部分包括生活给水系统、生活热水系统（包括太阳能、容积式换热器）、排水系统、内排雨水系统、医疗废水系统、室内消火栓系统、自动喷淋系统等。

1.2　施工难点及重点

薄壁不锈钢管施工中的重点及难点包括：

(1) 薄壁不锈钢管下料时，管子端口切割后是否平直、光滑；操作人员卡压管道或管件时用力大小是否合适。

(2) 管道焊接施工时，稍不注意就会变形。

解决方法：

切管时，配管固定不牢或配管夹持偏斜，会引起管口偏斜变形，因此固定时要在加工台上用台钳夹紧管子防止偏斜，管段的末端应与前端放平在同一平面上防止上下偏斜。当用切割刀切割管子时，滚动过程中力度不能过快，应使刀轮慢慢进入管子，用力过度会使管子收缩，造成管子和管件无法配合，影响管端口的平直度。

切割后，要对端口进行处理，用安装了尼龙轮的角磨机打磨端口，清洁端口异物，防止破坏管件内的胶圈。

管道切割修磨时达到对口平齐，同时保证端口垂直。

换热站房及消防泵房管道的安装采用了装配式支吊架（见图16-5），与传统的支吊架相比，装配式支吊架采用工厂化预制，不需现场加工，简化了施工程序，降低了安装过程中的人工及管理成本，减少了施工过程中下脚料的产生，减少了施工过程中除锈、防腐及焊接等环节从而避免了施工过程中的环境污染和由电焊引起的火灾发生。管道排布密集区域采用综合支吊架（见图16-6），节省了空间和材料。

图16-5　换热站房稳压罐安装及装配式支吊架

医院综合楼、功能科室多、系统繁多，各专业深化设计重难点多，专业间协调要求高。施工阶段，项目所有专业全部采用BIM技术开展深化设计。基于BIM的深化设计是用于形成和验证深化设计成果合理性的BIM应用（见图16-7）。项目把BIM技术深入应用于建设过程中，实现了工程的全关联单位共构、全专业协同、全过程模拟、全生命周期应用。

图 16-6　管道公共支吊架

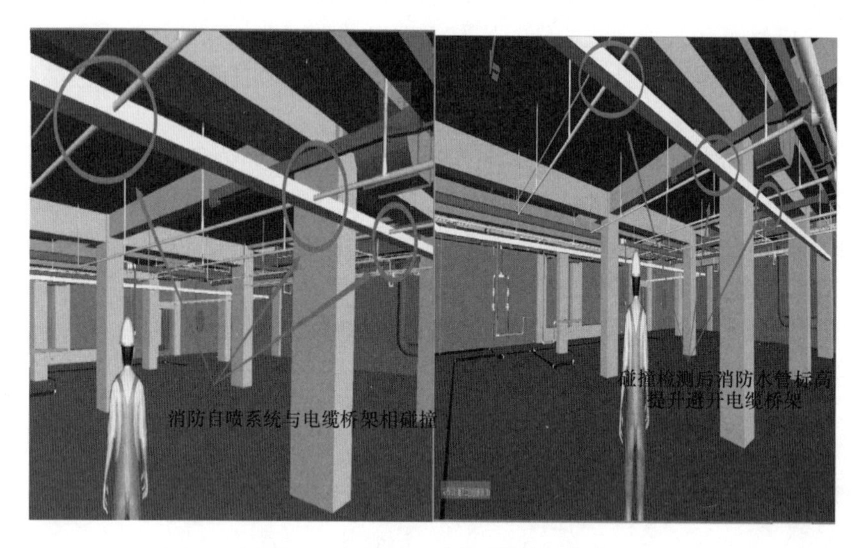

图 16-7　应用 BIM 碰撞检测前后对比

2. 上海某大型展馆

2.1　项目概况

建筑南北长 1045m，东西宽地下 99.5～110.5m、地上 80m。由 −6.50m、−1.00m、4.20m、10.00m 标高的平面及膜结构顶组成，檐口至地面高度为 19.00m，钢骨架至地面高度为 27.95m，桅杆顶至地面高度为 30.90m，基地面积 130699m^2，总建筑面积 248702m^2。

2.2　设计内容

2.2.1　给水排水设计

（1）给水系统

生活供水方式采用市政管网直供；卫生间盥洗用水、餐饮用水等采用城市自来水，水质达到生活饮用水标准；冲厕和绿化浇灌等采用雨水回用水，水质达到杂用水标准。

（2）热水系统

热水系统分散设置，主要为餐饮服务；地下二层采用容积式电热水器；地下一层及以上采用天然气或电热水器。

（3）排水系统

室内污废水采用合流制，设主通气立管和环形通气管；室内污水均重力自流排入地下集水井；采用潜水排污泵加压提升至室外污水管；生活污水汇总后通过排水监测井排入市政污水管网；营业性餐厅厨房的含油废水经隔油器处理后排入室外污水管。

（4）雨水系统

大部分雨水通过阳光谷和膜结构屋顶；采用下拉点等方式收集雨水，排入地下雨水沟渠，再利用排水泵提升后排至周边市政雨水管；两侧坡地雨水通过明沟方式收集，经排水泵提升排出。

2.2.2　消防设计

系统设置：室内外消火栓系统、自动喷水灭火系统、气体灭火系统、灭火器等。

（1）消火栓系统

室外消火栓系统水量30L/s，系统为低压制；室内消火栓系统水量20L/s，系统为稳高压制。建筑横向分三个区，每个分区单独设置消防水泵房。

（2）自动喷水灭火系统

自动喷水灭火系统设计流量36L/s，系统为稳高压制，室内采用湿式系统，中间敞开通道区域采用预作用系统。

2.3　设计特点

（1）黄浦江取排水在世博会工程水源热泵系统上的应用；

（2）解决在建筑上布置冷却塔对整体景观产生的不利影响；

（3）避免冷却塔飘水、排热、噪声等对周围环境造成的不良后果；

（4）充分利用黄浦江蕴藏的冷热能源；

（5）膜结构屋面雨水收集系统。

此展馆为国家重要的会展中心，是综合创新的绿色、生态、低碳建筑，不仅考虑了节地、节材、节能，还创新地采用了水源热泵、雨水收集与回用等多项现代化技术。

3. 中国尊

3.1　项目概况

项目规划用地面积11478m^2，总建筑面积43.7万m^2，其中地上35万m^2，地下8.7万m^2，建筑总高度528m，地上108层、地下7层（不含夹层），可容纳1.2万人办公，每日可接待约1万人次观光。

项目旨在成为北京绿色和可持续发展的典范。设计公司在规划设计中贯彻低碳环保的理念，通过调节建筑物的高度结构和方位朝向，充分利用冬季阳光和夏季自然风的流动；建立起一套区域能源系统，实现区域集中供冷供热，减少20%～40%的能源消耗。

3.2　永临结合消防系统

国内首次将正式消防系统在结构施工阶段临时使用。该方案既可使部分正式消防系统提前施工，又避免了临时消防系统与正式消防系统转换的空档期，确保了建设全周期的消防安全。

“中国尊”有完善的自救体系，包括消防系统和避难所。发生火灾时，最重要的是水的供应。在大厦的第 105 层设有一个 600m^3 的巨大水箱，此外还有 5 个 60m^3 的水箱布设在楼内。失火时这些水箱可依靠重力供水，能保证两个小时的水供应。

“中国尊”还设有 8 个避难层，平均每 10～12 层一个，避难层平时空置，仅有设备和管线，没有人员在该层办公。发生火灾时，避难层可容纳大量人员，并且可保证隔离烟火两个小时，争取宝贵的救援时间。

第十七篇　电气工程施工技术

主编单位：湖南建工集团有限公司　　　何　平　陈维熙　王建纯
参编单位：湖南省工业设备安装有限公司　傅致勇　唐红兵　田成勇

摘要

本篇从建筑电气专业工艺流程等方面介绍了电气专业技术的工艺措施特点，同时通过地热能、光伏发电、风力发电等新能源，电气火灾控制、机电集成单元、光导照明等系统，以及中低压电器设备变频器、LED新型光源、智能照明系统的节能措施等一系列新技术的发展应用，阐述了电气专业技术的前沿研究方向，提出了最大电缆敷设、耐火母线最长耐火时间和温度、可弯曲金属导管主要性能、钢缆-电缆最大提升速度等一系列技术指标。

Abstract

This paper introduced the technical characteristics of electrical technology from the aspects of technology process in building electrical system. At the same time, it described the frontier direction of electrical technology research, proposed the maximum cable laying, longest fire-resistant time and temperature of refractory busbar, the main performance of flexible metal ducts, steel cables-the maximum lifting speed and a series of technical indicators through a series of new technology development and application, such as geothermal energy, photovoltaic power generation, wind power generation, electrical fire control, electromechanical integration unit, optical illumination systems and medium and low voltage electrical equipment inverter, LED new light source, energy-saving measures of intelligent lighting system.

一、电气工程施工技术概述

本篇对管线预埋暗敷、电缆梯架和槽盒安装、清扫管路和穿线、电缆敷设、母线槽安装、成套配电柜安装、灯具安装、开关及插座安装、防雷接地、系统调试等主要施工技术进行了简要描述。对近两年来的最新进展进行了介绍，包括基于 BIM 的管线综合技术、导线连接器应用技术、可弯曲金属导管安装技术、工业化成品支吊架技术、机电管线及设备工厂化预制技术、超高层高压垂吊式电缆敷设技术、钢缆-电缆随行技术、氧化镁绝缘防水电缆施工技术、铝合金电缆施工技术、铜包钢接地极施工技术、耐火封闭母线施工技术等。介绍了地热能、光伏发电、风力发电等新能源发展、中低压电器设备变频器发展、电气火灾控制系统发展、LED 新型光源的应用、智能照明系统的节能应用、光导照明系统的应用、机电集成单元的应用等技术前沿研究。收集了超高层电缆垂直敷设最大长度、单根最大质量，最大电缆截面敷设技术指标，耐火封闭母线最长耐火时间、最高耐火温度技术指标，密集母线最大额定电流、最高额定工作电压等技术指标记录。介绍了上海中心大厦、天津 117 大厦、广州电视塔、深圳平安国际金融中心大厦等项目电气工程案例。

二、电气工程施工主要技术介绍

1. 管线预埋暗敷

进行混凝土内管线暗敷时，不应产生过多弯曲线路。预埋管线应确保与建筑构件表面保持大于 15mm 的距离。进行钢管预埋时，主要依据不同的作业环境采取不同的施工措施，要求管内通畅不被堵塞。

2. 电缆梯架、托盘和槽盒安装

支架水平安装间距为 1.5～3.0m，垂直安装间距不大于 2m，同一直线梯架、托盘和槽盒的支架间距要一致。梯架、托盘和槽盒全长不大于 30m 时，不应少于 2 处与保护导体可靠连接，大于 30m 时，每 20～30m 应增加一个连接点，起始端和终点端均应可靠接地。非镀锌梯架、托盘和槽盒本体之间连接板的两端应跨接保护联结导体，保护联结导体截面积应符合设计要求；镀锌梯架、托盘和槽盒本体之间不跨接保护联结导体时，连接板每端不应少于 2 个有防松螺帽或防松垫圈的连接固定螺栓。

3. 清扫管路和穿线

清扫管路以保证穿线的顺利进行。在穿线之前，可先吹入滑石粉，以减小管道壁和导线的摩擦，便于穿线。检查管线是否畅通可通过穿引线进行检测。

4. 电缆敷设

应仔细检查电缆的型号、规格等是否符合设计与施工要求，并按相关规定经过绝缘测试后方可进行电缆敷设。敷设电缆时，尽量避免出现电缆交叉敷设的现象，应将电缆排列规整并加以稳固，在敷设电缆位置和接头位置应设置醒目的标志。

5. 母线槽安装

母线槽安装时，首先从变电所电源侧开始安装（有始端箱的母线先进入始端箱，再将母线从始端箱端引出），再开始一节节安装。在母线槽安装全过程中应使用制造厂商推荐的工具。母线槽通电运行前应进行检验或试验，高压的电气设备、布线系统以及继电保护系统必须交接试验合格，低压母线绝缘电阻值不应小于 0.5MΩ。

6. 成套配电柜安装

根据设计要求现场找出配电柜位置，通过弹线定位，确定预埋件或者金属膨胀管螺栓的位置。

根据配电柜底框尺寸用 10 号槽钢制作底座，基础槽钢的制作和固定采用焊接。在基础槽钢上用电钻钻孔，将配电柜固定在基础槽钢上，然后将配电柜找正，使其垂直度满足规范要求。

导线连接必须牢固紧密，柜体有安全可靠的中性线接线端子和保护接地接线端子。

7. 灯具安装

（1）灯具检查：检查灯具的规格、型号是否符合设计要求，外观是否完好无损，配件及质量证明文件是否齐全。

（2）灯具配线组装：导线从各个灯口穿到灯具本身的接线盒里，一端盘圈后压入各个灯口。理顺各个灯头的相线和零线，另一端根据相序连接，包扎并甩出电源引入线，最后将电源引入线从吊杆中穿出。

（3）灯具安装：灯具固定件的承载力应与灯具的质量相匹配。质量超过 0.5kg 的灯具应设置吊链，当吊灯灯具质量超过 3kg 时，应采用预埋吊钩或螺栓的方式固定。在人行道等密集场所安装的落地式灯具，无围栏防护时，安装高度距地面 2.5m 以上；金属构架和灯具的可接近裸露导体及金属软管的接地或接零可靠，且有标识。

航空障碍灯装设在建筑物的最高部位，其电源按主体建筑中最高负荷等级要求供电，设置维修和更换光源的措施。

庭院灯与基础固定可靠，防水密封垫完整，金属立柱及灯具接地或接零可靠。

（4）通电试运行：灯具、配电箱安装完毕，且各条支路的绝缘电阻摇测合格后，方允许通电试运行。通电后应仔细检查和巡视，检查灯具的控制是否灵活、准确；开关与灯具控制顺序相对应，如果发现问题必须先断电，然后查找原因进行修复。

8. 开关及插座安装

暗装的插座盒或开关盒应与饰面平齐，盒内干净整洁、无锈蚀，绝缘导线不得裸露在装饰层内；面板应紧贴饰面、四周无缝隙、安装牢固，表面光滑、无碎裂、无划伤，装饰帽（板）齐全。同一室内相同规格并列安装的插座高度宜一致，开关边缘距门框边缘的距离宜为 0.15～0.20m。

9. 防雷接地

(1) 在建筑物内需要对保护干线、设备金属总管、建筑物金属构件、金属结构等相关部位进行接地。

(2) 接地线、接地极采用电弧焊连接时采用搭接焊施工，扁钢搭接长度不应小于扁钢宽度的2倍，且至少焊接三个棱边；圆钢搭接长度不应小于圆钢直径的6倍，且应双面施焊；圆钢与扁钢连接时，搭接长度不应小于圆钢直径的6倍。扁钢与钢管、扁钢与角钢焊接时，除应在其接触部位两侧进行焊接外，还应由钢带或钢带弯成的卡子与钢管或角钢焊接。接地干线至少应在不同的两点与接地网连接。

10. 系统调试

照明系统通电，灯具回路控制应与照明配电箱及回路的标识一致；开关与灯具控制顺序相对应，风扇的转向及调速开关应正常。公用建筑照明系统通电连续试运行时间为24h，住宅照明系统通电连续试运行时间为8h。所有照明灯具均应同时开启，且每2h按回路记录运行状态1次，连续试运行时间内应无故障。

三、电气工程施工技术最新进展（1～2年）

1. 基于BIM的管线综合技术

基于BIM的管线综合技术可将建筑、结构、机电等专业模型整合在一起，根据各专业及净高要求将综合模型导入相关软件进行碰撞检查，根据碰撞检查结果对管线进行调整、避让，对设备和管线进行综合布置，在工程施工前发现问题，通过深化设计进行优化和解决问题。

通过BIM技术的可视化、参数化、智能化特性，进行多专业碰撞检查、净高控制检查和精确预留预埋，或利用基于BIM技术的4D施工管理，对施工过程进行模拟，对各专业进行事先协调，减少因不同专业沟通不畅而产生的技术错误，大大减少返工，节约施工成本。

2. 导线连接器应用技术

导线连接器应用技术是通过螺纹、弹簧片以及螺旋钢丝等机械方式，对导线施加稳定可靠的接触力，能确保导线连接所必需的电气连续、机械强度、保护措施、检测维护四项基本要求。按结构分为螺纹型连接器、无螺纹型连接器和扭接式连接器。

3. 可弯曲金属导管安装技术

可弯曲金属导管内层为热固性粉末涂层，粉末通过静电喷涂，均匀吸附在钢带上，经200℃高温加热液化再固化，形成质密又稳定的涂层，涂层自身具有绝缘、防腐、阻燃、耐损等特性，厚度为0.03mm。

该导管内层绝缘、可弯曲度好、耐腐蚀性强、使用方便、搬运方便，采用双扣螺旋结构、异形截面，抗压、抗拉伸性能为国家重型标准，是我国建筑材料行业新一代电线电缆外保护材料，大量应用于建筑电气工程的强、弱电系统，明、暗敷场所，逐步成为一种较理想的电线电缆外保护材料。

4. 工业化成品支吊架技术

装配式成品支吊架由与管道连接的管夹构件和与建筑结构连接的生根构件构成，将这两种构件连接起来的承载构件、减震构件、绝热构件以及辅助安装件构成了装配式支吊架系统。

该技术满足不同规格的风管、桥架、工艺管道的应用，特别是在错层复杂的管路定位和狭小管井、吊顶施工方面，更可发挥灵活组合技术的优越性。近年来，在机场、大型工业厂房等领域已开始应用复合式支吊架技术，可以相对有效地化解管线集中安装与空间紧张的矛盾。复合式管线支吊架系统具有吊杆不重复、与结构连接点少、节约空间、后期管线维护和扩容方便等优点。

5. 机电管线及设备工厂化预制技术

工厂化预制技术是将建筑给水排水、采暖、电气、智能化、通风与空调工程等领域的建筑机电产品按照模块化、集成化的思想，从设计、生产到安装和调试深度结合集成，通过模块化及集成化技术对机电产品进行规模化的预加工，工厂化流水线制作生产，实现建筑机电安装标准化、产品模块化及集成化。不仅能提高生产效率和质量水平，降低建筑机电工程建造成本，还能减少现场施工工程量、缩短工期、减少污染、实现建筑机电安装全过程绿色施工。

6. 超高层高压垂吊式电缆敷设技术

在超高层供电系统中，有时采用一种特殊结构的高压垂吊式电缆，这种电缆不管有多长多重，都能靠自身支撑自重，解决了普通电缆在长距离垂直敷设中容易被自身重量拉伤的问题。由上水平敷设段、垂直敷设段、下水平敷设段组成。吊装圆盘为整个吊装电缆的核心部件，由吊环、吊具本体、连接螺栓和钢板卡具组成，其作用是在电缆敷设时承担吊具的功能并在电缆敷设到位后承载垂直段电缆的全部重量，电缆承重钢丝绳与吊具连接采用锌铜合金浇铸工艺。

7. 钢缆-电缆随行技术

钢缆-电缆随行技术利用卷扬机进行提升作业、滑轮组进行电缆转向，卷扬机设置在电缆井道上方，电缆和卷扬钢缆由专用电缆夹具固定，电缆和钢缆同步提升，垂直段电缆升顶后开始拆卸第一个夹具，电缆提升到位后，自上而下逐个拆卸夹具，并及时将垂直段电缆固定在电缆梯架上。

提升速度控制在不大于6m/min，电缆夹具设置间距按电缆质量和单个夹具的承重力进行计算后确定，卷扬机端设置智能质量显示限制器，实时监测吊运的承载力。

8. 氧化镁绝缘防火电缆施工技术

铜芯铜护套氧化镁绝缘防火电缆具有耐高温、防火、防爆、不燃烧且载流量大、外径小、机械强度高、使用寿命长、一般不需要独立接地导线的优点。适用于危险、恶劣、高温环境。

9. 铝合金电缆施工技术

铝合金电缆是在电缆导体铝基体中增加铜、铁、镁等元素，使传导率指标提升，机械性能大幅度提高，同时保持质量轻的优势。不含卤元素的铝合金电缆，即使在燃烧的情况下，产生的烟雾比较少并且具有阻燃特性，有利于灭火和人员逃生。国内铝合金电缆在市政民用、钢铁石化、商业娱乐、高速公路领域都有使用，在电力系统需求侧取代低压电力铜缆，为住宅、办公楼、工业厂房以及公共设施提供了最佳的电力供应方案。

10. 铜包钢接地极施工技术

铜包钢接地极选用柔软度较好、含碳量在 0.10%～0.30%的优质低碳钢，采用特殊的工艺将具有高效导电性能的电解铜均匀地覆盖到圆钢表面，厚度为 0.25～0.5mm，该工艺可以有效地减缓接地棒在地下的氧化速度，采用特殊工艺将轧辊螺纹槽加工成螺纹，保持了钢和铜之间没有缝隙，连接十分紧密，确保了高强度，具备优良的电气接地性能。

铜包钢接地极适用于不同土壤湿度、温度、pH 值及电阻率变化条件下的接地建造，其使用专用连接管连接或采用热熔焊接，接头牢固、稳定性好，配件齐全、安装便捷，可有效提高施工速度，特殊的连接传动方式可深入地下 35m，以满足特殊场合低阻值要求。

11. 耐火封闭母线施工技术

耐火封闭母线在环境温度 700～1000℃的条件下，可维持 1.5h 的输电运行，其载流量最大可达到 5000A。耐火封闭母线安装时附件较少，同时能防止小动物的破坏，安装后便于以后的运行维护。

每安装一段母线就要摇测一次绝缘电阻值，绝缘电阻应大于或等于 20MΩ。当整条耐火封闭母线安装完毕后，要摇测通条绝缘电阻值，当安装封闭母线长度超过 80m 时，还应安装母线伸缩节，母线伸缩节是有轴向变化量的母线干线单元，安装在适当的位置，用来吸收由于热胀冷缩等产生的轴向变化量。

四、电气工程施工技术前沿研究

1. 新能源发展

1.1　地热能

地源热泵技术通过消耗电能，在冬天把低位热源中的热量转移到需要供热或加温的地方，在夏天还可以将室内的余热转移到低位热源中，以达到供热或制冷的目的。同时，这种技术还可供应生活用水，是一种有效利用能源的方式。

1.2　光伏发电

光伏发电是根据光生伏特效应原理，利用太阳能电池将太阳光能直接转化为电能。光伏发电系统主要由太阳能电池板（组件）、控制器和逆变器三大部分组成，光伏发电设备极为精炼，可靠稳定、寿命长、安装维护简便。

1.3　风力发电

风力发电机的运行方式包括独立运行方式、风力发电与其他发电形式结合方式，或是在一处风力较强的地点，安装数十个风力发电机，其发电并入常规电网使用。目前的发展趋势表明，我国的风力发电机制造由小功率向大功率发展。并且不再实行独门独户的风力发电形式，而是采取联网供电、由村庄集体供电等形式。从长远角度看，风力发电技术的应用范围将进一步扩大，不仅单纯用于家庭，更扩大到众多公共设施及政府部门。

2. 中低压电器设备变频器发展

目前中高端变频器市场应用主要被欧美、日本、中国台湾品牌占据。从长期发展趋势来讲，中低压电器设备将是变频器未来竞技的主战场。

自动化控制离不开变频器，中低压电器设备更是变频器拓展的空间。虽然变频器有着诸多优点，但是由于价格的问题，目前它的大规模推广使用受到了限制。

3. 电气火灾控制系统发展

在供配电系统中，除了采取正确的接地方式之外，新技术、新产品也是提高建筑电气系统安全、预防电气火灾的一项重要手段，例如电气防火限流式保护器、电弧故障断路器等。在当前的建筑火灾中，电气火灾占到总火灾数量的近 1/4。在这些电气火灾中，有60%的火灾是电气线路火灾。因此，加强电气火灾的控制，将对预防电气火灾起到一定的积极作用。

4. LED 新型光源的应用

我国照明用电量占总用电量的 12%左右，照明系统的节能改造对缓解能源供应、保障能源供给具有重要的意义。

光源的发展经历了热辐射光源、气体放电光源、节能气体放电光源和 LED 半导体光源四个阶段，节能的电光源已成为照明的主流。

5. 智能照明系统的节能应用

建筑照明应充分利用自然光，大开间的场所，照明灯具应顺着窗户平行敷设且分区控制，并根据情况，适当增加控制开关。建筑物公共场所的照明宜采取集中遥控的管理方式，并配备自动调光装置。照明系统可采用定时、调光、光电控制和声光控制开关，以进一步节能，还应在应急状态下可强行点亮。

6. 光导照明系统的应用

光导照明即利用室外自然光为室内提供照明，又称自然光照明。光导照明系统通过采光装置聚集室外的自然光线并导入系统内部，再经过特殊制作的导光装置强化与高效传输后，由系统底部的漫射装置把自然光线均匀导入室内任何需要光线的地方。光导照明系统主要由采光罩、光导管和漫射器三部分组成。

7. 机电集成单元的应用

机电集成单元是一个机电专业齐全并集中布置的机电设备单元，容纳了通风空调送回风风道、消防水管线、消火栓、灭火器等设施，同时还包括强、弱电竖井及配电盘、智能建筑模块箱等电气设施。

五、电气工程施工技术指标记录

1. 超高层电缆垂直敷设最大长度、单根最大质量

超高层电缆垂直敷设最大长度为543m，单根最大质量为2.71t。

2. 最大电缆截面敷设技术指标

低压电缆单芯400mm^2。

3. 耐火封闭母线最长耐火时间、最高耐火温度技术指标

耐火封闭母线耐火时间≥180min，耐火温度≥1100℃，在环境温度700～1000℃的条件下，可维持1.5h的输电运行，其载流量最大可达到5000A。

4. 密集母线最大额定电流、最高额定工作电压

密集母线最大额定电流为6300A，最高额定工作电压为690VAC。

5. 可弯曲金属导管主要性能

（1）电气性能：导管两点间过渡电阻小于0.05Ω标准值。

（2）抗压性能：1250N压力下扁平率小于25%，经检测可达分类代码4——重型标准要求。

（3）拉伸性能：1000N拉伸荷重下，重叠处不开口（或保护层无破损），经检测可达分类代码4——重型标准要求。

（4）耐腐蚀性：浸没在1.186kg/L的硫酸铜溶液中，不出现铜析出物，经检测可达分类代码4——内外均高标准要求。

6. 钢缆-电缆最大提升速度

钢缆-电缆最大提升速度为6m/min。

六、电气工程施工技术典型工程案例

1. 上海中心大厦

上海中心大厦（见图17-1）总高632m，由地上118层主楼、5层裙楼和5层地下室

组成，总建筑面积 57.6 万 m^2，作为全球可持续发展设计理念的引领者，上海中心大厦严格参照绿色建筑设计标准进行设计，集合采用了各种绿色建筑技术，绿化率达到 33%，向人们展示了上海这座国际化城市对于维护生态环境的责任和承诺。

图 17-1　上海中心大厦

大厦采用了多项最新的可持续发展技术，达到了绿色环保的要求。主楼顶层布置了 72 台 10kW 的风力发电设备，为建筑提供绿色电能降低大楼能耗；大厦螺旋顶端可以用来收集雨水，处理后作为大厦中水使用，中水年利用量达 23.5t，雨水年利用量约 2 万 m^3，有效利用建筑雨污水资源，实现非传统水源利用率不低于 40%；对冷却塔进行围护以降低噪声；绿化率达到 33%；室内环境达标率 100%；综合节能率大于 60%；可再循环材料利用率超过 10%。

上海中心大厦地上部分兼顾幕墙的节能性和可见光透射性，在满足节能的前提下，尽可能多地利用自然采光，地下部分则通过下沉式广场和地下花园等措施强化自然采光效果，地上部分约 89.9%的主要功能空间满足采光标准要求，地下一层采光系数大于 1%的面积约占 38.1%，地下二层约占 19.7%。

大厦以“体现人文关怀、强化节资高效、保障智能便捷”为原则，通过综合节能和新能源利用、节水和雨污水回收利用、节约用材和绿色建筑材料利用、控制室内空气污染并提高室内环境质量等，实现建筑在全生命周期中高效“绿色”运行。

上海中心大厦 632m 高的超高层整体构思景观灯及主题灯光秀，除了为建筑本身增光添彩外，初步确定围绕上海创新精神的主题，进行整体灯光设计。塔冠部位有 2000 多 m^2 的大屏幕及 LED 点阵灯光，而大楼 9 大区域外墙上也安装了灯光扣件，或临时或永久性设置灯光造景。上海中心大厦打造了 4 类灯光秀，对应平时、周末、节假日以及特殊演出。还将与外滩浦东浦西建筑群景观灯呼应，定期展示地标性灯光秀。

2. 天津 117 大厦

天津 117 大厦规划占地面积约 196 万 m^2，建筑面积约 233 万 m^2，结构高度达到 596.5m。

大厦为二类防雷建筑，防雷等级为A级，防侧击雷及电波侵入采用浪涌保护器（SPD）保护，防雷接地系统满足防直接雷、侧击雷及电波的侵入，同时设等电位联结；配电房、发电机房、消防控制室、弱电信息中心等采用100%的应急照明，办公区域、餐厅、大厅等的照明采用20%的应急照明，其他场所按正常照明的10%～15%设置，应急照明灯具自带独立地址、自带独立蓄电池，并采用LED光源，应急时间大于90min。

水平管线安装采用装配式支吊架，与传统支吊架相比，装配式支吊架采用工厂化预制，不需现场加工，简化了施工工序，降低了安装工作量及管理成本，减少了材料边角料的浪费，降低了施工成本，避免了施工现场的环境污染以及焊接火灾隐患等安全问题。

3. 广州电视塔

广州电视塔高610m，由一座高454m的主塔体和一个高156m的天线桅杆构成，是目前世界第一高塔。

本工程地下一层高压配电房至高区变配电房的供电线路，由地下一层（－5m）水平段经电气竖井至381.2m/386.4m层，采用高压钢丝铠装交联聚氯乙烯护套电力电缆，共5根，其中至386.4m高区变配电房的供电线路有2根YJV42-12kV-3×70和2根YJV42-12kV-3×240高压电缆，至381.2m高区变配电房的供电线路有1根YJV42-12kV-3×70高压电缆。至386.4m高区变配电房的电缆YJV42-12kV-3×240为本工程最长最重的电缆，其顶层水平段50m，地下层水平段97m，垂直段391.4m，全长538.6m，总重4.04t，垂直段重2.94t。

4. 深圳平安国际金融中心大厦

深圳平安国际金融中心大厦总建筑面积为459187m^2，建筑核心筒结构高度为555.5m，建成后总高度为592.5m，是深圳的第一高楼，作为中国平安的总部大楼，是深圳金融业发展和城市建设新的里程碑。如图17-2所示。

该大楼的公共走道、通道、大堂及车库照明根据场景采用分回路照明智能控制，大楼的公共区域采用智能照明系统控制，地下停车场、商业公共区域、塔楼裙楼的公共通道、办公大堂、电梯厅、核心筒公共走道、中庭走廊等区域采用分回路开关控制，并依据白天模式、上班模式、下班模式、晚上模式调整回路开启数量及控制照明的照度，实现区域控制、定时控制、室内检测控制三种控制方式的运用。另外，对于电梯厅、公共走道晚上照明、节假日照明采用红外移动探测器自动控制，实现人来灯亮、人走灯灭的节能效果。

图17-2　深圳平安国际金融中心大厦

作为华南第一高楼以及全球可持续发展设计理念的引领者，深圳平安国际金融中心严格参照绿色建筑设计标准进行设计，项目设计上采用了错峰的冰蓄冷空调系统、冷却塔水冲厕、雨水回收、节水型洁具等节能环保措施，以及窗帘太阳自适应控制系统、大面积节能 LED 泛光照明系统等多项绿色技术，使建筑总体节能绩效显著。比起同等规模的传统建筑，能够节省 46％的能耗，比起 ASHRAE 标准能再节约 18％～25％的能源。目前，深圳平安国际金融中心已获得美国绿色建筑委员会、绿色建筑认证协会“LED 核壳结构金级水平”认证，荣获中国建筑业协会授予的“第三批全国建筑业绿色施工示范工程”称号。

参考文献

[1]　住房和城乡建设部工程质量安全监管司．建筑业 10 项新技术（2010 版）[M]．北京：中国建筑工业出版社，2011.

[2]　胡联红，赵瑞军．电气施工技术 [M]．北京：电子工业出版社，2012.

[3]　梁丽清．浅谈建筑电气安装施工技术 [J]．科学之友，2011 (12)：99-100.

[4]　刘华．浅谈建筑电气安装施工技术 [J]．现代物业（上旬刊），2011 (12)：62-63.

[5]　胡志松．浅谈建筑电气施工安装技术 [J]．湖南农机，2012，39 (5)：230.

[6]　朱永强，朱甫泉．建筑电气节能减排措施和光伏新能源的应用 [J]．建设工程安全理论与应用，2012 (5)：606-611.

[7]　中华人民共和国住房和城乡建设部．《建筑电气工程施工质量验收规范》GB 50303—2015 [S]．北京：中国建筑工业出版社，2016.

[8]　中国电力科学研究院，等．《电气装置安装工程 高压电器施工及验收规范》GB 50147—2010 [S]．北京：中国计划出版社，2010.

[9]　中国电力科学研究院，等．《电气装置安装工程 电力变压器、油浸电抗器、互感器施工及验收规范》GB 50148—2010 [S]．北京：中国计划出版社，2010.

[10]　中华人民共和国住房和城乡建设部．《电气装置安装工程 母线装置施工及验收规范》GB 50149—2010 [S]．北京：中国计划出版社，2011.

[11]　中华人民共和国住房和城乡建设部．《电气装置安装工程 电气设备交接试验标准》GB 50150—2016 [S]．北京：中国计划出版社，2016.

[12]　国网北京电力建设研究院．《电气装置安装工程电缆线路施工及验收规范》GB 50168—2006 [S]．北京：中国计划出版社，2006.

[13]　中华人民共和国住房和城乡建设部．《电气装置安装工程 接地装置施工及验收规范》GB 50169—2016 [S]．北京：中国计划出版社，2016.

[14]　能源部电力建设研究所．《电气装置安装工程盘、柜及二次回路接线施工及验收规范》GB 50171—2012 [S]．北京：中国计划出版社，2012.

第十八篇　暖通工程施工技术

主编单位：中国建筑第四工程局有限公司　廖　勇　陈朝静　秦　瑜

摘要

随着人们生活水平的不断提高，人们对生活质量的要求也越来越高，暖通工程作为建筑工程的一个重要环节，其施工技术的好坏将直接关系到人们的生活质量。本篇主要从采暖、通风、空气调节系统三个方面对暖通工程施工技术做全面讲解。依据实际项目的应用，分别为采暖、通风、空气调节系统技术的发展提供有力支撑。围绕空调设备、变频技术、绿色环保、可持续发展、舒适性、智能化网络控制等多个方面对暖通工程施工技术未来的发展作出展望。

Abstract

With the continuous improvement of people's living standard, people has higher requirement for the quality of life, hvac engineering as an important link in construction engineering, its construction technology good or not will be directly related to the quality of people's lives. This paper mainly explains the construction technology of hvac from three aspects: heating, ventilation and air conditioning system. According to the application of actual project, it provides strong support for the development of heating, ventilation and air conditioning system. The future development of hvac construction technology is forecasted on the aspects of air-conditioning equipment, frequency conversion technology, green environmental protection, sustainable development, comfort and intelligent network control.

一、暖通工程施工技术概述

暖通专业在发展的过程中形成了以采暖、通风和空气调节为主的三大组成部分，经常被联系在一起，缩写为 HVAC（Heating，Ventilating and Air Conditioning）。

从 1673 年英国工程师发明了热水在管内流动以加热房间，到 1784 年英国的工厂和公共建筑中应用蒸汽采暖，开始发展现代采暖技术。1848 年法拉第首次发现氯化银吸附氨可产生制冷效果。1904 年在纽约斯托克斯交易所和德国一剧院建成和使用空调系统。1911 年美国开利（Carrier）博士发表了湿空气的热力参数计算公式，而后形成了现在广为应用的空气焓湿图，为空调技术的发展奠定了基础。

我国现代的采暖通风空调技术起步较晚。在 1949 年以前，只有个别高级建筑物中才有采暖或空调的应用，设备都是舶来品。1931 年上海大光明影院最早使用集中空调系统，采用离心式冷水机组。20 世纪 50 年代，在苏联的援助下，带来了采暖通风与空调技术和设备。相继在国内八所院校设置了"供热、供燃气与通风"专业，开始了暖通专业的发展。根据当时的国情，制定了以秦岭、淮河为界的北方民用建筑集中供暖，南方不集中供暖原则，一直沿用至今。

20 世纪 60～70 年代，热水采暖取代了蒸汽采暖，城镇采暖的集中供热得以快速地发展起来。由于电子工业的迅猛发展，促进了洁净空调系统的发展，国内先后建成了十万级、万级、100 级的洁净室。舒适性空调也在高级宾馆、会堂、体育馆、剧场等公共建筑中得到了推广应用。设备制造业的发展，为暖通技术的发展奠定了基础。1975 年颁布了《工业企业采暖通风和空气调节设计规范》TJ 19—1975，结束了采暖通风与空调工程设计无章可循的历史。

20 世纪 80～90 年代以来是采暖通风与空调技术发展最快的时期。空调由原来的主要服务于工业转向服务于工业和民用。从南到北的星级宾馆、商场、餐饮店、体育馆、高档写字楼都装了空调系统，单体空调及家用集中空调也开始进入家庭。

我国采暖通风空调的发展简史见表 18-1。

我国采暖通风空调的发展简史　　表 18-1

序号	时间	采暖通风空调的主要方式	应用的区域、场所
1	1949 年以前	采暖：火盆、火坑局部采暖 通风：自然通风 空气调节：中央空调	以局部采暖和自然通风为主，极个别高级场所使用空调
2	1978 年改革开放前	采暖：集中热水采暖 通风：机械通风和自然排风 空气调节：中央空调、窗式空调器、分体式空调器	空调应用于部分高级场所，如餐馆、酒店、体育场馆中
3	1978 年改革开放后	采暖：散热器供暖、热水辐射供暖、燃气红外辐射供暖、电加热供暖、热空气幕、地暖 通风：机械通风、自然通风、防排烟及加压送风 空气调节：中央空调（离心式冷水机组、螺杆式冷水机组、溴化锂吸收式冷水机组）、多联机，水源热泵、空气源热泵、辐射制冷，工位空调、VAV 系统	空调进入普及阶段，在餐馆、酒店、体育场馆、娱乐场所、行政中心、写字楼及普通民用建筑中广泛应用

二、暖通工程施工主要技术介绍

1. 采暖系统施工技术

采暖系统按照供热的方式划分为：热水采暖系统（包括重力循环热水采暖系统、机械循环热水采暖系统）、蒸汽采暖系统（包括低压蒸汽采暖系统、高压蒸汽采暖系统）、低温地板辐射采暖系统、发热电缆地板采暖系统、热电联供采暖系统。

常用定型的采暖系统主要由供热站、换热站、入户装置、主干管、主立管、水平支管、散热装置、阀门控制装置及配件、集气装置等部分构成。

1.1　热水采暖系统的组成

热水采暖系统由热源（供热站或换热站）、管道系统和末端散热设备组成。

1.2　热水采暖系统的施工技术

1.2.1　供热站、换热站

热源主要由锅炉提供，热水循环的动力由水泵提供，换热器主要以板式、容积式和半容积式换热器为主。

在民用建筑物中主要采用燃油（燃气）的快装（或组装）的生活锅炉。

采暖系统选用的水泵以电动离心式清水泵为主。

设备的安装流程为：施工准备→基础验收→放线→设备安装就位→设备初平→浇筑地脚螺栓孔混凝土→设备精平→设备基础二次浇筑混凝土→设备单机试运转→联动试车→竣工验收。

1.2.2　管道系统的安装

采暖管道普遍使用的管材有金属管道：焊接钢管、镀锌钢管、无缝钢管、不锈钢管等；非金属管道：铝塑复合管、PE-X、PPR、PE-RT、PB 等；复合钢管：钢塑复合管、铝塑复合管等。

钢管常用连接方式：螺纹连接、焊接、法兰连接、沟槽连接、承插卡扣式连接；塑料管常用连接方式：电熔连接、热熔连接、粘接和专用管接头配件连接；复合管道常用连接方式：专用管件连接。

由于各种管道材料的不同，为连接不同材质的管道，又派生出不同材质间管道过渡连接的管件，比如 PE 管与钢管连接的管件等。基本上是热（电）熔接口与丝接接口、热（电）熔接口与法兰盘配套的过渡管件。

管道敷设方式：明装和暗埋。

管道支架的安装方式：预埋法、膨胀螺栓及化学锚栓法。

管道安装顺序：干管→立管→支管。

1.2.3　采暖系统末端装置的安装

采暖系统末端装置包括：散热器、暖风机、风机盘管和辐射板等。

散热器安装应在墙体装饰施工完成后进行，铸铁散热器应在安装前完成组对试压，确定安装位置后进行吊钩的安装，散热器安装后进行支管连接。

2. 通风系统施工技术

2.1 通风系统的组成

通风系统由空气处理设备、风机、风管系统、风口、风阀等组成。

工业与民用建筑通风系统的分类见表 18-2。

通风系统的分类 **表 18-2**

分类方式		分类情况	备注
全面通风	按空气流动的动力分	自然通风	利用热压和风压为动力的通风
		机械通风	利用风机提供动力的通风系统： 既有机械送风，也有机械排风； 只有机械排风，室外空气靠门窗自然渗入； 机械送风系统与局部排风系统相结合； 机械送风系统与机械排风、局部排风系统相结合； 机械排风系统与空调系统相结合； 特殊情况，由空调系统实现全面通风
局部通风		局部排风系统	直接从污染源处排除污染物的系统； 排气罩是局部排风系统中捕集污染物的设备，分为：密闭式排气罩、柜式排气罩、外部排气罩、接受式排气罩、槽边排气罩和吹吸式排气罩等
		局部送风系统	直接将新风送至操作岗位的系统
事故通风		事故临时通风	为防止因操作失误或设备故障而突然产生的大量有毒气体或有燃烧、爆炸危险的气体、粉尘或气熔物对工作人员造成伤害和防止事故进一步扩大，而设置的临时通风系统

民用建筑防排烟系统的分类及控制措施见表 18-3。

防排烟系统的分类及控制措施 **表 18-3**

分类方式	分类情况	备注
阻挡和隔断	隔断	楼板、墙、防火门、窗
	挡烟垂壁	顶棚下凸不小于 500mm 的梁、挡烟垂壁
	吹吸式空气幕	吹吸式空气幕的效果是最好的，既能有效阻挡烟气又能允许人员通过，但由于增加设备费用，目前使用较少
疏导排烟	自然排烟	通过门窗将烟气排至大气
	机械排烟	通过风机及排烟风管将烟气排至大气，保持疏散通道安全
加压防烟	垂直疏散通道及避难层加压防烟	加压送风时应使防烟楼梯压力＞前室压力＞走道压力＞房间压力，同时保证各部分之间压差不要过大，以免造成开门困难，影响疏散

2.2 通风系统的施工工艺

2.2.1 通风设备的安装工艺

民用建筑防排烟及通风系统中多数采用轴流风机、混流风机、离心机、柜式离心机、射流风机、诱导风机等。

设备安装工艺流程为：施工准备→支、吊架制作安装→设备安装→设备调试→设备单机试运转→竣工验收。

常用的安装方式有弹簧吊架法（吊装）和加设弹簧阻尼减振器（落地安装）的方式。

2.2.2　通风系统的制作、安装工艺

通风工程常用的材料：金属材料、非金属材料、复合材料和其他材料。

金属类通风管道材料包括：普通薄钢板、镀锌钢板、铝合金板、不锈钢板、复合钢板；非金属类通风管道材料包括：硬聚氯乙烯板、玻璃钢；复合材料包括：酚醛板、玻纤板；其他材料如砖、混凝土、矿渣石膏板、木丝板等。

风管安装工艺流程如下：

金属风管制作时，常用咬口、铆接、焊接等方法进行对口连接，咬口连接是把需要相互结合的两个板边折成能互相咬合的各种钩形，钩接后压紧折边，适用于厚度小于等于1.2mm的薄钢板，其咬口形式有单平咬口、单立咬口、转角咬口、联合角咬口、按扣式咬口等（联合角咬口由于加工设备简单经济、易于操作等优点，在目前的施工中得到普遍应用）；当镀锌钢板、不锈钢板、铝板厚度δ>1.2mm时采用焊接，风管与法兰连接采用铆接连接或焊接连接。金属风管法兰分为角钢法兰和共板法兰。金属风管自动和半自动生产线的应用，大大提高了金属风管的制作质量和效率。

金属螺旋风管由钢带螺旋绕制而成，分圆形、矩形和扁圆形。

非金属风管根据板材的不同连接方式也不同，如硬聚氯乙烯矩形风管采用煨角连接或焊接连接，采用煨角连接时纵向焊缝距煨角处宜大于80mm。有机玻璃风管的连接内角交界处应采用圆弧过渡。砖、混凝土建筑风道不得有裂缝及孔洞等。

复合材料风管如双面铝箔复合绝热材料风管采用插接连接，四角处应粘贴直角垫片，插接连接件与负压风管粘接牢固且相互垂直，制作矩形弯管的圆弧时，采用机械压弯成形，轧压深度不宜超过5mm。玻纤板风管采用粘接连接，当风管边长大于1000mm时，正压风管应增设外加固框。外加固框架与内支撑的镀锌螺杆相固定。负压风管应设置在风管内侧。当水平安装风管长度每达20m时，应设置伸缩节，伸缩节长400mm，采用TEF泡沫密封条密封。

风管制作后组装前，根据规范要求采取加固措施，常用加固措施有角钢框加固、立咬口加固、楞筋加固、扁钢加固、螺杆加固、钢管内支撑等。

在通风系统中，风管采用法兰连接时，密封材料选用8501阻燃密封胶胶条或橡胶板。在防排烟系统中，风管采用法兰连接时，采用橡胶石棉板作为密封垫料。

在风管保温之前进行风管检漏。

2.2.3　通风系统附件的安装工艺

通风系统的附件包括：风口、调节装置、消声器、软连接等。风口安装应平直。

风管的调节装置常用多叶调节阀、蝶阀、插板阀等，与风管的连接多采用法兰连接，且必须设置单独的支、吊架。

软管材料主要是阻燃帆布，规格与风管规格相一致，严禁使用软管作为变径管、弯头等过渡管件。

2.2.4　通风系统调试及防排烟系统的消防联动试车

在民用建筑中，防排烟及加压送风系统施工完成后，需进行消防联动试车，确保排烟风口、防火阀、排烟阀、正压送风口等正常工作，排烟、送风风速及风量等参数应满足设计要求。

3. 空调系统施工技术

3.1 空调系统的组成

空调系统的分类：按空气处理设备的设置情况分为集中系统、半集中系统、全分散系统；按负担室内空调负荷用的介质分为全空气系统、空气-水系统、全水系统、冷剂系统。

全空气系统是完全由空气来承担房间的冷、热负荷的系统。

空气-水系统是由空气和水共同来承担空调房间冷、热负荷的系统，除了向房间内送入处理过的空气外，还在房间内设有以水作为介质的末端设备对室内空气进行冷却或加热。目前，在写字楼的空调系统中常采用风机盘管加新风系统的方式对房间进行供冷或供暖。

3.2 空调水系统的安装工艺

3.2.1 空调设备安装工艺

制冷机组是空调系统的核心设备，主要分为：

（1）冷水机组：离心式冷水机组、螺杆式冷水机组和吸收式冷水机组；

（2）多联机组：定频多联、定频一拖多和数码涡旋机组；

（3）热泵类：水源热泵、地源热泵、污水源热泵，海水源热泵、空气源热泵和生物质热泵。

设备安装前，首先根据图纸和安装说明检测基础及地脚螺栓孔洞位置大小、深度等，确保设备的坐标及标高符合要求后，进行设备安装。

在进行风机盘管安装时，需要对设备进行复检，做好凝结水排水管道坡度设计和施工。

对机房内的主机，集、分水器，软化水箱，水泵、空调机组等设备都要采用高等级水泥浇制机座或采用型钢支座。

水泵安装采用汽车起重机或人工吊装方式将水泵吊装就位。水泵安装完成后进行配管、配线工作。

3.2.2 空调水管道系统安装工艺

空调水管道与采暖管道材料及安装连接方式基本一致。区别在于管道支、吊架的形式不完全相同，空调水管道系统需要在支架与管道之间垫防腐木块，以减少冷桥的出现。同时需要做好管道支架间距设置，对于管线较长的空调水管，应该设置伸缩器。

管道附件的安装要求核对规格、型号，外观应无缺陷。传动装置及操作机构动作应灵活。

管道系统按规定进行强度、严密性试验后进行冲洗防腐和保温。

在制冷机房的施工过程中，结合 BIM 技术的应用，预制装配化的施工将得到大量的推广应用。如图 18-1、图 18-2 所示。

3.3 空调风系统的安装工艺

空调风管按材料分为金属风管、非金属风管和复合材料风管。

金属风管的制作安装工艺同通风系统，在系统安装完成且漏风、漏光检测合格后对风管进行保温。空调系统应设置木垫式支、吊架。

非金属风管和复合材料风管与金属风管在制作安装工艺上有明显的区别，非金属风管在制作过程中保温层与风管材料一起加工完成，在法兰连接处作加强处理。而金属风管的保温层施工是在风管安装完成后进行的一道独立工序。

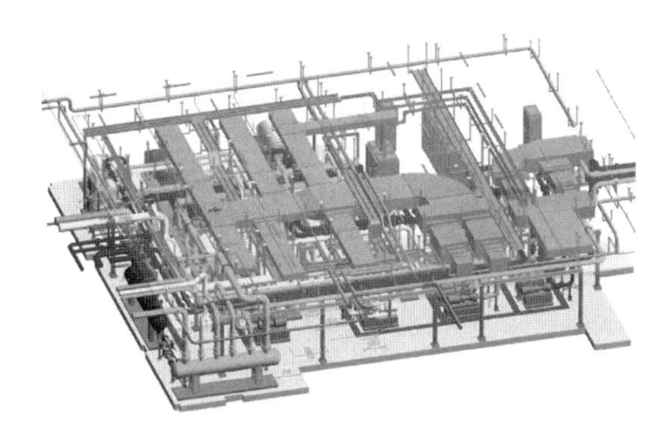

图 18-1　制冷机房的 BIM 深化设计效果图

图 18-2　制冷机房施工图

空调系统的风口风阀等附件的安装需要控制好漏风量，风口的位置易出现凝结水的现象，对于一些不能有水的重要场所必须做好预防凝结水的措施。

3.4　空调系统在建筑节能中的作用

暖通专业在建筑节能工作中占有很大比重，应从以下几方面做好工作：

建筑与环境：从改善建筑环境、合理设计建筑平面与体形、合理安排空调房间和空调机房的位置、改善建筑热工性能、屋顶采取隔热措施、减少有害源的影响等方面着手设计，可以起到很好的节能效果。

调整设计标准：从降低室内温度和相对湿度的设计标准、合理补给新风、变设定值等方面进行调整。

系统设计：空调风系统通过充分利用室外空气的自然冷却能力，加大送风温度差，合理划分空调系统，避免采用电加热，采用变风量（VAV）系统，冷却旁通，变露点调节，安排顺序控制，冷却器选择性控制，多工况自动转换、微机控制，利用地道风降温、加强保温，减少漏风，合理选定风管尺寸，选用闭式系统、变流量水系统，选用较高的冷水初温，适当加大供、回水温差，复式泵供水、蓄热、深井回灌等方式改进设计来满足节能要求。

设备的选择：提高制冷机的效率、能量调节，采用高效换热设备、采用节能型空调器，保持较高的水输送系数（WTF）、风输送系数（ATF）、性能系数（COP 值）、能效比（EER）。

热回收、废热的利用：在系统中加设板式换热器、板翅式全热换热器、中间热媒式换热器、转轮换热器、热管换热器等起到节能的效果。

三、暖通工程施工技术最新进展（1～2 年）

1. 采暖系统施工技术的发展

我国《民用建筑节能管理规定》中明确规定："新建居住建筑的集中采暖系统应当使用双管系统，推行温度调节和户用热量计量装置，实行供热计量收费。"故双管制集中热水采暖系统将会继续普及运用。

电热辐射采暖及太阳能辐射采暖将会在电能或太阳能丰富的地区运用。

在施工过程中，采用综合深化设计的措施，统一排布建筑物内部系统的管道线路，综合考虑各部分管道线路走向，避免不同系统的设计冲突。

针对管道滴漏的问题，必须加强保温材料的运用与检查，而且要确认施工图纸的完整性和准确性，做好施工检查工作，杜绝管道与保温套管配置不合理的情况，在管道通过墙体的部分增设保温保护，保证墙壁和管道保温层之间的严密结合。

2. 通风、防排烟系统施工技术的发展

高层民用建筑的通风和防排烟系统，正压送风将继续采用镀锌薄钢板风管系统。

3. 空调系统施工技术的发展

在空调系统中，变风量（VAV）系统会在舒适性要求较高的场所（如广州西塔、厦门世贸天玺酒店等）推广应用；VRV 系统在一些建筑中得到应用（如贵阳国际会议展览中心酒店、天津周大福金融中心项目等）；地源热泵在贵阳市规划馆项目得到应用；多联机在广州金融城项目得到应用；蓄冰制冷在广州西塔、深圳百度项目得到应用；转轮换热器在贵阳国际会议展览中心项目得到应用。变制冷剂流量系统与定风量系统和变风量系统相结合的新型传统能源空调系统是今后几年内的发展方向。

4. 其他

4.1 降低噪声的措施

空调设备机房采取吸声处理及采用浮法减振地台基础等措施降低噪声。在空调系统的风机进出风口与管道之间增加软接头及在水泵的进出口配置橡胶挠性接管，在设备与管道之间配置支承或悬吊支隔振装置，都能有效地降低空调系统在安装及运行中产生的噪声。

4.2 施工中多专业多工种的配合及空调水系统的预制装配化施工

随着 BIM 技术的推广应用，将会更深入地处理好暖通专业与机电专业管线的综合布置，合理利用有限的空间，提高暖通专业施工组织管理水平。在机房的施工中，为解决安装与土建主体施工的工期需求矛盾，预制装配式机房的施工方式已开始使用，并将推广应用。

4.3 空调系统运行过程中的清洗技术

中央空调风管内易形成积尘，成为有害微生物的滋生地。采用多功能机器人来实现中央空调风管的检查、清洗和消毒。图 18-3 为风管清洗工作原理示意图。

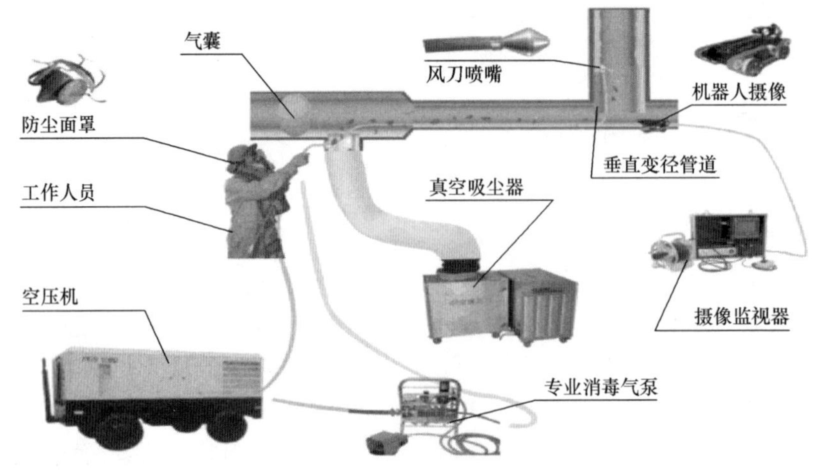

图 18-3　风管清洗工作原理示意图

四、暖通工程施工技术前沿研究

1. 空调设备的研发方向

未来空调技术开发将主要围绕以下几个主题：变频空调技术、节能、环境保护、舒适、静音化、智能化网络控制。

1.1　变频空调技术

变频空调技术指通过空调变频器来控制和调整压缩机的转速，使之始终处于最佳的转速状态，从而提高空调能效比并保持室温的稳定。

变频空调技术主要围绕如何降低最低使用频率以及如何保证空调在低频条件下的工作状态两个方面进行。

1.2　提高节能制冷效率

空调器制冷效率的提高主要通过三种措施实现，其一是应用高效压缩机与采用压缩机的控制技术，其二是强化换热效率，其三是智能化的控制技术与空调制冷系统有机结合使空调器运行在最佳状态。

高效压缩机是使用直流变频技术或定频变容压缩机来提高空调器的节能效率。2009年格力电器“热回收数码多联空调机组”通过了国家火炬计划，具有高效、环保、节能的特点。美的的超高效变频双级压缩降膜式离心机 COP 值达到了 7.11，IPLV 值达到了 11.6，引领中央空调进入能效 7 时代。

低温送风系统及冰蓄冷低温送风系统的综合应用，能做到真正意义上的节能。

区域性集中制冷也是提高节能制冷效率的一种方式。上海交通大学王如竹教授团队潜心研究形成的“吸附式制冷的吸附机理、循环构建及热设计理论”，获得 2014 年度国家自然科学二等奖，也将推动吸附式制冷技术在民用建设中得到利用。

1.3　环境保护和安全性

氟利昂是空调的制冷剂，氟利昂对臭氧层有破坏性，因此业内仍在研发新型制冷剂以及天然制冷剂，力求做到既不破坏臭氧层，又不会造成气候变暖。

1.4　高舒适性和室内空气品质

提升产品舒适度围绕温度控制和湿度控制进行，优化室内气流组织，采用合理的控制模式，在满足人体热舒适度的同时，达到节能的目的。采用的控制模式包括舒适节能控制模式、新型导/扫风板结构、新型送风方式、有水/无水加湿等。

改善室内空气品质主要通过使用抗菌（防霉）材料、抗菌（防霉）过滤网、负/等离子发生器、静电除尘器、换气部件、增氧部件等，达到抗菌、除异味、去除室内有害污染物的目的。

遇雾霾或沙尘暴天气时如何处理好新风的净化，也是空调系统发展应处理的问题。

在大开间的办公建筑中，为满足不同员工对舒适度的要求，工位空调系统也将会得到广泛应用。

1.5　静音化

空调的静音设计是一个系统工程，不仅要设计出低噪声的发声部件（包括压缩机、电机、风机风道、电加热管、进风部件、出风部件、配管系统、壳体结构）更要将这些可能的噪声源部件与换热系统的设计、控制技术、材料选用、工艺程序整合起来，使整机运转达到良好的匹配状态，实现静音化运行。既减少发声部件产生的噪声，也减少系统运行时产生的噪声。

静音技术面临的挑战来自于：室内机超薄化、光面板以及室外机小型化、变频化的消费趋势。采用的技术包括以下几方面：CFD 风道优化设计技术、基于舒适性研究的环境静音技术、基于两相流分流研究的降噪技术和压缩机降噪技术等。相关研究已取得了比较明显的成果，国内卧室空调的静音性能达到了行业领先水平。

1.6　智能化网络控制

通过手机短信、手机软件、电话遥控、因特网、电力线等远程手段操控空调，将空调运行状态、图像信息与安保关联，并将空调的运行状态通过网络、电力线、电磁波等回传至用户。

加湿联动：独立的加湿器与空调协同工作，保证舒适性。

门窗联动：当判断出自然风能满足舒适性需求时，就智能关机开窗，以最大限度地利用自然环境降温，节电、舒适、方便。

2. 蓄冷装置配合低温送风的运用

随着国家峰谷电力政策的持续推进，蓄冷技逐渐发展成为一项成熟的空调制冷技术。与分布式能源技术、区域供冷技术、低温送风技术、地源热泵技术等结合成为蓄冷技术新的发展趋势。

3. 太阳能的利用

太阳能是地球上主要能量的根本来源，其直接表现为太阳辐射。其特征为：清洁无污染，不产生温室气体，不会释放有毒有害物质，且可再生。

太阳能制冷的两条途径：一是太阳能光电转换，通过太阳能电池将太阳能转换成电能，再用电能驱动常规的压缩式制冷机，以电制冷；二是太阳能光热转换，将太阳能转换成热能（或机械能），再利用热能（或机械能）制冷。目前应用的为：太阳能吸收式制冷、太阳能吸附式制冷和太阳能喷射式制冷。

2015 年 9 月 23 日，在英国 HVAC 行业最受瞩目的 RAC 制冷行业大奖上，格力光伏直驱变频离心机获得年度国际成就大奖。中国企业第一次获此殊荣。

4. 新设备、新材料、新技术、新标准的应用

设备制造精度的提高，将从根本上解决设备的振动和噪声等问题。

在管道系统的施工中，复合材料的应用将会改变现有的施工技术。

支、吊架的制作也将从目前的现场制作向工具型、模块型转变。固定方式将从预埋转变成以膨胀螺栓、化学锚栓固定为主。

随着人们对生活质量要求的提高，目前的施工验收规范、设备制造规范要求也将会提升，相应的安装水平也会提升，这将对设备安装提出更高的减少振动、降低噪声、降低能耗的要求。

5. 暖通空调业发展原则

暖通空调业发展所遵循的原则，概括起来就是：节能、环保、可持续发展、保证建筑环境的卫生与安全，适应国家的能源结构调整战略，贯彻热、冷计量政策，创造适合不同地域特点的暖通空调技术，具体可概括为以下十三个方面：

（1）供暖技术：分户热计量的实施、供暖系统改造、低温地板辐射供暖、新型散热器应用；区域供热供冷、冷热电联供技术、分布式冷热电联供技术。

（2）通风技术：夏热冬冷地区住宅通风、传染病医院病房通风、手术室等生物洁净空调的空调洁净技术、商场和地铁等公共空间的通风、工业通风。

（3）室内环境质量：热舒适环境、室内空气品质（室内建筑装饰材料、设备散发污染物规律研究、评价方法等），通风空调气流组织与室内空气品质。

（4）燃气空调：燃气热泵；使用燃气的冷、热、电三联供，燃气蒸汽联合循环。

（5）蓄能技术：冰蓄冷空调、低温送风技术、水蓄冷技术、蓄热供暖。

（6）可持续发展能源技术与暖通空调：可再生能源利用、热回收技术与设备、建筑本体节能、被动式建筑。

（7）节能环保设备的开发：利用低位热能和水源、土壤热源的热泵；高能效设备。

（8）空调通风系统和设计进展：分散式个别空调、变风量系统、变水量系统、置换通风及相关系统研究和应用、住宅空调方式、新风利用、蒸发冷却技术应用；毛细管网辐射空调系统以其高舒适度、高静音、冷凝水盘不存在细菌滋生源等优点，将会在民用项目中推广应用。

（9）模拟与分析技术、智能控制：暖通空调能耗模拟、能量分析、暖通空调与智能建筑。

（10）制冷技术：空调相关制冷技术研究应用进展、新型制冷剂、天然制冷剂、含氯氟烃制冷剂替代物、新型制冷循环。

（11）优化控制技术：结合新的控制方法的优化技术、结合系统以能耗最低为目的的优化控制技术、以舒适性最优为目的的优化控制技术等。

（12）传统能源新型空调系统：如将变制冷剂流量系统与定风量系统、变风量系统结合的新型空调系统。

（13）新能源空调系统：太阳能中央空调、基于太阳能＋吸附式制冷的空调系统。

“节能、环保、绿色”等概念的影响及我国能源结构的调整，对暖通空调设计的挑战越来越严峻，因此，在进行暖通空调设计时要着重考虑“建筑节能”。减少建筑的冷、热及照明能耗是降低建筑总能耗的重要内容。

五、暖通工程施工技术指标记录

在节能方面VAV空调有明显的优势，当送风量为设计工况的90％时，风机所需功率仅为设计工况的72.9％，节省17.1％的耗电量。与CAV空调系统相比，VAV空调系统全年空气输送能耗一般可节约25％～30％。

在蓄冷及低温送风技术方面，如选用8～10℃的低温送风系统，在空气输送能耗方面可节能40%～50%。

供暖时，每降低1℃，可节能10%～15%；供冷时，每提高1℃，可节能10%左右。

多工况自动转换，全年节约热量50%～60%，节约冷量约15%～20%。

六、暖通工程施工技术典型工程案例

1. 毛细管温湿度独立控制空调系统

本工程项目用地位于宁波市。本设计为1号住宅楼，单体建筑面积约16816.6m^2，主体地上31层、地下2层，楼高103.05m。

1.1　设计范围

毛细管辐射空调末端与地板送风空调系统相结合的温湿度独立控制空调系统包括：毛细管辐射空调系统、地板式置换送风系统、新风机房以及换热机房。

1.2　系统设计说明

1.2.1　空调冷热负荷

(1) 建筑围护结构热工性能参数：屋顶综合传热系数$K\leqslant0.51$W/(m^2·K)；外墙综合传热系数$K\leqslant0.62$W/(m^2·K)；外窗综合传热系数$K\leqslant2.6$W/(m^2·K)；断热桥铝合金中空LOW-E玻璃窗，外窗遮阳系数$SC\leqslant0.62$，与地下室相邻的楼板综合传热系数$K\leqslant0.8$W/(m^2·K)。

(2) 新风量及除湿量满足：人员卫生要求、保持室内正压要求、夏季除湿要求。

1.2.2　换热机房设计说明

冷、热源由小区能源中心供给：冷水供回水温度为12℃/18℃，热水供回水温度为40℃/34℃。换热站设在地下二层，供冷季经换热机组换成17℃/20℃的供回水，供热季换成35℃/30℃的供回水。换热机组后的二次侧空调水系统纵向分为高、中、低三个区。

1.2.3　空调水系统设计说明

室内采用毛细管辐射空调系统夏季供冷冬季供热，控制室内温度，毛细管席铺设于顶面和部分内墙上。首层冬季采用地板采暖系统辅助供暖。单元入户大堂采用风机盘管空调末端。

(1) 毛细管席铺设量设计：本设计采用德国进口BEKA毛细管席K.S.15系列产品，并根据产品制冷/制热特性设计铺装量，满足各房间制冷/制热需求。

(2) 水处理及定压补水设计说明：毛细管席末端的二次水定压采用闭式定压罐定压系统。补水经软化处理后，水的清晰度达到自来水的标准，在补水系统上需要安装不低于60目的Y型过滤器。

1.2.4　空调新风系统设计说明

(1) 新风机房设计说明：本项目设置6台热泵式溶液调湿新风机组，地下室设置4台5000m^3/h的溶液除湿新风机组，屋顶设置2台10000m^3/h的溶液除湿新风机组。新风系统纵向分两个区，高、低区新风机房分别设置在屋顶和地下二层。新风机组选用全热回收。

(2) 末端风系统设计说明：本项目空调房间采用下送上回的置换送风方式，送风采用地板送风系统。新风经过新风机组处理后由新风竖井进入到各个房间的送风静压箱，通过地板送风口送入空调区域。地板送风口面板尺寸：除更衣室采用500mm×80mm外，其他房间采用800mm×80mm。空调房间吊顶内侧隐藏安装侧回风口。在空调房间的公共区域设置排风口，排风集中经过空调机组全热回收后集中排放到室外。

（3）热泵式溶液调湿新风机组说明

1）机组采用溶液调湿技术对空气进行湿度调节，具有调湿功能的盐溶液与空气在机组内部以直接接触的方式进行热湿交换；

2）机组自带冷热源（热泵），具备对空气冷却、除湿、加热、加湿、全热回收等功能；

3）机组所采用的盐溶液须无毒、无挥发性、化学性质稳定，并且具有较强的吸湿能力；

4）机组溶液储液箱采取密封处理，防止溶液溅出；

5）机组中与溶液接触的换热器金属材质为钛。

2. 华为武汉研发基地蓄冰系统

2.1　设计概况

华为武汉研发生产项目位于武汉市东湖高新技术开发区，总建筑面积53.58万m^2，由8栋生产用房和2栋食堂建筑等子项组成（标号为W1～W10），高度均不超过24m，为多层建筑。

本专业设计范围为：

（1）空调系统设计；

（2）通风系统设计；

（3）防排烟及通风、空调系统防火设计。

整个园区的空调冷热源由集中的冷冻机房和锅炉房供应，而锅炉房设在北区W3的地下室内。

设在W2一层及地下室的数据中心采用独立的空调系统，其冷热源独立设置。

2.2　设计参数

2.2.1　武汉地区气象资料

（1）夏季室外计算参数

夏季室外大气压力99967Pa，夏季空调室外计算干球温度35.3℃，夏季空调室外计算湿球温度28.4℃，夏季空调室外计算日平均温度32.2℃，夏季通风室外计算温度32℃，夏季通风室外计算相对湿度63%，夏季室外平均风速2m/s。

（2）冬季室外计算参数

冬季室外大气压力102447Pa，冬季空调室外计算温度－2.4℃，冬季空调室外计算相对湿度72%，冬季通风室外计算温度0.1℃，冬季室外平均风速2.6m/s，最多风向平均风速3.9m/s（NNE）。

2.2.2　空调冷热源

除数据中心外的各子项采用集中冷热源的中央空调系统，网络机房、弱电间等设独立的多联机空调系统。

园区空调系统采用集中的冷热源，冷冻机房和锅炉房均设在北区东侧的地下室，冷、热水管通过东、西侧及南、北区之间的管廊，为北区西侧及南区供冷、供热。

根据初步设计及业主关于制冷主机的订货设备资料，空调冷源的形式为基载制冷主机+蓄冰供冷系统，基载制冷主机为3台制冷量为4220kW（1200RT）的离心式冷水机组；蓄冰供冷系统由5台双工况（空调/蓄冰）离心式制冷机组和5套冰盘管式蓄冰槽、乙二醇溶液泵、板式换热器等设备组成。双工况主机在空调工况时的单台制冷量为3868kW（1100RT），在蓄冰工况时的单台制冷量为2540kW（722RT），每组蓄冰槽的蓄冷量为6600RTH，由6个蓄冷量为1100RT的蓄冰槽组成。

因园区为全年供冷，因此3台离心式冷水机组均并联设置有板式换热器，当冬季室外的干、湿球温度达到设定值时，进行冷却塔免费供冷。

双工况制冷机组与蓄冰槽、乙二醇溶液泵、板式换热器等一一对应组成独立环路，任一台双工况制冷机组均可实现空调/蓄冰工况的自由转换，以满足在夜间空调冷负荷超过预计值时提供足够的制冷量。

蓄冰供冷系统的总额定蓄冷量为33000RTH，最大融冰供冷量为14417kW（4100RT），双工况制冷机组与蓄冰槽联合供冷可提供的制冷量为33756kW（9600RT），整个冷源的最大供冷量为46415kW（13200RT）。

冷源的供回水温度为6℃/14℃。冬季冷却塔免费供冷的供回水温度为10℃/15℃。

蓄冰供冷系统中，乙二醇溶液进出制冷机组的温度，在蓄冰工况时为−2.2℃/−5.6℃，在空调工况时为13℃/5℃。通过板式换热器提供的空调冷冻水温度为6/14℃。

锅炉房设有5台供热量为4200kW的燃气（油）真空锅炉，为园区空调系统提供热源，同时为W3、W8提供生活热水。锅炉燃用天然气，并备有轻柴油日用油箱，以便燃气系统供应中断时能不间断供热。

第十九篇　建筑智能工程施工技术

主编单位：中国建筑第七工程局有限公司　付　伟　张中善　冯大阔
参编单位：中建安装工程有限公司　徐义明

摘要

近年来，随着人们对建筑物功能性和智能化要求的提高，智能产品逐步向工作生活场景全维度的渗透，已经形成智能家居、智慧社区、智慧城市等一系列形态，建筑智能越来越彰显它的重要性和时代性。本文简要介绍了建筑智能工程的主要技术，重点论述了技术的前沿研究，同时还介绍了智能化技术在建筑工程中的新应用及典型案例。

Abstract

In recent years, with the improvement of the functional and intelligent requirements for the building, the intelligent products gradually infiltrate into the work and life situations, and a series of modalities, such as the smart home, smart community, smart city and so on, have been established. The architectural intelligence is becoming more and more important and epochal. This paper briefly introduces the main technology of the building intelligent engineering, focuses on the frontier technical study, and introduces the new applications and typical cases of the intelligent technology in building engineering.

一、建筑智能工程施工技术概述

随着信息化、网络化、移动互联、云计算、大数据等新技术发展，以及电子商务、移动办公时代的到来，人们对建筑物功能性的要求也随之提高，传统建筑提供的功能已远远不能满足现代社会发展和工作与生活的要求。人们进一步要求建筑向“智能化”的方向发展，即智能建筑。智能建筑以建筑物为平台，基于对各类智能化信息的综合应用，集架构、系统、应用、管理及优化组合为一体，具有感知、传输、记忆、推理、判断和决策的综合智慧能力，形成以人、建筑、环境互为协调的整合体，为人们提供安全、高效、便利及可持续发展功能环境的建筑（GB/T 50314—2015）。

建筑智能化主要是指以建筑物为平台进行信息管理、自动控制和对信息综合应用的能力。这个能力涵盖了信息的搜集与综合、分析与处理以及信息集成应用的一种形态。运用现代化的经营和管理手段提高用户工作效率，提升建筑适用性，降低使用成本，将建筑的结构、系统服务和管理有机融合，以现代建筑艺术为框架，以智能化工程为灵魂，为人们提供安全、高效、舒适、便利的环境，已经成为发展趋势。工程架构主要由以下系统组成：

信息化应用系统（information application system）：以信息设施系统和建筑设备管理系统等智能化系统为基础，为满足建筑物的各类专业化业务、规范化运营及管理的需要，由多种类信息设施、操作程序和相关应用设备等组合而成的系统。

智能化集成系统（intelligent integration system）：为实现建筑物的运营及管理目标，基于统一的信息平台，以多种类智能化信息集成方式，形成的具有信息汇聚、资源共享、协同运行、优化管理等综合应用功能的系统。

信息设施系统（information facility system）：为满足建筑物的应用与管理对信息通信的需求，将各类具有接收、交换、传输、处理、存储和显示等功能的信息系统整合，形成建筑物公共通信服务综合基础条件的系统。

建筑设备管理系统（building management system）：对建筑设备监控系统和公共安全系统等实施综合管理的系统。

公共安全系统（public security system）：为维护公共安全，运用现代科学技术，具有以应对危害社会安全的各类突发事件而构建的综合技术防范或安全保障体系综合功能的系统。

应急响应系统（emergency response system）：为应对各类突发公共安全事件，提高应急响应速度和决策指挥能力，有效预防、控制和消除突发公共安全事件的危害，具有应急技术体系和响应处置功能的应急响应保障机制或履行协调指挥职能的系统。

机房工程（engineering of electronic equipment plant）：为提供机房内各智能化系统设备及装置的安置和运行条件，以确保各智能化系统安全、可靠和高效地运行与便于维护的建筑功能环境而实施的综合工程。

二、建筑智能工程施工主要技术介绍

建筑智能化技术是以建筑为平台，建筑智能化的发展是随着科学技术的进步而发展和创新，随着计算机技术，网络通信技术、建筑设备管理技术、控制技术、通信技术、传感技术等进步，必将推动建筑智能化系统在技术实现和工程实施方面的飞速发展。

1. 计算机技术

现代计算机技术的核心是并行的分布式计算机网络技术。计算机技术主要包括：数据库技术、分布式处理技术、操作系统技术、多媒体技术、软件工程技术等。

2. 网络通信技术

建筑智能化系统通过无线、有线通信技术、实现数据、语音、视频的高速传输。随着网络技术的发展，特别是嵌入式技术的普及，现代网络技术已经可以实现设备间各类数据的交换。网络技术的宽带化、高速化和无线化的发展，将促进建筑智能化核心技术的发展。

3. 建筑设备管理技术

建筑设备管理技术是对建筑设备监控系统和公共安全系统等实施综合管理的系统。本系统将建筑物或建筑群内的变配电、照明、电梯、空调、供热、给排水、消防、安保、车库管理等众多分散设备的运行、安全状况、能源使用状况及节能管理实行集中监视管理和分散控制，在保证系统运行经济性的同时实现管理的智能化。

4. 控制技术

控制技术主要指集散型的监控系统。硬件采用标准化、模块化、系列化的设计；主流软件采用实时多任务、多用户分布式操作系统（或嵌入式系统）；并具有配置灵活、通用性强、控制功能完善、数据处理方便、显示操作集中、人机界面友好、安装调试方便、维护简单、实时性强、可靠性高等特点。

5. 传感技术

传感技术同计算机技术与通信技术一起被称为信息技术的三大支柱。随着技术的飞速发展，传感器也将越来越小型化、微型化、无线化。将来的建筑中，传感器将无处不在，它如尘埃般分布在建筑中的各个角落，就如同人类的感官一样，无时无刻不在监测着建筑中的各种信息。通过从传感器终端得到的数据进行综合模拟分析，可以得到更加有用的数据为人类服务。在可预知的未来，生物传感器、纳米传感器等更多新型传感器也会逐渐得以应用。这些丰富多样的传感器以及从中获取的大数据必将赋予建筑卓越的感知能力。

6. 系统集成与检测技术

智能建筑的核心是系统集成，以一体化集成的方式实现对信息、资源和管理服务的共享。系统集成技术是在一系列标准、规范、协议的基础上，通过软件平台实现对各个子系统数据共享和控制协调。数字化技术、各类规范、协议、标准的建设是系统集成技术的基础，智能化系统集成检测是非常重要的环节。如：智能化集成系统的设备、软件和接口等的检测和验收范围根据设计要求确定。系统集成检测应在各个子系统检测合格，系统集成完成调试并经过试运行后进行。智能化集成系统检测应在服务器和客户端分别进行，检测点应包括每个被集成系统。接口功能应符合接口技术文件和接口测试文件的要求，各接口均应检测。检测过程应遵循先子系统，后集成系统的顺序检测。智能化各系统集成和检测后就可以对建筑物内信息进行自动采集、自动控制、分析处理等。

三、建筑智能工程施工技术最新进展（1～2年）

随着大数据、物联网技术、云计算技术、移动互联网技术等的不断深入发展，近两年建筑智能化系统也发生新的变化和新的理念，建筑智能化正逐步向工作生活场景全维度的渗透，已经形成智能家居、智慧社区、智慧城市等一系列形态。

1. 智能家居

智能家居是以物联网、传感器等技术为基础，可以实现家庭中各种与信息相关的通信设备、家用电器和家庭安保装置通过物联网技术连接到一个家庭智能化系统上，进行集中的或异地监视、控制和家庭事务管理，并保持这些家庭设施与住宅环境的和谐与协调。智能家居通过家庭内网与智慧社区对接，能够提供一个高度安全性、生活舒适性和通信快捷性的信息化与自动化居住空间，从而满足信息社会中人们追求快节奏的工作方式，以及与外部世界保持完全开放的生活环境的要求。

2. 智慧社区

智慧社区的基础是智能家居，智能家居的实现为建设智慧社区提供了有利条件，智慧社区反过来也有力地推动了智能家居的普及，而打造智慧城市才是打造智慧社区的终极目的，智慧社区作为连接智慧城市的重要纽带，已成为社会生活发展的一个重要趋势。

智慧社区包括家庭智能化管理系统、社区区域定位系统、弱势群体保障系统、周界防范监控系统、监控系统、门禁系统、楼宇对讲系统、家庭报警系统、停车场管理系统、紧急广播与背景音乐系统、电子巡更系统、楼宇自控系统、智能物业等子系统，这些子系统组成一个扩展性强和易维护性的智能化社区管理系统。智慧社区让住户更安全，比如周界防范监控系统一触即发，对非法途径进小区的行为进行报警；社区区域定位系统更能保障人员安全，通过实时定位人员具体位置等。智慧社区的搭建使其成为物业与业主快速沟通的桥梁，通过更加便捷的服务，提高了现代业主对物业的满意。让社区与物业的关系更加和谐，让社区建设更加智能。

3. 智慧城市

智慧城市就是运用信息和通信技术手段感测、分析、整合城市运行核心系统的各项关键信息，从而对包括民生、环保、公共安全、城市服务、商业活动在内的各种需求做出智能响应。其实质是利用先进的信息技术，实现城市智慧式管理和运行，进而为城市中的人创造更美好的生活，促进城市的和谐、可持续发展。

四、建筑智能工程施工技术前沿研究

2015年12月国务院办公厅关于印发《国家标准化体系建设发展规划（2016—2020年）》的通知中提到：在信息通信网络与服务方面要开展新一代移动通信、下一代互联网、三网融合、信息安全、移动互联网、工业互联网、物联网、云计算、大数据、智慧城市、智慧家庭等标准化工作，推动创新成果产业化进程。2016年12月底，国务院签发了《"十三五"国家信息化规划》，提出要加强未来网络、类脑计算、人工智能、虚拟现实、大数据认知分析等新技术。2017年，"国务院办公厅关于促进建筑业持续发展的意见"中第14条强调，在新建建筑和既有建筑改造中推广普及智能化应用，完善智能化系统运行维护机制，实现建筑舒适安全、节能高效。这些政策文件的出台，确保了国家对未来建筑智能化及相关技术研发的支持，同时也明确未来建筑智能化是以技术为核心的。

1. 建筑智能未来发展关键技术

1.1　物联网技术

物联网是借助射频识别、红外感应器、全球定位系统、激光扫描器等信息传感设备，按约定的协议，把任何物品与互联网连接起来，进行信息交换和通讯，以实现智能化识别、定位、跟踪、监控和管理的一种网络。智能建筑中存在各种设备、系统和人员等管理对象，需要借助物联网的技术，来实现设备和系统信息的互联互通和远程共享。未来，基于物联网技术的智能建筑综合管理系统，能够将建筑内部信息全面感知、可靠传送和智能处理，从而实现物与物、人与物的连接，实现以"人"为核心的智能化，向机器智能和自动决策方向发展。

1.2　云计算服务技术

云计算服务是构建智慧城市、智能建筑资源池和综合平台的基础，主要包括云计算和云存储等形式，它为采用物联网技术带来的海量数据的计算与存储问题奠定了基础，成为推动智能建筑应用更加智能化的核心动力。

在智能建筑的建设中，大数据的采集和分析让系统网络可对物业数据进行自动跟踪，自动配置照明、暖通、电梯等系统运行机制和逻辑程序。原本智能建筑只是监测、控制、报警，而无法预测分析现状和预测事故的发生，而采用大数据分析时，则可实现预测、预警和引导，使建筑设备安全使用，环境舒适化调整，生活和工作智能应用，同时大数据信息与手机智能端相连，将实现智能分析信息移动共享。

因此，未来的智能建筑在某种程度上是一个云计算和大数据的应用中心，将来完全可以实现从一个灯泡，到整栋建筑的安全、质量、环境，甚至到人的行为都可以通过楼宇的大数据系统来预测。

1.3　移动互联技术

移动互联技术的应用，最重要的是解决了建筑内系统与人员之间互联互通的问题，真正把人员以及其工作融入到了自动化系统当中，实现了人机协同。移动互联网的出现为智能建筑带来了基于"平台＋应用"的新方式。这种类似智能手机的构建方式，从需求出发，使用户可以根据自己的使用需求和意愿，进行功能的增加或删除。

1.4 “互联网+”技术

在“互联网+”的时代，每个行业、企业都要找到自己的“互联网+”，建筑行业也不例外。建筑智能化正处于急需新飞跃的当口，而这个飞跃的实质是要将新技术整合到传统的建筑智能化中，形成新的“互联网+智能建筑=感知建筑”。这里的“感”意味着感觉，是物联网技术的体现，“知”是传递与识别，是互联网技术的体现，感知建筑以物联网、云计算、大数据为技术承载和运转引擎，它将为建筑智能化产业带来新的生机。这个平台也彻底解决了建筑对外接口互通、对内共享联动的问题。

1.5 虚拟现实技术

虚拟现实（VR）技术是一种可以创建和体验虚拟世界的计算机仿真系统。利用虚拟现实技术能够按照实际情况还原真实的施工现场，设置高空坠落、吊装物体打击、触电事故、排水施工工艺体验、管廊主体施工工艺体验等项目，施工人员可以在虚拟的场景里漫游，对施工工艺进行模拟，迅速掌握施工相关要领，同时也可以体验相关安全事故，从而达到提高建筑施工质量和减少伤亡事故的目的。

1.6 人工智能技术

人工智能技术运用于建筑中，类似于建筑有自己的“大脑”，能控制和自动调节建筑内的各类设施设备，让建筑具有判断能力，并驱动执行器进行有序的工作。当建筑所有的静态数据和动态数据都集中到一个平台上，通过基于大数据分析技术的智慧建筑大脑将所有系统变成一个整体，各系统间能有机的协同联动。自动学习基于前期的深度挖掘成果，能对环境、经济、用户体验等各方面出现的各类复杂问题进行快速建模，完成建筑从基础的数据采集与展示，向敏锐感知、深度洞察与实时综合决策的智慧化阶段发展。

1.7 BIM技术

BIM（Building Information Modeling）是以建筑工程项目的各项相关信息数据作为模型的基础，进行建筑模型的建立，通过数字信息仿真模拟建筑物所具有的真实信息。它是5维关联模型，可实现协同设计、虚拟施工、碰撞检查、智能化管理等从设计到施工到运维全过程的可视化，可以使资源得到最优化的利用。BIM模型是一个丰富的建筑信息库，它通过数字信息技术把整个建筑进行了数字化、虚拟化、智能化、存储了建筑的完整信息数据。BIM作为可视程度非常高的一体化平台，与传统监控、运维系统结合后可以极大提升原有系统的应用效率，通过与GIS、物联网系统的整合，利用自身的三维模型的优势，就可以为建筑提供更好的管理手段和应用创新，创造更好的用户体验和更高的工作效率。

1.8 智能控制技术

智能控制技术通过非线性控制理论和方法，采用开环与闭环控制相结合、定性与定量控制相结合的多模态控制方式，解决复杂系统的控制问题；通过多媒体技术提供图文并茂、简单直观的工作界面；通过人工智能和专家系统，对人的行为、思维和行为策略进行感知和模拟，获取楼宇对象的精确控制；智能控制系统具有变结构的特点，具有自寻优、自适应、自组织、自学习和自协调能力。

1.9 多媒体技术

传统多媒体技术将向互动的虚拟空间技术方向发展：

(1) OLED大屏幕显示技术将替代目前采用的LED/LCD拼接显示技术，激光合成投影技术将替代目前的全光谱投影技术。

（2）二维的多点触摸行为识别技术仍将是人机互动的主流技术，激光合成投影技术条件下的三维空间行为互动技术将得到工程应用。

（3）除声光电（视觉、听觉）系统外，味觉、触觉还原技术可能会出现在多媒体应用中。

（4）下一代智能建筑中互动 AV 系统、多媒体信息动态发布系统将成为必备的基础设施。

1.10　智能视频分析技术

智能视频分析技术是一种基于信息的处理技术，就是在图像及图像描述之间建立关系，从而使计算机能够通过数字图像处理和分析来理解视频画面中的内容，达到自动分析和抽取视频源中关键信息的目的。

智能视频分析技术是最前沿的应用之一、该技术可监控、搜索特定目标与行为，发现监视画面中的异常情况，并以最快和最佳的方式发出警报和提供有用信息。该技术在安防领域的应用主要有：行为视频分析、图形识别、视频图像优化、模糊图形的模式识别还原技术、智能化系统能通过对使用者的行为的感知，从而使智能建筑运行在更加优化的模式。

1.11　新能源技术

以太阳能、生物能、风能为主的众多新能源技术的成本低廉化、成熟化、将来的普及化，以及政府政策对新能源推广的扶持，使得整个能源行业的产业布局发生着肉眼可见的改变。近年来，发电能力从集中型的大型、超大型发电厂分散到各个角落，模块化的太阳能面板，风机走进城市，成为生活的一部分。智慧楼宇的绿色环保不再局限于其本身，而被赋予“可再生”“可持续发展”的新概念，成为能够在一定程度上实现能源自给自足，甚至能够产生多余能源的新建筑，成为分布式的能源生产网络中的一个个新节点。

1.12　大数据技术

大数据技术是使用常用软件工具获取、管理和处理数据所耗时间超过可容忍时间的数据集。大数据包括结构化的、半结构化的和非结构化的数据，其规模或复杂程度超出了常用传统数据库和软件技术所能管理和处理的数据集范围。关键技术设计数据的管理、分析、处理与展示等。大数据技术能够对海量的非结构化和结构化的数据进行整合、校验、清洗、抽取、转化、预测、模拟、分析、管理。如在综合管廊中，大数据处理综合管廊的海量的非结构化和结构化的数据，可用于实现建筑监测的分析和决策、建立运营异常事件快速发现模型、预测风险、预防事故发生。

另一方面，在数据技术时代，随着存储、计算成本不断下降，使得收集和处理大数据成为可能。大数据正在成为一种可以不断产生生产力的新能源。它不断的为我们带来新的洞察、新的认知，助推着新经济的发展。而与人交互最多的建筑，正是这种新的能源源源不断产生的重要场所。

2. 智能技术新应用

2.1　智慧管廊

综合管廊作为城市配套附属的一个综合载体，等同于城市生命线，在目前我国的城市建设中，得到越来越广泛的重视和作用。

智慧管廊是通过建设部署 BIM 工程管理平台、物联网设备、智慧管廊运营中心、智慧管廊数据中心等软硬件基础设施和应用系统，覆盖综合管廊项目全生命周期，实现管网规划、建设、运行、维护及管理、服务的智慧化，保障管网全生命期的安全、高效、智能、绿色，从而提升城市基础设施功能和城市运行能力。

用智慧覆盖整个管廊运行管理的全过程，能够实现高效、节能、安全的“控、管、营”一体化智慧型管廊。

“控”：建设统一的管廊监控中心，实现视频监控、动力环境监测、安全防范、火灾报警、门禁、通讯等附属子系统建设及集中可视化监测；各附属子系统根据预设规则进行联动；基于监测数据进行智能分析、风险评估、预测预警；实现自动化巡检，满足移动巡检应用需求；实现远距离智能控制门禁、照明、给排水、通风和监控等系统。

“管”：集中管理管廊的所有设备档案和维护履历；提供客户服务支撑；为值班、巡检、检修、故障、维保等管廊日常运行维护提供规范化的作业流程和先进、有效的作业支撑手段。

“营”：为管廊经营活动涉及的人、财、物等关键要素建立完善的信息化支撑；关注数据资产的综合应用，在提供综合查询、统计分析等基础数据服务的前提下，结合大数据分析技术，加速数据资产向增值服务产品和知识经验的转变。

2.2 智慧工地

智慧工地是运用现代信息化手段，通过三维设计平台对工程项目进行精确设计和施工模拟，围绕施工过程管理，建立互联协同、智能生产、科学管理的施工项目信息化生态圈，并将此数据在虚拟现实环境下与物联网采集到的工程信息进行数据挖掘分析，提供过程趋势预测及专家预案，实现工程施工可视化智能管理，以提高工程管理信息化水平，从而逐步实现绿色建造和生态建造。

智慧工地将更多人工智慧、传感技术、可视化虚拟现实等高科技技术植入到建筑、机械、人员穿戴设施、场地进出关口等各类物体中，并且被普遍互联，形成“物联网”，再与“互联网”整合在一起，实现工程管理干系人与工程施工现场的整合。

智慧工地的核心是以一种“更智慧”的方法来改进工程各干系组织和岗位人员相互交互的方式，以便提高交互的明确性、效率、灵活性和响应速度。从而加强施工现场安全管理，降低事故发生频率，杜绝各种违规操作和不文明施工，提高建筑工程质量。

2.3 装配式建筑智能化

装配式建筑和 BIM、互联网、物联网、大数据等技术相结合，将使其向智能化、工业化模式发展。

譬如运用 BIM 软件进行装配式结构的深化设计，批量生成生产图纸和自动统计工程量，提高设计人员工作效率，实现可视化深化设计。技术人员往电脑里输入楼房的 BIM 模型和数据，每层对应的墙板、楼板、梁、柱、楼梯、阳台等“零件”就会在流水线上生产出来。工厂生产的每块构件都是一个信息单元，基于互联网、物联网和 GIS 的装配式构件精细化调度和实时追踪技术，构件里可以“埋”芯片，也可以张贴可视化的编码，如条形码或二维码。通过编码建立构建的唯一身份，实现预制构件从生产、物流到安装全过程的协调部署、跟踪管理，大幅度提高预制构件的智能化配送和追踪水平。最后各种信息数据汇聚到企业的“大数据平台”。有了这些“大数据”，通过对比分析不同地区的原材料、人力成本等，帮助工厂诊断出哪里还有降成本的空间。

2.4　NB-IOT 技术应用

NB-IOT 是基于蜂窝的窄带物联网，NB-IOT 具有覆盖广、连接多、速率低、成本低、功耗低、架构优等特点，能够带来更加丰富的应用场景。

智慧市政。随着智慧城市的建设和规划，市政基础设施也将面临升级和改造。基于 NB-IOT 技术，可以实时监测供水、供气、供暖管道及地下重点管线状态，及时感知防汛排水、井盖位置、道路清扫、道路照明状态等城市部件、事件，为城市管理决策者感知城市运行状态提供数据支撑。

智慧环保。在城市重点空气监测点、地表水监测点、重点监控企业的废气、废水排出口以及危险废弃物外壳部署各类 NB-IOT 传感设备，实时采集大气质量、光照、噪声、污染源等数据，为环境质量综合监测、污染源综合监控、环境应急管理、污染物总量减排等提供数据服务，构建感知测量更透彻、互联互通更可靠、智能应用更深入的智慧环保物联网体系。

智慧楼宇。利用 NB-IOT 传感设备，采集楼宇电梯运行、通风、照明、温湿度等实时状态，结合物业管理、安保管理、停车管理等系统，实现照明控制、空气质量调节、电梯调度等相关数据共享，降低楼宇能耗及浪费，提高安防应急水平，营造人性化的办公及生活环境。

五、建筑智能工程施工技术经典工程案例

1. 新乡市工人文化宫智能化系统

1.1　项目概述及智能化系统构成

河南新乡市工人文化宫位于河南省新乡市新区中心，本项目北侧、南侧、西侧各有一条城市规划道路，东侧紧临新中大道（东二环），西北是平原博物院，南侧是待建的 CBD 超高层商务区。见图 19-1。

本项目主要功能有：歌舞剧院、音乐厅、工会及演播厅及其配套设施、工会办公、人大和政协会议中心、商业以及地下车库、机房等配套设施。新乡工人文化宫工会及演播厅部分与歌舞剧院、音乐厅仅在地下一层及二层室外平台相连通，首层由两条室外通道相隔，二层及以上各层完全分开。保证了功能和防火分区的相对独立性。

工程规模：地上建筑面积：19481.69m^2（工会及演播厅部分）地上建筑面积 18032.51m^2（大剧院）地下建筑面积：15197.85m^2。

新乡市工人文化宫智能化系统的 16 个子系统为：综合信息集成系统（IBMS.net）；智能物业及设施管理系统（IPMS.net）；楼宇管理及机电设备自控系统（BMS.net/BAS）；综合安防实时监控管理系统（SMS.net/CCTV.net）；消防报警联动控制及气体灭火系统（FAS）监视管理平台；公共广播系统（PAS）；停车场管理系统（CPS）；门禁系统（RSS）；“一卡通”管理系统（ICMS.net）；结构化综合布线系统（GCS）；宽频网络系统（LAN＋WLAN）；电子会议系统（EMS）；电视卫星及数字有线电视系统

图 19-1　效果图

(CATV)；电子公告及信息查询系统；音箱扩声系统；室外 LED 显示系统。

1.2　项目技术特点

(1) 系统平台：建立强大的智能化系统工程平台，包括综合通信系统平台，安防系统平台和建筑设监控系统平台，为日后智能化工程全面实施与应用奠定坚实的物质基础，作到基础突出，重点明确。

(2) 系统集成：在未来数年的智能建筑市场中，技术焦点越来越多地集中于网络集成一体化方案，这就是多个系统合用一个集成一体化的软硬件平台，跨多个子平台共享数据库，而单独设计的独立系统及其单配的各种软硬件将会陆续退出行业。针对本项目特点，我们采用高度的系统集成，包括安防系统集成、一卡通系统集成、建筑设备监控、智能化系统集成。

(3) 高效节能：包括冷源系统群控、能源管理系统等，为整个文化艺术中心提供舒适的环境。

(4) 安全、畅通的网络系统、实现不同用途网络的隔离，将未知网络风险带来的影响减至最小。

(5) 高清晰图像，有线电视系统，与未来有线电视的数字化发展趋势可以无缝衔接。

(6) 先进、高质量的楼内移动通讯增强覆盖系统，为未来 5G 的使用做好准备。

(7) 信息发布及多媒体查询系统。采用分区显示不同信息，满足不同客户的信息需求。

2. 上海中心大厦项目智能化系统

2.1　项目概述及智能化系统构成

上海中心大厦位于上海市浦东新区银城中路 501 号，是上海市的一座超高层地标式摩天大楼，其设计高度超过附近的上海环球金融中心。上海中心大厦项目总建筑面积 574058m^2，建筑总高度 632m，结构高度为 580m，由地上 121 层主楼、5 层裙楼和 5 层地下室组成，共分 9 个区设计，1 区商业，2～6 区办公，7～8 区酒店与公寓，9 区观光层，机动车停车位布置在地下，可停放 2000 辆。

智能化是上海中心大厦的一个重要特征，包括了消防报警系统、公共广播/应急广播系统；无线对讲系统（消防、物业用）；楼宇自控系统、能源计量管理系统；停车库管理系统；视频监控系统、防盗报警、防爆安全检查系统；一卡通、访客管理、出入口控制及电子巡更子系统；综合布线、网络、固话通信、信息发布系统、机房工程；通信配信系统、室内无线覆盖（运营商实施）；卫星通信系统、卫星电视系统及有线电视系统；会议系统；IBMS、时钟系统；防撞柱系统；阻尼器观光层3D音响系统；冷热源管理系统（CPMS）等。

2.2　项目技术特点

（1）智能化系统规模大，应用技术复杂且同时运行的系统多，维护和保养任务重，总集成技术管理难度高。

（2）火灾报警系统结构为总控、分控、现场三级，采用双光纤环网技术。整个系统体量较大，其中烟感约22000个、温感1500个，手报2677个，联动控制等模块约为1500个、回路点数约为45000个。广播系统采用中央管理、分散智能的系统架构，能实现分区呼叫、音乐播放、系统检测、故障反馈等。

（3）楼宇自控系统分为两个工作站，一个设置在BI总控中心，酒店分控位于98F分控中心，系统采BACnet IP通信协议。

（4）通信系统采用多系统合路方式，各个运营商的接入系统先通过前级（机房内）多系统合路设备进行合路，然后使用同一套分布式天线系统完成对大厦的覆盖。

（5）IBMS系统实时了解设备的运行状态，若有报警能迅速定位，通过系统联动，实时自动触动其他智能子系统，规避或解决现场紧急情况，并把设备运行状态与BIM或其他的3D模型相结合反映到大屏上，实现整个大楼的信息和资源共享。

（6）在大厦126F阻尼器层配置了一套全球领先三维全息音频声效系统，旨在打造全球最高的、拥有3D全息听觉、视觉体验的多功能音乐厅。3D全息音响系统主要功能是实现定制3D全息声音内容的回放和体验；现场演出的3D全息扩声，并兼顾原声类音乐的无扩声演出；3D全息声音内容的录音、制作；现场演出的高清实况转播，支持2省道立体声及5.1声道环绕声转播要求。

（7）采用全数字卫星及有线电视系统，配置68套有线标清数字电视，10套有线高清数字电视，25套境外卫星数字电视节目，通过有线电视信号分配传输网络，供大厦办公、商业、酒店区域的用户终端收看。

参考文献：

[1]　GB 50314—2015 智能建筑设计标准
[2]　智能建筑白皮书
[3]　智能化行业发展新机遇
[4]　超高层建筑机电工程施工技术与管理

第二十篇　季节性施工技术

主编单位：北京住总集团有限责任公司　高　杰　朱晓锋　苑立彬

摘要

随着我国经济的迅速发展，建筑工程越来越多，由于人们对于建筑工程的施工效率要求较高，季节性施工在建筑工程中不可避免。季节性施工技术，就是考虑不同季节的气候对施工生产带来的不利因素，在工程建设中采取相应的技术措施来避开或者减弱其不利影响，确保工程质量、进度、安全等均达到设计或者规范要求。本篇主要介绍了不同季节采用施工技术的内容、特点，着重介绍了冬期施工的发展历程、技术要求、发展展望、技术指标、应用案例。

冬期施工质量控制重点在于控制混凝土、砂浆、涂料等湿作业，保证使用材料不受冻是关键，例如，混凝土冬期施工，通过科学合理的热工计算，确定有效可靠的技术措施保证施工质量，并且在确保混凝土质量的同时，尽早达到冬期施工的节点目标，减少大型机械设备及周转材料的租赁费用，寻求工期、费用的平衡点。

伴随国家大力推进装配式建筑技术发展，通过合理的技术措施确保装配式建筑冬期施工质量，是我们新的研究方向。高温和雨期施工的危害将日渐引起大家的重视，高温和雨期施工技术与应用日渐成熟，高温和雨期施工用机具将陆续被开发并投入使用。

Abstract

With the rapid development of China's economy, there are more and more construction projects. Because of the high efficiency of building engineering, seasonal construction is inevitable in building engineering. The construction technology of season, is to consider the adverse factors of the climate in different seasons on the production of construction, in the construction of the corresponding technical measures to avoid or weaken the adverse effects, the guarantee project quality, schedule, safety and meet the design requirements or specifications. This paper mainly introduces the content and characteristics of construction technology in different seasons, and focuses on the development process, technical requirements, development prospects, technical indicators and application cases of winter construction.

The key of quality control in winter construction is to control wet work such as concrete, mortar, coating and so on, It is the key to ensure that the use of materials is not frozen. For example, the concrete construction in winter, thermal calculation by scientific and reasonable technical measures to determine the effective and reliable, to ensure the quality of construction, and ensure the quality of concrete in the guarantee period, at the same time, reduce the large mechanical equipment and materials of the lease expense, to find a reasonable construction period and cost.

With the development of assembly technology in our country, it is our new research direction to ensure the quality of fabricated buildings in winter by reasonable technical measures. The harm of high temperature and rainy construction will increasingly cause the attention of people, high temperature and rain of construction technology and application gradually mature, high temperature and rain of construction machines will gradually be developed and put into practical.

一、季节性施工技术概述

季节性施工技术是指考虑到自然环境所具有的不利于施工的因素存在，在工程建设中按照季节的特点采取相应的技术措施来避开或者减弱其不利影响，从而保证工程质量、进度、安全等均达到设计或者规范要求。在工程的建设中，季节性施工主要指雨期施工、冬期施工、高温期施工、台风季施工等，其中以冬期施工技术难度最高、最为复杂。冬期施工技术大致经历了探索、成熟和发展三个阶段。

1. 探索阶段

从新中国成立初期到改革开放初期的大约30年。我国混凝土工程冬期施工技术的发展始于20世纪50年代初，当时，在冬季只进行职工培训。

从1953年开始逐步推行冬期施工技术，当时的冬期施工技术主要是向苏联学习。在混凝土工程方面，主要采用蒸汽套法和电极法，这两种方法的共同特点是施工特别费事，工程质量不易保证，钢材消耗量大，而且仅适用于以木模板浇筑的混凝土构件。

然而，在新中国成立后近三十年的漫长岁月里，我国建筑业在冬期寒冷条件下也完成了巨大的工程量，为国民经济的发展作出了自己的贡献。这一阶段我国初步掌握了冬期施工方法，取得了一定的冬期施工经验，并奠定了我国冬期施工技术的基础。

2. 成熟阶段

从20世纪80年代初到90年代末，中国建筑业蓬勃发展了20年。

进入20世纪80年代，伴随建筑业蓬勃发展的20年，我国冬期施工技术取得了显著进步。

（1）奠定了我国冬期施工技术的基本理论。20年来，对新拌混凝土的受冻机理和防冻剂的作用原理、混凝土的早期抗冻强度和氯盐的使用限制、混凝土成熟度和测试手段，以及混凝土冷却过程的热工计算等进行了大量试验和深入研究，初步形成了我国冬期施工技术的基本理论。

（2）形成了实用有效的混凝土冬期施工工艺。这一阶段形成了正温养护工艺、负温养护工艺和综合养护工艺三种不同的冬期施工工艺。混凝土浇筑后通过各种技术手段先保持一段时间的正温，待其逐渐硬化，直至具有足够的早期抗冻能力以后才冷却到 0℃以下，这种工艺称为正温养护工艺。拌合物中掺有防冻剂，浇筑后未达到终凝前，混凝土本身的温度即降至 0℃以下，此后就在负温中硬化，这种工艺称为负温养护工艺。在拌合物中掺入少量的防冻剂，浇筑后先保持较短时间的正温，待混凝土终凝以后方冷却至 0℃以下，然后依靠防冻剂的作用继续硬化，这种工艺称为综合养护工艺。

（3）冬期施工质量不断提高，冬期施工技术日趋成熟，这一时期明确了我国冬期施工工作目标是以保证工程质量和节约能源为中心，大力开发和推广适合我国国情的新技术。混凝土综合蓄热法和掺外加剂法冬期施工技术得到了普遍推广，并积累了丰富的实践经验。从蓄热法发展到综合蓄热法是混凝土冬期施工技术的一个很大的进步，因而可以把蓄热法施工从大体积混凝土应用发展到综合蓄热法施工框架与薄壁结构，从而解决了高层建筑冬期施工技术问题，并把施工速度提高到常温下施工水平。与此同时，混凝土掺外加剂法已成为我国主要的冬期施工方法之一，并获得普遍应用。我国混凝土防冻剂从 20 世纪 50 年代单一氯盐方案发展到研制和应用了几个系列产品，形成了多元复合路线，从自制液体外加剂发展到由工厂生产粉剂外加剂商品出售，年产量已达万吨以上。另外，泵送混凝土冬期施工获得了应用，冬期施工滑模取得了成功应用。如北京国际饭店 60～80m 塔楼建筑、吉林长白山电站 180m 烟囱、北京粮食局的 25m 高和甘肃的 22m 高筒仓滑模都进行了冬期施工，并获得了满意效果。

3. 发展阶段

跨入 21 世纪后到现在的十几年，冬期施工技术有以下特点：

（1）外加剂技术发展迅速，并得到广泛应用。跨入 21 世纪以来，随着高性能混凝土（HPC）的发展，要求现代混凝土（包括普通混凝土在内）都应同 HPC 一样具有“高工作性、高早强性和高耐久性”。为了满足这三项基本要求，低碱高性能防冻剂（第三代产品）进入市场。复合防冻剂应具备如下性能：1）低碱、低掺量、高性能的液体产品；2）能提高混凝土的工作性，有效控制坍落度损失；3）促进低温水化，尽快达到临界强度；4）改变结冰形貌，降低冻胀应力；5）将防冻与抗冻相结合，提高混凝土的耐久性。传统无机防冻剂几乎都不再采用，新研制的低碱高性能防冻剂（液体产品）得到较为广泛地应用。

（2）混凝土养护方法快速发展，混凝土养护期间不加热的方法包括蓄热法、综合蓄热法、负温养护法等；养护期间加热的方法主要包括蒸汽加热法、暖棚法、电加热法等，其中电加热法又可以分为电极加热法、电热毯法、工频涡流法、线圈感应加热法、电热器加热法、电热红外线加热法等。

（3）随着国家倡导大力发展装配式结构体系以及对产业化住宅开发的优厚政策，大量地产商顺应形势开发装配式住宅建设，使装配式结构在整个建筑行业中所占比重越来越大。装配式建筑的冬期施工也成为冬期施工研究重点，在本轮装配式建筑发展中钢筋灌浆套筒连接是当今装配式结构钢筋连接的主流方式，套筒灌浆质量是保证装配式结构安全的重要环节，但灌浆套筒对施工环境要求较高，不适宜在 5℃以下环境进行施工，给施工组织和工期安排造成很大局限性。本研究通过提升灌浆施工作业环境温度达到低温条件下进行灌浆施工的可行性，在负温灌浆料未发布明确标准前，又因各种原因必须进行冬期施工的灌浆施工，提供一种可行的技术方案，达到冬期施工的目的。

二、季节性施工主要技术介绍

1. 冬期施工

1.1 冬期施工气温界限

“冬期”与传统意义上的“冬季”并不等同，其表征的是对混凝土结构施工产生影响的气温区段。虽然国内、外规范中对冬期施工温度界限的划定有所不同，但其相同的地方大致有两点：一是对平均气温的规定，大多在5℃附近；二是对最低气温的规定，大多为0℃，施工单位应根据当地多年的气象资料进行统计。

1.2 冬期施工的水泥

硅酸盐水泥和普通硅酸盐水泥中的混合材掺入量较少，水泥熟料净含量较高，相对于粉煤灰硅酸盐水泥、矿渣硅酸盐水泥、火山灰质硅酸盐水泥、复合硅酸盐水泥而言，其早期强度增长速率高，有利于混凝土在负温环境下较早达到受冻临界强度，防止早期受冻，导致性能下降。

1.3 冬期施工的外加剂

负温混凝土中掺入早强剂、防冻剂、减水剂、引气剂等外加剂，并结合或单独辅以相应的蓄热、保温等施工措施，可部分或全部实现常温条件下混凝土施工所达到的水化环境和硬化性能。

1.4 冬期施工混凝土养护

冬期施工混凝土养护方法主要分为加热法和非加热法。加热法有暖棚法、电加热法、蒸汽加热法等；非加热法有蓄热法、综合蓄热法、广义综合蓄热法（也称负温养护法、防冻剂法）等。混凝土初始养护越早进行保湿与保温养护，越有利于混凝土强度的增长和质量控制。

2. 高温施工

2.1 高温施工的温度条件

高温施工的定义规定当日平均气温达到30℃及以上时即进入高温施工。在制定高温施工计划时，按照当地近五年的气象资料中“日平均气温达到30℃”的时间，制定高温施工专项方案；在执行方案时，按照施工期间当地天气预报的“日平均气温达到30℃”条件，开始实施相应措施；并在方案执行中，根据实时的气候监测数据，及时调整实施措施。当达到当地高温标准时，应按照劳动保护法要求，停止室外作业。

2.2 高温施工技术措施

高温条件下混凝土施工前，就气候对混凝土结构施工的影响进行评估。并根据评估结论采取改善措施，可以选择采取的改善措施与方法有：

（1）优选混凝土原材料，优化混凝土配合比；

（2）采取覆盖、搭棚等遮阳措施，降低混凝土原材料和作业面温度；

（3）采取挡风措施，改善混凝土受风影响环境；

（4）将混凝土浇筑时间安排在早上和晚间，避开高温时段；

（5）掺加减水剂，改善混凝土和易性和凝结时间；

（6）选择有利于混凝土快速浇筑和密实的坍落度；

（7）采取措施以缩短混凝土运输、浇筑、密实和修整的时间；

（8）采取洒水措施，降低混凝土粗细骨料温度及降低模板、钢筋、混凝土施工机具温度；

（9）采取加冰或制冷措施，降低混凝土搅拌水温度；

（10）采取喷雾措施，改善混凝土浇筑作业面空气湿度；

（11）采取喷液态氮措施，降低混凝土出罐温度。

3. 雨期施工

“雨期”是指必须采取措施保证混凝土施工质量和施工安全的下雨时间段，包括雨季和雨天两种情况。

3.1　施工配合比调整

雨期施工时，由于砂石含水已处于饱和状态，应加大在线砂石含水率的测试频率（即定时测试），及时反馈信息调整配合比。现场可采用“快速炒干法”。

3.2　施工过程质量控制

（1）雨期施工专项方案包括原材料含水量控制及检测、配合比调整、浇筑作业面防雨覆盖措施、临时施工缝设置方法、基槽或模板内排水措施、安全技术措施等。

（2）混凝土浇筑过程中若遇大雨或暴雨而不得不临时留设施工缝时，施工缝应尽可能规整，留设界面应垂直于结构构件表面，必要时可在施工缝处留设加强钢筋。

4. 台风季施工

台风季节随时做好防台风袭击的准备。设专人关注天气预报，做好记录，并与市气象台保持联系，根据风球变化及时启动应急措施。

施工场地两侧设置排水沟或边沟，并指派专人进行日常检查、保养维修、雨天清沟排水，确保全天候原地面道路畅通。在临时生活、办公设施及施工现场兴建临时排水设施，并保持与周围排水系统的畅通，雨天派专人值班维护好现场的排水系统，保证场地不被雨水淹没并能及时排除地面水。

合理选择水泥仓库及材料的堆放及加工场地，并设置良好的防水设施，以保证雨季原材料的供给及材料的加工，并做好材料的保管工作。

自升式塔式起重机有附着装置的，最上一道附着以上自由高度超过设计说明书规定高度的，应朝建筑物方向设置两根钢丝绳拉结。自升式塔式起重机未附着，但已达到设计说明书最大独立高度的，应设置四根钢丝绳对角拉结。一次性架设的非自升式塔，应设置四根钢丝绳对角拉结。拉结应用$\Phi15$以上的钢丝绳，拉结点应设在转盘以下第一个标准节的根部；拉结点处标准节内侧应采用大于标准节角钢宽度的木枋作支撑，以防拉伤塔身钢结构；四根拉结钢丝绳与塔身之间的角度应一致，控制在45°～60°之间；钢丝绳应采用地锚或与建筑物中已达到设计强度的混凝土结构联结等形式进行锚固；钢丝绳应用左右丝拉钩进行调整，使钢丝绳松紧适度，确保塔身处于垂直状态。

雷雨时，人员不能靠近电线杆、铁塔、架空线，受雷击后应立即启动应急预案，抢救伤员。大雨、雷电、大风时，禁止起重、高处作业。对于高耸的机械设备，须配齐自身的避雷装置并做好地埋线。

台风警报期间，在台风到来前，对高耸独立的机械、脚架、架板临时加固稳定。堆放在架上的小型机具及零星材料要归堆固定好，不能固定的东西要转移至避风处。大雨、台风过后，要立即对模板、脚手架、钢筋及各种机械设备、电源线路进行全面检查、核对，经现场技术负责人同意后方可继续施工，遇六级以上大风应停止高空作业。做好现场排洪排涝工作，保证排水系统通畅、抽排设施完好。

5. 砌筑工程冬期施工

砌筑工程的冬期施工方法有外加剂法、暖棚法、蓄热法、电加热法等，以外加剂法为主，对于地下工程或急需使用的工程，可采用暖棚法。

5.1 外加剂法

采用外加剂法配制砂浆时，可采用氯盐或亚硝酸盐等外加剂。氯盐应以氯化钠为主，当气温低于－15℃时，可与氯化钙复合使用。氯盐砂浆中复掺引气型外加剂时，应在氯盐砂浆搅拌的后期掺入，用以保证引气效果。采用氯盐砂浆时，应对砌体中配置的钢筋及钢预埋件进行防腐处理。

5.2 暖棚法

暖棚法费用高、热效低、劳动效率不高，因此宜少采用。对于地下工程、基础工程以及量小又急需使用的砌筑工程，可考虑采用暖棚法施工。

暖棚的加热，可优先采用热风装置或电加热等方式，若采用天然气、焦炭炉等，必须注意安全防火和防中毒。

用暖棚法施工时，砖石和砂浆在砌筑时的温度均不得低于5℃，而距所砌结构底面0.5m处的气温也不得低于5℃。

确定暖棚的热耗时，应考虑围护结构的热量损失、地基土吸收的热量（在砌筑基础和其他地下结构时）和在暖棚内加热或预热材料的热量损耗。

6. 钢结构工程冬期施工

（1）在负温下安装钢结构时，要注意温度变化引起的钢结构外形尺寸的偏差。如钢结构在常温下制作在负温下安装时，要采取措施调整偏差。

（2）钢结构制作和安装用的钢尺、量具，应和土建施工单位使用的钢尺、量具，用同一精度级别进行检定。并制定土建结构和钢结构的不同验收标准及不同温度膨胀系数差值的调整措施。

（3）在负温下施工的钢材，宜采用Q235、Q345、Q390、Q420钢。钢材应保证冲击韧性。当工作温度在0～－20℃范围内时，Q235、Q345钢应具有0℃冲击韧性的合格保证，Q390、Q420钢应具有－20℃冲击韧性的合格保证。当工作温度在≤－20℃范围内时，Q235、Q345钢应具有－20℃冲击韧性的合格保证，Q390、Q420钢应具有－40℃冲击韧性的合格保证。

（4）在负温下焊接接头的板厚大于40mm时，节点的约束力较大，且当承受板厚方向的拉力作用时，还要求钢材板厚伸长率的保证，以防出现层状撕裂。

（5）选用负温下钢结构焊接用的焊条、焊丝时，在满足设计强度要求的前提下，应选用屈服强度较低、冲击韧性较好的低氢型焊条，重要结构可采用高韧性超低氢型焊条。

（6）低氢型焊条在使用前必须按照产品出厂证明书的规定进行烘焙。烘焙合格后，存放在温度不低于 120℃的保温箱内，使用时取出放在保温筒内，随用随取。焊条烘干后放置时间不应超过 4h，用于Ⅲ、Ⅳ类结构钢的焊条，烘干后放置时间不应超过 2h。焊条的烘焙次数不宜超过 2 次。

（7）焊剂在使用前必须按照出厂证明书的规定进行烘焙，其含水量不得大于 0.1%。在负温下焊接时，焊剂重复使用的间隔时间不得超过 4h，否则必须重新烘焙。

（8）气体保护焊用的二氧化碳，纯度不宜低于 99.5%（体积比），含水率不得超过 0.005%（质量比）。使用瓶装气体时，瓶内压力低于 1MPa 时应停止使用。在负温下使用时，要检查瓶嘴有无冰冻堵塞现象。

（9）高强螺栓、普通螺栓应有产品合格证，高强螺栓应在负温下进行扭矩系数、轴力的复验工作，符合要求后方能使用。

（10）钢结构使用的涂料应符合负温下涂刷的性能要求，禁止使用水基涂料。

7. 地基冬期施工

（1）土方工程：土的防冻应尽量利用自然条件，以就地取材为原则。其防冻方法一般有地面耕松耙平防冻、覆雪防冻、隔热材料防冻等。冬期土方回填时，每层铺土厚度应比常温施工时减少 20%～25%，预留沉陷量应比常温施工时增加。不宜冻土回填。

（2）地基处理：同一建筑物的基坑开挖应同时进行，基底不留冻土层；基础施工应防止地基土被融化的雪水或冰水浸泡；在寒冷地区工程地基处理中，可采用强夯法施工。

（3）桩基础：冻土地基可采用非挤土桩（干作业钻孔桩、挖孔灌注桩等）或部分挤土桩（沉管灌注桩、预应力混凝土空心管桩等）施工。

（4）基坑支护：冬期施工宜选用排桩和土钉墙的支护方法。

8. 装配式建筑冬期施工

装配式建筑套筒灌浆是关键技术，对冬期施工质量起决定性作用，常规灌浆料的工作温度要求 5℃，不允许在负温下使用，所以解决好套筒灌浆的冬期施工是装配式建筑冬期施工成败的关键。

施工前预热可以保证灌浆套筒内部和构件边缘温度达到浆料需用温度，避免灌浆料浇筑后温失过快或在套管壁形成冰膜夹层，影响灌浆套筒质量，通过灌浆料自身水化热作用及电伴热升温作用，构件浆料内测温点均保持在 10℃以上，满足灌浆料强度增长的环境温度需求。

三、季节性施工技术前沿研究

（1）随着全球气候变暖，我国大部分地区冬季气温也逐渐增高，降低了冬期施工难度。同时冬期施工技术愈发成熟，人们对冬期施工的理解和认识也不断提升，施工作业人员质量意识不断增强，施工组织不再蛮干强干，有效地控制了冬期施工质量。

（2）虽然冬期施工难度有所降低，但成本高、效率低、措施复杂、质量不易保证，仍会对施工造成影响，所以冬期施工的原则是在工期不紧张的情况下，通过调整施工组织尽量避免冬期施工，如确实需要冬期施工，应严格确保冬期施工措施到位，以保证冬期施工质量。

（3）开发复合多功能型的冬用外加剂。外加剂的种类繁多，一次使用多种外加剂，给施工带来很多麻烦，而研发复合多功能型外加剂，在性能上可以取长补短，趋于完善，并且价格便宜、使用面广、性能良好。

（4）抗冻剂品种系列化、多样化。不断研制开发新品种，使品种系列化、多样化，以满足各种特殊工程的需要，并方便工程使用和质量控制。

（5）发展高强化、抗老化所需用的抗冻剂。近年来，各国使用的混凝土的平均强度和最高强度都在不断提高，发展高强化、抗老化所需用的高效能冬用外加剂，为冬期施工高强、超高强混凝土提供技术支撑。

（6）冬期套筒灌浆技术是目前制约建筑工业化发展的一个重要技术环节，0℃以下无法进行构件安装，发展可在负温下使用的灌浆料，对建筑工业化将具有重大的意义。

（7）高温和雨期施工的危害将日渐引起大家的重视，高温和雨期施工技术与应用日渐成熟，高温和雨期施工用机具将陆续被开发并投入使用。

（8）大力发展工业化装配式结构体系，减少季节性施工的工作量。

四、季节性施工技术指标记录

1. 冬期施工混凝土热工计算

热工计算是事先控制冬期施工混凝土质量的重要手段，可以在已知混凝土原材料的前提下，根据不同气温条件，确定混凝土拌和温度、出机温度、运输过程中的温度降低、入模温度以及初始养护温度，也可以根据不同养护方法所要求的温度条件来调整原材料预热温度、运输与浇筑过程中的保温条件以及保温材料种类与热工参数等。

2. 负温混凝土配合比设计

负温混凝土配合比设计主要依据施工环境气温条件、养护方法的不同，结合原材料、混凝土性能要求等经充分试验后确定。针对不同的环境气温，增加测试－7d、－28d、－56d、－(7＋28)d、－(7＋56)d等龄期强度，建立负温混凝土强度增长规律曲线，并用标准养护28d强度作为基准，比对－(7＋56)d强度，并以此作为调整负温混凝土配合比设计强度标准差的依据。

3. 负温混凝土原材料的预热

混凝土原材料的预热温度一般可以通过热工计算采用反推法确定。原材料中预热拌合水最为便利，预热温度一般不宜高于80℃。水泥强度等级小于42.5时，拌合水加热最高温度不超过80℃，骨料加热最高温度不超过60℃；水泥强度等级大于或等于42.5时，拌合水加热最高温度不超过60℃，骨料加热最高温度不超过40℃。

4. 混凝土施工的温度控制

混凝土出机温度不宜低于10℃，对于预拌混凝土和远距离输送的混凝土，出机温度应提高到15℃以上。冬期施工控制混凝土入模温度不得小于5℃。对于大体积混凝土，混凝土入模温度不宜过高，可以适当降低出机温度和入模温度。

5. 装配式建筑套筒灌浆料技术特性

在低温情况下，水泥水化反应速度放缓，灌浆料强度增长较慢，特别是在负温下时，灌浆料可能因受冻造成最终强度大幅度降低，很多灌浆料生产单位也对低温灌浆料进行了研究，通过使用特种水泥替换灌浆料内普通水泥来提升灌浆料在低温环境下的强度增长速度，以使灌浆料在低温环境下更快凝结达到抗冻临界强度，但灌浆料有一个重要技术指标即30min流动度，30min流动度保留值是操作指标，满足该指标可保证施工时在正常时间内顺利压浆。《钢筋连接用套筒灌浆料》JG/T 408—2013中规定，灌浆料材料检测成型温度应为（20±2)℃，相对湿度应大于50%，养护室温度应为（20±1)℃，相对湿度应大于90%。使用特种水泥可以保证在低温环境下的强度增加，但在试验检测条件下会因为强度增加过快造成灌浆料凝结速度过快，无法达到30min流动度要求，而目前我国尚未发布明确的低温灌浆料材料检测标准，仅依据《水泥基灌浆材料应用技术规范》GB/T 50448—2015中相关要求并不足以证明低温灌浆料的材料检验标准，所以目前的低温灌浆料难以通过现行灌浆料材料标准检测。

五、季节性施工技术典型工程案例

1. 案例（一）

1.1　工程选择

参与项目施工地点均位于京津地区（见表20-1），通过查阅两地历年冬季平均温度，均在－15℃以上。分别选择剪力墙、框架两种结构形式，剪力墙结构施工高度为60～100m。

工　程　列　表　　　　表20-1

项目名称	单体面积（m^2）	结构形式	施工高度（m）
天津杨村项目	5900	剪力墙	59
北京广华项目	30000	剪力墙	108
北京翠成项目	23000	剪力墙	89
北京劲松项目	22000	剪力墙	85
北京工具厂项目	10370	框架	13

热工计算满足综合蓄热法施工条件，因此各项目均采用综合蓄热法进行冬期施工。为保证混凝土施工质量，人为创造正温养护环境，经过比较升温方式，在达到同样效果的前提下，采用暖风机升温成本投入较小。故最终确定冬期施工采取综合蓄热法＋暖风机升温

的施工方法。保温升温措施统计见表 20-2。

保温升温措施统计表　　表 20-2

项目名称	封堵材料	升温设备	保温材料
天津杨村项目	双层塑料布+彩条布	柴油暖风机	钢模外侧聚苯板，模板上口塞填草帘被；顶板覆盖一层塑料布加两层草帘被；泵管使用橡胶海绵包裹
北京广华项目	彩条布	电暖风机	钢模外侧聚苯板，模板上口塞填草帘被；顶板覆盖一层塑料布加两层草帘被；泵管使用草帘被包裹
北京翠成项目	草帘被+彩条布	电热鼓风机	钢模外侧聚苯板，模板上口塞填草帘被；顶板覆盖一层塑料布加一层草帘被；泵管使用草帘被包裹
北京劲松项目	彩条布	柴油暖风机	钢模外侧聚苯板，模板上口塞填草帘被；顶板覆盖一层塑料布加一层草帘被；泵管使用草帘被包裹
北京工具厂项目	彩条布	电暖风机	木模外侧挂草帘被，模板上口塞填草帘被；顶板覆盖一层塑料布加一层草帘被

1.2　冬季施工方法选择

冬期施工混凝土强度会有一定程度的损失，为保证混凝土强度最终满足设计强度要求，将冬期施工期间用混凝土强度较设计强度提高一个等级，与搅拌站合同约定混凝土出罐温度及入模温度满足热工计算要求，且出罐温度不低于 15℃，入模温度不低于 10℃。此外，冬期施工期间混凝土用水泥均采用硅酸盐水泥或普通硅酸盐水泥，要求其水泥用量不小于 280g/m^3，水胶比不大于 0.55。

1.3　温度研究

1.3.1　测温工作安排

冬期施工的测温内容：大气温度、养护封闭环境温度、混凝土出罐温度、混凝土入模温度和混凝土养护期间的温度。

（1）大气温度：大气测温的目的在于及时掌控气象变化，遇到极端天气及时采取相应的应急措施，避免管理失控。大气测温要求使用百叶箱进行测温，百叶箱规格不小于 300mm×300mm×400mm，宜放置于建筑物 10m 范围左右，距地面高度 1.5m，通风条件较好位置。大气测温每昼夜测 4 次，分别在 2：00、8：00、14：00、20：00 测温，取其平均值作为日平均气温。记录每日最高、最低温度以掌握每日温度变化幅度。

（2）混凝土浇筑测温：混凝土浇筑测温的目的在于从施工源头进行质量预控，检查浇筑混凝土的温度是否满足冬期施工的要求。混凝土出罐及入模温度要求每车测一次，且每一工作班不少于 4 次。

（3）混凝土养护测温：混凝土养护测温是测温工作的重点，根据规程要求，采用综合蓄热法时，在达到受冻临界强度之前每 4h 测量一次，达到受冻临界强度后可停止测温。为了获取更多数据以支持该课题的研究，要求参与研究的项目测温持续 72h。测温点的布置，选择在温度变化大的部位、容易散失热量的部位、易于遭受冻结的部位，西北部或背阴的地方应多设置，测温孔的口避免迎风设置且临时封闭。将测温数据按照要求记录以作后期分析研究使用。

1.3.2　温度研究内容

(1) 通过绘制温度曲线图，对比分析冬期施工保温效果；

(2) 通过测温数据计算养护成熟度，从而为确定混凝土早期实际强度提供基础数据；

(3) 通过计算数据确定混凝土达到受冻临界强度的具体时间，从而为开展后续施工提供数据支持。

1.3.3　温度研究结果与分析

通过采用有效的保温、封堵、升温措施，采用不同升温设备的各项目均可保证环境温度恒定。升温效果统计见表 20-3。

升温效果统计表　　表 20-3

项目名称	升温设备	养护封闭环境温度（℃）	冬期施工阶段最低大气温度（℃）
天津杨村项目	柴油暖风机	10～13	−13
北京广华项目	电暖风机	8～9	−11
北京翠成项目	电热鼓风机	15～18	−15
北京劲松项目	柴油暖风机	9～11	−11
北京工具厂项目	电暖风机	7～8	−11

根据测温数据绘制不同构件、不同时期的温度变化曲线图（图 20-1 为范例）。

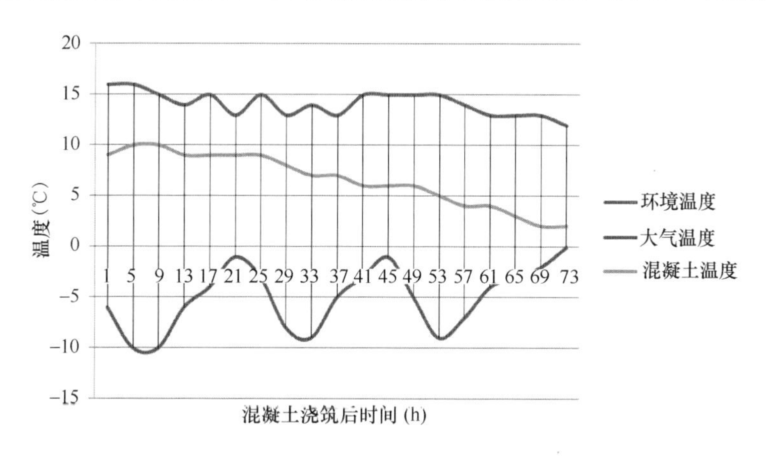

图 20-1　温度变化曲线图（范例）

通过对冬期施工各水平构件、垂直构件的测温记录进行分析，选取具有代表性的部位进行研究分析。

综合比较发现大气温度变化起伏不定，在严冬时期变化幅度更为明显，而混凝土的养护温度总体变化较为平缓，而且没有出现混凝土温度为负温的情况，说明采用综合蓄热法及采取的一些保温升温措施可以有效保证混凝土在养护初期不出现早期受冻的情况。

就升温效果而言，主要分为三种类型：电热鼓风机、柴油暖风机、电暖风机。其中电热鼓风机升温效果最好，电暖风机升温效果稍差，但总体上都可以保证混凝土养护环境温度在10℃左右。

对于环境温度而言，垂直构件浇筑完毕后，不具备全封闭条件，所以只能单独使用综合蓄热法，靠混凝土自身的水化热以及保温覆盖措施进行养护。水平构件浇筑完毕后，使用升温设备进行升温，通过图例我们可以看到，无论是在初冬还是严冬，封闭环境内的环境温度基本无变化，再对比起伏变化的大气温度，说明我们采取的封闭措施可以有效阻隔大气温度的侵袭，保证水平混凝土构件具有正温养护条件，从而更有效地避免混凝土早期受冻。

1.4 强度研究

1.4.1 强度研究内容

冬期施工混凝土强度研究主要针对混凝土标养强度、混凝土同条件试块强度、计算强度、混凝土实体强度（回弹强度）。通过采取升温及覆盖措施，研究其对混凝土受冻临界强度以及最终的混凝土实体强度的影响。

根据研究需要要求项目部在冬期施工期间留置3d、7d、14d、24d以及28d同条件试块，并于相应龄期截止时对混凝土实体进行回弹检测，将同条件试块强度、回弹强度及标养强度汇总至课题信息管理组。

1.4.2 强度研究方法

强度研究分为纵向、横向研究。

（1）纵向研究

所谓纵向研究是指冬期施工中按照混凝土龄期的时间顺序进行研究，大体分为三个研究阶段。

1）第一阶段：受冻临界强度

此阶段主要研究混凝土早期强度增长情况。

根据成熟度法计算混凝土3d计算强度，对比3d同条件试块强度（项目自压）。计算公式如下：

$$f = a \times e^{\frac{b}{M}} \tag{20-1}$$

式中 M—— 混凝土养护的成熟度，℃ • h。

其中 $M = \Sigma(T+15) \times \Delta t$，T为在时间段 Δt 内混凝土平均温度（℃）。将计算所得数据乘以综合蓄热法调整系数0.8，得到混凝土实际强度。

研究目的在于通过对比来验证混凝土的温度变化是否符合变化规律；是否按照正常的增长曲线增长；也可以判断是否受到恶劣天气影响，从而确定保温、升温措施是否有效。计算得到的混凝土实际强度与回弹强度、4MPa（受冻临界强度）对比。通过比较计算得到的混凝土实际强度与回弹强度，得到两者之间的关系，利用计算公式反算出达到4MPa（受冻临界强度）的具体时间。

第一阶段的研究分为两个方向，一是共性研究，即针对测温数据分析出的保温效果好的施工部位（水平结构、竖向结构）进行研究，作为结论的基础依据；二是特性研究，即针对保温效果不理想的与保温效果好的相同类型施工部位进行对比，使特性研究对象作为对照组以说明冬期施工措施良好运行时的效果并分析造成保温效果不理想的原因，及时纠偏，后续施工时进行改正。

2）第二阶段：混凝土强度增长曲线

此阶段主要研究混凝土强度的增长情况，通过对各龄期同条件试块强度数据的总结与分析，判断在特定的拆模龄期是否达到规范的强度要求。

3）第三阶段：混凝土是否符合设计强度要求

此阶段主要研究最终的混凝土实体强度（回弹数值）是否符合设计强度要求。从而确定保温、升温措施是否可以使强度满足设计要求，并对强度百分比进行分析，判断冬期施工提高混凝土强度等级的必要性。

（2）横向研究

所谓横向研究，是指各项目课题组通过一系列的纵向分析后，将各阶段的研究结果进行对比、分析。基于众多数据的分析结果，总结出各阶段的研究结果。各项目之间的区别重点分析。

1.4.3　强度研究结果与分析

（1）受冻临界强度

计算混凝土 3d 计算强度，对比 3d 同条件试块强度、回弹强度以及受冻临界强度（4MPa）。将数据列表分析，表 20-4 为范例。

3d 各强度统计表　　**表 20-4**

施工部位		计算内容		
		$f=a\times e^{-\frac{b}{M}}$（MPa）	3d 同条件试块强度（MPa）	3d 回弹强度（MPa）
水平构件	12 号楼 7 层顶板	11.787（39.29%）	9.7（32.33%）	10.4（34.67%）
	2 号楼 10 层顶板	10.736（35.79%）	9.4（31.33%）	9.8（32.67%）
垂直构件	15 号楼 6 层墙体	11.048（36.83%）	9.7（32.33%）	10.2（34.00）
	3 号楼 10 层墙体	9.976（33.25%）	9.1（30.33%）	9.5（31.67%）

绘制 3d 混凝土强度对比图（图 20-2 为范例）。

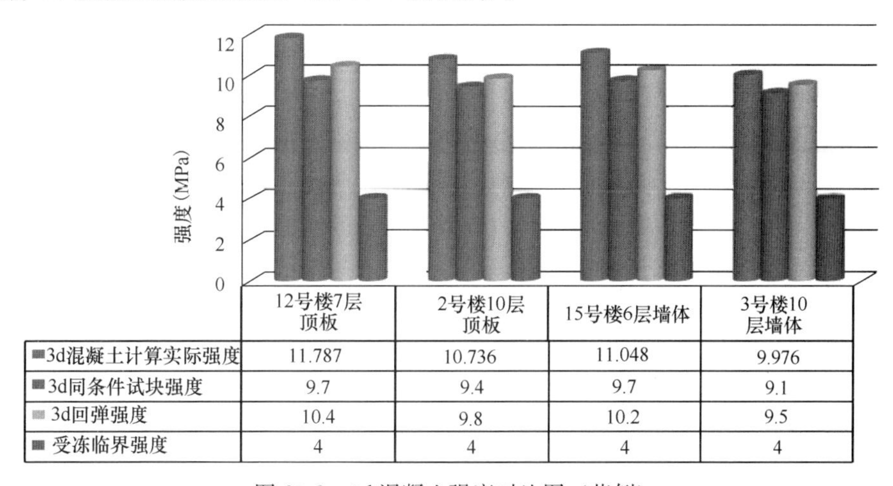

图 20-2　3d 混凝土强度对比图（范例）

根据 $f=a\times e^{-\frac{b}{M}}$ 进行推导，得出推导公式 $M=\dfrac{-b}{\ln\dfrac{4/0.8}{a}}$。

反算达到受冻临界强度 4MPa 所需混凝土养护成熟度 M。

$$M=\frac{-1846.825}{\ln\dfrac{4/0.8}{43.062}}=857。$$

根据计算得到的 M 以及养护累计成熟度值，推断达到 4MPa 的养护时间（表 20-5 为范例）。

养护时间推断结果（范例） **表 20-5**

施工部位	养护累计成熟度	混凝土浇筑后养护时间（h）
12 号楼 7 层顶板	894	37
2 号楼 10 层顶板	922	41
15 号楼 6 层墙体	942	41
3 号楼 10 层墙体	880	41

选取的具有代表性的施工部位，其 3d 计算强度、同条件试块强度、回弹强度均大于受冻临界强度（4MPa），说明我们采取的冬期施工方法及保温、升温措施可以保证混凝土在养护初期不会发生早期受冻现象。

通过比较不难发现，计算强度均大于同条件试块强度、回弹强度。通过这个现象我们可以初步得出冬期混凝土在养护过程中会有一定程度的强度损失，成熟度曲线是一种理想化的强度与时间的关系曲线，在养护过程中有很多因素制约着强度的增长。

回弹强度普遍大于同条件试块强度，回弹强度是最接近混凝土真实强度的数值，同条件试块与混凝土实体的区别主要是试件的大小，通过分析，我们推断可能是由于同条件试块体积过小，在采取相同的保温措施的情况下，热量散发较快，在相同的龄期内未达到结构实体的成熟度，从而在最终的强度上出现差异。

初冬构件与严冬构件强度对比不难发现，初冬阶段的水平构件或垂直构件强度均通过大于严冬阶段构件。严冬时进行混凝土结构施工，要想达到好的效果，就需要增加升温及覆盖设备。

对比相同条件下的水平构件与垂直构件混凝土强度没有明显规律。

横向对比五个项目的 3d 混凝土强度图发现，在设计强度同为 C30 的混凝土中，翠成项目的混凝土强度值要略高于其他项目，考虑翠成项目的混凝土养护温度最高，我们基本可以得出升温措施得当会影响混凝土强度的增长。同时，工具厂项目的强度值最低，分析原因可能是因为施工对象为框架结构，对比剪力墙结构，封堵难度大且效果欠佳，影响了环境温度。

横向对比五个项目达到受冻临界强度的时间可以发现，混凝土设计强度等级越高，越早达到受冻临界强度；在参数相同的情况下，翠成项目达到受冻临界强度的时间最短，为 29h 左右，其他项目在 33～41h 左右，由此我们可以初步判断：升温效果越好，混凝土达到受冻临界强度的速度越快。

综合分析可知，五个项目的保温、升温措施达到了预期效果，均使混凝土尽快达到受冻临界强度。

（2）混凝土强度增长分析

冬期施工混凝土不仅要满足短时间内达到受冻临界强度以及最终设计强度的要求，在各关键龄期也要满足相应的拆模强度要求。在冬期施工过程中按照研究要求留置了3d、7d、14d、24d及28d同条件试块。目的是研究冬期施工混凝土在养护过程中的强度增长情况以及研究特定龄期的强度是否符合要求。

通过统计各同条件试块强度，分析各项目各段强度增长情况，表20-6为同条件试块强度统计表范例。

各同条件试块强度统计表　　表20-6

施工部位		3d同条件试块强度（MPa）	7d同条件试块强度（MPa）	14d同条件试块强度（MPa）	24d同条件试块强度（MPa）	28d同条件试块强度（MPa）
水平构件	5层顶板	11.2	27.9	34.2	39.6	41.5
	6层顶板	9.3	29.6	31.3	36.9	37.1
	7层顶板	9.7	25.8	32.2	35.4	37.6
	8层顶板	8.2	18.8	29.4	35.0	41.6
	9层顶板	8.9	24.2	30.7	35.3	38.1
垂直构件	6层墙体	10.1	25.8	31.3	34.8	35.9
	7层墙体	8.4	26.1	33.2	38.7	41.8
	8层墙体	7.3	25.3	29.8	34.2	37.0
	9层墙体	7.5	25.5	30.1	36.3	41.1
	10层墙体	7.0	18.6	28.4	33.4	37.3
平均强度（MPa）		8.76	24.76	31.06	35.96	38.90
达到设计强度C30的百分比（%）		29.20	82.53	103.53	119.87	129.67

根据同条件试块强度统计表绘制混凝土强度增长曲线图以及混凝土强度增长分析图（图20-3、图20-4为范例）。

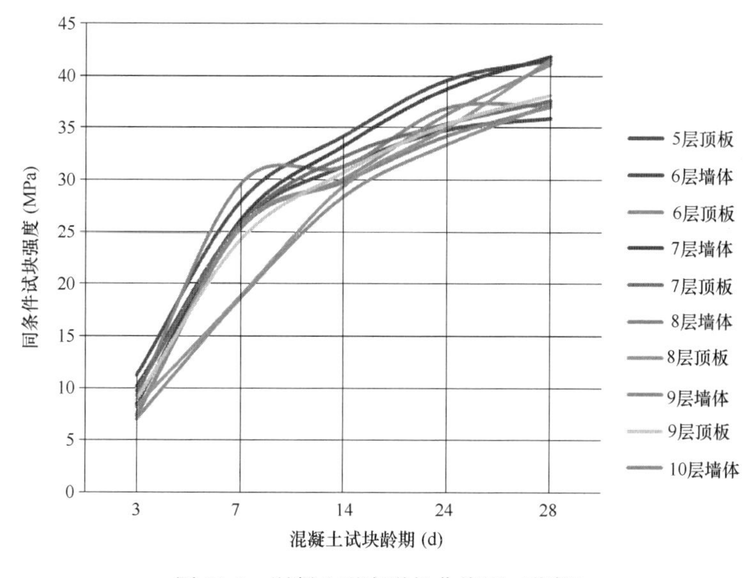

图20-3　混凝土强度增长曲线图（范例）

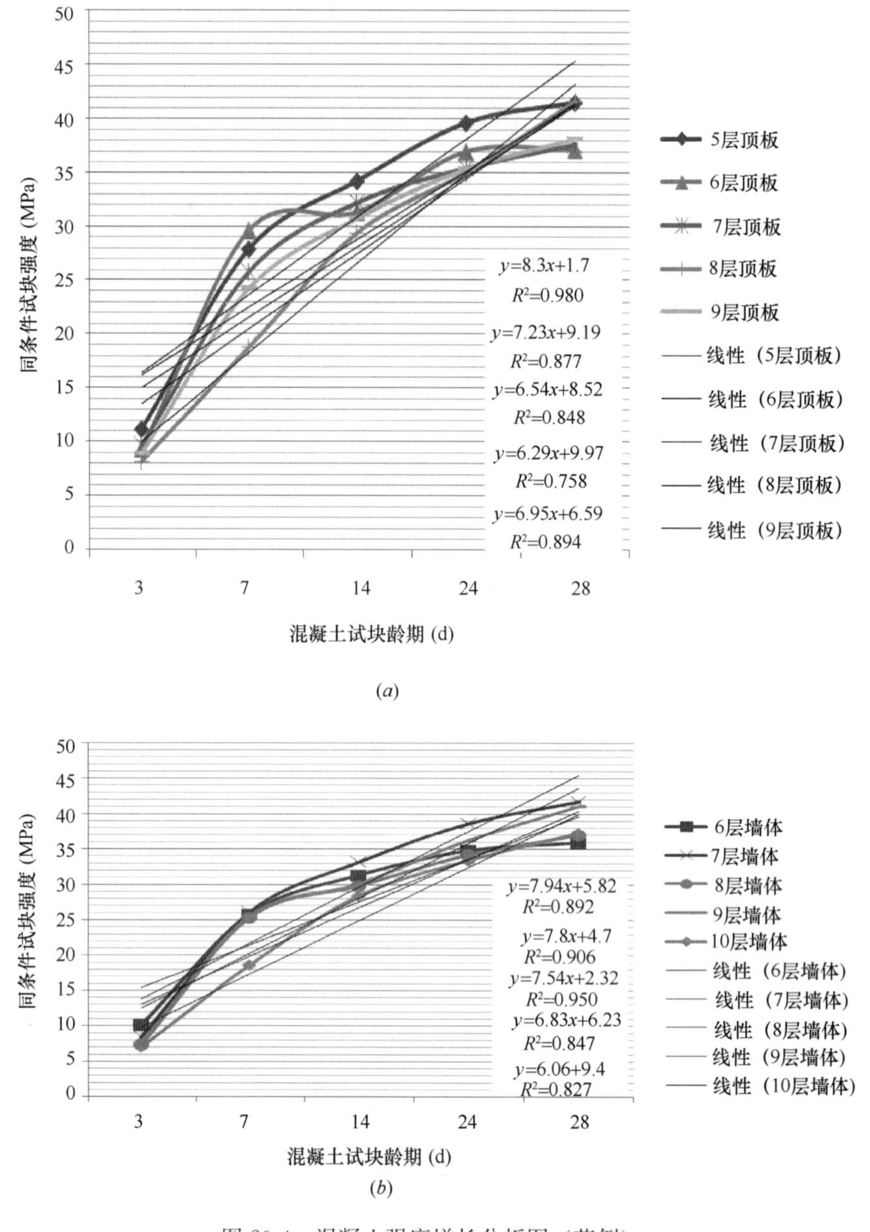

图 20-4　混凝土强度增长分析图（范例）

（*a*）水平构件强度增长分析图；（*b*）垂直构件强度增长分析图

通过大量的曲线图我们可以看到，混凝土在浇筑完毕后的7d内强度增长的幅度很大，最大涨幅可达到30％左右；在7～14d混凝土强度涨幅在20％左右；14d后混凝土强度增长逐渐缓慢，最终趋于稳定，这一增长态势基本符合混凝土强度增长规律。

通过分析图我们针对混凝土强度增长曲线进行二次分析，得出混凝土强度增长的线性方程，由于我们是以（龄期，强度）作为数据基础绘制的曲线图，所以线性方程是一条以数据点绘制的直线。通过这些线性方程我们可以看到，随着施工时间由初冬步入严冬，无论是水平构件还是垂直构件，其斜率越来越小，说明强度增长相对变缓。

表20-7列出了各项目混凝土（提高一个强度等级）在各龄期的同条件试块强度及其平均强度。现将各项目设计强度等级为C30的混凝土平均值进行汇总分析。

各项目同条件试块平均强度汇总表　　表20-7

项目名称	3d同条件试块强度（MPa）	7d同条件试块强度（MPa）	14d同条件试块强度（MPa）	24d同条件试块强度（MPa）	28d同条件试块强度（MPa）
天津杨村项目	8.76	24.76	31.06	35.96	38.90
北京翠成项目	10.78	26.05	31.46	36.09	38.86
北京广华项目	10.93	21.53	25.17	31.78	36.48
北京劲松项目	9.69	22.57	27.24	32.06	37.09
北京工具厂项目	8.63	17.83	22.73	26.07	30.73
平均强度（MPa）	9.76	22.55	27.53	32.39	36.41
达到设计强度的百分比（%）	32.53	75.17	91.77	107.97	121.37

各项目14d同条件试块强度平均值为27.53MPa，平均强度达到设计强度（C30）的91.77%，满足顶板的拆模要求（设计强度75%，所有项目均无超过8m跨度的承重板）。各项目24d同条件试块强度平均值为32.39MPa，平均强度达到设计强度（C30）的107.97%，满足悬挑结构的拆模要求（设计强度100%）。

纵观各项目14d、24d同条件试块强度可以看出，随着由初冬进入严冬，混凝土强度值略有减小。通过分析平均值可以看出，工具厂项目平均值最小，但考虑工具厂项目结构类型为框架结构，结构封堵困难大，因此将其他四个项目进行总体分析（均为剪力墙结构）。这四个项目中，广华项目的平均强度值最小，14d同条件试块强度最小值为22.9MPa，达到设计强度的76.33%；24d同条件试块强度最小值为28.6 MPa，达到设计强度的95.33%。通过这一数据我们可以看出，虽然各项目的平均强度均符合拆模强度要求，但是在严冬时期浇筑的顶板强度存在不满足拆模强度的问题。因此我们需要重视混凝土由初冬转入严冬的控制措施，在今后的冬期施工中加强此薄弱环节，采取严冬时期增加升温时间、增加覆盖、封堵材料的措施以弥补强度损失。

（3）混凝土是否满足设计强度要求

冬期施工混凝土在提高强度等级、采取保温、升温等保证措施的条件下，是否能够达到设计强度要求也是本次研究的重点。通过混凝土28d同条件试块强度与标养试块强度对比以及回弹强度与600℃·d强度对比，分析混凝土是否满足设计强度要求。

各项目混凝土平均强度汇总表　　表20-8

项目名称	28d标养试块强度（MPa）	600℃·d强度（MPa）	回弹强度（MPa）	28d同条件试块强度（MPa）
天津杨村项目（C30）	41.08	40.77	32.39	38.90
北京翠成项目（C30）	40.74	39.40	33.64	38.76
北京广华项目（C30）	41.03	38.73	33.83	36.48
北京劲松项目（C30）	38.14	37.27	33.03	37.09
北京工具厂项目（C30）	37.10	31.60	30.10	30.73
平均强度（C30）（MPa）	39.62	37.55	32.60	36.39
达到设计强度的百分比（%）	132.07	125.17	108.67	121.30
北京广华项目（C40）	48.90	46.85	43.08	43.32
达到设计强度的百分比（%）	122.25	117.13	107.70	108.30

从表 20-8 可以看出：标养试块强度、600℃・d 强度、回弹强度及 28d 同条件试块强度均满足设计强度要求。说明我们采取的冬期施工保温、升温措施可以保证混凝土强度最终满足设计强度要求。

工具厂项目结构形式为框架结构且层高较高，封闭、保温及加热措施不如其他剪力墙结构效果好，故工具厂项目混凝土强度相比其他项目略低，但也满足设计要求。

同时我们也应该注意：这是在我们将混凝土提高了一个强度等级的基础上得到的数据，如果我们用 C35 混凝土代替 C30 混凝土，那理想情况下混凝土最终强度至少应该达到设计强度 C30 的 116.67%，而表 20-8 中回弹强度是不满足这个数值的，相差了 10%左右，由此我们可以初步判断混凝土在冬期施工中会有一定程度的强度损失。

混凝土强度的损失与冬期施工的不利条件有关，主要包括：

混凝土在运输、浇筑过程中的热量损失。虽然已与搅拌站针对混凝土出罐、入模温度做了相关要求，但在实际施工过程中也会存在不符合要求的情况发生，造成混凝土强度受损。由此可见，要求搅拌站较规范规定适当提高混凝土出罐温度，很有必要。

寒冷天气对混凝土强度增长的影响。冬期混凝土只能依靠自身养护，无法按照通常的养护方法进行养护。

冬期施工过程中施工人员的人为影响。施工人员冬期施工降效或者由于天气原因不按照操作要求进行施工（例如不按照振捣要求进行振捣）也会造成混凝土强度损失。

因此，冬期施工期间混凝土提高一个强度等级可以更好地保证实体混凝土在冬期施工的等不利条件下强度损失后仍然能达到设计强度要求。

同时，通过分析我们还看到混凝土 28d 同条件试块强度要小于 600℃・d 强度，说明混凝土在养护 28d 后强度仍在缓慢增长，但涨幅不大。

回弹强度（已含碳化深度）是上述对比的强度中强度值最小的且仅达到设计强度的 108%左右，说明在冬期施工中混凝土强度值会有一定程度的损失，但由于采取了相应的应对措施，最终混凝土强度值满足设计强度要求。

1.5 案例总结

本工程案例为京津地区最低温度在−15℃以上的钢筋混凝土结构施工。从本次冬期施工的结果来看，各项目采取提高混凝土强度等级的施工措施配以综合蓄热法+暖风机升温的冬期施工方法可以满足混凝土冬期施工要求。提高混凝土强度等级，与原设计要求的混凝土相比，在相同的条件下，有助于混凝土尽早达到受冻临界强度，抵消部分强度损失，最终混凝土强度满足设计要求。采取各项保温措施可以保证混凝土早期强度稳定增长，减小混凝土因受冻害而产生的质量缺陷，保证混凝土的密实性及耐久性满足要求。通过对受冻临界强度的分析，各项目均未出现混凝土早期受冻的问题，混凝土强度等级越高则越早达到受冻临界强度，在相同的强度等级条件下，升温效果越好，混凝土越快达到受冻临界强度。若不提高混凝土的强度等级，就需要增加现场的保温覆盖厚度及加热养护的时间，以保证混凝土在达到受冻临界强度前，混凝土的性能不受影响。这不仅会使冬期施工的投入进一步增加，而且要求操作人员的把控能力较强。鉴于目前施工企业利润较低，操作人员素质普遍不高的情况，提高冬期施工中混凝土的强度等级还是行之有效的措施。

虽然冬期施工的投入较正常施工增加，施工速度减慢，但可以加快结构施工进度，为后续施工创造条件。在目前的施工过程中，甲方在确保按期竣工的前提下，也要求尽快完成结构施工，以便其回笼资金。有的在合同中就注明了节点工期及奖惩措施，有的专门提供了冬期施工措施费用，要求项目部必须进行冬期施工。在此前提下，项目部采取综合蓄热法＋暖风机升温的技术措施，与传统的保温、升温措施相比较，可以使混凝土尽早达到受冻临界强度，加快冬期施工速度，在确保混凝土质量的同时，尽早达到冬期施工的节点目标，减少大型机械设备及周转材料的租赁费用。

通过上述研究及分析可以得出以下结论：冬期施工中封闭保温覆盖措施可以有效阻隔寒冷天气的侵袭，升温措施可以保证混凝土的养护温度基本恒定，缩短混凝土达到受冻临界强度的时间，减少冻害影响，满足质量要求。冬期施工投入和产出基本持平，额外增加的成本在可接受范围内，但加快了施工进度，节省了大量的机械设备及材料的租赁费用，为后续施工提供了保障。

因此采用综合蓄热法＋暖风机升温的冬期施工方法是可行的，从质量、成本、进度角度考虑都是可以借鉴的。

2. 案例（二）

2.1　试验原理

在外部环境温度为负温情况下，通过工程常用的电伴热对套筒、构件进行升温，通过电伴热的持续升温抵消外界低温带来的温度损失，保证灌浆施工作业温度直至灌浆料达到设计强度要求。

2.2　试验准备

模拟装配式剪力墙结构，制作预埋套筒的墙板试件1块（见图20-5），规格为300mm×200mm×200mm，试件内预埋GT14灌浆套筒4支，套筒壁贴设电伴热线，加热功率为15W/m，同时埋设测温探头用于检测温度变化，另制作墙板底座1块，用于模拟灌浆条件。电伴热带和测温探头布置见图20-6。

图20-5　预制构件试件

图20-6　电伴热带和测温探头布置图

拆模后，检测构件内部温度变化，待构件内部温度与室温平衡时，将构件移入－10℃的冰柜中（见图20-7），模拟低温环境，待构件温度达到－10℃时，即符合现场实际施工条件，试验开始。构件水化温升和放入冰柜后降温曲线见图 20-8。

图 20-7　构件安装移入冰柜

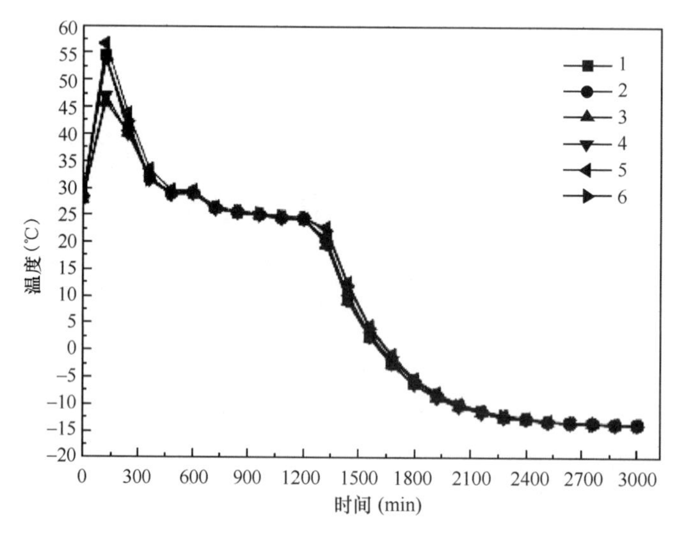

图 20-8　构件水化温升和放入冰柜后降温曲线

注：通道 1、2、3、4 为 4 支套筒中部测温点；通道 5 为构件中心；通道 6 为构件底部中心。

2.3　试验方法

用快硬座浆料进行水平缝的封堵，并同时安装水平缝内的测温线，封缝完成后，在座浆料外侧紧贴一根长约 300mm 的电伴热带，并在构件周围缠绕橡塑棉，以保证电伴热效果达到最佳。

构件安装完成后开启电伴热，设定温度 15～20℃，电伴热的温控线塞入其中一支套筒的排浆口处，如图 20-9 所示。

构件安装完成、水平缝密封后开启电伴热，进行预热，并开始观察记录试验数据（见图 20-10，图 20-11）。电伴热开启后，构件整体温度上升，待构件整体温度达到 15～20℃之间时，即达到灌浆料施工环境温度要求，开始灌浆。灌浆后如图 20-12 所示。

图 20-9　电伴热温控器

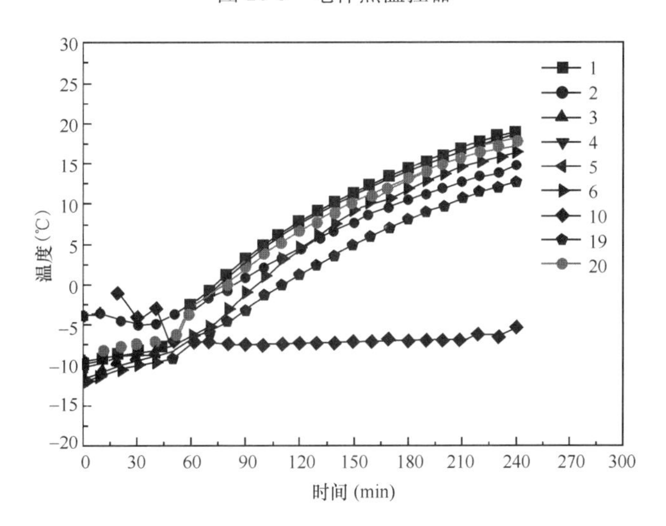

图 20-10　预热阶段预埋构件中的测温点温度变化曲线

注：通道 1、2、3、4 为 4 支套筒中部测温点；通道 5 为构件中心；通道 6 为构件底部中心；通道 10 为冰柜中部；通道 19 为构件侧面中心；通道 20 为构件棱角。

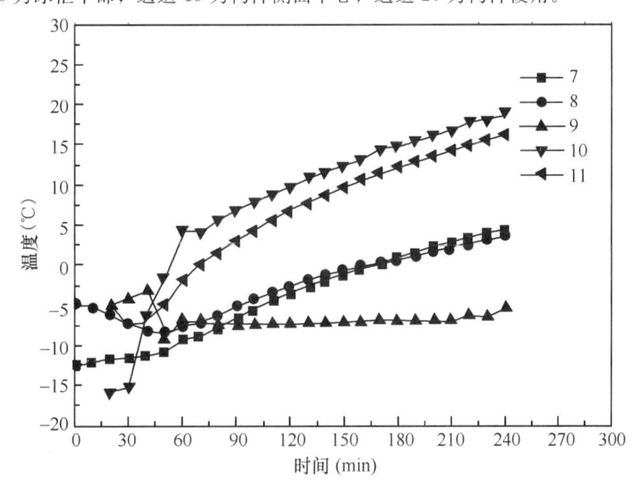

图 20-11　预热阶段水平接缝及套筒出浆口处温度变化曲线

注：通道 7 为套筒出浆口处；通道 8 为水平接缝中心；通道 9 为水平接缝边角；通道 10 为冰柜中部；通道 11 为冰柜顶部。

灌浆作业全过程均在－10℃的冰柜中进行，灌浆时浆料采用温水拌和，控制浆体温度在30℃，灌浆后密封冰箱，继续监测各测点温度变化（见图20-13、图20-14），持续24h后关闭电伴热，试验结束。

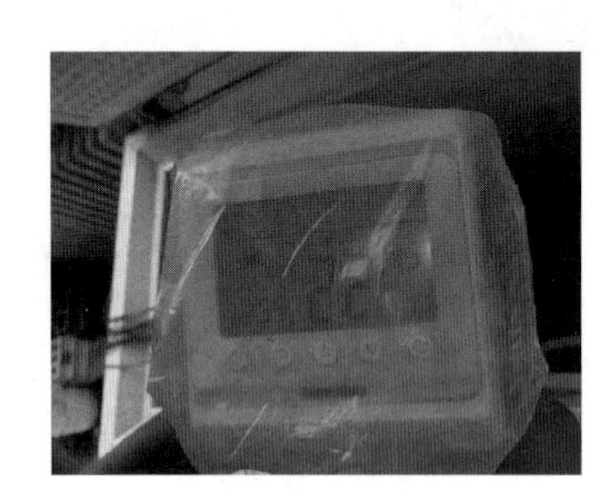

图20-12　灌浆后

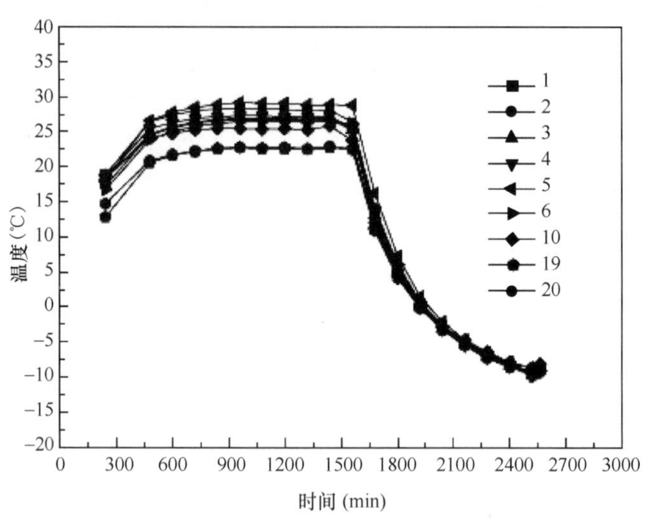

图20-13　养护阶段预埋构件中的测温点温度变化曲线

注：通道1、2、3、4为4支套筒中部测温点；通道5为构件中心；通道6为构件底部中心；通道10为冰柜中部；通道19为构件侧面中心；通道20为构件棱角。

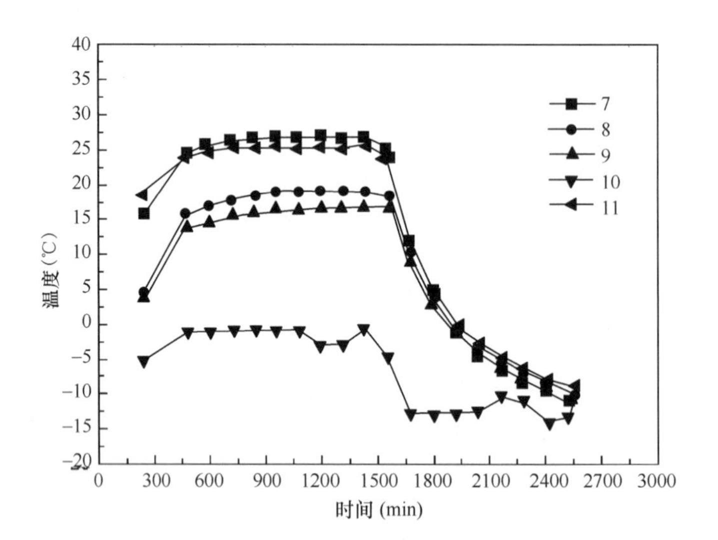

图20-14　养护阶段水平接缝及套筒出浆口处温度变化曲线

注：通道7为套筒出浆口处；通道8为水平接缝中心；通道9为水平接缝边角；通道10为冰柜中部；通道11为冰柜顶部。

2.4　结果分析与讨论

试验结果显示，施工前预热可以保证灌浆套筒内部和构件边缘温度达到浆料需用温度，避免灌浆料浇筑后温失过快或在套管壁形成冰膜夹层，影响灌浆套筒质量。试件预热时间为300min，即5h，但考虑试件尺寸有限，表面系数较大，而施工现场实际构件尺寸大，表面系数较小，温度变化速率与试件略有不同，因此，现场预热时间还应通过现场实际测温确定。

在灌浆施工及电伴热升温全过程中，构件内温度曲线稳定，通过灌浆料自身水化热作用及电伴热升温作用，构件浆料内测温点均保持在10℃以上，满足灌浆料强度增长的环境温度需求，结合自身的灌浆料强度增长情况，24h后正常强度均在35MPa以上，大大超越了抗冻临界强度要求，不会再受到冻害，也可满足后续工序施工要求。从原理上分析，在浆料达到抗冻临界强度后即可停止升温措施，浆料也不会受到冻害，但根据规范要求，灌浆强度达到35MPa后方可进行下一道工序施工，为更早地使浆料强度达到后续施工要求，宜保持浆料温度在有利于强度增长的温度下，使工期组织更为紧密。

试验中因条件所限未留置同条件试块检测强度，但通过温度曲线可以明确显示，整个浆料成型过程均在10～30℃之间，满足灌浆料成型最佳温度要求，同批灌浆料标养试块24h强度大于35MPa。

根据温度曲线分析，温度较为薄弱、温失较快部位为水平缝位置，但受限于混凝土结合面面积要求，无法在构件底面留置电伴热对水平缝浆料直接进行升温，故现场需在座浆料外侧单独贴设电伴热线并采取保温措施，保证电伴热更有效地对水平缝内的浆料进行升温，最大限度地降低温度损失。

在国家未发布相关低温灌浆料检测标准之前，提升灌浆作业环境温度是冬期低温施工的主要途径，本篇中提出的通过构件内部电伴热加热的方法，相比于常规施工现场通过封闭结构周边采取提升环境温度措施的方法，更加简便快捷，对质量保证也更加有效。

第二十一篇　建筑施工机械技术

主编单位：中国建筑科学研究院建筑机械化研究分院
吴学松　郭传新　贯泽辉　肖　飞　张磊庆
参编单位：中国建筑第二工程局有限公司　杨　丹　李春爽

摘要

我国建筑施工技术的迅速发展，建筑机械起到了至关重要的作用，机械化施工水平成为衡量施工企业技术进步的方向和标志，施工企业装备水平是构成施工企业核心竞争力的主要内容。本篇就建筑工程施工的不同阶段所使用的主要建筑施工机械（基础施工机械、土方施工机械、混凝土机械及砂浆机械、塔式起重机、施工升降机、工程起重机、钢筋加工机械、高空作业平台等）近年来的技术进步与发展进行了论述。近年基础施工机械快速发展、产量大幅提高，而且开发了许多新的产品，适应了我国幅员辽阔，地质复杂多变的特点；土方施工机械、混凝土机械、起重机械等创新型产品不断涌现，主力机型实现换代升级，满足了各种施工工况的要求；节能环保、信息化、智能化等先进技术在建筑施工机械上的普遍应用，促进了产品的升级换代，满足了建筑工程的需求。

Abstract

With the rapid development of construction technology in China, construction machinery has played a vital role. The level of mechanized construction has become the direction and sign of measuring the technological progress of construction enterprises. The equipment level of construction enterprises is the main content of the core competitiveness of construction enterprises. This article discusses the technological progress and development of the main construction machinery (foundation construction machinery, earthwork construction machinery, concrete machinery and mortar machinery, tower crane, construction hoist, construction crane, steel processing machinery, aerial work platform and so on) used in different stages in recent years . In recent years, the foundation construction machinery has developed rapidly, the output has been greatly increased, and many new products have been developed, which have adapted to the characteristics of China's vast territory and complex and changeable geology. earthwork construction machinery, concrete machinery and hoisting machinery innovative products continue to emerge, the main aircraft to achieve upgrading, to meet the requirements of various construction conditions. The widespread application of advanced technologies such as energy saving, environmental protection, information technology and intelligence in construction machinery has promoted the upgrading of products and satisfied the needs of construction projects.

我国建筑业的迅速发展，建筑施工机械起到了至关重要的作用，机械化施工水平成为衡量施工企业技术进步的方向和标志，施工企业装备水平是构成施工企业核心竞争力的主要内容。近年来，建筑施工机械在工程中的普遍应用，保证了施工效率和质量安全的显著提升，尤其在大型、重点工程施工中发挥着越来越重要的作用。建筑施工机械技术水平和机械化施工技术日新月异，我国已经成为建筑施工机械的制造大国和使用大国，部分国产建筑施工机械已经达到国际先进水平。

根据建筑工程施工的不同阶段，通常使用的建筑施工机械主要包括基础施工机械、土方施工机械、混凝土机械及砂浆机械、建筑起重机械（塔式起重机、施工升降机、汽车起重机）、钢筋加工机械、高空作业平台等。

一、建筑施工机械技术概述

1. 基础施工机械

随着近几年我国高层建筑和各类基础设施建设的发展，桩基础施工迅速崛起，施工工法和基础施工机械也有了很大提高。基础施工机械主要用于各种桩基础、地基改良加固、地下连续墙及其他特殊地基基础等工程的施工。其主要特点：一是要面对各种复杂的地质条件；二是伴随着各种地基基础施工工法的诞生而发展。目前各种基础的施工工法有 200 多种，因此基础施工机械是多品种、多规格型号、专用性较强、生产批量不大的一种建筑施工机械。基础施工机械的主要产品有成孔机械（旋挖钻机、长螺旋钻机、正反循环工程钻机、全套管钻机、冲击钻等)、柴油打桩锤、液压打桩锤、振动桩锤、成墙机械（液压抓斗、双轮铣槽机、多轴钻机等)、软地基加固改良机械、液压静力压桩机以及各种打桩架和泥浆处理设备等 10 余类，50 多个品种，200 多种规格、型号，基本能满足国内施工的需要。

基础施工机械作为工程建设的主要设备，这几年受国家交通运输业、能源、建筑业发展的带动，基础施工机械行业迎来了一个快速发展时期。为满足我国基础工程建设的需要，不仅原有的基础施工机械得到了快速发展、产量大幅提高，而且开发了许多新的产品，如大型旋挖钻机、液压抓斗、大型振动桩锤、超大直径反循环工程钻机、超大直径全套管全回转钻孔机等，产品的性能也得到大幅度提高。现在，国产基础施工机械除少数产品外已基本能够满足我国基础施工的需要。最近几年我国桩工机械已开始出口到世界许多国家和地区。

2. 土方施工机械

挖掘机、推土机、装载机、挖掘装载机等土方施工机械广泛用于建筑施工、水利建设、道路构筑、机场修建、矿山开采、码头建造、农田改良等工程中，完成挖掘、铲运、推运或平整土壤和砂石等工作。

挖掘机、推土机、装载机、挖掘装载机等土方施工机械是工程机械的代表性产品。经历了 21 世纪以来十多年的黄金发展期，中国的工程机械发展到一个高峰期，制造工艺逐步提高，产品技术性能明显提升，总体上基本满足了国内工程建设的需求。最近几年，土方施工机械制造企业在高端产品及关键配套件的核心技术研发、应用等方面取得突破：创新型产品不断涌现，主力机型实现换代升级，满足特殊工况的产品得到了更为广泛的应用。

3. 混凝土机械及砂浆机械

混凝土机械是建筑施工机械的重要组成部分，混凝土机械主要包括混凝土搅拌运输车、混凝土输送泵（泵车）和混凝土搅拌站（楼）。当今的混凝土机械正在向高效率、低能耗、高精度、智能化控制以及环保节能方向发展。我国拥有最大为 6m^3 的搅拌主机，有将 C100 混凝土泵送到 620m 高的高压大容量混凝土泵，有世界上臂架最长的 101m 泵车。

商品砂浆机械近年来同样发展迅速。预拌砂浆（商品砂浆）基本可分为预拌干混砂浆和预拌湿拌砂浆。

4. 建筑起重机械

4.1　塔式起重机

我国的塔机行业于 20 世纪 50 年代开始起步，自 20 世纪 80 年代以来得到快速发展，中国塔机行业从无到有、从小到大，逐步形成了较为完整的体系，成为我国发展较快的机械行业之一。塔机行业在设计、制造、管理和市场开拓等方面已形成一套较为健全的机制。

塔机按有无行走机构可分为移动式塔式起重机和固定式塔式起重机。按变幅方式可分为俯仰变幅（动臂）和小车变幅（平臂）塔式起重机。平臂塔机按有无塔顶和拉杆又可分为塔帽式和平头式塔机。按塔身结构回转方式，可分为下回转（塔身回转）和上回转（塔身不回转）塔式起重机。按安装方式不同可分为能进行折叠运输自行整体架设的快速安装塔式起重机和需借助辅机进行组拼和拆装的塔式起重机。

4.2　施工升降机

施工升降机是建筑施工中不可缺少的垂直运输机械，是常用的人货两用施工设备，主要用于高层建筑、桥墩、大型烟囱、井下施工、造船厂等的施工。

自 1973 年第一台国产齿轮齿条式施工升降机诞生以来，历经 40 多年的不断发展，升降机产品在结构款式、性能指标、传动方案、控制方式、安全保护装置、功能延伸等诸多方面都获得了很大的变化和发展，国产施工升降机在性能、可靠性上已完全可以满足使用要求。

施工升降机主要由底部围栏、吊笼、传动装置、电气系统、导轨标准节、附着装置等部分组成。常用的升降机额定载重量在 0.5～3.6t（2t 最为常用），运行速度为 0～96m/min 不等。施工升降机的种类很多，按升降笼数量可分为单笼和双笼（见图 21-1），按运行方式分齿轮齿条式、钢丝绳式，按有无对重分为无对重和有对重两种；按控制方式分为直接启动控制和变频调速控制（具有楼层呼叫系统或平层装置）两种。

4.3　汽车起重机和履带起重机

汽车起重机和履带起重机在建筑施工吊装中都发挥着重要的作用。

我国汽车起重机行业自 20 世纪五六十年代开始起步，经过了从模仿到自主研发，从小载重量到大载重量的发展历程。目前，25t、50t 及 75t 三个吨位的汽车起重机是国内市场需求量最大、竞争最激烈的产品，130t 以下几乎全是汽车起重机的市场。全地面起重机技术逐渐成熟，但主要集中在大吨位上，千吨级全地面起重机已经制造出来。

第一台国产 50t 级液压履带起重机诞生于 1984 年。经过多年的技术积淀，目前国内主流企业已形成最大额定起重量 50～3600t 级较为全面的履带起重机产品型谱，技术性能也日趋完善，基本满足了大型吊装工程的使用需求。

5. 高空作业平台

图 21-1　双笼施工升降机

高空作业平台是我国工程机械行业的后起之秀，近年发展迅猛。作为传统脚手架最好的替代品，高空作业平台产品具有移动灵活、快速升降、安全可靠等显著特点，在建筑外墙装饰与维护、大型场馆建设后期装修与维护，桥梁维护检修，装配式建筑等多个机械化施工领域有广泛的应用。目前，中国高空作业平台市场保有量大约 4 万台。

高空作业平台是一种将作业人员、工具、材料等通过作业平台举升到空中指定位置进行各种安装、维修、机械化施工等作业的专用高空作业设备。自行式高空作业平台目前市场上主要有臂架式、剪叉式、桅柱式三种主要类型，另外还有套筒油缸式和桁架式等。臂架式升降工作平台具有伸缩和变幅功能，作业高度高，作业范围广；剪叉式平台具有垂直升降功能，在起升高度不大的情况下，其载重量可达几百吨；桅柱式升降工作平台同样具有垂直升降功能，整机重量轻，外形紧凑。

6. 钢筋加工机械

为适应我国建筑工业化和建筑产业现代化的快速发展，钢筋加工机械技术呈现日新月异的发展势头，钢筋加工已由简单单机设备、自动化加工设备、专业化加工生产线进化到钢筋工厂化集中加工配送、预制混凝土构件 PC 工厂专用成套设备自动化加工阶段，正在朝着智慧数字化工厂钢筋加工机械技术方向发展。按照加工钢筋对象不同，钢筋加工设备主要分为线材钢筋加工、棒材钢筋加工、组合成型钢筋制品加工、钢筋机械连接等类型。按照加工设备功能不同主要分为钢筋强化机械、钢筋调直切断机械、切断机械、弯曲机械、箍筋加工机械、钢筋螺纹加工机械、钢筋机械连接设备、焊笼机械、焊网机械、桁架焊接机械、钢筋骨架自动成型设备以及钢筋加工信息管理技术等。

二、建筑施工机械主要技术介绍

1. 基础施工机械

旋挖钻机：旋挖钻机是一种以成孔为基本功能的机械设备，可配置回转斗、短螺旋钻头或其他作业装置，可采用干法和静态泥浆护壁两种工艺钻进。与其他成孔钻机相比，旋挖钻机具有以下诸多优点：机、电、液集成度高，操作便利；输出扭矩大且轴向加压力大，地层适应范围广；机动灵活、施工效率高；成孔质量好；环境保护性能好，是理想的成孔作业施工设备，代表着桩工机械的发展方向。旋挖钻机的主要部件有：底盘（行走机构、车架、回转平台、主卷扬、副卷扬），工作装置（变幅机构、桅杆、动力头、随动架、回转绳头、钻杆、钻具等）。

长螺旋钻孔机：螺旋钻机是钻孔灌注桩、复合地基处理施工设备。按照螺旋叶片的长短不同分为长螺旋钻机和短螺旋钻，长螺旋钻机包括桩架、螺旋钻具两部分。桩架大多采用液压步履式底盘或履带式底盘，自动化程度高，可自行行走，具有 180°或 360°回转功能。螺旋钻具主要包括动力头与螺旋钻杆、螺旋钻头。

全套管钻机：全套管钻机是一种机械性能好、成孔深、桩径大的新型桩工机械，它由主机、液压动力站、钢套管、取土装置（锤式抓斗、十字冲锤等）和牵引吊车组成，它所采用的全套管工法可在任何地层中施工，避免了钻（冲）孔桩而出现的入岩难、塌孔、孔底沉渣等弊病及流砂、渗水过量等引起的不利影响；无泥浆污染、施工时噪声低，特别适合于城区内施工；对于以各类土层组成的复杂地基而言，可提供较高的单桩容许承载力。

液压静力压桩机：液压静力压桩机是我国发明、生产和使用的一种具有中国特色的新型桩工机械。相对于柴油打桩锤，静力压桩机施工具有无震动、无噪声、高效节能、成桩质量好等特点，已在城市建筑中得到越来越广泛的应用。液压静力压桩机是借助自重和配重，通过液压缸施加持续的静压力作用于桩身上，将预制桩压入地基的一种基础施工设备。

振动桩锤：振动桩锤是一种利用强大激振力将物体打入地下的一种设备。它利用电动机或液压马达带动成对偏心块作相反的转动，使它们所产生的横向离心力相互抵消，而垂直离心力则相互叠加，通过偏心轮的高速转动使齿轮箱产生垂直的上下振动，从而达到沉桩的目的。振动桩锤主要由吸振器、振动器及电气装置三大部分组成。

2. 土方施工机械

液压挖掘机主要由发动机、液压系统、工作装置、行走装置和电气控制系统等部分组成。为了适应各种不同施工作业的需要，液压挖掘机可以配装多种工作装置，如挖掘、起重、装载、平整、夹钳、推土、冲击锤等多种作业机具。

装载机整机主要技术性能包括：载重量、斗容、发动机功率、牵引力、铲起力、车速、最大爬坡度、最小转向半径、卸载高度和卸载距离、铲斗倾斜角、动臂上升和下降及铲斗前倾时间等。装载机按传动系统分为四大类，即机械传动、液力机械传动、全液压传动和电力传动，其中液力机械传动 应用最为广泛。

推土机按行走方式分为履带式和轮胎式两种，并以履带式推土机为主。履带式推土机附着牵引力大，接地比压小（0.04~0.13MPa），爬坡能力强，但行驶速度低。轮胎式推土机行驶速度高，机动灵活，作业循环时间短，运输转移方便，但牵引力小，适用于需经常变换工地和野外工作的情况。工程建设中应用广泛的是 120～220kW 的履带式推土机，绝大多数采用液力-机械传动。

3. 混凝土机械及砂浆机械

3.1　混凝土搅拌站（楼）

混凝土搅拌站（楼）主要由物料储存称量输送系统、搅拌系统、粉料储存输送计量系统、水外加剂计量系统和控制系统等 5 大系统以及其他附属设施组成。

其主要技术性能特点如下：

(1) 生产能力根据配置的主机容量不同，形成了50、60、75、90、120、150、180、270m/h等生产能力的一系列产品。

(2) 计量精度有骨料、水泥、水和外加剂4方面，骨料的精度一般控制在±2%之内，水、水泥、外加剂的精度一般控制在±1%之内。

(3) 搅拌主机形式根据搅拌原理分为自落式和强制式。

(4) 控制系统目前大都相对先进和稳定，可自动、手动自如切换。

(5) 上料形式：骨料一般采用皮带机和斗式提升机上料；粉料通常采用斗式提升机、螺旋输送机或风槽输送。

3.2 混凝土搅拌运输车

混凝土搅拌运输车主要由取力装置、液压系统、减速机、操纵机构、搅拌装置、清洗系统等组成。取力装置将发动机动力取出，液压系统将发动机动力转化为液压能，再经电机输出为机械能（转速和扭矩），减速机将电机输出的转速减速后，驱动搅拌筒转动。

3.3 混凝土泵车

近30年来，我国混凝土泵车实现了设计制造的国产化，并且产品和技术不断获得突破，新技术、新工艺不断在泵车上得到了应用。

(1) 臂架技术和泵送量。近年来我国臂架式泵车技术有了快速的发展，更加符合国情。国内混凝土泵车的常用输送量为140～170m^3/h，最大理论泵送量200m^3/h。

(2) 液压系统主要有开式和闭式两种，在向集成化方向发展。同时，全液压控制、计算机控制等技术已经在泵车上开始广泛运用。

(3) 电控系统。不断向专用控制器和电脑智能控制发展。无线遥控技术、臂架电比例控制系统及泵送排量无级调节技术的应用，可轻松实现臂架等高水平变幅和智能浇注。

(4) 节能、环保。发动机的排放标准，不断提高风冷却逐步替代水冷却。拼装式泵车隔声罩的应用，有效降低设备噪声20.5dB，极大的减轻了噪声污染。

(5) 结构优化。因空间限制，臂架4节以下一般采用单一的R或Z形折叠型式。5节以上一般采用RZ组合折叠。支腿设计呈现出个性化、多样化特点，主要以双摆动和X形为主。

(6) 泵送管件。泵送管件柔性连接技术操作简单，提高了管路系统的稳定性，保护了管路阀件，减少了管道应力对结构件的破坏。

3.4 混凝土输送泵（拖泵）

拖式混凝土输送泵主要由主动力系统、泵送系统、液压系统和电控系统组成。

(1) 主动力系统：拖式混凝土泵的原动力有柴油机和电动机两种。

(2) 泵送系统：泵送系统将混凝土拌和物沿输送管道连续输送至浇筑现场。通常情况下，泵送工况有高压小排量和低压大排量两种输送方式。

(3) 液压和电控系统：液压系统有开式和闭式系统。电控系统一般采用PLC控制，有些产品还配备文本显示器及触摸式按钮，具有良好的人机交流界面。

3.5 预拌砂浆生产线

预拌砂浆生产线有站式、阶梯式、塔楼式等布置形式。主要有烘干系统、筛分上料系统、仓储系统、计量系统、搅拌系统、控制系统、除尘系统及辅助设备等组成。其工艺流程见图 21-2。

（1）搅拌系统：一般采用无重力双轴桨叶混合机、卧式螺带混合机和单轴犁刀式混合机。

（2）烘干系统：是整个砂浆站的一个核心，也是确定整体生产效率的一个关键点。烘干设备的热源选择可以选热风炉、沸腾炉等。

（3）筛分上料系统：由直线振动筛、斗式提升机、中间仓组成。可根据需求，提供单级直线振动筛或分级筛。

（4）控制系统和精确的计量系统：整机采用计算机控制，可自动、手动转换，操作简单方便。

（5）包装及散装系统：包装有袋装、敞口式、散装及吨袋包装等形式，可满足客户的各种需要。散装贮仓下方装有自动伸缩的专用散装头，散装筒仓或专用散装运输罐车到位后，散装头自动伸出，进入加料口加料。

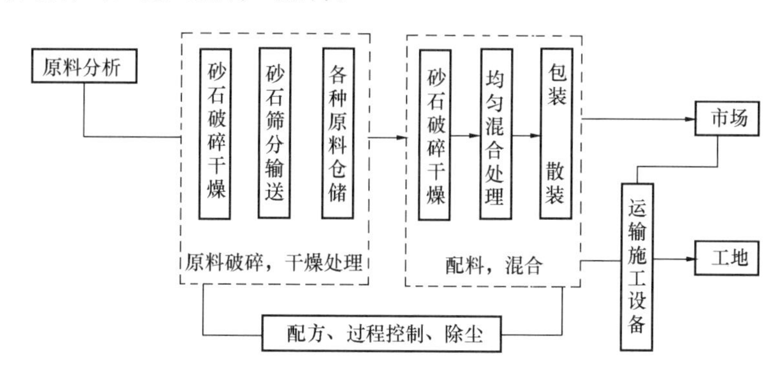

图 21-2　预拌砂浆搅拌站工艺流程图

4. 建筑起重机械

4.1　塔式起重机

目前市场上最常用的塔机有三类：塔头式、平头式和动臂式。

塔头式塔机为传统的塔机形式，稳定性和受力较好，塔顶顶部是起重臂和平衡臂的拉杆支点，利用其结构特性，使起重臂和平衡臂结构尺寸相对较小，整体重量减轻，运输成本低，维护保养简单可靠，相比较同级别其他形式塔机，价格低。

平头塔机没有传统意义上的塔头和拉杆，上部结构形状呈水平且均为刚性结构。由于取消了塔顶和起重臂拉杆，不仅节省安拆费用，而且更加安全。在塔机密集的工地工作时，抗干扰性要好于同级别的塔头式塔机，因而特别适用于群塔交叉作业及对高度有特殊要求的场合。

动臂式塔机是通过改变起重臂角度来实现变幅的，臂架仰角大致在 15°～85°范围内变化，动臂式塔机以其占用空间小，尾部回转半径小，变幅方便，不侵犯他人领空权等优点，可在超高层建筑的施工中充分发挥优势。

4.2　汽车起重机和履带起重机

汽车起重机和履带起重机都由上车和下车两大部分组成。汽车起重机的行驶操作在下车的驾驶室里，起重操作在上车的操纵室里。履带起重机下车没有驾驶室，行驶操作和起重操作集中在上车操纵室内。

汽车起重机具有汽车的行驶通过性能，机动灵活，行驶速度高，可快速转移。其弱点是总体布置受汽车底盘的限制，车身较长，转弯半径大，大多数只能在左右两侧和后方作业，不能负荷行驶，工作时需打开支腿，保持车身稳定，另外对地面的要求较高，越野性能差，不适合在松软或泥泞的场地上工作。全地面起重机是一种兼有汽车起重机和越野起重机特点的高性能产品，它既能像汽车起重机一样快速转移、长距离行驶，又可满足在狭小和崎岖不平或泥泞场地上作业的要求。

履带式起重机具有起重能力强、臂长组合多、接地比压小、转弯半径小、爬坡能力大、不需支腿、带载行驶以及作业稳定性好等优点。具有塔式副臂的履带式起重机可代替塔机使用，另外借助附加装置，还可进行桩工、土石方作业，实现一机多用。

5. 钢筋加工机械

5.1 线材钢筋加工设备

线材钢筋加工设备按照加工工艺分为：延伸强化、调直切断、弯曲成型、自动化组合加工成型（集调直、定尺切断、弯曲为一体）。主要机种有钢筋自动调直切断机、钢筋自动弯箍机、8字筋自动成型机、板筋自动加工生产线，这些设备已实现了采用计算机控制、触摸屏进行操作，可选择图库中的图形或用户自行绘制的图形进行钢筋自动化集中加工生产，解决了传统人工和简单机械加工高强钢筋普遍存在的生产效率低、精度差、劳动强度大等难题。

5.2 棒材钢筋加工设备

棒材钢筋加工设备用于直径大于16mm钢筋的定尺切断、弯曲成型，主要有两机头和五机头钢筋立式弯曲生产线、钢筋自动剪切生产线、钢筋自动锯切生产线、钢筋卧式自动弯曲生产线、钢筋螺纹自动加工生产线。生产线采用计算机控制、触摸屏进行操作和自动化上料、自动定尺加工的规模化集中生产，解决了传统人工和简单机械加工高强钢筋普遍存在的生产效率低、精度差、劳动强度高等难题。

5.3 钢筋组合成型制品加工设备

钢筋组合成型制品加工设备是将钢筋加工单一功能集成为多工序组合自动加工生产线，主要有钢筋网片自动焊接生产线、钢筋笼自动焊接生产线、钢筋三角桁架自动焊接生产线和钢筋骨架自动焊接生产线。生产线实现了钢筋网片、钢筋笼、钢筋三角桁架、钢筋梁柱骨架的自动化加工，解决了人工单机种加工普遍存在的生产效率低、精度差、劳动强度大等难题，为工厂化集中加工配送提供了装备技术支撑。

5.4 钢筋机械连接设备

钢筋机械连接设备是实现钢筋套筒连接的关键设备，主要分为钢筋套筒挤压机、钢筋螺纹成型机、钢筋螺纹自动化加工生产线、钢筋套筒灌浆连接用灌浆泵等。近年来钢筋直螺纹成型加工技术发展迅速，涌现出了多种形式自动化钢筋螺纹成型机，实现了钢筋端头螺纹的半自动和全自动生产加工，提高了加工效率和加工精度，节约人工50%以上，解决了单机设备加工钢筋端头螺纹普遍存在的生产效率低、劳动强度大等难题，为钢筋集中加工配送提供了装备技术支撑。

三、建筑施工机械技术最新进展（1～2 年）

1. 基础施工机械

由于我国幅员辽阔、地质复杂多变，决定了各地基础施工所用的设备和工法不尽相同，各有千秋。任何一种工法和机械都不是万能的，都有适用性。针对不同施工需要，各桩工机械生产企业近两年开发了许多新的基础施工机械。徐工基础工程机械有限公司、中车北京车辆机械有限公司陆续开发了 50tm、55tm、58tm 大型旋挖钻机。浙江中锐重工开发了 ZJD3500/4000/5000 超大口径工程钻机。上海振中开发了 EP600/800 大型免共振振动桩锤。上海金泰开发了 SG60、SG70 液压抓斗。徐州盾安重工开发了 DTR200/260/320 全套管钻机。上海工程机械厂、浙江振中开发了超深 SMW 工法用多轴钻机。浙江永安、广东力源开发了 50t、60t 大型液压冲击锤。这些设备已广泛应用于我国的多个重点工程，取得了显著的经济效益和社会效益。

2. 土方施工机械

国产挖掘机、装载机、推土机正在从低水平、低质量、低价位、满足功能型向高水平、高质量、中价位、经济实用型过渡。各主要厂家不断进行技术投入，采用不同的技术路线，在关键部件及系统上技术创新，摆脱产品设计雷同、无自己特色和优势的现状，满足了工程建设的需要。

近两年，我国土方机械最重要的进展莫过于排放标准的升级。2014 年国家发布《非道路移动机械用柴油机排气污染物排放限值及测量方法(中国Ⅲ、Ⅳ阶段)》(GB 20891—2014)。2016 年 1 月 15 日，国家环保部发布《关于实施国家第三阶段非道路移动机械用柴油机排气污染物排放标准的公告》。规定自 2016 年 4 月 1 日起，所有制造、进口和销售的非道路移动机械不得装用不符合第三阶段排放要求的柴油机。上述提及的非道路移动机械指的是以内燃机为动力的各种移动式机械设备，工程机械挖掘机、装载机、沥青摊铺机、压路机、推土机、叉车、非公路用卡车等均包括在内。随着机动车柴油机国四排放标准、非道路移动机械国三排放标准的实施，中国工程机械行业在环保方面也开始了新一轮的更新换代。

除了排放标准的升级，挖掘机、装载机、推土机等在其他方面的技术进步也非常明显。

2.1　挖掘机

(1) 挖掘机行业一改过去向大型化发展的印象和趋势，在产品结构调整上逐渐向小型机、实用型产品的市场需求转变。

(2) 通过技术改造和制造能力提升，产品质量、可靠性得到明显提高，但挖掘机液压系统的核心部件仍然主要依赖进口。

(3) 挖掘机节能减排取得一定成效。通过改善内燃发动机燃烧性能和使用电喷控制发动机的动力源、从低传动效率模式向高传动效率模式转变的传动方式改善、匹配与控制的改善，实现设备节能。

2.2 装载机

(1) 装载机整机性能明显提高。各生产厂家根据各自的实际情况，重新进行总体设计，优化各项性能指标，强化结构件的强度及刚度，广泛利用新材料、新工艺、新技术，特别是机、电、液一体化技术，使整机寿命和可靠性得到大步提高；细化系统结构，如动力系统的减振、散热系统的结构优化、工作装置的性能指标优化及各铰点的防尘、工业造型设计等；利用电子技术及负荷传感技术来实现变速箱的自动换挡及液压变量系统的应用，提高效率、节约能源、降低装载机作业成本。

(2) 装载机安全性、舒适性明显改善。驾驶室逐步具备 FOPS&ROPS 功能，驾驶室内环境将向汽车方向靠拢，方向盘、座椅、各操纵手柄都能调节，使操作者处于最佳位置工作。降低噪声和污染物排放，强化环保指标。

(3) 新型 LNG 装载机批量进入市场。LNG 装载机的发动机以 LNG 作为燃料，燃烧充分污染少，不产生积碳，运行平稳操作舒适。2010 年，徐工全球首创 LNG 天液化天然气装载机—LW500K-LNG，2012 年，2014 年，徐工对 LNG 装载机优化升级，完善了各项性能，目前已形成 5t、6t、8t、9t 级系列产品。山东临工新型天然气 LNG 装载机在可靠性、安全性、节能性、智能性方面也表现突出。L956-LNG 采用临工独有的冷热能量平衡系统，在同等工况下相比柴油机节能效果提升 30%以上，碳氧化物及颗粒等有害物质排放减少至少 70%以上。其他装载机制造商如柳工、厦工等企业也已研制成功 LNG 装载机。

2.3 推土机

1) 推土机结构不断创新，可靠性不断提高。为加速产品更新换代步伐，国外推土机制造商非常重视产品结构的创新，先后推出静液压变速器、双流传动差速转向装置、高置驱动轮三角形履带行走机构和浮动油封及密封润滑履带、扭矩分配器、电子控制离合器制动器操纵系统（ECB）等新结构。

2) 推土机增加生产能力，提高单位能耗作业量。采用大型推土机可增加生产能力，因此推土机大型化仍是主要发展方向之一。

3) 提高维修性能，实现模块化设计。模块化设计可使每个部件单独拆装、单独试验，而且机器任何部分损坏都可立即更换损坏的部件，减少维修拆装和停机时间。微电子技术进一步扩大应用，可翻转式驾驶室装有电子监控、故障诊断系统，不仅安全，而且方便维修。

4) 改善司机的操纵性、舒适性和安全性。从人机工程学出发合理布置操纵杆位置，减小操纵力和行程，多用助力或按钮操纵。

3. 混凝土机械及砂浆机械

3.1 混凝土搅拌站（楼）

商混站：新型环保节能智能化搅拌站得到大力推广与应用，搅拌站的两化融合项目，促进搅拌站科学化管理，得到大力发展。

工程站：新型的箱式快装混凝土搅拌站以其模块化安装形式、集成化设计、基础施工简单价廉等特点得到认可和大力发展。

3.2　混凝土搅拌运输车

新能源汽车底盘受到瞩目，成为发展目标。信息化智能化电子产品（GPS、倒车雷达等）等在运输车上得到发展应用。

2015年以前，国内混凝土搅拌运输车越来越大，市场上混凝土搅拌运输车的搅动容量最大已达$20m^3$，$10\sim12m^3$容量的越来越多。为了遏制市场上愈演愈烈的混凝土搅拌车超载现象，2015年3月中机车辆服务中心“关于规范混凝土搅拌运输车《公告》管理要求的通知”，对混凝土搅拌运输车申报参数的管理要求进行调整，要求二轴混凝土搅拌运输车最大总质量和搅拌筒搅拌容量应不大于16t和$4m^3$，三轴混凝土搅拌运输车最大总质量和搅拌筒搅拌容量应不大于25t和$6m^3$，四轴混凝土搅拌运输车最大总质量和搅拌筒搅拌容量应不大于31t和$8m^3$。

3.3　混凝土泵车及混凝土输送泵（拖泵）

混凝土泵车臂架不断向轻量化、智能化、系列化、小型化发展。智能臂架、防倾翻保护、实时在线诊断等自动化、智能化控制技术得到广泛运用。随着标准升级，混凝土泵车、输送泵也将更加环保。

3.4　预拌砂浆生产线

近两年随着环保力度加大，智能化、信息化不断发展，促使厂家不断创新，绿色环保、全自动化的砂浆生产线得到大力研发与推广。

新型的干混砂浆生产线以柔性化、自动化、清洁化的设计理念和高性能设备，以满足客户和市场对绿色生产、低成本生产、多品种功能性砂浆以及砂浆施工性能的要求。

4. 建筑起重机械

4.1　塔式起重机

随着塔式起重机技术的发展，塔式起重机型号规格不断完善，性能、质量不断提高。我国塔机的设计制造水平达到了国际先进水平，能满足客户对塔机技术参数的各种要求，已经提供市场使用的塔式起重机最大起重力矩超5000tm、最大起重量超两百吨、最大臂长超百米、最大独立高度超百米、最大起升高度超千米。

根据市场需求，塔机行业近年在新材料应用、模块化设计、节能控制、人性化设计、大型化等方面展开了研究并应用于各类工程现场。

（1）国内塔机主流企业加紧研发，推出了一系列大型塔机产品，打破了多年来国外品牌对大型和超大型塔机设备的绝对垄断，并形成了更为齐全的塔机品类。尤其是平头塔机和动臂塔机应用越来越普遍。

（2）零部件模块化。模块化的设计可能增加少量的制造成本，但其不仅可以提高产量和质量，还可以降低管理成本，也相应地降低了用户的购置成本。

（3）节能控制技术。基于信息解析技术，创建了电机转矩预测模型，研发了极限状态下的负载自适应调速控制技术，作业效率大幅提高，能耗明显降低。

（4）人性化设计。整机的工业化设计、舒适宽敞的司机室、直达操作室的电梯、机电液一体的便携式销轴自动装拆系统以及无线遥控技术等，大幅降低了工作强度，提高了操作舒适性。

4.2 施工升降机

近年来，施工升降机的技术进步主要表现在：

(1) 变频调速技术普遍应用，起、制动平稳舒适，减少冲击，延长机械寿命，提高运行效率，降低电能消耗。

(2) 采用硬齿面齿轮传动代替蜗轮蜗杆传动，大大提高传动效率、运行速度和机构寿命。

(3) 采用硬齿面齿轮传动的升降机运行速度可提高至96m/min甚至120m/min，满足了高层、超高层建筑施工要求，提高综合效率，随着超高层建筑物的出现，大运输量的高速升降机是一个必然的选择。

(4) 采用滑触线供电技术，减轻设备运行负荷，减小了电压压降对设备运行的影响。

(5) 研发大额定载重量的升降机。目前常用的施工升降机是额定载重量2吨/笼。为适应高层建筑等施工中大型玻璃幕墙、超大体积设备、特大载重量货物的垂直运输需要，已开发出大型吊笼、大额定载重量、更高速度的升降机。

(6) 吊笼空间朝更宽大、装修朝更高品位方向发展，电气箱、控制柜采用嵌入式设计，尽可能不占用笼内有效空间。

4.3 汽车起重机和履带起重机

作为工程起重机的两个门类，汽车起重机和履带起重机有一些共性的技术进展，主要表现在：

(1) 起升液压系统方面，定量泵逐步被先进可靠的具有负载反馈和压力切断的恒功率变量泵所取代，先前的定量马达或液控变量马达也被电控变量马达所取代，使得起重机微动性好，作业效率高，操作更加平稳。

(2) 起重作业的操作方式大面积应用先导比例控制，具有良好的微调性能和精控性能，操作力小，不易疲劳。

(3) 基于计算机技术、传感技术、电子信息技术、通信技术的综合应用，推动起重机向智能化方向发展，可实现设备的自动检测、智能判断、远程监控和多机协同等多种功能。

(4) 起重机除具备吊装功能外，还可以增加一些装置或更换个别部件，如配备抓斗、钻机、电磁吸盘等装置，进行挖掘、打桩、打夯等其他作业，实现了起重机的多功能化。

(5) 利用超起装置增加整机吊臂稳定性，从而提高起重性能，主要应用于大吨位(400吨以上级)的履带起重机和全地面起重机。

(6) 随着排放要求升级，目前汽车起重机和履带起重机均已切换到国三及以上排放标准。

除以上共性技术之外，汽车起重机的技术进展还有：

(1) 大吨位汽车起重机大多已经采用起重性能优异的U形臂结构，中小吨位汽车起重机基本采用多边形臂架结构。随着U形臂制造工艺的不断成熟，U形臂将在中小吨位汽车起重机上得到推广。

(2) 起重臂方面，单缸插销自动伸缩技术替代传统的双缸加钢丝绳排同步伸缩技术在中大型汽车起重机上广泛应用。

(3) 底盘方面，国内龙头企业已经掌握了国外全地面起重机普遍采用的油气悬挂、多桥独立转向技术，并在中大型汽车起重机上广泛应用。

履带起重机的技术进展还有：

（1）除传统的桁架臂结构外，国内外企业还相继开发出了伸缩臂履带起重机，集合了桁架臂履带起重机和伸缩臂汽车起重机的共同优势，具有施工空间小、可带载行驶、臂长转换方便等优点。

（2）广泛采用高效自拆装技术，包括吊臂自拆装、支腿自拆装、平衡重自拆装、超起自拆装以及辅助拆装技术，提升了拆装效率。

5. 升降工作平台

随着近些年高空作业机械的不断发展完善，各种新型技术和新型材料的不断出现，概括起来有以下几方面。

（1）大型化。随着我国建筑施工安全需求的提高，对大高度高空作业平台需求增加，近几年制造商也相应加大了研发力度。目前国内载人高空作业平台主流是43m以下，世界最高的达58m。

（2）轻量化。高空作业平台臂架系统的自重直接影响着作业高度和稳定性等，目前在设计生产臂架时，其结构及截面更加的合理，同时尝试使用新材料，以使臂架自重能够降低。

（3）智能化。随着控制技术的不断发展，高空作业平台在智能化控制方面取得了进展。浙江鼎力机械自主研发了全球首款专用于智能高空作业平台的控制系统和软件开发平台，能够实现电池管理系统，租赁管理系统，车辆设置系统。远程监控与管理平台，具备全球互联功能，可远程对全球设备进行维护和信息互通。

（4）节能化。设备的环保性不断提高，高空作业平台目前的节能化主要在发动机自动启停，轻量化，液压系统匹配等方面进行了研发。

6. 钢筋加工机械

近两年钢筋加工机械和钢筋机械连接技术迅速发展，不断出现新产品、新技术和新工艺，钢筋加工正由工地现场单机分散加工向集中加工配送方向转变，加工机械正在由人工操作向自动化控制方向转变，单一功能分工序钢筋加工向多功能多工序集成加工方式转变，利用信息化技术将传统钢筋加工场向智慧型加工厂方向转变。柔性焊网设备的开发成功，实现了开口网片的一次加工成型，钢筋螺纹自动化加工生产线的研发成功，实现了钢筋上料、分料、夹持、螺纹加工、钢筋收集的全过程自动化加工。钢筋套筒灌浆连接技术的发展，为预制混凝土装配式建筑的节点连接提供了连接技术支撑。高强钢筋集中加工信息化管理与软件技术的发展，实现了钢筋加工、人力资源管理、财务管理的一体化，为钢筋集中加工管控和成本核算建立了统一可扩展的信息化管理平台。

四、建筑施工机械技术前沿研究

1. 基础施工机械

近两年来各企业紧紧围绕客户需求及节能环保对基础施工机械的更新换代及新产品进

行研究，取得了一些成果。

(1) 大型旋挖钻机采用了专用液压伸缩式履带底盘，具有超强的稳定性和运输的便捷性，底盘带摆动支腿，可辅助拆卸；采用大三角变幅机构、保证大孔深桩硬岩的钻进稳定性，提高成孔质量，且具有变幅角度实时检测及安全保护系统，保证了整机的安全稳定性与可靠性；采用单排绳主卷扬技术，大大延长了钢丝绳的使用寿命，提高了施工安全性，为客户节约使用成本。

(2) 大口径工程钻机方面，针对大直径（超过 4.5m)、大深度（超过 100m)、硬岩（超过 80MPa)，对钻机的扭矩、提升力、钻杆、钻头进行了深入研究，钻机的可靠性及入岩效率大大提高。

2. 土方施工机械

经过多年的发展，挖掘机、装载机、推土机等产品的技术水平不断提高，制造企业正加速自身转型升级的步伐。

液压挖掘机在机、电、液一体化方面基本成熟，节油降耗、提高操作效率已成为挖掘机技术的研究热点，综合采取各种节能措施，如先进的节能液压系统，采用高性能柴油发动机、发动机与液压系统匹配技术、挖掘机信息化集成与智能控制技术等先进技术的应用，挖掘机正在向着节能减排、高效、智能化的方向发展。采用混合动力技术（油电混合动力或油液混合动力两种形式）的挖掘机产品在小松、卡特彼勒等外资品牌也已进入实用阶段。

我国装载机企业同样围绕节能降耗开始了新一轮的产品技术升级，重点是核心系统与零部件的升级，即液压系统与液压零部件、传动系统与传动零部件的技术升级。如高性能发动机技术、变速箱传动技术、自动双速液压控制技术、电控自动换挡变速器、高承载驱动桥以及智能化热管理电液控制技术、状态监测技术等技术的应用，使得装载机操控性能优良、作业效率高、耐久性更强。

推土机作为一种多工况适应产品，其随着施工环境的变化逐渐延伸出更多个性化产品，更好的诠释了推土机的推、铲、集、运、牵、吊、耙、裂、松等功能，可谓无所不能。随着液压技术和计算机控制技术的不断发展进步，中小型推土机的全液压化得到了迅速发展，全液压推土机产品已经成为国际主流发展趋势。山推作为国内目前具备研发、制造全液压传动推土机的厂家，现已形成从 80 马力到 240 马力的全系列静液压传动推土机，国际上卡特彼勒、小松、利勃海尔、约翰迪尔等厂家是全液压传动推土机的主要生产者。

3. 混凝土机械及砂浆机械

3.1 混凝土搅拌站（楼）

(1) 互联网+搅拌站。将一条以上的生产线通过网络结合起来，集中调配生产任务，有利于合理分配生产资源、强化监督管理。

(2) 环保节能化、智能化。发展环保节能化要从粉尘、噪声污染等方面加以改进和提高。积极借助信息化的优势，提高设备智能化，优化运行系统，提升设备生产制造能力。

（3）高精度化。主要指骨料、水泥、水和外加剂的计量精度。高精度化是我国搅拌站的奋斗目标和发展方向。

（4）模块化。模块化可方便运输、拆装、转场。特别适合频繁转场，就位后快速安装并迅速投入使用的工程施工中。

3.2　混凝土搅拌运输车

（1）新能源汽车底盘的开发应用。LNG、电动等工程机械备受瞩目的过程中，也提醒了国人对于新能源汽车底盘的开发应用。

（2）系列化产品将要面临重新划分。参照国家相关法律法规政策等新能源汽车发动机的应用将要进行系列的重新划分。

（3）智能化电子技术的应用。智能化电子产品（GPS、倒车雷达等）的应用为实现混凝土公司成本控制以及智能化物流等高新科技的发展提供技术支撑。

3.3　混凝土泵车及混凝土输送泵（拖泵）

更合理的桥长比、平稳的泵送过程、节能的工作系统是混凝土泵车的发展方向。发展趋势如下：

（1）大量臂架新技术应用。未来臂架将向轻量化、智能化、系列化发展。超长臂架设计制造、智能臂架控制、远程故障自诊断、防倾翻保护等技术将广泛应用于臂架设计之中。

（2）向电气化、多功能化发展。防堵管控制、智能臂架、实时在线诊断等自动化、智能化控制技术得到广泛运用。

（3）泵送高度和距离将增大，泵送系统压力更高、输送量更大。未来泵送排量在200m^3/h 以上的工程越来越多，大排量将成为今后国产臂架式混凝土泵车中心泵送系统的发展趋势。

（4）为适应施工现场道路条件，小型化也是混凝土泵车发展方向之一。

3.4　预拌砂浆生产线

（1）环保节能化。十八大以来，环保空前受到重视，商家也大力发展环保节能技术，如采用高真空主机可有效地提高工作效率并极大改善工作环境。采用“发生源头捕集”技术，散装卸料与除尘分离控制等技术减少污染。

（2）智能化、信息化。砂浆设备也应该借助信息化、智能化平台，不断对设备进行更新，优化运行系统，提升设备生产制造能力。

（3）提高计量精度。提高计量精度才能生产出高质量的产品。中联重科对于砂、粉体使用计量螺旋，可满足自动计量的量程为 300～6000kg。而采用 POWERDOS 系统可精确处理 2g～25kg 的添加剂、颜料以及流动性较差的粉体材料的自动计量。

4. 建筑起重机械

4.1　塔式起重机

（1）制造绿色化。塔式起重机在设计时充分考虑零部件的通用性、模块化，使零部件集约化程度高。这样既提高了材料的利用率、零部件通用性、产品质量和美观，又便于管理、减少污染、节约成本。

（2）安全智能化。基于传感器技术、嵌入式技术、数据采集技术、数据融合处理、无线传感网络与远程数据通信技术和智能化技术的应用，实现危险作业自动报警控制、实时动态的远程监管、远程报警和远程告知，使得塔吊安全监控成为开放的多方主体参与的实时动态监控。

（3）全变频控制技术的应用。采用变频控制技术能充分发挥无级调速的优势，实现塔机吊装重载慢速、轻载高速的理想状态。变频控制使塔机机构运行平稳，就位精确，对机械结构冲击小，而且能够提高塔机的效率，节能降耗，具有十分明显的经济效益。

（4）PC构件高效吊装及智能化。装配式建筑已然成为我国建筑业的重要发展方向之一，大型预制构件是装配式建筑的重要组成部分，适应装配式建筑构件吊装的塔机具有广泛的应用前景与研究意义。

4.2 施工升降机

（1）节能环保技术研究：从机械传动、控制、减轻吊笼自重等多个环节降低升降机使用过程的能源消耗；

（2）先进控制技术研究：运行控制、升降机自动平层控制、故障监控与诊断、操作人员识别控制等，实现升降机智能化运行和信息化管理。

4.3 汽车起重机和履带起重机

（1）以功能单元为划分进行模块化设计，产品结构简洁，便于拆装、运输和维修。

（2）加强通用化设计，提高不同型号产品部件的互换性，降低制造和使用成本。

（3）充分利用新材料、新工艺，优化起重臂、转台、车架三大部件结构，实现产品轻量化。

（4）基于功率节能控制、自启停、混合动力等技术，降低油耗，推进节能减排。

5. 升降工作平台

（1）先进的控制技术。控制技术直接关系设备的可靠性稳定性。坑洞保护系统、自动调平支腿、防坠落系统、负荷感应系统等一系列功能都离不开控制系统的支撑。

（2）智能化系统。智能化系统有助于提升单体设备及机群的智能化管理，包括设备状况、定位、维保、管理等一系列大数据应用，能为设备使用管理提供质的飞跃。

（3）无人驾驶。对无人驾驶的研究有助于高空作业平台在特殊工况下完成施工。

（4）节能环保技术。在发动机排放、轻量化设计、噪声控制等多方面着手控制对环境的影响。

6. 钢筋加工机械

在“十一五”、“十二五”期间完成了《智能化钢筋部品生产成套设备研究与产业化开发》、《工程钢筋加工自动化成型技术和设备研发与产业化》两项国家科技支撑计划课题，成功开发了钢筋弯曲、钢筋封闭箍筋自动焊接、钢筋螺纹加工生产线、钢筋加工配送管理软件等多项新产品，制定了《混凝土结构用成型钢筋制品》GB/T 29733—2013 、《混凝土结构成型钢筋应用技术规程》JGJ 366—2015、《钢筋套筒灌浆连接技术规程》JGJ 355—2015等国家行业标准。这些科研成果的推广应用，不仅支撑了我国钢筋集中加工配送技术的发展，也为现代化PC构件工厂智能化钢筋加工设备的开发打下了坚实的基础。

五、建筑施工机械技术指标记录

一些代表性的建筑施工机械产品关键技术指标见表 21-1。

建筑施工机械产品关键技术指标　　**表 21-1**

机械名称	关键技术指标范围
旋挖钻机	旋挖钻机按不同型号，动力头最大扭矩可达到 150～630kN・m，最大钻孔深度 40～120m。目前最大的旋挖钻机其最大输出转矩为 630kN・m，最大钻孔直径 4.5m，最大钻孔深度 140m
液压连续墙抓斗	目前最大的液压连续墙抓斗成槽宽度可达 1.5m，槽深可达 110m
液压挖掘机	液压挖掘机大小规格非常齐全，挖掘机整机重量涵盖了 1.3t～400t 的范围，建筑施工常用挖掘机整机重量为 6t～30t，铲斗容量 0.2～1.5m^3。目前国产最大液压挖掘机是徐工 XE4000 挖掘机，工作重量 390t，总功率 1491kW，铲斗容量 22m^3
轮式装载机	装载机按不同型号，额定载重量有 3t、4t、5t（最为常用）、6t、8t、9t、12t。目前国产最大的轮式装载机是 LW1200kN 轮式装载机，额定载重量 12t
混凝土搅拌站	按型号不同，混凝土搅拌站（楼）生产率一般为 25～360m^3/h。徐工 HZS360 混凝土搅拌楼和南方路机 HLSS360 型水工混凝土搅拌楼是目前生产能力及搅拌机单机容量最大的混凝土搅拌楼，配 JS6000 搅拌主机，理论生产能力达 360m^3/h。
混凝土搅拌运输车	2015 年以前，国内混凝土搅拌运输车越来越大，市场上 10～12m^3 搅动容量的混凝土搅拌运输车比例很大，容量最大的已达 20m^3。为了治理公路超载，2015 年国家相关部门出台新规定，对混凝土搅拌运输车最大总质量、搅拌筒搅动容量和搅拌筒几何容量都做了严格的规定，四轴混凝土搅拌运输车最大总质量应不大于 31t，搅拌筒搅拌容量应不大于 8m^3
混凝土泵及泵车	按型号不同，混凝土泵车泵送量有 80～200m^3/h，臂架高度 30～80m。 混凝土拖泵最高泵送纪录：在上海中心大厦施工中将 C100 混凝土泵上 620m 的高度，在天津 117 大厦结构封顶时 C60 高性能混凝土泵送高度达 621m
塔式起重机	建筑施工常用塔机起重力矩有 63tm～2400tm，最大起重量 5t～120t。目前最大的平头塔机是永茂 STT3330，公称起重力矩 3500tm，最大起重量 160t；最大动臂塔机是南京中升的 QTZ3200，公称起重力矩 3200tm，最大起重量 100t；最大塔头是塔机是中联重科 D5200，公称起重力矩 5200tm，最大起重量 240t
施工升降机	按型号和用途不同，施工升降机额定载重量有 200～2000（常用）～10000kg，提升速度一般为 36～120m/min
履带式起重机	按型号不同，履带式起重机最大额定起重量有 35～4000t。目前最大的履带式起重机是徐工 XGC88000，最大额定起重力矩达 88000tm，最大额定起重量 4000t，是当前最大的履带起重机
汽车起重机	汽车起重机大小规格非常齐全，最大额定起重量涵盖了 8t～1200t 的范围。目前最大的是 QAY1200 全地面起重机，最大额定起重量 1200t
高空作业平台	臂架式高空作业平台常用工作高度 16～42m（最高可达 58m）； 剪叉式高空作业平台常用工作高度 6～22m（最高可达 34m）
钢筋加工机械	钢筋自动调直切断机可调直钢筋直径分为 ϕ3～ϕ6、ϕ5～ϕ12、ϕ8～ϕ14mm 等规格，最大牵引速度可达到 180m/min。 钢筋自动弯箍机弯曲钢筋直径分为 ϕ5～ϕ13、ϕ10～ϕ16 等规格，最大牵引速度可达 110m/min

六、建筑施工机械技术典型工程案例

1. 基础施工机械

1）南沙港铁路西江大桥施工

施工地点：广州西江市

钻孔参数：桩径 3m；桩深 98～108m，最深入岩 45m。

使用设备：徐工基础 XR550D 旋挖钻机。

图 21-3　南沙港铁路西江大桥旋挖钻机施工

2）上海金泰 SG70 液压抓斗在液压抓斗在上海地铁 14 号线地连墙施工。

图 21-4　液压抓斗在上海地铁 14 号线地连墙施工

3）福建平潭海峡公铁大桥施工

钻孔参数：桩径4.5m，钻孔深度98m，入岩深度约30m，岩石强度约120MPa。

使用设备：浙江中锐重工ZJD5000全液压钻机。

图21-5　全液压钻机在福建平潭海峡公铁大桥施工

2. 混凝土机械及砂浆机械

廊坊中建机械有限公司在南宁为中建商品混凝土有限公司量身打造的2HZS240智能化、环保节能型搅拌站（图21-6）。

图21-6　2HZS240智能化、环保节能型搅拌站

该站并排呈“T”型布置，采用全封闭、立体式、自动化砂石集料仓技术，远程生产集中控制系统，砂储存斗采用双轴搅动下料，后台上料采用一体化除尘，信息化智能化水平和节能环保性达到了国内领先的水平。

3. 建筑起重机械

3.1　塔式起重机

1）北方第一高楼——天津117大厦

施工特点：建筑楼层较高，高达500多米，吊装重量较大。

该工程主体采用 4 台大型动臂内爬塔机作为垂直起重运输设备，完成施工工程中的吊装任务。

图 21-7　天津 117 大厦施工

2）北京第一高楼——中国尊施工

施工特点：基础施工中塔机群塔作业，周围建筑物较多，塔机作业区域受限。

技术特点：塔机配备安全监控系统，具有区域限制和群塔防碰撞功能，保证了施工的安全。

图 21-8　中国尊施工

3.2　施工升降机

上海中心大厦主楼（地上 121 层，建筑总高度 632m）核心筒内共布置 20 台施工升降机，其中 11 台为人货两用升降机，9 台为利用永久电梯进行施工的施工升降机，根据其使用性能将 20 台施工升降机分为 3 类：A 类：用于在主楼结构施工中人员的输送往返，此类升降机采用高速、双笼人货两用施工升降机，停靠层数较少，一般只停靠结构施工区域。B 类：用于幕墙、二次结构、装饰、机电安装等施工人员及材料的运输，此类升降机采用中、高速，单、双笼相互结合的人货两用施工升降机，停靠层数较多。C 类：利用工程中的部分永久电梯作为施工升降机使用。

天津周大福金融中心施工时在 48 层以下搭设预制装配式钢格构塔，一面与塔楼结构连接，另外三面布置3台双笼施工升降机形成物流通道塔，47层以上设置悬挑式施工升降机与物流通道塔衔接，高低两阶段施工升降机在47层同层接力，成功解决了结构外立面大尺寸缩减所带来的垂直运输难题。

上海建工四建集团承建的上海前滩29-03项目1号楼（地上30层，建筑高度149.9m）选用绿色节能SC200/200G变频施工升降机，显著降低了项目施工过程中对于能源的消耗，节电效果明显，推进了项目文明施工、绿色施工。以上项目升降机均采用了变频调速、电缆滑触线供电技术。

4. 升降工作平台

港珠澳大桥主体桥梁成功合龙过程中，前后应用了300余百台高空作业平台，包括支臂式、曲臂式、剪叉式等多种设备，在复杂多变的工况下，顺利完成了高处桥梁的安装施工等工作。以浙江鼎力为代表的设备制造商参与了高空作业方案的制定，保证了主体桥梁的顺利合龙。见图21-9。

图21-9　高空作业平台施工作业现场

鸟巢体育馆是北京的标志性建筑，直臂式高空作业平台以其独特的优势，成为该类型场馆日常维护的重要设备。

5. 钢筋加工机械

5.1　天津117大厦项目钢筋自动化加工成套设备应用

天津高银117大厦总建筑面积近84.7万m^2，117层，结构高度达596.5m。承建单位为中建三局工程总承包公司。项目工程体量巨大，钢筋种类繁多，钢筋直径50mm，单根钢筋重量达185kg，加工质量要求高。综合考虑工期、成本、技术条件等因素，采用钢筋集中加工配送方式进行钢筋加工。加工设备投入了大直径钢筋螺纹自动化加工生产线、钢筋调直切断生产线、数控钢筋弯箍机、钢筋切断生产线、钢筋弯曲生产线等多种型号设备，投入加工人员高峰时达60人，历时4个月时间，完成地下工程钢筋加工3.8万吨，钢筋损耗率由传统的2%～3%左右降低到1.5%左右，创造经济效益350多万元。最大钢筋日配送量达到1100t，为保证工期和加工质量发挥了重要作用。工程实践证明钢筋集中加工可有效提高钢筋综合利用率，提高钢筋加工精度和施工效率，减少劳动用工和临时用地，对于钢筋需求量大、工期紧的工程，应用钢筋自动化集中加工配送技术尤为适用。见图21-10。

图21-10　天津117大厦项目钢筋自动化加工成套设备应用

5.2 中建三局绿色建筑产业园一期工程钢筋自动化加工成套设备应用

中建三局绿色建筑产业园一期工程 PC 工厂建设项目规划用地约 21 万 m^2，分为外墙板、内墙板、叠合楼板自动化生产线车间、楼梯、阳台、梁柱等预制构件固定模车间、混凝土搅拌站车间、钢筋加工车间等，设计年产能 25 万 m^3，预制率达 60%情况下，可满足建筑面积约 100 万 m^2需求。根据钢筋生产工艺要求，钢筋加工设备包括数控弯箍机、钢筋调直切断机、钢筋剪切生产线、立式钢筋弯曲机、开口网片焊接设备、三角桁架筋焊接设备。使用专业化钢筋自动化的加工设备、应用钢筋工程施工专用管理软件开展钢筋集中加工，不仅提高设备生产效率，人均劳动生产率平均提高 3～5 倍，而且节省人工成本和管理成本；利用计算机生产管理系统软件管理控制加工流程，可使钢筋加工耗材率由传统模式的 8%左右提高到 2%左右，经济效益显著。

5.3 北京中国尊项目钢筋自动化加工成套设备应用

中国尊位于北京商务中心区，是世界上第一个在抗震设防烈度 8 度区建造的 500m 以上超高层大楼，总建筑面积 43.7 万 m^2，其中地上 35 万 m^2，地下 8.7 万 m^2，建筑总高 528m。由于现场施工无场地，工期紧任务重，钢筋直径大、冬季施工等难题，采用了钢筋集中加工配送技术。投入设备主要有钢筋螺纹自动化加工生产线、钢筋板筋自动化加工生产线、数控钢筋弯箍机、调直切断机、两级头立式弯曲生产线、五机头立式弯曲生产线等多种新型设备，在两个月时间内加工完成 2 万吨钢筋，其中 HRB500 级别直径 40mm 钢筋 1.35 万吨，为地下工程的按期完工发挥重要作用，日最大配送钢筋量达 1200 余吨。

第二十二篇　特殊工程施工技术

主编单位：中国建筑一局(集团)有限公司　　陈　蕾　吴学军
王彦辉　张　军
参编单位：北京中建建筑科学研究院有限公司　段　恺　任　静
上海天演建筑物移位工程有限公司　蓝戊己　王建永

摘要

本篇主要针对加固改造技术、整体移动技术、膜结构技术和建筑遮阳技术四个方面分别进行了介绍。

首先，由于我国需要加固改造的建筑总量庞大，使加固改造成为最具发展前景的行业之一。文中阐述了加固不同建筑形式、不同建筑部位的工程，目前主要应用的加固改造技术和材料近1～2年的发展，同时也对该技术的前沿研究进行了分析展望。

其次，整体移动技术包括结构鉴定分析、结构加固技术、结构托换技术、移位轨道技术、切割分离、移位装置系统、整体移位同步控制、移动过程的监测控制和就位连接等关键技术，具有工期较短、成本较低等优点。随着限位、顶推等技术和装置的发展，整体移动技术在既有建筑物保护与改造领域的应用将更为广泛。

再次，膜结构广泛应用于大跨度、体态复杂的空间结构上，同时，软膜内装已逐步成为新的装饰亮点。本篇着重介绍了建筑膜材料的特性和膜结构设计，以及膜材料的现状及发展方向。

“十三五”时期，为推动我国建筑节能、绿色建筑等领域技术进步，建筑遮阳必将广泛应用于各类节能建筑中。本篇从发展历程、产品分类、施工技术要点、技术指标的更新、涌现的光电一体化和智能遮阳新产品等各方面进行梳理，并结合典型工程案例，详细论述了建筑遮阳在工程中的应用及其对建筑行业节能减排的重大意义。

Abstract

This paper mainly states reinforcement and reconstruction technology, overau mobile technology, membrane structure technology and building shading technology.

Firstly, the gross building quantity needs reinforcing and reconstructing is large in China. Reinforcement and reconstruction project is one of the most promising industry. This paper states the projects reinforced by various building forms and various building parts, and the development of reinforcement technology and materials in recent years, the mainly reinforcement technology and materials adopted in reinforcement project of different building form and part. Meanwhile, it also analyzes the forefrontdevelopment of reinforcement and reconstruction technology research and prospects the future of them in the next ten years.

Secondly, the overall mobile technology includes structural identification analysis, structure reinforcement technology, structure underpinning technology, shift track technology, cutting, shift system, synchronous monolithic shift control, shift progress monitor, connection and some other key technology. The advantages of the technology are shorter working period and lower cost. The overall mobile technology will be used in the protection and reconstructing field for existing building extensively with the development of technology and device in limiting displacement and pushing.

And again, membrane structures used extensively on spatial structure with long span and complex appearance, besides, the interior of the soft film has gradually become a new decorative spot. In this paper, the characteristics of the membrane material and the design of the membrane structure are emphatically introduced. Further more, it also stats the status of membrane structure material and development direction.

During the thirteenth five-year period, to promote the technological progress of building energy conservation and green building in China, the building shades will be widely used in all kinds of energy-saving buildings. Combining with the typical demonstration project cases, this paper reviewed the development course, the product classification, the key points of construction technology, the renewal of technical index, the emergence of new products in photoelectric integration and intelligent sunshade, and discussed in detail the application of architectural shading application in engineering and its great significance for energy saving and emission reduction in the construction industry.

一、特殊工程施工技术概述

1. 加固改造技术

我国的加固改造技术是从20世纪50年代发展起来的一门新技术，20世纪80年代后进入快速发展阶段。我国于1990年发布了中国工程建设标准化协会标准《混凝土结构加固技术规范》CECS 25—1990，于2006年发布了国家标准《混凝土结构加固设计规范》GB 50367—2006，并于2013年对《混凝土结构加固设计规范》GB 50367—2006进行了修订，2015年发布了行业标准《钢绞线网片聚合物砂浆加固技术规程》JGJ 337—2015，进一步促进了加固改造技术的发展。

在欧美发达国家中，目前用于建筑加固改造的投资已占国家建筑业总投资的1/2以上，美国劳工部门在20世纪末的一项产业预测报告中曾经预言：建筑维修加固业将是21世纪最为热门的行业之一。目前中国城乡既有建筑体量巨大，总面积约600亿m^2，并以每年约20亿m^2的速度增长。我国20世纪80年代以前建造的房屋占目前房屋总量的近40%，这类建筑急需进行改造，结合国外发达国家的情况，我国加固改造工程的发展前景巨大。

2. 整体移动技术

我国的建筑物整体移动技术是从20世纪80年代独立大型物件、设备的整体移动技术发展起来的一门新技术，比国外晚了大约60年，但发展迅速。自进入21世纪以来，我国先后出台了《建筑物移位纠倾增层改造技术规范》CECS 225—2007、《建（构）筑物托换技术规程》CECS 295—2011等中国工程建设标准化协会标准和《建（构）筑物移位工程技术规程》JGJ/T 239—2011等行业标准，为推动这个学科的发展起到了重大作用。

国内最早提出建筑物整体平移概念的是20世纪80年代上海铁路局科研所，针对江苏省某一楼房提出气浮悬托方案，但仅停留在设想上。国内较早的整体平移技术出现在煤矿矿井建设中。1992年8月27日，山西常村煤矿一高65m、重620t、3脚支撑的巨型井塔被成功平移75m。在大型钢结构施工中，国内较早使用了整体提升或水平滑移方法，在桥梁施工中，节段顶推施工方法也得到了成功应用。

3. 膜结构技术

膜结构是20世纪中期发展起来的一种新型建筑结构形式。但我国膜结构技术发展较晚，至1996年国内只有少量小型和中型的膜结构建筑。1997年后，膜结构在国内的应用逐步增多。我国于2004年发布的中国工程建设标准化协会标准《膜结构技术规程》CECS 158—2004、2007年修编的《膜结构检测技术规程》DG/TJ 08—2019—2007、2010年发布的《膜结构用涂层织物》FZ/T 64014—2009，进一步促进了膜结构在国内的发展。膜结构在2010年上海世博会中大量应用，为我国采用膜结构建筑掀开了新的一页，对我国膜结构建筑的发展具有重大的影响。除了户外膜结构的建设日益普及外，室内天花、墙面装饰出现了大量软天花膜，透光膜天花可配合各种灯光系统（如霓虹灯、荧光灯、LED灯）营造梦幻般、无影的室内灯光效果。同时摒弃了玻璃或有机玻璃的笨重、危险以及小块拼装的缺点，已逐步成为新的装饰亮点。

随着近两年人们对生存环境的高度关注，绿色建筑理念不断增强，膜结构以其自重轻、对结构要求低、节能环保、透光率高、形态表现形式多样、施工快速等优势，在大跨度、体态复杂的空间结构上被广泛应用，并提出了更高的节能环保要求，从而进一步推动了膜结构体系尤其是膜材料方面的发展，出现了各种在膜材料上附着柔性太阳能电池板、气凝胶（Nanogel）或TiO_2涂层＋纳米气凝胶复合绝热材料＋PTFE内膜组合体等新型节能膜材料的应用。

4. 建筑遮阳技术

建筑遮阳是现代建筑外围护结构不可缺少的节能措施，可有效遮挡或调节进入室内的太阳辐射，对降低夏季空调负荷、缓解室内自然采光中眩光问题、改善室内舒适度以及提升建筑外观艺术美有着重要作用。通常，建筑遮阳可分为构件遮阳、遮阳产品、建筑自遮阳和植物遮阳。研究数据表明，建筑遮阳可以节约夏季空调用电12％～30％，节约冬季采暖用能10％左右。由此可见，建筑遮阳对促进我国节能减排事业将起到重要作用。

在我国传统建筑中遮阳是很常见的建筑元素之一，早在春秋战国时期，工匠就已关注到了遮阳的重要性，当时的大屋顶建筑和连廊等就是一种很好的遮阳构造。我国建筑遮阳发展至今，大体可分为四个阶段：无产品概念和需求的初始阶段；百叶窗帘出现在市场的萌芽阶段；第一幢玻璃幕墙大厦应用建筑遮阳的发展阶段；出现工程建筑遮阳、建立遮阳标准体系、行业欣欣向荣的成熟阶段。

与此同时，我国建筑遮阳标准体系也在逐步建立和健全，自 2006 年至今住房和城乡建设部已发布实施遮阳类标准约 31 部，其中产品标准 10 部、通用标准 7 部、方法标准 13 部、工程技术规范 1 部。建筑遮阳标准体系的建立对规范遮阳产品的技术质量、支撑建筑遮阳工程、推动遮阳技术的应用具有重要作用。特别是《建筑遮阳工程技术规范》JGJ 237—2011 的发布，从遮阳工程设计、施工、安装、验收的要求出发，为建筑遮阳工程及建筑遮阳一体化奠定了基础。

二、特殊工程施工主要技术介绍

1. 加固改造技术

加固改造技术按加固方式分为如下两个方面：

（1）直接加固法——是通过一些加固补强措施，直接提高构件截面承载力和刚度的一种方法，工程中常用以下几种方法：增大截面加固法、置换混凝土加固法、有粘结外包型钢加固法、粘贴钢板加固法、粘贴纤维增强塑料加固法、预应力加固法、钢绞线网片聚合物砂浆复合面层加固法。

（2）间接加固法——是通过增加一些构件或采取局部措施，改变原结构的受力途径，减少荷载效应，达到加固结构的目的，工程中常采用的方法是：增设构件法、增设支点法、增加结构整体性加固法、改变刚度比值加固法。

1.1 增大截面加固法

增大截面加固法是最为传统的一种结构加固方法，具有成熟的设计经验和丰富的施工经验，且工程造价相对较低，适用于钢筋混凝土受弯和受压构件，可用于梁、板、柱、墙和一般构造物等多种混凝土结构的加固，理论上讲增大截面加固法提高结构或构件承载力的潜力是无限的，只要工程现场允许，都可以采用该加固方法。其主要缺陷是现场施工的湿作业时间长，增加结构自重，而且会带来建筑净空的明显减少，使其应用受到限制。

增大截面加固法的主要施工技术要求有如下几点：

（1）采取有效卸荷措施（清除楼面荷载、进行顶升消除变形等）。

（2）处理好新旧混凝土的结合，确保新旧混凝土共同工作。

（3）严格控制混凝土浇筑质量，必须充分振动，确保混凝土密实。

（4）严格控制植筋质量，必须满足植筋深度要求。

1.2 置换混凝土加固法

置换混凝土加固法就是将原结构、构件中的破损混凝土凿除至密实部位，用强度略高的新混凝土浇灌置换，使新旧两部分粘合成一体共同工作。该方法的优点与增大截面加固法相近，且加固后不影响建筑物的净空，但同样存在施工的湿作业时间长的缺点；该方法仅适用于受压区混凝土强度偏低或有严重缺陷的梁、柱等混凝土承重构件的加固。

置换混凝土加固法的主要施工技术要求除同加大截面加固法的 4 点要求外，还必须对相关构件加以有效的支顶，防止凿除原破损混凝土时出现工程事故。

1.3　有粘结外包型钢加固法

该加固法受力可靠、施工简便、现场工作量较小，但用钢量较大，且不宜在无防护的情况下用于 60℃以上的高温场所；适用于使用上不允许显著增大原构件截面尺寸，但又要求大幅度提高其承载能力的混凝土结构加固。根据粘结形式分为粘贴法和灌浆法。

粘贴法主要施工技术要求有如下几点：

（1）采取有效卸荷措施（清除楼面荷载、进行顶升消除变形等）。

（2）确保角钢可靠锚固。

（3）必须确保型钢和原混凝土连接可靠。

（4）缀板与角钢的焊接，应在胶浆初凝前完成，并用水泥砂浆将缀板与混凝土柱间的空隙填塞密实。

（5）养护应分阶段进行，先湿养护 3～5d 后，再在空气中干燥养护至 14d。

（6）做好型钢及缀板的防腐及防火工作。

灌浆法主要施工技术要求除同粘贴法的前 3 条和第 6 条外，还有如下 1 点：外粘型钢的注胶应在型钢框架焊接完成后进行。

1.4　粘贴钢板加固法

该加固法类似于有粘结外包型钢加固法，适用于要求提高其承载能力幅度相对较小的混凝土梁及板等受弯构件加固，是将强度高的钢板采用胶粘剂粘贴于被加固的钢筋混凝土梁受力部位，能保证混凝土和钢板作为一个新的整体共同受力，而且能充分地发挥粘钢的强度、封闭粘贴部位加固构件的裂缝、约束混凝土变形，从而有效地提高加固构件的刚度与抗裂性。同时可以任意地依设计需要与可能而粘贴，有效地发挥粘钢构件的抗弯、抗剪、抗压性能；其受力均匀，不会在混凝土中产生应力集中现象。

该加固法占用空间小、施工周期短、材料消耗少、工艺简便。

该加固法主要施工技术要求有如下几点：

（1）采取有效卸荷措施（清除楼面荷载、进行顶升消除变形等）。

（2）必须确保钢板和原混凝土连接可靠。

（3）做好型钢和缀板的防腐及防火工作。

1.5　粘贴纤维增强塑料加固法

该加固法是用改性环氧树脂粘贴各种符合《混凝土结构加固设计规范》GB 50367—2013 规定的碳纤维单向织物布复合材、S 玻璃布、玄武岩布、E 玻璃纤维单向织物布及符合《结构加固修复用芳纶布》GB/T 21491—2008 规定的芳纶布、芳玻韧布复合材，除具有与粘贴钢板加固法相似的优点外，还具有耐腐蚀、耐潮湿、几乎不增加结构自重、耐用、维护费用较低等优点，但需要专门的防火处理，适用于各种受力性质的混凝土结构构件和一般构筑物加固。

该加固法主要施工技术要求有如下几点：

（1）采取有效卸荷措施（清除楼面荷载、进行顶升消除变形等）。

（2）必须确保纤维增强塑料和原混凝土连接可靠。

（3）做好纤维增强塑料的防火工作。

1.6 预应力加固法

预应力加固法是指在原结构上增加预应力构件来承担原结构上所受的部分荷载，从而提高原结构的承载能力的方法。目前使用较多的主要是体外预应力加固法。预应力加固法效果好，能消除应力应变滞后现象，使后加部分与原结构能较好地共同工作，结构的总体承载能力可显著提高；但加固后对原结构外观有一定影响。该加固法比较适用于大跨度或重型结构的加固以及处于高应力、高应变状态下的混凝土构件的加固，不宜用于混凝土收缩徐变大的结构。

该加固法主要施工技术要求有如下几点：

（1）采取有效卸荷措施（清除楼面荷载、进行顶升消除变形等）。

（2）确保后加结构与原结构有效连接，确保预应力筋或预应力拉杆可靠锚固。

（3）做好预应力钢筋的防腐工作。

1.7 钢绞线网片聚合物砂浆复合面层加固法

该加固法是将钢绞线网片敷设于待加固构件的受拉区域，再在其表面涂抹聚合物砂浆。钢绞线是受力的主体，在加固的结构中发挥其高于普通钢筋的抗拉强度；在结构受力时，通过原构件预加固层的共同作用，可以有效地提高其刚度和承载能力。

1.8 增设构件法

通过在原建筑结构构件外部增设构件加强结构抗震承载力、变形能力和整体性的方法称为增设构件法。该方法可以对建筑物中承载力和变形能力不足的构件进行加强，但使用该方法进行构件的加固设计时，需重点关注新增加的构件对加固后结构整体抗震性能的影响。常用的技术方案有增设构造柱/圈梁加固、增设墙体加固、增设柱子加固、增设拉杆加固、增设支托加固、增设支撑加固等。

1.9 增设支点法

增设支点法是在梁、板、柱上增设支点以减少结构的计算跨度，达到减少荷载效应、发挥构件潜能、提高承载力、加固结构的目的。按支撑结构的受力性能，梁的增设支点法分为刚性支点法和弹性支点法。刚性支点法是通过支撑构件的轴心受压把荷载直接传递给基础或其他承重构件。弹性支点法是以支撑构件受弯或桁架作用来间接传递荷载。增设支点法适用于房屋净空不受限制的大跨度梁、板或高度较高的柱的加固。

1.10 增加结构整体性加固法

增加结构整体性加固法是通过增设支撑使多个构件形成空间整体，共同工作，由于整体破坏的概率小于单个构件破坏的概率，因此在不加固其中任何一个构件的情况下提高了结构的可靠度。

1.11 改变刚度比值加固法

在房屋结构中，改变构件的刚度比值、调整原结构的内力分布、改善结构的受力状况，也可以达到结构加固的目的，该方法多用于提高结构水平抗力的能力。

2. 整体移动技术

2.1　结构鉴定分析

对既有建筑物的移动，在确定方案时应进行结构鉴定，结构鉴定的目的是根据检测结果，对结构进行验算、分析，找出薄弱环节，评价其安全性和耐久性，为工程改造或加固维修提供依据。在民用建筑可靠性鉴定中，根据结构功能的极限状态，分为两类鉴定：安全性鉴定和使用性鉴定。

安全性鉴定的目的是对现有结构进行安全性评估，确保平移过程中和平移就位后结构在各种荷载作用下的安全性。其具体作用有三个方面：一是为平移技术应用可行性论证提供依据；二是根据鉴定结果确定平移技术方案；三是当委托方需要对平移后的建筑物进行结构和功能改造时，鉴定结果可提供技术依据。

使用性鉴定的目的是保证平移就位后建筑物满足适用性和耐久性的要求。

对新建结构采用整体移动法施工时，应根据移动过程的实际受力状况进行全过程分析，从而指导施工，保障安全。

2.2　结构加固技术

移位前，对被移位建筑结构进行鉴定和可行性评估后，对于结构现状不满足要求的则需要进行加固。移位前常见的加固有：临时填充门窗洞口、柱扩大截面、不稳定墙体设置支撑、地面基础加固、大空间设置临时支撑等。对于整体薄弱或损伤严重的历史建筑除局部构件加固外，往往采用满堂支撑架或型钢支架进行整体刚度加固。

临时加固保护一般不改变原受力状态，不损伤原构件，工程结束后可以恢复建筑物原貌。在意外情况发生或受到不利工况扰动的情况下临时加固体系能够控制建筑物整体和局部构件的变形，保持结构的稳定性，保证建筑物在托换、平移和顶升全过程中的安全。

2.3　结构托换技术

托换技术是指既有建筑物进行平移或加固改造时，对整体结构或部分结构进行合理托换，改变荷载传力途径的工程技术。目前该技术被广泛用于建筑结构加固改造、建筑物整体平移、建筑物下修建地铁、隧道等工程领域。

在建筑物平移工程中经常遇到的托换结构为砖结构和混凝土结构。砖结构的托换方案主要有双梁式托换和单梁式托换，如图 22-1 所示。

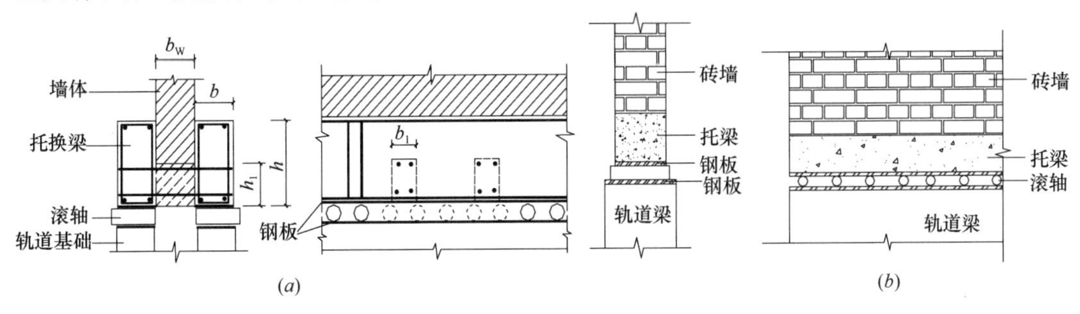

图 22-1　墙体托换构造

(a) 双夹梁式托换；(b) 单托梁式托换

混凝土结构的托换主要为混凝土柱的托换问题，一般采用混凝土抱柱梁的托换方案，实际工程中的照片如图 22-2 所示。

图 22-2 混凝土柱托换工程实例

2.4 移位轨道技术

移位轨道技术只在平移工程中应用，移位轨道由轨道基础和铺设的轨道面层组成，轨道基础一般采用与托换形式对应的单梁钢筋混凝土条形基础或双梁钢筋混凝土条形基础，铺设面层一般采用 10～20mm 厚的钢板、槽钢或型钢制作的专用轨道。为节省投资，个别工程采用型钢轨道。对于自重较轻的小型民房平移工程，则选择在枕木上直接铺设槽钢的轨道形式。

2.5 切割分离

托换结构准备完毕后，需要将平移部分建筑物切割开，机械切割的主要设备包括轮片机及线锯切割设备。轮片机需要的操作空间较大，适用于大面积钢筋混凝土墙体切割。

线锯切割设备包括液压机、电动设备和驱动轮（主动轮）、导轨、线锯。其工作原理是电动设备驱动主动轮旋转，带动线锯高速运动，线锯将被切割构件磨断。液压机施加压力使主动轮在导轨上移动，以保证线锯随切割进度随时拉紧，并保持相对稳定的拉力。图 22-3 为钢筋混凝土柱金刚砂钢索切割示意图。

2.6 移位装置系统

移位工程中的动力装置多采用千斤顶，根据被平移物整体结构的受力状况来分析计算取值，对于需要考虑动荷载的影响时也一并考虑，确定所选择千斤顶的吨位、台数和分布的位置。在静定结构中，可以稍大于其上部结构恒载质量；而在超静定结构中，则应根据上部的具体结构受力状况来决定顶升力的取值。

千斤顶的行程，根据平移工程的类型（平移、顶升、提升），选择合适的行程范围。移位工程中多采用大行程千斤顶，千斤顶一般为 1.0m 一顶推行程。千斤顶的数量根据工

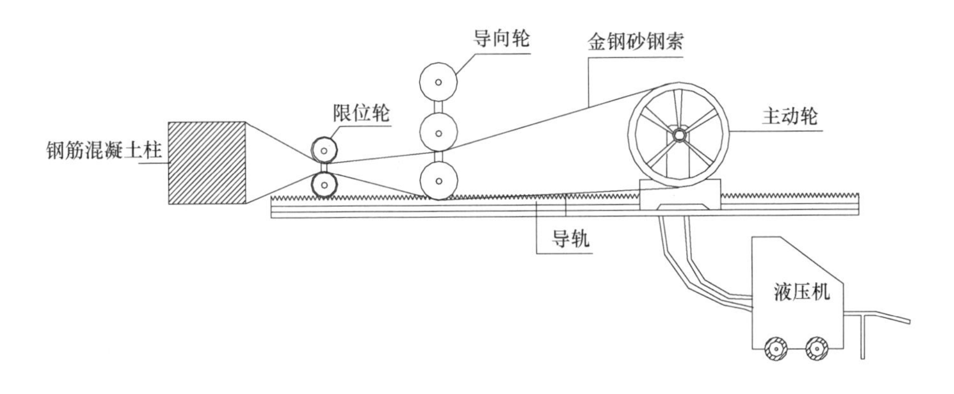

图 22-3　钢筋混凝土柱金刚砂钢索切割示意图

图 22-4　千斤顶用于移位工程

程实际情况确定，一般在平移方向上每条轴线设一套动力设备，隔轴设置则需要增大上托架的刚度和强度。如图 22-4 所示。

在顶升工程中根据顶升高度及放置千斤顶的空间高低，可选择薄型、超薄型或不同本体高度的千斤顶，千斤顶使用时必须垂直受力，严防失稳，否则会出现安全问题。在顶升工程中千斤顶的顶升行程多控制在 10cm，每顶升一个行程千斤顶需要倒换受力支撑，在顶升中千斤顶会增加一组自锁装置，防止不可预见的系统及管路失压，从而保证负载的有效支撑。如图 22-5 所示。

图 22-5　千斤顶用于顶升工程

在桥梁顶推施工中多采用水平连续千斤顶，水平连续千斤顶为 2 台千斤顶串联（见图 22-6）。其前顶在顶推时后顶处于回程工况，后顶回程到位后前顶仍处在顶进状态。在前顶顶进行程未满前后顶与前顶同时顶进。在前顶顶进到位后，前顶回程，此时后顶仍继续进，直至前顶回程到位。如此反复进行，整个顶推过程不间断。

在提升施工中多采用穿心千斤顶，穿心千斤顶分为松卡式千斤顶和穿心式牵引千斤

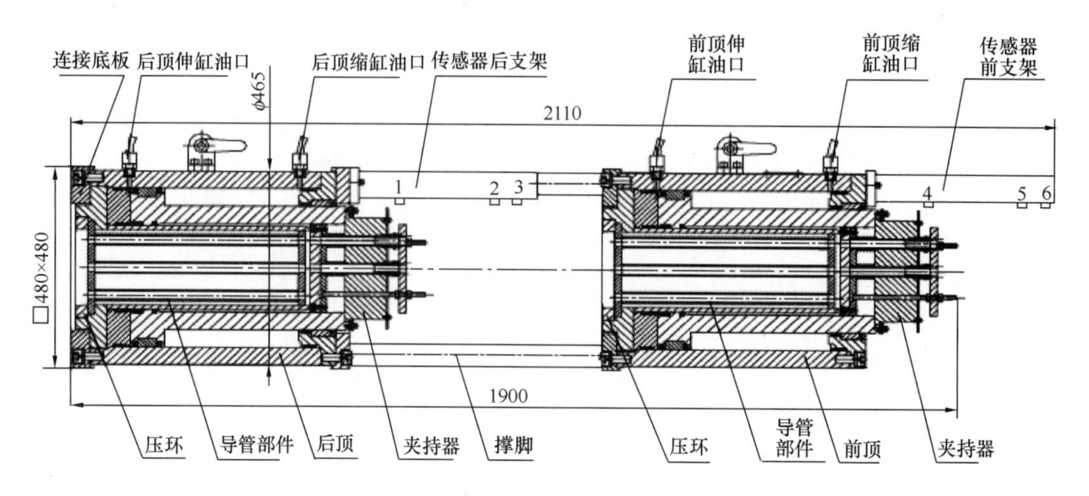

图 22-6 水平连续千斤顶示意图

顶。松卡式千斤顶具有操作简便、安全平移、可自动松卡和紧卡（自锁）、循环往复连续作业的特点。穿心式牵引千斤顶牵引力大，但操作较麻烦，平移性稍差，使用时注意多根钢绞线受力的同步均匀性和安全性。

2.7 整体移位同步控制

(1) 同步移动自动控制系统概述

同步移动自动控制系统是近年来新出现的一门综合控制技术，它集机械、电气、液压、计算机、传感器和控制论为一体，依赖计算机全自动完成工程平移或就位安装。该技术最早是为了解决大型预制结构的同步顶升施工问题，逐渐应用到顶升、纠倾和整体平移工程当中。

PLC 液压同步控制系统由液压系统（油泵、油缸和管路等）、电控系统、反馈系统、计算机控制系统等组成。液压系统由计算机控制，从而全自动完成同步移位施工。

(2) 同步移动自动控制系统组成与原理

同步移动自动控制系统的组成及工作原理如图 22-7 所示。

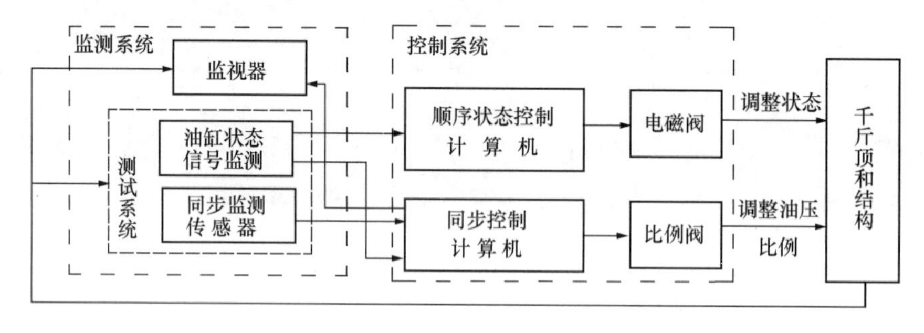

图 22-7 同步移动自动控制系统组成及工作原理示意图

电磁阀主要控制千斤顶的状态，如顶推、回油、锁定等；而比例阀主要调整各加荷千斤顶的油压比例，从而调整加荷点的顶推速度。

2.8 移动过程的监测控制

控制监测精度，认真做好测量工作，是确保移动工程成功的关键一环。监测时要重点注意结构的薄弱环节或敏感环节，如柱截断时的沉降，轨道梁的沉降，柱边、墙角、托架和轨道梁内钢筋的应力等。设定报警值为结构出现危险提供预警，正常情况下，当构件受拉钢筋的应变超过 500×10^{-6}时，受拉区混凝土会出现第一批微裂缝，但构件远未破坏，把托梁应变超过 500×10^{-6}作为警戒线一般是比较安全的。观察建筑物的整体状况，如顶部与底部相对位移变形，记录楼体各点的前移距离、前移方向、楼体倾斜状况及裂缝情况，这些都属于静态监测；动态监测主要是振动加速度的测试，了解结构在动力作用下的响应。

此外还应注意移位工程对场地周围的建筑物和市政设施的影响。

2.9　就位连接

（1）直接连接

建筑物或结构移动到新址后，对于混凝土结构需要连接结构柱钢筋及混凝土，由于切割将同一截面的钢筋完全截断了，采用焊接连接不符合《混凝土结构设计规范》GB 50010—2010（2015 年版）中的钢筋连接要求。一般参考《钢筋机械连接技术规程》JGJ 107—2016，当采用挤压套筒连接时，达到一级连接后，可以在一个截面截断。当施工空间有限，或者钢筋无法上、下对应时，可采用扩大柱连接节点的截面，增加连接钢筋的方案处理。对于钢结构，可采用焊接连接，或直接放在结构的永久支座上。

（2）隔震连接

直接连接方式仍然将上部结构与基础固结在一起，建筑物抵御地震的能力没有本质提高。与此同时，减（隔）震技术应对地震的高效性与可靠性已经被世界各地的大量工程实例所验证，平移建筑物与新建基础的分离状态使基础隔震在平移工程中的实施成为可能。采用加设隔震层的方式进行就位连接，可以充分利用建筑物迁移过程中的托换体系，而且形成了安全性和可靠度更有保证的基础隔震体系。

3. 膜结构技术

3.1　建筑膜材料的特性

膜材料的物理和化学性能对建筑物的适用性和寿命影响很大，不同纤维基布、涂层或表面涂层，将构成具有不同性能的膜材料，从而适应不同层次的膜建筑与特定技术需求。目前建筑膜材料分为织物膜材料和热塑性化合物薄膜两大类。

3.1.1　织物膜材料

织物膜材料是一种耐用、强度高的涂层织物，是在用纤维织成的基布上涂敷树脂或橡胶等而制成，具有质地柔韧、厚度小、质量轻、透光性好的特点。其基本构成如图 22-8 所示，主要包括纤维基布、涂层、表面涂层以及胶粘剂等。

3.1.2　热塑性化合物薄膜

热塑性化合物薄膜由热塑成形，薄膜张拉各向同性，一般厚度较薄。此类膜材料能够作为外部建筑材料长期使用。热塑性化合物薄膜通常经模压工艺成型以获得高质量以及持久的材料厚度，也能保证材料的最大透明度。建筑中用热塑性化合物薄膜主要有氟化物(ETFE 和 THV)、PVC 薄膜。

3.2　膜结构的设计

膜结构建筑可任凭建筑师创造、想象，但由于膜材料柔性无定型，显著区别于其他建

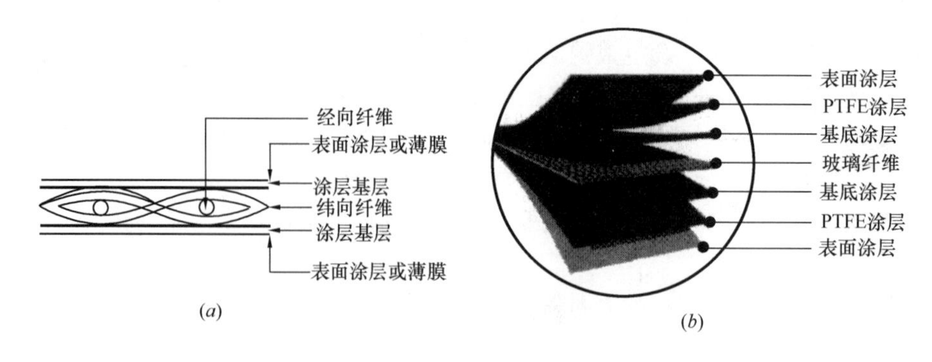

图 22-8 织物膜材料构成

(*a*) 聚酯纤维基布 PVDF 涂层膜材料；(*b*) 玻璃纤维基布 PTFE 涂层膜材料

筑材料的特征，只有维持张力平衡的形状才能具有稳定的造型。在膜结构建筑的整个设计过程中，建筑与结构必须紧密结合，设计时应充分利用其优点，避免相应的缺点，采取合理的技术措施，使结构、功能及审美三方面在设计中有机结合，充分发挥膜结构形式所具有的特性，取得良好的建筑效果与经济技术指标。

膜结构设计时，要根据设计使用年限和结构重要性系数进行设计，使膜结构在规定的使用年限内满足使用功能要求：自洁与建筑视觉效果，承受可能出现的各种作用，具备良好的工作性能，足够的耐久性，经历偶然事件后仍能保持必需的整体稳定性。

由于膜材料的特殊性，膜结构设计需包括建筑造型与体系、采光照明、音响效果、保温隔热等，还应包括消防与防火、排水与防水、裁切线、避雷系统、防护和维护、节点设计等。膜结构设计主要包括三个阶段：找形分析、荷载分析、裁剪分析。找形分析是基础，荷载分析是关键，裁剪分析是目标和归宿。找形分析需要建筑师、业主、结构工程师紧密配合，创造出具有个性特征的作品，既满足建筑意象，又符合膜受力特征的稳定平衡形态；荷载分析在结构几何非线性分析的基础上要建立正确合理的分析模型，考虑荷载作用的合理取值，结合结构响应评价，确定最优安全度、材料量、经济指标；裁剪分析必须准确模拟膜的任何边界约束，预张力与找形分析和荷载分析所认为合理预张力完全一致，并考虑材料、加工、安装运输等因素，取得合理结果。

4. 建筑遮阳技术

建筑遮阳用构配件可分为四类。遮挡阳光的主体材料，占了整个建筑遮阳产品面积的95%以上；机构传动系统，包括传动件、支撑件、操作件、装饰件；电机，作为驱动动力，是微型机电一体化产品；电机控制系统元器件，具有一定的通用性。

遮阳产品的种类繁多，可以根据工程的需求安装，有大型的外遮阳的遮阳板、百叶帘、软卷帘、遮阳篷、硬卷帘；还有建筑构件遮阳，如挑檐遮阳、阳台遮阳和格栅式构件遮阳。

对建筑而言，遮阳作为一种产品安装在建筑上，其安装方式和方法非常重要，影响其遮阳功能和安全性能。其性能应符合相应的产品标准。

4.1 建筑遮阳产品分类

近几年随着建筑遮阳技术的不断发展，建筑遮阳产品和设计方案也日趋多样化，随之，建筑遮阳的分类依据也越来越呈现出多元化的趋势。构件式遮阳一般是固定设置、不能调节的，按其在建筑立面放置的位置分为水平遮阳、垂直遮阳、综合式遮阳和挡板式遮阳以及百叶式遮阳。遮阳产品是在工厂生产完成，到现场安装，可随时拆卸。具有各种活动方式的遮阳产品，可按产品种类、安装部位、操作方式、遮阳材料等方面进行分类，其中按产品种类可分为建筑遮阳帘、建筑遮阳百叶窗、建筑遮阳板、建筑遮阳篷、建筑遮阳格栅以及其他建筑遮阳产品；按安装部位可分为外遮阳产品、内遮阳产品和中间遮阳产品（玻璃中间遮阳）；按操作方式可分为固定遮阳和活动遮阳（活动遮阳又可分为手动控制和电动控制）；按遮阳材料可分为金属、织物、木材、玻璃、塑料等。

4.2　建筑遮阳施工安装

我国地域辽阔，建筑物所在地区气候特征各有不同，适宜的遮阳形式也不尽相同，遮阳产品除保证遮阳效果和外观外，其关键是必须保证安装和使用过程中的安全性和耐久性。因此，遮阳产品的施工安装质量至关重要。

4.2.1　遮阳工程施工准备

遮阳工程施工前，施工单位应检查现场条件，检查施工临时电源、脚手架、通道栏杆、安全网和起重运输设备情况，测量定位，确保现场具备遮阳工程施工条件。

检查遮阳产品品种、规格、性能和色泽等是否符合设计规定，大型遮阳板构件安装前应对产品的外观质量进行检查。

4.2.2　遮阳产品安装概要

（1）遮阳产品安装流程

1）锚固件安装：当遮阳产品需要进行后置锚固时，后置锚固点应设置在建筑围护结构基层上，安装前应经防水处理。需要在结构构件上开凿孔洞时，不得影响主体结构安全。

2）遮阳组件吊装：根据遮阳组件选择合适的吊装机具，吊装机具使用前应进行全面质量、安全检验，其运行速度应可控制，并有安全保护措施。

3）遮阳组件运输：运输前遮阳组件应按照吊装顺序编号，并做好成品保护；吊装时吊点和挂点应符合设计要求，遮阳组件就位后、固定前，吊具不得拆除。

4）遮阳组件组装：遮阳组件吊装就位后，应按照产品的组装、安装工艺流程进行组装，安装就位后应及时进行校正，校正后应及时与连接部位固定，其安装的允许偏差应满足设计要求或《建筑遮阳工程技术规范》JGJ 237—2011的要求。

5）电气安装：应按照设计要求进行电气安装，安装完成后应检查线路连接以及各类传感器位置是否正确；所采用的电机以及遮阳金属组件应有接地保护，线路接头应有绝缘保护。

6）调试：遮阳产品各项安装工作完成后，应分别单独调试，再进行整体运行调试和试运转。调试应达到遮阳产品伸展收回顺畅、开启关闭到位、限位准确、系统无异响、整体运作协调。

（2）电机张紧式天篷帘安装

以电机张紧式天篷帘为例对遮阳工程的施工安装过程进行介绍。电机张紧式天篷帘是使用一对电机，在伸展与收回中保持帘布伸展部分有恒定张力的天篷帘，适用于大型建筑采光透明屋面、斜面，特别适用于不能提供安装支点的透明屋面，具有很强的代表性，其结构如图 22-9 所示。

与主体结构安装固定：

电机张紧式天篷帘可随建筑物结构形式，分为侧装、顶装方式或弧形状态、梯形和三角形状态安装方式，或一拖二安装方式。

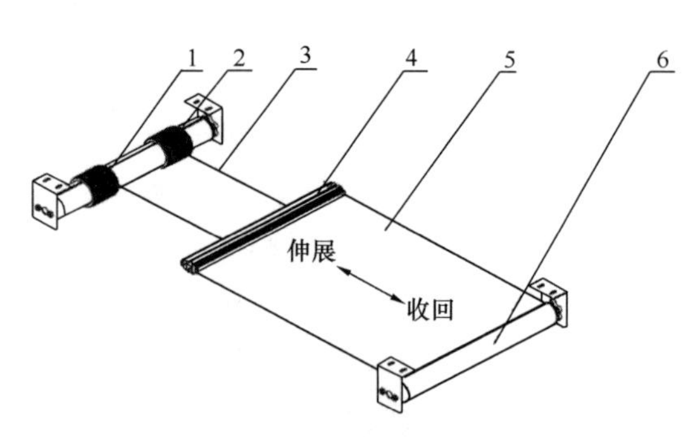

图 22-9 电机张紧式天篷帘结构示意图
1—卷管（内置管状电机）；2—卷绳器；3—牵引钢丝绳；4—引布杆；5—帘布；6—卷管（内置管状电机）

1）侧装方式：将卷绳器驱动装置和卷管驱动装置分别采用螺栓固定在被安装的主体结构侧面上，如图 22-10、图 22-11 所示。

2）顶装方式：将卷绳器驱动装置和卷管驱动装置分别采用螺栓固定在被安装的主体结构顶面上，如图 22-12、图 22-13 所示。

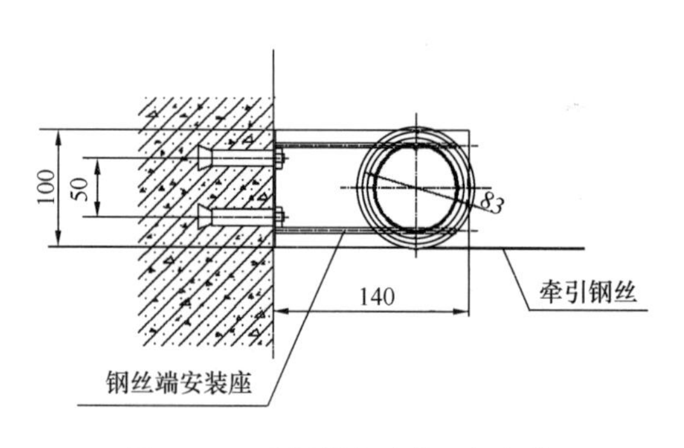

图 22-10 卷绳器驱动装置与主体结构侧装剖视图

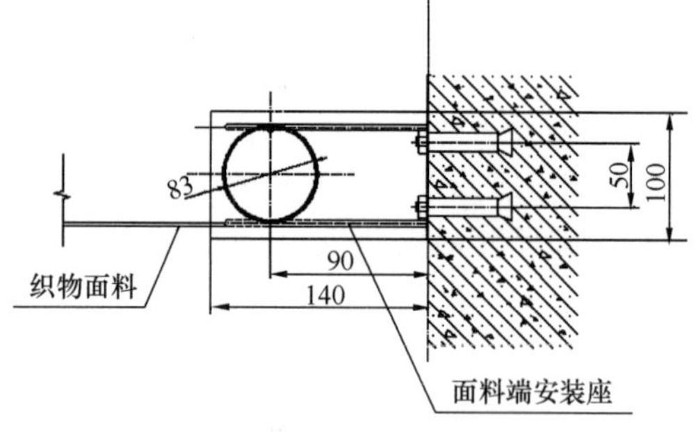

图 22-11 卷管驱动装置与主体结构侧装剖视图

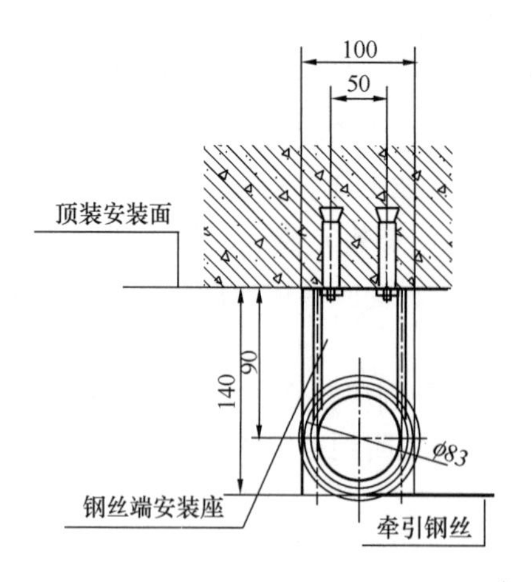

图 22-12 卷绳器驱动装置与主体结构顶装剖视图

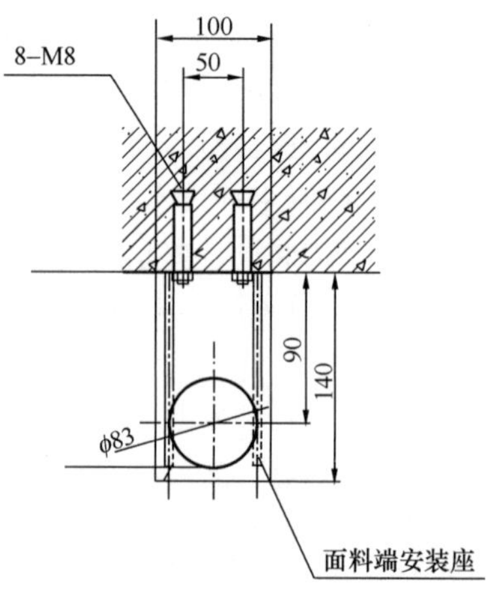

图 22-13 卷管驱动装置与主体结构顶装剖视图

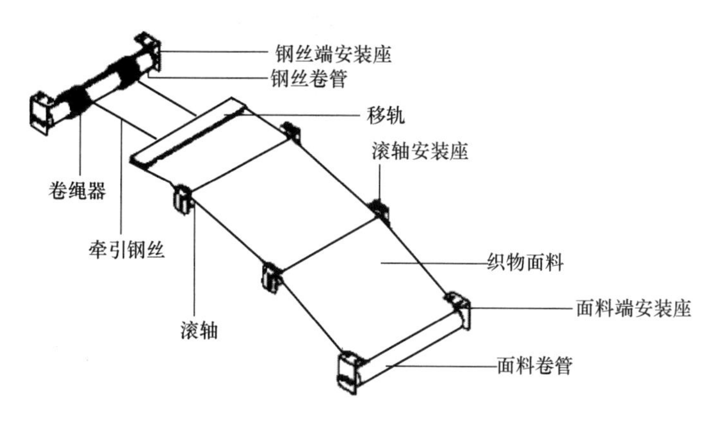

图 22-14　电机张紧式天篷帘弧形结构示意图

3）弧形状态安装方式

当建筑物顶面不是平面而是弧形面时，电机张紧式天篷帘也相应配在弧形结构上安装，卷绳器驱动装置端和卷管驱动装置端与主体结构的固定与侧装和顶装方式相同，只是在弧形结构上增加滚轴支撑点。结构示意图见图 22-14。

4）梯形或三角形状态安装方式

建筑物顶面呈梯形或三角形安装结构示意图见图 22-15。

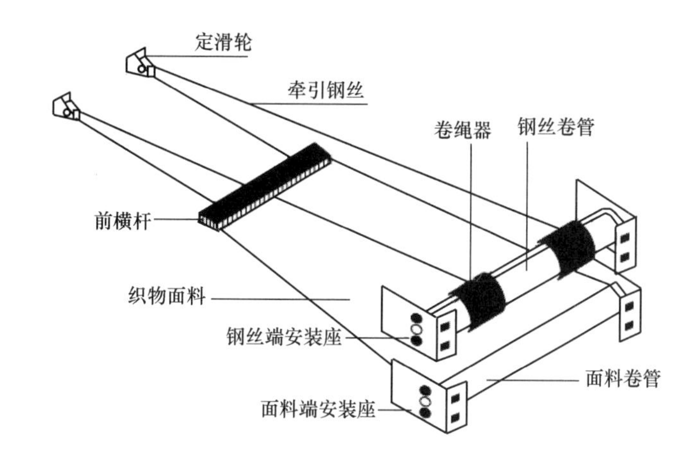

图 22-15　电机张紧式天篷帘梯形或三角形结构示意图

5）一拖二安装方式

采用一个电机拖两幅或多副帘布，每幅驱动装置之间安装一个平衡器，结构示意图见图 22-16。平衡器随电机张紧式天篷帘的安装方式固定在主体结构上，安装示意图见图 22-16。

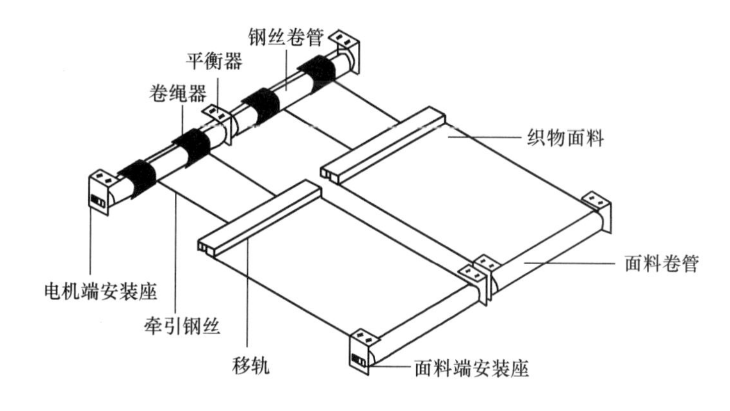

图 22-16　电机张紧式天篷帘一拖二结构示意图

三、特殊工程施工技术最新进展（1～2年）

1. 加固改造技术

加固施工方法总体无太多的发展，近两年更多的是在材料方面进行发展，通过提高材料的性能或采用替代材料，从而提高加固的效果，如外套钢管自密实混凝土加固技术及钢绞线网片聚合物砂浆复合加固技术近些年均有了一定的推广应用。

外套钢管自密实混凝土加固技术综合了钢管混凝土和增大截面加固法而来。通过将普通增大截面加固法中的纵向设置钢筋置换为薄壁钢管，从而达到对混凝土的约束效果，提高约束混凝土的强度和延性。

钢绞线网片聚合物砂浆复合加固技术已出台了《钢绞线网片聚合物砂浆加固技术规程》JGJ 337—2015，该技术是使用钢绞线与高渗透性聚合物砂浆复合的新型加固方法，该技术能有效地加固受弯及大偏心受压构件；耐久性接近普通混凝土；加固复合层厚度较薄、自重轻、对构件外观影响小。适用于存在质量缺陷的各种混凝土柱、梁、板等构件，适用性较好。

超高韧性水泥基复合材料（UHTCC）的研究和应用发展，使其通常作为混凝土表面的修复加固，也可作为能耗材料提高结构的抗震性。UHTCC作用于混凝土表面，具备超强的能量吸收能力、韧性化剪切破坏特征，与钢筋具有良好的变形协调性，而且具有卓越的耐久性与抗疲劳性能、优良的抗渗透性。

2. 整体移动技术

（1）交替顶升技术

在顶升工程中，建（构）筑物处于两组千斤顶交替支撑的状态，两组千斤顶交替支撑时，建（构）筑物位移均处于可控状态，在每一组支撑状态下，支撑体系的压缩量几乎不产生变化，因而梁体内力也几乎不产生变化。在这种作业方式下，建（构）筑物位移自顶升开始到顶升结束均处于连续受控状态。每个千斤顶的压力也均处于连续监控状态，因此可以保证建（构）筑物在顶升过程中不被损坏，包括建（构）筑物在内的整个支撑体系也处于监控状态中。因此整个建（构）筑物顶升系统也处于安全可控状态中。

（2）多维平移技术

上海中环线跨沪太路（内圈）发生一起严重的单车超载事故，导致中环线跨沪太路钢箱梁向南侧倾，在对梁体进行应急抢险处置后，启动桥梁的快速抢修。抢修总体方案采用顶升系统对梁体实施顶升平移复位，要求竖向梁体顶升、纵桥向调整伸缩缝距离及更换支座。根据本工程的特点施工单位采用三维六自由度液压定位系统进行顶升纠偏工作。采用双层滑移技术，有效实现 X、Y 方向的行走直线性的轨道式自适应滑移结构；系统采用变频的复合同步控制技术，可以实现 X、Y、Z 方向的同步动作和绕 X、Y、Z 轴的旋转动作，即同步升降、同步调坡、水平进退、前后进退、水平旋转。该方法合理解决了水平方向旋转姿态的直线拟合精度，有效提高了桥面在空间6自由度的三维姿态定位调整的精度和易控性，同时变频技术降低了比例可调，使整个系统运行更加平稳。

3. 膜结构技术

在膜材料领域，目前国内膜材料生产厂家逐渐成熟，大都引进了国外的先进织造和涂覆设备，产品也应用到一些工程上，在此简要介绍几家国内与国外主要厂家的产品性能对比。不同国家对膜材料要求不尽相同，且国内外尚未有统一的国家级标准，但各生产厂家都有各自的企业标准或行业标准，以下数据仅供参考。

第1类膜材料：玻璃纤维织物＋聚四氟乙烯涂层，其产品性能见表22-1。

玻纤织物涂PTFE膜材料主要生产商的产品性能　　表22-1

生产商	产品型号	厚度(mm)	克重(g/m^2)	抗拉强度（经/纬）(N/5cm)	撕破强力(N)	阻燃性质	透光率（%）（在550nm的光波长下）
美国圣戈班 chemfab	Sheerfil Ⅰ EC-3	1.0	1540	8500/7800	500	不燃	9
	Sheerfil Ⅱ EC-3	0.8	1305	7700/6400	500	不燃	12
	Sheerfil Ⅴ EC-3	0.6	985	4555/5160	265	不燃	16
德国 Verseidag	Duraskin Ⅰ型 EC-3/4		800	4200/4000		不燃	15
	Duraskin Ⅱ型 EC-3/4		1150	7000/6000		不燃	12
	Duraskin Ⅳ型 EC-3/4		1550	8000/7000		不燃	8
日本中兴化成	FGT-1000 EC-3	1.0	1700	9100/8000	经400，纬450	不燃	10
	FGT-800 EC-3	0.8	1300	7300/5880	经294，纬294	不燃	12
	FGT-600 EC-3	0.6	1000	6100/4900	经226，纬226	不燃	15
宁波天塔	TAF-A090	0.9	1380	1380/1250	经250		
	TAF-B080	0.8	1330	1280/1100	经230		
	TAF-C075	0.75	1300	1280/1100	经230		
	TAF-D065	0.65	1060	1220/1050	经220		
	TAF-E040	0.4	750	650/550	经180		
江苏维维	WWW-H300	1.0	1600	9500/8500	经500，纬500	不燃	10
	WWW-H301	0.8	1400	8000/7000	经400，纬400	不燃	12
	WWW-H302	0.6	1100	6000/5500	经300，纬300	不燃	15
	WWW-M601	0.6	1100	5500/5000	经300，纬300	不燃	12
	WWW-M602	0.6	1050	4500/4000	经200，纬200	不燃	12

第2类膜材料：聚酯纤维织物＋PVC涂层＋表层PVDF涂层（或贴合PVF），其产品性能见表22-2。

聚酯纤维织物涂 PVC 加自洁层膜材主要生产商的产品性能　　表 22-2

生产商	产品型号	涂层	表层	厚度(mm)	克重(g/m^2)	抗拉强度(经/纬)(N/5cm)	撕破能力(N)	备注
法国法拉利	Fluo Top 1202T	PVC	PVDF	0.8		5600	850	
	Fluo Top 1302T	PVC	PVDF	1.0		8000	1200	
	Fluo Top 1502T	PVC	PVDF	1.2		10000	1600	
美国 Seaman	8424T	PVC	PVF	0.6		2700	230	
	8028T	PVC	PVF	0.7		4600	380	
	9032T	PVC	PVF	0.8		5700	630	
德国 Verseidag	Duraskin Ⅰ型	PVC	PVDF		800	2500/3000		组织 L1/1，1100dtex
	Duraskin Ⅱ型	PVC	PVDF		1050	4400/4000		组织 P2/2，1100dtex
	Duraskin Ⅲ型	PVC	PVDF		1350	5700/5000		组织 P2/2，1670dtex
	Duraskin Ⅳ型	PVC	PVDF		1500	7400/6400		组织 P2/2，1670dtex
	Duraskin Ⅴ型	PVC	PVDF		1650	9800/8300		组织 P2/2，2200dtex
沙特阿拉伯 0beikan	0BETex Ⅰ	PVC	不详		800	3500/3500	300	
	0BETex Ⅱ	PVC	不详		1150	5800/5800	500	
	0BETex Ⅲ	PVC	不详		1550	7500/7500	500	
意大利耐驰	Type1	PVC	Rdto Flo	0.60	750	≥3000		组织 T3/3，1670dtex
	Type2	PVC	Rdto Flo	0.76	950	≥4000		组织 T3/3，1670dtex
	Type3	PVC	Rdto Flo	0.88	1100	≥5500		组织 T3/3，1670dtex
	Type4	PVC	Titai W+PVDF	1.05	1300	≥7000		组织 T3/3，1670dtex
	Type5	PVC	Titai W+PVDF	1.16	1500	≥9000		组织 T3/3，1670dtex
浙江锦达	Arctex 1	PVC	PVDF	0.60	750	≥3000		组织 L1/1，1100dtex
	Arctex 2	PVC	PVDF	0.76	950	≥4000		组织 P2/2，1100dtex
	Arctex 3	PVC	PVDF	0.88	1100	≥5500		组织 P2/2，1670dtex
	Arctex 4	PVC	PVDF	1.05	1300	≥700		组织 L3/3，1670dtex
	Arctex 5	PVC	PVDF	1.16	1450	≥9000		组织 T3/3，1670dtex

续表

生产商	产品型号	涂层	表层	厚度 (mm)	克重 (g/m²)	抗拉强度 (经/纬) (N/5cm)	撕破能力 (N)	备注
北京佳泰	P	PVC	PVDF	0.4		≥2150	≥390	
	Z	PVC	PVDF	0.65		≥3230	≥580	
	CZ	PVC	PVDF	0.9～1.0		≥5000	≥980	
浙江星益达	MC-9300	PVC	PVDF		850	3200/3000	≥350	组织 L1/1. 1100dtex
	MC-9400	PVC	PVDF		900	4200/4000	≥500	组织 P2/2. 1100dtex
	MC-9501	PVC	PVDF		1050	5600/5300	≥850	组织 P2/2. 1450dtex
	MC-9502	PVC	PVDF		1250	5800/5500	≥850	组织 P2/2. 1450dtex
上海申达科宝	M3000	PVC	PVDF		950	3200/3000	380/350	组织 L1/1. 1000dtex
	M4000	PVC	PVDF		1100	4400/4000	610/500	组织 P2/2. 1000dtex
	M5000	PVC	PVDF		1100	5500/5000	770/630	组织 P2/2. 1000dtex
	M7000	PVC	PVDF		1500	7500/7000	1250/1050	组织 P3/3. 1500dtex

在设计领域，国内外对膜结构在风荷载、雪荷载作用下的安全性方面有大量创新成果，例如膜结构在风荷载作用下的流固耦合造成的大幅度振动研究；在雪荷载不均匀分布作用下结构整体安全性研究；膜面积雪累积作用下结构抗连续性倒塌研究等。

在应用方面，膜结构正在从体育场馆应用向其他各领域拓展，建成了一系列商场、购物中心、餐厅、剧场、健身中心、工厂、仓库、物流中心等各种商业、工业和体育设施。

4. 建筑遮阳技术

4.1　建筑遮阳标准化建设

近 1～2 年，我国建筑遮阳领域陆续编制发布了一系列遮阳产品行业标准，包括：《建筑用遮阳非金属百叶帘》JG/T 499—2016、《建筑一体化遮阳窗》JG/T 500—2016、《建筑用遮阳天篷帘》JG/T 252—2015、《建筑用曲臂遮阳篷》JG/T 253—2015、《建筑用遮阳软卷帘》JG/T 254—2015 等。这些标准的制定对诸多遮阳产品的推广起到了很好的促进作用。

4.2　建筑遮阳新技术

4.2.1　光电一体化遮阳

随着太阳能建筑一体化与建筑遮阳的发展，两者相结合的技术也逐步发展，复合太阳能遮阳体系层出不穷，太阳能光伏、光热技术均在建筑遮阳设计中得到体现。该技术主要是通过光伏、光热组件接受太阳辐射产生电能和热能的同时阻挡太阳光对室内的照射从而达到节能效果。现在多应用于屋面遮阳、窗口遮阳以及建筑玻璃幕墙等方面。

光伏幕墙是利用现代建筑外立面大量采用玻璃幕墙，将光伏电池组件集成到幕墙玻璃中间，作为幕墙玻璃使用的一种建筑形式（见图 22-17）。

图 22-17 光伏幕墙

太阳能一体化光伏遮阳板是利用太阳能电池板作为遮阳系统的遮阳面板（见图 22-18、图 22-19）。通过环境（辐照度、温度、湿度、风向、风速、日照角度等）数据采集及后续的数据处理，还可以实现智能控制。

图 22-18 光伏遮阳板

图 22-19 光伏遮阳篷

未来光伏建筑一体化技术的发展，如果能与光伏遮阳技术密切结合，则将为光伏建筑技术的发展开辟一条新路。

4.2.2 智能化建筑遮阳

近几年智能化建筑遮阳紧跟智能城市、智能小区、智能住宅的概念，发展迅速，成为绿色建筑不可缺少的部分。目前遮阳智能化在住宅类建筑中可与智能家居无缝对接，可实现遮阳产品与室内空调、灯光等家庭智能设备的联动。可通过移动终端（如手机等）对遮阳产品的控制，提供更舒适的居住环境。在公共建筑中，可实现与开放的 EIB 楼宇智能化系统结合，实现整个大厦的遮阳产品集中控制、分区控制、本地控制及远程终端控制的高效管理。在终端可了解大厦每一幅遮阳产品的工作状态；系统可以通过设置气象传感器捕捉实时的气象资料，使得遮阳产品可以实时地响应天气变化情况，可实现太阳追踪、阴影管理技术，确保大厦不同朝向、不同房间可自动调节遮阳产品，达到室内的最佳光环境。如图 22-20～图 22-23 所示。

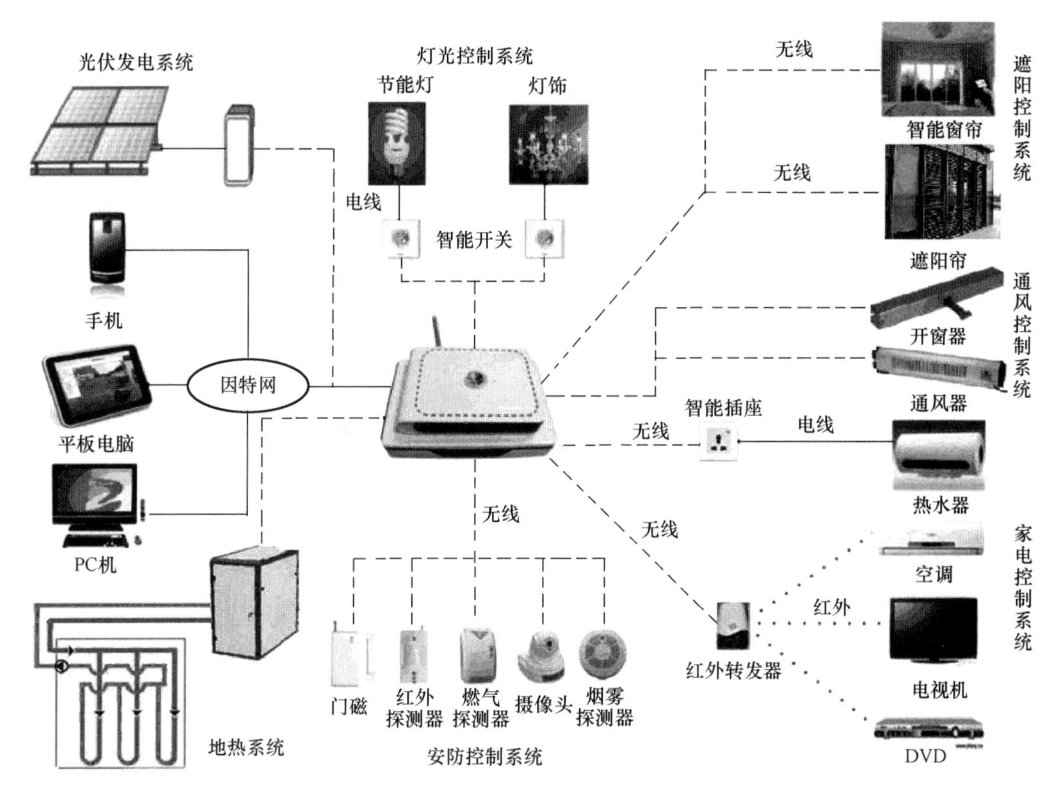

图 22-20　智能控制系统图

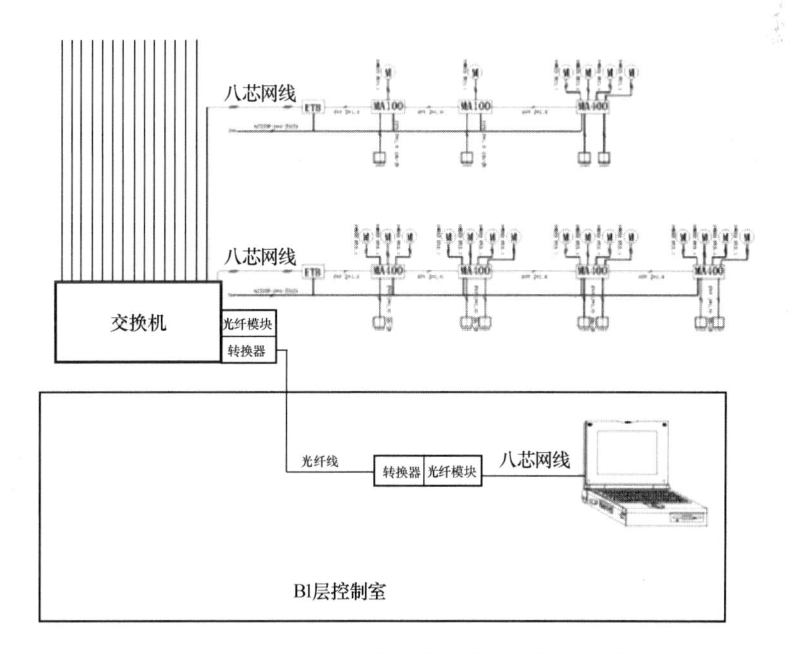

图 22-21　电动遮阳与楼宇智能化系统连接示意图

图 22-22　会议室智能遮阳工程卷帘实景图

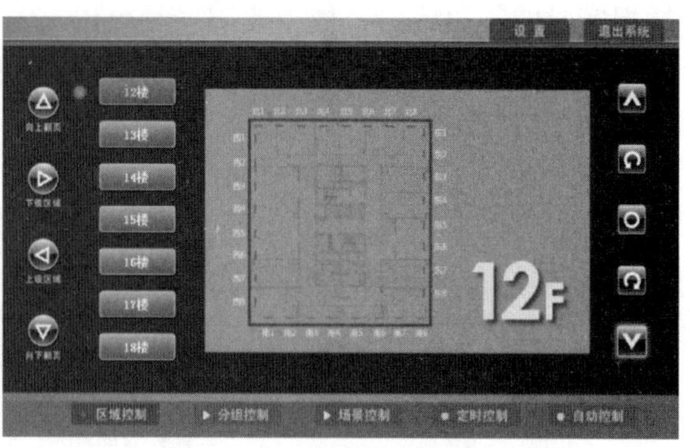

图 22-23　楼宇智能化控制系统电动卷帘控制界面

4.2.3　建筑一体化遮阳窗

当前建筑遮阳产品的应用多为外遮阳，且大多数居住建筑或大型公共建筑的外遮阳产品安装形式为在外立面上直接安装，在设计或安装时受外立面美学效果限制、外立面安全性能的影响较大，使得遮阳产品很难做到充分发挥遮阳效果。近 1～2 年遮阳行业蓬勃发展，提出了遮阳工程与建筑物达到“四同步”的概念，即同步设计、同步施工、同步验收和同步投入使用；既有利于外遮阳装置与建筑物的良好结合，保证工程质量，又在新建建筑投入使用时即可发挥作用。因此，建筑一体化遮阳窗作为一种能够满足要求的新产品逐渐在工程中得到应用，主要包括硬卷帘一体化遮阳窗（见图 22-24）、金属百叶帘一体化遮阳窗和软卷帘一体化遮阳窗（见图 22-25）等。同时，国家也出台了相应的行业标准《建筑一体化遮阳窗》JG/T 500—2016 规范和促进产品的应用。市场上成熟的一体化遮阳窗分为两类：一种是将外遮阳装置安装在铝合金窗边框外；另一种是将外遮阳装置安装在铝合金窗边框内。这两类遮阳窗各有优劣，正处于不断改进、逐渐完善的发展阶段。

图 22-24　硬卷帘一体化遮阳窗实物图

图 22-25　软卷帘一体化遮阳窗实物图

四、特殊工程施工技术前沿研究

1. 加固改造技术

经过长期的发展，建筑结构检测、鉴定、加固及改造技术有了较大的发展，但仍存在较多待解决的问题：

（1）各种结构材料强度的无损检测技术还需要进一步研究，超声检测技术、红外成像检测技术在结构加固方面的应用还需要深入研究。

（2）建筑物可靠性鉴定指标的确定、与设计目标可靠指标存在的关系、采用何种数学模型进行分析，还处于初期阶段，需要广泛而深入的研究。

碳纤维加固方法、耐久性加固方法、地基加固方法、边坡加固方法、裂缝加固修补方法、抗震加固方法（减震、隔震）、聚合物砂浆加固法等需进一步深入研究。建筑物增层、改扩建、抽柱托换、砌体结构承重墙托换等方面的技术改造，仍缺乏系统的研究，应对改建、扩建工程的合理结构体系和结构方案进行更深入的研究。新型加固材料和复合加固技术，随着加固市场的逐渐加大，得到广泛的研究和应用。

加固改造技术的发展是随着建筑技术的发展而发展，不同的建筑材料、不同的建筑形式、不同的地理位置、同一建筑的不同部位适用不同的加固技术，因此加固改造技术始终是向着多元化发展。随着建筑材料的不断发展，建筑的形式和规模均发生了较大的变化，也将会出现更加多元化的加固改造技术。

2. 整体移动技术

（1）液压悬浮平移技术

在平移施工过程中，尽管已经采取了加固地基、提高建筑物刚度等措施避免建筑物发生不均匀沉降，但由于建筑物在平移过程中的种种不确定因素，仍然存在一定程度的不均匀沉降，从而导致结构内力的重分布，并可能引起支撑体系、上部结构的变形开裂。另外，由于下滑梁平整度施工精度的误差以及上下轨道梁的变形等因素，都可能引起某个支点处的上下轨道梁的距离产生变化，进而引起上部结构开裂，甚至危及上部结构安全。

为避免以上情况的发生，上海天演建筑物移位工程有限公司蓝戊己提出在平移工程中支座位置安装由PLC同步系统控制的液压油缸，油缸底部安装滑块，平移前通过称重的方法设置各油缸压力值，使之与上部荷载相适应并使油缸预伸出一定位移，使整个房屋处于悬浮状态，避免房屋出现附加应力。通过设在每一支座处的压力传感器可以实时反映基础的不均匀沉降程度和支点受力变化幅度，当不均匀沉降和力变化幅度超过预定值时，可以通过计算机系统随时进行调控，避免不利因素继续扩大。如图22-26所示。

图22-26　液压悬浮平移

（2）模块化平板拖车平移

我国整体移动工程还存在如下的主要问题：需要有效的限位装置，如果在平移过程中发生偏位，需要在侧面设置顶推装置，纠偏较困难；单独设备顶推动力及反力装置，在平移距离较远时施工较困难。

随着我国整体移动技术市场的拓展，后续会产生更多难度更大、平移距离更长的项目，为了适应这种特殊移位工程要求，在大型构件及设备运输中采用的自行式平移拖车将是一个选择。SPMT（Self-Propelled Modular Trailers）是一种模块化生产及组装的自行式平板拖车，可以根据装载货物的不同需求被配置成各种结构、尺寸和质量。

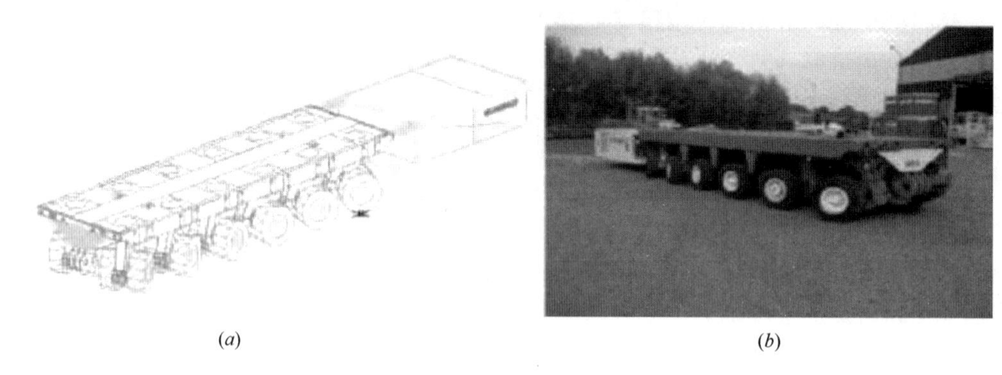

(*a*) (*b*)

图 22-27 模块化平板拖车

（*a*）示意图；（*b*）实物图

未来几年，步进式自行走移位装置将被开发应用。该装置采用模块化设计，体型轻巧，能够完成建筑物的步进式平移、顶升及旋转等动作，并可根据建筑物体量变化灵活布置。此外，大吨位多点同步移动系统将开发完善，用于同步提升、同步张拉、同步降落、同步平移等，单点动力达到 400t 以上。

3. 膜结构技术

目前，膜材料中的纤维材料绝大部分为玻璃纤维、聚酯和尼龙。随着科技的发展，高性能纤维不断涌现。高强度涤纶、高强聚乙烯纤维、有“纤维之王”之称的 PBO 纤维等也开始应用于纺织膜结构领域。另外，为了改善 PVC 膜自洁性和抗老化性，在其表面再涂敷丙烯酸树脂或含氯树脂（如 PVDF），或在 PVC 表面粘贴含氯薄膜（如 PVF）。

随着织物结构、涂层材料的不断深入研究，在膜材料自洁、热学性能、光学性能、抗紫外线等方面会取得更大的进展。仿荷叶效应的纺织膜结构织物、新型纳米溶液涂层技术纺织物、加入相变材料的纺织物、新型立体纺织物、新型自洁膜材料——TiO_2 膜材料、EPTFE 膜材料等新型膜材料将会更加安全可靠，应用范围更广泛。

随着节能环保技术的综合应用，膜材料的发展已不仅仅是表面进行涂层处理，而是逐步转变为把另外一种材料与膜材料进行夹层处理、铺设或附着合成。例如在 ETFE 膜结构上，把柔性太阳能电池板设置在 ETFE 气枕膜结构的下层膜上或直接铺设在 ETFE 膜材料表面的方法，实现了太阳能电池与膜结构的组合，自主产生能源，为建筑提供绿色辅助能源，即“发电膜”技术；将透光保温材料气凝胶（Nanogel）复合材料封闭于外膜与内膜之间，在保证建筑物的透光率的同时降低传热系数，减少能耗，防褪色，防水，防真菌、霉菌生长，截留噪声，且永远不会变质，即“聚能膜”技术。

4. 建筑遮阳技术

未来几年，随着人们对建筑外观及内部环境要求的不断提高，对建筑遮阳技术的要求也将越来越高。在与建筑业发展协调过程中，建筑遮阳呈现出明显的综合化、智能化、地域化的发展趋势。建筑遮阳设计策略的复合化、智能化、绿色化等是目前遮阳发展的主要方向。

随着智慧城市建设的展开、楼宇智能化程度的提升、人类舒适性与便捷性需求的提高，智能化遮阳将在建筑遮阳领域得到进一步研究与应用，主要依靠数据采集系统和智能控制系统来实现建筑遮阳的自动控制与调节。此类技术将对气象、日照、时间以及建筑周围环境等综合因素进行计算分析以达到不同条件下的最优遮阳效果的精准控制。在居住建筑中实现遮阳产品与室内空调、灯光等家庭智能设备联动，通过移动终端（如手机等）控制遮阳产品，提供更舒适的居住环境和更便捷的生活方式；在公共建筑中实现遮阳产品集中控制、分区控制、本地控制及远程终端控制的高效管理以及会议模式、下班模式等多种场景模式。不过，智能化遮阳系统的生命周期短于建筑生命周期，从而带来系统维护和管理等方面的问题，为此，应对智能化遮阳系统的开发性和兼容性设计给予关注。

与此同时，建筑遮阳的功能复合化也将随着建筑技术的发展而发展。建筑遮阳将不仅承担着降低室内得热的作用，还兼顾保温、控光、通风、防盗、防噪、太阳能发电及观景等多功能作用。

五、特殊工程施工技术指标记录

1. 加固改造技术

1.1　加固结构胶

加固结构胶分类：粘贴钢板结构胶，植筋锚固结构胶，碳纤维结构胶，预应力结构胶等。

加固结构胶特点：拉伸、剪切强度高，抗冲击、耐老化、耐疲劳性能优良；具有优异的触变性，夏季施工不流淌，冬季低温施工可操作性好，性能卓越。各项技术指标均应满足《混凝土结构加固设计规范》GB 50367—2013 的要求。

1.2　碳纤维复合材料

其主要技术指标见表 22-3。

碳纤维复合材料主要技术指标　　表 22-3

类别	强度级别	抗拉强度(MPa)	弹性模量(GPa)	伸长率(%)	弯曲强度(MPa)	层间剪切强度(MPa)
单向织物(布)	高强Ⅰ级	≥3400	≥240	≥1.7	≥700	≥45
	高强Ⅱ级	≥3000	≥210	≥1.5	≥600	≥35
条形板	高强Ⅰ级	≥2400	≥160	≥1.7	—	≥50
	高强Ⅱ级	≥2000	≥140	≥1.5	—	≥40

1.3 超高韧性水泥基复合材料(UHTCC)

超高韧性水泥基复合材料(UHTCC)是一种能够从源头上延缓通过混凝土裂缝进行钢筋侵蚀的材料,可将宏观有害裂缝分散为微细无害裂缝。UHTCC作为一种新型的纤维水泥基复合材料,因为其纤维的体积率不超过2.5%,因而使用常规搅拌工艺即可加工成型。UHTCC极限抗拉应变能力可达到3%以上,并可将极限裂缝宽度限制在100μm以内,甚至50μm以内。

2. 整体移动技术

整体移动技术经过几十年的发展,成功平移的建筑物已经超过数百栋,选择有代表性的平移建筑物从平移高度、质量、距离等角度进行简单介绍,见表22-4。

代表性平移建筑物主要技术指标 **表22-4**

序号	技术指标	项目名称	指标值
1	建筑高度、面积、质量	山东省莱芜市高新区管委会综合楼	总高度67.6m,建筑面积24000m^2,总质量35000t
2	旋转角度	宁波杜宅整体平移旋转工程	旋转179°
3	高宽比	内蒙古科左中旗金田矿业主井塔整体平移	高度65m,底面13m×13m,高宽比3∶1
4	拖车平移距离	山东济南民国老别墅	平移30km
5	顶推平移距离	河南慈源寺平移工程	平移约400m
6	顶升高度	武当山遇真宫宫门顶升工程	顶升15m
7	1. 世界上最大面积的先分体再合体的平移旋转工程 2. 世界上最大质量的建筑物平移旋转工程	大同市展览馆	累计总平移距离为1710.11m,迁移总质量(含托盘结构)为57768t

文物建筑整体平移是整体移动技术应用的一个主要方向,其结构形式有砖结构、砖木结构、混凝土结构、木结构、土石结构等,以砖木结构较多,多以民国建筑为主,也有个别唐代、明代、清代的文物建筑。由于文物建筑年代久远、结构材料强度很低,所以平移要求一般很高。

大型结构或物件的提升技术,提升高度达到100m,同步提升质量达2万t,同步张拉技术达到36点14400t。

3. 膜结构技术

在膜材料方面,我国起步晚,技术水平低,大部分膜材料还主要依靠进口。PTFE、PVC和表面改性的PVC、ETFE等膜材料是市场的主流,应用比较广泛。我国已有PTFE膜材料的自主知识产权,性能也基本达到了国外同类产品的要求。很多公司、科研单位以及高校都在进行PVC表面涂层材料的研究,如PVDF、纳米TiO_2表涂剂等的研究已初见成效,另外,在表面防污自洁处理方面的研究如仿生荷叶构筑微粗糙表面也开始起步。在引进世界一流的生产设备和工艺技术的同时,加紧消化吸收并改进创新,尽快开发适合我国市场需求的膜材料表面处理技术,对提升我国整个产业用纺织品产品档次和市场竞争力都具有重要意义。

4. 建筑遮阳技术

建筑遮阳技术在我国已经成功应用多年，特别是近几年受我国绿色建筑、被动式建筑以及建筑节能等相关政策推进和标准强制性要求的影响，大量公共建筑和居住建筑已采用遮阳设施。遮阳工程的施工应符合《建筑遮阳工程技术规范》JGJ 237—2011 的要求，该规范目前尚未进行修订，原有的技术指标未产生变化。但随着近几年遮阳技术的不断发展，各类新型遮阳产品不断涌现，本部分将 2015—2016 年陆续实施的新标准中对遮阳产品的指标优于《建筑遮阳通用要求》JG/T 274—2010 和该标准中未给出明确要求的内容进行简要介绍。

4.1　指标更新情况

《建筑用遮阳天篷帘》JG/T 252—2015、《建筑用曲臂遮阳篷》JG/T 253—2015 和《建筑用遮阳软卷帘》JG/T 254—2015 分别于 2016 年 4 月 1 日起实施，对各遮阳产品帘布断裂强力和撕破强力给出了新要求，指标优于《建筑遮阳通用要求》JG/T 274—2010 中断裂强力经向大于 800N、纬向大于 500N 和撕破强力大于等于 20N 的要求，见表 22-5～表 22-7。

建筑用遮阳天篷帘帘布技术指标　　表 22-5

项目	要求		
断裂强力（N）	形式	径向	纬向
	张紧式	≥2000	≥1500
	其他	≥1000	≥500
撕破强力（N）	电动张紧式天篷帘帘布的经向撕破强力不小于 100		

建筑用曲臂遮阳篷帘布技术指标　　表 22-6

项目	要求	
	经向	纬向
断裂强力（N）	≥1500	≥800
撕破强力（N）	≥40	≥20

建筑用遮阳软卷帘帘布（外遮阳用）技术指标　　表 22-7

项目	要求（外遮阳）	
	经向	纬向
断裂强力（N）	>1500	>800

4.2　新技术指标要求

建筑遮阳的抗风性能、耐雪荷载性能、耐积水荷载性能、机械耐久性能、热舒适和视觉舒适性能及电气安全等应符合《建筑遮阳通用要求》JG/T 274—2010 的要求。在近几年陆续发布的标准中，除上述性能要求外还新增了部分指标要求。

（1）《建筑用遮阳天篷帘》JG/T 252—2015、《建筑用曲臂遮阳篷》JG/T 253—2015 和《建筑用遮阳软卷帘》JG/T 254—2015 分别对电机的性能有了更加严格的要求，包括绝缘等级、过热自停保护和空载转速等；同时《建筑用曲臂遮阳篷》JG/T 253—2015 增加了帘布的抗渗水性和抗渗透性指标要求，《建筑用遮阳软卷帘》JG/T 254—2015 增加了室内用软卷帘噪声控制指标要求。

(2)《建筑用遮阳非金属百叶帘》JG/T 499—2016 分别对叶片的扭拧度、顺弯度、横弯度和翘弯度以及绳(带)的断裂强力、断裂伸长率和耐老化性能给出了指标要求。

(3)《建筑一体化遮阳窗》JG/T 500—2016 增加了窗扇操作力、遮阳部件中磁控操作力、内置遮阳中空玻璃制品机械耐久性、一体化遮阳窗抗风性能(静压和动态风压)、水密性能、气密性能、隔声性能、保温性能和采光性能的分级指标要求;同时增加了一体化遮阳窗耐火完整性要求。

六、特殊工程施工技术典型工程案例

1. 加固改造工程案例

1.1 中共六大会址修复工程

1.1.1 工程背景

中共六大会址(莫斯科市五一村花园街 18 号)原为俄贵族庄园主楼,建于 1827 年,俄十月革命后改为集体农庄宿舍。1960 年主楼与所在庄园被列为俄罗斯联邦级文化遗产。2009—2010 年,主楼多次发生火灾,损毁严重。

2010 年 3 月时任国家副主席的习近平访问俄罗斯期间,与时任总理的普京就中共六大会址修复工程达成重要共识。2013 年 3 月习近平出席了中共六大会址修复工程启动仪式,正式启动中共六大会址修复工程。习近平主席高度重视中共六大会址修复工作,多次作出重要指示,在与普京总统、梅德韦杰夫总理会谈中,多次推动中共六大会址修复工程。刘延东副总理亲自关心中共六大会址的修复工作,多次与俄罗斯副总理戈洛杰茨进行磋商,推动修复工作进程。

在中国文化部部长雒树刚、中国驻俄罗斯大使李辉等领导的亲切关怀下,2015 年 9 月中共六大会址修复工程正式开工,12 月底实现了工程主体结构封顶,2016 年 6 月 20 日竣工并顺利通过中俄联合竣工验收。中共六大会址常设展览馆是中俄友好关系发展的重要成果,传承和发扬了中俄两国人民的传统友谊,促进两国世代友好。图 22-28~图 22-30 为中共六大会址修复前后的照片。

图 22-28 1928 年中共六大会址

图 22-29 2015 年中共六大会址修复前

图 22-30　2016 年中共六大会址修复后

1.1.2　主要应用的加固改造技术

（1）墙体注浆加固技术；

（2）楼板拆除重新建造加固技术；

（3）地下基础注浆加固技术。

1.1.3　实施效果

中俄两国政府高度关注中共六大会址修复工程，中国建筑股份有限公司只用 293 天就完成了中共六大会址全部修复任务，精准复原了中共六大会址这座具有 180 多年历史的古建筑，创造了俄罗斯古建修复的“第一速度”，充分展示了中方出色的施工组织管理水平。

2016 年度莫斯科古建修复比赛颁奖仪式在莫斯科举行，中共六大会址常设展览馆项目荣获“修复项目优秀组织工作奖”和“优秀修复项目奖”。

2017 年度“俄罗斯建筑者日”庆祝活动暨莫斯科优秀建筑项目竞赛颁奖，莫斯科中国文化中心凭借中共六大会址修复项目，荣获“文化遗产修复及现代化使用”特别奖。

2. 整体移动工程案例

2.1　徐州同和裕银号整体平移顶升工程

徐州市级文物保护单位——同和裕银号，平移距离非常远，而且新址与原址间场地狭小，需要多次转向，采用模块化自行式托车整体平移，项目于 2016 年竣工。如图 22-31 所示。

2.2　上海中环线跨沪太路钢梁顶升复位抢修工程

2016 年 5 月 23 日 0：30 左右，上海市中环线（内圈）真华路至万荣路匝道之间发生一起严重的单车超载事故，导致中环线跨沪太路钢箱梁向南侧倾。抢修总体方案采用顶升系统对梁体实施顶升平移复位，顶升系统采用 PLC 控制，千斤顶使用集成式三向千斤顶。整个抢修复位工作从梁体结构状态分析入手，确定顶升复位总体思路及系统、程序设计，在程序细分和全过程实时监控下进行梁体复位，抢修复位在安全可控的情况下于高考前顺利完成。

图 22-31　徐州同和裕银号整体平移顶升工程现场照片

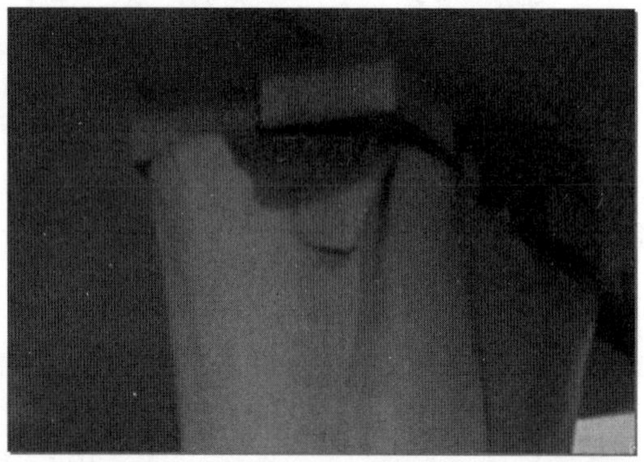

图 22-32　上海中环线跨沪太路钢梁顶升复位抢修工程现场照片

3. 膜结构工程案例

3.1　济南万达城商务中心

济南万达城商务中心屋顶为环形 24 片单层网壳结构，内用软式膜结构作吊顶，总面积约 1600m^2。采用德国 VAL MEX AIRTEX 膜材料。造型为莲花花蕊，同时配合 LED 灯光设计，达到了绚丽多彩的商业效果。如图 22-33 所示。

3.2　香港坚尼地城 713 号游泳馆（MTR 713 Kennedy Town Swimming Pool）

膜材料：Tensotherm®（TiO_2 SF-II ＋ Aerogel 8mm ＋ Fab 1A EP）。

表面积：1072m^2。如图 22-34 所示。

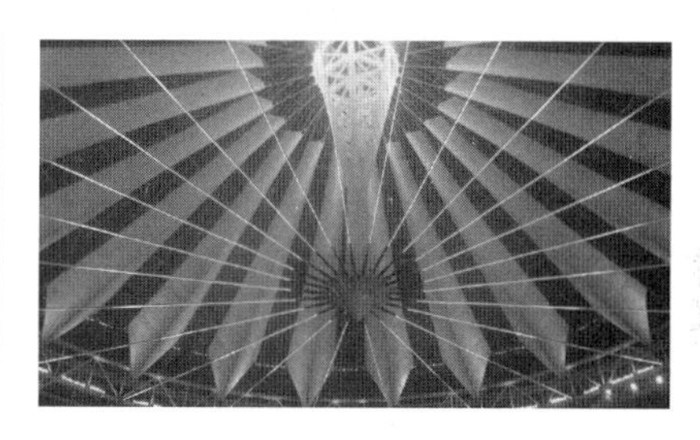

图 22-33　济南万达城商务中心屋顶结构

图 22-34　香港坚尼地城 713 号游泳馆膜结构屋顶

4. 建筑遮阳工程案例

4.1　北京西北旺万科如园项目遮阳工程

工程位于北京市海淀区西北旺镇永丰路，本工程案例为万科如园小区中 7 栋高层单体建筑，建筑层数均为 10 层，建筑面积约 6 万 m^2，建筑设计符合北京市《居住建筑节能设计标准》DB11/891—2012，属 75%节能建筑。东、西向外窗均采用了外遮阳金属百叶帘，控制形式为本地遥控控制，同时加入智能家居智能化控制。本工程体现了外遮阳的节能、安全防盗及智能化的多功能特点。如图22-35所示。

图 22-35　万科如园项目外景图

本案例中外遮阳金属百叶帘采用隐藏式安装方式，与建筑风格良好结合，外立面整体效果协调一致。外遮阳系统通过对铝合金叶片伸展、升降、翻转、闭合与收回等动作（见图 22-36～图 22-39）实现以下功能特点：降低室内太阳得热的同时可调节光线强弱，保持光照均匀度，提高居住环境光舒适度，并且可以达到全遮光效果；遮阳的同时可保持室内通风，提高居住环境热舒适度；百叶帘叶片两端嵌在导轨中，抗风能力强，收放自如；叶片可翻转两面，便于维护和清洁。该工程采用智能化调控技术，可电动或手动控制，实现本地控制、楼宇控制、假日管理、阳光实时追踪等智能化控制，实用性强、操作灵活简便。

图 22-36　金属百叶帘叶片伸展实景图

图 22-37　金属百叶帘叶片翻转实景图

图 22-38　金属百叶帘叶片闭合实景图

图 22-39　金属百叶帘叶片收回实景图

4.2　上海佳预科技办公楼遮阳工程

上海佳预科技办公楼位于上海市闵行区沪松公路，建筑面积 77682m²，共 9 层。该建筑采用了智能外遮阳电动百叶帘系统实现了智能化控制调节功能，提供了节能、舒适、智能、便捷及高效管理的办公环境（见图 22-40、图 22-41）。全楼采用总线控制系统，每层分 8 个小区域群控，整栋楼共 72 个区域群控。通过中控室操作平台对整栋楼遮阳系统做智能化集中控制（见图 22-42、图 22-43）。控制功能和特点如下：

图 22-40　上海佳预科技办公楼外景图

图 22-41　上海佳预科技办公楼内景图

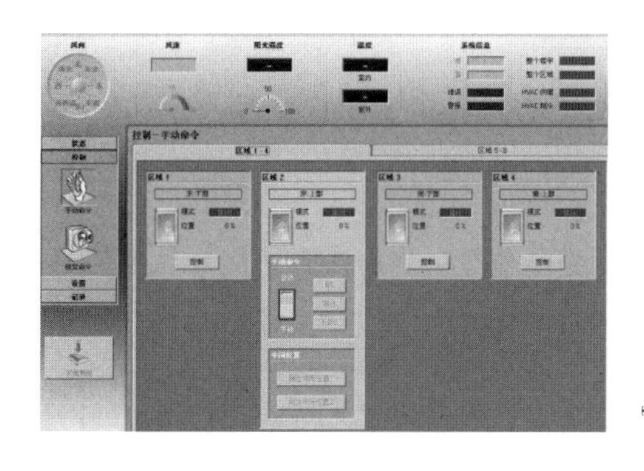

图 22-42　遮阳系统智能化监控界面

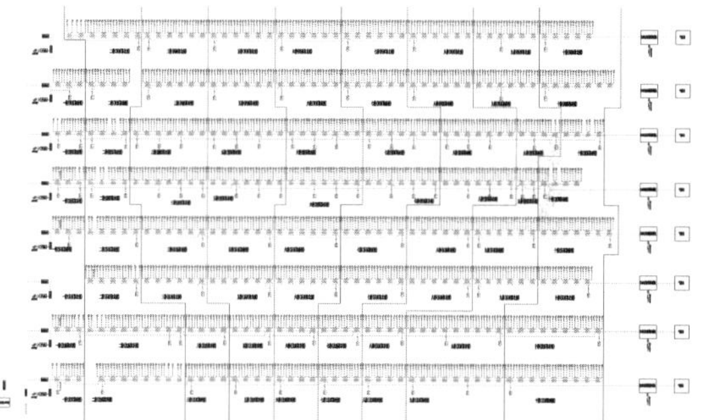

图 22-43　电动百叶帘 EIB 控制系统示意图

（1）自动控制优先级别的设置

该工程体现了室内舒适性和遮阳智能化的协调性，兼顾安全的要求，在控制信号优先级别方面设置了 7 个级别。特级为消防信号，1 级为总控界面信号，2 级为太阳辐射强度信号，3 级为温度信号，4 级为风速信号，5 级为 72 区域群控开关信号，6 级为遥控器信号。高级别信号具有优先控制权。

（2）与消防联动功能

特级为消防信号，当系统接收到来自消防系统的火警信号时，遮阳工程所有百叶帘优先响应消防控制信号。同时，其他控制信号将被屏蔽，即在火灾报警状态时无条件地自动收回全部百叶帘。

（3）太阳光、风速、温度等气象信号自动控制功能

系统通过采集实时的气象参数数据，使智能遮阳系统可以实时跟踪天气变化情况。当室外太阳辐射强度超过系统预设边界值时，百叶帘将自动伸展并闭合叶片，或者自动翻转到某一预设角度；当某一方向风速超过预设边界值或雨水传感器检测到雨水信号时，百叶帘将自动收回以避免恶劣天气对百叶帘造成损害。

（4）定时控制功能

系统可根据季节和工作人员作息时间的变化通过定时器实现建筑物内所有或部分百叶帘在假日和工作日的不同时间开启、关闭或调整到预设角度，以达到高效管理。

参考文献

[1] 国家工业建筑诊断与改造工程技术研究中心，等.《碳纤维片材加固混凝土结构技术规程》CECS 146—2003(2007年版)[S]. 北京：中国计划出版社，2007.

[2] 中华人民共和国住房和城乡建设部.《混凝土结构加固设计规范》GB 50367—2013[S]. 北京：中国建筑工业出版社，2014.

[3] 《建筑施工手册》(第五版)编委会. 建筑施工手册[M]. 第五版. 北京：中国建筑工业出版社，2012.

[4] 徐福泉，赵基达，李东彬. 既有建筑结构加固改造设计与施工技术指南[M]. 北京：中国物资出版社，2013.

[5] 李爱群，吴二军，高仁华. 建筑物整体迁移技术[M]. 北京：中国建筑工业出版社，2006.

[6] 张鑫，徐向东，都爱华. 国外建筑物平移技术的进展[J]. 工业建筑，2002(7)：1-3.

[7] 吴定安. 上海音乐厅顶升和平移工程的液压同步系统[J]. 液压气动与密封，2004(1)：24-26.

[8] 北京交通大学.《建筑物移位纠倾增层改造技术规范》CECS 225—2007[S]. 北京：中国计划出版社，2008.

[9] 广东金辉华集团有限公司，等.《建(构)筑物托换技术规程》CECS 295—2011[S]. 北京：中国计划出版社，2011.

[10] 张鑫，蓝戊己. 建筑物移位工程设计与施工[M]. 北京：中国建筑工业出版社，2012.

[11] 白云，沈水龙. 建构筑物移位技术[M]. 北京：中国建筑工业出版社，2006.

[12] 陈务军. 膜结构工程设计[M]. 北京：中国建筑工业出版社，2005.

[13] 高新京，吴明超. 膜结构工程技术与应用[M]. 北京：机械工业出版社，2010.

[14] 中国钢结构协会空间结构分会，等.《膜结构技术规程》CECS 158—2015[S]. 北京：中国计划出版社，2016.

[15] 焦红，王松岩. 膜建筑的起源、发展与展望[J]. 工业建筑，2006，36(S1)：52-55.

[16] 中国建筑一局(集团)有限公司. 国家游泳中心施工[M]. 北京：中国建筑工业出版社，2011.

[17] 中华人民共和国住房和城乡建设部.《建(构)筑物移位工程技术规程》JGJ/T 239—2011[S]. 北京：中国建筑工业出版社，2011.

[18] 涂逢祥. 建筑遮阳是建筑节能的重要手段[J]. 建筑技术，2011，42(10)：875-876.

[19] 袁正国，吴亚洲，段恺，等. 遮阳风琴帘在广州南站候车厅施工应用技术[J]. 建筑技术开发，2014，41(8)：59-62.

[20] 北京中建建筑科学研究院有限公司，等.《建筑遮阳热舒适、视觉舒适性能与分级》JG/T 277—2010[S]. 北京：中国标准出版社，2011.

[21] 北京中建建筑科学研究院有限公司，等.《建筑遮阳工程技术规范》JGJ 237—2011[S]. 北京：中国建筑工业出版社，2011.

[22] 中国建筑科学研究院，等.《钢绞线网片聚合物砂浆加固技术规程》JGJ 337—2015[S]. 北京：中国建筑工业出版社，2016.

[23] 上海市装饰装修行业协会.《建筑用遮阳天篷帘》JG/T 252—2015[S]. 北京：中国标准出版社，2016.

[24] 上海市装饰装修行业协会，等.《建筑用曲臂遮阳篷》JG/T 253—2015[S]. 北京：中国标准出版社，2016.

[25] 上海市装饰装修行业协会，等.《建筑用遮阳软卷帘》JG/T 254—2015[S]. 北京：中国标准出版社，2016.

[26] 住房和城乡建设部建筑制品与构配件产品标准化技术委员会.《建筑遮阳通用要求》JG/T 274—

2010[S]. 北京：中国标准出版社，2011.

[27] 上海市建筑科学研究院(集团)有限公司.《建筑用遮阳非金属百叶帘》JG/T 499—2016[S]. 北京：中国标准出版社，2016.

[28] 上海市建筑科学研究院(集团)有限公司，等. 建筑一体化遮阳窗 JG/T 500—2016[S]. 北京：中国标准出版社，2016.

[29] 牛微. 遮阳与建筑一体化设计策略与构造技术研究[D]. 济南：山东建筑大学，2016.

[30] 金鑫. 基于案例分析的现代建筑遮阳发展趋势研究[D]. 天津：天津大学，2012.

[31] 刘洪昌，陈刚，张国良. 遮阳一体化窗结构分析及前景应用[J]. 门窗，2016(12)：6-8.

第二十三篇　城市地下综合管廊施工技术

主编单位：中国建筑股份有限公司技术中心　中国奎　耿冬青　杨春英

摘要

本篇主要对城市地下综合管廊施工技术历史沿革、主要施工技术内容、综合管廊技术发展方向、国内典型的地下综合管廊案例进行论述。通过分析研究，明确了国内地下综合管廊发展的三个阶段，明确了地下综合管廊适用的施工关键技术，其中包括明挖沟槽支护技术、综合管廊结构的现浇和预制拼装技术。同时对综合管廊暗挖施工技术中的顶管法、盾构法、浅埋暗挖法进行了分析研究，为综合管廊修建提供了暗挖技术参考。通过研究，得出了三位一体综合管廊建设模式、快速绿色预制拼装技术、大断面下穿建筑物顶管技术、长距离暗挖掘进盾构技术、新旧地下综合管廊连接技术等综合管廊建设发展方向。最后给出了5个典型的案例给予论述。

Abstract

This paper mainly discuss on the technology history, construction technology, the development direction of the utility tunnel construction technology and the utility tunnel classic case. Through analysis, clear about the three development stages of the utility tunnel, the key construction technology of structure including open pit supporting technology and cast in place and prefabricated assembly technology. At the same time, mining method researches are following: pipe jacking method, shield method, shallow-buried tunneling method. These will take reference to the construction of the underground excavation technology for the utility tunnel. Through research, it is concluded that these technology will be the develop direction, which are the technology of trinity construction mode for the utility tunnel, the technology of the fast green prefabricated assembly, the technology of large section pipe jacking method under buildings, the technology of long distance shield method and the connection technology between the old and the new utility tunnel. Finally, five typical cases are discussed.

一、城市地下综合管廊施工技术概述

地下综合管廊，又称共同沟（英文为“Utility Tunnel”），是指将两种以上的城市管线（即给水、排水、电力、热力、燃气、通信、电视、网络等）集中设置于同一隧道空间中，并设置专门的检修口、吊装口和监测系统，实施统一规划、设计、建设，共同维护、集中管理，所形成的一种现代化、集约化的城市基础设施。在城市中建设地下综合管廊的概念，起源于19世纪的欧洲，第一次出现在法国。自从1833年巴黎诞生了世界上第一条地下综合管廊后，随后英国、德国、日本、西班牙、美国等发达国家相继开始新建地下综合管廊工程，至今已经有180多的发展历程了。但地下综合管廊对我国来说是一个全新的课题。我国第一条地下综合管廊1958年建造于北京天安门广场下，比巴黎约晚建125年。随后北京、天津、上海、广州、杭州、厦门等城市陆续开始建设地下综合管廊。截至2015年5月，经过57年的发展，全国地下综合管廊建设里程近900km，计划建设770多km，总计1600多km。全国已建和在建的地下综合管廊投资规模约为149亿元，已建、在建和计划建设的地下综合管廊投资规模约为268亿元。据专家测算，地下综合管廊建设分为廊体和管线两部分，每千米廊体投资大约8000万元，入廊管线大约4000万元，总造价每千米1.2亿元。根据国家城市综合管廊的发展规划，按目前的城镇化速度，未来3～5年，预计每年可产生约1万亿元的投资规模。这些必将大大地推动地下综合管廊建设工作的发展与进步。

中国地下综合管廊的发展历程大体可以分为四个阶段，分别称为：萌芽阶段、争议阶段、快速发展阶段、赶超和革新阶段。

第一阶段（1978年以前）：该阶段为城市管线综合技术的萌芽阶段。外国一些关于综合管廊的先进经验传到中国，但由于特殊的历史时期使得城市基础设施的建设停滞不前。而且由于我国的设计单位编制较混乱，几个大城市的市政设计单位只能在消化国外已有设计成果的同时摸索着完成设计工作，个别地区如北京和上海做了部分试验段。

第二阶段（1978—2000年）：该阶段为城市管线综合技术的争议阶段。随着改革开放的逐步推进和城市化进程的加快，城市基础设施建设逐步完善和提高，但是由于局部利益和全局利益的冲突以及个别部门的阻挠，尽管众多知名专家呼吁，管线综合的实施仍然极其困难。在此期间，一些发达地区开始尝试进行管线综合，建设了一些综合管廊项目，有些项目初具规模且正规运营起来。

第三阶段（2000—2010年）：该阶段为城市管线综合技术的快速发展阶段。伴随着当今城市经济建设的快速发展以及城市人口的膨胀，为适应城市发展和建设的需要，结合前一阶段消化的知识和积累的经验，我国的科技工作者和专业技术人员针对管线综合技术进行了理论研究和实践工作，完成了一大批大中城市的城市管线综合规划设计和建设工作。

第四阶段（2010年至今）：该阶段为新技术推动下的城市管线综合技术的赶超和革新阶段。特别是由于政府的强力推动，在住房和城乡建设部做了大量调研工作的基础上，国务院连续发布了一系列的法规，鼓励和提倡社会资本参与到城市基础设施特别是综合管廊的建设上来，我国的综合管廊建设开始呈现蓬勃发展的趋势，大大拉动了国民经济的增长。随着优化设计理论与计算机辅助设计理论和方法的结合应用与进一步发展，我国的城市管线综合技术向着自动化、集成化、智能化的方向大踏步前进，与欧美发达国家的差距在不断缩小。

二、城市地下综合管廊施工主要技术介绍

城市地下综合管廊施工方法主要分为：明挖法和暗挖法。明挖法包括沟槽支护方法和结构施工方法，结构施工方法又可分为明挖现浇法和明挖预制拼装法；暗挖法主要包括顶管法、盾构法以及浅埋暗挖法。

1. 明挖沟槽支护技术

1.1　常见管廊明挖沟槽支护技术

（1）原状土放坡开挖无支护

在施工现场有足够的放坡场地、周边环境风险小、地下水位埋深较深等情况下，可采用放坡开挖的形式。该方法主要适合地下水位以上的黏性土、砂土、碎石土及回填土质量较好的人工填土等地层。

（2）土钉墙和复合土钉墙支护技术

土钉墙支护技术是通过钻孔、插筋（管）、注浆、喷射混凝土面板等一系列工序，形成土钉与混凝土面板的复合挡土结构，实现土体加固的技术。一般适用于地下水位以上或经降水处理后的杂填土、普通黏土或非松散性的砂土，主要用于土质较好地区。

复合土钉墙，指的是将土钉墙与一种或几种单项支护技术或截水技术有机组合成的复合支护体系，它的构成要素主要有土钉、预应力锚杆、截水帷幕、微型桩、挂网喷射混凝土面层、原位土体等。一般适用于淤泥质土、人工填土、砂性土、粉土、黏性土等土层，并且开挖深度一般不超过 15m 的各种基坑。

（3）排桩＋内撑支护

在开挖基坑或沟槽前，在基坑或者沟槽的周边设置排桩，排桩包括钢板桩、钻孔灌注桩、钢筋混凝土板桩及人工挖孔桩等。目前比较常用于管廊的排桩主要有钢板桩、钻孔灌注桩、混凝土搅拌桩等。排桩结构根据工程情况可分为悬臂式支护结构、拉锚式支护结构、内撑式支护结构和锚杆式支护结构。

常用的支撑结构按材料类型可分为钢管支撑、型钢支撑、钢筋混凝土支撑、钢筋混凝土和钢的组合支撑等形式；按支撑受力特点和平面结构形式可分为简单对撑、水平斜撑、竖向斜撑、水平桁架式对撑、水平框架式对撑、环形支撑等形式，一般对于平面尺寸较大、形状不规则的基坑常根据工程具体情况采用上述形式的组合形式。

1）钢板桩

钢板桩属板式支护结构之一，钢板桩是一种带锁口或钳口的热轧（或冷弯）型钢，靠锁口或者钳口互连接咬合，形成连续的钢板桩墙。用来挡土和挡水，具有高强、轻型、施工快捷、环保、可循环利用等优点。通常采用捶打法、振动打入法、静力压入法或振动锤击法将型钢打入土层，锚索或支撑承担土压力。多用于深度较浅的基坑或沟槽。

2）灌注桩

灌注桩是指在地面以下竖直开挖出一定直径的桩孔，向桩孔内吊装钢筋笼并灌注混凝

土形成钢筋混凝土桩体。多个桩体依次排列构成抵抗土压力的抗弯承载结构。根据成孔方法的不同，灌注桩分为人工挖孔桩和机械钻孔桩，机械钻孔桩有干法钻孔灌注桩、泥浆护壁钻孔灌注桩和钻孔咬合桩。人工挖孔桩适用于无地下水或地下水较少的黏土、粉质黏土，含少量砂、砂卵石、砾石的黏土层和全、强风化地层，特别适合于黄土层使用，深度一般控制在 20m 左右。干法钻孔灌注桩适用于地下水位以上的黏性土、砂土、人工填土等软土地层。泥浆护壁钻孔灌注桩适用于地下水位较高的土层、砂砾石地层及软岩。钻孔咬合桩一般适用于地下水位较高的黏土、粉质黏土、砂黏土、砂砾石地层。随着灌注桩施工技术不断发展成熟，出现了多种新的结构形式和施工方法，在基坑工程中的应用逐渐增多。

3）水泥搅拌桩

水泥搅拌桩是利用水泥干粉或水泥浆作为固化剂的主剂，并加入一定量的外加剂，通过深层搅拌机械上带有叶片的搅拌头在地基深部就地将软土和固化剂强制拌和，对土体进行改良形成土壤水泥墙。水泥搅拌桩适用于软弱地基处理，对于淤泥、淤泥质土、粉质黏土、粉土及饱和素填土等地基承载力标准值低于 140kPa 的地层，水泥搅拌桩的强度也较低，适合地层加固和止水，不适合作为挡土结构，一般需和其他挡土结构配合使用。

1.2 其他使用较少的明挖沟槽支护技术

（1）桩锚支护技术

桩锚支护是将受拉杆件的一端固定在开挖基坑的稳定地层中，另一端与围护桩相连的基坑支护体系，它是在岩石锚杆理论研究比较成熟的基础上发展起来的一种挡土结构，安全、经济的特点使它广泛用于边坡和深基坑支护工程中。在基坑内部施工时，开挖土方与桩锚支护体系互不干扰，能有效地缩短工期，尤其适用于复杂施工场地及对工期要求严格的基坑工程。

（2）地下连续墙支护技术

地下连续墙是利用挖槽机械沿着基坑的周边，在泥浆护壁的条件下开挖一条狭长的深槽，在槽内放置钢筋笼，然后用导管法在泥浆中浇筑混凝土，如此逐段进行施工，在地下构成一道连续的钢筋混凝土墙壁。通常条件下，基坑工程中地下连续墙适用条件归纳起来有以下几点：1）基坑开挖深度大于 10m；2）软土地基或砂土地基；3）基坑周围有重要的建筑物、地下构筑物；4）围护结构与主体结构相结合共同承受上部荷载，且对抗渗有严格要求；5）采用盖挖逆作法施工，围护结构和内衬形成复合结构的工程。在地下连续墙应用过程中，开发了许多新设备、新技术和新材料，并广泛地用作深基坑工程的围护结构。

（3）SMW 支护技术

SMW 工法亦称新型水泥土搅拌桩墙，即在水泥土桩内插入 H 型钢等（多数为 H 型钢，亦有插入拉森钢板桩、钢管等），将承受荷载与防渗挡水结合起来，使之成为同时具有受力与抗渗两种功能的支护结构的围护墙。特别适合于以黏土和粉细砂为主的松软地层。

（4）双排桩支护技术

双排桩是由 2 排平行的钢筋混凝土桩、前后桩连系梁以及压顶梁组成的空间组合围护桩体系。可通过改变前、后排桩间距和排列形式调整整体刚度，适用于常规围护结构形式刚度过小不能满足基坑变形控制要求、支护结构不能架设支撑体系等情况，还能起到挡水的作用。

（5）微型钢管桩支护技术

微型钢管桩是在微型桩和钢管桩的基础上发展而来的一种施工技术。近年来，微型钢管桩作为基坑超前支护技术应用于特殊地形、地质条件下基坑支护和基坑加固处理工程中。

（6）旋喷桩支护技术

旋喷桩施工技术首先利用钻机钻孔，然后将旋喷喷头钻置孔底高速喷射水泥浆液破坏土体，边提升边搅拌使浆液与土体充分搅拌混合，在土中形成水泥浆和土的复合固结柱状体，从而对土体进行改良，一般分为单管旋喷、双管旋喷和三管旋喷。旋喷桩适用于淤泥、砂性土、黏性土、粉质黏土、粉土等软弱地层，对于标贯值 N 为 0～30 的淤泥、砂性土、黏性土等含水层，效果尤其明显。

2. 明挖结构现浇施工技术

2.1　满堂脚手架现浇

满堂脚手架又称作满堂红脚手架，是一种搭建脚手架的施工工艺，由立杆、横杆、斜撑、剪刀撑等组成。满堂脚手架相对于其他脚手架系统密度大，且更加稳固。满堂脚手架主要用于单层厂房、展览大厅、体育馆等层高、开间较大的建筑顶部的装饰施工。目前国内综合管廊建设主要采用现场搭设脚手架，支模板现浇混凝土施工方式。

2.2　滑模现浇

滑模是模板缓慢移动结构成型，一般是固定尺寸的定型模板，由牵引设备牵引移动。滑模技术的最突出特点就是取消了固定模板，变固定死模板为滑移式活动钢模，从而不需要准备大量的固定模板架设技术，仅采用拉线、激光、声纳、超声波等作为结构高程、位置、方向的参照系。可一次连续施工完成条带状结构或构件。由于综合管廊地板、侧墙、顶板满足滑模现浇的条件，且随着综合管廊工程大规模的开发，滑模施工必将是保证施工质量、降低工程成本的有效技术方法之一。

3. 明挖结构预制拼装技术

综合管廊预制拼装施工是预先预制管廊节段或者分块，吊装运输至现场，然后现场拼装的施工形式。预制分为现场预制和工厂预制。预制拼装接头分为柔性接头、留后浇带现场浇筑接头等形式。

3.1　节段预制拼装

综合管廊节段预制拼装是指综合管廊沿纵向进行分块，先预制成管廊节，运输至现场进行拼装的施工形式。接头防水主要采用膨胀橡胶止水带，纵向采用螺栓拉紧，管节的外侧粘贴防水材料。目前，日本预制综合管廊技术相对比较成熟，基本上全部采用预制拼装施工。但日本的综合管廊 30 年前已基本建完，且日本的综合管廊设计使用年限为 50 年，因此，对预制拼装的柔性接头防水耐久性有很高的要求。从设计使用年限来看，目前日本的综合管廊应处在全面大修阶段。

目前，我国的综合管廊工程普遍采用明挖现浇混凝土施工工艺。与当前普遍采用的明挖现浇的综合管廊相比，明挖综合管廊预制拼装施工在保证施工质量、提高施工速度方面有其优越性。当前存在的技术难点是预制拼装接头的防水还需要进行深入的研究，按照日本的防水技术，还很难满足国内 100 年设计使用年限的耐久性要求。当前，国内综合管廊预制拼装建造因为规范规定的设计使用年限为 100 年，以及建造各方利润分配等原因，导致了该技术在应用推广上存在一定的阻力，但预制拼装因其显著的优越性，必将在国家倡导的绿色建造大背景下蓬勃发展。

3.2 分块预制拼装

对于某些断面较大的综合管廊工程，为了提高施工速度采取预制拼装施工时，由于管节的分块质量过大或者尺寸过大，不易进行吊装、运输及现场拼装，可以考虑将管廊按照底板、侧壁、中板及顶板分别预制，分块运至施工现场进行组装。目前国内湖南省湘潭市霞光东路管廊工程采用了该施工技术。该技术可大大缩短施工的工期及工程成本，但预制拼装技术对拼装缝的防水性能有很高的要求。对于综合管廊设计使用年限为 100 年的要求来说，目前耐久性对该施工技术接头的防水性能存在严峻的考验，还需要对接头接缝的防水材料进行深入的研究。

4. 暗挖法

4.1 顶管法

当综合管廊下穿铁路、道路、河流或建筑物等各种障碍物时，可采用暗挖法中的顶管法施工。在施工时，通过传力顶铁和导向轨道，用支承于基坑后座上的液压千斤顶将管压入土层中，同时挖除并运走管正面的泥土。当第一节管全部顶入土层后，接着将第二节管接在后面继续顶进，这样将一节节管子顶入，做好接口，建成涵管。顶管法特别适用于修建穿过已建成建筑物、交通线下面的涵管或穿过河流、湖泊的管涵。顶管按挖土方式的不同分为机械开挖顶进、挤压顶进、水力机械开挖顶进和人工开挖顶进等。

4.2 盾构法

当综合管廊建在松软含水地层，或地下线路等设施埋深达到 10m 或更深时，可以采用盾构法。盾构法是暗挖法施工中的一种全机械化施工方法。它是将盾构机械在地中推进，通过盾构外壳和管片支承四周围岩防止发生往隧道内的坍塌。同时在开挖面前方用切削装置进行土体开挖，通过出土机械运出洞外，靠千斤顶在后部加压顶进，并拼装预制混凝土管片，形成隧道结构的一种机械化施工方法。采用盾构法施工综合管廊时，通常需要满足以下条件：(1) 线位上允许建造用于盾构进出洞和出渣进料的工作井；(2) 隧道要有足够的埋深，覆土深度宜不小于 6m 且不小于盾构直径；(3) 具有相对均质的地质条件；(4) 如果是单洞则要有足够的线间距，洞与洞及洞与其他建（构）筑物之间所夹土（岩）体加固处理的最小厚度为水平方向 1.0m、竖直方向 1.5m；(5) 从经济角度讲，连续施工的长度不小于 300m。

4.3 浅埋暗挖法

当综合管廊下穿铁路、道路、河流或建筑物等各种障碍物时，采用浅埋暗挖法施工，在施工技术上已经比较成熟，但施工成本和工期较长，通常综合管廊施工中采用的较少。浅埋暗挖法是在距离地表较近的地下进行各种类型地下洞室暗挖施工的一种方法。在城镇软弱围岩地层中，在浅埋条件下修建地下工程，以改造地质条件为前提，以控制地表沉降为重点，以格栅（或其他钢结构）和喷锚作为初期支护手段，按照十八字原则进行施工。

三、城市地下综合管廊施工技术最新进展（1～2 年）

最近 1～2 年，综合管廊施工技术在明挖施工及暗挖施工方面均有新的进展。

节段预制拼装管廊设计及差异沉降控制、预制拼装接头防水控制设计等方面日渐成熟。综合管廊地基处理方法逐渐走向经济合理，管廊基坑和基槽的经济合理支护方法逐渐形成体系。中国建筑第七工程局有限公司积极开展预制拼装技术研究及应用，在郑州经济技术开发区综合管廊工程推广使用了预制综合管廊，管廊施工效果较好。

在明挖施工的综合管廊预制拼装方面，湖南省湘潭市霞光东路综合管廊工程采用了管廊结构分块预制，底板、侧壁、中板及顶板均为工厂预制，然后现场拼装施工。相比前些年综合管廊管节预制，然后现场拼装，在施工技术难度上有了很大的提高。在接头及施工缝防水方面，目前很多的研发机构正在积极的研究之中，中国建筑第七工程局有限公司使用喷涂速凝橡胶沥青防水涂料进行施工缝的防水施工，避免了常用沥青防水卷材施工过程中加热所产生的污染及安全隐患。

在综合管廊暗挖施工方面，矩形顶管机施工技术在国内工程中得到了不断应用，并且该施工技术日渐成熟。尤其是当前世界上最大断面（长 10.12m，高 7.27m）隧道——郑州市下穿中州大道矩形顶管隧道中获得了成功应用，矩形顶管机在综合管廊下穿公路、铁路及其他地表障碍物等特殊情况下，必将有长足的发展。目前中国建筑第六工程局有限公司在包头市新都市中心区综合管廊工程中采用宽×高×长为 7020mm×4320mm×4850mm 的土压平衡式矩形顶管机下穿道路施工，是目前国内首次将该技术应用到综合管廊工程中，施工取得了良好的效果。鉴于目前盾构法在国内轨道交通方面发展迅猛，对于地质条件满足且长度较长的暗挖综合管廊施工，盾构法也是不错的选择。曹妃甸工业区 1 号路跨纳潮河综合管廊工程采用盾构法施工，给长距离暗挖综合管廊提供了最好的借鉴。

四、城市地下综合管廊施工技术前沿研究

1. 三位一体综合管廊建设新模式

所谓三位一体（地下综合管廊＋地下空间开发＋地下环行车道）超大地下构筑物是以综合管廊作为载体，将地下空间开发与地下环行车道融为一体的地下构筑物。这种三位一体超大地下构筑物的建设模式将大大降低综合管廊的建设成本。目前国内北京市通州区及中关村已经有了应用。由于该模式协同其他地下构筑物发展，大大降低了工程成本。未来，这种模式将会在综合管廊的快速发展中发挥重要作用，关于这种建设新模式的研究也将会不断深入。

2. 快速绿色的预制拼装技术

目前综合管廊建设成本相对较高，今后如何提高综合管廊建设速度、质量、效益将是人们关注的焦点。目前采用综合管廊预制拼装无疑是提高工程质量、缩短工期、节省造价的有效方法。尽管目前预制拼装在接头防水、不均匀沉降方面存在一定的问题，在运输和吊装方面也会大大增加工程成本，但随着工业化、标准化的不断进行，预制拼装必将给综合管廊带来巨大的发展空间。目前很多的研发机构正在积极研究预制拼装过程中的各种问题。例如：中国建筑第七工程局有限公司使用喷涂速凝橡胶沥青防水涂料进行施工缝的防水，避免了沥青防水卷材施工过程中的污染。

3. 大断面下穿重要建（构）筑物的顶管技术

目前综合管廊大多应用于新城区，主要采取明挖沟槽施工技术。对于老旧城区的管线改造，综合管廊不可避免地将会下穿道路、铁路及河流等地表障碍物。为了保证不破坏地表构筑物，顶管法施工将会得到快速的发展。在顶管施工技术中，矩形顶管机由于其断面形式满足综合管廊矩形断面要求，而且国内工程已经使用过世界上最大断面的矩形顶管机，因此该施工方法将会得到快速的发展。例如：在包头市新都市中心区综合管廊工程中，中国建筑第六工程局有限公司采用宽×高×长为 7020mm×4320mm×4850mm 的土压平衡式矩形顶管机下穿道路施工，是目前国内首次将该技术应用到综合管廊工程中，施工取得了良好的效果。

4. 长距离暗挖掘进施工的盾构技术

盾构法主要应用于地铁隧道、公路隧道及水利隧道等工程领域。对于城市地下综合管廊应用较少。随着综合管廊工程建设数量的不断增加，当下穿地表建筑物、河流或者其他构筑物的距离较长，并且地质条件满足使用盾构法施工较为经济的时候，盾构法的应用将会越来越多。国内曹妃甸工业区 1 号路跨纳潮河综合管廊工程首次使用了土压平衡盾构机施工。目前国内项目投资额最大的西安地下综合管廊建设 PPP 项目 I 标段也正采用盾构法进行施工，综合管廊盾构技术研究也将会不断的深入。

5. 新旧地下综合管廊连接技术

目前国内综合管廊正处在新技术推动下的城市管线综合技术的赶超和革新阶段。随着综合管廊建设数量的不断增加，新旧地下综合管廊如何合理连接将会是摆在规划、设计和施工人员面前的难题。目前国内还没有关于新旧地下综合管廊连接的案例，但随着城市综合管廊建设数量的不断增加，新旧地下综合管廊连接技术将会得到快速的发展，并且会随着综合管廊的不断发展而逐渐成熟，新旧地下综合管廊连接技术的研究也将不断的深入。

五、城市地下综合管廊施工技术指标记录

国内首个超大地下综合管廊——北京中关村西区地下综合管廊工程地下建设面积近 30 万 m^2，分为地下综合管廊和地下空间两部分，整个地下综合管廊投资约 17 亿元，是

国内入廊管线最多的项目，包括燃气、热力、电力、电信、自来水等管线。

广州大学城综合管廊项目总长 17.4km，是目前国内已完成建设长度最长的综合管廊项目。

北京通州新城运河核心区复合型公共地下空间集地铁换乘、交通枢纽、商业空间组织、机动车交通、市政管线安排、公共设施建设、停车、防灾等功能于一体。市政综合管廊位于地下环隧下方，共分为三舱，从外向内依次安排电力、中水、给水、真空垃圾、信息、有线电视、热力共 7 种市政管线。整体结构横断面尺寸为 16.55m×12.9m，是国内整体结构最大的集综合管廊于一体的复合型公共地下空间。

上海世博会园区综合管廊总长约 6.4km，是国内首次使用预应力预制拼装综合管廊施工的项目，试验段总长 200m。首次采用具有良好耐腐蚀性的 GFRP 筋代替普通钢筋，提高结构的耐久性能。该综合管廊工程也是目前国内功能最完善、管理办法与法规最健全的综合管廊项目。

包头市新都市中心区综合管廊矩形顶管工程，管廊顶进长度为 88.5m，覆土深度 6m，是国内首次将矩形顶管技术应用到综合管廊工程中的案例。该项目施工中选用宽×高×长为 7020mm×4320mm×4850mm 的土压平衡式矩形顶管机。该矩形顶管工程为国内综合管廊工程下穿道路施工提供了重要参考。

六、城市地下综合管廊施工技术典型工程案例

1. 中关村西区地下综合管廊及空间开发

国内首例三位一体（地下综合管廊＋地下空间开发＋地下环行车道）超大地下构筑物是以北京中关村西区地下综合管廊作为载体，将地下空间开发与地下环行车道融为一体的地下构筑物。该构筑物分为三层，地下一层是 2km 的地下环形车道，连通了区域内 20 多栋大厦；地下二层则是 20 万 m^2 的商铺以及车库与物业用房；而地下三层则是市政综合管廊，包括水、电、冷、热、燃气、通信等市政管线都铺于其中，人员可直接进入其中进行维修。地下综合管廊总建筑面积 95090m^2，其中环行汽车通道及连接通道为 29865m^2，支管廊层为 39972m^2，主管廊层为 25253m^2。整个地下空间的开发集商业、餐饮、娱乐、健身、地下停车库于一体，不仅在地理位置上成为西区的交通纽带，同时在配套服务设施上也把整个西区有机地连接成一体。图 23-1 为中关村西区地下综合管廊施工现场。

图 23-1　中关村西区地下综合管廊施工图

建设的综合管廊结构形式及断面尺寸如下：(1) 地下综合管廊敷设，电力、电信、上水、天然气和热力各占一个小室，形成独立的空间，主管廊全长约 1500m，各小室宽度如下：天然气 2.5m，电信 2.5m，电力 2m，上水 2.8m，热力 2.2m，各小室结构净高 2.25m。(2) 地下支管廊层空间开发，支管廊标准断面为：电力 1.2m，上水与热力 2.0m，天然气 1.2m，电信 1.2m，各支管廊之间有长度不等的空间可作为停车库和商业用。(3) 地下环形车道的设置：通道建筑净宽 7.7m，结构净高 3.4m，其主通道为平向逆时针行驶，内侧为行车道，外侧为进入各地块和地面进出口的并线车道。以上总建筑面积 95090m^2，其中：环形汽车通道及连接通道为 29865m^2，支管廊层空间开发为 26009m^2，主管廊为 25253m^2，支管廊及相关设备用房为 12491m^2，疏散楼梯为 1472m^2。

2. 上海世博会园区综合管廊工程

上海世博会园区综合管廊总长约 6.4 km，其中预制预应力综合管廊示范段长约 200m。为提高结构的耐久性能，预制预应力综合管廊中的部分管节采用具有良好耐腐蚀性的 GFRP 筋代替普通钢筋。上海世博会园区预制预应力综合管廊标准管节采用单舱截面（见图 23-2），截面尺寸与现浇整体式综合管廊的单舱标准截面相同。为便于运输与吊装，各管节的纵向长度为 2m。

图 23-2 预制预应力综合管廊标准管节示意图

本工程的施工难点是长度 2m 预应力管节的预制、拼装以及拼装接头的防水处理施工。本工程管节的接头部位采用膨胀橡胶止水带，纵向采用螺栓拉紧，管节的外侧粘贴防水材料。经测算，200m 试验区段可节约工期约 45%，节约工程成本约 4%。

3. 郑州经济技术开发区综合管廊工程

郑州经济技术开发区综合管廊工程位于郑州市区东南部滨河国际新城内，中国建筑第七工程局有限公司积极开展城市综合管廊快速建造技术研究——综合管廊预制装配化生产技术，并进行了试验段施工。如图 23-3 所示。

图 23-3 郑州经济技术开发区综合管廊预制拼装施工及完毕后的效果图

本工程预制管廊为预制钢筋混凝土矩形涵管，主要结构材料采用 C40 防水混凝土，抗渗等级 P6，基础素混凝土垫层采用 C15 混凝土。综合管廊结构承受的主要荷载有：结构及设备自重、管廊内部管线自重、土压力、地下水压力、地下水浮力、汽车活荷载以及其他地面附加荷载。管节尺寸为 6550mm×3800mm×1500mm，单根管节的理论质量约为 26.4t。管节间接口采用橡胶圈承插式，墙壁内外侧凹槽内填充双组分聚硫密封膏。为保证拼接对齐，管节精确定位后通过在张拉孔内穿钢绞线并张拉预应力固定。与现浇段搭接的端头管节预先埋设带钢边的橡胶止水带，通过现浇段混凝土浇筑连为整体。

预制拼装施工工艺简单，施工快捷，工期较短，扬尘及噪声污染小，管节工厂化预制，不受施工现场影响，可以满足施工需求，且外观质量较好。若管廊截面尺寸大小不一，则预制管廊时需要制作各种尺寸的模具，造成极大的浪费，因此在进行综合管廊设计时需要统一断面尺寸，解决需要多次制作模具的浪费。大型吊运安装设备、定型模板及管节运输投入较大，施工段较短时施工成本较高，管节较大，安装时平整度难以控制，容易产生错台，对垫层施工质量要求较高。

对比满堂脚手架现浇，预制拼装工期可以缩短 50%以上；当预制里程长度较短时造价相对较高，但随着预制长度的增加，因预制拼装无需模板支架，成本降低明显，因此具有良好的经济效益和社会效益。但由于国内综合管廊施工利润率较低，加上各方利益分配等原因，这些都直接影响了国内综合管廊预制拼装的快速发展。

4. 包头市新都市中心区综合管廊工程（二期）经三路矩形顶管工程

包头市新都市中心区综合管廊工程（二期）经三路工程，位于 210 国道以西，建华路以东，110 国道以南，哈屯高勒路以北。顶管工程位于建设路与经三路交叉口，管廊顶进长度为 88.5m，覆土深度 6m，位于砾砂土层中，采用矩形顶管工艺。矩形管廊内截面规格为 6000mm×3300mm（外截面规格为 7000mm×4300mm），壁厚 500mm。通过对管廊上方管线进行勘察发现，距离通道顶最近的管线仅 2000mm 左右，为 *DN*1000 铸铁供水管，该处位于建设路南侧道路下方。选用宽×高×长为 7020mm×4320mm×4850mm 的土压平衡式矩形顶管设备实施本工程的矩形管廊（见图 23-4）。

图 23-4　包头市新都市中心区土压平衡式矩形顶管综合管廊

本工程的难点主要为矩形顶管覆土深度为6m，顶管穿越地层位于地面下6～10.4m砾砂土层及粉砂层之间，场地内地下水位高度为地面下9.10～10.50m的，施工地质条件较差，施工难度大。现场通过先采用混合泥浆填充，再使用泥垫装置进行通道内的外壁注泥，有效地解决了砾砂层渗透系数较大，普通泥浆会随着砾砂空隙到处流窜的难点；同时正确处理了进、出洞及顶进中土体改良问题，有效控制了地面沉降及管线保护。

5. 曹妃甸工业区1号路跨纳潮河综合管廊工程

曹妃甸工业区1号路跨纳潮河综合管廊工程位于曹妃甸工业规划区北部，穿越纳潮河，与纳潮河正交，是工业区市政管线规划的一个重要节点。工程总投资约1.8亿元，采用盾构法施工建设管廊隧道，用于水、电、气、热等市政管网的安装。工程采用2根*DN*5500盾构管道，建设2条廊道，单线长1046.422m。里程范围为：左线起至位置为ZK0+000.000—ZK1+046.42；右线起至位置为YK0+000.000—YK1+046.422。整个标段线路最大纵坡为4.5%。工程位于1号路西侧约80m，地处渤海北岸，"海岸地貌"特征明显，地形平缓，略有起伏，土质多为杂填土、淤泥质土、松软土。

图23-5 曹妃甸综合管廊内部管线布置情况

全线穿越纳潮河，其中1条作为水管廊道，布置2×1200热力管及2×*DN*1200原水管；另1条作为电缆廊道，布置8回10kV电力电缆、2×*DN*1200远期预留原水管、*DN*600再生水管、*DN*800油田废水管、*DN*500给水管以及电缆廊道消防水管。如图23-5所示。

本工程采用土压平衡盾构机施工，盾构机直径6.45m，生产厂商为小松（中国）投资有限公司，编号为TM645PMM-2、TM645PMM-3。盾构机主要适应地质为：粉土、粉质黏土、泥质炭土，最大破岩能力为100MPa。通过使用土压平衡盾构机施工，安全下穿近1000m宽的纳潮河综合管廊工程顺利竣工。

参考文献

[1] 姚怡文，蒋理华，范益群. 地下空间结构预制拼装技术综述[J]. 城市道桥与防洪，2012(9)：286-292.

[2] 王源容，杨先亢，冯金良，等. 顶管技术最新发展[J]. 非开挖技术，2011(2)：73-76.

[3] 刘新荣，王用新，孙辉，等. 城市可持续发展与城市地下空间的开发利用[J]. 地下空间与工程学

报，2004，24(S1)：585-588.
[4] 王恒栋. 城市市政综合管廊安全保障措施[J]. 城市道桥与防洪，2014(2)：157-159.
[5] 钟雷，马东玲，郭海斌. 北京市市政综合管廊建设探讨[J]. 地下空间与工程学报，2006，26(S2)：1287-1292.
[6] 贺克让. 地下管廊隧道砼结构裂缝产生的原因分析与防治[J]. 城市建筑，2013(14)：152-153.

第二十四篇　绿色施工技术

主编单位：中国建筑第八工程局有限公司　陈兴华　崔玉章
参编单位：中建八局工程研究院　肖玉麒　连春明　胡成佑

摘要

本篇简述了绿色施工技术的概念、原理、特点及发展的脉络，分类列示了190多项"四节一环保"技术。本篇着重阐述了我国绿色施工技术近1～2年最新进展，揭示了绿色施工技术研发与推广应用的特点，凸显了绿色施工实践对于建筑企业、施工现场的重要影响，同时还阐释了绿色施工技术推广、绿色施工示范达标竞赛、绿色施工配套条件等方面的重要变化。有关技术前沿研究，围绕国际前沿研究的长期愿景，归纳了近年来国际承包商十大领域的研发，展示了国家科技支撑计划项目与课题的主要内容。绿色施工技术典型工程案例，再现了绿色施工示范工程的主要绿色施工技术。

Abstract

This paper briefly explains the concept and principle of the green construction technology, presenting its characteristics and evolution. Concerning the description of green construction, this paper publish a lists of more than 190 technologies, separately related to energy saving, water saving, material saving, land saving and environmental protection, which is called the 4 savings and 1 protection in the field. It particularly emphasizes the latest development of green construction technology in China during the last two years, revealing the features of application and popularization of green construction technology. Additionally it clarifies the importance of green construction technologies on the progress of the construction enterprises and construction site management. In the same time, it also tends to interpret the important changes in the different sides of green construction, covering the technology popularization and application, the construction demonstration and standard matching competition, and the supports for green construction. From the aspect of relevant advanced research, according to the world's long-term advancing direction, the researching and innovation from the international contractors in ten fields are concluded in the paper, which presents the main contents of the project and subjects integrated into the national science and technology support program of China. The typical engineering cases showed in this paper review the main green construction technologies applied in the demonstration projects of green construction.

在党的十八届五中全会上，习近平同志提出创新、协调、绿色、开放、共享“五大发展理念”，将绿色发展作为关系我国发展全局的一个重要理念，作为“十三五”乃至更长时期我国经济社会发展的一个基本理念。近两年来，基于“十二五”的成就，建筑业持续探索工程施工可持续发展道路，加强资源节约和环境保护意识，绿色施工技术得到长足发展。

一、绿色施工技术概述

绿色施工技术是指在工程建设过程中，在保证质量、安全等基本要求的前提下，能够使施工过程实现“四节一环保”目标的施工技术，其中资源节约和利用技术包括四个方面，即节材与材料资源利用技术、节水与水资源利用技术、节能与能源利用技术、节地与土地资源保护技术；环境保护技术包括噪声与振动、扬尘、光污染、有毒有害物质、污水以及固体废弃物控制技术等。绿色施工技术支撑绿色施工，推广应用绿色施工技术可确保工程项目的施工达到绿色施工评价的有关指标。

绿色施工技术摒弃了传统施工技术机械主义的设计（Mechanistical Design）、减量化的思路（Reductionist Thinking）以及局部孤立方式（Parts）等诸多弊端，其发展符合新经济的范式，具有以下特点：

（1）施工技术智能化与工业化相结合，形成新型工业化发展的趋势；

（2）以循环经济理论为指导，通过全生命周期的考量，确定绿色施工技术的经济技术指标；

（3）过程治理与施工工艺过程相结合，绿色施工技术渗透到施工全过程；

（4）均衡精细化与整合效应，绿色施工技术提升施工过程系统性绩效；

（5）低碳要求与健康指标相平衡，施工过程人与自然高度统一；

（6）仿生自然与高科技逐步渗透，技术进步更为符合自然法则；

（7）内外部效应相统一，绿色施工追求技术进步与经济合理的规则；

（8）绿色施工技术融合多学科的技术，技术的应用具有集成性与实践性。

我国传统的建筑业，也存在朴素的绿色施工的元素，但作为明确的概念和系统的方法，较大程度吸收了西方绿色建筑和绿色建造的营养。绿色建造形成绿色建筑，绿色施工是绿色建造的一个阶段。自20世纪70年代石油危机以来，环境承载能力及可持续发展的问题逐步成为全球关注的热点。在建筑行业，资源环境问题、可持续发展理论逐步渗透到设计、施工各个阶段。

2003年5月，以北京奥运场馆建设为契机，北京市政府率先颁发了《奥运工程绿色施工指南》，提出了奥运场馆绿色施工的建设方向，开启了以绿色贯穿建筑工程整个施工过程管理的序幕。2007年9月，原建设部颁发了《绿色施工导则》，对建筑工程实施绿色施工提出了指导意见。2009年，住房和城乡建设部经广泛调查研究，认真总结实践经验，参考有关国际标准和国外先进标准，并广泛征求意见的基础上，于2010年颁布了《建筑工程绿色施工评价标准》GB/T 50640—2010。2013年，住房和城乡建设部在总结我国推行建筑工程绿色施工实践经验的基础上，结合国内相关标准，经调查研究并同时参考国外先进技术法规、技术标准，于2014年颁布了《建筑工程绿色施工规范》GB/T 50905—

2014。两部绿色施工行业标准的颁布标志着中国建筑业开始全面实施绿色施工。

二、绿色施工主要技术介绍

近年来，通过吸收和引进部分国外绿色施工技术，并经过有计划的研发活动和在工程实践中推广应用，我国已形成一批较成熟的绿色施工技术。主要包括：

1. 环境保护技术

（1）空气及扬尘污染控制技术，包括暖棚内通风技术、密闭空间临时通风技术、现场喷洒降尘技术、现场绿化降尘技术、吸尘器应用、内支撑拆除采水钻应用、湿作业法、钢结构安装现场免焊接施工技术、高空垃圾的清运、特殊作业环境通风技术、扬尘及毒害气体监测技术等。

（2）污水控制技术，包括地下水清洁回灌技术、水磨石泥浆环保排放技术、泥浆水收集处理再利用技术、全自动标准养护水循环利用技术、管道设备无害清洗技术、电缆融雪技术等。

（3）固体废弃物控制技术，包括建筑垃圾分类收集与再生利用技术、工业废渣利用技术、隧道与矿山废弃石渣再生利用技术、废弃混凝土现场再生利用技术等。

（4）土壤与生态保护技术，包括地貌和植被复原技术、场地土壤污染综合防治技术、绿化墙面和屋面施工技术、现场速生植物绿化技术、植生混凝土施工技术、透水混凝土施工技术、现场雨水就地渗透技术、下沉绿地技术、地下水防止污染技术、现场绿化综合技术等。

（5）物理污染控制技术，包括现场噪声综合治理技术、噪声监测技术、现场光污染防治技术等。

（6）文物古迹和古树名木保护技术，包括设置围挡、砌筑花池等。

（7）环保综合技术，包括施工机具绿色性能评价与选用技术、绿色建材评价技术、基坑逆作和半逆作施工技术、基坑施工封闭降水技术、自密实混凝土施工技术、预拌砂浆技术、自流平地面施工技术、混凝土固化剂面层施工技术、长效防腐钢结构无污染涂装技术、防水冷施工技术、非破损检测技术、改善作业条件及降低劳动强度创新施工技术等。

2. 节能与能源利用技术

（1）节能及绿色建筑施工技术，包括低耗能楼宇设施安装技术、混凝土结构承重与保温一体化施工技术、现浇混凝土外墙隔热保温施工技术、预制混凝土外墙隔热保温施工技术、外墙喷涂法保温隔热施工技术、非承重烧结页岩保温砌体施工技术、外墙保温体系质量检测技术、屋面发泡混凝土保温与找坡技术、玻璃幕墙光伏发电施工技术、地源热泵施工技术、顶棚辐射制冷技术等。

（2）施工机具及临时设施节能技术，包括使用变频技术的施工设备、溜槽替代输送泵输送混凝土技术、PVC环保围墙施工技术、混凝土冬期养护环境改进技术、空气源热泵热水器、智能自控电采暖炉、LED照明灯具应用技术、自然光折射照明技术、现场低压（36V）照明技术、塔式起重机镝灯使用时钟控制技术、现场临时照明声光控制技术、定时定额用电控制技术、现场临时变压器安装功率补偿装置、工地生活区节约用电综合控制技术、适用于项目部生活区及办公区的USB低压充电和供电技术等。

(3) 施工现场新能源及清洁能源利用技术，包括电动运输车、太阳能路灯及热水的使用、太阳能移动式光伏电站、风力发电照明技术、风光互补路灯技术、光伏一体标养室、醇基液体燃料在施工现场的运用等。

3. 节材与材料资源利用技术

(1) 工程实体材料、构配件，包括：

高性能材料：高强混凝土施工技术、高强钢筋施工技术、GRC定型模壳、塑料马镫及保护层控制技术、采用绿色环保材料提高了工程的耐久性技术（如低爆破率玻璃、与结构同寿命绝热保温材料等）；

预制材料、构配件：混凝土结构预制装配技术、建筑构配件整体安装技术、预制楼梯安装、压型钢板、预拌砂浆和预拌混凝土应用、钢筋集中加工配送、钢筋焊接网、预制混凝土薄板地模、节材型电缆桥架开发与应用技术、长效防腐钢结构无污染涂装、冷冻机房预制与现场免焊接安装技术等。

节材型施工方法：钢筋直螺纹套筒、电渣压力焊、闪光对焊等接头方式、采用接驳器取代牛腿钢板、清水混凝土施工技术、环氧煤沥青防腐带开发与应用技术、砌块砌体免抹灰技术、轻质隔墙免抹灰技术、隔墙管线先安后砌技术、永临结合管线布置、临时消防管线利用正式管线技术、临时照明管线利用正式管线技术、管线综合布置、施工道路利用正式道路基层技术、冰浮桥技术、材料损耗的管控技术（如砌体排版技术、钢筋定尺定制技术等）。

废旧物资再利用技术：混凝土余料再生利用、废弃水泥砂浆综合利用技术、废旧钢筋再利用、废弃建筑配件改造利用技术等。

(2) 周转材料及临时设施，包括：

高周转型模板技术：超高层贝雷桁架顶升模架、可周转的圆柱木模板、自动提升模架技术、大模板技术、早拆模板、轻型模板开发应用技术、钢框竹胶板（木夹板）技术、可伸缩性轻质型钢龙骨支模体系、钢木龙骨、铝合金模板、塑料方木用于模板支撑、覆塑模板、木塑模板、塑料模板。

新型支撑架和脚手架技术：爬升式脚手架、门式钢管脚手架、可移动型钢管脚手架、碗扣式钢管脚手架、盘销式钢管脚手架、防火钢网片脚手板、工具式边斜柱防护平台、工具式组合内支撑、电梯井内模架整体提升、工具式电梯井操作平台提升技术、无平台架外用施工电梯、自爬式卸料平台、可回收预应力锚索。

施工现场临时设施标准化技术：工具式加工车间、集装箱式标准养护室、可移动整体式样板、工具化钢管防护栏杆、场地硬化预制施工技术、拼装式可周转钢板路面应用技术、钢板路基箱应用技术、可周转装配式围墙、临时照明免布管免裸线技术、可周转建筑垃圾站等。

4. 节水与水资源利用技术

(1) 节水技术，包括现场自动加压供水系统施工技术、节水灌溉与喷洒技术、旋挖干成孔施工技术、泥浆分离循环系统施工技术、混凝土无水养护技术、循环水自喷淋浇砖系统利用技术等。

（2）非传统水源利用技术，包括基坑降排水重复利用、现场雨水收集利用技术、利用消防水池兼作雨水收集永临结合技术、非自来水源开发应用技术、现场洗车用水重复利用及雨水补给利用技术等。

5. 节地与土地资源保护技术

（1）节地技术，包括复合土钉墙支护技术、深基坑护坡桩支护技术、施工场地土源就地利用、现场材料合理存放、施工现场临时设施合理布置、现场装配式多层用房开发与应用、集装箱办公、生活等临时用房、（场地硬化预制施工技术、拼装式可周转钢板路面应用技术、钢板路基箱应用技术、施工道路利用正式道路基层技术等参见节材技术）、利用原有设施（房屋、道路等）等。

（2）土地资源保护技术，包括耕植土保护利用、地下资源保护、透水地面应用等。

6. 其他“四新”技术

“四新”技术包括新技术、新工艺、新材料、新设备，主要有：

信息化施工技术、建筑信息模型（BIM）、远程监控管理技术、运用信息化手段进行精细化的算量和深化设计。

逆作法施工技术、双套管法抗拔锚杆施工技术、自密实混凝土施工、废水泥浆钢筋防锈蚀技术、混凝土输送管气泵反洗技术、楼梯间照明改进技术。

爬模与布料机一体化技术、非标准砌块工厂化集中加工、全自动数控调直切断机技术、数控钢筋弯箍机集中加工技术、施工竖井多滑轮组四机联动井架提升抬吊技术、桅杆式起重机应用技术、金属管件内壁除锈防锈的机具、新型环保水泥搅浆器、静力爆破技术等。

三、绿色施工技术最新进展（1～2年）

近两年来，立足于施工行业的绿色施工推进，所作的主要工作如下：

（1）绿色施工的基本理念已在行业内得到了更为广泛的接受，施工过程注重融入“四节一环保”技术措施。一批有实力和超前意识的建筑企业在工程项目中重视绿色施工策划与推进，研究开发绿色施工新技术，初步形成了成套的绿色施工技术和较为完备的绿色施工工艺技术和专项技术体系。

近两年，绿色施工技术的研发与应用具有如下特点：

1）扩大新能源的应用，一方面将以往单一的技术措施组合，形成综合性效用；另一方面扩大了新能源的应用范围。如风光互补路灯，采用太阳能、风能和LED灯具。太阳能光伏发电技术分别应用于太阳能充电站与立体车辆降尘系统。储存的电能还用于光伏一体标养室以及对手机、对讲机、手持电动工具等充电。

2）结合施工现场实际扩大现场预制材料、构配件的应用，如预制楼梯、非标准砌块工厂化集中加工、压型钢板、钢筋集中加工配送、钢筋焊接网、预制混凝土薄板地模、长效防腐钢结构无污染涂装得到更多推广应用。此外，一些功能性设施进一步提高了预制水平，如制冷机房采用工厂全自动焊接预制加工工艺，代替传统的现场人工焊接施工，实行场外预制、场内拼接，实现了场内“零焊接”的绿色环保作业。

3）提高周转料具的再利用水平，推进临时设施标准化程度。在高周转型模板使用方面，推广使用超高层贝雷桁架顶升模架、可伸缩性轻质型钢龙骨支模体系、钢木龙骨、铝合金模板、塑料方木用于模板支撑、覆塑模板、木塑模板、塑料模板；在新型支撑架和脚手架使用方面，推广使用爬升式脚手架、门式钢管脚手架、可移动型钢管脚手架、碗扣式钢管脚手架、盘销式钢管脚手架、防火钢网片脚手板、工具式边斜柱防护平台、工具式组合内支撑、电梯井内模架整体提升、工具式电梯井操作平台提升技术、无平台架外用施工电梯、自爬式卸料平台等技术；在施工现场临时设施标准化方面，推广使用工具式加工车间、集装箱式标准养护室、可移动整体式样板、工具化钢管防护栏杆、拼装式可周转钢板路面应用技术、钢板路基箱应用技术、可周转装配式围墙、可周转建筑垃圾站、集装箱办公、生活等临时用房等。

4）开展施工工艺技术创新与推广，提高“四节一环保”水平。推广使用混凝土固化剂面层施工技术、轻质隔墙免抹灰技术、隔墙管线先安后砌技术、管线综合布置、旋挖干成孔施工技术、复合土钉墙支护技术、深基坑护坡桩支护技术、逆作法施工技术、双套管法抗拔锚杆施工技术、自密实混凝土施工、爬模与布料机一体化技术等。

5）因地制宜、因时制宜，采用绿色施工技术。在污水控制方面，推广使用电缆融雪技术；在土壤与生态保护方面，采用现场速生植物绿化技术；在永临结合方面，采用永临结合管线布置、临时消防管线利用正式管线、临时照明管线利用正式管线、施工道路利用正式道路基层、冰浮桥等技术。

6）推进信息化施工与“四节一环保”技术措施的结合。在深化设计方面，更多利用BIM技术进行钢筋节点深化设计、二次结构深化、机电管线综合排布及管线附件的统计计算，并控制复杂构配件的加工；在施工现场管理方面，采用BIM技术和无人机航拍技术，合理调配资源、动态布置场地；在节水与降尘方面，现场塔式起重机喷淋系统水源采自雨水回收系统及基坑降水回收利用系统，采用高压雾化喷头，加压泵电源安装智能遥控开关，使用手机、iPad等终端设备通过APP远程遥控开关，控制现场扬尘污染。

（2）绿色施工的实践体现了建筑企业和施工现场以下五个方面的转变：

第一，从粗放管理向精细化管理转变，全生命周期、循环利用、清洁施工、5S管理、精益施工等理念不断转化为多种形式的探索与实践活动，“双优化”（设计优化、施工方案优化）、科技创效、施工标准化、过程精品、动态监控、持续改进等精细化管理活动如火如荼。

第二，从外延式发展向内涵式发展转变，技术创新在绿色施工中发挥重要的支撑作用，呈现工业化、智能化、整合化的三大态势。工业化的发展，主要表现为标准化设计、工厂化生产、装配化施工、可视化安装、信息化管理；工业化的发展搭乘智能化羽翼和绿色化的协奏，使得施工技术逐步摆脱传统工业化的荆篱，资源消耗与环境污染减少，效率与效用得到提升；借助于智能化的手段，整合化大大简化了施工生产的流程，使得“四节一环保”各要素最大程度与施工生产过程相结合，使得生产体系的绩效趋于极优。

第三，施工现场作业条件和临时生活设施得到较大程度的改善，施工人员素质不断提高，职业形象较大幅度提升。不少施工企业在完善施工现场生活设施条件的同时，探索施行施工现场生活区物业化管理，更为重视人性化的管理，如一些项目利用永久性绿化设施，营建花园式办公环境和别墅式工友村，为工友提供探亲房，并设置工友超市、理发室、棋牌室、义诊室、空气能热水、工友餐厅，满足工友的基本生活需求。

第四，绿色施工的范围横向进一步延伸、影响进一步加深，并渗透到工程项目的各个专业领域。在具体的绿色施工开展过程中，更为强调施工质量，以提高建筑产品的耐久性，降低施工质量成本；更为强调安全管理和职业健康，以减少安全风险和施工过程的负成本；更加重视人力资源的节约、保护和施工机械设备的绿色化。

第五，绿色施工的范围纵向进一步延伸，更多施工企业重视和拓展深化设计业务，极大程度提高了工程项目的可建设性，并促进绿色建造、绿色采购、绿色试运营等方面的研究和实践。

（3）绿色施工技术推广工作进一步深入。2016 年中国土木工程学会首次在全国启动“绿色施工技术推广应用研究”，对全国绿色施工示范工程、绿色施工科技示范工程及各省绿色施工示范工程、特色项目进行调研。经过调研，课题组确定了绿色施工技术推广清单，并组织编写具有指导意义的案例。这些清单中确定的推广技术兼顾了技术的难易程度和地域特征，为绿色施工技术在大中小企业和全国不同地区的全面推广发挥了重要的指导、引领作用。

（4）绿色施工标准规范体系逐步建立并完善。有关研究将绿色施工标准规范体系划分为绿色施工相关导则与政策、绿色施工标准、基础性管理标准、支撑性标准和相关标准。近年来绿色施工标准取得了长足进展，2010 年，我国颁布了《建筑工程绿色施工评价标准》GB/T 50640—2010，为绿色施工的策划、管理与控制提供了依据；2017 年启动新版标准的修订工作。2014 年，发布了《建筑工程绿色施工规范》GB/T 50905—2014，这是我国第一部指导建筑工程绿色施工的国家规范。同年发布的新版《绿色建筑评价标准》GB/T 50378—2014，针对为实现绿色建筑所涉及的绿色施工的主要内容，增加绿色施工管理一章，为促使业主、设计、监理等绿色施工相关方关注绿色施工发挥了重要作用。新版国家标准《建设项目工程总承包管理规范》GB/T 50358—2017 单设章节规定绿色建造有关内容。《绿色建材评价技术导则》（建科〈2015〉162 号）对砌体材料、预拌混凝土、预拌砂浆中的固体废弃物综合利用比例做出了评分规则。

（5）绿色施工各类示范工程和绿色施工及节能减排达标竞赛活动广泛开展。由住房和城乡建设部建筑节能与科技司组织中国土木工程学会咨询工作委员会、中国城市科学研究会绿色建筑与节能委员会及绿色建筑研究中心具体实施的《绿色施工科技示范工程》也在全国绿色施工推进中发挥了重要作用。2010 年开始，开展了首批绿色施工示范工程和绿色施工科技示范工程。目前，已进行了五批全国建筑业绿色施工示范工程，绿色施工示范工程立项累计 1392 项，其中 2017 年度全国建筑业绿色建造暨绿色施工示范工程 379 项。

（6）全社会绿色施工生产体系和生产要素市场不断完善。绿色施工的开展，施工企业是市场的主体。伴随绿色施工规模的扩大，为绿色施工提供专业化产品和服务的材料、设备、检测、劳务分包企业逐步得到强化，一些再生材料加工企业、预拌砂浆生产企业、建筑工业化配套加工企业等绿色施工相关产业逐步形成市场规模，为施工企业推行绿色施工提供了生产要素市场和条件。近两年来，配套服务企业市场规模不断扩大、管理更加规范、技术水平稳步提升，如更多具有技术实力的回收利用企业进入施工现场，利用建筑垃圾移动处理设备回收利用建筑垃圾。但这些生产要素市场发展极不均衡，成为制约绿色施工全面开展的重要因素。首先，总承包单位与分包对绿色施工的重视程度与管理技术水平存在较大差异；其次，地区之间存在较大差异；再次，产业链下游企业及其材料、副产品成为管理与技术的薄弱环节。2015 年 12 月 20 日，深圳市光明新区恒泰裕工业园发生山体滑坡。此次由建筑垃圾填埋造成的滑坡灾害，再一次敲响了深入全面推进绿色施工和加快绿色施工配套服务生产要素市场建设的警钟。

四、绿色施工技术前沿研究

欧美发达国家在 2008 年金融危机爆发后，困于旧有发展模式弊端的进一步显现，采取对策，编制中长期绿色发展规划。世界可持续发展工商理事会（World Business Council for Sustainable Development）于 2010 年发布《远景 2050》（Vision 2050），规划了全球九个主要行业通向 2050 年可持续发展的路径，其中建筑业的路径是从近期规划 2020 年前“必须做”（must haves）的整合行动、节能（energy efficiency）到中期规划智能建筑（smarter buildings），直至长期规划 2050 年前达到净零能耗建筑（net-zero energy buildings）水平。英国政府基于 2010 年发布的《低碳建造》（Low Carbon Construction），于 2013 年底发布了《建造 2025》（Construction 2025），并由英国建筑业理事会（The Construction Industry Council）成立 2050 年小组（2050 Group），旨在通过多方合作研讨助推建筑业可持续发展的倡议和低碳建造长期规划的实施。针对 2050 减碳 80%的目标，英国绿色建造委员会（The Green Construction Board）编制了可视化线路图、模型工具和数据图表。

围绕可持续发展的愿景，近年来国际著名承包企业在绿色施工方面主要的研究领域包括：

（1）新型工业化施工技术，在传统机械化、电气化等为特征的大生产技术上，运用现代信息及智能技术、系统方法，如数字化施工技术、自动化流水线、模块化建筑施工；

（2）高性能材料与节能环保型设备及维护技术；

（3）绿色建造与管理延伸技术，如施工图绿色深化设计技术、复杂外观混凝土结构设计与施工的优化；

（4）应对气候问题的土建工程的施工成套技术，包括绿色建筑、零能耗建筑、智慧城市（smart communities）、软基础设施（soft infrastructure）、绿色基础设施（green infrastructure）、海洋气候对海洋工程的影响、极端温差条件下的耐久性、泥石流灾害控制技术、减震结构施工方法等；

（5）既有工程保护、改造、扩建施工技术；

（6）超低能耗施工现场与新能源应用技术；

（7）施工现场抑尘治霾技术；

（8）基坑降水与施工现场节水、污水再利用技术、雨水利用技术；

（9）施工现场建筑垃圾减量化与再利用技术；

（10）绿色施工绩效监测技术模型。

这些文献及国际承包商的研究动向对于规划未来5～10年我国绿色施工的发展方向和实现跨越式发展，具有一定的借鉴作用。近年来我国绿色施工研究在诸多方面符合国际发展动向，在某些方面形成了自身的特色。

住房和城乡建设部组织的国家“十二五”科技支撑计划项目“建筑工程绿色建造关键技术研究与示范”（2012BAJ03B00），历时4年的研究，于2016年6月16日通过验收。该项目系统研究了建筑工程绿色建造的关键技术，提出了绿色建造协同的管理体系，建立了适用于工程承包商的工程机械和建筑材料绿色评价方法和数据库，进行了建筑工程施工全过程的施工工艺技术绿色化识别和系统化研究，形成了绿色施工成套技术；开发了四种建筑外围护结构与保温一体化体系、节材型模架体系以及建筑工程大跨钢结构等施工新技术；建立了基于BIM的绿色施工信息化监测、模拟、评估管理平台，初步实现了住宅建设的建筑信息化技术开发与应用。该项目由七个课题构成，其中“建筑工程传统施工技术绿色化及现场减排技术研究与示范”（2012BAJ03B03）课题首次完成了对施工现场传统施工技术的绿色化改造，推出了具有引领作用的成套的绿色施工技术，构建了较为完备的绿色施工工艺技术和专项技术体系。绿色施工工艺技术和专项技术体系由320项绿色施工技术构成，绿色施工工艺技术分为从地基基础到主体结构、安装与装饰工程三个阶段的技术，专项技术包括施工现场“四节一环保”技术。该课题还提出了“十三五”绿色施工技术研究的战略线路：在“十二五”研究基础上，“十三五”期间将结合国内外绿色施工的难点和热点问题，实现“一个突破三个强化”，即突破绿色施工低碳技术难点和热点，强化绿色施工的定量化、程序化和标准化建设，力争形成国内先进并具有国际竞争力的绿色施工技术。

国家机关事务管理局组织的国家“十二五”科技支撑计划项目“公共机构绿色节能关键技术研究与示范”（2013BAJ15B00），其中“公共机构新建建筑绿色建设关键技术研究与示范”于2017年4月14日通过验收。在绿色施工方面，该课题完成了公共机构的绿色建造关键技术集成研究。各类技术包括施工现场无尘化、地道风、拆除后回收利用及主体结构、安装工程和施工现场“四节一环保”专项技术。

中国建筑股份有限公司牵头承担的国家“十三五”科技支撑计划项目“绿色施工与智慧建造关键技术”（2016YFC0702100），涉及绿色施工的设有课题“基于绿色施工全过程工艺技术创新研究与示范”，该课题主要研究内容是：在“十二五”科技支撑计划项目“建筑工程绿色建造关键技术研究与示范”（2012BAJ03B00）课题成果的基础上，开展建筑工程绿色施工工艺影响因素辨识及评价指标体系研究、地基与基础施工关键技术创新工艺研究、主体结构施工关键技术创新工艺研究和装饰装修及机电安装施工关键技术创新工艺研究。对重点工艺环节进行有针对性地创新研究和示范项目应用，不断在实践中修正和改进工艺研究成果，实现材料高强化、钢筋装配化、模架工具化和混凝土清水化。

中国建筑第八工程局有限公司牵头承担的国家“十三五”科技支撑计划项目“建筑围护材料性能提升关键技术研究与应用”（2016YFC0700800），涉及围护结构施工图绿色深化设计、部品工厂化生产和装配式施工的设有课题“围护结构与功能材料一体化体系集成技术研究与应用”，该课题主要研究围护部品的优化组合设计和装配式生产施工技术，实现围护部品结构体系的标准化设计、预制化生产和装配化施工，提升围护结构体系的安全、节能和耐久性能。

五、绿色施工技术典型工程案例

1. 郑州市奥林匹克体育中心绿色施工技术措施

郑州市奥林匹克体育中心大厦项目位于河南省郑州市郑西新区的核心区域，位于郑州市民公共文化服务区“四个中心”最西段，为河南省重点工程，是2019年全国少数民族运动会的主场馆。本工程西临西四环，北至渠南路，南至文博大道，东至站前大道，总用地面积约32万m^2，东西向长约732m，南北向长约484m，工程总建筑面积约57万m^2，包含体育场、体育馆、游泳馆及配套商业。工程于2016年11月1日开工，计划于2018年12月20日竣工，总工期780日历天。本工程已立项为全国建筑业绿色施工示范工程、住房和城乡建设部绿色施工科技示范工程、河南省建筑业绿色施工示范工程。本工程策划实施88项绿色施工技术措施，在地基基础和一次结构工程阶段，环境保护、节能与能源利用、节水与水资源利用、节地与土地资源保护四个要素的技术措施绝大部分已得到实施；节材与材料利用要素的技术措施策划实施42项，已实施27项。

（1）在环境保护方面，策划实施技术措施10项，包括喷雾和喷淋系统及智能控制、施工车辆自动冲洗装置的应用、成品洒水车及清扫车、雾炮除霾、室外灯具遮光罩、食堂隔油池、污水处理系统、封闭式垃圾站、垃圾分类处理、临时设施场地铺装混凝土路面砖技术等。

现场采用喷雾降尘技术，采用自动旋转喷洒喷头，依据扬尘监控设备，当PM10大于80mg时打开喷洒，其他时候分早、中、晚每天喷洒3次；大风扬尘天气每隔2h喷洒一次。

场地出入通道各设置一套一体化自动冲洗设备，采用红外线感应。如图24-2所示。

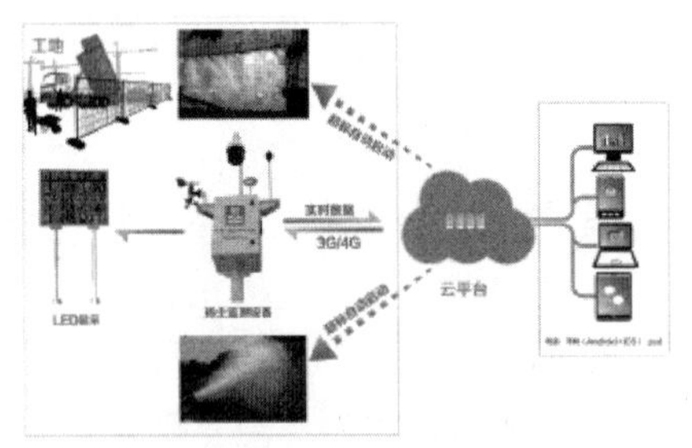

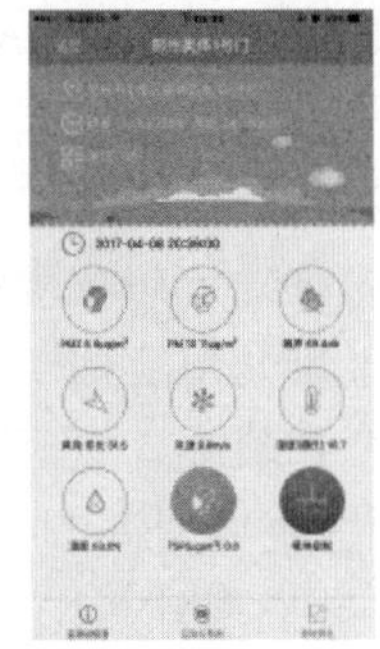

图24-1　扬尘监测系统及道路喷淋联动

图 24-2　一体化洗车池

现场施工道路、场地使用普通混凝土、透水混凝土、可周转式钢板路面、植草砖、草植绿化等措施进行全面硬化或绿化，硬化、绿化率达到 100%，有效减少扬尘，美观整洁。如图 24-3～图 24-5 所示。

图 24-3　绿化施工场地

图 24-4　植草砖停车位

图 24-5　施工现场草地

现场照明灯具采用遮光罩，路灯朝向场内照射，钢结构焊接采用封闭式遮光平台。如图 24-6 所示。

图 24-6　防光污染措施

(2) 在节材与材料资源利用方面，策划实施技术措施 42 项，包括可周转钢板路面(见图 24-7)、透水混凝土技术(见图 24-8)、构件化 PVC 绿色围墙技术(见图 24-9)、成品滤油池/化粪池应用(见图 24-10)、定型化移动灯架应用技术、基坑定型马道、可持续周转临边防护、高强钢筋应用技术、溜槽替代混凝土输送泵技术、工具式栏杆、固体废弃物回收利用技术、室内建筑垃圾垂直清理通道技术、封闭式降噪防护棚、混凝土输送管气泵反洗技术、新型高频/变频振捣棒、盘扣式支撑架、工具式快装支撑架应用技术、钢筋集中数控加工技术、泵送混凝土配合比参数取值优化技术、可周转洞口防护栏杆应用技术、可多次周转的快装式楼梯应用技术、重复使用的标准化塑料护角、快捷安拆标准化水平通道、高强高性能混凝土(C50 以上)应用技术、预拌砂浆技术、可周转式幕墙埋件定型模板、可多次周转玻璃钢圆柱模、临时照明免布管免裸线技术、楼梯间照明改进措施、现场临时水电作为正式水电的应用、木枋接长应用技术、现场钢筋及管道等集中数控加工、使用可周转废旧余料收集池、可周转展示样板、悬吊式机电风管安装平台施工技术、砌体施工标准化技术、砌块现场集中下料、大面积地坪激光整平机应用技术、管线综合排布技术、可拆卸重复利用卡箍对管道临时定位技术、高大空间无脚手架施工技术、可拆卸钢管货架等。

图 24-7　可周转钢板路面

图 24-8　透水混凝土路面

图 24-9　PVC 围墙

图 24-10　成品化粪池

钢筋采用数控加工机械集中加工，提高生产效率及质量，减少废旧钢筋头产生，提高钢材的利用率。

临时消防管道采用正式消防管道，安装完成后，不再拆除，后期安装施工时，直接转化为正式消防系统。如图 24-11 所示。

图 24-11　临时消防管道

(3) 在节能与能源利用方面，策划实施技术措施 13 项，包括无功功率补偿装置应用、自动控制装置、太阳能路灯节能环保技术及 LED 节能技术的全面推广使用、限电器在临时用电中的应用、工地宿舍配电技术、太阳能及空气能技术综合应用、远程能耗管理系统、用电分区计量、大型设备选用变频机械并单独计量、小型绿色机械、建筑施工中楼梯间及地下室临时照明的节电控制装置、现场塔式起重机照明定时控制技术等。项目办公区安装光伏发电系统（见图 24-12、图 24-13），该系统安装有 260W 的光伏板 40 块，共 10.4kW。按照每天平均日照峰值 4h 算，产生电能约为：10.4×4=41.6kW·h。

图 24-12　太阳能光伏板

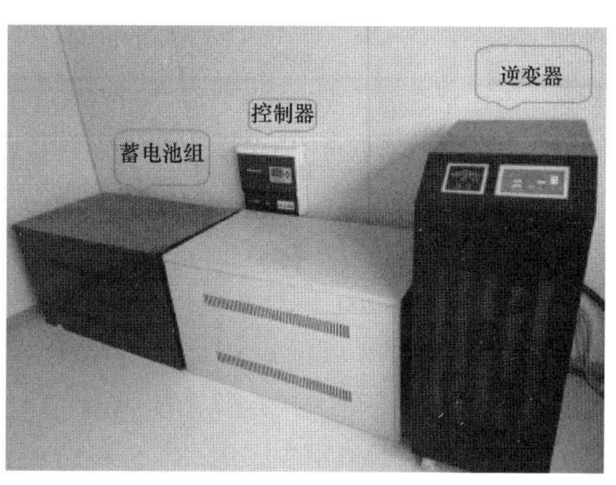

图 24-13　太阳能蓄电系统

对项目各区域水、电用量进行远程监测和控制，通过远程电表、水表等获取各回路的电耗、水耗等能源信息（见图 24-14）。而后将能源数据上传至节能管理监控系统（见图 24-15），并对能耗数据进行汇总、统计、分析、处理和存储，并可通过监控系统实现违规用电、电路故障等情况下的远程开断，保证安全、节约资源。

图 24-14　分区用电统计

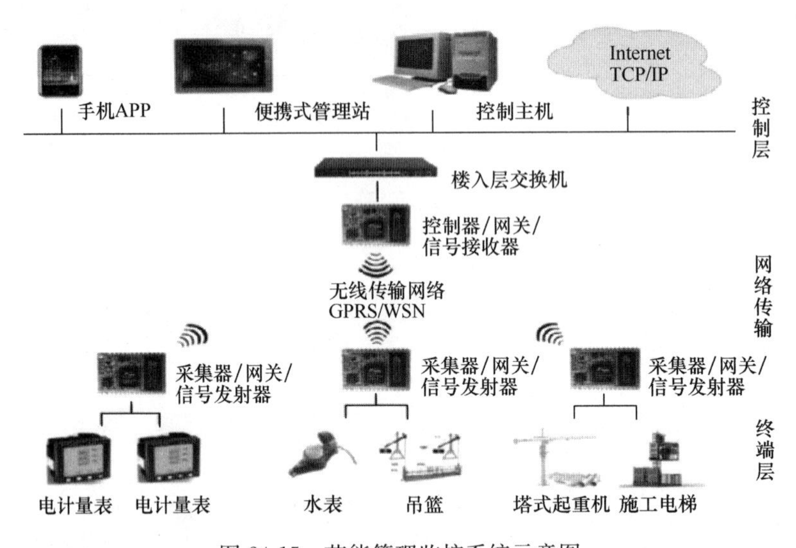

图 24-15　节能管理监控系统示意图

项目所有照明灯均采用 LED 节能灯，其中路灯为太阳能 LED 路灯（见图 24-16），塔式起重机大臂设置 LED 灯带，有效规避群塔作业大臂互碰风险。会议室以及办公区宣传栏采用 LED 屏幕（见图 24-17）。

（4）在节水与水资源利用方面，策划实施技术措施 8 项，包括施工过程水回收利用技术、变频自动加压供水系统、中水系统、用水分区计量考核、采用节水型器具、混凝土养护节水技术、外墙混凝土养护技术、管道防漏结构等。现场设置八级沉淀池，雨水、施工

图 24-16　太阳能 LED 路灯

图 24-17　宣传栏 LED 屏幕

产生的污水经过八级沉淀后，可用水泵泵送至蓄水箱，供应洗车池用水。如图 24-18、图 24-19 所示。

图 24-18　设置截水沟，经八级沉淀进行重复利用

图 24-19　场内设置洗车池

办公区、生活区设置中水处理系统，生活用水经过处理后用于冲洗厕所，污水处理达标后排放。处理工艺流程如图 24-20、图 24-21 所示。

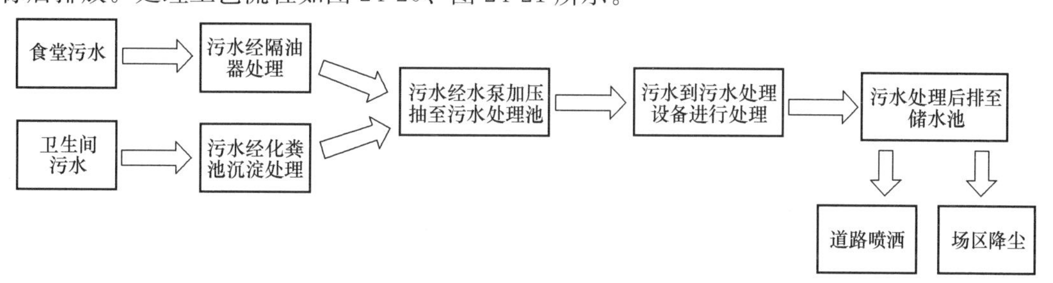

图 24-20　污水处理工艺流程图

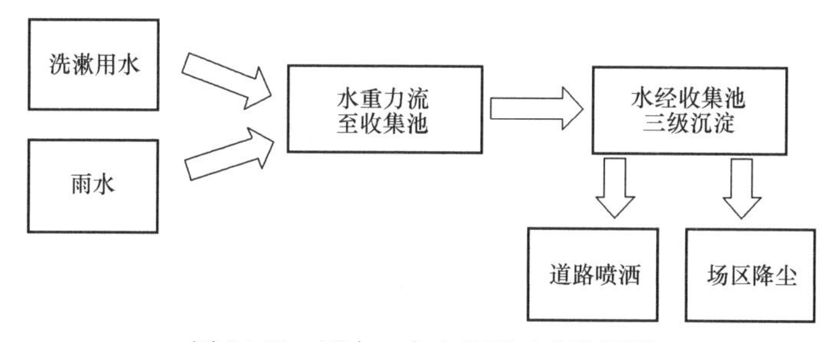

图 24-21　雨水、中水处理工艺流程图

项目看台结构复杂，常规养护较为困难，项目采用与智慧工地相结合的方式，开发混凝土智能养护系统，设置喷淋管道与智能控制系统，根据温湿度自动控制喷淋养护。如图24-22，图24-23所示。

图 24-22 混凝土智能养护控制系统

图 24-23 喷淋管道布置

(5) 在节地与土地资源保护方面，策划实施技术措施7项，包括可移动式临时厕所、裸土覆盖、绿化、临时设施/设备等可移动化节地技术、预留后浇楼板内预留料具堆场、深基坑优化、场地平面布置优化、可周转式钢材废料池等。

为保证平面布置的合理性、精确性，采用BIM建模的形式进行模拟布置，动态调整。如图24-24所示。

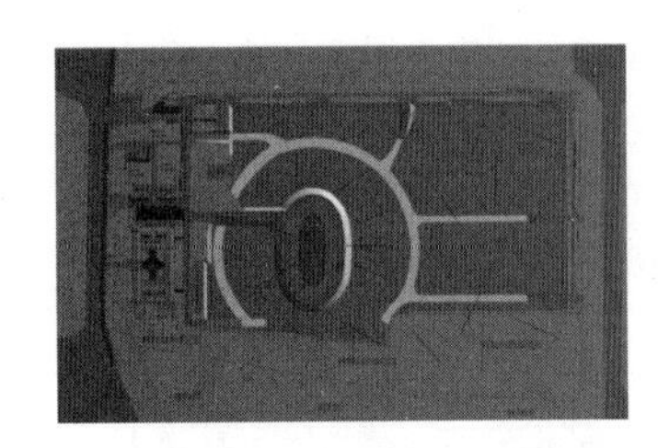

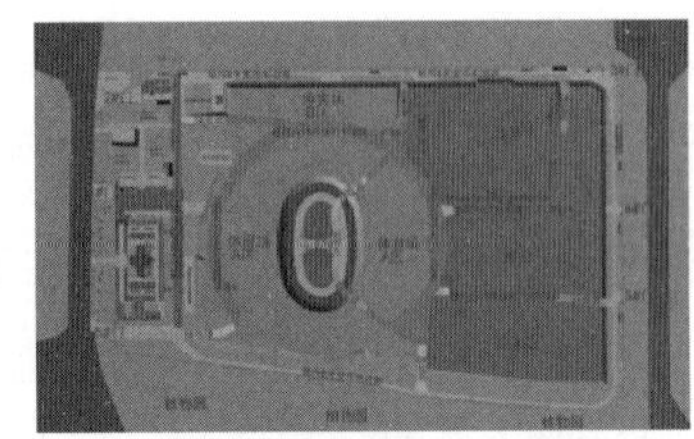

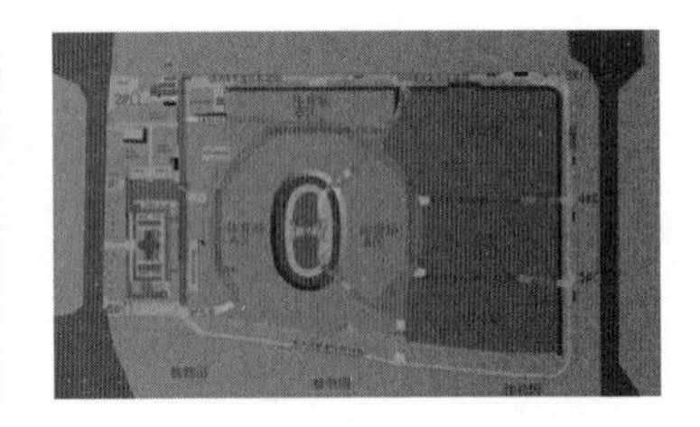

图 24-24 项目BIM平面布置及动态调整

项目体育场区域筏板厚度达8m，通过深基坑优化，变1∶0.3放坡为1∶0.1放坡+支护，降低土方开挖及回填量，保护土地资源。如图24-25、图24-26所示。

(6) 在"四节一环保"综合技术方面，项目创新应用了"流水递推跳仓法"施工方案(见图24-27)、无人机航拍技术(见图24-28、图24-29)、环境监测系统、二维码信息管理系统(见图24-30)等技术。

本工程设计后浇带交错复杂，单层后浇带长度约计8500延长米。整个工程后浇带体量约计40000延长米。经专家论证，将后浇带优化为129个施工区域，采用"流水递推跳仓法"施工方案进行施工，极大地节约了工期与资源消耗。

利用无人机航拍技术，对现场地形地貌进行分析，辅助场区规划；日常管理中，利用无人机航拍图片生成720°全景图及分度进度图，实时反馈现场形象进度及安全文明施工情况，节约人力资源。

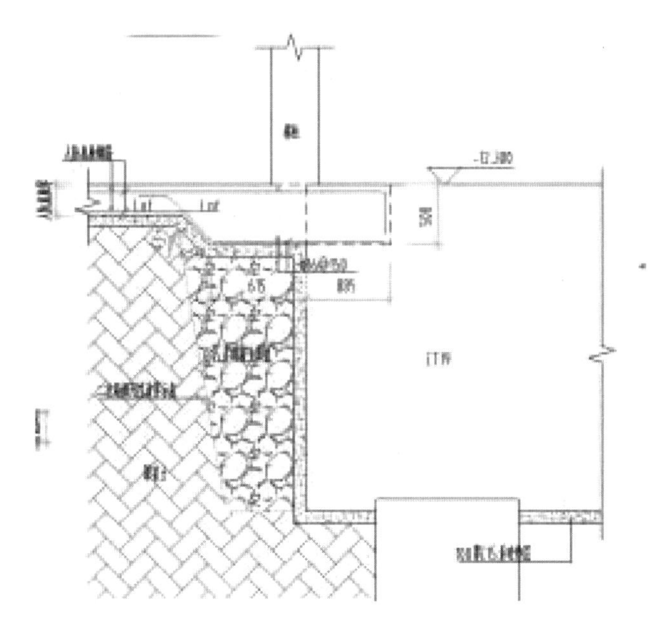

图 24-25　体育场深基坑支护优化前

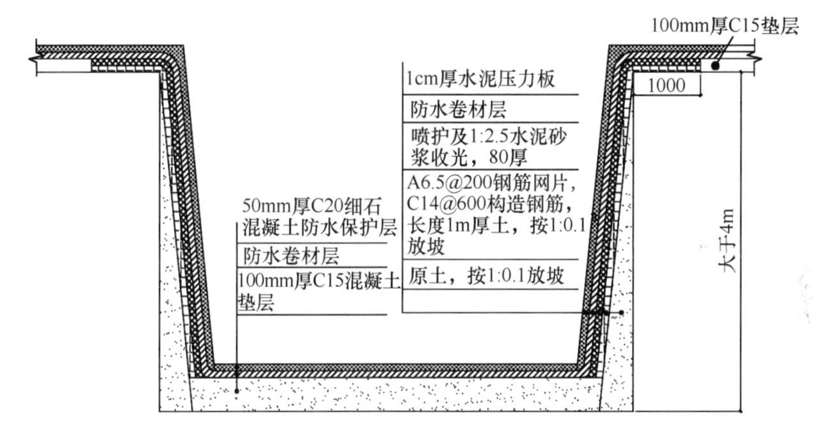

图 24-26　体育场深基坑支护优化后

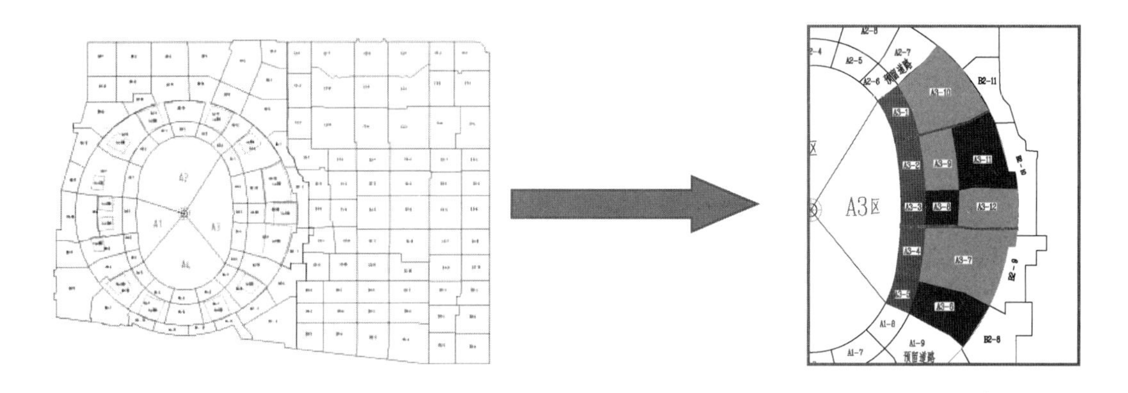

图 24-27　“流水递推跳仓法”施工方案示意图

图 24-28　无人机航拍

图 24-29　无人机航拍与进度的结合

图 24-30　VR 二维码

项目现场安装环境监测系统对工地现场的温度、湿度、PM2.5、PM10、风力、风向、噪声等环境信息进行实时监测并将数据传输至云平台存储分析，通过电脑、手机实时查看；同时与雾炮、喷淋等设备控制联动，当 PM2.5 超过设定的预警值时，自动启动喷淋降尘系统，也可通过客户端手动启动。该监测系统能够有效的控制扬尘，改善施工现场环境。

参考文献

[1] 陈兴华，王桂玲，苗冬梅. 绿色施工技术创新若干问题探讨[J]. 绿色建筑，2011(6)：54-56.

[2] 陈兴华，王桂玲，苗冬梅，等. 绿色建造的机遇、挑战与对策[J]. 工程质量，2010，28(12)：5-7.

第二十五篇　信息化施工技术

主编单位：中国建筑第三工程局有限公司　汪小东　苏　章　李文建

摘要

近几年来，随着国内施工行业的发展，行业施工技术水平不断提高，众多企业开始不断研究使用新技术来应对行业的新挑战，很多的信息化技术在施工现场得到应用，信息化技术既是施工行业发展的必然需求也是推动施工行业发展的重要手段。目前，国内施工行业在BIM、物联网、数字化加工等技术方面的应用经过多年的探索和实践，取得了长足的发展和可喜的成果。在未来的发展中，云平台以及大数据等技术也将在建筑施工中得到更多的应用。信息化技术将会大力推动建筑施工技术的革新以及项目施工管理水平的提高，有效促进项目施工向精细化、集成化方向发展。本篇将对以上技术的主要内容以及在施工行业的发展做一个简要的介绍。

Abstract

In recent years, with the development of the domestic construction industry, the technology level of construction industry has continuously improved, many companies began to study the use of new technologies to meet the new challenges of the industry, a lot of information technology has been applied at the construction site, information technology is an important tool that is the inevitable development of the construction industry also needs to promote the development of construction industry. At present, the domestic construction industry applications in BIM, networking, digital processing technology, after years of exploration and practice, has made great progress and gratifying results. In the future development, cloud platform, and big data technologies will also be more applications in building construction. Information technology will vigorously promote innovation and improve construction management level of building construction technology, to effectively promote the fine, integrated direction of project construction. This paper will make a briefly presentation about the main contents of the above techniques and the development of the construction industry.

一、信息化施工技术概述

现代施工信息技术的应用主要起源于美国、日本、韩国、英国等发达国家。20世纪90年代这些国家率先将信息化的理念在施工过程中加以实践，然后由单项的应用信息技术向系统化的施工管理方向发展，逐步形成现在的施工企业信息化管理模式。

我国施工信息技术的应用起源于20世纪90年代后期，当时主要是以算量软件和绘图软件为代表的单项应用为典型代表。随着计算机和网络技术的发展，以及国家对施工行业信息技术应用政策导向的加强，施工信息技术从近几年才开始蓬勃发展。

近几年来，国内施工行业在BIM技术、物联网技术、数字化加工技术、数字化测绘技术、项目施工信息综合管理技术等方面的应用取得了长足的发展和可喜的成果。本篇就简要对上述技术的应用进行介绍。

二、信息化施工主要技术介绍

1. BIM技术

1.1 BIM的概念

根据《建筑信息模型应用统一标准》GB/T 51212—2016，建筑信息模型（Building Information Model，BIM）是建设工程及其设施物理和功能特性的数字化表达，在全生命周期内提供共享的信息资源，并为各种决策提供基础信息。

在一个建筑项目的生产周期内，我们不缺信息，甚至也不缺数字形式的信息，我们真正缺少的是对信息的结构化组织管理（机器可以自动处理）和信息交换（不用重复输入）。工程建设行业效率亟待提高以及信息化渴求的发展都表明人们急切需要一个信息交流的平台。BIM就是这样一种技术、方法、机制和机会，通过集成项目信息的收集、管理、交换、更新、存储过程和项目业务流程，为建设项目生命周期中的不同阶段、不同参与方提供及时、准确、足够的信息，支持不同项目阶段之间、不同项目参与方之间以及不同应用软件之间的信息交流和共享，以实现项目设计、施工、运营、维护效率和质量的提高，以及工程建设行业持续不断的行业生产力水平提升。BIM不是一个软件，而是业务流程；就是利用信息将现实通过模型更加精确和科学地模拟出来；它的核心就是解决信息共享问题，提供信息交流平台；其最终目的是使整个工程项目在设计、施工和使用等各个阶段都能够有效地实现节省能源、节约成本、降低污染和提高效率。BIM技术摒弃了传统设计中资源不能共享、信息不能同步更新、参与方不能很好的相互协调、施工过程不能可视化模拟、检查与维护不能做到物理与信息的碰撞预测等问题。从2D过渡到以BIM技术为核心的多种建筑3D，将是未来计算机辅助建筑设计的发展趋势。自进入21世纪以来，BIM技术的研究和应用取得了突破性进展，随着计算机软硬件水平的提高，BIM软件的开发有了长足的进展。

1.2 主要技术内容

1.2.1 基于BIM的深化设计

深化设计是指在承包单位提供的施工图或者合同图的基础上，对其进行细化、优化和完善，形成各专业的详细施工图纸，同时对各专业设计图纸进行集成、协调、修订和校核，以满足现场施工及管理需要的过程。深化设计作为设计的重要分支，补充和完善了方案设计的不足，有力地解决了方案设计与现场施工的诸多冲突，充分保障了方案设计的效果还原。

BIM 作为共享的信息资源，可以支持项目不同参与方通过在 BIM 中插入、提取、更新和修改各种信息，以达到支持和反映各自职责的协同工作，BIM 具有的这种集成和全生命周期的管理优势对深化设计具有重要意义。基于 BIM 的深化设计能够对施工工艺、进度、现场施工重难点进行模拟，实现对施工过程的控制，实现深化设计各个层次的全过程可视化交流。

在深化设计的过程中，总承包单位负责对深化设计的组织、计划、技术、组织界面等方面进行总体管理和统筹协调，其中应当加强对分包单位的 BIM 访问权限的控制和管理，对下属施工单位和分包商的项目实行集中管理，确保深化设计在整个项目层次上的协调和一致。各专业承包单位均有义务无偿为其他单位提供最新版的 BIM 模型，特别是涉及不同专业的连接界面的深化设计时，其公共或交叉重叠部分的深化设计分工应服从总承包单位的协调安排，并且以总承包单位提供的 BIM 模型进行深化设计。图 25-1 为 BIM 深化设计示例。

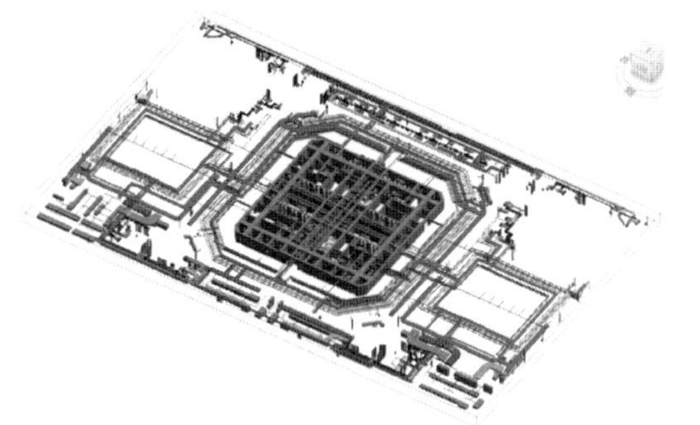
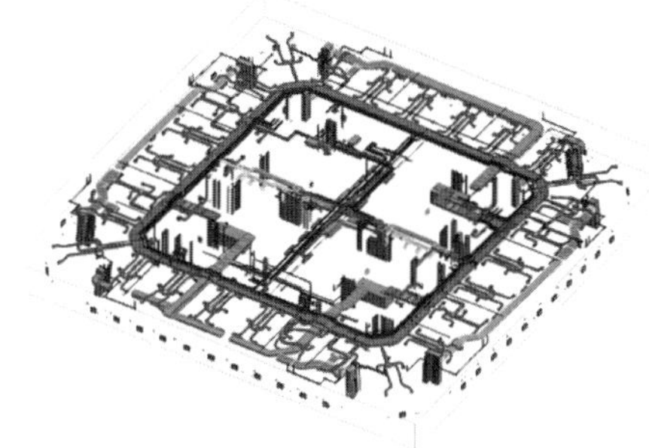

图 25-1　BIM 深化设计

1.2.2　基于 BIM 的施工模拟

施工模拟是指将时间信息与 BIM 模型关联，形成 4D 的施工进度模拟(见图 25-2)。利用 BIM 技术的可视化特点，将施工过程中的每一项工作形象地展示出来。

基于 BIM 的施工进度模拟技术，在施工开展之前，结合施工部署及进度计划，进行施工模拟，让管理人员全面地掌握施工工序及主要控制节点，为工期的实现提供有效的保证，为现场施工组织、资源协调提供技术支撑。

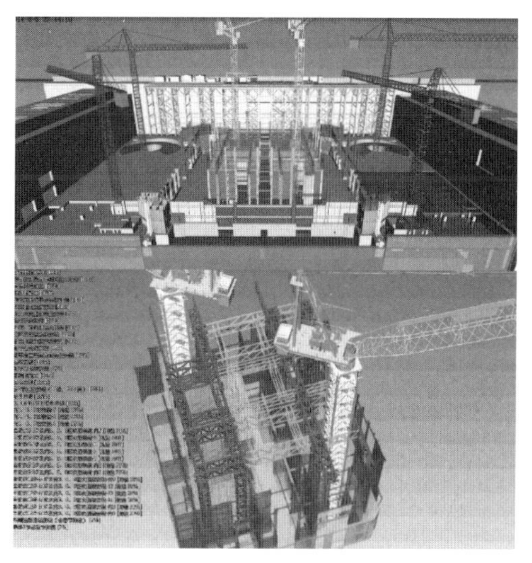

图 25-2　施工进度模拟

施工方案及工艺模拟技术，利用三维模型可视化的优点，辅助方案的编制选型。能够在三维环境中直观地展示施工的每一个过程，尤其对复杂节点，能够清楚地将空间关系及施工程序表达出来（见图 25-3），提高施工方案的合理性，实现技术方案的可视化交底，避免二维交底引起的理解分歧。

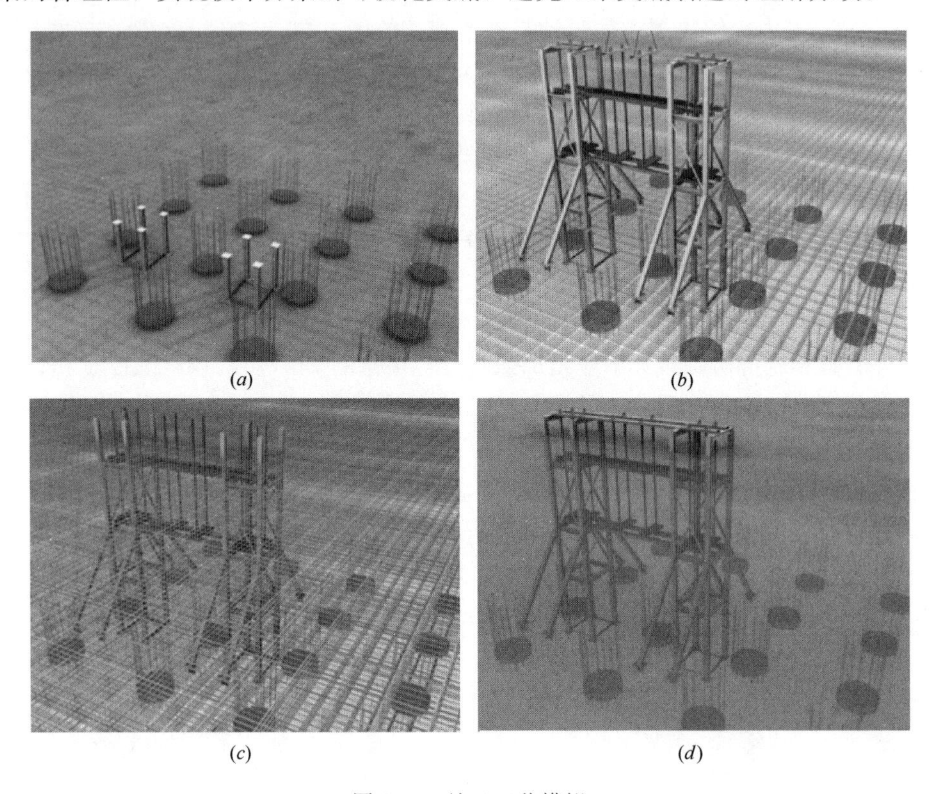

(*a*) (*b*) (*c*) (*d*)

图 25-3 施工工艺模拟

(*a*) 安装立柱并安装立柱柱脚角钢；(*b*) 锚栓和支撑架整体安装并安装散件；(*c*) 拆除第一道横梁，绑扎钢筋；(*d*) 安装锚栓及支撑架横梁，浇筑混凝土

1.2.3 基于 BIM 的工程算量

建筑工程算量的传统方式是手工计算和二维图形构件算量，致使工程计算工作量大、复杂、费时，编制招标控制价的 60%～80%工作量约被其占用。所以，改进工程量计算方法，对于提高编制招标控制价质量和效率、加快编制招标控制价速度、减轻造价人员的工作量具有非常重要的意义。BIM 模型具有建筑基础、柱、墙、梁、楼板等构件的尺寸信息，软件可通过设置的清单和定额工程量计算规则，在充分利用几何数学原理的基础上，自动计算工程量（见图 25-4）。由于不需要对各种构件重复绘图，只需定义构件属性和进行构件的转化就能准确计算工程量，降低了造价人员工程计算量，极大地提高了算量工作效率。

并且，传统人工计算过程非常枯燥和复杂，造价人员容易因自身原因造成各种计算错误，影响后续计算的准确性和完整性。BIM 技术的自动计算工程量功能，使工程量计算工作脱离人为因素的影响，能得到更加客观、完整、准确的工程量数据。

1.2.4 基于 BIM 的三维激光扫描技术

三维激光扫描技术，根据激光测距原理快速全面地获取空间范围内的结构尺寸数据，形成点云模型，三维点云模型拥有已完成建筑实体的所有几何信息。可以应用于以下几个

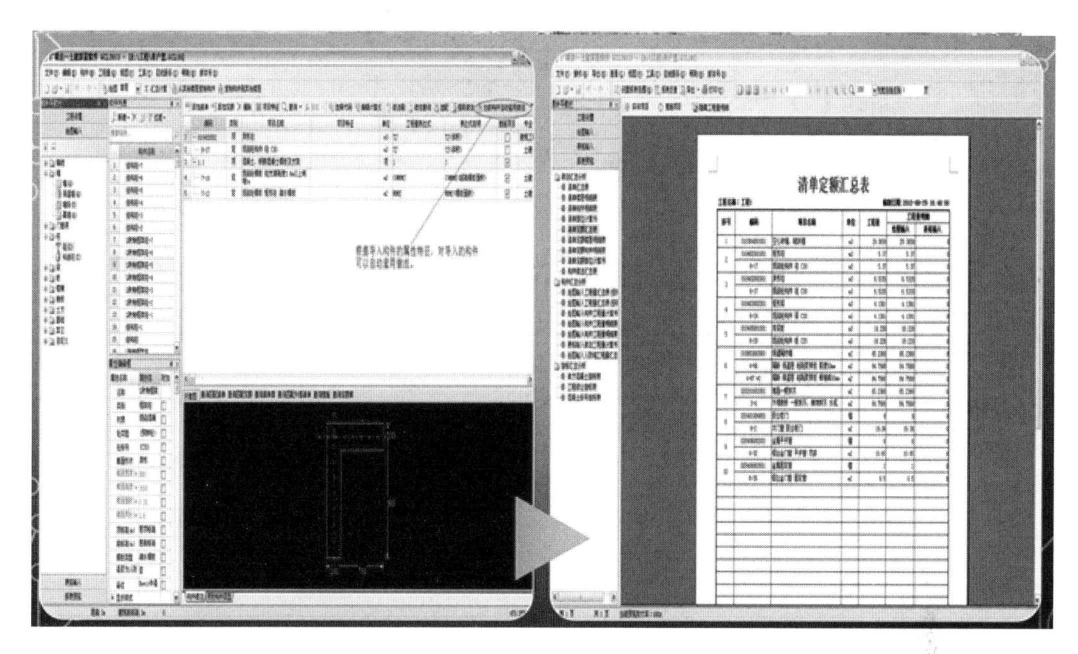

图 25-4　BIM 工程算量

方面：

（1）辅助实测实量。传统实测实量的内容是对建筑进行抽样检查，检查范围不全面，不能全面地反映建筑整体的完成情况。BIM 模型拥有建筑设计的所有几何尺寸信息，可以将点云模型导入到 BIM 软件中与 BIM 模型进行数据比对，两者的数据比对可以最全面地反映建筑的实际建造误差，反映建筑的整体质量状况，辅助结构验收。

（2）辅助机电、幕墙安装。机电、幕墙的安装图纸是根据结构设计图纸进行设计的，在实际的安装过程中，结构的建造偏差可能会对后续机电、幕墙的安装造成不便。现在根据点云模型更新 BIM 模型，并作为基础资料提供给机电、幕墙专业进行图纸的深化设计，根据实际结构数据对安装管线排布进行微调以及对幕墙进行预拼装。如图 25-5、图 25-6 所示，将机电 BIM 模型直接在三维激光扫描获得的结构模型上进行预拼装，辅助机电安装。

1.2.5　基于 BIM 的进度管理

在传统工程项目中，进度管理通常采用 Project 横道图。通过将 BIM 模型与 Project 数据关联，可实现对计划编制的可视化审核，优化工作面，提高计划编制的可行性。同时，运用 BIM 平台进行现场进度管控，通过进度计划与实际工程进度的对比，可实现关键节点偏差数据的自动分析、进度预警与深度追踪，同时，可以对任意时间的工况进行回顾及动态展示。如图 25-7 所示。

1.2.6　基于 BIM 的总包管理

总包管理是项目施工管理的一个重要方式，基于 BIM 的总包管理技术是总包管理技术的一项重要变革，基于 BIM 的总包管理可以有效规范各项工作的管理流程，项目管理的过程就是我们不断创造信息、传递信息、处理信息的循环过程，我们创造计划信息，收集每天各项工作的进展信息和遇到的问题信息，再推动相关方解决问题，从而推动项目进展。

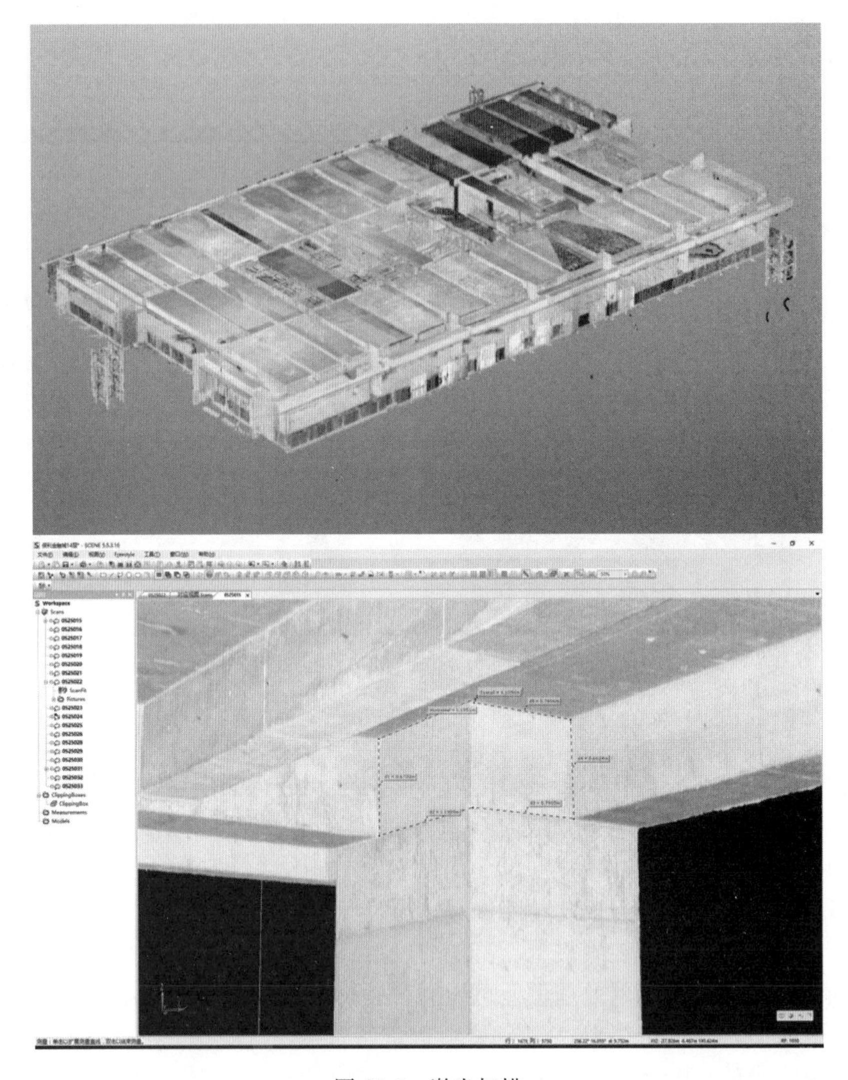

图 25-5　激光扫描

图 25-6　点云模型

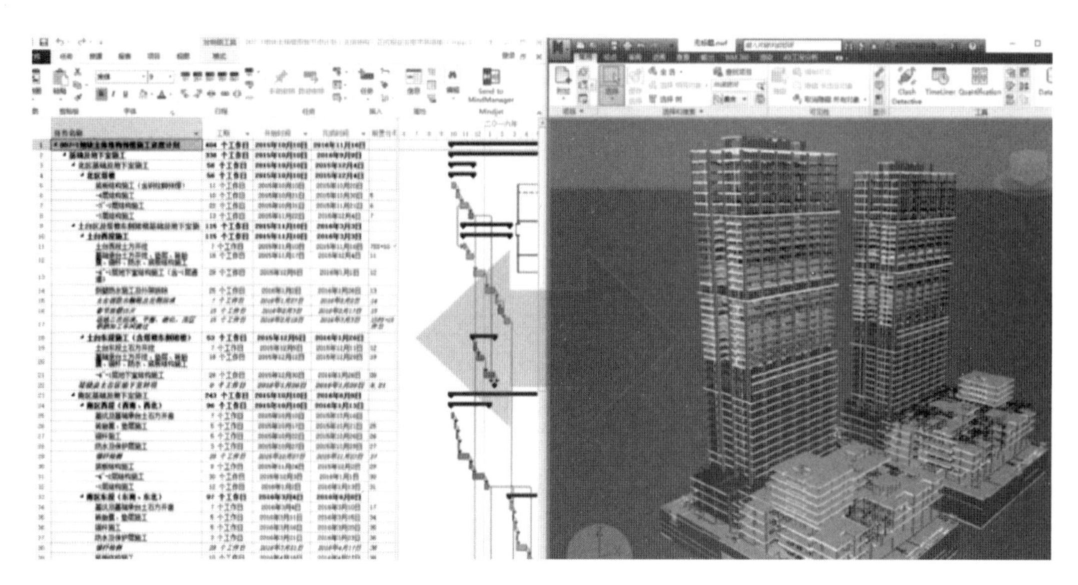

图 25-7　进度管理

但总包管理过程中信息量太大，且散布的作业面太多，单纯靠经验和口口相传的形式，不可能保证信息的准确性、全面性和时效性，进而导致我们在管理过程中做出错误的决策，导致项目受损。

而 BIM 的核心功能就是可以附含丰富的项目信息的动态模型载体，其恰恰可以作为总包管理的支撑手段。

基于 BIM 的总包管理应结合项目管理的需要，所有工作的前提都需要在一个信息对称与信息实时互动的条件下进行，利用 BIM 技术打造一个跨越整个建造过程的信息实时交互与预警平台，采用 BIM 模型作为信息交互的媒介，并开发部分信息自动处理功能，无疑会为总包管理工作提供一个强有力的支撑。

搭建一个全专业的模型整合平台，从深化设计开始，支持在同一平台下多专业协同工作，为专业间的一致性设计、空间与时间的顺序穿插关系梳理以及过程变动的多专业联动提供支撑。

随工程进度，由所有参与单位的主要业务部门在多专业模型基础上添加各自的业务信息（包括进度、技术、商务、合约等），每种信息分策划、计划、实际三个层次输入，进而形成一个以模型为载体，以进度为主线，主要项目管理信息深度关联的集成信息模型平台，实现信息的实时交互。

1.2.7　基于 BIM 的运维管理

综合应用 GIS 技术，将 BIM 与维护管理计划相链接，实现建筑物业管理与楼宇设备实时监控相集成的智能化可视化管理，出现了基于 BIM 的运营阶段的精益管理（图 25-8 为基于 BIM 的机电设备智能管理系统结构）。该管理方法能有效地提高运营机构的工作效率，提高服务质量，减少建筑运营阶段的突发状况，提高安全性能，从而减少资源浪费，实现建筑可持续发展。

设计、施工阶段的 BIM 模型的信息可以转移到运营维护阶段。在运营维护过程中，可以找到设备设施等硬件的位置，然后读取相应的信息资料，BIM 的可视化直观效果及

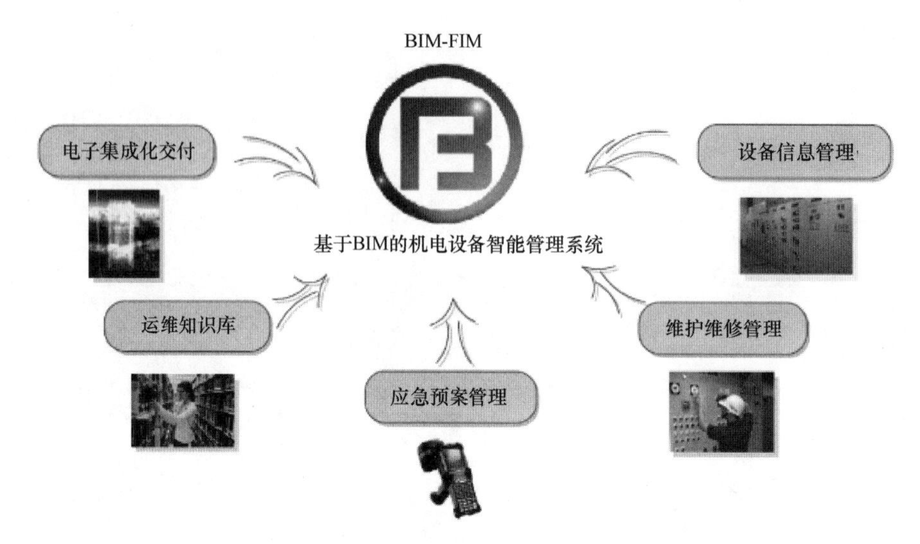

图 25-8　基于 BIM 的机电设备智能管理系统结构

集成的数据库管理工具能发挥巨大作用。通过各种模拟工具，再整合 CAFM，就能够进行建筑绩效分析，尤其是将运营维护一系列性能指标引入，无论是能源消耗，还是维修费用，还是人员开支，通过分配计算，能够得到很多关于建筑设施的性能绩效指标，用于衡量运营管理工作的成果。

2. 物联网技术

2.1　物联网的概念

物联网（Internet of Things，IOT）的定义是：通过射频识别（RFID）、红外感应器、全球定位系统、激光扫描器等信息传感设备，按约定的协议，把任何物品与互联网连接起来，进行通信和信息交换，以实现智能化识别、定位、跟踪、监控和管理的一种技术。

从技术上理解，物联网是指物体通过智能感应装置，经过传输网络，到达指定的信息处理中心，最终实现物与物、人与物之间的自动化信息交互与处理的技术。

从应用上理解，物联网是指把世界上所有的物体都连接到一个网络中，形成“物联网”，然后“物联网”又与先有的互联网结合，实现人类社会与物理系统的整合，达到以更加精细和生动的方式管理生产和生活。

物联网应该具备三个特征：一是全面感知，即利用 RFID、传感器、二维码等随时随地获取物体的信息；二是可靠传递，通过各种电信网络与互联网的融合，将物体的信息实时准确地传递出去；三是智能处理，利用云计算、模糊识别等各种智能计算技术，对海量数据和信息进行分析和处理，对物体实施智能化的控制。

2.2　主要技术内容

2.2.1　技术依托（RFID 技术、WSN 技术）

物联网的核心技术包括射频识别（RFID）装置、WSN 网络、红外感应器、全球定位系统、Internet 与移动网络、网络服务、行业应用软件。在这些技术中，又以底层嵌入式设备芯片开发最为关键，引领整个行业的上游发展。

RFID（Radio Frequency Identification），即射频识别，俗称电子标签。

RFID是一种非接触式的自动识别技术。它通过射频信号自动识别目标对象并获取相关数据。识别工作无须人工干预，可工作于各种恶劣环境。RFID技术可识别高速运动物体，并可同时识别多个标签，操作快捷方便。

RFID是一种简单的无线系统，该系统用于控制、检测和跟踪物体。系统由一个询问器（或阅读器）和很多应答器（或标签）组成。

WSN是Wireless Sensor Network的简称，即无线传感器网络。

WSN就是由部署在监测区域内大量的廉价微型传感器节点，通过无线通信方式形成的一个多跳的自组织的网络系统。其目的是协作地感知、采集和处理网络覆盖区域中被感知对象的信息，并发送给观察者。传感器、感知对象和观察者构成了无线传感器网络的三个要素。

2.2.2　基于物联网技术的预制构件跟踪管理

通过搭建管理平台可以从材料管理、制造过程两方面辅助预制构件的制作管理。材料进场时，将材料的尺寸、数量等信息录入服务器系统，在预制构件制造过程中，将制造信息和材料信息关联，即可统计不同材料的剩余数量，达到控制材料使用情况的目的。同时，将服务器的制造信息更新到BIM模型中，可直观地显示构件制作进度，便于钢构件的制造管理及现场的协调。

结合定位技术可通过二维码的动态信息获得钢构件的即时位置信息。通过以上手段，即可确定构件进场的准确时间，从而及时安排人员、设备卸车；其次可以通过定位信息及时了解运输车在运输过程中的突发状况，及时确定应对方案。

而构件进场后，通过手机终端对到场构件进行验收统计以及构件安装进度管理，并将信息更新至BIM模型中，便于管理人员了解到场构件信息，提高管理效率。

2.2.3　基于物联网技术的现场安全管理

在施工现场的洞口、临边等重大危险源处植入射频芯片，或者使用可周转式红外触发报警设备。当有人员靠近时可以向人员发出警示音，以避免人员受到伤害。报警系统可以自动记录警情，并自动转发报警信息至监控中心，为警情核实以及警后处理提供切实可靠的资料。

在高支模架体上布设变形监控装置，利用高精度倾角传感器实时采集沉降、倾角、横向位移、空间曲线等各项参数，超过安全阈值即启动声光报警。同时相关报警信息可自动上传至云平台，在BIM模型相应位置动态显示，自动发送信息给相关人员进行处理。

2.2.4　基于物联网技术的工人实名制管理

在施工现场的具体实践中，常见的做法是在工人的安全帽中植入射频识别芯片，芯片中记载有工人的个体信息，包括年龄、性别、工种、健康状况等基础资料。工人在进出施工现场的时候会被自动识别，信息即时采集传输至数据处理中心，进行分类统计上传，并将信息与BIM模型进行关联，人员数据信息在BIM模型上可视化。从而实现自动化工人实名制管理、考勤、现场劳动力分布统计、辅助劳动力管理等。当现场发生安全事故时，可以精确定位在危险区域活动的人员，以便快速准确地搜救。

2.2.5　基于物联网技术的大型设备管理

在大型塔式起重机上安装塔式起重机安全监测预警系统，主要包括大臂仰角传感器、回转角传感器、风速仪、载重传感器，实时监测塔式起重机的大臂仰角、回转角、风速和载重数据，根据塔式起重机间的既定位置，对塔式起重机间碰撞提供实时预警，并自动进行制动控制；对于已知设备参数的塔式起重机，根据塔式起重机的载重和幅度关系曲线，可以对塔式起重机每次吊装是否超载进行实时监控和超载报警等。

在施工电梯里安装指纹识别器，实现专人操作，电梯司机通过指纹识别打卡上班，实时显示电梯操作人员基本信息：司机姓名、性别、出生年月、电梯司机证件编号、所属单位等。采用RFID技术，自动统计电梯所在楼层和停靠该楼层时电梯里的作业人员数据，集成到BIM模型中，可在BIM模型中直观显示现场各楼层的人员分布情况，并实时监控电梯安全载重情况。

2.2.6 基于物联网技术的绿色施工管理

通过布置自动监测仪器，对施工现场的PM2.5、PM10、温度、湿度、风速、风向、噪声、污水pH值、水电用量和固体废弃物回收利用率等信息进行实时监测和数据采集，并同步上传至云平台，通过数据分析及预警设置，形成直观可视化的图形和表格，并反馈至水泵、喷淋降尘系统等自动控制设备，实现环境、能耗实时监测及自动化管控。

3. 数字化加工技术

3.1 数字化加工的概念

数字化是将不同类型的信息集成在适当的模型中，再将模型数据引入计算机进行处理的过程。数字化加工则是指在引用已经建立的数字模型的基础上，利用生产设备完成对产品的加工。依靠数字化加工设备，通过既定的数据输入和图形输入，设备控制中心控制器分析和处理这些数据并输出到相关执行点，自动加工成不同样式和功能的产品。

数字化加工可以通过工厂精密机械自动完成建筑构件的预制加工，制造出来的构件误差小，预制构件制造的生产率也可大幅度提高，同时，建筑中的许多构件可以异地加工，然后运到建筑施工现场，装配到建筑中，如门窗、整体卫浴、管组、钢结构等构件，整个应用过程使得整个建造的工期缩短且容易掌控。

3.2 主要技术内容

3.2.1 机电数字化加工

机电管线预制加工中应用的核心在于数据的提取及集成，形成预制加工综合管理平台和全过程的数据库，利用数据库以及工厂化加工管理系统软件进行设计与建模，并将深化设计、预制加工、材料管理、物流运输、现场施工等各工作环节有效链接，各参与方在终端进行信息的录入和修改，并在云端进行信息的集成，实现多参与方协同合作。同时与BIM信息管理集成起来，实现机电设备工程预制加工和装配组合的综合信息化管理。

机电管线数字化加工，将深化设计和预制加工有效结合起来，做到了深化设计与预制加工的同步有序进行，有效提高了工作效率，其中在深化设计的过程中充分考虑工厂加工以及现在安装的需求，使得整个的预制拆分更合理，避免在工厂加工以及现场施工过程中出现需要返厂或者返工的情况，完成深化设计之后，导出工厂设备可识别的文档格式，文档中应包含构件生产过程中的各项控制数据，将加工数据文件导入到工厂数控设备上，通过系统预先设置的计算程序，进行工厂加工，保证构件的加工精度。通过系统预先设置的计算程序，进行工厂加工，保证构件的加工精度。

3.2.2 钢结构数字化加工

钢结构数字化加工主要包括模型自动化处理、钢结构数字化建造、资源集约化管理、工程可视化管理、施工过程信息智能管理等内容。通过这些应用解决项目中存在的多个问题，如构件形式复杂、材料类型繁多、生产工序较多、对精度要求高、建造过程控制难度大等。数字化加工的应用，可实现工位精细化管理，理清了深化设计、材料管理、构件制造、项目安装全过程的管理思路，建立了施工全过程追溯体系，打通了传统钢结构建造过程的信息壁垒，解决了施工过程中信息共享和协同工作的问题，提高了项目的生产效率和管理水平，保证了建筑结构的顺利施工，也为建筑工程管理模式转型升级、实现建筑工业化提供了新的发展思路。

钢结构数字化加工使用的原始数据信息可以直接从数字化加工模型中提取，这些数据包含：零件的结构信息，如长度、宽度等；零件的属性信息，如材质、零件号等；零件的可加工信息，如尺寸、开孔情况等。钢结构数字化加工使用的材料信息可以直接从企业的物料数据库中提取，通过二次开发连接企业的物料数据库，调用物料库存信息进行排版套料，对排版后的余料进行退库管理。排版套料结束后，根据实际使用的数控设备选择不同的数控文件格式，对结果进行输出，同时此结果又可以反馈到数字化加工模型中，对施工信息进行添加和更新操作。

钢结构加工前采用排版软件进行自动排版，工作效率大幅度提高，排版软件直接从数字化加工平台中读取板材和零件数据，并返回包括余料在内的各类排版信息，相比人工排版，在板材利用率方面有明显提升，使钢结构制造至少提高1%的材料综合利用率等。完成加工排版之后将相关的加工信息导入到工厂相关设备的数控系统，数控设备根据数据输入进行加工。

3.2.3 PC构件数字化加工

2013年1月国家发展改革委和住房城乡建设部联合发布了《绿色建筑行动方案》，明确将推动建筑工业化作为十大重点任务之一。在大力推动转变经济发展方式、调整产业结构和大力推动节能减排工作的背景下，建筑产业化在各地政府的推动下在全国范围内迅速推广开来进入高速发展期。建筑产业化是我国建筑业摆脱人工短缺、资源浪费、环境污染和安全事故频发的必由之路，对我国传统建筑业转型升级、实现绿色可持续发展具有重要意义。

PC构件数字化加工从建筑方案开始，建筑物和构筑物的设计就遵循工厂化设计标准，建筑物及其构配件按照一定的基本原则实现节点构造标准化、结构形式体系化，构件工厂化设计完成之后将相关加工控制数据导入到工厂数控设备中，构件在工厂按要求完成构件的加工后运输到施工现场，利用专门的机械设备完成构件施工。

PC构件数字化加工使得构件设计更加标准化，有效提高了设计效率，工厂化预制生产的构配件，设备精良、工艺完善、工人熟练、质控容易，施工质量大大提高。

4. 数字化测绘技术

4.1 数字化测绘技术的概念

数字化的测图技术是一种全解析的计算机辅助出图的方法，与传统的测图技术相比较而言，具有效率高、精度高等优势。随着计算机技术的不断进步和电子技术的不断完善，以GPS为核心的测绘技术快速发展，为测绘工作提供了新的手段、技术和仪器。特别是3s技术的集成与结合，使之成了空间对建筑物进行观测的重要方式，使人们能够运用信息化的手段，对空间与建筑物分布相关的信息和数据进行采集、测量、更新、获取、传播、应用、管理和存储，数字化测绘技术目前在三维空间扫描领域已经得到很好的普及应用。

4.2 主要技术内容

数字化测绘技术实质上是一种全解析、机助成图的方法，与传统测绘技术相比，具有显而易见的优势和广阔的发展前景，是地形测绘发展的技术前沿，数字地形图最好地（无损地）体现了外业测量的高精度，也就是最好地体现了仪器发展更新、精度提高的高科技进步的价值，不仅适应了当今科技发展的需要，也适应了现代社会科学管理的需要，既保证了高精度，又提供了数字化信息，可以满足建立各专业管理信息系统的需要。

4.2.1 自动化程度高

数字化测绘是经过计算机软件自动处理（自动计算、自动识别、自动连接、自动调用图式符号等），自动绘出精确、规范、美观的数字地形图。另外，数字化测绘出错（读错、记错、展错）的概率小，能自动提取坐标、距离、方位和面积等。

4.2.2 测绘精度高

采用数字化测绘技术在距离300m以内时测定地物点误差约为±2mm，测定地形点高差约为±18mm，测量数据作为电子数据格式可以自动传输、记录、存储、处理和成图，在全过程中原始数据的精度毫无损失，不存在传统测图中的视距误差、方向误差、展点误差，很好地反映了外业测量的高精度，可获得高精度（与仪器测量同精度）的测量成果。

4.2.3 图形属性信息丰富

进行数字化测图时不仅要测定地形点的位置（坐标）还要知道所测点的属性是什么，当场记下该测点的编码和连接信息，显示成图时，利用测图系统中的图式符号库，只要知道编码，就可以从库中调出与该编码对应的图式符号成图，因此，数字化测图时所采集的图形信息，包括点的定位信息、连接信息和属性信息，易于检索。

4.2.4 图形编辑方便

数字化测图的成果是分层存放的，不受图面负载量的限制，从而便于成果的加工利用，当进行房屋的改建、扩建，变更地籍或者房产时，只需输入有关的信息，经过数据处理就能方便地做到更新和修改，可以始终保持图面整体的可靠性和现势性。

5. 项目施工信息综合管理技术

5.1 项目施工信息综合管理技术的概念

项目施工信息综合管理技术以项目计划管理为主线，按照“P-D-C-A”的思想，遵循“规范行为、辅助管控、操作便捷、知识共享”的总体原则来设计项目信息系统整体框架，框架内容原则上应覆盖项目履约周期内的各业务系统及各项管理活动。

项目施工信息综合管理技术是以项目标准化为基础，将项目从开工到竣工全过程的各项工作进行系统梳理，对提炼出的各项任务从工作内容到工作标准、考核标准等进行统一，形成项目工作任务标准库。

项目施工信息综合管理技术同时具有绩效考核功能，由考核主体从每个岗位人员的工作任务安排中提取考核指标，系统自动根据工作任务完成情况（工作记录）进行计算，形成每个管理人员的绩效评分，作为项目绩效奖励、评先和晋级的依据。

5.2　主要技术内容

（1）以计划管理为主线：计划管理是项目施工信息综合管理的核心及前提，各个板块的工作内容都是围绕计划管理开展的，先计划、再实施，有记录、有考核，做到过程中监督、实施中记录，记录配考核，考核配排名。

（2）以工作内容为载体：各岗位人员在编排周工作安排时可以从后台固化的工作内容库中选取本周应该进行的工作任务，达到规范现场管理行为的效果，同时也可以作为新员工或不熟悉岗位工作的员工的一个指导教材。

（3）以强制关联为约束：通过系统自身设置的横向业务关联关系和纵向逻辑约束关系，能保证每一步核心业务管理活动的开展都能对前后管理活动形成关联和制约，其间任何一项管理活动违反流程要求都会造成后续活动无法完成，最终通过这种刚性的约束来保证每项管理工作都必须按要求落实到位。

（4）以后台固化为服务：系统通过后台固化工作内容、交底、验收等方式为项目提供便利，减少录入量，提供学习参考资料。

（5）以绩效考核为促进：绩效考核的指标都是从工作内容中选取，考核成绩的好坏直接反映了现场计划的科学性、现场履约的能力和系统理解的水平。

（6）以移动终端为辅助：使用移动终端结合物联网技术直接在现场处理业务工作，将工序验收、实测实量等直接在现场处理，将现在需要填写表单的质量、安全问题整改，临边和洞口防护验收等管理活动，简化为照片及电子表单上传系统的审批流程等。

（7）以数据传输为支撑：以项目施工信息综合管理的信息为支撑，为企业的决策支持进行实时数据交互，保证上下信息的关联，避免重复工作。

（8）以精简高效为原则：项目施工信息综合管理系统设置的表单只涉及公司内部管控的过程资料，竣工资料一律都不在系统体现（在资料软件中完成），减少项目的工作量，提高工作效率。

（9）以数据真实为目的：项目施工信息综合管理系统通过混凝土进场小票记录、钢筋加工过程管理记录及钢筋接头的取样送检记录等重点管控三大主材进场数据的原始性和真实性。

（10）以提醒预警为服务：项目施工信息综合管理系统设置提醒和预警功能，项目各岗位人员都能收到未完成工作的提醒及未处理事项的预警，保证工作完成的及时性，提升履约水平。

（11）以打印签字为便捷：项目施工信息综合管理系统设置打印功能，现场管理表单（安全技术交底、施工日志、整改落实、实测实量等）可以通过打印后签字作为纸质版留存，避免做两套表单。

（12）以附件添加为补充：系统中每个表单都开发有添加附件功能，必须上传附件的表单都有标识，其他表单项目可根据实际情况添加附件对其进行补充说明。

三、信息化施工技术最新进展（1～2年）

1. BIM技术

在过去的几年中，BIM已经成为中国建筑业公认的，代表行业未来发展方向的革命性变革。政府在《2016—2020年建筑业信息化发展纲要》中明确提出，加快BIM普及应用、基于网络的协同工作技术应用，提升和完善企业综合管理平台，实现企业信息管理与工程项目信息管理的集成，促进企业设计水平和管理水平的提高。研发基于BIM技术的集成设计系统，逐步实现建筑、结构、水暖电等专业的信息共享及协同；深度融合BIM、大数据、智能化、移动通信、云计算等信息技术，实现BIM与企业管理信息系统的一体化应用，促进企业设计水平和管理水平的提高。住房和城乡建设部于2015年6月16日印发了《关于推进建筑信息模型应用的指导意见》，明确了我国BIM发展应用的方向，宣告了中国BIM开始全面推动实施。

近年来，BIM在我国建筑领域的应用逐步兴起，技术理论研究持续深入，标准编制工作正在全面展开。同时BIM在部分重点项目的设计、施工和运营维护管理中陆续得到应用，与国际先进水平的差距正在逐渐缩小。推进BIM应用已成为政府、行业和企业的共识。

各软件公司都在研究BIM相关软件，希望让设计师从设计角度、施工人员从项目需求方面，实现数据互联互通，让建筑行业最大限度地体会到或者享受到BIM本身的好处。

2016年第一部BIM国家标准《建筑信息模型应用统一标准》GB/T 51212—2016发布，标志着我国BIM应用取得了突破性的进展；2017年BIM国家标准《建筑信息模型施工应用标准》GB/T 51235—2017发布，表明BIM在施工阶段的应用有依可循。行业内的BIM在大胆探索的同时开始逐步完成BIM应用的顶层设计。BIM应用日趋规范。

2. 物联网技术

国外对物联网的研究和应用起步较早，国内自2009年开始在工业领域应用物联网技术。在施工领域应用物联网技术主要在近2～3年。目前的应用范围主要限于工人的实名制管理、现场的安全管理、绿色施工管理、大型设备管理、大体积混凝土浇筑过程中温度和应力变化监测、基坑和隧洞岩土稳定性监测等方面。主要原因是物联网技术对网络条件和硬件设施的要求较高，相应费用也比较高，高昂的费用对于普通的项目而言并不经济。

3. 数字化加工技术

随着建筑业的发展，工厂化需求日益提高，数字化加工技术也在建筑各个专业开始应用。部分公司开始引进国外先进的软件系统、设备和相关技术，消化并解决应用中的技术难点，进行二次开发，完善符合国内工厂化设计需求的系统；部分专业已经开始研究设计或者深化设计软件与工厂加工平台之间的数据互通，减少现场工人在机器上直接输入，进一步提高数字化加工的水平。但建筑行业工厂化加工发展不全面，相应的数控设备利用率和加工质量都有待提高。

4. 数字化测绘技术

在过去的几年里，数字化测绘在工程施工方面的发展主要体现在传统测量设备的自动化和数字化升级，如光电测距仪、精密测距仪、电子经纬仪、全站仪、电子水准仪、数字水准仪、激光准直仪、激光扫平仪等，进而带来工程施工测量方法的变革，尤其是带有GPS的测量仪器设备的使用，使群体建筑施工、基础设施施工的测量定位更加便利和精确。

5. 虚拟现实技术和增强现实技术

BIM技术的理念是建立涵盖建筑工程全生命周期的模型信息库，并实现各个阶段、不同专业之间基于模型的信息集成和共享。BIM技术与虚拟现实技术的集成即是BIM信息库、辅助虚拟现实技术在建筑工程项目全生命周期中更好地应用。

虚拟现实技术（VR）和增强现实技术（AR），在BIM模型和正在建造的、正在运维的建筑之间搭建起可视化桥梁，比起传统的建筑效果图和动画，虚拟现实技术在建筑施工中将其整合为多感知的、生动的、有机的整体，从而使设计体验更加真实，更能体现建筑的尺度感，使人身临其境地感受建筑空间与人的关系。作为一项提高协同工作能力、设计能力、运维管理能力的有效手段，AR/VR技术将为人类的智能扩展提供强有力的手段，将对建筑业的生产方式产生巨大而深远的影响。

6. 项目施工信息综合管理技术

随着建筑业的发展，精细化、标准化的管理日渐成为行业的目标，而项目施工现场的管理为其中最重要的一环，项目施工信息综合管理水平直接影响项目的管理效率，目前越来越多的施工企业开始研究项目施工信息综合管理技术，对项目进行统一管理，现在也有越来越多的施工企业在研发项目施工信息系统。

四、信息化施工技术前沿研究

1. BIM技术

未来的几年将会有一系列的国家标准颁布出来，应用到BIM的各个领域，帮助产业链选择适合的解决方式推广和应用BIM。随着BIM单项技术应用逐渐成熟，业务流程不断规范化、标准化，必将实现集成化应用，进而形成工程项目管理系统；与此同时，随着3D打印技术的发展，BIM“所见即所得”的技术优势必将推动BIM技术与3D打印技术的融合，甚至VR以及AR与BIM的融合，共同发展；BIM应用也将融入企业信息化管理，作为项目大数据的重要来源，成为企业信息化管理的支撑性技术。BIM与大数据、物联网、GIS等多种信息技术的集成应用，使得“BIM+”融合趋势明显。

2. 物联网技术

根据国家的《2016—2020年建筑业信息化发展纲要》，到2020年，我国要结合建筑业发展需求，加强低成本、低功耗、智能化传感器及相关设备研发，实现物联网核心芯片、仪器仪表、配套软件等在建筑业的集成应用。开展传感器、高速移动通信、无线射频、近场通信及二维码识别等物联网技术与工程项目管理信息系统的集成应用研究，开展示范应用。届时随着物联网技术的成熟和普及以及应用门槛的降低，施工领域对物联网技术的应用也会扩大范围，将有可能在施工工序中引入物联网技术。

3. 数字化加工技术

随着建筑业以及电子信息技术的发展，信息化技术将深入到建筑业的各个层面。数字化加工将实现制造设备数字化、生产过程数字化、管理数字化，并通过集成实现整个数控车间规范化、信息化，对于设备控制层的数字化越来越多地采取嵌入式系统，从传统的一台计算机控制一台数控机床的模式转换为分布式数字控制技术，整合数控车间的设备布局和管理方式，实现数控信息的集中控制、集中管理，使数控加工设备的利用更加合理、效率更高，数控车间的管理也逐步实现信息化，从而实现企业的数据流、信息流的流程和各种信息管理系统的高度集成，这对于数控车间的管理和数控技术的应用都将有极大的推动作用。

4. 数字化测绘技术

充分利用GPS技术。随着接收机的改进，广域差分技术、实时差分技术等技术的应用，将随时满足静态、动态、高精度定位的需要，接收机将更轻便灵活，在偏远山区路桥施工和水电站施工的测量中会有广泛应用。

城市与工程控制网，监测网优化设计软件将得到进一步的应用与推广，观测数据处理等方面的研究将进一步智能化；控制网的观测数据采集和处理，将走向自动化、实时化、数字化。

工程测量的数字化测绘软件的研发将进一步深化，将出现功能齐全、效果更好、使用更加灵活的软件系统。一方面数字化测绘技术与GIS的结合将更加紧密，数字信息的采集通过数据转换直接进入数据库，实现一测多用，数据共享将实现全球数据更新和空间基础信息系统的动态管理；另一方面数字化测绘技术与工程设计施工相结合的软件系统的研发与应用将会有更新、更快的发展，为勘测、设计、施工建立专业信息管理系统创造良好的条件。

航空摄影测量技术发展前景将更加广泛。全自动数码航测相机与GPS相连接，与激光扫描仪相结合，即可制作三维地面立体模型，将会在众多领域如既有建筑改造、古建筑修复、复杂构筑物施工及验收等领域得到广泛应用。

5. 项目施工信息综合管理技术

未来项目施工信息综合管理技术将日趋成熟，在不久的将来，每名项目管理人员都可以拿着移动终端直接在现场处理业务工作，通过系统的管理，每个岗位上的工作人员工作任务及完成情况将形成动态、可追溯的记录，并且在后台建立技术交底、安全交底等通用模板，需要时直接调用后台模板，根据现场实际简单修改后打印签字，成为现场管理的有力工具。基于项目施工信息的综合管理通过大量项目实践累积，形成项目管理的大数据，逐渐丰富健全的大数据将为项目的运营决策提供科学的数据支持，可进一步推动项目管理的精细化和标准化。

五、信息化施工技术典型工程案例

1. 珠海横琴国际金融中心大厦项目智慧工地集成应用

1.1　工程介绍

横琴国际金融中心大厦工程位于珠海横琴新区十字门中央商务区横琴片区离岸金融岛8号地块，总建筑面积21.92万m^2，建筑高度337m，塔楼69层，裙楼4层，地下室4层。是集甲级写字楼、商业会展、餐饮与商务公寓等多种业态于一体的城市综合体，是在建的珠海、澳门第一高楼。项目效果图如图25-9所示。

1.2　工程特点和BIM应用目标

本项目具有品质定位高、工期紧、总承包协调量大、造型复杂、工艺要求高等特点。通过BIM相关技术的应用，引入无人机航测、激光扫描、AR/VR等新技术，依托物联网、云平台等信息系统，实现信息互联，同时将“物联网+”理念与工程项目实施过程中的进度、安全、质量、技术等管控要素相结合让新技术有机地结合在一起，打造智慧工地，让工地成为“生命体”。

图25-9　横琴国际金融中心大厦项目效果图

1.3　智慧工地协同工作

项目致力于探索消除数据孤岛、打通数据传递链条、实现数据的自动采集和自动监管。在项目上尝试将各平台数据进行整合，通过统一的数据标准、接口标准相互关联，实现数据的互通和共享。以施工现场管理系统为核心，打通项目信息横向传递链条，为项目管理服务。同时打通计划、成本等信息的竖向传递链条，为企业管理、决策服务。协同平台流程如图25-10所示。

1.4　智慧工地BIM应用

为提高设计施工协同效率，逐步建立全专业BIM模型进行深化设计（见图25-11）。旨在以三维的角度对二维设计的空间结构、复杂节点等进行图纸复核审查，查缺补漏、纠错优化，避免现场返工，达到提高效率、节省成本的目的。

同时，顶模施工等关键施工方案进行深化设计及模拟（见图25-12）。以满足施工安全和主体结构施工要求为前提，建立顶模系统中标准构件族库，包括贝雷片、立柱、挂架立杆、翻板、模板等标准化构件，对顶模系统进行模数化设计。对顶升过程进行模拟，对顶模模型的安全防护、操作空间等进行检查。尽量考虑到顶模施工过程中的各种工况，确认设计符合安全要求和施工便利性。

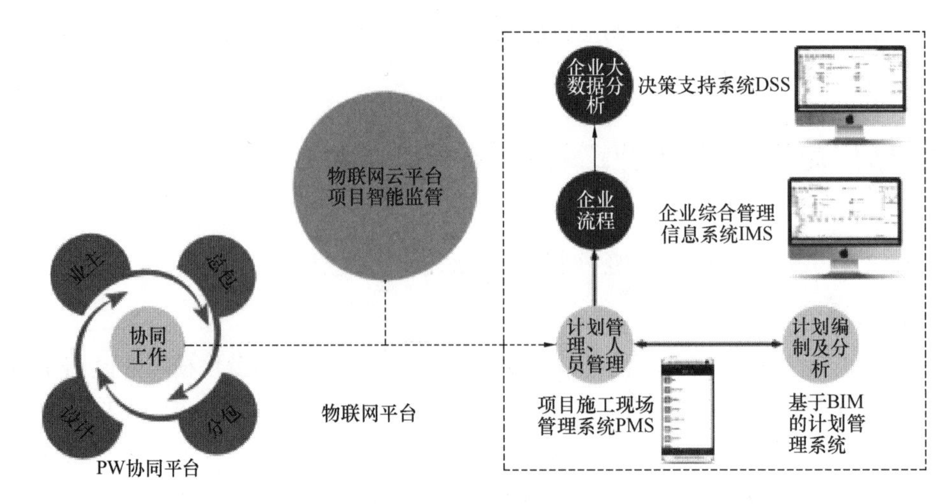

图 25-10　协同平台流程示意图

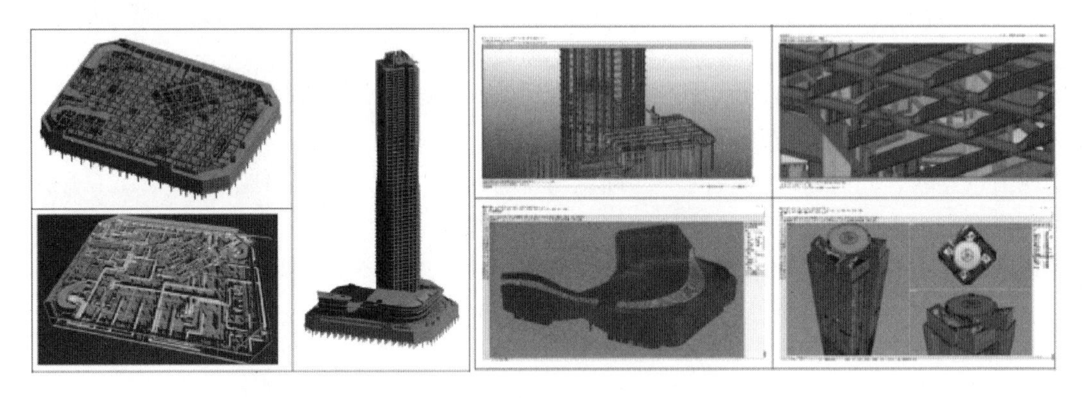

图 25-11　各专业 BIM 模型

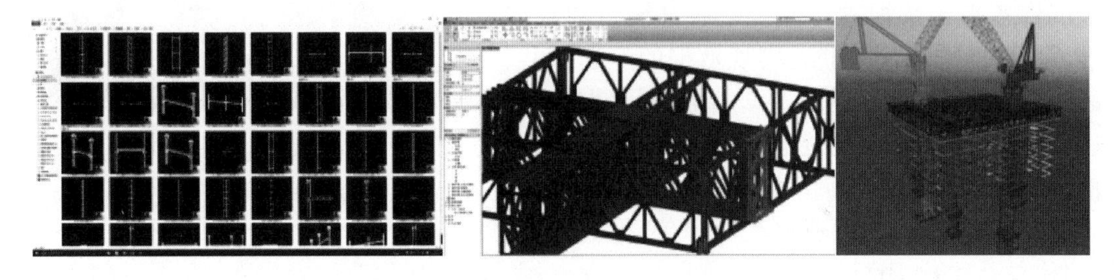

图 25-12　顶模深化设计及模拟

项目采用无人机倾斜摄影建模，可视化地对场地进行规划（见图 25-13），并采用无人机巡检，提升项目巡检效率。

为了解决裙楼钢结构与幕墙的精确定位和放样、保障管道复杂区域的深化设计可执行性，项目综合采用激光扫描仪和放样机器人（见图 25-14、图 25-15）。采用激光扫描仪快速、精确地采集点云数据，用于实测实量、深化设计验证、空间定位。采用智能全站仪对定位数据进行精准放样，实现施工现场的高效精确定位及放样。

项目使用 3D 打印沙盘、VR、AR 等新技术，立体、直观、真实地对现场的布置、部

图 25-13　无人机实景建模、场地规划

图 25-14　激光扫描测量高大空间、扫描点云辅助调整机电模型

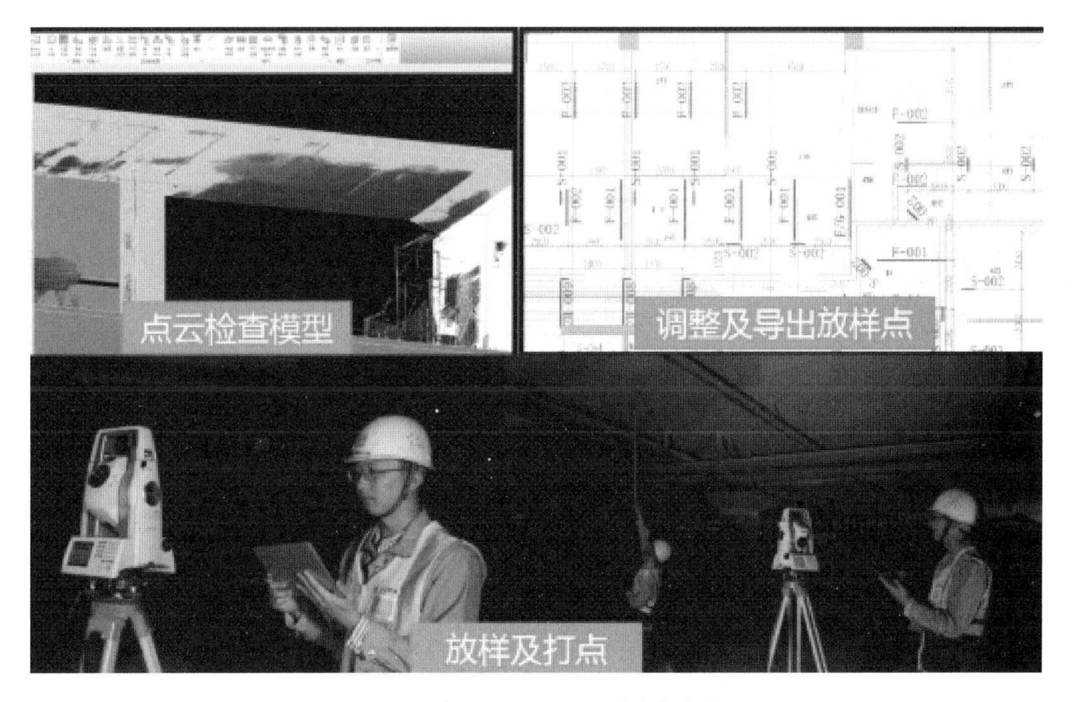

图 25-15　智能放样机器人精确高效放样

署、规划进行体验和展示，更加直观、深刻地进行项目进度推演、方案设计及深化设计。如图 25-16～图 25-18 所示。

图 25-16　3D 打印沙盘

图 25-17　VR 方案体验

图 25-18　AR 辅助施工、运维

1.5　智慧工地物联网平台

智慧工地物联网平台，是建立在 BIM、物联网、云计算、移动互联网、大数据等信息技术之上的工程信息化建造平台，本项目物联网平台应用范围涵盖人员管理、质安管理、大型设备管理、环境监测及能耗管理、材料管理五大模块。

1.5.1　人员管理

项目在工地门口及关键区域的出入口加装了 RFID 感应器，在安全帽内加装了预载人员身份信息的 RFID 芯片，对进场作业人员进行进退场考勤登记及资质认证，自动统计区域作业工种及人数上传至平台（见图 25-19）。精确管理各个楼层工作面上的人员数量、专业、工作时间等，为精细化的人员管理提供数据支持。

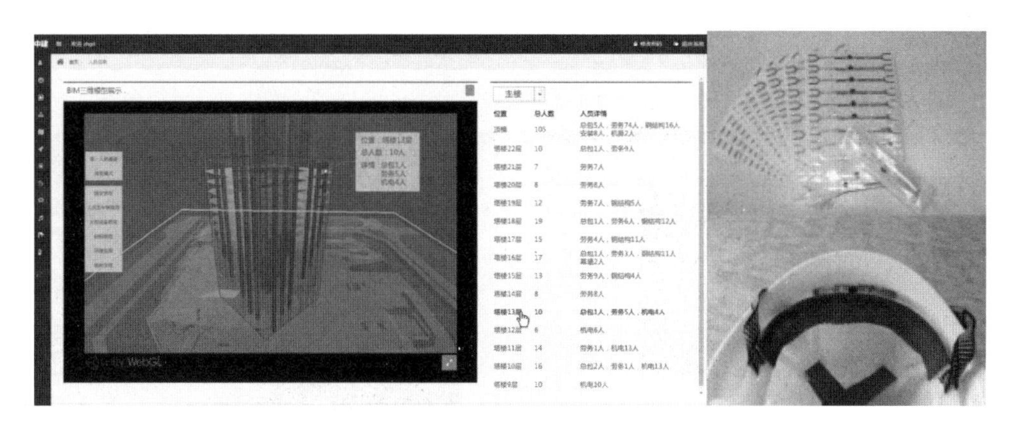

图 25-19　RFID 人员监管

1.5.2　质安管理

主要将大体积混凝土无线测温、高支模变形监测、视频监控、管制区域报警等零散的应用集成到平台中统一管理，并通过开发手机端 APP 方便项目管理人员查看数据。如图 25-20、图 25-21 所示。

图 25-20　管制区域报警及视频监控

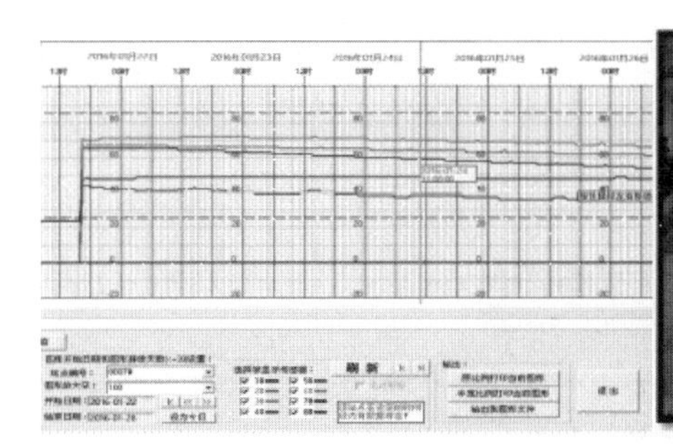

图 25-21　大体积混凝土无线测温及高支模变形监测

1.5.3　大型设备管理

塔式起重机、电梯、顶模平台是建筑业中最重要的施工机械，保证它们的安全使用，对保障施工安全、进度有着重要的意义。平台通过传感器对大型机械运行全过程进行监控、记录，及时预警。如图 25-22 所示。

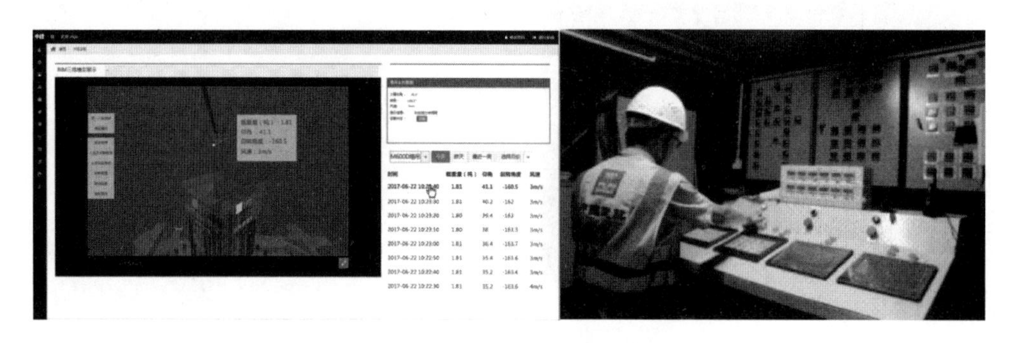

图 25-22 塔式起重机及顶模监控系统

1.5.4 环境监测及能耗管理

设置环境自动监测仪器，对施工现场的 PM2.5、PM10、温度、湿度、风速、噪声及工程污水等信息进行实时监测（见图 25-23、图 25-24），通过数据分析及处理确定项目环境、能耗情况，满足绿色施工的监管要求，自动化进行绿色施工分析。

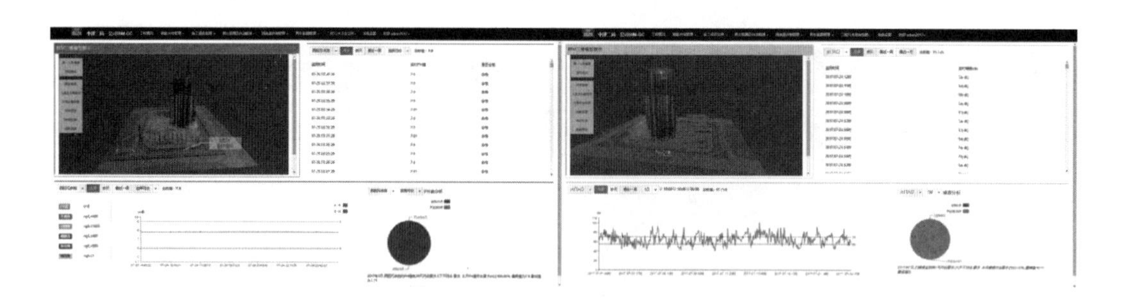

图 25-23 工程污水、噪声监测

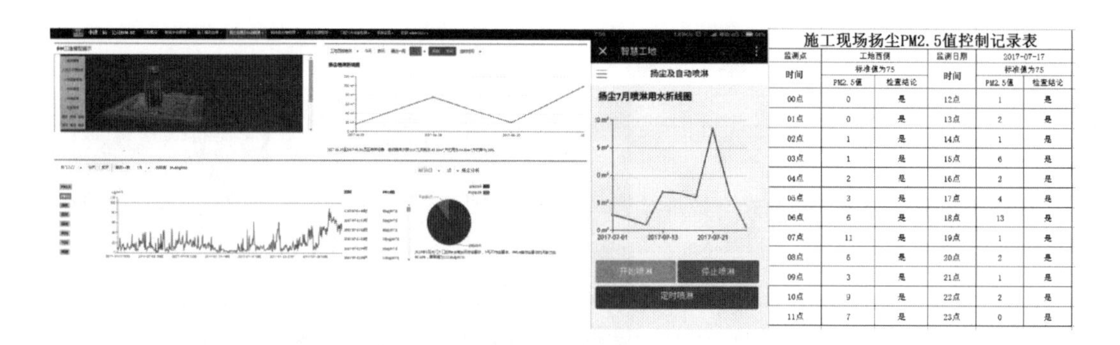

施工现场扬尘PM2.5值控制记录表

监测点	工地西侧		监测日期	2017-07-17	
时间	标准值为75		时间	标准值为75	
	PM2.5值	检查结论		PM2.5值	检查结论
00点	0	是	12点	1	是
01点	0	是	13点	2	是
02点	1	是	14点	1	是
03点	1	是	15点	6	是
04点	2	是	16点	2	是
05点	3	是	17点	4	是
06点	6	是	18点	13	是
07点	11	是	19点	1	是
08点	6	是	20点	2	是
09点	3	是	21点	1	是
10点	9	是	22点	2	是
11点	7	是	23点	0	是

图 25-24 扬尘监测、自动喷淋、数据记录

1.5.5 材料管理

材料管理方面，在地磅称重系统上加装传感器及摄像机，在材料车辆进场和出场时分别进行称重，对下料净重进行计算、拍照记录，将多次称重的稳定数据上传到平台中

自动形成材料进场报表。项目各类物资入场时生成并粘贴相应二维码，物资调配时需通过扫描二维码进行材料提取，入库及调配信息将实时传输至智能云平台系统。如图25-25所示。

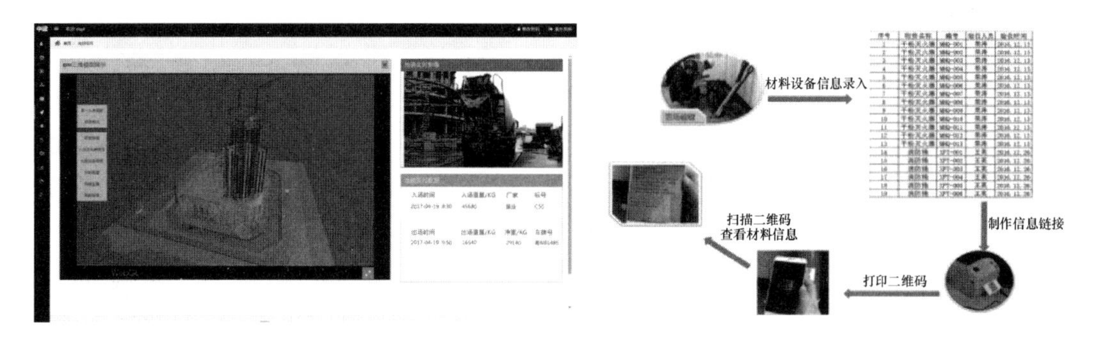

图 25-25　智能地磅称重和材料出入库管理

1.6　项目应用效果总结

本项目在多方协同工作、深化设计、实景建模、激光扫描及放样、AR、物联网集成应用等方面进行了深入的探索尝试，取得了一定成效。提升了设计、施工管理效率，节约了沟通时间和施工工期，实现了施工现场精细化管理，产生了良好的经济效益和社会效益。经统计：

（1）发现结构图纸问题 167 条，建筑图纸问题 36 条。

（2）共发现并解决碰撞问题 3 万余个，出深化图共 5 类，36 张。

（3）节点深化设计 50 余个。

（4）辅助施工方案交底 30 个。

（5）召开了全国智慧工地现场观摩会、广东省绿色施工观摩会、珠海市安全观摩会、横琴区智慧工地观摩会。

（6）提高顶模设计加工效率 50%。

（7）智慧工地云平台上线后，项目管理能力显著提高。上线运行后累计测试、记录现场人员 746 人，累计运行 134d，记录人员工时 152156h；监测区域报警数量 22 次，顶模及塔式起重机预警 13 次；监测扬尘、污水、噪声、用水用电 133d，整改问题 9 个，有效节水 663m^3，节电 1600kW·h。

（8）智能地磅累计称重 3153 次，其中入库数据（含冗余数据）43265 条，取稳定值 3653 次。仓储信息化管理试运行中，入库 42 次，出库 37 次，取得了良好的研究实验效果。

2. BIM 技术在天津 117 大厦项目工程总承包管理中的应用

2.1　工程项目简介

天津 117 大厦是天津市 20 项重大服务业工程项目之一。117 大厦地上 117 层（包含设备层共 130 层），597m 高，结构高度 596.2m，中国第一、世界第二；总建筑面积为 84.7 万 m^2，创民用建筑单体面积之最。

大厦主楼 92 层以下为超甲级国际商务办公楼，94 层以上为超五星级酒店，其中 115

图 25-26　天津 117 大厦项目效果图

层为带有室内游泳池的高级会所、116 层为景观餐厅、117 层为高档酒吧，系一幢集甲级办公、酒店、旅游观光、精品商业于一体的特大型超高层摩天大楼。大厦首层为 65m×65m，向上以 0.88°的角度逐层缩小至顶层 46m×46m，采用钢筋混凝土核心筒+巨型框架的结构体系，塔楼顶部为巨大的钻石造型，象征着尊贵无比的至高荣誉。项目效果图如图 25-26 所示。

2.2　应用范围

117 项目开始实施前，对建筑全生命周期中主要 BIM 应用点进行了分析研究，结合项目实际确定了 BIM 应用范围，如图 25-27 所示。

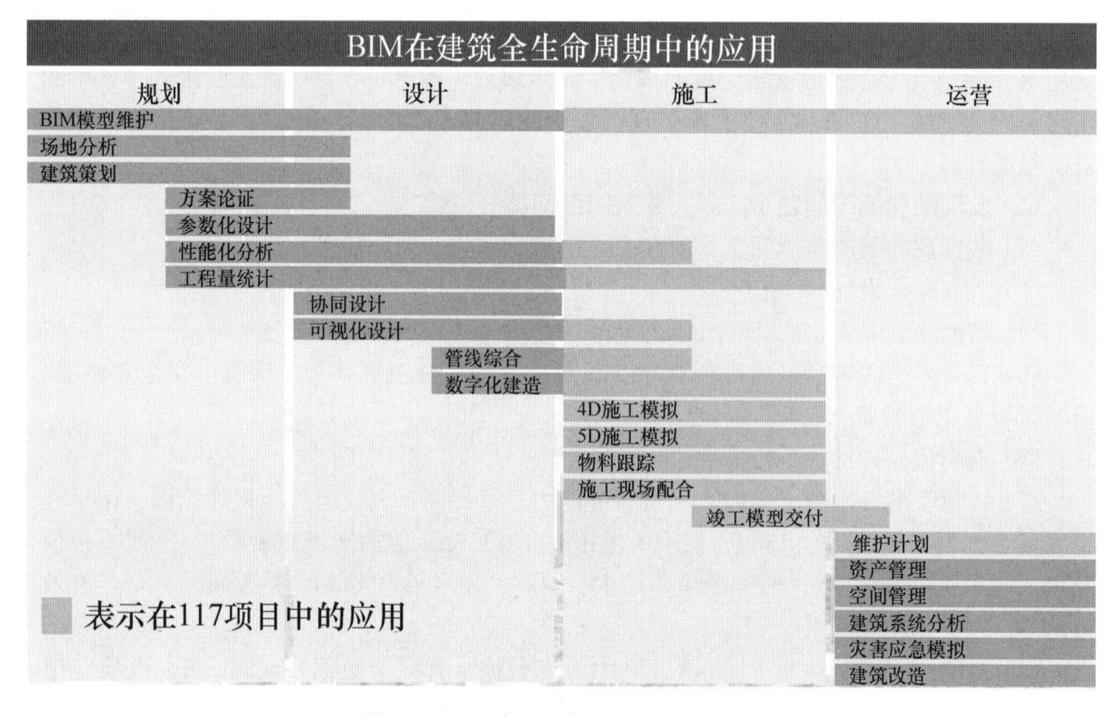

图 25-27　天津 117 大厦 BIM 应用范围

2.3　117 项目 BIM 专项应用

专项应用阶段，117 项目严格按照策划阶段确立的 BIM 实施标准，构建三维数据模型，通过统一软件平台整合各专业模型，进行碰撞检查、优化设计、预制加工、施工协调、三维算量等专业应用，如图 25-28 所示。

(1) 创建各专业 BIM 模型

117 项目土建专业采用 Revit 软件进行建模（见图 25-29），机电专业采用 MagiCAD 软件进行建模（见图 25-30），钢结构专业采用 Tekla 软件进行建模（见图 25-31），幕墙专

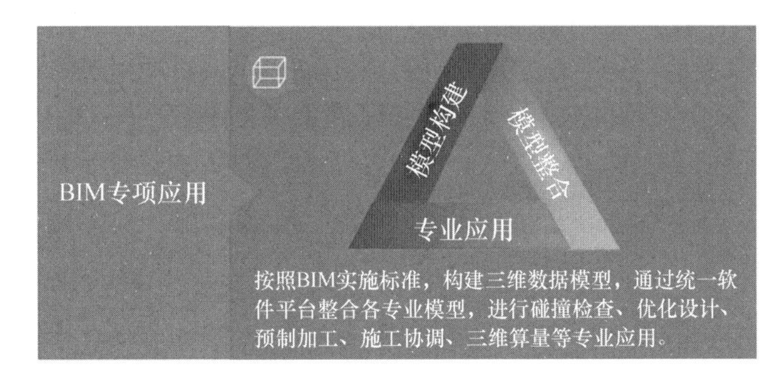

图 25-28　BIM 专项应用体系

业采用 Catia 软件进行建模。模型等级为 LOD400 等级标准；并根据新版本图纸、施工变更等信息进行各专业模型的维护、更新。

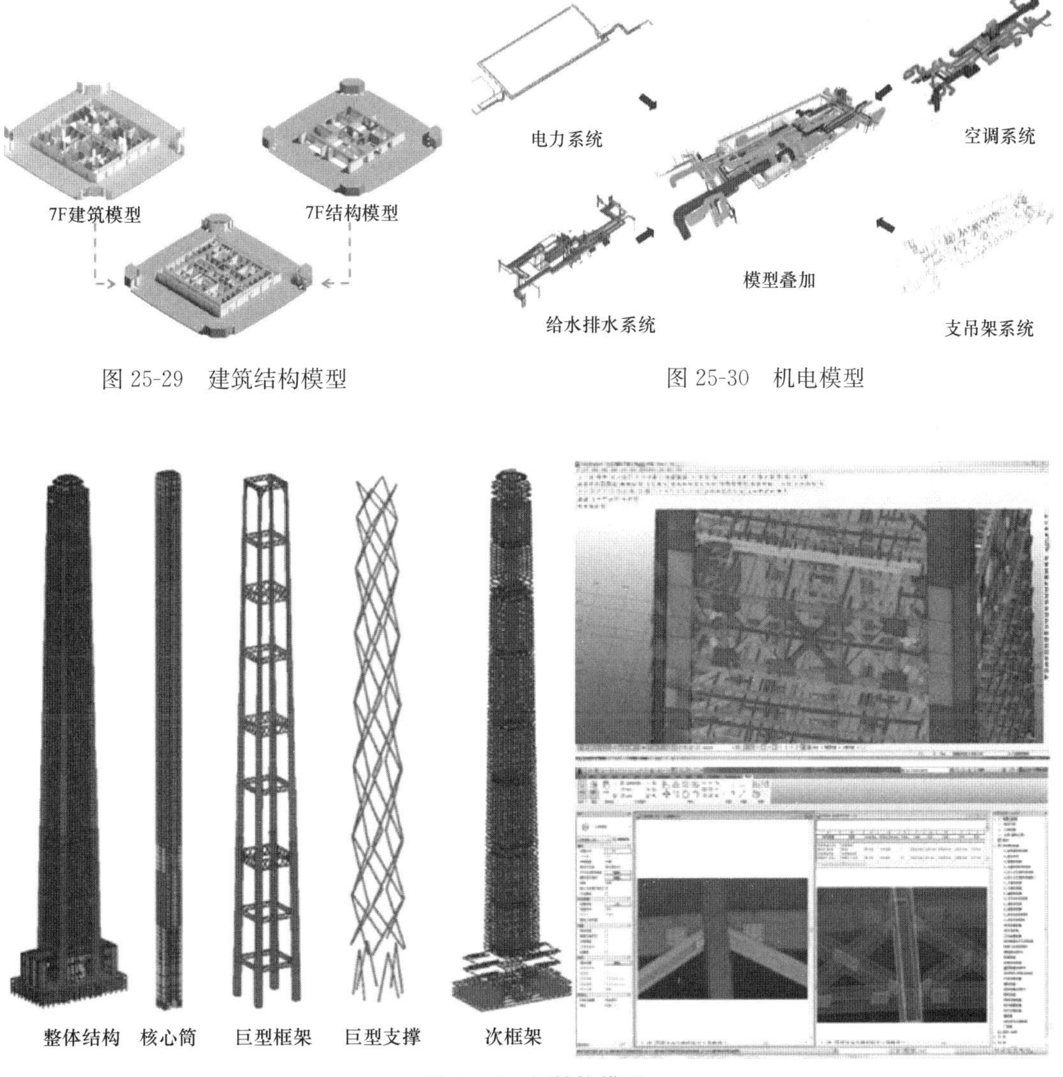

图 25-29　建筑结构模型

图 25-30　机电模型

图 25-31　钢结构模型

(2) 各专业设计模型的汇总整合及维护更新

117项目部收集及校核各专业设计模型，在Revit、Navisworks中汇总整合所有设计模型（见图25-32)。定期对模型进行汇总、校核并反馈校核意见，提供校核后真实有效的工程量、资料表等数据。

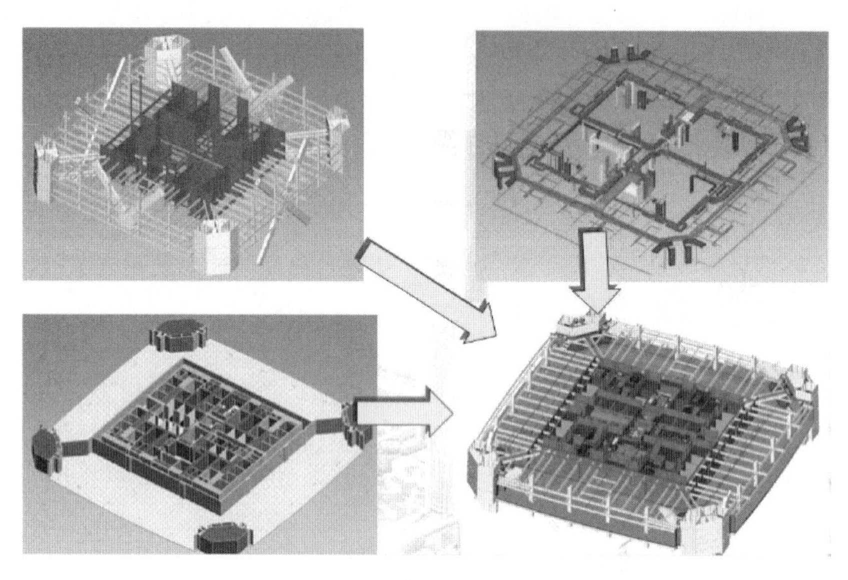

图25-32 多专业整合模型

(3) 施工总平面布置管理

117项目施工场平布置共发生过四次变化。每次场平变化，项目BIM应用团队均使用广联达施工现场三维布置软件进行项目总平面布置模型创建，然后召开评审会对新场平布置方案进行讨论调整。最终形成新场平布置方案图（见图25-33)。

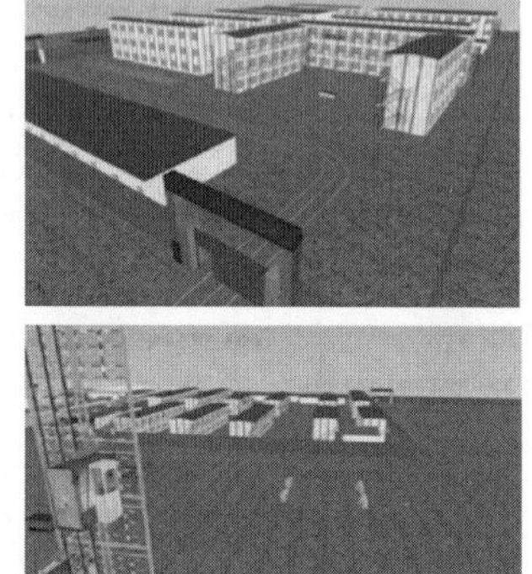

图25-33 场平布置方案图

(4) 基于BIM的三维算量

117项目同广联达科技股份有限公司合作，针对本工程的特点，开展了超高层项目深化设计模型三维算量课题研究，并取得了突出成效。通过开发Revit导出GFC插件，将土建模型导入到广联达图形算量软件GCL中。商务预算人员在GCL中直接对模型进行算量工作，并出具工程量清单，进行工程预算成本统计。避免了二次建模，工作效率成倍提高。可以预见，全方面实现该项技术，可以为以后的商务应用带来极大便利。

（5）施工总体环节及关键工序内容动画演示

在施工协调管理方面，利用BIM模型制作施工总体环节及关键工序内容的动画演示资料，随结构施工不断更新，BIM应用团队制作完成了外框架钢结构工序模拟、外框架钢结构斜撑模拟、顶升模架工序模拟等视频文件（见图25-34），在项目施工协调会及交底会上已成功运用BIM模型模拟视频替代传统的图纸交底模式，使施工人员更直观地对工程设计进行了解和分析。

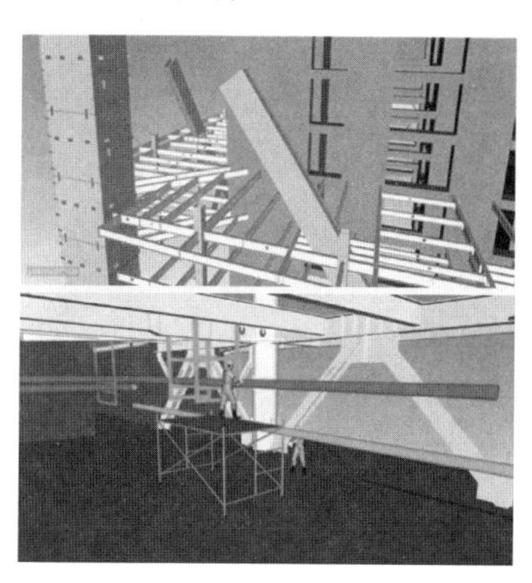

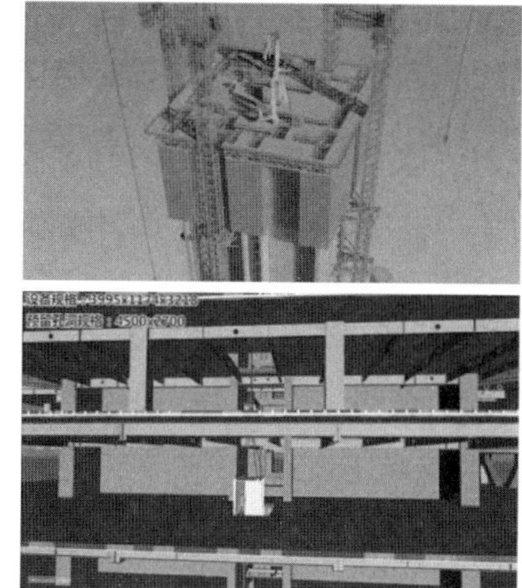

图25-34　关键工序内容动画演示

（6）机电、钢构件预制加工

机电专业根据模型将管道系统划分为多个预制加工段，再对每个预制加工段进行配件定位。对每个预制加工段、管道配件进行详细的尺寸标注。根据现场组合安装顺序要求，对所有管道和配件进行编号。实现工程现场大量构件的精细化工厂预制和现场安装（见图25-35）。

钢结构专业通过使用Tekla软件进行钢结构深化设计模型创建，将钢构件加工尺寸信息输出为excel提供给生产厂家，通过二维码技术与GPS技术应用，对生产信息、运输过程、现场施工安装进行实施跟踪。钢构件安装完毕后，使用自动全站仪对施工现场钢构件进行测量，将实际安装位置、尺寸信息反馈到钢结构模型中，对模型中钢构件进行微调。预拼装技术的应用，提高了钢结构施工的效率与施工质量。如图25-36所示。

2.4　117项目BIM综合管理

117项目充分利用以专项应用中获得的数据信息，将各专业的BIM模型数据、计划数据、工程量数据、图档数据、质量安全数据等集成到一起，应用到相应的施工现场管理工作中，实现了基于BIM模型的数字化的计划、生产和商务的综合管理。如图25-37所示。

（1）进度及工作面管理

117项目自行开发插件，将Project Server与BIM平台数据打通，通过Project

图 25-35　机电预制加工及预拼装技术

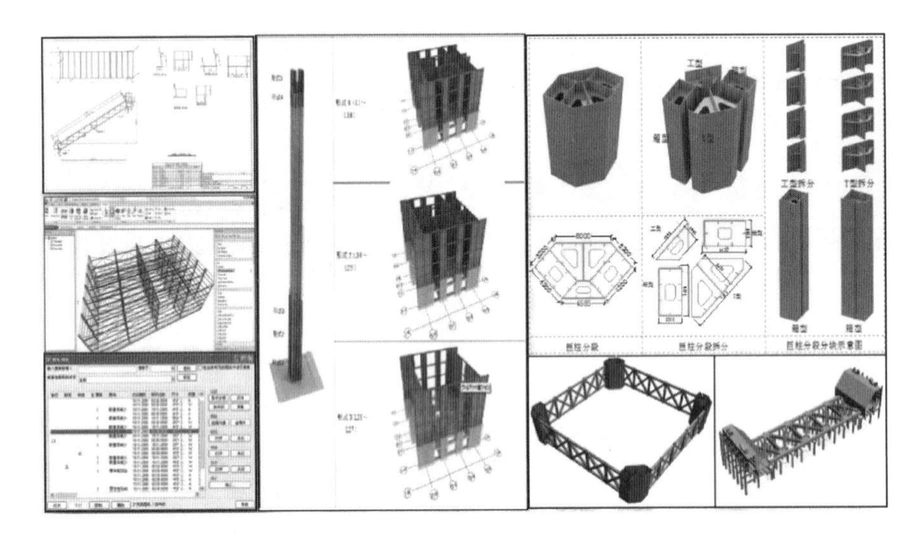

图 25-36　钢构件预制加工及预拼装技术

图 25-37　BIM 综合管理体系

Server进行计划编制预审核流程的控制，同时通过BIM平台进行实际进度的管理，实现自动完成计划与实际的对比、关键节点偏差数据的自动分析和深度追踪、工作任务的提醒和预警、工作面的交接管理，同时可以对任意时间点的工况进行回顾及动态展示。如图25-38所示。

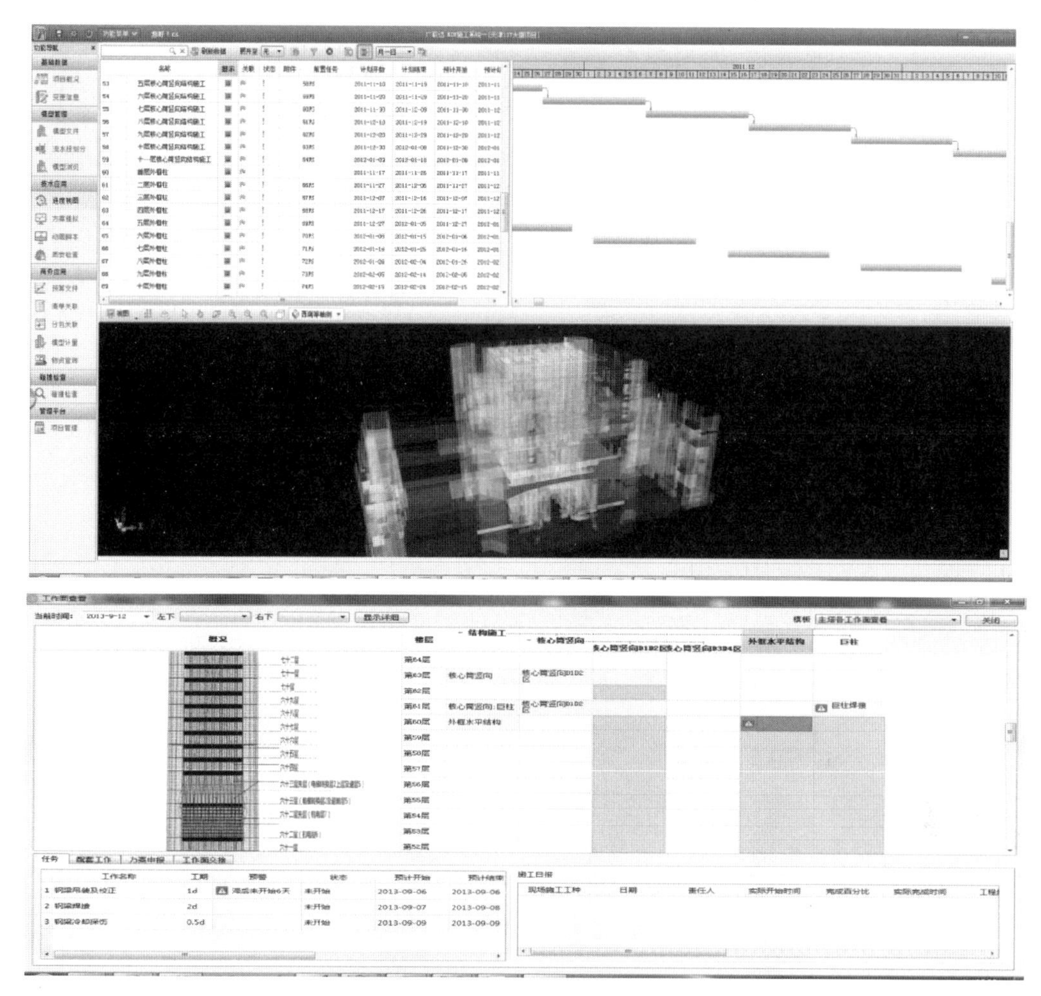

图25-38　进度任务跟踪看板

（2）图档管理

117项目BIM平台通过项目自定义编码，将图纸信息与模型进行关联，通过点击模型，可查看相对应的施工图纸，包括图纸各版本的查询和下载以及相应的图纸修改单、设计变更洽商单等相应附件信息。图纸数据全部存储在云端信息共享平台中，用户可以在信息共享平台上进行文档管理、任务发布及在线浏览等功能操作，针对不同的用户，平台设置了不同的访问权限。如图25-39～图25-41所示。

（3）质量安全管理

117项目通过移动端进行质量安全数据采集，将数据实时发布到BIM平台中，项目部各个用户能够实时查看质量安全问题的处理反馈结果，相关责任人将会得到预警和提醒。如图25-42所示。

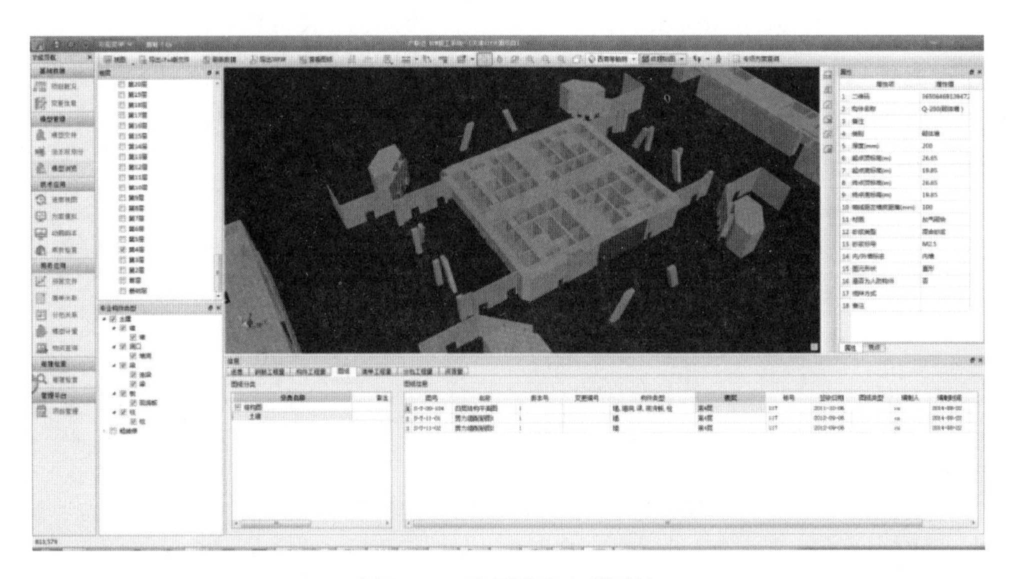

图 25-39 选择模型查看图纸

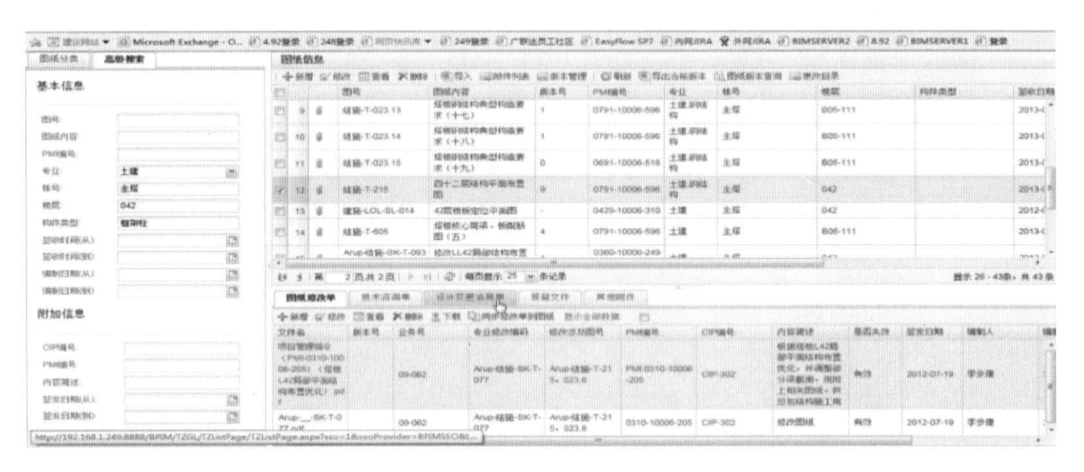

图 25-40 图纸及相关附件查询下载

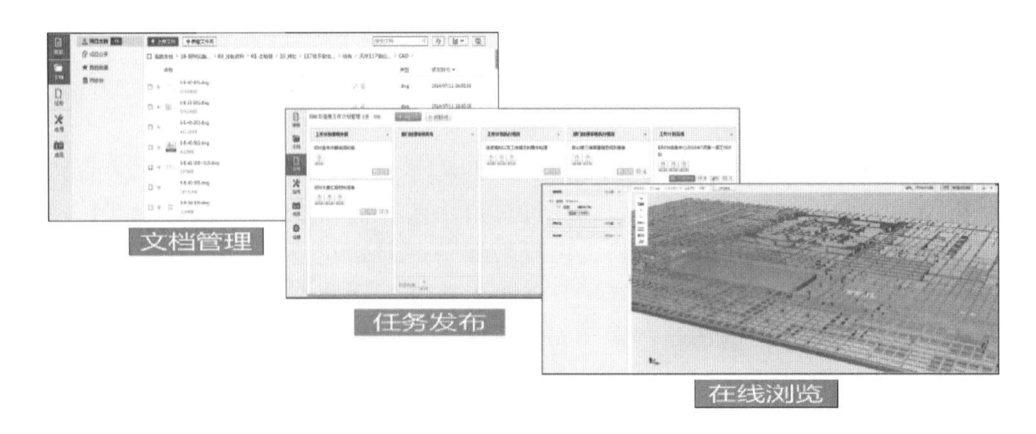

图 25-41 信息共享平台

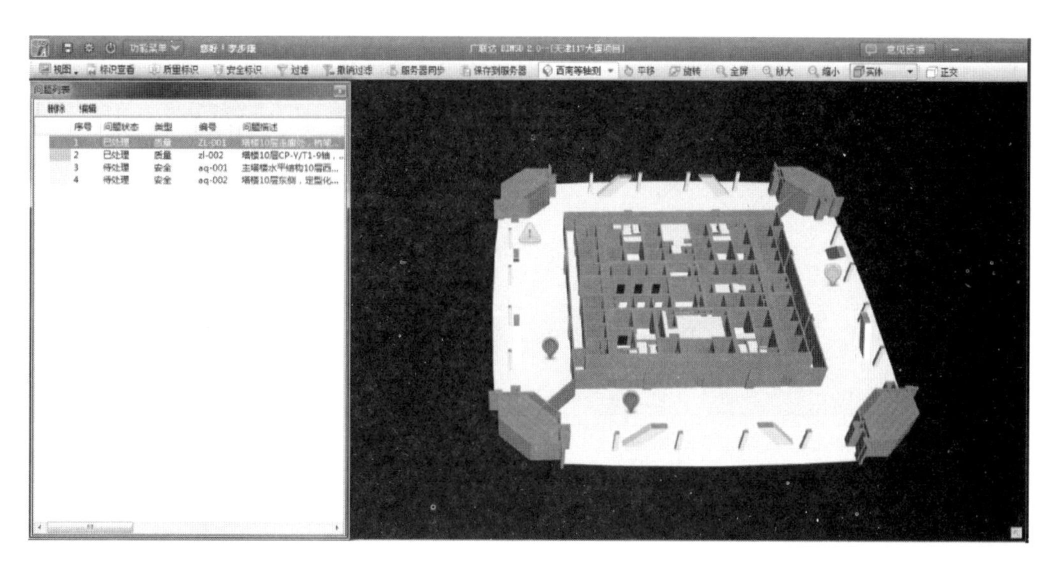

图 25-42　平台跟踪查询问题反馈结果

（4）合同管理

117 项目在合同管理方面运用 BIM 技术实现了对合同规划、合同台账、合同登记、合同条款预警等方面的管理。可实时跟踪合同完成情况，并根据合同执行情况出具资金计划、资源计划。如图 25-43～图 25-45 所示。

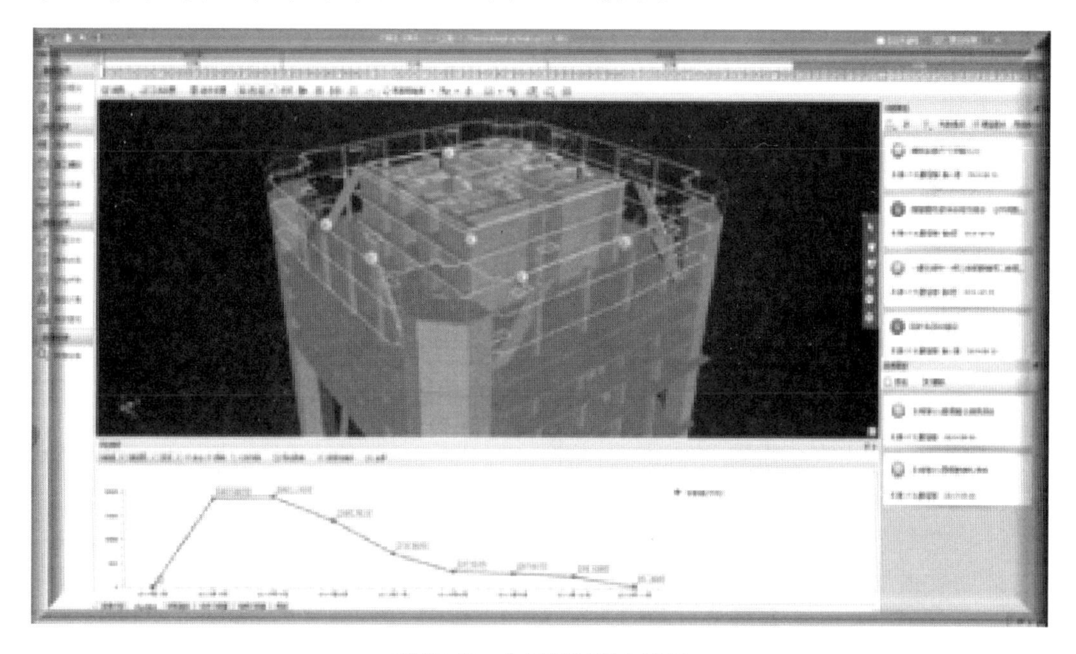

图 25-43　合同履行资金计划

通过模型与实体进度的关联，依据实际进度的开展提取模型总、分包工程量清单，为业主报量及分包报量审批提供数据参考。系统内置合同条款预警信息，当合同完成情况及报量、签证出现偏差时，及时预警相关责任人。

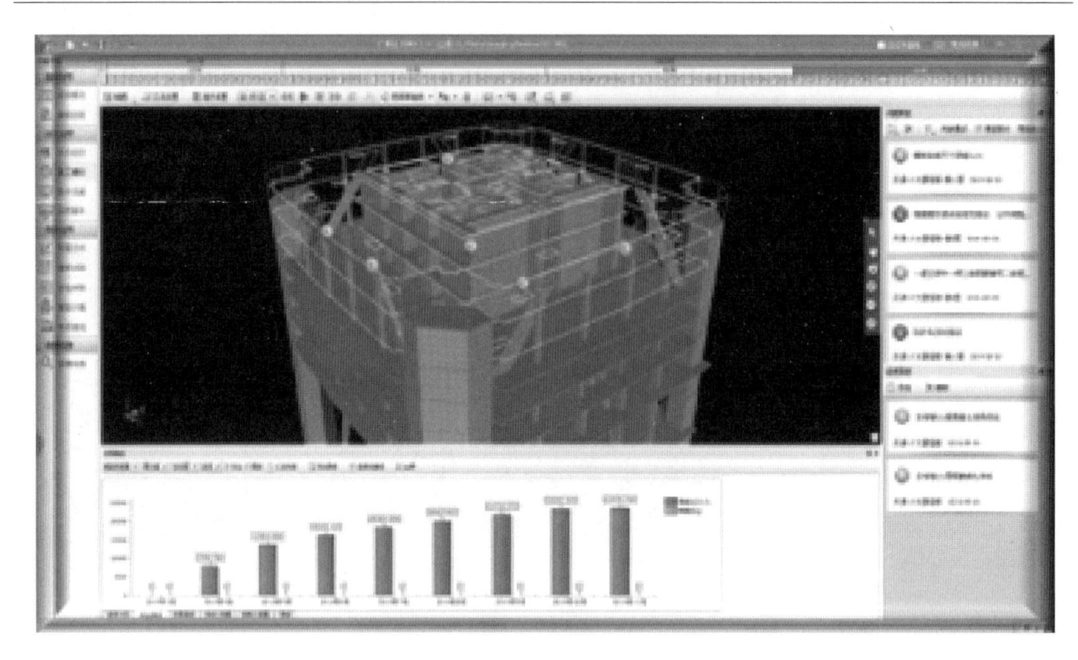

图 25-44　合同履行资源计划

图 25-45　合同执行情况

2.5　117 项目 BIM 应用取得的主要效果

(1) BIM 专项应用效果

117 项目在实施策划阶段，通过多方调研，并组织专家针对项目 BIM 实施各种规范章程进行指导，形成了完整 BIM 的建模标准及工作规范，为后续整个项目 BIM 的成功实施奠定了坚实的基础。

应用 BIM 碰撞检查发现图纸错误及应用 BIM 技术进行三维交底更直观、准确、易懂，提高了施工质量，避免返工，节省工期、节约成本。

在钢结构及机电安装方面，应用 BIM 进行的深化设计，提前解决了设计存在的问题，生成施工详图及构件清单，减少了材料损耗，提高了工厂下料效率。

通过基于 BIM 的三维算量，实现了项目设计模型与商务管理之间信息共享，达到了一次专业建模满足技术和商务两个应用要求，提高商务算量效率30%以上，精度误差小于2%。

（2）BIM综合管理效果

基于BIM的进度管理应用，带来的不仅仅是更加先进、更加高效的软件技术，更多的是对其传统工作方式、工作流程、管理模式的一种变革，打造出了一种新的项目管理运作模式。在实际运用方面取得了不错的成果，大大提升了进度管理能力，目前项目总体进度提前合同工期90d。

基于BIM的图档管理应用，解放了项目部人员每天花大量时间进行图纸汇总和查询的时间，图纸查询效率提高了70%，同时图纸版本的管理以及深化图纸送审状况的管理，提高了分包协调管理能力和信息沟通效率；通过平台，各分包单位可实时获取项目图纸信息，避免了传统模式信息交互不顺畅造成工程拆改返修。

基于BIM的合同管理应用，提升了合同规划的精准度，提高了项目合同管理的精细化程度；平台展示合同执行情况，提高了项目中资金使用情况透明度，从而提升了资金使用效益；同时通过合同条款预警，对合同执行质量、项目效益都提供了有力保障。

（3）建立三大BIM实施体系

策划体系对BIM全生命周期实施进行策划，制定工作规范、流程，使BIM工作能够有序进行，形成BIM实施标准，对后续工作的开展起到指导作用，减少工作错误，提高工作效率。

专项应用体系依据策划体系建立的各种标准，进行各专业应用点实施，标准化的专业应用为BIM实施综合管理提供了准确的数据支持。

综合管理体系中基于BIM的总承包项目管理系统的计划管理、生产管理、商务管理的实施做到项目全员参与，为项目总承包精细化管理提供了数据支持。

三大体系的数据相辅相成，密不可分，但是均有独立的体系标准，也可独立使用；三大体系依据117项目构建，构建的同时考虑了其他项目的特点，也可用于其他项目，同时也为其他项目提出了更高的要求。

3. 中国尊大厦施工阶段BIM技术应用

3.1　工程概况

中国尊大厦位于北京市朝阳区CBD核心区，建筑面积约43.7万m^2，主塔楼是一栋集甲级写字楼、高端商业及观光等功能于一身的综合性建筑。该塔楼地上108层、地下7层，建筑高度528m，外轮廓尺寸从底部的78m×78m向上渐收紧至54m×54m，再向上渐放大至顶部的59m×59m，似古代酒器“樽”而得名。项目效果图如图25-46所示。

图25-46　中国尊大厦项目效果图

3.2 施工图审核及优化

在设计阶段就提前介入图纸审核工作，设计院在施工图下发之前会同时提交审核图纸及配套的 BIM 模型。利用 BIM 模型直观可视化的优点，对设计院提供的施工图进行审核并进行优化（见图 25-47、图 25-48），提高施工图的质量。

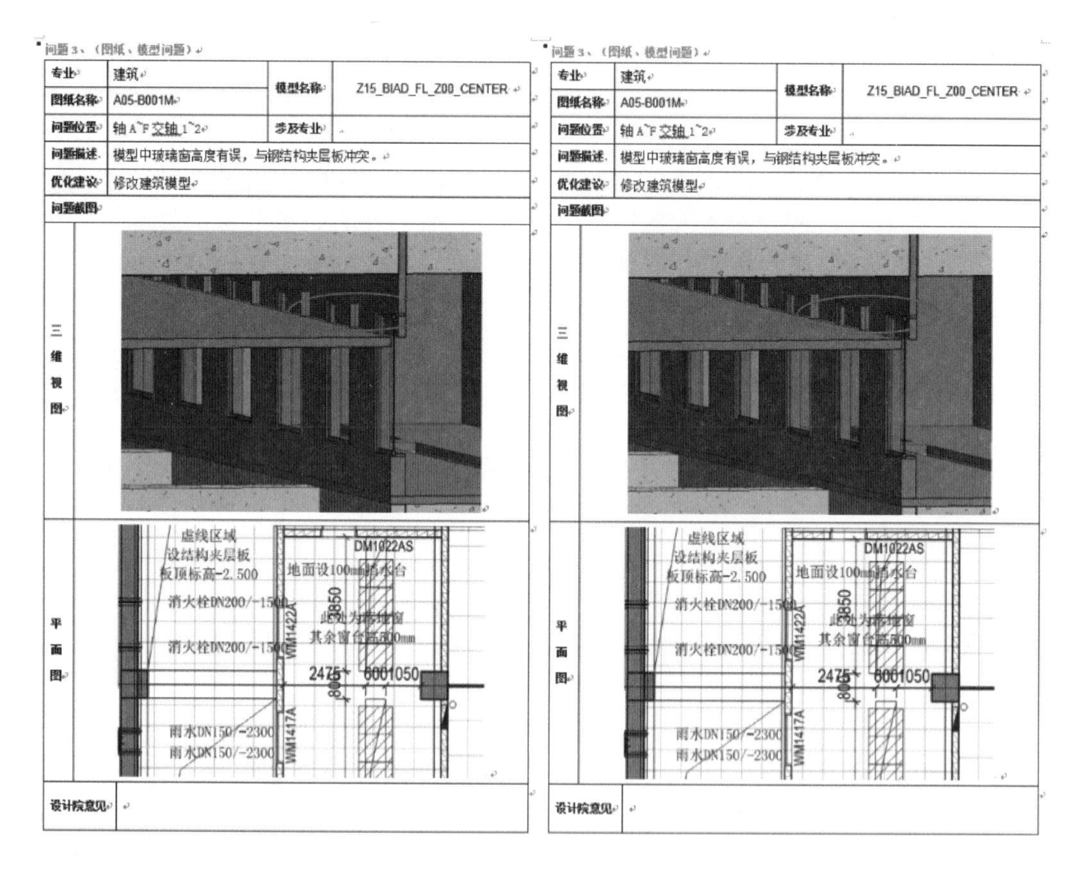

问题3、（图纸、模型问题）

专业	建筑	模型名称	Z15_BIAD_FL_Z00_CENTER
图纸名称	A05-B001M		
问题位置	轴A~F交轴1~2	涉及专业	
问题描述	模型中玻璃窗高度有误，与钢结构夹层板冲突。		
优化建议	修改建筑模型		
问题截图			
三维视图			
平面图			
设计院意见			

问题3、（图纸、模型问题）

专业	建筑	模型名称	Z15_BIAD_FL_Z00_CENTER
图纸名称	A05-B001M		
问题位置	轴A~F交轴1~2	涉及专业	
问题描述	模型中玻璃窗高度有误，与钢结构夹层板冲突。		
优化建议	修改建筑模型		
问题截图			
三维视图			
平面图			
设计院意见			

图 25-47 夹层板区域落地窗设计标高错误　　图 25-48 消防水管骑墙，调整隔墙

3.3 施工图深化设计

本项目全面引入 BIM 技术辅助施工图深化设计。在目前已实施的专业中，钢结构、机电专业已经达到了采用相应的 BIM 软件深化设计并出图；幕墙专业采用 BIM 模型进行加工制作；土建、装修、电梯等专业能采用 BIM 技术辅助深化设计的开展，并提供施工内容的 BIM 模型。

（1）总承包

项目底板厚度达 6.5m，采用 HRB500 级 40mm 钢筋，上铁 8 层，下铁 20 层。为保证钢筋稳定，利用 Revit 软件设计型钢支撑架，并加工制作。如图 25-49 所示。

在设计的土建模型基础上添加二次结构的相关内容，包括构造柱、圈梁、过梁及墙留洞等。如图 25-50 所示。

（2）钢结构

钢结构实体全部采用 Tekla 建模设计并加工制作。如图 25-51 所示。

图 25-49　钢筋支撑架深化设计

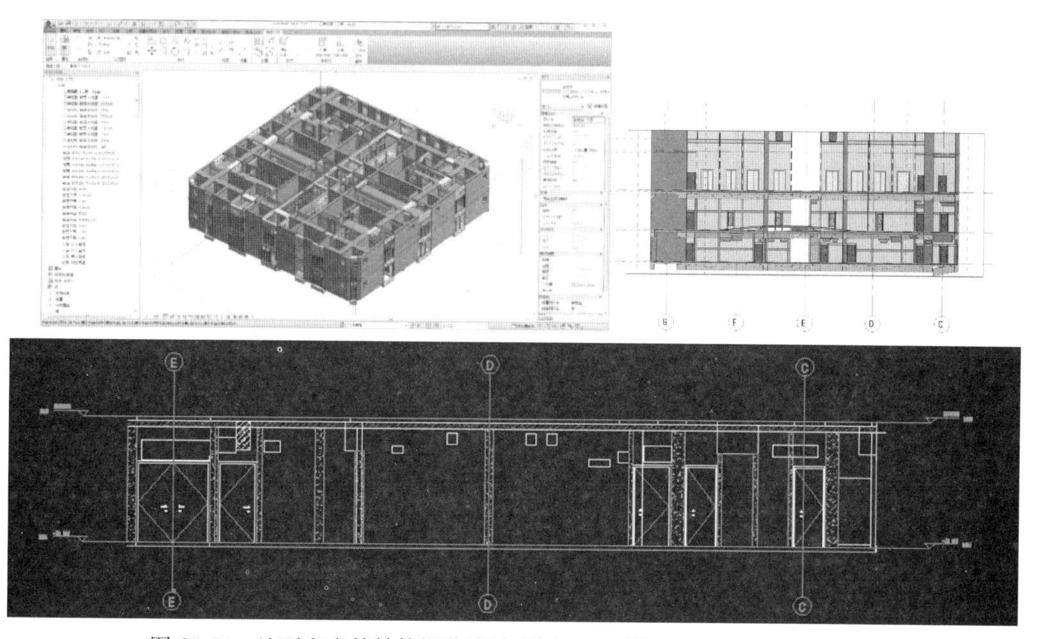

图 25-50　地下室砌筑结构深化设计利用 Revit 模型生成立面、剖面底图

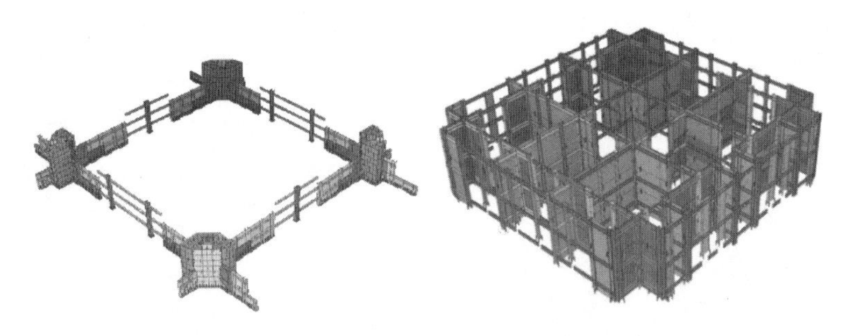

图 25-51 钢结构实体采用 Tekla 建立的模型

(3) 机电

采用 Revit 及 Tfas 进行深化设计，利用 BIM 的可视化优点进行管线综合排布。如图 25-52所示。

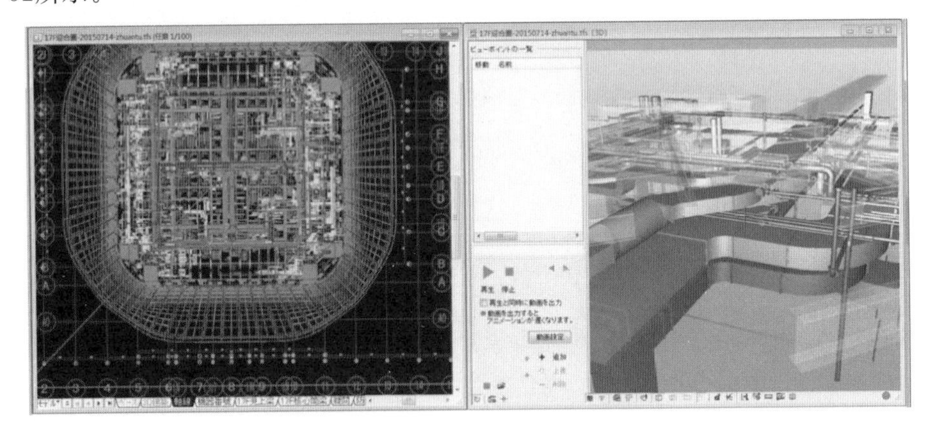

图 25-52 机电深化设计

(4) 幕墙

幕墙单元块的深化设计模型采用 ProE 软件完成（见图 25-53），模型精度达到加工级别，导出三维模型直接用于 CAM 系统加工，通过导入数控机床进行加工制作。

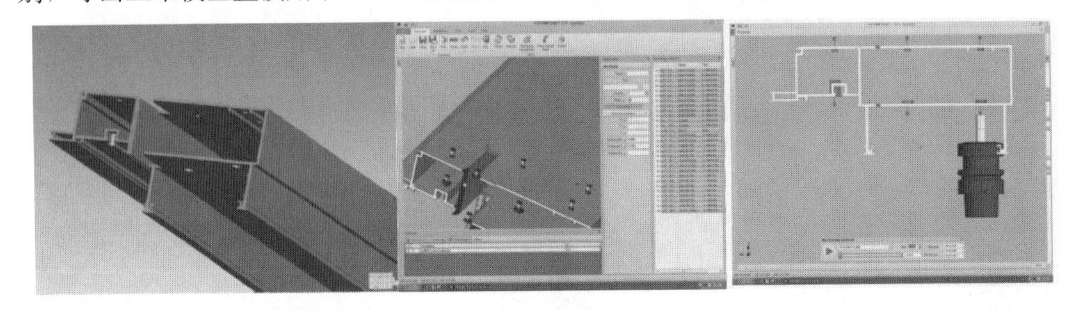

图 25-53 幕墙深化设计

(5) 装饰装修

装饰装修采用 Revit 进行辅助深化设计工作的开展，由于本工程造型独特，标准层每一层的平面轮廓及立面都有不同，利用 BIM 模型输出平面及立面的底图，为深化设计提供设计基础。如图 25-54 所示。

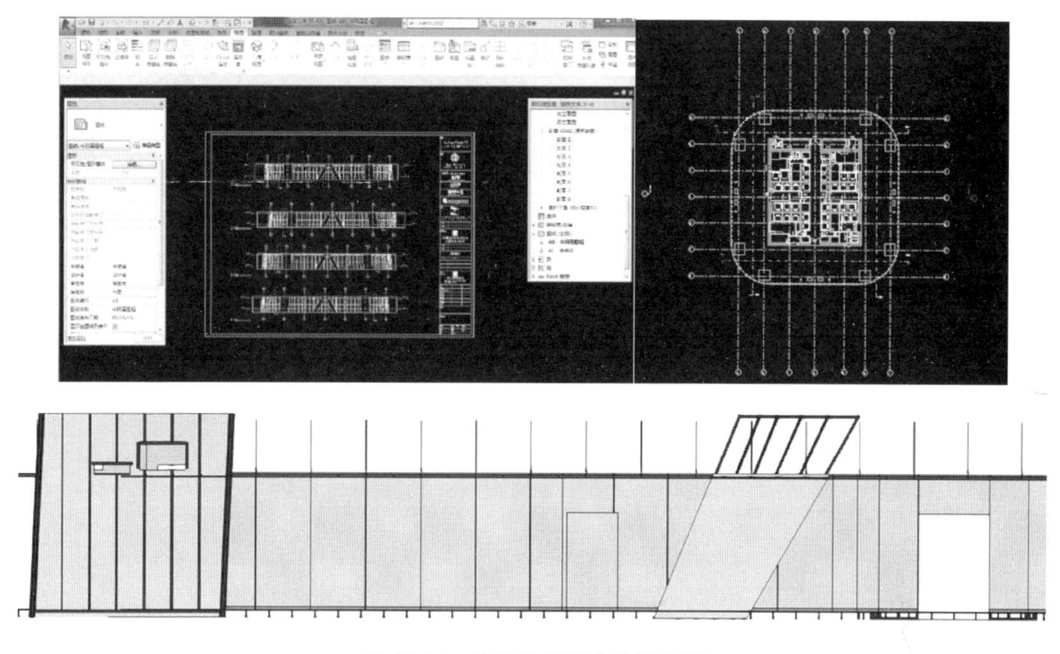

图 25-54　装饰装修深化设计图纸

3.4　施工进度模拟

在施工开展之前，结合施工部署及进度计划，进行施工模拟（见图 25-55、图 25-56），让管理人员全面地掌握施工工序及主要控制节点，为工期的实现提供有效的保证。

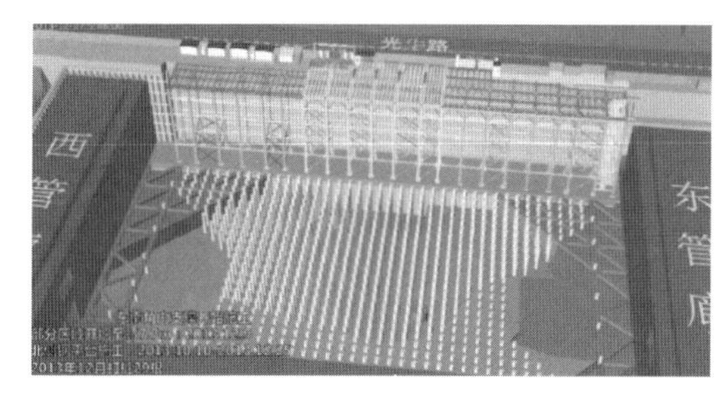

图 25-55　土方施工 4D 模拟

图 25-56　巨柱施工综合模拟

施工模拟与实际施工情况对比基本吻合（见图 25-57、图 25-58），为现场施工组织、资源协调提供技术支撑。

图 25-57　施工模拟浇筑 73h 工况

图 25-58　现场实际浇筑 73h 工况

3.5 重点施工方案编制及工艺模拟

利用三维模型可视化的优点，辅助方案的编制选型，编制人员通过模拟优化确定最合理的实施方案，提高方案的深度和可执行性。

底板施工阶段，对施工溜槽及串管布置进行了设计及分析，为方案提供了基础数据。如图 25-29、图 25-60 所示。

图 25-59　底板施工串管、溜槽设计

图 25-60　底板施工串管、溜槽搭设情况

地上施工采用智能顶升钢平台，平台总重约 3000t，集成了操作架、2 台塔式起重机、布料机、焊机房等施工设备。整个平台利用 Tekla、Revit 建模设计。如图 25-61、图 25-62 所示。

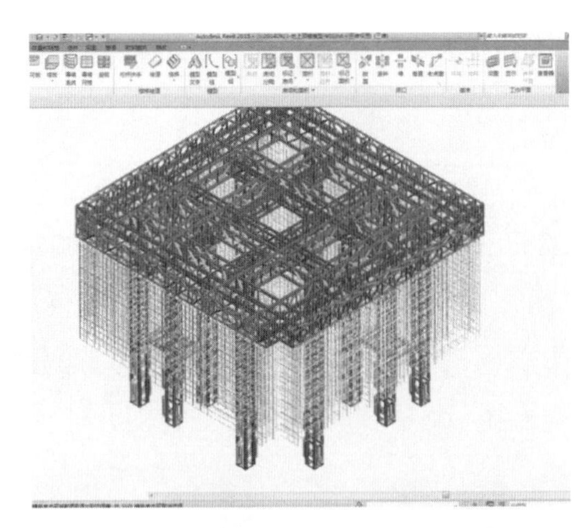

图 25-61　顶升钢平台钢框架及挂架模型

图 25-62　顶升钢平台模型与现场情况对比

机电 BIM 应用于方案交流中（如管线密集区域（见图 25-63）、大型设备的选型运输等）。

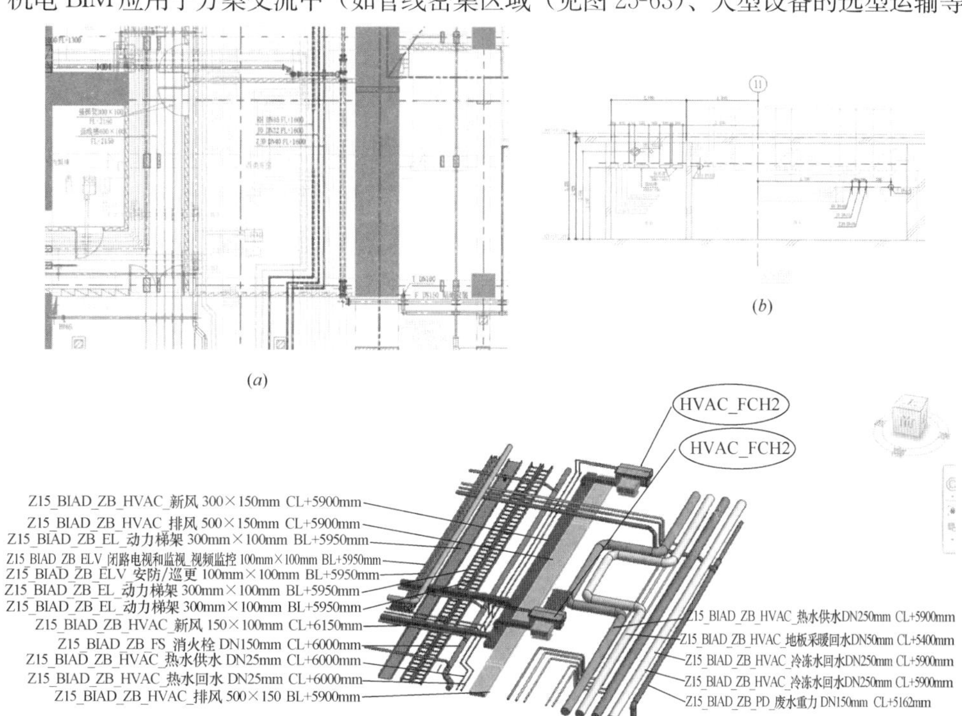

图 25-63　由传统的平面图+剖面图变为平面图+剖面图+三维侧视图

（a）平面图；（b）剖面图；（c）三维侧视图

幕墙专业单元体调节块安装及单元体运输、安装施工模拟。如图 25-64、图 25-65 所示。

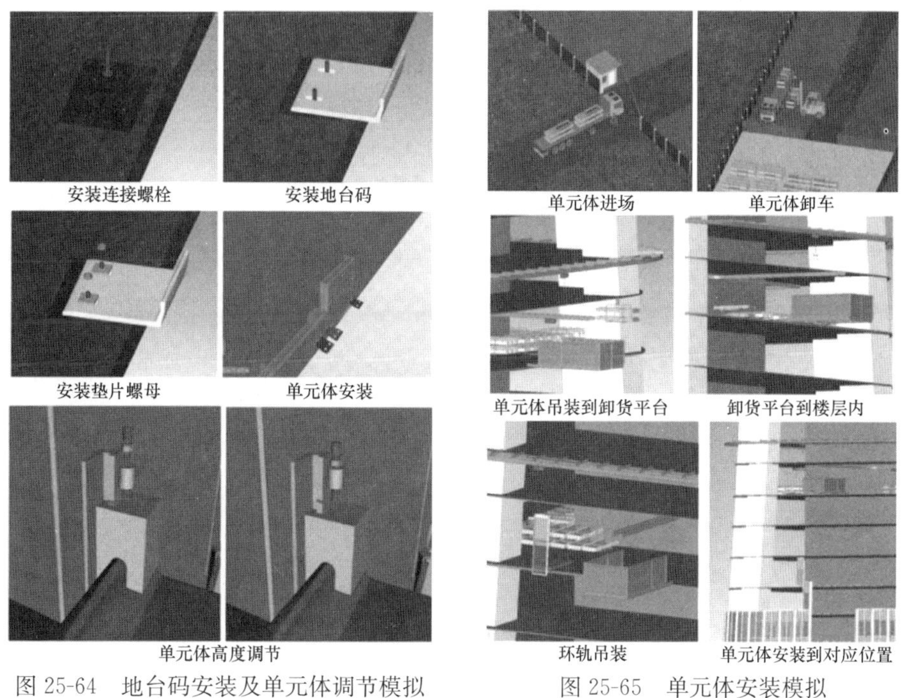

图 25-64　地台码安装及单元体调节模拟　　图 25-65　单元体安装模拟

3.6 工程量统计

底板钢筋支撑架采用 Revit 建模，并通过软件生成加工制作图纸。基于此点，利用 Revit 软件对钢筋支撑架所用材料进行了统计，并与商务部进行了对量（见图 25-66）。

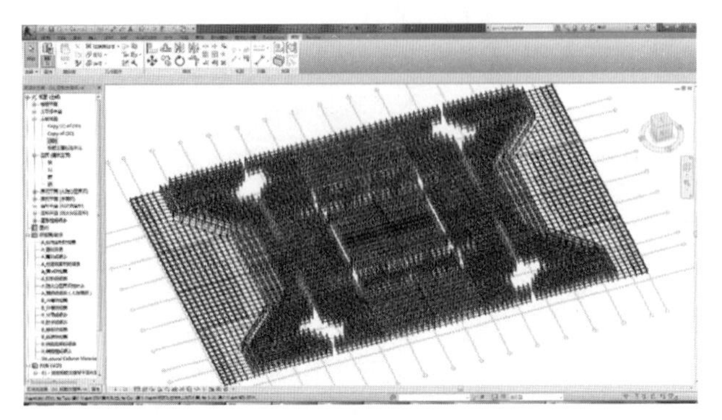

底板钢筋支撑架模型

10号工字钢柱		
板厚6.5m	立柱高度(m)	长度总合计(m)
0	5.725	0
	5.605	0
10	5.485	54.85
8	5.245	41.96
90	4.87	438.3
45	5.11	229.95
60	5.11	306.6
505	4.75	2398.75
718	41.9	3470.41

<02_立柱估量>

A	B	C
Family and Type	数量	长度
热轧工字钢柱: Z15_CSCEC_GC_FD_立柱10号工字钢		
热轧工字钢柱: Z15_CSCEC_GC_FD_立	797	3709210
热轧工字钢柱: Z15_CSCEC_GC_FD_立柱1	797	3709210
热轧槽钢柱: Z15_CSCEC_GC_FD_立柱10号槽钢		
热轧槽钢柱: Z15_CSCEC_GC_FD_立柱	233	321950
热轧槽钢柱: Z15_CSCEC_GC_FD_立柱10	233	321950
总计: 1030	1030	4031160

10号槽钢柱		
板厚2.5m	立柱高度(m)	长度总合计(m)
77	1.725	132.825
33	1.605	52.965
95	1.485	141.075
28	1.245	34.86
	0.87	0
	1.11	0
	1.11	0
	0.75	0
233	9.9	361.725

图 25-66 Revit 模型算量与商务部对量

3.7 三维激光扫描应用

项目采购了徕卡 P40 三维激光扫描仪（见图 25-67），在地上各楼层结构施工完成之后开展扫描工作，获取完整的结构点云数据。通过徕卡特有的 Jetstream 点云数据管理系统（见图 25-68），将庞大的点云数据放置在专业的服务器中，其他客户端通过网络共享获取点云数据，使得点云数据应用在项目各职能部门中普遍推广开来。

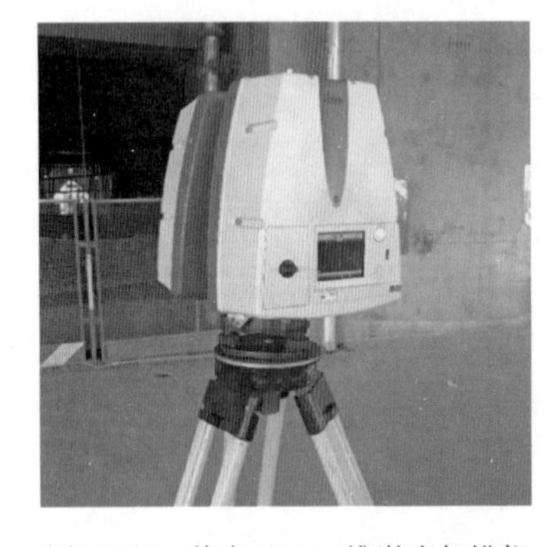

图 25-67 徕卡 P40 三维激光扫描仪

图 25-68 Jetstream 客户端浏览点云模型

通过将点云数据导入到 Revit/Navisworks 软件中，与未开展施工的幕墙、机电、装饰各专业 BIM 模型进行综合（见图 25-69、图 25-70），验证深化设计的成果，避免因现场误差或对现场操作空间预估不足而导致深化设计成果无法实施的情况。

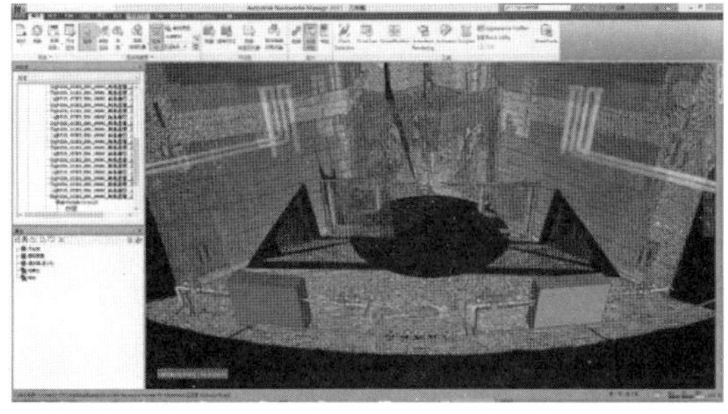

图 25-69　点云数据与 BIM 模型综合

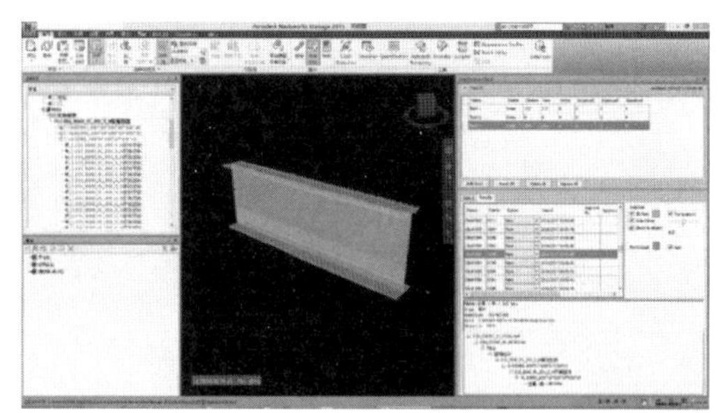

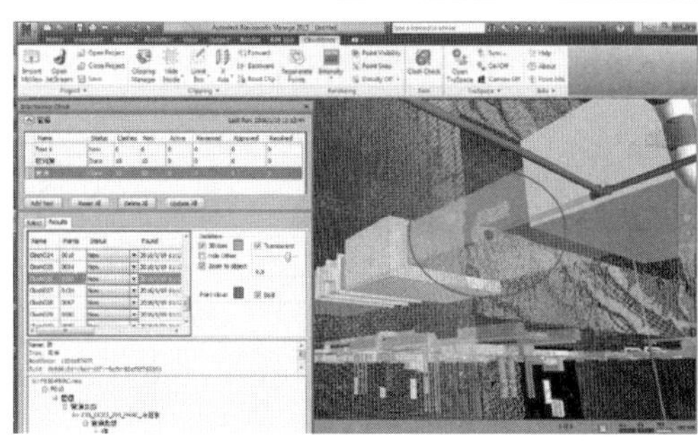

图 25-70　Navisworks 形成点云与 BIM 的碰撞检查

3.8　BIM 模型轻量化应用

项目率先尝试采用平板电脑辅助现场技术工作，采购了 20 余台 ipad，用于现场施工情况和轻量化模型的对比，显著提升了现场管理效率。如图 25-71～图 25-73 所示。

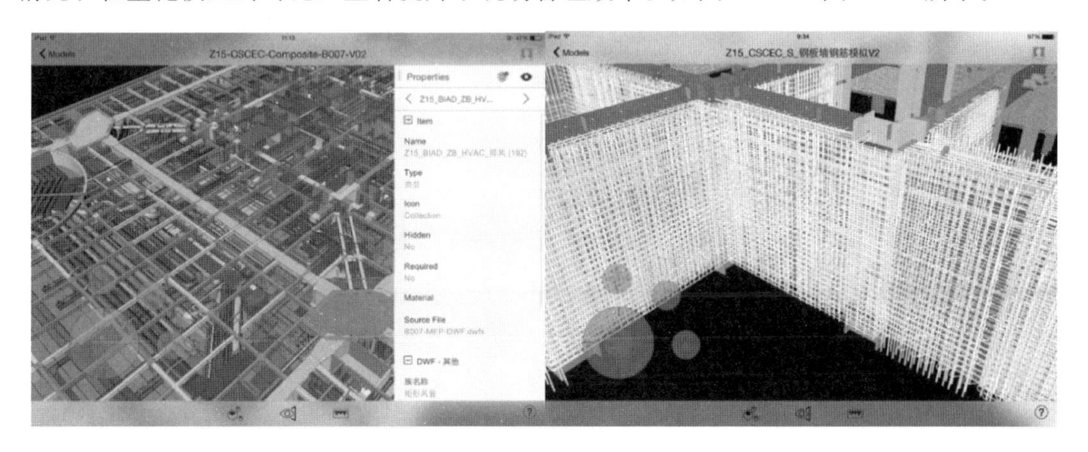

图 25-71　ipad 浏览 BIM 模型截图

3.9　工程数据共享与协同

本工程使用 ProjectWise（简称 PW）作为协同平台。平台主要拥有图纸管理、工程资料管理、BIM 数据管理、工程建设信息协同共享等功能。目前，本工程在业主、设计院、机电及总承包共设有四台服务器，每台服务器中都储存相应参建方提供的信息数据。

图 25-72　地下室结构实体施工完成情况

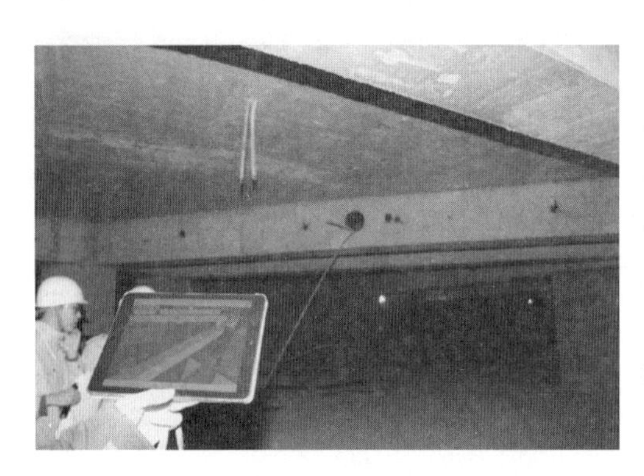
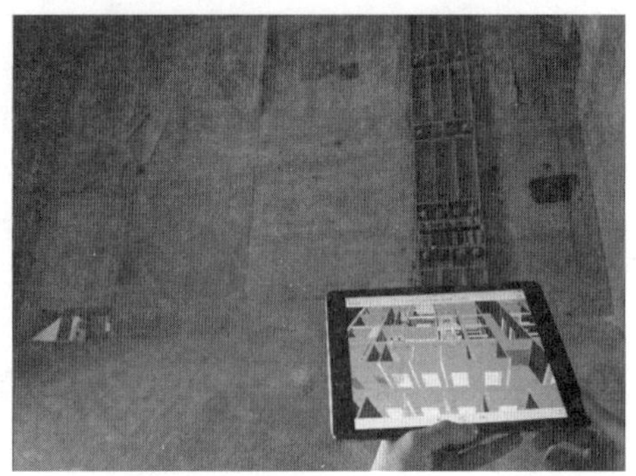

图 25-73　基于 BIM 模型的现场巡检

通过各服务器之间每日定时进行增量传输，实现信息的共享，确保了参建各方之间工程信息传递的及时与准确。项目 PW 协同平台工作原理如图 25-74 所示。

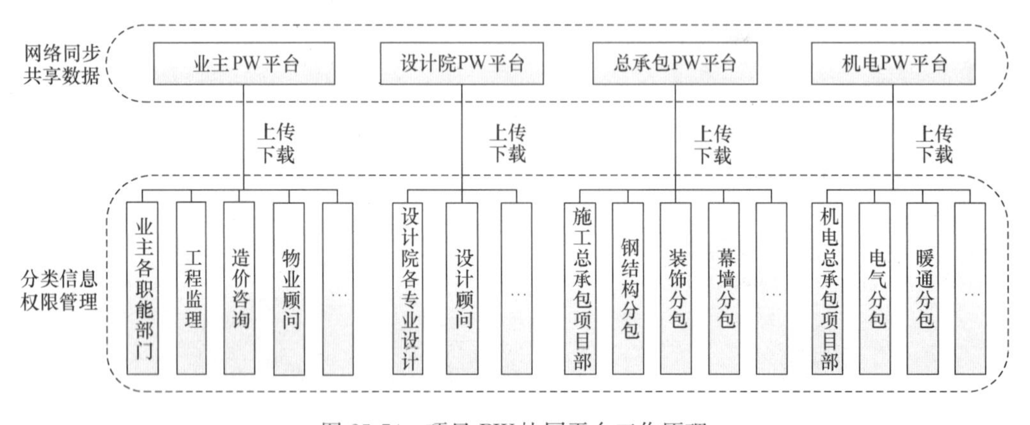

图 25-74　项目 PW 协同平台工作原理